Michael Seidel
Thermodynamik – Verstehen durch Üben
De Gruyter Studium

Weitere empfehlenswerte Titel

Thermodynamik verstehen durch Üben
Band 1 Energielehre
Michael Seidel, 2017
ISBN 978-3-11-053050-6, e-ISBN (PDF) 978-3-11-053051-3
Kreisprozessthermodynamik
Geplant für 2023
ISBN 978-3-11-048142-6, e-ISBN (PDF) 978-3-11-048149-5

Physik im Studium – Ein Brückenkurs
Jan Peter Gehrke, Patrick Köberle, 2021
ISBN 978-3-11-070392-4, e-ISBN (PDF) 978-3-11-070393-1

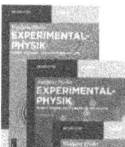

Experimentalphysik
Wolfgang Pfeiler, 2020/21

Band 1 Mechanik, Schwingungen, Wellen
ISBN 978-3-11-067560-3, e-ISBN (PDF) 978-3-11-067568-9
Band 2 Wärme, Nichtlinearität, Relativität
ISBN 978-3-11-067561-0, e-ISBN (PDF) 978-3-11-067569-6
Band 3 Elektrizität, Magnetismus, Elektromagnetische Schwingungen und Wellen
ISBN 978-3-11-067562-7, e-ISBN (PDF) 978-3-11-067570-2
Band 4 Optik, Strahlung
ISBN 978-3-11-067563-4, e-ISBN (PDF) 978-3-11-067571-9
Band 5 Quanten, Atome, Kerne, Teilchen
ISBN 978-3-11-067564-1, e-ISBN (PDF) 978-3-11-067572-6
Band 6 Statistik, Festkörper, Materialien
ISBN 978-3-11-067565-8, e-ISBN (PDF) 978-3-11-067573-3

Michael Seidel

Thermodynamik– Verstehen durch Üben

Band 2: Wärmeübertragung

2. Auflage

DE GRUYTER
OLDENBOURG

Autor
Prof. Dr.-Ing. Michael Seidel
Rheinische Fachhochschule Köln
m.th.seidel@gmx.de

ISBN 978-3-11-074490-3
e-ISBN (PDF) 978-3-11-074509-2
e-ISBN (EPUB)978-3-11-074517-7

Library of Congress Control Number: 2022934805

Bibliografische Information der Deutschen Nationalbibliothek
Die Deutsche Nationalbibliothek verzeichnet diese Publikation in der Deutschen
Nationalbibliografie; detaillierte bibliografische Daten sind im Internet
über http://dnb.dnb.de abrufbar.

© 2022 Walter de Gruyter GmbH, Berlin/Boston
Einbandabbildung: Mlenny / E+ / Getty Images
Druck und Bindung: CPI books GmbH, Leck

www.degruyter.com

Vorwort zur ersten Auflage

Ingenieure nutzen bei der phänomenologischen Analyse von Wärmeübertragungsaufgaben eine speziell auf das Fach zugeschnittene methodische Basis, die sich an vielen Stellen auf abstrakte Gleichungen mit dimensionslosen Kennzahlen stützt. Beim Erlernen wird genau das wegen einer zunächst verloren geglaubten Anschaulichkeit als sehr schwierig empfunden. Einmal mit dieser Arbeitsweise durch das selbständige Lösen erster kleiner Aufgaben vertraut, erkennt man die vielfältigen Anwendungsmöglichkeiten und die Vorteilhaftigkeit dieses Vorgehens aber von ganz allein.

Dieses Buch beschränkt sich nicht auf die Beschreibung von Zusammenhängen durch Größengleichungen, sondern arbeitet gleichfalls mit Zahlenwerten sowie Maßeinheiten und setzt damit auf Fertigkeiten, die im Berufsalltag des Ingenieurs eine große Rolle spielen, in der Ausbildung heute aber leider manchmal vernachlässigt werden. Der Leser findet hier deshalb nicht nur eine effiziente Vorbereitung auf anstehende Klausuren, sondern am Beispiel der Wärmeübertragung auch zahlreiche Hinweise, die nützlich für den Einstieg des Jungingenieurs in den Beruf sind. Zur praktischen Anwendung des Lehrstoffes benötigt man schließlich noch Tafelwerte spezieller mathematische Funktionen und Werte zu physikalischen Stoffeigenschaften, für die im Anhang eine erste Auswahl zusammengestellt wurde.

Theorie ohne Praxis führt bald zum Irrtum, Praxis ohne Theorie ist auf den glücklichen Zufall angewiesen. Eine zielgerichtete günstige Beeinflussung unseres Lebensumfeldes, enthusiastischer formuliert, die Verbesserung der Welt, macht die Faszination des Ingenieurberufs aus und gelingt nur in der festen Verbindung von Theorie und Praxis. Mit dem Ansatz „Verstehen durch Üben" soll dies mit zwei Zielen schon fester Bestandteil im Studium werden. Eng an häufig wiederkehrende Fallkonstellationen orientiert soll erstens das Gefühl für Größenordnungen sowie die Intuition für ein effektives Vorgehen bei der Lösung geschult werden. Zweitens ist selbstkritisch zu prüfen, inwieweit die mathematisch abstrakte Theorie und die fachlichen Zusammenhänge tatsächlich so verstanden wurden, dass sie zur Lösung praktischer Fragestellungen abrufbar sind. Die konkreten Aufgaben erleichtern bei der vertiefenden Begleitung von Vorlesungen im Maschinenbau, im Bauwesen sowie in der Verfahrenstechnik den Erwerb einer fachgebietsübergreifenden Kompetenz. Dies ist auch nach dem Studium bei der Weiterbildung von Ingenieuren oder Wärmetechnikern hilfreich, denn so entsteht aus erfolgreicher Anregung für die Bearbeitung spezieller Probleme die gewinnbringende Motivation, Qualität und Energieeffizienz in vielen Bereichen noch weiter zu steigern.

Ein induktives Vorgehen, bei dem mit speziellen Beispielen ein allgemein gültiges Gesetz abgeleitet wird, spricht einen großen Zuhörerkreis an, weil man so – je nach Grad der Vorkenntnisse – auf kürzestem Wege zur wirklichkeitsnahen, aber mathematisch oft anspruchsvollen Analyse findet. Erregen interessante Erscheinungen die Aufmerksamkeit eines Studierenden, entfacht sich der Antrieb zum tieferen Eindringen in die dafür relevanten Gesetzmäßigkeiten fast von selbst. Ein engagierter Hochschullehrer kann diese Situation nutzen, um den Studierenden eine innigere Teilhabe am betreffenden Fachgebiet zu ermöglichen. Element für Element wird analysiert, differenziert und schließlich zu einer neuen Ordnung zusammengeführt, die sich – ganz nach betriebenem Aufwand und persönlicher Neigung – mit mehr oder weniger Zufriedenheit überblicken lässt. Die Berufspraxis fordert vom Ingenieur aber oft das umgekehrte, deduktive Vorgehen: Ein allgemeines Gesetz wird nach Maßgabe

http://doi.org/10.1515/9783110745092-201

des konkreten Falles spezifiziert. Oft erreicht man dabei Vereinfachungen, die die Lösung erleichtern. Für Leser ganz unterschiedlicher Herkunft muss man sich aber dem Anspruch stellen, beide Herangehensweisen zu unterstützen. Die passend ausgesuchten und detailliert dargestellten Lösungen einzelner Fragestellungen führen Schritt für Schritt zum Verständnis der allgemeinen Gesetze der Wärmeübertragung. Andererseits kann die Auseinandersetzung mit dem kompakt dargestellten Lehrbuchwissen ausgewählter Themenbereiche der Wärme-übertragung die Fähigkeit schulen, komplexe Fragestellungen im Kontext konkreter techni-scher Herausforderungen des Wärmetransportes in überschaubare und im besten Fall mit elementaren Mitteln lösbare Teilaufgaben aufzuspalten.

Ein interessanter Aspekt ist die Übertragbarkeit der hier demonstrierten mathematischen Methoden auf die Lösung von Aufgaben in anderen Fachgebieten. Die Lösungen der Diffe-rentialgleichungen zur Wärmeleitung sind bekanntlich bei Nutzung entsprechender Analo-gien geeignet, Sickerströmungen oder elektrodynamische Felder zu analysieren. Einige aner-kannte Lehrbücher stellen diese Analogien ausführlich vor. Insbesondere Probleme der Stoffübertragung (Diffusion mit ersten und zweiten Fickschen[1] Gesetz) werden aus der Per-spektive der Mathematik parallel abgehandelt. Für die Interpretation der Ergebnisse praxis-naher Rechenaufgaben werden aber neben den mathematischen umfangreiche fachspezifi-sche Kenntnisse benötigt. Natürlich sind bei den Differentialgleichungen für die Diffusion die Anfangs- und Randbedingungen nach den Erfordernissen des konkreten Problems auf der Basis des zugehörigen Fachwissens zu definieren. Deshalb wurde hier von einer entspre-chenden Erörterung abgesehen im Vertrauen darauf, dass die gekonnte Handhabung des mathematischen Instrumentariums für die Wärmeübertragung eine gute Grundlage ist, sich schnell in die anderen Fachgebiete einzuarbeiten und durch analoges Anwenden des Wissens in diesen Bereichen leichter effiziente Lösungswege für Probleme zu finden.

Dem Studenten Sascha Hein von der RFH Köln bin ich für die sorgfältige Umsetzung der Abbildungen in das vom Verlag geforderte elektronische Format zu besonderem Dank ver-pflichtet.

Michael Seidel
Rösrath, im Februar 2017

---

[1]   Adolph Fick (1829-1901), Professor für Physiologie in Zürich und Würzburg, entdeckte 1855 die Diffusions-
       gesetze

Inhaltsverzeichnis

1 Einführung in die Wärmeübertragung

1.1 Grundlagen der Modellbildung

Die thermodynamische Energielehre definiert Wärme als eine Form von Energie, die allein infolge von Temperaturunterschieden zwischen System und Umgebung oder zwischen benachbarten Systemen unterschiedlicher Temperatur über die Systemgrenze ausgetauscht wird und im System eine Entropieänderung zur Folge hat. Auch in einem adiabaten System (Systemgrenzen sind wärmeundurchlässig) können Temperaturunterschiede im Systeminneren Wärmeströme zum Temperaturausgleich hervorrufen. Nach dem zweiten Hauptsatz der Thermodynamik fließt die Wärme immer in Richtung fallender Temperatur. Die thermodynamische Energielehre liefert aber keine Aussage zu den Zusammenhängen zwischen treibender Temperaturdifferenz und übertragenem Wärmestrom oder wie schnell und intensiv die stets irreversibel ablaufende Wärmeübertragung vonstatten geht. Der Beantwortung dieser Fragen widmet sich die Wärmeübertragung als zweite Säule der Technischen Thermodynamik.

Der thermische Energietransport beruht auf vielfältigsten Wechselwirkungen zwischen Molekülen, Atomen, Elektronen und Photonen. Es gibt bis heute allerdings keine geschlossene Theorie zur Beschreibung der Wärmeübertragung auf der Grundlage dieser Elementarvorgänge. Der auf phänomenologischer Basis arbeitende Ingenieur hat aus der Fülle der auftretenden Fallkonstellationen zwei grundlegende Wärmeübertragungsmechanismen sowie darauf aufbauend auch gewisse Kombinationen bzw. Modifikationen dieser Mechanismen identifiziert und dafür jeweils spezielle mathematische Lösungsverfahren mit sehr unterschiedlichen Ansätzen entwickelt. Die meisten dieser phänomenologischen Ansätze werden aber mit den auf atomarer Ebene ablaufenden Vorgängen begründet.

Nur wer die bestimmten Aufgaben zugeordneten Lösungsansätze gut kennt und das für die Lösung erforderliche mathematische Instrumentarium sicher beherrscht, kann auf die Vielfalt der sich praktisch stellenden Fragen bei der Gestaltung oder gerichteten Beeinflussung von Wärmetransportvorgängen eine befriedigende Antwort geben.

Das Fundament der Wärmeübertragung bilden die Bilanzgleichungen für Masse, Energie und Impuls. Die daraus entwickelten mathematischen Gleichungen wirken in allgemeiner Form abstrakt und wenig anwenderfreundlich. Praktisch handhabbar werden diese Berechnungsvorschriften erst, wenn man durch eine angemessene Idealisierung der physikalisch ablaufenden Prozesse zu mathematisch aufbereiteten Formeln kommt, die – je nach Komplexität – einer analytischen, mit dem Taschenrechner ausführbaren Lösung zugänglich sind oder für die man auf dem Computer eine numerische Lösung bemühen muss. Die auf dem Taschenrechner ausführbaren Beispielfälle haben aber eine besondere Bedeutung für das Erlernen des Fachs und sind oftmals Bestandteil notwendiger Voruntersuchungen für umfangreiche wärmetechnische Analysen. Bevor man sich bei der Wärmeübertragung mit numerischen Verfahren an die größeren multikriterialen Optimierungen wagt, muss Klarheit über die physikalischen Abläufe der einzelnen Teilprozesse bestehen. Nur so gewinnt man die Sicherheit bei der Entwicklung eines Modells für einen Wärmeübertragungsvorgang mit mehreren beteiligten Wärmeübertragungsmechanismen und ist in der Lage, die Ergebnisse der Simulation angemessen zu interpretieren. Vor einer Umkehrung dieses Vorgehens wird ausdrücklich

http://doi.org/10.1515/9783110745092-001

gewarnt! Im blinden Vertrauen auf die Unfehlbarkeit des Computers sind schon etliche Projekte gescheitert, weil ein Sachverhalt simuliert wurde, der nur scheinbar etwas mit dem zu tun hatte, was untersucht werden sollte oder weil eine falsche Diskretisierung von Ort und Zeit in einem numerischen Verfahren zufällig Ergebnisse zeigte, die man für eine gelungene Approximation der Wirklichkeit hielt. Heute ersetzt man immer häufiger praktische Versuche durch mathematische Simulationen. Dabei muss man wissen: Bei einem Versuch untersucht man immer die real physikalisch ablaufenden Vorgänge, ist aber oft nur mit extrem hohem Aufwand in der Lage, Anfangs- und Randbedingungen sowie den gewünschten Prozessverlauf zu gewährleisten. Bei einer mathematischen Simulation hat man es mit dem umgekehrten Sachverhalt zu tun. Die physikalischen Vorgänge müssen im Modell in hinreichender Güte nachgebildet werden, Anfangs- und Randbedingungen sowie der Prozessablauf sind aber nahezu beliebig einstellbar. Für die gegenseitige Absicherung von Ergebnissen sollte man bei größeren Vorhaben beide Untersuchungsmethoden kombinieren!

Den Wärmefluss können wir nicht mit unseren Augen sehen. Um trotzdem eine Vorstellung darüber zu gewinnen, nutzt man in bestimmten Fällen die schon im Vorwort erwähnten Analogien. Andere allgemein gut bekannte Zusammenhänge helfen uns, die physikalischen Abläufe besser zu verstehen. Dazu greift man meist auf experimentelle Untersuchungen von Prozessen zurück, deren Differentialgleichungen sowie Rand- und Anfangsbedingungen denen des zu betrachteten Prozesses bei der Wärmeübertragung gleichen. Die direkte experimentelle Nachbildung eines Wärmeübertragungsprozesses durch einen anderen physikalischen Zusammenhang hat jedoch den Nachteil, dass die temperaturabhängigen Stoffeigenschaften wie Wärmeleitfähigkeit, Zähigkeit oder spezifische Wärmekapazität nicht berücksichtigt werden können. Das kann man umgehen, wenn man physikalisch analoge Prozesse mit gleichem Hintergrund bei den beschreibenden Differentialgleichungen mittels mathematisch-numerischer Simulation untersucht.

Analysen von Prozessen des Wärmetransports sind darauf gerichtet, den Wärmefluss nach Maßgabe der thermodynamischen Gesetzmäßigkeiten zu hemmen (Wärmeisolation und Dämmung) oder ihn zu begünstigen (Heizen oder Kühlen). Dabei wird auf Vorstellungen zu wärmedurchlässigen (diathermen) oder wärmeundurchlässigen (adiabaten) Systemen zurückgegriffen. Schon in der Thermodynamik haben wir zur Kenntnis genommen, dass adiabate Grenzen eine Idealisierung der Wirklichkeit darstellen und praktisch nicht erreichbar sind. Wir greifen aber immer dann darauf zurück, wenn der Wärmefluss über die Systemgrenzen vernachlässigbar klein ist.

Bei hinreichend genauer Modellierung real ablaufender Wärmeübertragungsprozesse spiegelt sich die Wirklichkeit in den mathematischen Rechenergebnissen wider. Aber man sollte sich immer die Frage vorlegen, in welcher Genauigkeit Aussagen über die gesuchten Größen benötigt werden. Zur ersten Abschätzung oder zur Erfassung eines Trends genügt eine geringere Modellierungstiefe als für die konstruktive Auslegung einer Maschine oder für eine tiefer greifende Optimierung einer bestehenden Anlage. In jedem Fall bleibt die kritische Prüfung wichtig, wie exakt die für die Bearbeitung erforderlichen Eingangsdaten vorliegen. Die Datengenauigkeit muss immer in einem ausgewogenen Verhältnis zum Modellierungsaufwand stehen.

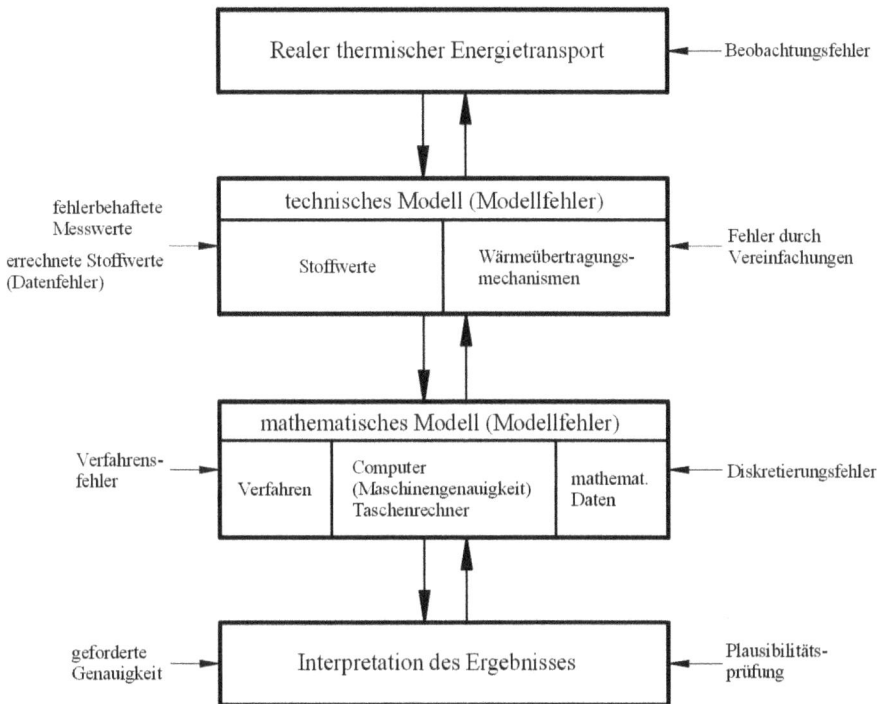

Abb.: 1-1:   Stufen der Problemanalyse mit zugehöriger Fehlerbetrachtung.

1.2   Hinweise für das Lösen von Aufgaben

Alle Lösungen der in diesem Buch beschriebenen Aufgaben beruhen auf wenigen physikalischen Grundgesetzen. Wir greifen oft auf die Massenerhaltung in Form der Kontinuitätsgleichung für kompressible sowie für inkompressible Fluide und auf die Energieerhaltung nach dem ersten Hauptsatz der Thermodynamik zurück. Der zweite Hauptsatz trifft häufig benötigte Aussagen zur Richtung von spontan ablaufenden Prozessen. Mit diesen Zusammenhängen sollte man als Einsteiger in das Ingenieurfach Wärmeübertragung gut vertraut sein. In der Literatur wird oft die große Vielfalt der mit diesen Gesetzen zu behandelnden Fragestellungen in einer mathematisch anspruchsvollen, aber zwangsweise sehr allgemein gehaltenen, abstrakten Sprache formuliert. Die eigentliche Herausforderung bei der Untersuchung eines konkreten Problems besteht dann in der Beherrschung des notwendigen mathematischen Instrumentariums, um die abstrakte mathematische Sprache in einfach zu handhabende Gleichungen aufzulösen. Zum tieferen Verständnis der Prozesse ist dies auch unerlässlich. Viel zu schnell sind gerade Berufsanfänger heute geneigt, Fragestellungen auf hohem Abstraktionsniveau einer vermeintlich leistungsfähigen Software anzuvertrauen. Rückschläge für die Forschung und Entwicklung sind dann bedauerlicherweise fast vorprogrammiert.

Bei der Lösung von Aufgaben geht es auch immer um das effizient zum Ziel führende methodische Gerüst. Für eine systematische Arbeitsweise wird hierzu ein bewährtes Schema mit folgenden Schritten vorgeschlagen:

1. Analysieren Sie das Problem anhand einer realitätsnahen Skizze und verschaffen sich dabei eine Übersicht über **bekannte Größen**. Erfassen Sie auch Größen, die während des zu untersuchenden Prozesses konstant bleiben.

2. Identifizieren Sie die **gesuchten Größen** und werden Sie sich darüber klar, in welcher Genauigkeit diese benötigt werden.

3. Prüfen Sie die Zulässigkeit von Idealisierungen und vereinfachenden Annahmen. Entwickeln Sie daraus ein **Modell**, das die relevanten Zusammenhänge hinreichend exakt beschreibt.

4. Formulieren Sie die **Bilanzgleichungen** mit zugehörigen Rand- und Anfangsbedingungen sowie – wenn erforderlich – Kopplungsgleichungen in dem zuvor gewonnenen Modell. Mittels äquivalenter Umformungen lösen Sie nach den Unbekannten auf und prüfen die Dimensionen der zu berechnenden Größen.

5. Beschaffen Sie die benötigten **Stoffwerte**! (für Luft und Wasser in der Regel kein Problem, für andere Stoffe, insbesondere bei Abweichungen von den Normbedingungen, sehr oft schwierig)

6. Berechnen Sie die Unbekannten durch **Einsetzen der bekannten Größen** bzw. Lösung der auftretenden Gleichungen. Arbeiten Sie solange wie möglich mit den symbolischen Formelzeichen und setzen Sie die gegebenen Zahlenwerte oder aus Tabellen ermittelte Zahlenwerte erst zum Schluss ein, denn so schützen Sie sich ohne aufwändige Untersuchung zur Fehlerfortpflanzung vor dem Verlust signifikanter Ziffern.
   Achtung! Manchmal sind Zahlenwerte für Zwischenergebnisse trotzdem sinnvoll (z. B. bei mehrfacher Nutzung in bestimmten Rechenschritten). Dann sollten Sie immer die volle Taschenrechnergenauigkeit verwenden![2]

7. Prüfen Sie **Vorzeichen und Größenordnung** der Ergebnisse. Übertragen Sie die erhaltenen Resultate zur Plausibilisierung auf andere Ihnen bekannte Situationen und leiten Sie aus den Ergebnissen Folgerungen ab.

Das hier skizzierte Vorgehen ist weder Dogma noch Sammlung wohlfeiler Ratschläge. Man kann durchaus – je nach individueller Neigung – den einen oder anderen Schritt weglassen, sollte sich aber, wenn bei der Bearbeitung einer Aufgabe Schwierigkeiten auftreten, an das prinzipielle Vorgehen bei einer Problembearbeitung erinnern.

---

[2]   Von dieser Regel weichen wir in diesem Buch manchmal ab, um zu vermeiden, dass die Rundung auf signifikante Ziffern Fehler in der Rechnung kaschiert.

1.3   Rechnen mit physikalischen Größen

Alle wesentlichen Aussagen zu physikalischen Größen, Einheiten und Naturkonstanten, die für die Wärmeübertragung Bedeutung haben, sind in den Tabellen 7-1 bis 7-3 des Anhangs zusammengefasst.

Naturgesetze gelten unabhängig davon, welche Formelzeichen für bestimmte Größen verwendet und in welchen Maßeinheiten diese Größen gemessen werden. *Größengleichungen* beschreiben ausschließlich die mathematischen Beziehungen zwischen den physikalischen Größen. So gilt zum Beispiel die Gleichung für den Umfang eines Kreises U aus dem Produkt doppelter Radius $2r$ und Kreiskonstante π völlig unabhängig von speziellen Maßeinheiten.

$$U = \pi \cdot 2r \qquad\qquad\qquad (1.3\text{-}1)$$

Bei der Messung einer physikalischen Größe[3] wird diese in Vielfachen oder Teilen einer zugehörigen Maßeinheit ermittelt, sie besteht also immer aus einer quantitativen und qualitativen Komponente. In Größengleichungen sind die Größen demnach immer als Produkt von Zahlenwert und Maßeinheit einzusetzen. Zur Bestimmung des Erdumfangs mit (1.3-1) ist die Größe r einzusetzen, also der Erdradius r_E als $r_E = \{r_E\} \cdot [r_E] = 6.356.766 \, \text{m}$. Man lässt das Multiplikationszeichen zwischen Zahlenwert und Maßeinheit weg, die Maßeinheit wird (im Unterschied zu den kursiven Formelzeichen) mit senkrecht stehenden Buchstaben geschrieben. Vorteil der Größengleichung ist, dass sie nicht vorschreiben, welche Einheiten zu verwenden sind, für die Rechnung können sogar – korrekte Umrechnung vorausgesetzt – Einheiten benutzt werden, die in der Aufgabenstellung gar nicht genannt wurden.

Sind Größen wiederholt mit gleichen Einheiten zu berechnen, etwa bei der Auswertung von Messungen oder bei der Abarbeitung von EDV-Programmen, kann man auch auf *zugeschnittene Größengleichungen* zurückgreifen. Hier treten in der Gleichung stets die Quotienten aus Größe und ihrer Einheit auf, also praktisch Zahlenwerte wie zum Beispiel

$$\frac{t}{°\text{C}} = \frac{5}{9}\left(\frac{t}{°\text{F}} - 32\right) = \left(\frac{t}{°\text{F}} - 32\right) \cdot 1{,}8 \qquad\qquad (1.3\text{-}2\text{a})$$

$$\frac{T}{\text{K}} = \left(\frac{t}{°\text{F}} + 459{,}67\right) \cdot 1{,}8 \qquad\qquad (1.3\text{-}2\text{b})$$

Zahlenwertgleichungen stellen reine mathematische Verknüpfungen von Zahlenwerten dar, wie beispielsweise für die Ermittlung von Zahlenwerten der thermodynamischen Temperatur aus Zahlenwerten der Celsiustemperaturskala.

$$\{T\} = \{t\} + 273{,}15 \qquad \{t\} = \{T\} - 273{,}15 \qquad\qquad (1.3\text{-}3)$$

Die Maßeinheit einer abgeleiteten Größe folgt aus einer *Einheitengleichung*. Dabei werden die in einer Größengleichung vorkommenden Größen in eckige Klammern gesetzt und nur die entsprechenden Maßeinheiten betrachtet. So gewinnt man zum Beispiel die Maßeinheit für die Temperaturleitfähigkeit a über die entsprechende Einheitengleichung.

---

[3]   Die Forderung nach der Messbarkeit einer physikalischen Größe als Charakteristikum geht auf Albert Einstein zurück.

$$[a] = \frac{[\lambda]}{[\rho] \cdot [c_p]} = \frac{\text{W/(m K)}}{\text{kg/m}^3 \cdot \text{J/(kg K)}} = \frac{\text{W} \cdot \text{m}^2}{\text{Ws}} = \underline{\underline{\frac{\text{m}^2}{\text{s}}}} \qquad (1.3-4)$$

Die Zahlenwerte physikalischer Größen werden durch Messungen mit Geräten gewonnen, deren Anzeigen vom Menschen nur mit beschränkter Genauigkeit abgelesen werden können. Abgesehen von sehr seltenen Ausnahmen[4] sind die Zahlenwerte von physikalischen Größen Dezimalzahlen mit beliebig vielen Ziffern, von denen aber real nur eine endliche Zahl zuverlässig (sicher im Sinne von statistischen Auswertungen) bestimmt werden kann. Diese Anzahl von Ziffern nennt man *signifikante Stellen* der physikalischen Größe. Der Zahlenwert einer physikalischen Größe G wird mit der Mantisse A ($1 \leq A \leq 10$) und dem Exponenten b in wissenschaftlicher Notation dargestellt als

$$\{G\} = A \cdot 10^b \qquad (1.3-5)$$

Die Ziffern der Mantisse A stellen die signifikanten Stellen des Zahlenwertes der physikalischen Größe dar. Alternativ kann man auch anstelle von 10^b die Einheit der physikalischen Größe mit einer Vorsilbe der Tabelle 7-2 skalieren.

Beispiele:

Größe	wissenschaftliche Notation	Anzahl der signifikanten Ziffern
0,0037 m	$3,7 \cdot 10^{-3}$ m = 3,7 mm	2
100 ℓ	$1,0 \cdot 10^2$ ℓ	1 (oft irrtümlich 3 angesetzt!)
100,1 ℓ	$1,001 \cdot 10^2$ ℓ	4
1.150.000 W	$1,15 \cdot 10^6$ =1,15 MW	3
8,3144621 kJ/(kmol K)	$8,3144621 \cdot 10^0$ J/(mol K)	8
7.850 kg/m³	$7,85 \cdot 10^3$ kg/m³ = 7,85 g/cm³	3

Die signifikanten Stellen von Zahlenwerten physikalischer Größen spielen eine Rolle bei der Interpretation der Ergebnisgenauigkeit von Rechnungen. Die vom Taschenrechner angezeigte Stellenzahl täuscht schnell eine Scheingenauigkeit vor. Studienanfänger fragen daher oft nach der „gewünschten Zahl" von Nachkommastellen. Dies geht aber am Sachverhalt vorbei, denn eine Entfernungsangabe ohne Nachkommastellen mit 1346 m kann viel genauer sein als eine Angabe mit zwei Nachkommastellen von 1,34 km. Grundsätzlich ist es beim Verknüpfen von physikalischen Größen sinnvoll, die erreichbare Genauigkeit des Ergebnisses aus der Genauigkeit der Eingangsgrößen und der Art der Verknüpfung abzuschätzen. Erste Hinweise zur Genauigkeit der Eingangsgrößen erhält man aus deren signifikanten Ziffern. Wie sich diese Unsicherheiten dann in der Rechnung auswirken, analysiert man mit dem Fehlerfortpflanzungsgesetz. Hängt eine physikalische Größe $y = f(x_i)$ von n unabhängigen Parametern mit $x_i = \bar{x} \pm \Delta x_i$ ab, kann der Maximalfehler Δy_{max} abgeschätzt werden zu

$$\Delta y_{max} = \pm \left(\left| \frac{\partial y}{\partial x_1} \cdot \Delta x_1 \right| + \left| \frac{\partial y}{\partial x_2} \cdot \Delta x_2 \right| + \cdots + \left| \frac{\partial y}{\partial x_n} \cdot \Delta x_n \right| \right) \qquad (1.3-6)$$

---

[4] Eine bekannte Ausnahme ist der radioaktive Zerfall von Atomkernen.

Für den maximalen Fehler wird in (1.3-6) unterstellt, dass sich die Einflüsse sämtlicher Messfehler/Unsicherheiten in jeweils ein und derselben Richtung überlagern. Praktisch wird dies bei einer größeren Zahl von Parametern nur sehr selten zutreffen. Deshalb berechnet man anstelle von Δy_{max} alternativ oft einen mittleren Fehler Δy_m nach dem Prinzip der Gauß'schen Fehlerquadratsumme

$$\Delta y_m = \pm \sqrt{\left(\frac{\partial y}{\partial x_1}\Delta x_1\right)^2 + \left(\frac{\partial y}{\partial x_2}\Delta x_2\right)^2 + \cdots + \left(\frac{\partial y}{\partial x_n}\Delta x_n\right)^2} \qquad (1.3\text{-}7)$$

Die Genauigkeit bei der Festlegung von Basisgrößen[5] scheint aus der Sicht „normaler" Anwendungen viel zu hoch, aber auf den Meter genaue Positionsangaben mittels satellitengestützten GPS (**G**lobal **P**ositioning **S**ystem) sind nur mit sehr genau festgelegten Basisgrößen möglich. Ähnliches gilt für die Genauigkeit bei der Bestimmung von Naturkonstanten.

Betrachtet man die Verknüpfung einer beliebigen Menge von Eingangsgrößen nach einer Rechenvorschrift zu einem Funktionswert aus rein mathematischer Perspektive, spielen signifikante Ziffern keine Rolle. So ist beispielsweise $10 + 2{,}313 = 12{,}313$. Im Bereich der numerischen Mathematik entsprechen die signifikanten Ziffern der internen Rechnergenauigkeit. Bei Rechnungen entstehen dann unter Umständen Abschneidefehler. Ähnlich gelagert sind die Probleme bei der Verknüpfung von physikalischen Größen, die mit Messunsicherheiten behaftet sind. Für das Ergebnis einer Addition oder Subtraktion (Strichrechnung) sind nur die *gemeinsamen Dezimalstellen* (Nachkommastellen) als sicher und damit signifikant anzusehen, also $10\,\text{J} + 2{,}213\,\text{J} \approx 12\,\text{J}$ oder $10{,}0\,\text{J} + 2{,}213\,\text{J} \approx 12{,}2\,\text{J}$. Werden zwei fast gleich große physikalische Größen voneinander subtrahiert, kann es bei einer zu geringen Zahl signifikanter Ziffern zur Auslöschung von Dezimalstellen kommen, zum Beispiel $4{,}14\,\text{MPa} - 4{,}1\,\text{MPa} \approx 0\,\text{MPa}$ (Berücksichtigung von zwei signifikanten Ziffern) im Verhältnis zu $4{,}14\,\text{MPa} - 4{,}10\,\text{MPa} = 0{,}04\,\text{MPa}$ (Berücksichtigung von drei signifikanten Ziffern). Bei Multiplikation und Division (Punktrechnung) bestimmt die Genauigkeit der Eingangsgröße mit der kleinsten Anzahl signifikanter Ziffern die sicher erreichbare Ergebnisgenauigkeit, also $4{,}2\,\text{W} \cdot 1\,\text{h} \approx 4\,\text{Wh}$, alternativ aber $4{,}2\,\text{W} \cdot 3.600\,\text{s} \approx 15.000\,\text{Ws} \approx 4{,}2\,\text{Wh}$. Komplizierter werden die Verhältnisse, wenn bei den Verknüpfungen physikalischer Größen mit Messunsicherheiten neben den vier Grundrechenarten mathematische Operationen der zweiten Stufe (Potenzieren, Radizieren und Logarithmieren) eine Rolle spielen. Manchmal verursachen kleinste Rundungsfehler in Zwischenschritten erhebliche Genauigkeitsverluste im Endergebnis, die dann auch zu völlig falschen Schlussfolgerungen führen können. Deshalb sollten Zwischenschritte nach Möglichkeit auf der Ebene Größengleichung verbleiben und das Einsetzen konkreter Werte für die physikalischen Größen erst in der vollständig entwickelten Formel beginnen. Erscheint dies der Übersichtlichkeit und Nachvollziehbarkeit wegen für die Lösung einer umfangreichen Aufgabe als nicht zweckmäßig, sollte man für die Zwischenschritte die erreichbare analytische Genauigkeit der Zahlenwerte (in der Regel Taschenrechnergenauigkeit) nutzen. In Verstehen durch Üben haben wir dies auch deshalb so gehandhabt, um beim Leser für die Nachrechnung zweifelsfrei klar zu machen, welche Größe wo eingesetzt wurde, wohl wissend, dass sich die dokumentierte Ergebnisgenauigkeit an einigen Stellen nicht sinnvoll aus der Genauigkeit der Eingangsdaten darstellen lässt.

---

[5]   1 m = Länge der Strecke, die Licht im Vakuum während der Dauer von 1/299.792.458 s durchläuft.

Den Umgang mit den signifikanten Ziffern stellen wir hier noch einmal für einen als Ergebnis einer Rechnung auf dem Taschenrechner mit 10 Ziffern angezeigten Wärmestrom dar.

$\dot{Q} = 171.487,7058\,\text{W}$ Anzeige auf dem Taschenrechner: 171487,7058

Das Ergebnis mit einer geforderten Genauigkeit von n signifikanten Ziffern wäre dann wie folgt anzugeben:

n	$\dot{Q} =$
1	$200.000\,\text{W} = 200\,\text{kW} = 0,2\,\text{MW}$
2	$170.000\,\text{W} = 170\,\text{kW} = 0,17\,\text{MW}$
3	$171.000\,\text{W} = 171\,\text{kW} = 0,171\,\text{MW}$
4	$171.500\,\text{W} = 171,5\,\text{kW} = 0,1715\,\text{MW}$
5	$171.490\,\text{W} = 171,49\,\text{kW} = 0,17149\,\text{MW}$
6	$171.488\,\text{W} = 171,488\,\text{kW} = 0,171488\,\text{MW}$
7	$171.487,7\,\text{W} = 171,4877\,\text{kW} = 0,17134877\,\text{MW}$

Bei der Angabe einer physikalischen Größe sollte die Vorsilbe vor der Maßeinheit so gewählt werden, dass ihr Zahlenwert im Bereich zwischen 0,1 und 999 liegt. Dieser Forderung würden hier alle Angaben in kW oder MW genügen, am übersichtlichsten wären jedoch die Angaben in kW. Problematisch können solche Angaben sein wie $\dot{Q} = 200\,\text{kW}$, denn das kann bedeuten:

- eine signifikante Ziffer: $\dot{Q} = 2 \cdot 10^2\,\text{kW}$ $150\,\text{kW} \leq \dot{Q} \leq 249\,\text{kW}$
- drei signifikante Ziffern: $\dot{Q} = 200\,\text{kW}$ $199,5\,\text{kW} \leq \dot{Q} \leq 200,49\,\text{kW}$

Um deutlich zu machen, dass man in diesem Fall drei signifikante Ziffern meint, sollte man daher 200,0 kW schreiben, doch das geschieht in der Praxis kaum.

Als Beispiel für die Entwicklung des Fehlers in Abhängigkeit von der Zahl der berücksichtigten signifikanten Ziffern berechnen wir jetzt den flächenspezifischen Wärmestrom $\dot{q} = \dot{Q}/A$ für eine Fläche von $A = 1,026993787\,\text{m}^2$ (zehn angezeigte Ziffern auf dem Taschenrechner). Würde man grundsätzlich nur mit zwei gültigen Ziffern arbeiten, erhielte man das Ergebnis auf der Zeile unten links, mit fünf gültigen Ziffern das Ergebnis unten rechts:

$$\dot{q} = \frac{\dot{Q}}{A} = \frac{170\,\text{kW}}{1,0\,\text{m}^2} = 170\,\frac{\text{kW}}{\text{m}^2}\,. \qquad\qquad \dot{q} = \frac{\dot{Q}}{A} = \frac{171,49\,\text{kW}}{1,0270\,\text{m}^2} = 166,98\,\frac{\text{kW}}{\text{m}^2}$$

Der relative Fehler zwischen beiden Werten liegt bei 1,8 %!

1.3.1 Absoluter und relativer Fehler einer Temperaturdifferenz

a) Schätzen Sie den maximalen und den mittleren absoluten sowie relativen Fehler der Temperaturdifferenz zwischen einer gemessenen Endtemperatur von 177 °C und einer gemessenen Anfangstemperatur von 175 °C ab, wenn der absolute Fehler beider Temperaturmessungen ±0,2 K beträgt!

b) Wie verhalten sich relativer Fehler der Einzeltemperaturmessung zum relativen Fehler nach der Verknüpfung dieser Einzelmessungen zur Temperaturdifferenz Δt?

Gegeben:

$$t_2 = 177\ °C \qquad t_1 = 175\ °C \qquad \Delta t_2 = \pm 0,2\ K \qquad \Delta t_1 = \pm 0,2\ K$$

Lösung:

a) maximaler, mittlerer und relativer Fehler der Temperaturdifferenz $t_2 - t_1$

$$t_2 - t_1 = 177\ °C - 175\ °C = 2\ K \qquad \frac{\partial(\Delta t)}{\partial t_2} = +1 \qquad \frac{\partial(\Delta t)}{\partial t_1} = -1$$

maximaler absoluter Fehler nach (1.3-6):

$$(\Delta(\Delta t))_{max} = \pm\left(\left|\frac{\partial(\Delta t)}{\partial t_2} \cdot \Delta t_2\right| + \left|\frac{\partial(\Delta t)}{\partial t_1} \cdot \Delta t_1\right|\right) = \pm\left(\left|+1 \cdot 0,2\ K\right| + \left|-1 \cdot 0,2\ K\right|\right) = \pm 0,4\ K$$

mittlerer absoluter Fehler nach (1.3-7):

$$(\Delta(\Delta t))_m = \pm\sqrt{\left(\frac{\partial(\Delta t)}{\partial t_2} \cdot \Delta t_2\right)^2 + \left(\frac{\partial(\Delta t)}{\partial t_1} \cdot \Delta t_1\right)^2} = \pm\sqrt{(+1 \cdot 0,2\ K)^2 + (-1 \cdot 0,2\ K)^2} = \pm 0,28284\ K$$

maximaler relativer und mittlerer relativer Fehler der Temperaturdifferenz

$$\left(\frac{\Delta(\Delta t)}{\Delta t}\right)_{max} = \frac{(\Delta(\Delta t))_{max}}{t_2 - t_1} = \frac{\pm 0,4\ K}{177\ °C - 175\ °C} = \pm 0,2$$

$$\left(\frac{\Delta(\Delta t)}{\Delta t}\right)_m = \frac{(\Delta(\Delta t))_m}{t_2 - t_1} = \frac{\pm 0,28284\ K}{177\ °C - 175\ °C} = \pm 0,14142$$

b) Analyse der Entwicklung der relativen Fehler der Einzeltemperaturmessungen

$$\pm\frac{\Delta t}{t_2} = \pm\frac{0,2\ K}{177\ °C} = 0,00113 \qquad \pm\frac{\Delta t}{t_1} = \pm\frac{0,2\ K}{175\ °C} = 0,00114$$

Die relativen Fehler beider gemessenen Temperaturen liegen nur geringfügig über 0,1 %. Für die Temperaturdifferenz folgt aber ein maximaler relativer Fehler von 20 % und ein mittlerer relativer Fehler von immerhin noch etwas mehr als 14 %!

Die Differenzbildung von fehlerbehafteten Messgrößen, die in etwa gleicher Größenordnung vorliegen, führt sehr oft zu dem problematischen Ergebnis, dass die relativen Fehler der Differenz wesentlich größer sind als die relativen Fehler der Eingangswerte. Um diesen Effekt zu begrenzen, muss man messtechnisch einen erheblichen Aufwand betreiben!

1.3.2 Erforderliche Genauigkeit für Kreiskonstante π bei Ermittlung des Erdumfangs

Der Polradius der Erde sei zu $r_E = (6.356.766 \pm 1)$ m bestimmt[6] und man suche den daraus resultierenden Erdumfang $U = \pi \cdot 2r$ in gleicher Genauigkeit. Wie viele Dezimalstellen werden dann für die Kreiskonstante π maximal benötigt? Gewährleisten die beiden unten aufgeführten Näherungen für die Kreiskonstante π diese Genauigkeit?

1. Näherung (6 Dezimalstellen richtig)   2. Näherung (9 Dezimalstellen richtig)

$$\pi \approx \frac{355}{113} \approx 3{,}1415929 \quad \text{falsch!} \qquad\qquad \pi \approx \frac{103.993}{33.102} \approx 3{,}1415926530 \quad \text{falsch!}$$

Gegeben:

$r_E = 6.356.766$ m $\Delta r_E = \pm 1$ m $\Delta U = \pm 1$ m

Vorüberlegungen:

Die Kreiskonstante π (Ludolfsche Zahl) ist ungefähr anzugeben mit[7]:

$\pi \approx 3{,}141\ 592\ 653\ 589\ 793\ 238\ 462\ 643\ 383\ 279\ \mathbf{502\ 88}4\ 197\ 169\ 399$

Die minimal erforderliche Anzahl von Dezimalen für die Kreiskonstante π folgt aus dem maximal zulässigen Fehler für den Erdumfang U, der sich aus $U = \pi \cdot 2r_E$ bestimmt. Für den maximalen Fehler gilt die Abschätzung:

$$|\Delta U_{max}| = \left|\frac{\partial U}{\partial \pi}\Delta\pi\right| + \left|\frac{\partial U}{\partial r_E}\Delta r_E\right| = 2r_E \cdot |\Delta\pi| + 2\pi \cdot |\Delta r_E|$$

Lösung:

$$|\Delta\pi| = \frac{|\Delta U_{max}| - 2\pi \cdot |\Delta r_E|}{2r_E}$$

Der maximal zulässige Fehler für die Kreiskonstante $\Delta\pi_{max}$ ergibt sich, wenn die Unsicherheiten für Umfang und Radius jeweils unterschiedliches Vorzeichen haben (hier $\Delta U = +1$ m und $\Delta r_E = -1$ m).

$$\Delta\pi_{max} = \frac{|(+1)\,\text{m} - 2\pi \cdot (-1)\,\text{m}|}{2 \cdot 6.356.766\,\text{m}} = \pm 0{,}000000572868 = \pm 5{,}72869 \cdot 10^{-7}$$

Mit diesem Ergebnis kann die sechste Nachkommastelle für π beeinflusst werden, so dass π mit mindestens 7 genauen Nachkommastellen benötigt wird. Die erste oben angegebene Näherung für die Kreiskonstante ist deshalb im Zuge der hier einzuhaltenden Genauigkeit zu verwerfen, die zweite erfüllt hingegen die gestellten Genauigkeitsanforderungen.

Mit Taschenrechnern, die in der Regel zehn signifikante Ziffern für π anzeigen und intern meist noch genauer rechnen, kann die geforderte Genauigkeit zur Berechnung des Erdumfangs bequem gewährleistet werden.

---

[6]   Die Erde besitzt keine ideale Kugelgestalt und der Radius ist vom Breitengrad abhängig. Der Äquatorradius beträgt ca. 6.378 km, der Polradius ca. 6.357 km, der mittlere Radius (volumengleiche Kugel) etwa 6.371 km.

[7]   Der Mönch Ludolf von Ceulen (1539-1610) errechnete 35 Nachkommastellen von π, die letzten vier davon auf seinem Totenbett (0288), die dann auf seinen Grabstein gemeißelt wurden.

$$U = 2 \cdot \pi \cdot r_E$$

$$U = 2 \cdot \pi \cdot 6.356.766 \,\text{m} = 39.940.738,73 \,\text{m} \approx 39.940.739 \,\text{m} \quad (\text{Taschenrechnergenauigkeit für } \pi)$$

$$U = 2 \cdot \frac{355}{113} \cdot 6.356.766 \,\text{m} = 39.940.742,12 \,\text{m} \approx 39.940.742 \,\text{m} \quad (\text{Abweichung von 3 m})$$

$$U = 2 \cdot \frac{103.993}{33.102} \cdot 6.356.766 \,\text{m} = 39.940.738,73 \,\text{m} \approx 39.940.739 \,\text{m} \quad (\text{Genauigkeit erreicht!})$$

$$U = 2 \cdot 3,1415926535 89793238 \cdot 6.356.766 \,\text{m} = 39.940.738,73 \,\text{m} \approx 39.940.739 \,\text{m} \quad (\text{keine Steigerung der Genauigkeit})$$

Gleiche Überlegungen für eine angestrebte Genauigkeit von ±1 mm führt auf:

$$\Delta\pi_{max} = \frac{|(+1)\,\text{mm} - 2\pi \cdot (-1)\,\text{mm}|}{2 \cdot 6.356.766.000 \,\text{mm}} = \pm 5,72869 \cdot 10^{-10}$$

Mit diesem Befund wäre für die Kreiskonstante zu verwenden $\pi = 3,1415926535$ und damit zu prüfen, ob der Taschenrechner diese Genauigkeit intern zur Verfügung stellt.

1.4 Wärmeübertragungsmechanismen und wichtige Stoffeigenschaften

Auf Grundprobleme der Wärmeübertragung stößt man sowohl im Alltag als auch in den verschiedensten Technikbereichen wie zum Beispiel der Energietechnik, der Fahrzeugtechnik, der Gebäudetechnik, der Bio- und Medizintechnik sowie der Lebensmitteltechnik. Sicherheitstechnische Aspekte des Betriebs von Wärmekraftwerken sind sehr eng mit Fragen des Wärmeübergangs verknüpft. Die Optimierung von Wärmeleitung, von Wärmeübergang, des Wärmeaustauschs durch Temperaturstrahlung oder von ganzen Wärmetauschern hilft die Energieeffizienz in fast allen Lebensbereichen zu verbessern.

Auch wenn uns solche Vorgänge wie die Abkühlung heiß zubereiteter Getränke, die Heizung mit Fernwärme oder das Warmlaufen eines Motors sehr vertraut erscheinen, erfordert die entsprechend präzise ingenieurtechnische Beschreibung doch ein tiefes Wissen zu den Wärmetransportmechanismen und die Beherrschung eines anspruchsvollen mathematischen Instrumentariums. Bei der von jedermann schon einmal wahrgenommenen Aufheizung oder Auskühlung eines Gebäudes treten alle drei Wärmetransportmechanismen kombiniert in komplizierten, gegenseitigen Abhängigkeiten auf, so dass für eine zutreffende Beschreibung ein höchst komplexes Modell mit vielen Einzelbausteinen benötigt wird. Die Frage, ob man die Heizung eines Hauses bei Abwesenheit bis auf einen Frostschutz zurück nimmt oder ob man besser durchheizt, ist nicht so einfach zu beantworten, wie es übereifrige Energiesparberater glaubend machen wollen. Die genaue Temperaturmessung von Fluiden mit einem Thermometer erscheint gleichfalls nur auf den ersten Blick einfach. Die endliche und nicht verschwindende Wärmekapazität des Thermometerkörpers führt zu einem zeitlichen Verzug bei der Anzeige der tatsächlichen Temperatur des Fluids und ist insbesondere bei Aufheizungs- oder Abkühlungsprozessen zu beachten. Außerdem kann der Strahlungsaustausch mit der Umgebung die Anzeige des Thermometers verfälschen. Bei bewegten Fluiden sind die Zusammenhänge mit der dynamischen Temperatur zu beachten, man darf nicht davon ausgehen, dass die vom Thermometer angezeigte Temperatur auch tatsächlich der des strömenden Fluids entspricht.

Die Aufgabe des Ingenieurs besteht bei Fragen zur Wärmeübertragung darin, den Wärmefluss von der höheren zur niederen Temperatur als natürlichen Vorgang je nach Zielstellung zu hemmen oder zu begünstigen. Damit sind Probleme der Wärmedämmung angesprochen oder auf der anderen Seite die Verbesserung von Wärmeübertragern in der chemischen Industrie, Beherrschung von Kühlproblemen an Flugkörpern, Steuerung von Abkühlprozessen zur lunkerfreien Gussteilherstellung und vieles andere mehr. Außerdem untersucht der Ingenieur die Temperaturverteilung in einem Körper unter unterschiedlichen Bedingungen mit dem Ziel, die Grenzen der Temperaturbelastung für Werkstoffe oder anderer Güter zuverlässig einzuhalten oder um solide Grundlagen für die Berechnung von Wärmespannungen zu schaffen.

Bei der Wärmeübertragung folgt der stofflich gebundene Transport (Wärmeleitung und Konvektion) anderen Gesetzmäßigkeiten als der stofflich nicht gebundene Transport (Wärmestrahlung). Entsprechend unterschiedlich sind die Herangehensweisen bei der Untersuchung dieser Phänomene.

Unter *Wärmeleitung* (andere Termini technici: *Konduktion* oder *Wärmediffusion*) ist aus phänomenologischer Sicht der Wärmefluss in Festkörpern oder Fluiden (Flüssigkeiten, Dämpfen, Gasen) bei Vorliegen einer Temperaturdifferenz in Richtung geringerer Temperatur zu verstehen. Die Wärmeleitung ist ein Transportphänomen genauso wie innere Reibung oder Diffusion. Sie beruht auf der Energieübertragung zwischen den kleinsten, unmittelbar benachbarten Teilchen eines Körpers (Atome oder Moleküle), wenn sich diese bei ihrer Bewegung berühren. Bei lokaler Erwärmung eines Materials werden dort seine Teilchen zu vermehrten Schwingungen angeregt. Dabei stoßen sie an benachbarte Teilchen und geben so Energie weiter. Der jeweilige Aggregatzustand des Materials ist eine wichtige Einflussgröße. In elektrisch leitfähigen Festkörpern (zum Beispiel in Metallen) sorgen hauptsächlich die freien, sehr beweglichen Elektronen für den zu beobachtenden Wärmetransport (Wärmeleitung durch Elektronendiffusion). Je höher die elektrische Leitfähigkeit eines Feststoffes, desto besser ist auch seine Wärmeleitfähigkeit. So leitet beispielsweise Kupfer Wärme besser als Eisen. Im supraleitenden Zustand tragen die Elektronen aber nicht mehr zur Wärmeleitung bei. Ein elektrischer Supraleiter ist also kein guter Wärmeleiter. In dielektrischen Festkörpern (elektrischen Isolatoren) sind alle Elektronen an Atome gebunden. Die Wärmeleitung erfolgt nur durch Gitterschwingungen, die Energie durch Stöße benachbarter Atome weitergeben. Die Wärmeleitung in Gasen wird hingegen fast ausschließlich durch Moleküldiffusion bewirkt. Der Wärmetransport hängt ab von der Änderung der mittleren Geschwindigkeit der Molekülbewegung und der mittleren freien Weglänge bis zu einem Zusammenstoß mit einem anderen Molekül.

Unter *Konvektion* versteht man den Wärmetransport von einem bewegten Fluid (Flüssigkeit, Dampf oder Gas) an eine feste Wand oder umgekehrt von der Wand an das Fluid. Im Gegensatz zur Wärmeleitung in Feststoffen liegt beim Wärmetransport durch Konvektion zusätzlich zur Wärmeleitung noch eine durch den beteiligten Fluidstrom hervorgerufene makroskopische Teilchenbewegung vor (con + veho = (lat.): zusammen + fahren). Der direkt mit der Teilchenbewegung verbundene Wärmefluss hängt wesentlich vom Strömungszustand des Mediums ab. Man unterscheidet erzwungene und freie Konvektion je nachdem, ob die Strömung durch äußere Kräfte (Pumpenantrieb) bewirkt wird oder sich in Folge der Auftriebskräfte ausbildet. Die Wärmeübertragung wird hier maßgeblich durch die Gesetze der Fluiddynamik bestimmt. Bei Darstellungen, die sich vorrangig auf die typischen Aufgabenklassen bei Wärmetransport konzentrieren, vermittelt eine oberflächliche Betrachtung gelegentlich den Eindruck, Konvektion sei ein eigenständiger Wärmetransportmechanismus. Völlig zu Recht zitiert deshalb [8] eine Passage aus einem von Nußelt[8] 1915 veröffentlichten Aufsatz *Das Grundgesetz des Wärmeübergangs*:

> „Es wird vielfach in der Literatur behauptet, die Wärmeabgabe eines Körpers habe drei Ursachen: die Strahlung, die Wärmeleitung und die Konvektion. Diese Teilung der Wärmeabgabe in Leitung und Konvektion erweckt den Anschein, als hätte man es mit zwei unabhängigen Erscheinungen zu tun. Man muss daraus schließen, dass Wärme auch durch Konvektion ohne Mitwirkung der Leitung übertragen werden könnte. Dem ist aber nicht so."

Bei der *Strahlung* wird Energie in kleinen, nicht weiter teilbaren Beträgen (Photonen) zwischen einem wärmeren und kälteren festen, flüssigen oder gasförmigen Körper ausgetauscht. Bei diesem Energietransport durch elektromagnetische Wellen (Schwingungen) ist im Gegensatz zur stoffgebunden Wärmeleitung und Konvektion, wo Wärme nur in Richtung monoton fallender Temperatur fließen kann, kein stoffliches Übertragungsmedium erforderlich, so dass zum Wärmeaustausch in Körpern auch Gebiete mit niedrigerer Temperatur durchdrungen werden können (Austausch von Strahlungsenergie zwischen Sonne und Erde im Kosmos). Der Strahlungsaustausch zwischen Sonne und Erde ist die entscheidende Voraussetzung für die Ausbildung eines Leben ermöglichenden Klimas in der Erdatmosphäre. Dieser Energieaustausch wird entscheidend durch die Strahlungseigenschaften der nur in Spuren vorkommenden Stoffe Kohlendioxid und Wasserdampf bestimmt. Die Kenntnis der Natur der Sonnenstrahlung ist eine elementare Voraussetzung für die Entwicklung von Technologien zur effizienten Nutzung der Solarenergie. Andererseits sei darauf verwiesen, dass die thermische Strahlung bei der Raumfahrt die einzige Möglichkeit darstellt, Wärme zu übertragen.

Das für die hier zu behandelnde thermische Strahlung bedeutsame Wellenlängenspektrum reicht vom Bereich der ultravioletten Strahlung (UV) über das sichtbare Licht (VIS) bis zum Bereich der infraroten Strahlung (IR). Thermische Strahlung findet zwischen zwei oder mehreren Körperoberflächen statt, wobei die einzelnen Körper nach dem Sender-Empfänger-Prinzip Strahlung sowohl aussenden (emittieren) als auch einen Teil der auftreffenden Strahlung aufnehmen (absorbieren).

Wärmeleitung, konvektiver Wärmeübergang und Wärmestrahlung werden jeweils mit spezifischen mathematischen Ansätzen beschrieben und gelöst. Bei fast allen realen Wärmetransportvorgängen treten die einzelnen Mechanismen kombiniert in unterschiedlichen Gewichtungen und in gegenseitigen Abhängigkeiten auf. Oftmals ist eine Wärmeleitung in einem Festkörper gemeinsam mit einem Wärmeübergang an ein umgebendes Fluid zu untersuchen. In diesem Fall spricht man von einem konjugierten Wärmeübergangsproblem. Die Schwierigkeit besteht bei dieser oder einer noch komplexeren Kombination (zum Beispiel bei parallel bedeutsamer Wärmestrahlung) darin, ein den verschiedenen Ansprüchen gerecht werdendes Modell für eine hinreichend genaue Lösung zu finden. Außerdem gibt es Phänomene, bei denen die Wärmestrahlung im Verhältnis zur Wärmeleitung und Konvektion beim Energietransport dominiert. Wasseransammlungen auf Kunststoffplanen, die über Pflanzenflächen

---

[8] Nußelt, Ernst Kraft Wilhelm (1882–1957), deutscher Ingenieur, Professor in Dresden (1915), Karlsruhe (1920–1925) und München (1925–1952), Begründer der Ähnlichkeitstheorie der Wärmeübertragung.

gespannt wurden, können über Nacht gefrieren, obwohl die Temperatur in den bodennahen Schichten nicht unter 0 °C gefallen war, denn neben dem Wärmeaustausch mit der Luft durch Leitung und Konvektion ist der Strahlungsverlust zwischen der wasserbedeckten Oberfläche und dem kalten Nachthimmel zu berücksichtigen. Ähnlich ist auch die fehlende Wohnklimabehaglichkeit in Räumen mit sehr kalten Innenwänden und Fensterflächen zu erklären. Die Körperoberfläche eines (lebenden) Menschen strahlt mehr Energie auf diese ab als beim Strahlungsaustausch von den kalten Wand- und Fensterflächen zurückgestrahlt wird. Für die Fensterflächen kann der Effekt durch Verdeckung mit einer Gardine sofort gemindert werden. Für ein angenehmes Raumklima bei kalten Wänden kann man dann durch Steigerung der Raumtemperatur sorgen. Im Umkehrschluss bedeutet das aber auch, dass man mit niedrigeren Raumtemperaturen auskommt (Energieeinsparung), wenn der Strahlungsaustausch zwischen Mensch und Raumumfassung gering gehalten wird.[9]

Wenngleich im Prinzip nur zwei verschiedene Mechanismen des Wärmetransports existieren, nämlich die Konduktion (Wärmeleitung ohne und mit Energietransport durch Konvektion) sowie die Wärmestrahlung, haben sich doch für spezielle, in der Praxis häufiger zu untersuchende Fragestellungen mathematisch sehr unterschiedliche Vorgehensweisen für die Lösung etabliert. Auf diesen Umstand gehen wir in jeweils separaten Kapiteln ein. Wir behandeln die stationäre Wärmeleitung in Festkörpern auf Basis der Laplace´schen Differentialgleichung, die instationäre Wärmeleitung in Festkörpern mit den Lösungen, die sich aus der Fourier´schen Differentialgleichung ableiten lassen, den Wärmeübergang zwischen Festkörpern und Fluid unter dem Oberbegriff Konvektion mit Hilfe der Nußelt´schen Ähnlichkeitstheorie, den Wärmedurchgang als häufig auftretender Wärmetransport in der Kombination Fluid - feste Wand - Fluid und schließlich die Wärmestrahlung mit dem Stefan-Boltzmann´schen Gesetz und den Kirchhoff´schen Gesetzen. In den Mittelpunkt stellen wir immer die mathematische Formulierung des Problems und beschränken uns dabei auf Fälle, bei denen man mit akzeptablem Aufwand auf eine geschlossene analytische Lösung mit dem Taschenrechner zurückgreifen kann.

Der Wärmetransport in Richtung abnehmender Temperatur bei endlichem Temperaturgradienten ist thermodynamisch immer ein *irreversibler Prozess*, weil man damit dem thermischen Gleichgewichtszustand näher kommt oder diesen sogar erreicht. Die daraus folgende energiewirtschaftliche Entwertung der Wärme durch Verschiebung der Anteile von Exergie und Anergie ist durch die Entropie quantifizierbar. Abnehmende Exergie und zunehmende Anergie beim Wärmetransport resultiert aus der Erzeugung von Entropie. Die lokale Entropieproduktion folgt bei der Wärmeleitung aus dem örtlichen Temperaturgradienten. Für die Konvektion ist zusätzlich die Entropiezunahme durch die in der Strömung mit dem Druckverlust dissipierte mechanische Energie zu beachten. In allen Fällen basiert die Berechnung der Entropieproduktion auf den sich ergebenden Temperatur- und Geschwindigkeitsfeldern, deren Bestimmung wir uns für die einfachsten Fälle in den folgenden Kapiteln mit analytisch geschlossenen Lösungen nähern werden. Bei komplexen Vorgängen, wie sie häufig in der Praxis vorkommen, ist man jedoch auf die mit Hilfe des Computers numerisch ermittelten Temperatur- und Geschwindigkeitsfelder angewiesen. Die Exergieminderung in einem Wärmeübertragungsprozess sollte so gering wie möglich gehalten werden. Wenn man die durch Wärmeübertragung bereitgestellte Wärme

---

[9] Man kann es aber auch übertreiben. Der Autor musste sich schon ernsthaft mit der Begutachtung der „Erfindung" einer Tapete befassen, die schwache Mikrowellen aussenden sollte, um die zur Erzeugung eines behaglichen Wärmeempfindens in Wohnräumen „energiefressenden" Heizungen energiesparend durch innere Aufheizung des menschlichen Gewebes zu ersetzen.

in eine andere Energieart umwandeln will, steht damit im Höchstfall die Exergie der Wärme zur Verfügung. Die beim Wärmetransport erzeugte Anergie schmälert dieses Potential.

Die Berechnung von Temperaturfeldern und darauf fußenden Wärmeströmen setzt mit Ausnahme der quellfreien stationären Wärmeleitung bei Randbedingungen erster Art immer die Kenntnis von Stoffeigenschaften (Zusammenstellung siehe Tabelle 1-1) voraus, die als Zustands- oder Transportgrößen vom jeweiligen thermodynamischen Zustand abhängen, in der Regel von Temperatur und Druck. In den technisch bedeutsamen Bereichen ist die Veränderlichkeit der Werte mit der Temperatur häufig deutlich, die Veränderlichkeit mit dem Druck hingegen selten stärker ausgeprägt. Die Temperatur stellt deshalb eine zentrale Zustandsgröße für die Charakterisierung des thermischen Energiezustandes eines Stoffes dar. Feststoffe, Flüssigkeiten und Gase weisen in Bezug auf Temperaturänderungen jeweils ein unterschiedliches, aber für die jeweilige Stoffgruppe typisches Verhalten auf. Bei Berechnungen sind also die entsprechenden spezifischen Besonderheiten zu berücksichtigen.

Tab. 1-1:   Wichtige Stoffgrößen beim thermischen Energietransport.

Stoffeigenschaft	Formel-zeichen	Maßeinheit	
Dichte	ρ	kg/m^3	1 g/cm^3 1 g/ml = 1000 kg/m^3
spezifische Wärmekapazität	c	kJ/(kg K)	1 kJ/(kg K) = 1000 J/(kg K)
Viskosität - dynamische - kinematische	η ν	Pa s m^2/s	1Pa s = 1 kg/(m·s)
Wärmeleitfähigkeit	λ	W/(m K)	

Die stoffspezifischen Zusammenhänge für Druck und Temperatur bildet man über Zustandsgleichungen ab, die entweder vollständig empirisch oder auf der Basis von Berechnungsmodellen gewonnen werden. Die meisten dieser Modellvorstellungen beruhen nicht auf phänomenologisch begründeten Untersuchungsmethoden, sondern gehen vom speziellen Aufbau der Atome/Moleküle sowie den Wechselwirkungskräften zwischen ihnen aus. An dieser Stelle wollen wir deshalb nicht weiter darauf eingehen und verweisen auf die entsprechende Literatur zur Verfahrenstechnik und Chemischen Thermodynamik.

Bei den Gasen sind die Stoffeigenschaften nach Tabelle 1-1 in den benötigten Abhängigkeiten von Druck und Temperatur leider nur für Stickstoff, Sauerstoff, Kohlendioxid und Luft, bei den Flüssigkeiten nur für Wasser hinreichend gut allgemein bekannt. Sie beruhen auf sehr präzisen Messungen und Gleichungen, die über bestimmte Temperatur- und Druckbereiche mit hoher Genauigkeit interpolieren/extrapolieren (siehe Tabellen 7.6-4 für Wasser und 7.6-5 für Luft). Für eine Vielzahl von Stoffen existiert eine Reihe von Berechnungsmodellen auf der Basis spezieller Vorstellungen zum Aufbau der Atome/Moleküle, die keinem phänomenologischen Ansatz folgen und hier nicht weiter betrachtet werden. Sie spielen aber in der Verfahrenstechnik und der Chemischen Thermodynamik eine wichtige Rolle und werden dort zentral behandelt. In diesem Buch ist eine Auswahl häufig benötigter Stoffwerte in den Tabellen des Kapitels 7.6 Thermophysikalische Stoffeigenschaften zusammengestellt.

Das Wissen um die funktionalen Abhängigkeiten bei den Stoffeigenschaften Dichte und spezifische Wärmekapazität aus der thermodynamischen Energielehre setzen wir hier voraus und gehen nur noch in kompakter Form auf Viskosität und Wärmeleitfähigkeit ein.

Die *Viskosität oder Zähigkeit* ist ein Maß für den Fließwiderstand von Fluiden (Zähigkeit = Widerstand eines Volumenelementes gegen einen erzwungenen Ortswechsel) in reibungsbehafteten Strömungen. Ursache ist der stete Impulsaustausch unter den Teilchen, die bei Impulsabgabe an feste Wände dort haften bleiben. Zwischen den haftenden und unmittelbar darüber gleitenden Teilchen treten durch Impulsübertragung quer zur Strömungsrichtung sogenannte Scherkräfte auf, die die Ursache für die innere Reibung (viskoses Verhalten) sind.

Die Viskosität spielt eine Rolle bei der Berechnung von Druckverlusten in Strömungen sowie bei der Bestimmung von Wärmeübergangskoeffizienten zwischen festen Wänden und Fluiden. Man unterscheidet zwischen der dynamischen Viskosität η und der kinematischen Viskosität ν.

- ν = kinematische Viskosität $\nu = \nu(T)$ $[\nu] = 1$ m²/s
- η = dynamische Viskosität $\eta = \eta(T, p)$ $[\eta] = 1$ kg/(m s)

Die kinematische Viskosität ν steht mit der dynamischen Viskosität η über die Dichte ρ in Beziehung:

$$\eta = \rho \cdot \nu \qquad\qquad\qquad\qquad (1.4\text{-}1)$$

In der Literatur werden gelegentlich noch Werte für die dynamische Viskosität in Poise (P) und Centipoise (cP) angegeben.

$$1\,\text{P} = 1\,\frac{\text{g}}{\text{cm} \cdot \text{s}} = 0{,}1\,\frac{\text{kg}}{\text{m} \cdot \text{s}} = 0{,}1\,\text{Pa} \cdot \text{s} \qquad\qquad 1\,\text{cP} = 10^{-3}\,\text{Pa} \cdot \text{s} = 1\,\text{mPa} \cdot \text{s}$$

Der Name kinematische Viskosität leitet sich aus dem Umstand ab, dass die dafür abgeleitete Maßeinheit nur aus den kinematischen Einheiten Meter und Sekunde zusammengesetzt ist.

$$\nu = \frac{\eta}{\rho} \qquad [\nu] = 1\,\frac{\text{N/m}^2 \cdot \text{s}}{\text{kg/m}^3} = 1\,\frac{\text{m}^2}{\text{s}} \qquad\qquad\qquad (1.4\text{-}2)$$

In älterer Literatur findet man für die kinematische Viskosität noch die nach Stokes[10] benannte Maßeinheit $1\,\text{St} = 10^{-4}$ m²/s.

Tab. 1-2: Kinematische Viskosität von trockener Luft in 10^{-6} m²/s mit $M = 28{,}9586$ kg/kmol und Gaskonstante $R_L = 287{,}12$ J/(kg K) als Funktion von Temperatur und Druck nach VDI-Wärmeatlas, Springer Verlag 11. Auflage 2013.

p in bar	0 °C	50 °C	100 °C	150 °C	200 °C	250 °C	300 °C	350 °C	400 °C
1	13,5	18,22	23,46	29,20	35,39	42,03	49,07	64,35	81,12
50	0,2792	0,3789	0,4884	0,6072	0,7348	0,8709	1,015	1,326	1,666
100	0,1496	0,2010	0,2575	0,3183	0,3836	0,4531	0,5265	0,6845	0,8570
200	0,09233	0,1175	0,1461	0,1774	0,2110	0,2467	0,2844	0,3655	0,4537

Die Viskosität von Flüssigkeiten ist wesentlich größer als die von Gasen (siehe Tabelle 7.6-4 und 7.6-5). Flüssigkeiten und Gase weisen außerdem ein gegenläufiges Temperaturverhalten

---

[10] George Gabriel Stokes (1819–1903), irischer Mathematiker und Physiker, leistete wichtige Beiträge zur Strömungsmechanik (Navier-Stokes-Gleichungen), zur Ausbreitung elektromagnetischer Wellen und zur Spektralanalyse des Lichts. Er prägte den Namen Fluoreszenz für die Spontanemission von Licht nach entsprechender Anregung, die er bei Calciumflourid beobachtete.

auf. Bei Flüssigkeiten nimmt die dynamische Viskosität η mit zunehmender Temperatur ab, weil hier die Wechselwirkungskräfte zwischen Molekülen mit steigender Temperatur geringer werden. Bei Gasen dagegen steigt der Impulstransport mit höher werdender Temperatur, so dass die dynamische Viskosität hier proportional mit $\sqrt{T}$ zunimmt. Gleichzeitig ist eine (meist schwach ausgeprägte) Druckabhängigkeit vorhanden. Insbesondere bei der kinematischen Viskosität von Gasen ist jedoch der Druckeinfluss über die Dichte zu beachten.

Die *Wärmeleitfähigkeit* λ ist eine messbare Stoffeigenschaft, deren Höhe in der Regel in der Reihenfolge der Aggregatzustände fest, flüssig, gasförmig abnimmt (siehe Tabellen 7.6-2 bis 7.6-5). Gase weisen die niedrigsten Werte für die Wärmeleitfähigkeit auf. Hierauf beruht das geringe Wärmeleitvermögen von schaumartigen Isolierstoffen, denn sie enthalten eine Vielzahl kleiner gasgefüllter Hohlräume. Auf der sehr niedrigen Wärmeleitfähigkeit von Argon ($\lambda_{Ar} \approx 0{,}02$ W/(m K)) beruht die Verwendung als Schutzgas für beheizte Tauchanzüge.

Neben der eigenständigen Bedeutung der Wärmeleitfähigkeit als Stoffeigenschaft geht diese auch in die für die Betrachtung einer instationären Temperaturfeldentwicklung wichtige Temperaturleitfähigkeit a ein. Beim konvektiven Wärmeübergang spielt sie eine Rolle für die Berechnung von Wärmeübergangskoeffizienten. Als Stoffeigenschaft wird die Wärmeleitfähigkeit λ beeinflusst von der Temperatur T, bei Fluiden auch vom Druck p, von der Dichte ρ und bei einigen Stoffen auch von der aufgenommenen Feuchtigkeit φ.

$$\lambda = \lambda(T, p, \rho, \varphi) \qquad [\lambda] = 1\,\frac{W}{m\,K}$$

Zur Untersuchung der technisch interessanten Wärmeleitprobleme in Feststoffen reicht bei häufig geringer Temperaturabhängigkeit der Wärmeleitfähigkeit die Verwendung der Tafelwerte aus der Literatur im Allgemeinen aus. Neben der oft lediglich gering ausgeprägten Temperaturabhängigkeit ist bei der Wärmeleitfähigkeit der Druck nur bei Flüssigkeiten, Dämpfen sowie Gasen relevant.

In *Gasen, Dämpfen und Flüssigkeiten* haben wir es gleichzeitig nur dann mit reiner Wärmeleitung zu tun, wenn diese Stoffe in engen Spalten und Kanälen durch Reibung in ihrer Bewegung stark gehemmt sind. Sobald eine durch Temperaturunterschiede hervorgerufene Zirkulation hinzutritt, arbeitet man zweckmäßig mit einer *scheinbaren* oder *wirksamen* Wärmeleitfähigkeit, die auch ein Äquivalent für die „scheinbare" Wärmeleitung infolge der Konvektionsbewegung enthält.

Die Höhe der Wärmeleitfähigkeit in ihrer funktionalen Abhängigkeit von der Temperatur (sowie zusätzlich vom Druck für Gase und Flüssigkeiten) ermittelt man entweder experimentell oder rechnerisch mit physikalischen Modellen, die nicht auf einer phänomenologischen Betrachtung fußen (siehe entsprechende Fachliteratur, zum Beispiel [7]).

Tab. 1-3: Wärmeleitfähigkeit von Wasser und Dampf (Werte in Klammern) in W/(m K) als Funktion von Temperatur und Druck nach VDI-Wärmeatlas, Springer Verlag 11. Auflage 2013.

p in bar	0 °C	50 °C	100 °C	150 °C	200 °C	250 °C	300 °C	350 °C
1	0,5557	0,6406	(0,02456)	(0,02884)	(0,03344)	(0,03834)	(0,04353)	(0,04898)
50	0,5593	0,6432	0,6800	0,6841	0,6629	0,6180	(0,05430)	(0,05666)
100	0,5630	0,6457	0,6828	0,6874	0,6670	0,6235	0,5551	(0,06910)
200	0,5701	0,6508	0,6883	0,6941	0,6750	0,6339	0,0708	0,4885

Tab. 1-4: Wärmeleitfähigkeit trockener Luft in W/(m K) mit $M = 28,9586$ kg/kmol und $R_L = 287,12$ J/(kg K) als Funktion von Temperatur und Druck nach VDI-Wärmeatlas, Springer Verlag 11. Auflage 2013.

p in bar	0 °C	50 °C	100 °C	150 °C	200 °C	250 °C	300 °C	400 °C	500 °C
1	0,02436	0,02808	0,03162	0,03500	0,03825	0,04138	0,04442	0,05024	0,05580
50	0,02665	0,02989	0,03311	0,03627	0,03935	0,04235	0,04528	0,05095	0,05640
100	0,02985	0,03231	0,03506	0,03789	0,04074	0,04356	0,04636	0,05182	0,05712
200	0,03751	0,03801	0,03962	0,04169	0,04399	0,04640	0,04886	0,05384	0,05881

Die Abhängigkeit der Wärmeleitfähigkeit von der Dichte ist vor allem für Dämm- und Baustoffe relevant. Diese werden in Abhängigkeit vom Einsatzzweck in vielfältigen Varianten hergestellt. Die Angaben im Schrifttum zu ihren thermophysikalischen Eigenschaften sind aber teilweise widersprüchlich und manchmal auch nur schwer zu interpretieren.

Tab. 1-5: Wärmeleitfähigkeit in Abhängigkeit von der Dichte für Beton.

Baustoff	ρ in kg/m³	λ in W/(m K)	Quelle
Beton ohne Bewehrung	2000	1,35	DIN EN ISO 10476
Beton, armiert, 2 % Stahl	2400	2,50	DIN EN ISO 10476
Leichtbeton, geschlossenes Gefüge	800	0,39	DIN 4108-4
Leichtbeton, geschlossenes Gefüge	1000	0,49	DIN 4108-4
Porenbeton	500	0,14	DIN 4108-4
Porenbeton	800	0,23	DIN 4108-4

Bei gleicher Dichte ist die Wärmeleitfähigkeit λ von Leichtbeton höher als die von Porenbeton, denn Porenbeton enthält Gaseinschlüsse im Unterschied zu Leichtbeton mit einem geschlossenen Gefüge.

Bei der Beurteilung der Effizienz einer Wärmeisolierung ist die solide Kenntnis der Wärmeleitfähigkeit der Bau- und Dämmstoffe sehr wichtig. Insbesondere bei Dämmstoffen begnügt man sich nicht mit Nennwerten der Wärmeleitfähigkeit aus Tafeln, die die Eigenschaften von Dämmstoffen unter Laborbedingungen wiedergeben. Für den Nachweis des Erfüllungsgrades gesetzlicher Mindeststandards an den Wärmeschutz stützt man sich auf Bemessungswerte für die Wärmeleitfähigkeit aus DIN V 4108-4:2006/06, die zusätzlich Materialalterung und Feuchtigkeitsaufnahme unter normalen Belastungssituationen berücksichtigen. Darüber hinaus gelten für die Herstellung von Wärmedämmstoffen genormte Grenzwerte für die Wärmeleitfähigkeit, die nicht überschritten werden dürfen.

Aufgenommene Feuchtigkeit führt in Bau- und Dämmstoffen sowie in Gasen zu einer erhöhten Wärmeleitfähigkeit. Aus Erfahrung wissen wir, dass feuchte, schwüle Luft die Wärme besser leitet als trockene. Wenn in Poren von Dämmstoffen Feuchtigkeit zu Wasser kondensiert und dieses dann bei tiefen Temperaturen gefriert, geht mit dem Ansteigen der Wärmeleitfähigkeit die isolierende Wirkung verloren. Eis (gefrorenes Wasser) besitzt eine Wärmeleitfähigkeit, die bei 0 °C mit 2,25 W/(m K) beginnt und mit tieferen Temperaturen immer weiter ansteigt. Analoges gilt für feuchte Schüttgüter. Bei trockenem Sand geht man von einer Wärmeleitfähigkeit von 0,31 W/(m K) aus, bei 20 % Feuchtigkeit steigt die Wärmeleitfähigkeit bereits auf 1,75 W/(m K) und ist der Sand mit Feuchtigkeit gesättigt, kann man 2,50 W/(m K) ansetzen.

Zum tieferen Verständnis der mit dem Wärmetransport verknüpften Erscheinungen fassen wir hier in kompakter Form die wichtigsten Fakten zur Wärmeleitfähigkeit zusammen. Verschaffen Sie parallel dazu eine Übersicht zu den Größenordnungen in den Tabellen 7.6-2 bis 7.6-5 im Anhang!

- Über die höchsten Wärmeleitfähigkeiten verfügen Feststoffe, die für Flüssigkeiten liegen deutlich darunter. Die niedrigsten Wärmeleitfähigkeiten weisen Gase auf.
- Bei Metallen sind die Elektronen nicht an einen festen Platz gebunden, sondern wandern im Gitterverband umher. So leiten Metalle Wärme außer durch Molekülschwingungen noch durch Elektronenströme. Deshalb weisen elektrische Leiter (Tabelle 7.6-2) wesentlich höhere Wärmeleitfähigkeiten als elektrische Nichtleiter (Tabelle 7.6-3) auf.
- Kristalline Feststoffe leiten die Wärme besser als amorphe.
- Bei steigenden Temperaturen nimmt die Wärmeleitfähigkeit
  - für reine Metalle leicht ab. Gleiches gilt für festes Quecksilber und festes Wasser (Eis)
  - für organische Flüssigkeiten ab, für Wasser (vergleiche Tabelle 7.6-4) und flüssiges Quecksilber hingegen zu, wobei die Wärmeleitfähigkeiten hier immer deutlich niedriger sind als für dieses Stoffe im festen Zustand.
  - für Gase ab (vergleiche Luft Tabelle 7.6-5)
- Während sich die Wärmeleitfähigkeit mit wachsenden Temperaturen für ferritische Stähle merklich vermindert, steigt sie für austenitische Stähle deutlich an.

Tab. 1-6: Größenordnungen für Wärmeleitfähigkeiten ausgewählter Flüssigkeiten und Gase.

Flüssigkeiten	**Gase** (Werte immer bei 100 °C)
Organische Flüssigkeiten: $\lambda = 0{,}1\ldots0{,}2$ W/(m K)	Argon $\lambda = 0{,}02089$ W/(m K)
z. B. Benzol: $\lambda(20\ °C) = 0{,}154$ W/(m K)	Kohlendioxid $\lambda = 0{,}02287$ W/(m K)
Wasser und Ammoniak: $\lambda = 0{,}2\ldots0{,}6$ W/(m K)	Luft $\lambda = 0{,}03162$ W/(m K)
z. B. Ammoniak: $\lambda(20\ °C) = 0{,}494$ W/(m K)	Fluor $\lambda = 0{,}0318$ W/(m K)
Salzschmelzen: $\lambda = 0{,}5\ldots3$ W/(m K)	Helium $\lambda = 0{,}1793$ W/(m K)
z. B. Natriumkarbonat: $\lambda(1135\ °C) = 1{,}83$ W/(m K)	Wasserstoff $\lambda = 0{,}2149$ W/(m K)
Metallschmelzen: $\lambda = 10\ldots100$ W/(m K)	
z. B. Natrium: $\lambda(100\ °C) = 85{,}8$ W/(m K)	

1.4.1 Irreversibilität der Wärmeleitung

Am Beispiel der eindimensionalen stationären Wärmeleitung in einer ebenen Wand ist der Nachweis der Irreversibilität dieses Vorgangs zu erbringen. Die Wand sei so aufgebaut, dass sie bezogen auf 1 m² Wandfläche einen Wärmestrom von 600 W überträgt. An der linken Wandseite herrsche stets eine Wandtemperatur von 18 °C, an der rechten Wandseite stets eine Temperatur von 10 °C.

Gegeben:

$T_1 = 291{,}15$ K $\quad (t_1 = 18\ °C)$ $\qquad T_2 = 283{,}15$ K $\quad (t_1 = 10\ °C)$ $\qquad \dot{q} = 600$ W/m²

Vorüberlegungen:

Die Erfahrung lehrt, das die Richtung des spontanen Wärmeflusses von hoher Temperatur zu niedriger Temperatur (in diesem Beispiel von linker zu rechter Wandseite) nicht von allein in Richtung steigender Temperatur umgekehrt werden kann. Nach dem zweiten Hauptsatz der Thermodynamik müsste sich dies über einen positiven resultierenden Entropiestrom $\dot{s}$ ausdrücken lassen ($\mathrm{d}\dot{s} \geq \mathrm{d}\dot{q}/T$).

Dazu betrachtet man die wärmeleitende Wand als abgeschlossenes thermodynamisches System mit den Wandflächen als Systemgrenzen und trennt dieses System zunächst durch eine gedachte wärmeundurchlässige Wand in das Teilsystem 1 (linke Wandseite) und das Teilsystem 2 (rechte Wandseite). Mit der Entfernung der adiabaten Trennwand ist dann das Temperaturgleichgewicht im Gesamtsystem gestört. Zum Ausgleich wird spontan eine bestimmte Wärmemenge in Richtung der niedrigeren Temperaturen transportiert. Nach Aufgabenstellung sollen hier über die gesamte zu betrachtende Zeit die Wandtemperaturen links und rechts verschiedene, aber konstante Werte aufweisen. Folglich kommt es nicht zu einem Temperaturausgleich, sondern zur Ausbildung eines stationären Temperaturprofils mit Übertragung eines konstanten Wärmestroms von links nach rechts.

Lösung:

$$\mathrm{d}\dot{s} = -\frac{\mathrm{d}\dot{q}}{T_1} + \frac{\mathrm{d}\dot{q}}{T_2} = \mathrm{d}\dot{q} \cdot \frac{T_1 - T_2}{T_1 \cdot T_2} = 600\,\frac{\mathrm{W}}{\mathrm{m}^2} \cdot \frac{(291,15 - 283,15)\,\mathrm{K}}{291,15\,K \cdot 283,15\,\mathrm{K}} = +\,0,058225\,\frac{\mathrm{W}}{\mathrm{m}^2\,\mathrm{K}}$$

Der sich einstellende neue Gleichgewichtszustand wird nicht wieder spontan verlassen. Der errechnete positive Entropiestrom zeigt an, dass der Prozess der Wärmeleitung nicht ohne Änderungen in der Umgebung rückgängig gemacht werden könnte. In Übereinstimmung mit den Aussagen des zweiten Hauptsatzes der Thermodynamik entspricht das auch unserer Erfahrung.

1.4.2   Kinematische Viskosität von Luft bei hohem Druck

Welchen Wert besitzt die kinematische Viskosität für trockene Luft bei 50 °C und 50 bar, wenn der Wert für 1 bar und 50 °C mit $182,2 \cdot 10^{-7}$ m²/s bekannt ist?

Gegeben:

$\nu = 182,2 \cdot 10^{-7}$ m²/s

Vorüberlegungen:

Die dynamischen Viskositäten η von Fluiden sind genauso wie ihre Wärmeleitfähigkeiten λ von der Temperatur, aber praktisch außer in der Nähe des kritischen Punktes nicht vom Druck abhängig. Weil Flüssigkeiten als fast inkompressibel anzusehen sind, hängen ihre kinematischen Viskositäten ν kaum vom Druck ab. Die Kompressibilität von Gasen erfordert jedoch bei ν die Berücksichtigung des antiproportionalen Verhaltens zum Druck.

Lösung:

$$v(p,t) = v(p_{Bezug}, t) \cdot \frac{p_{Bezug}}{p}$$

$$v(50\,\text{bar}, 50\,°\text{C}) = v(1\,\text{bar}, 50\,°\text{C}) \cdot \frac{1\,\text{bar}}{50\,\text{bar}} = 182{,}2 \cdot 10^{-7}\,\frac{\text{m}^2}{\text{s}} \cdot \frac{1\,\text{bar}}{50\,\text{bar}} = \underline{\underline{3{,}644 \cdot 10^{-7}\,\frac{\text{m}^2}{\text{s}}}}$$

Tatsächlich weist der VDI-Wärmeatlas aus: $v(50\,\text{bar}, 50\,°\text{C}) = 3{,}789 \cdot 10^{-7}$ m²/s. Der relative Fehler des oben errechneten Wertes liegt bei knapp 4 % des Tafelwertes.

1.5 Wärmestrom und Wärmestromdichte

Physikalisch beruht ein Wärmestrom auf vielfältigen Wechselwirkungen zwischen kleinsten Teilchen (Moleküle, Atome, Elektronen). Mathematisch sind diese Elementarvorgänge nach derzeitigem Stand der Forschung noch nicht durchgängig exakt zu beschreiben. Der Ingenieur greift deshalb wieder auf die phänomenologische Analyse zurück, für die man die Größen Temperatur, Zeit und Wärme verwendet. Die Triebkraft für einen Wärmestrom ist immer ein Temperaturgefälle zwischen benachbarten Systemen. Für die Temperatur kommt es außer bei der Wärmestrahlung nicht auf den Nullpunkt der Temperaturskala an, denn es spielen nur Temperaturdifferenzen eine Rolle. Deshalb ist der Nullpunkt auch zweckmäßig verschiebbar, so dass die Celsiustemperaturskala in den meisten Fällen problemlos angewendet werden kann.

Bei der Wärmeübertragung wird eine gegebene Energie(wärme)menge Q in einer bestimmten Zeit τ infolge eines Temperaturunterschieds in Richtung fallender Temperatur durch einen *Wärmestrom $\dot{Q}$ (Wärmeleistung)* von einem Körper auf einen anderen übertragen.

Tab. 1-7:   Größenordnungen typischer Wärmeleistungen in kW.

Kerzenflamme	50 W = 0,05 kW
Mensch (in Ruhe)	100 W = 0,10 kW
Backofen	4 kW
Heizung in Einfamilienhaus	10 bis 15 kW
Dampferzeuger in Kraftwerk	1.800 MW = 1.800.000 kW
Sonne	$370 \cdot 10^{21}$ kW

Vorteilhaft ist hier gleichfalls die schon aus der thermodynamischen Energielehre bekannte Arbeitsweise, Rechnungen zunächst mit spezifischen Werten auszuführen und später über die Größenmaßstäbe die Ergebnisse an die realen Umfänge anzupassen. Das Verhältnis von in Normalenrichtung stehenden Wärmestrom $\dot{Q}$ zur Größe der wärmeübertragenden Fläche bezeichnet man als *Wärmestromdichte* oder *Heizflächenbelastung*.

$$\dot{q} = \frac{\dot{Q}}{A} \qquad\qquad [\dot{q}] = 1\,\text{W/m}^2 \qquad\qquad (1.5\text{-}1)$$

$$\dot{Q} = \dot{q} \cdot A \qquad\qquad [\dot{Q}] = 1\,\text{W} \qquad\qquad (1.5\text{-}2)$$

Im Unterschied zu (1.5-2) kennzeichnen wir mit dem Zusatzzeichen „~" *die volumenspezifische Ergiebigkeit* oder *Leistungsdichte*

$$\tilde{q}(\tau,x,y,z) = \frac{\dot{Q}}{V} \qquad\qquad [\tilde{q}] = 1\,\mathrm{W/m^3} \qquad\qquad (1.5\text{-}3)$$

Eine volumenspezifische Ergiebigkeit tritt beispielsweise bei einer elektrischen Widerstandsheizung oder auch bei biologischen, chemischen sowie bei nuklearen Reaktionen auf.

Im Hinblick auf die Jahrhundertaufgabe zur Dekarbonisierung des weltweiten Energiesystems lohnt ein Blick auf zwei Wärmestromdichten, die als erneuerbare Energien zukünftig viel stärker als heute im Fokus des Interesses von Ingenieuren stehen werden.

- **Terrestrischer Wärmestrom**

Die Temperaturen im Erdkern schätzt man auf 5.000 bis 6000 °C. Fast 99 % des Volumens der Erde sind heißer als 1000 °C. Nur bis etwa 3 km Eindringtiefe von der Erdoberfläche finden wir Temperaturen unter 100 °C. An der unmittelbaren Oberfläche (Erdkruste) liegen die Temperaturen maximal im positiv zweistelligen Bereich. Die in der Erde insgesamt gespeicherte Wärme geht zu einem Anteil von 30 bis 50 % auf Restwärme aus der Zeit der Erdentstehung vor 4,5 Milliarden Jahren (Zusammenballung von kosmischen Staub) und zu einem Anteil von 50 bis 70 % auf durch radioaktive Zerfallsprozesse für Thorium-232, Uran-235, Uran-238 sowie Kalium-40 entstehende Wärme. Aus den Temperaturunterschieden zwischen Erdkern und Erdoberfläche resultiert durch Wärmeleitung und Konvektion der sogenannte terrestrische Wärmestrom mit einer über die Oberfläche der Erde gemittelten Wärmestromdichte von $65 \cdot 10^{-3}\,\mathrm{W/m^2}$, also 65 Milliwatt pro Quadratmeter. Technisch sind solche Wärmestromdichten nicht nutzbar, obwohl aufsummiert über die Erdoberfläche hier Wärmen anfallen, die die Wärmenachfrage auf der gesamten Welt um ein Vielfaches übertreffen. Interessant bleibt jedoch die Nutzung der in der Erde gespeicherten Restwärme in tieferen Schichten (Geothermie). Für die Nutzung der Erdwärme ist entscheidend, bei welcher Temperatur sie zur Verfügung steht. Dazu muss man wissen, dass bis zu einer Tiefe von circa 10 m die Temperatur der Erdkruste durch das Wettergeschehen beeinflusst wird. In hundert Metern Tiefe finden wir eine konstante Temperatur von 15 °C vor. Danach kann man über die im Durchschnitt unter den Kontinenten ungefähr 30 km starke Erdkruste von einer mittleren Temperaturzunahme um 3 K je 100 m Eindringtiefe (geothermischer Gradient) ausgehen. Abweichungen von diesem Durchschnittswert bezeichnet man als Wärmeanomalien (Gebiete mit besonderen geologischen Formationen oder in der Nähe von Vulkanen). Dort liegen oft geothermische Gradienten in der Größenordnung von 10 bis 15 Kelvin je 100 m Eindringtiefe vor. Solche Gebiete nennt man auch Hochenthalpie-Lagerstätten, das dort vorhandene Wasser kann mehrere hundert Grad Celsius heiß sein und eignet sich für die Stromerzeugung.

Für Heizzwecke eignet sich niedrig thermales Tiefenwasser (1000 bis 2500 m) im Temperaturbereich von 40 bis 100 °C, das mit einer Förderbohrung an die Oberfläche gebracht und nach Auskühlung im Wärmeübertrager wieder in den Untergrund in die Schicht verpresst wird, aus die Entnahme erfolgte. In Deutschland kann man solche Wasserspeicher im Oberrheingraben (hier mit einem geothermischen Gradienten zwischen 7 und 9 K/100 m), in der norddeutschen Tiefebene sowie im süddeutschen Molassebecken finden. Die in der Erde gespeicherte Wärme ist im eigentlichen Wortsinn keine erneuerbare Energie, aber ihr technisch nutzbares Potential liegt bei mehreren Millionen Jahren! Die Wärme muss auch nicht zwischengespeichert werden, die Erde ist der Speicher und man kann nachfragegerecht ausspeisen.

- **Solarstrahlung**

Ohne die Strahlung der Sonne gäbe es kein irdisches Leben. Die Sonne ist also unsere wichtigste Strahlungsquelle. Anders als bei der Erdwärme handelt es sich hier um den auf elektromagnetischen Wellen beruhenden Übertragungsmechanismus Wärmestrahlung. Bei der Solarstrahlung ist die extraterrestrische Strahlung von der Globalstrahlung zu unterscheiden. Die extraterrestrische Strahlung ist die noch nicht von der Erdatmosphäre durch Streuung und Absorption geschwächte Strahlung.

Die in Tabelle 1-8 ausgewiesene Solarkonstante von $(1367 \pm 1,6)$ W/m² ist die mittlere extraterrestrische Wärmestromdichte, die bei einem mittleren Abstand Sonne – Erde ohne den Einfluss der Atmosphäre senkrecht zur Strahlrichtung die Erde erreicht. Dieser Abstand definiert die Maßeinheit astronomische Einheit 1 AE = r_0 = 149,597870 · 10^6 km. Im eigentlichen Sinne ist die Solarkonstante keine Konstante, denn die Strahlungsleistung der Sonne selbst schwankt – wenngleich in engen Grenzen – als Folge des Sonnenflecken-Zyklus.

Außerdem bewegt sich die Erde in einer elliptischen Bahn um die Sonne, die in einem der Brennpunkte der Ellipse steht. Mit den variierenden Abständen Sonne – Erde verändert sich auch der Wert für die extraterrestrische Wärmestromdichte, die in die Erdatmosphäre eintritt. Der minimale Abstand wird mit 0,983 AE am 3. Januar erreicht, der maximale am 4. Juli mit 1,017 AE. Das für die Berechnung der Strahlung benötigte Verhältnis $(r_0/r)^2$ nennt man Exzentrizitätsfaktor f_{ex}, den man nach Duffe und Beckmann näherungsweise berechnet aus

$$f_{ex} \equiv (r_0/r)^2 \approx 1 + 0,033 \cdot \cos(2\pi \cdot d_n/365) \qquad (1.5\text{-}4)$$

Mit d_n wird die Nummer des Tages im Jahr bezeichnet, so dass $1 \leq d_n \leq 365$ als Wertevorrat anzusehen ist.

Somit ergibt sich die extraterrestrische Bestrahlungsstärke in Normalenrichtung n auf eine Fläche mit dem Abstand Sonne – Erde von r aus:

$$e_n^{sol} = e_0 \cdot f_{ex} = e_0 \cdot \left(\frac{r_0}{r}\right)^2 \qquad (1.5\text{-}5)$$

Wenn von der Normalenrichtung der Fläche, auf die die Strahlung auftrifft, und der Richtung der Sonnenstrahlen noch der Winkel β_S gebildet wird, ergibt sich die Bestrahlungsstärke am Eintritt der Erdatmosphäre durch

$$e^{sol} = e_0 \cdot f_{ex} \cdot \cos(\beta_S) = e_0 \cdot \left(\frac{r_0}{r}\right)^2 \cdot \cos(\beta_S) \qquad (1.5\text{-}6)$$

Der Winkel β_S kann aus der geografischen Lage und der Orientierung der bestrahlten Fläche berechnet werden.

Die den äußersten Rand der Erdatmosphäre erreichende extraterrestrische Strahlung wird beim Durchgang durch die Atmosphäre im Wesentlichen durch zwei Mechanismen geschwächt und erreicht, insbesondere abhängig von Wetterverhältnissen, Sonnenstand und Zusammensetzung der Atmosphäre deutlich abgemindert als sogenannte terrestrische Strahlung die Erdoberfläche. Ein Teil der Solarstrahlung wird an Luftmolekülen und kleinsten in der Luft enthaltenen Teilchen (Aerosole, Staub) gestreut. Dieser Teil trifft dann etwa zur Hälfte als diffuse Strahlung auf die bestrahlte Fläche am Erdboden, die andere Hälfte wird in den Weltraum zurückgestrahlt. Die Streuung der Solarstrahlung ist auch Ursache für die blaue Farbe des wolkenlosen Himmels. Die Stärke der Streuung an den Gasmolekülen in der Atmosphäre hängt von der Wellenlänge λ ab und ist proportional $1/\lambda^4$. Das sichtbare Licht ist aus einem Wellenlängenspektrum zusammengesetzt, das von kurzwelligem violett/blauen Licht bis zu den langwelligen Anteilen orange rot reicht. Blaues Licht wird also wesentlich stärker gestreut als die anderen Farbanteile, so dass der Himmel diffus blau strahlt. Ohne Streuung an den Gasmolekülen der Luft erschiene der Himmel schwarz.

Je nach Sonnenstand durchlaufen die Sonnenstrahlen einen unterschiedlich langen Weg durch die Atmosphäre bis zur Erdoberfläche. Dabei wird ein Teil der direkten Solarstrahlung von einigen Luftbestandteilen (die mehratomigen Moleküle Kohlendioxid, Wasserdampf, Methan, Ammoniak) absorbiert, so dass die Zusammensetzung des Sonnenspektrums abhängig von der Tageszeit, der Jahreszeit, dem Breitengrad, der Bewölkung und der Höhenlage ist. Man erkennt das an der unterschiedlichen „Färbung" der Sonne. Auf dem Territorium Deutschlands steht die Sonne im Sommer in einer maximalen Höhe von 58° im Norden und 65° im Süden. Im Winter erreicht die Sonne im Norden eine maximale Höhe von 12° und im Süden von 19°. Auf den Zeitbereich von etwa zwei Stunden vor bis zwei Stunden nach dem örtlichen Sonnenhöchststand entfällt der größte Teil der täglichen Bestrahlung (im Sommer ca. 66 %, im Winter 75 %). Die Strahlungsabsorption erhöht die Energie der Atmosphäre, die nun ihrerseits die Emission langwelliger Strahlung anregt. Wiederum ein bestimmter Teil dieser langwelligen Strahlung erreicht als so genannte atmosphärische Gegenstrahlung die Erdoberfläche.

Die zur solaren Energiebereitstellung auf der Erde nutzbare Strahlung besteht zu einem Teil aus der direkten (kurzwelligen) Solarstrahlung, die man auch Globalstrahlung nennt, und zum anderen Teil aus diffus reflektierter Strahlung (Himmelsstrahlung). Ein Teil der von der Erdoberfläche reflektierten Strahlung wird in der Atmosphäre auf die Oberfläche zurückgestrahlt und geht auf diese Weise nicht verloren. Die Höhe der einzelnen Anteile hängt von Jahreszeit und Wetter ab. Bei günstigen Verhältnissen (wolkenfreier Himmel, Sonnenhöchststand) kann die Globalstrahlung in Deutschland 1070 W/m^2 erreichen, bei ungünstigen Verhältnissen nur etwa 500 W/m^2 betragen.

Tab. 1-8:   Größenordnungen für weitere ausgewählte Wärmestromdichten in W/m^2.

Grenze Wahrnehmbarkeit auf der Haut	40 W/m^2
Schmerzgrenze für Haut (abhängig vom Hauttyp)	2000–2500 W/m^2
Wärmeabgabe des menschlichen Körpers	50 W/m^2
Deckenstrahlungsheizkörper	90–120 W/m^2
Fußbodenheizung	100–160 W/m^2
Heizkörper (Warmwasser-Zentralheizung)	bis 500 W/m^2
Solarkonstante	1367 W/m^2
Globalstrahlung (auf der Erdoberfläche ankommende Strahlung)	500–1070 W/m^2
Siederohre im Benson-Kessel (überkritischer Dampf)	500.000 W/m^2
Brennelement im Kernreaktor	1.000.000 W/m^2

2 Stationäre Wärmeleitung in Festkörpern

2.1 Mathematische Formulierung des Problems

Ist die Temperatur an jeder Stelle des wärmeleitenden Körpers in Bezug auf die Zeit τ unveränderlich, liegt eine stationäre Wärmeleitung vor. Stationäre Temperaturfelder stellen sich in der Regel als Endzustand eines instationären Aufheiz- oder Abkühlungsvorganges ein.

Bei phänomenologischer Betrachtung der stationären Wärmeleitung beschreibt man das skalare Temperaturfeld $t = t(x, y, z)$ und den vektoriellen Wärmefluss $\vec{q}$, ohne auf die Natur der zu Grunde liegenden intermolekularen Wechselwirkungen einzugehen. Erfahrungsgemäß treten Wärmeströme im Temperaturfeld immer dort auf, wo entsprechende Temperaturgradienten vorliegen. Insofern liegt ein, erstmals von Fourier[11], vorgeschlagener Ansatz $\dot{q} \sim \mathrm{grad}\, t$ nahe.

$$\vec{q} = -\lambda \cdot \mathrm{grad}\, t = -\lambda \cdot \vec{\nabla} t \qquad (2.1\text{-}1)$$

Die Differentialgleichung (2.1-1) ist mit den mathematisch gebräuchlichen Differentialoperatoren $\mathrm{grad}\, t$ oder $\vec{\nabla} t$ (sprich: Nabla t) aufgeschrieben worden. Das wirkt teilweise abschreckend abstrakt, hat jedoch den Vorteil, unabhängig von speziellen, an etwaige Geometrien angepassten Koordinatensystemen arbeiten zu können. Für das praktische Rechnen muss der Ingenieur aber diesen mathematischen Code knacken. Je nach Körperform kann es dann auch angezeigt sein, anstelle kartesischer Koordinaten (x, y, z) auf Zylinderkoordinaten (r, φ, z) oder Kugelkoordinaten (r, φ, ψ) zurückzugreifen. Wir wollen deshalb noch einmal kompakt die in diesem Zusammenhang wichtigsten Fakten aus der höheren Mathematik wiederholen. Gradient t ($\mathrm{grad}\, t$) eines skalaren Feldes $t(x, y, z) = t(r)$ ordnet jedem darin vorkommenden Punkt genau einen und genau denjenigen Vektor zu, in dessen Richtung die Funktion t am stärksten steigt und dessen Betrag dem Anstieg von t in dieser Richtung entspricht. Der Gradient kennzeichnet also die Richtung des steilsten Anstiegs von t und steht immer senkrecht auf den Niveauflächen von t. Die Niveauflächen von t sind die Flächen, die aus allen Punkten im Raum gebildet werden, die die gleiche Temperatur t aufweisen (Isothermenflächen). Isothermenflächen schneiden sich niemals, denn an einem Ort können nicht gleichzeitig zwei verschiedene Temperaturen herrschen. Eine Fläche konstanter Temperatur innerhalb eines Körpers endet entweder an seiner Oberfläche oder verläuft als geschlossenes Gebilde innerhalb des Körpers.

Das Minuszeichen in (2.1-1) sorgt für die nötige Richtungsumkehr, denn nach dem zweiten Hauptsatz der Thermodynamik erfolgt der spontane Wärmetransport nicht in Richtung des stärksten Temperaturanstiegs, sondern immer von höherer zu niedrigerer Temperatur. Die Temperatur t ist ein Skalar, der Wärmestrom $\dot{q}$ eine gerichtete Größe und weist als Vektor immer in Richtung abnehmender Temperatur.

---

[11] Jean Baptiste Fourier (1768–1830), Professor für Analysis an der École Polytechnique in Paris. 1822 legte er eine geschlossene mathematische Theorie für die Wärmeleitung vor. Für die Lösung von Randwertaufgaben bei der instationären Wärmeleitung gab er die nach ihm benannten Fourier-Reihen an. Er ging davon aus, Wärmeleitung könne nur in Feststoffen auftreten. Erst später erkannte man, dass Wärme auch in Fluiden transportiert wird, ohne das dieser Transport auf Strömungen zurückzuführen ist.

http://doi.org/10.1515/9783110745092-002

Für die Komponentendarstellung der Differentialoperatoren grad t oder $\vec{\nabla} t$ ergibt sich:

$$\text{grad}\, t = \vec{\nabla} t = \frac{\partial t}{\partial x}\,\vec{e}_x + \frac{\partial t}{\partial y}\,\vec{e}_y + \frac{\partial t}{\partial z}\,\vec{e}_z \qquad \text{(kartesische Koordinaten } x,\, y,\, z)$$

$$\text{grad}\, t = \vec{\nabla} t = \frac{\partial t}{\partial r}\,\vec{e}_r + \frac{1}{r}\frac{\partial t}{\partial \varphi}\,\vec{e}_\varphi + \frac{\partial t}{\partial z}\,\vec{e}_z \qquad \text{(Zylinderkoordinaten } r,\, \varphi,\, z)$$

$$\text{grad}\, t = \vec{\nabla} t = \frac{\partial t}{\partial r}\,\vec{e}_r + \frac{1}{r}\frac{\partial t}{\partial \varphi}\,\vec{e}_\varphi + \frac{1}{r \cdot \sin \varphi}\frac{\partial t}{\partial \psi}\,\vec{e}_\psi \qquad \text{(Kugelkoordinaten } r,\, \varphi,\, \psi)$$

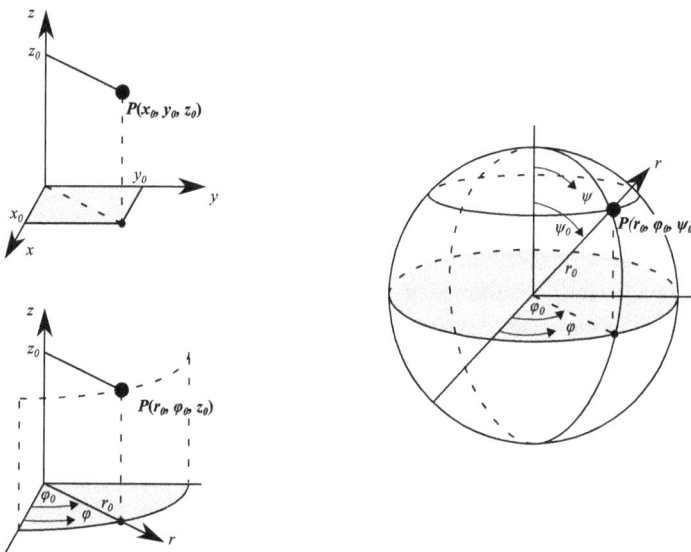

Abb. 2-1: Kartesische Koordinaten, Zylinderkoordinaten und Kugelkoordinaten.

Ein bekanntes Temperaturfeld $t = t(x,\, y,\, z$ gestattet mit (2.1-1) die Bestimmung der durch Leitung transportierten Wärmeströme an beliebigen Stellen eines zu untersuchenden Körpers. Aber auch die Kenntnis der durch Wärmeströme mittels Wärmeleitung hervorgerufenen Temperaturverteilungen in festen Körpern ist für viele technische Analysen von höchstem Interesse. Kommt es wegen vorhandener Temperaturunterschiede in einem Körper oder in mechanisch verbundenen Körpern zu unterschiedlichen Wärmedehnungen, entstehen mechanische Spannungen, die von einer Beschädigung bis zur Zerstörung des Bauteils führen können.

Gleichung (2.1-1) umfasst abhängig vom verwendeten mathematischen Koordinatensystem für jede Koordinatenrichtung genau eine Gleichung. Die Wärmestromdichte in Richtung Flächennormale für kartesische Koordinaten bestimmt sich aus:

$$\dot{q} = \vec{\dot{q}} \cdot \vec{n} = -\lambda \cdot \left(\frac{\partial t}{\partial x}\,\vec{e}_x + \frac{\partial t}{\partial y}\,\vec{e}_y + \frac{\partial t}{\partial z}\,\vec{e}_z \right) \cdot (\vec{e}_x + \vec{e}_y + \vec{e}_z) = -\lambda \cdot \left(\frac{\partial t}{\partial x} + \frac{\partial t}{\partial y} + \frac{\partial t}{\partial z} \right)$$

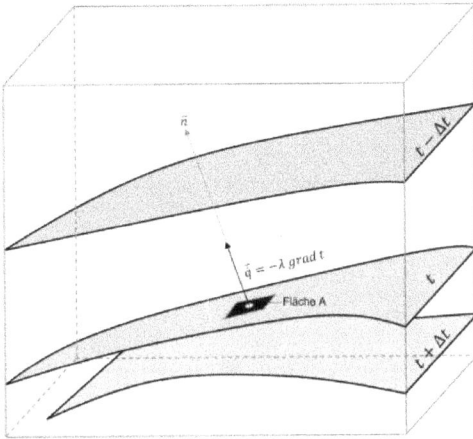

Abb. 2-2:   Isothermenflächen mit gerichtetem Wärmestrom in einem Körper.

$$\dot{q}_x = -\lambda \frac{\partial t}{\partial x} \quad \dot{q}_y = -\lambda \frac{\partial t}{\partial y} \quad \dot{q}_z = -\lambda \frac{\partial t}{\partial z} \qquad \text{(kartesische Koordinaten } x, y, z\text{)}$$

$$\dot{q}_r = -\lambda \frac{\partial t}{\partial r} \quad \dot{q}_\varphi = -\lambda \cdot \frac{1}{r}\frac{\partial t}{\partial \varphi} \qquad \dot{q}_z = -\lambda \frac{\partial t}{\partial z} \qquad \text{(Zylinderkoordinaten } r, \varphi, z\text{)}$$

$$\dot{q}_r = -\lambda \frac{\partial t}{\partial r} \quad \dot{q}_\varphi = -\lambda \cdot \frac{1}{r}\frac{\partial t}{\partial \varphi} \qquad \dot{q}_\psi = -\lambda \cdot \frac{1}{r \cdot \sin\varphi}\frac{\partial t}{\partial \psi} \qquad \text{(Kugelkoordinaten } r, \varphi, \psi\text{)}$$

Für die nach (1.5-1) definierte lokale Wärmestromdichte $\vec{\dot{q}}$ taucht im Fourier´schen Gesetz der Wärmeleitung (2.1-1) die in Kapitel 1.4 vorgestellte Wärmeleitfähigkeit λ als Proportionalitätsfaktor auf. Für Festkörper ist die Temperaturabhängigkeit der Wärmeleitfähigkeit zu beachten. Für kleine Temperaturbereiche kann man mit temperaturgemittelten konstanten Werten arbeiten.

Für isotrope Materialien, also für Materialien deren Eigenschaften nicht von den Koordinatenrichtungen abhängen, stellt die Wärmeleitfähigkeit λ einen Skalar dar und hängt damit vom Ort, aber an einem festen Ort nicht von der Richtung ab. Isotropes Materialverhalten kann aber nicht immer uneingeschränkt vorausgesetzt werden. Holz leitet zum Beispiel die Wärme in Faserrichtung wesentlich besser als quer dazu. Anisotropie tritt ebenfalls bei Kristallen sowie bei geschichteten Stoffen (Sperrholz oder Blechpakete) auf. In den anisotropen Fällen ist die Wärmeleitfähigkeit ein Tensor. Hier verläuft der Temperaturgradient nicht parallel zu den Materialachsen und die Richtung des Wärmestroms weicht von der des Temperaturgradienten ab. Im allgemeinsten Fall hängt die Wärmestromdichte in einer Koordinatenachse nicht mehr nur von einem, sondern von allen drei Temperaturgradienten ab!

$$\vec{\dot{q}} = -\lambda \cdot \mathrm{grad}\, t \quad \rightarrow \quad \vec{\dot{q}} = -\begin{pmatrix} \lambda_{xx} & \lambda_{xy} & \lambda_{xz} \\ \lambda_{yx} & \lambda_{yy} & \lambda_{yz} \\ \lambda_{zx} & \lambda_{zy} & \lambda_{zz} \end{pmatrix} \cdot \begin{pmatrix} \dfrac{\partial t}{\partial x} \cdot \vec{e}_x \\ \dfrac{\partial t}{\partial y} \cdot \vec{e}_y \\ \dfrac{\partial t}{\partial z} \cdot \vec{e}_z \end{pmatrix}$$

$$\dot{q}_x = -\left[\lambda_{xx} \cdot \frac{\partial t}{\partial x} + \lambda_{yx} \cdot \frac{\partial t}{\partial y} + \lambda_{zx} \cdot \frac{\partial t}{\partial z} \right] \qquad \dot{q}_y = -\left[\lambda_{yx} \cdot \frac{\partial t}{\partial x} + \lambda_{yy} \cdot \frac{\partial t}{\partial y} + \lambda_{yz} \cdot \frac{\partial t}{\partial z} \right]$$

$$\dot{q}_z = -\left[\lambda_{zx} \cdot \frac{\partial t}{\partial x} + \lambda_{zy} \cdot \frac{\partial t}{\partial y} + \lambda_{zz} \cdot \frac{\partial t}{\partial z} \right]$$

Die vektorielle Wärmestromdichte $\vec{\dot{q}}$ ist immer so definiert, dass für den Wärmestrom $d\dot{Q}$ durch ein beliebig orientiertes Flächenelement dA mit dem Einheitsvektor in Richtung der äußeren Flächennormale $\vec{n}$ gilt:

$$d\dot{Q} = \dot{q}(\vec{r}, \tau) \cdot \vec{n} \cdot dA = \left| \dot{q}(\tau) \right| \cdot \cos\beta \cdot dA \quad \text{wobei} \quad \vec{r} = \begin{pmatrix} x \\ y \\ z \end{pmatrix} \qquad (2.1\text{-}2)$$

Nach Abbildung 2-3 bilden der Vektor $\vec{n}$ und der Vektor $\vec{\dot{q}}$ den Winkel β. Steht der Vektor $\vec{\dot{q}}$ senkrecht auf dA (also Winkel $\beta = 0$), wird der Wärmestrom $d\dot{Q}$ in Normalenrichtung am größten. Außerdem sieht man die drei Isothermen t, $t + \Delta t$ und $t - \Delta t$ in einem ebenen Temperaturfeld.

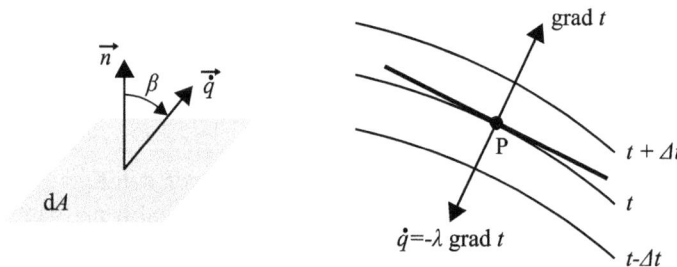

Abb. 2-3: Flächenelement dA mit dem Vektor der Wärmestromdichte (links) sowie Richtung des Temperaturgradienten grad$t$ und des Vektors der Wärmestromdichte in einem Punkt P (rechts).

Wir betrachten in diesem Kapitel immer die Wärmeleitung zur Ausbildung eines stationären Temperaturfeldes $t = t(x, y, z)$ in einem zusammenhängenden, homogenen und isotropen Festkörper, die der Poisson´schen Differentialgleichung (2.1-3) folgt. Für eine geschlossene analytische Lösung dieser Differentialgleichung ist ferner vorauszusetzen:

• die Wärmeleitfähigkeit λ ist konstant und hängt nicht von der Temperatur t ab

- die volumenspezifische Ergiebigkeit $\tilde{q}$ als innere Wärmequelle oder -senke ist im gesamten Gebiet konstant und hängt nicht von der Temperatur t ab

$$\nabla^2 t + \frac{\tilde{q}(x,y,z,t)}{\lambda} = 0 \qquad (2.1\text{-}3)$$

Die Lösung der Poisson´schen Differentialgleichung (2.1-3) beschreibt das stationäre Temperaturfeld im betrachteten Festkörper.

In dieser partiellen Differentialgleichung taucht der Differentialoperator Nabla Quadrat ∇^2 auf. Er entsteht aus

$$\nabla^2 = \vec{\nabla} \cdot \vec{\nabla} = \frac{\partial^2}{\partial x^2} + \frac{\partial^2}{\partial y^2} + \frac{\partial^2}{\partial z^2}$$

unter Beachtung von: $\vec{e}_x \cdot \vec{e}_x = 1 \quad \vec{e}_y \cdot \vec{e}_y = 1 \quad \vec{e}_z \cdot \vec{e}_z = 1$

$$\vec{e}_x \cdot \vec{e}_y = 0 \quad \vec{e}_x \cdot \vec{e}_z = 0 \quad \vec{e}_y \cdot \vec{e}_x = 0 \quad \vec{e}_y \cdot \vec{e}_z = 0$$

Dieser Differentialoperator steht auch synonym für den Laplace-Operator Δ oder für die Bezeichnung divgrad: $\nabla^2 \equiv \Delta \equiv$ divgrad. Den Laplace-Operator Δ verwenden wir nicht wegen der Verwechslungsgefahr mit dem Symbol Δ für Differenz! Auch hier geben wir in kompakter Form die Komponentenschreibweise für die im Ingenieurfach üblichen Koordinatensysteme an:

Kartesische Koordinaten ($-\infty < x < +\infty$, $-\infty < y < +\infty$, $-\infty < z < +\infty$)

$$\text{divgrad} \equiv \nabla^2 \equiv \Delta = \frac{\partial^2}{\partial x^2} + \frac{\partial^2}{\partial y^2} + \frac{\partial^2}{\partial z^2}$$

Zylinderkoordinaten ($0 \leq r < \infty$, $0 \leq \varphi \leq 2\pi$, $-\infty < z < +\infty$)

$$\text{divgrad} \equiv \nabla^2 \equiv \Delta = \frac{1}{r} \cdot \frac{\partial}{\partial r}(r \frac{\partial}{\partial r}) + \frac{1}{r^2} \cdot \frac{\partial^2}{\partial \varphi^2} + \frac{\partial^2}{\partial z^2} = \frac{\partial^2}{\partial r^2} + \frac{1}{r} \frac{\partial}{\partial r} + \frac{1}{r^2} \frac{\partial^2}{\partial \varphi^2} + \frac{\partial^2}{\partial z^2}$$

Kugelkoordinaten ($0 \leq r < \infty$, Längengrade: $0 \leq \varphi \leq 2\pi$, Breitengrade: $0 \leq \psi \leq \pi$)

$$\text{divgrad} \equiv \nabla^2 \equiv \Delta = \frac{1}{r^2}\left[\frac{\partial}{\partial r}(r^2 \frac{\partial}{\partial r}) + \frac{1}{\sin \psi} \frac{\partial}{\partial \psi}(\sin \psi \cdot \frac{\partial}{\partial \psi}) + \frac{1}{\sin^2 \psi} \cdot \frac{\partial^2}{\partial \varphi^2}\right]$$

$$\text{divgrad} \equiv \nabla^2 \equiv \Delta = \frac{\partial^2}{\partial r^2} + \frac{2}{r} \cdot \frac{\partial}{\partial r} + \frac{1}{r^2} \cdot \frac{\partial^2}{\partial \psi^2} + \frac{\cot \psi}{r^2} \frac{\partial}{\partial \psi} + \frac{1}{r^2 \sin^2 \psi} \cdot \frac{\partial^2}{\partial \varphi^2}$$

Die partielle Differentialgleichung (2.1-3) beschreibt ein Randwertproblem, für dessen Lösung zwingend Randbedingungen zu berücksichtigen sind. Diese örtliche Vorgaben treten in drei verschiedenen Arten (vergleiche Abbildung 2-4) auf.

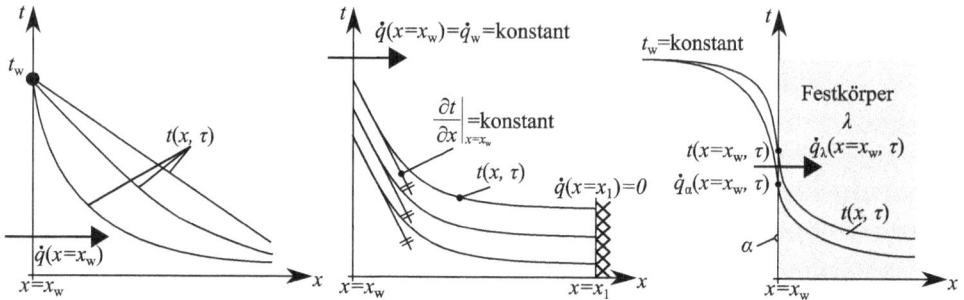

Abb. 2-4: Randbedingungen erster bis dritter Art für eine eindimensionale Wärmeleitung in einem Festkörper (von links nach rechts).

Mögliche Randbedingungen für den Rand eines Körpers mit $x = x_0$ sind:

- *Randbedingung erster Art* (Dirichlet´sche Randbedingung):
  Hier wird an jedem Punkt des Randes eine konkrete Temperatur vorgeben:

$$t(x = x_W, y, z) = t_W(x_W, y, z) \qquad\qquad\qquad (2.1\text{-}4)$$

- *Randbedingung zweiter Art* (Neumann´sche Randbedingung):
  Am Rand wird eine Wärmestromdichte vorgegeben (entspricht der Vorgabe eines Temperaturgradienten am Rand). Dies kann man sich als elektrische Flächenheizung vorstellen.

$$\dot{q}_W(x = x_W, y, z) = -\lambda \left.\frac{\partial t(x, y, z)}{\partial x}\right|_{x=x_W} \qquad\qquad (2.1\text{-}5)$$

Eine adiabate Systemgrenze modelliert man durch eine spezielle Randbedingung zweiter Art, nämlich:

$$\dot{q}_W(x = x_W, y, z) = -\lambda \left.\frac{\partial t(x, y, z)}{\partial x}\right|_{x=x_W} = 0 \qquad\qquad (2.1\text{-}6)$$

Die Isothermenkurven für (2.1-6) münden mit dem Anstieg von null (also senkrecht) in die Wand (siehe dazu Abbildung 2-4).

- *Randbedingung dritter Art* (Newton´sche Randbedingung):
  Diese Randbedingung beschreibt einen Wärmeübergang[12], wobei Wärme vom wärmeleitenden Körper an ein ihn umgebendes Fluid übertragen wird.

$$\alpha \cdot (t_U - t_W) = -\lambda \left.\frac{\partial t(x)}{\partial x}\right|_{x=x_W} \qquad [\alpha] = 1\ \text{W/(m}^2\,\text{K)} \qquad (2.1\text{-}7)$$

In (2.1-7) ist die Wärmeleitfähigkeit λ die Materialeigenschaft der Wand, nicht des Fluids! Wie die Höhe des Wärmeübergangskoeffizienten α aus einer Vielzahl von Einflussgrößen (Art des umgebenden Fluids, Strömungsform, konkrete Geometrie, Richtung des Wärmestroms etc.) berechnet werden kann, ist Gegenstand der Ausführungen in Kapitel 4, hier an dieser Stelle gehen wir immer von einer konkreten zeitinvarianten Vorgabe aus.

---

[12]   Den Ansatz $\dot{q} = \alpha \cdot (t_U - t_W)$ hat Isaac Newton 1701 erstmals verwendet.

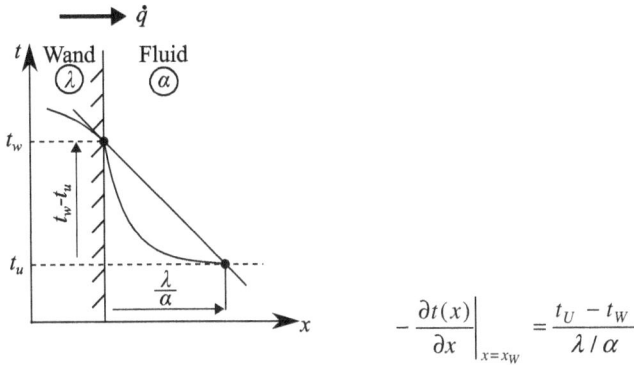

$$-\left.\frac{\partial t(x)}{\partial x}\right|_{x=x_W} = \frac{t_U - t_W}{\lambda / \alpha}$$

Abb. 2-5: Sekante λ/α für die Temperaturverteilungsfunktion im strömenden Fluid in Wandnähe.

In Abbildung 2-5 ist geometrisch veranschaulicht, was aus Gleichung (2.1-7) für den Temperaturgradienten an der Wand gefolgert werden kann. Zu beliebigen Zeitpunkten τ_1 und τ_2 zeigen die Tangenten der Temperaturkurven an der Wand bei $x = x_W$ auf den Richtpunkt P, der von der Wand den Abstand λ/α hat.

Eine weitere besondere Randbedingung liegt vor, wenn der wärmeleitende Festkörper mit einem anderen Festkörper in Berührung gebracht wird (Kontakttemperatur in Kapitel 3.3).

Sind keine inneren Wärmequellen $\tilde{q}$ vorhanden, entsteht aus der Poisson'schen Differentialgleichung (2.1-3) die partielle Differentialgleichung (2.1-8), die als Laplace'sche Differentialgleichung und manchmal auch als Potentialgleichung bezeichnet wird.

$$\nabla^2 t = 0 \tag{2.1-8}$$

Gleichung (2.1-8) ist für die Anwendung gleichfalls den Einschränkungen unterworfen, die für die Poisson'sche Differentialgleichung (2.1-3) vorausgesetzt wurden.

Die Lösung einer Wärmeleitaufgabe nach (2.1-8) als Randwertproblem erfordert wiederum die Angabe von Randbedingungen gemäß (2.1-4) bis (2.1-7). Erst in dieser Kombination ist das stationäre Wärmeleitproblem als mathematisch zu lösende Aufgabe vollständig formuliert. Aber nur mit der vereinfachenden Annahme einer eindimensionalen Wärmeleitung (für einige Ausnahmen auch bei zweidimensionaler Betrachtung) ist das so beschriebene Wärmeleitproblem einer analytisch geschlossenen Lösung zugänglich, die mit dem Taschenrechner noch zu bewältigen ist. Bei allen anderen Problemstellungen benötigt man allein schon für die zweckmäßige mathematische Formulierung einige durch Übung erworbene Erfahrung, um dann mit Hilfe des Computers und numerischer Verfahren weitgehend automatisiert die interessierenden Wärmeleitvorgänge in hinreichender Genauigkeit zu berechnen. Die bekannten analytischen Lösungen, die man schon vor mehr als 150 Jahren gefunden hat, führen aber schon für viele technische Fragestellungen mit akzeptablem Aufwand zu brauchbaren Resultaten. Die Beschäftigung mit den entsprechenden mathematischen Lösungsmethoden ist gleichzeitig ein Muss für jeden Ingenieur, weil sie als Interpretationshilfe eine Gütebeurteilung der numerisch gewonnenen Ergebnisse (Genauigkeit) zulassen. Außerdem sind die analytischen Modelle effizienter bei der Sensitivitätsanalyse, wenn der Einfluss bestimmter Parameter auf das Gesamtverhalten untersucht werden muss.

2.2   Eindimensionale, stationäre Wärmeleitung im homogenen Festkörper

Für eine hinreichende Zahl technischer Untersuchungen ist die Annahme des Vorliegens einer eindimensionalen Wärmeleitung völlig ausreichend, zum Beispiel, wenn das betreffende Problem auf das Modell einer Wärmeleitung in einer ebenen, unendlich ausgedehnten Wand mit einer im Verhältnis zu den anderen Abmessungen extrem kleinen Wandstärke δ zurückgeführt werden kann, so dass lediglich die Wärmeleitung in x-Richtung betrachtet werden muss. Aus Gleichung (2.1-3) entsteht die erheblich einfacher aufgebaute Gleichung (2.2-1) für den eindimensionalen Fall. Der dabei auftretende Parameter n spezifiziert die Poisson´sche Differentialgleichung (2.2-1) für eine bestimmte Grundgeometrie.

$$\frac{\partial^2 t}{\partial r^2} + \frac{n}{r} \cdot \frac{\partial t}{\partial r} + \frac{\tilde{q}(r,t)}{\lambda} = 0 \qquad\qquad (2.2\text{-}1)$$

$n = 0$ Platte $r \equiv x$ (kartesische Koordinaten)

$n = 1$ Zylinder   (Zylinderkoordinaten)

$n = 2$ Kugel   (Kugelkoordinaten)

Für die oben erwähnten Grundgeometrien sind allgemeine analytische Lösungen der Gleichung (2.2-1) bei konstanter volumenspezifischer Ergiebigkeit ($\tilde{q}(r,t) = \tilde{q}_0 = $ **konstant**) und den entsprechend angepassten Koordinatensystemen bekannt.

- für ebene Wand: $t(x) = C_1 \cdot x + C_2 - \dfrac{\tilde{q}_0 \cdot x^2}{2(n+1) \cdot \lambda} = C_1 \cdot x + C_2 - \dfrac{\tilde{q}_0 \cdot x^2}{2 \cdot \lambda}$ (2.2-2)

- für Zylinder: $t(r) = C_1 \ln r + C_2 - \dfrac{\tilde{q}_0 \cdot r^2}{2(n+1) \cdot \lambda} = C_1 \ln r + C_2 - \dfrac{\tilde{q}_0 \cdot r^2}{4 \cdot \lambda}$ (2.2-3)

- für Kugel: $t(r) = C_1 \cdot \dfrac{1}{r} + C_2 - \dfrac{\tilde{q}_0 \cdot r^2}{2(n+1) \cdot \lambda} = C_1 \cdot \dfrac{1}{r} + C_2 - \dfrac{\tilde{q}_0 \cdot r^2}{6 \cdot \lambda}$ (2.2-4)

Die beiden frei wählbaren Konstanten C_1 und C_2 führen nach Anpassung über die Randbedingungen (2.1-4) bis (2.1-7) zu den entsprechenden speziellen Lösungen einer stationären Wärmeleitaufgabe.

Bei Abwesenheit einer volumenspezifischen Ergiebigkeit vereinfachen sich die allgemeinen Lösungen (2.2-2) bis (2.2-4) weiter zu

- für ebene Wand: $t(x) = C_1 \cdot x + C_2$ (2.2-5)

- für Zylinder: $t(r) = C_1 \ln r + C_2$ (2.2-6)

- für Kugel: $t(r) = C_1 \cdot \dfrac{1}{r} + C_2$ (2.2-7)

Jetzt fällt auf, dass Gleichung (2.2-5) für die ebene Wand in die Lösung (2.2-6) für den unendlich ausgedehnten Zylinder durch die Substitution $x = \ln r$ überführt werden kann. Für eine Transformation von (2.2-5) in die Lösung (2.2-7) für die Kugel ist $x = 1/r$ zu substituieren.

Ordnet man einer allgemeinen Lösung für die eindimensionale Wärmeleitung gemäß (2.2-5) bis (2.2-7) am linken und am rechten Rand die jeweils zugehörigen Randbedingungen nach (2.1-4) bis (2.1-7) zu, gewinnt man zwei Gleichungen mit den jeweils zwei frei wählbaren Konstanten C_1 und C_2, woraus diese bestimmbar werden. Die konkreten Vorgaben der Wärmeleitaufgabe spiegeln sich nun in der speziellen Lösung der Differentialgleichung wieder.

Sind die Temperaturen für die **ebene Wand** am linken Rand mit $t(x = x_1) = t_1$ und am rechten Rand mit $t(x = x_2) = t_2$ gegeben, also beidseitig durch eine Randbedingung erster Art, entsteht aus der für kartesische Koordinaten aufgeschriebenen Gleichung (2.2.5) mit der Wandstärke $\delta = x_2 - x_1$

$$t(x) = t_1 - \frac{t_1 - t_2}{x_2 - x_1}(x - x_1) = t_1 - \frac{t_1 - t_2}{\delta}(x - x_1) \qquad (2.2\text{-}8)$$

Der stationäre Temperaturverlauf in einer ebenen Wand wird bei konstanter Wärmeleitfähigkeit λ durch eine Geradengleichung (lineare Funktion) beschrieben. Interessant ist, dass der stationäre Temperaturverlauf bei beidseitig vorgegebenen Randbedingungen erster Art für jedes beliebige Material immer derselbe ist. Die konkrete Wärmeleitfähigkeit λ spielt hier keine Rolle, wenngleich an die Herleitung der Gleichungen erinnert werden muss, wo λ = konstant vorausgesetzt wurde. Für eine temperaturabhängige Wärmeleitfähigkeit λ ergeben sich nichtlineare funktionale Zusammenhänge, in die auch die konkreten Materialeigenschaften eingehen.

Die Verknüpfung des Temperaturprofils nach Gleichung (2.2-8) mit dem Wärmestrom $\dot{Q}$ wird nun möglich über

$$\dot{Q} = -\lambda \cdot \mathrm{grad}\, t \cdot A = -\lambda \cdot \frac{\mathrm{d}t}{\mathrm{d}x} \cdot A \quad \text{und} \quad \frac{\mathrm{d}t}{\mathrm{d}x} = -\frac{t_1 - t_2}{\delta}$$

$$\dot{Q} = +\lambda \cdot \frac{(t_1 - t_2)}{\delta} \cdot A = \frac{t_1 - t_2}{R_\lambda} \qquad (2.2\text{-}9)$$

Man bezeichnet R_λ als Wärmewiderstand, der gemäß (2.2-9) definiert ist als

$$R_\lambda = \frac{\delta}{\lambda \cdot A} \qquad [R_\lambda] = 1\,\frac{\mathrm{K}}{\mathrm{W}} \qquad (2.2\text{-}10)$$

Sind die Temperaturen für einen **unendlichen Hohlzylinder** am Innenradius mit $t(r = r_1) = t_1$ und am Außenradius mit $t(r = r_2) = t_2$ gegeben, also wiederum beidseitig durch Randbedingungen erster Art, entsteht aus der für Zylinderkoordinaten aufgeschriebenen Gleichung (2.2-6) ein Gleichungssystems aus zwei Gleichungen mit den zwei Unbekannten C_1 und C_2

$$t_2 = C_1 \ln r_2 + C_2$$

$$t_1 = C_1 \ln r_1 + C_2$$

aus dem diese sich ergeben zu

$$C_1 = \frac{t_2 - t_1}{\ln(r_2/r_1)} \quad \text{und} \quad C_2 = t_1 - \frac{t_2 - t_1}{\ln(r_2/r_1)} \ln r_1$$

Daraus erhält man schließlich mit dem Ansatz (2.2-6)

$$t(r) = t_1 - \frac{t_1 - t_2}{\ln(r_2/r_1)} \cdot \ln\frac{r}{r_1} = t_2 - \frac{t_1 - t_2}{\ln(r_1/r_2)} \ln\frac{r}{r_2} \tag{2.2-11}$$

Der Temperaturverlauf wird hier nicht mehr durch eine lineare, sondern durch eine logarithmische Funktion beschrieben. Die Verknüpfung des Temperaturprofils nach (2.2-11) mit dem Wärmestrom $\dot{Q}$ erfolgt nun durch $\dot{Q} = -\lambda \cdot \text{grad}\, t \cdot A(r) = -\lambda \cdot \dfrac{dt}{dr} \cdot A(r)$ und mit dem vom Radius r abhängigem Zylindermantel $A(r) = 2\pi \cdot r \cdot l$ sowie $\dfrac{dt}{dr} = -\dfrac{t_1 - t_2}{r \cdot \ln(r_2/r_1)}$

$$\dot{Q} = +\lambda \cdot \frac{(t_1 - t_2)}{r \cdot \ln\frac{r_2}{r_1}} \cdot 2\pi \cdot r \cdot l = \lambda \cdot \frac{(t_1 - t_2)}{\ln\frac{r_2}{r_1}} \cdot 2\pi \cdot l = \frac{t_1 - t_2}{R_\lambda} \tag{2.2-12}$$

Der Wärmewiderstand eines Hohlzylinders ist (2.2-12) folgend definiert als

$$R_\lambda = \frac{\ln(r_2/r_1)}{\lambda \cdot 2\pi \cdot l} \qquad [R_\lambda] = 1\frac{\text{K}}{\text{W}} \tag{2.2-13}$$

Die Ausbildung des stationären logarithmischen Temperaturprofils in Rohren (wichtig für die Beurteilung von Wärmespannungen) ist von der Richtung des Wärmestroms abhängig. Bei Beschränkung der Betrachtung auf radiale Wärmeströme unter Berücksichtigung der in Rohren von innen nach außen wachsenden Mantelflächen $A(r)$ gilt

$$\dot{Q} = -\lambda \cdot \frac{dt}{dr} \cdot A(r) = \text{konstant} \quad \text{also} \quad \dot{Q} \propto \frac{dt}{dr} \cdot A(r) = \text{konstant}$$

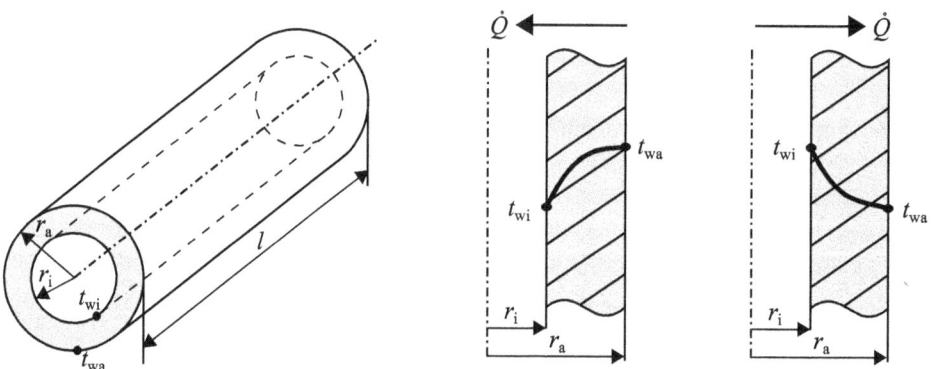

Abb. 2-6:   Temperaturprofil in Rohren in Abhängigkeit von der Richtung des Wärmestroms.

Nach Abbildung 2-6 sind mit den gebräuchlicheren Bezeichnungen $t(r_i) = t_{wi}$ und $t(r_a) = t_{wa}$ für den Temperaturverlauf $t(r)$ grundsätzlich zwei Fälle zu unterscheiden:

a) Wärmestrom von außen nach innen

In Richtung des in konstanter Höhe fließenden Wärmestroms nimmt die Fläche $A(r)$ ab, so dass in gleichem Maße der Gradient dt/dr der Temperatur wachsen muss.

b) Wärmestrom von innen nach außen

In Wärmestromflussrichtung nimmt die Fläche $A(r)$ zu, so dass in Richtung äußere Mantelfläche der Gradient dt/dr entsprechend kleiner wird.

Ein analoges Vorgehen für die **Kugel** führt ausgehend von Gleichung (2.2-7)

$$t(r) = t_1 - \frac{t_1 - t_2}{1/r_2 - 1/r_1} \cdot \left(\frac{1}{r} - \frac{1}{r_1} \right) \qquad (2.2\text{-}14)$$

Der stationäre Temperaturverlauf in einer Hohlkugel besitzt einen hyperbolischen Verlauf.

Die Verknüpfung mit dem Wärmestrom bei Verwendung der vom Radius abhängigen Kugeloberfläche $A(r) = 4\pi \cdot r^2$ sowie $\operatorname{grad} t = \dfrac{\mathrm{d}t}{\mathrm{d}r} = -\dfrac{(t_1 - t_2)}{1/r_2 - 1/r_1} \cdot \left(-\dfrac{1}{r^2} \right) = +\dfrac{(t_1 - t_2)}{r^2(1/r_2 - 1/r_1)}$ führt auf

$$\dot{Q} = -\lambda \cdot \frac{(t_1 - t_2)}{r^2(1/r_2 - 1/r_1)} \cdot 4\pi \cdot r^2 = \lambda \cdot \frac{(t_1 - t_2)}{(1/r_1 - 1/r_2)} \cdot 4\pi = \frac{t_1 - t_2}{R_\lambda} \qquad (2.2\text{-}15)$$

mit dem Wärmewiderstand für die Hohlkugel

$$R_\lambda = \frac{1/r_1 - 1/r_2}{\lambda \cdot 4\pi} \qquad [R_\lambda] = 1\frac{\mathrm{K}}{\mathrm{W}} \qquad (2.2\text{-}16)$$

Wie Formel (2.2-11) für den Zylinder und Formel (2.2-14) für die Kugel zeigen, hängen bei Vorgaben von Randbedingungen erster Art die Temperaturverläufe bei stationärer Wärmeleitung ohne innere Quellen oder Senken ausschließlich von der Geometrie ab, die Wärmeleitfähigkeit λ spielt in diesen Fällen keine Rolle. Vergleichbares haben wir auch schon für die ebene Wand festgestellt.

Bei Zylindern und Kugeln kommt es praktisch häufig vor, dass über dem gesamten Umfang gleiche Randbedingungen vorliegen. Dann entsteht für das Temperaturprofil im Körper eine Symmetrie, die für die rechnerische Auswertung die Beschränkung der Betrachtung auf eine Symmetriehälfte gestattet. Über die Symmetrieachse (Radius $r = 0$) tritt kein Wärmestrom, so dass gelten muss

$$\left. \frac{\mathrm{d}t}{\mathrm{d}r} \right|_{r=0} = 0$$

Beispielhaft betrachten wir nun den Fall, dass über den gesamten Umfang an der äußeren Mantelfläche des Zylinders oder an der Oberfläche der Kugel (Radius $r = r_a$) eine Randbedingung dritter Art mit gegebenen Wärmeübergangskoeffizienten α und gegebener Umgebungstemperatur t_U anliegt.

$$-\lambda \cdot \frac{dt}{dr}\bigg|_{r=r_a} = \alpha \cdot (t(r_a) - t_U) \tag{2.2-17}$$

Die Temperatur auf der Symmetrieachse bei $r = 0$ besitzt immer einen endlichen Wert, so dass Grenzwertbetrachtungen für die Gleichung (2.2-3) und (2.2-4) jeweils auf $C_1 = 0$ führen. Dann können beide Gleichungen reduziert werden auf die Form

$$t(r) = C_2 - \frac{\tilde{q}_0 \cdot r^2}{2(n+1) \cdot \lambda} \qquad n = 1 \text{ Zylinder}; \; n = 2 \text{ Kugel} \tag{2.2-18}$$

Die Unbekannte C_2 ist mit (2.2-18) nun zu bestimmen aus $\dfrac{dt(r)}{dr} = -\dfrac{\tilde{q}_0 \cdot r}{(n+1) \cdot \lambda}$ und in Ver-

bindung mit (2.2-17) $+\dfrac{\tilde{q}_0 \cdot r}{(n+1)} = \alpha \cdot (t(r_a) - t_U)$ folgt $t(r_a) = t_U + \dfrac{\tilde{q}_0 \cdot r_a}{\alpha \cdot (n+1)}$. Andererseits ist

nach (2.2-18) $t(r_a) = C_2 - \dfrac{\tilde{q}_0 \cdot r_a^2}{2(n+1) \cdot \lambda}$. Daraus ergibt sich schließlich für die Unbekannte C_2

$$C_2 = t_U + \frac{\tilde{q}_0 \cdot r_a}{\alpha \cdot (n+1)} + \frac{\tilde{q}_0 \cdot r_a^2}{2(n+1) \cdot \lambda}$$

Mit dem Ansatz (2.2-18) können wir nun für das Temperaturprofil im Zylinder ($n = 1$) oder in der Kugel ($n = 2$) bei Vorliegen einer symmetrischen Randbedingung dritter Art schreiben

$$t(r) = t_U + \frac{\tilde{q}_0 \cdot r_a^2}{2(n+1) \cdot \lambda} \cdot \left(1 + \frac{2 \cdot \lambda}{\alpha \cdot r_a} - \left(\frac{r}{r_a}\right)^2\right) \tag{2.2-19}$$

Gleichzeitig ist mit (2.2-19) auch eine Randbedingung erster Art zu behandeln, denn aus Gleichung 2.2-17 kann für $\alpha \to \infty$ abgeleitet werden:

$$-\frac{\lambda}{\alpha} \cdot \frac{dt}{dr} = t(r_a) - t_U \;\; \to \;\; t(r_a) = t_U$$

Für die praktische Rechnung reicht es aus, für den Zahlenwert des Wärmeübergangskoeffizienten 10^9 anzusetzen, dass sich für die Wandtemperatur der Wert der Umgebungstemperatur t_U ergibt.

Ist eine Temperaturabhängigkeit der Wärmeleitfähigkeit $\lambda = \lambda(t)$ zu beachten, kann man nicht auf die Laplace'sche Differentialgleichung (2.1-8) zurückgreifen, denn für deren Ableitung war $\lambda = $ konstant vorauszusetzen. Stattdessen muss die Differentialgleichung (2.1-1) integriert werden. Nur für den eindimensionalen Fall gelingt dann eine analytisch geschlossene Lösung.

Zweckmäßig für die Berücksichtigung einer temperaturabhängigen Wärmeleitfähigkeit sind Polynomansätze, die das direkte Einsetzen der Celsiustemperaturen gestatten, wie zum Beispiel für die lineare Abhängigkeit der Wärmeleitfähigkeit von der Temperatur nach

$$\lambda(t) = a_0 + a_1 \cdot (t - t_0) \tag{2.2-20}$$

$$a_0 = \lambda(t = 0\,^{\circ}\mathrm{C}) = \lambda_0 \quad \text{und} \quad [a_1] = 1\,\mathrm{K}^{-1}$$

Für den eindimensionalen stationären Temperaturverlauf ohne Ergiebigkeiten in einer ebenen Wand mit $\lambda = \lambda(t)$ ist im einfachsten Fall auf eine bestimmte Integration mit links- und rechtsseitigen Randbedingungen erster Art zurückzugreifen.

$$\dot{q} = -\lambda(t) \cdot \frac{dt}{dx} \quad \text{mit} \quad t(x = x_1) = t_1 \text{ (links)} \quad \text{und} \quad t(x = x_2) = t_2 \text{ (rechts)}$$

$$\dot{q} = -(a_0 + a_1 \cdot t) \cdot \frac{dt}{dx} \quad \rightarrow \quad \int_{x_1}^{x} \dot{q} \cdot dx = -a_0 \int_{t_1}^{t} dt - a_1 \int_{t_1}^{t} t \cdot dt \qquad (2.2\text{-}21)$$

$$\dot{q}(x - x_1) = -a_0(t - t_1) - \frac{a_1}{2}(t^2 - t_1^2)$$

$$-\frac{a_1}{2}t^2 + \frac{a_1}{2}t_1^2 - a_0 \cdot t + a_0 \cdot t_1 - \dot{q} \cdot (x - x_1) = 0$$

Diese quadratische Gleichung ist für die Anwendung der bekannten Lösungsformel noch entsprechend umzuformen. Die sich hier ergebende negative Lösung der quadratischen Gleichung entfällt aus physikalischen Gründen und wird daher nicht weiter aufgeführt!

$$t^2 + \frac{2a_0}{a_1} \cdot t - t_1^2 - \frac{2a_0}{a_1} \cdot t_1 + \frac{2\dot{q}}{a_1} \cdot (x - x_1) = 0$$

$$t(x) = -\frac{a_0}{a_1} + \sqrt{\left(\frac{a_0}{a_1}\right)^2 + t_1^2 + \frac{2a_0}{a_1} \cdot t_1 - \frac{2\dot{q}}{a_1} \cdot (x - x_1)}$$

$$t(x) = -\frac{a_0}{a_1} + \sqrt{\left(\frac{a_0}{a_1} + t_1\right)^2 - \frac{2\dot{q}}{a_1} \cdot (x - x_1)} \qquad (2.2\text{-}22)$$

Setzt man in (2.2-21) für $x = x_2$ und $t = t_2$ als Integrationsgrenzen ein, erhält man unter Beachtung von $\delta = x_2 - x_1$

$$\dot{q} \cdot \delta = -a_0 \cdot (t_2 - t_1) - \frac{a_1}{2} \cdot (t_2^2 - t_1^2) = -a_0 \cdot (t_2 - t_1) - \frac{a_1}{2} \cdot (t_2 + t_1) \cdot (t_2 - t_1)$$

$$\dot{q} = -\left(a_0 + \frac{a_1}{2} \cdot (t_2 + t_1)\right) \cdot \frac{t_2 - t_1}{\delta} = +\frac{\overline{\lambda}\Big|_{t_1}^{t_2}}{\delta} \cdot (t_1 - t_2) \qquad (2.2\text{-}23)$$

Für die Berechnung des Wärmestroms kann man die lineare Temperaturabhängigkeit der Wärmeleitfähigkeit durch das arithmetische Mittel der beiden Randtemperaturen berücksichtigen.

$$\overline{\lambda}\Big|_{t_1}^{t_2} = a_0 + \frac{t_2 + t_1}{2} \cdot a_1 \qquad (2.2\text{-}24)$$

Bei einer ebenen Wand hängt die Wandfläche A nicht von der Ortskoordinate x ab, sie bleibt stets konstant. Der Wärmestrom $\dot{Q}$ kann unter Verwendung von Gleichung (2.2-23) ermittelt werden aus $\dot{Q} = \dot{q} \cdot A$.

Die Zylindermantelfläche ist dagegen eine mit zunehmendem Radius r stetig wachsende Fläche $A(r) = 2\pi \cdot r \cdot l$. Für die Berücksichtigung von $\lambda = \lambda(t)$ beim eindimensionalen stationären Temperaturverlauf in einem unendlichen Zylinder ist für die bestimmte Integration mit den Randbedingungen erster Art am linken Rand $t(r = r_1) = t_1$ (Innenradius) und am rechten Rand $t(r = r_2) = t_2$ (Außenradius) wegen der vom Radius abhängigen Zylindermantelfläche aber anzusetzen:

$$\dot{Q} = -(a_0 + a_1 \cdot t) \cdot \frac{dt}{dr} \cdot 2\pi \cdot r \cdot l$$

$$\frac{\dot{Q}}{2\pi \cdot l} \cdot \int_{r_1}^{r} \frac{dr}{r} = -a_0 \int_{t_1}^{t} dt - a_1 \int_{t_1}^{t} t \cdot dt \quad \text{und daraus} \quad \frac{\dot{Q}}{2\pi \cdot l} \cdot \ln\frac{r}{r_1} = -a_0 (t - t_1) - \frac{a_1}{2}(t^2 - t_1^2)$$

Völlig analog zum Vorgehen bei der Ableitung der Berechnungsformel für den stationären Temperaturverlauf in der ebenen Wand erhält man hier

$$t(r) = -\frac{a_0}{a_1} + \sqrt{\left(\frac{a_0}{a_1} + t_1\right)^2 - \frac{1}{a_1} \cdot \frac{\dot{Q}}{\pi \cdot l} \cdot \ln\frac{r}{r_1}} \qquad (2.2\text{-}25)$$

Für die Ermittlung des Wärmestroms setzen wir wieder in obiger Differentialgleichung anstelle der Integrationsgrenzen r und t jeweils r_2 und t_2 ein, so dass nun entsteht

$$\dot{Q} = -\left(a_0 + \frac{a_1}{2}(t_2 + t_1)\right) \cdot \frac{t_2 - t_1}{\ln\dfrac{r_2}{r_1}} \cdot 2\pi \cdot l = +\bar{\lambda}\Big|_{t_1}^{t_2} \cdot \frac{t_1 - t_2}{\ln\dfrac{r_2}{r_1}} \cdot 2\pi \cdot l \qquad (2.2\text{-}26)$$

Die Struktur dieser Gleichung entspricht Gleichung (2.2-12). Für die Berechnung des Wärmestroms kann man die lineare Temperaturabhängigkeit der Wärmeleitfähigkeit wiederum über das arithmetische Mittel der beiden Randtemperaturen berücksichtigen.

Für die Berechnung des stationären Temperaturverlaufs in einer Kugel geht man gleichfalls wegen der mit größer werdendem Radius r entsprechend wachsenden Kugeloberfläche aus von $A(r) = 4\pi \cdot r^2$ und damit dann

$$\dot{Q} = -(a_0 + a_1 \cdot t) \cdot \frac{dt}{dr} \cdot 4\pi \cdot r^2 \quad \text{und} \quad \frac{\dot{Q}}{4\pi} \cdot \int_{r_1}^{r} \frac{dr}{r^2} = -a_0 \int_{t_1}^{t} dt - a_1 \int_{t_1}^{t} t \cdot dt \qquad (2.2\text{-}27)$$

$$\frac{\dot{Q}}{4\pi} \cdot \left(\frac{1}{r_1} - \frac{1}{r}\right) = -a_0 (t - t_1) - \frac{a_1}{2}(t^2 - t_1^2)$$

$$t(r) = -\frac{a_0}{a_1} + \sqrt{\left(\frac{a_0}{a_1} + t_1\right)^2 - \frac{1}{a_1} \cdot \frac{\dot{Q}}{2\pi} \cdot \left(\frac{1}{r_1} - \frac{1}{r}\right)} \qquad (2.2\text{-}28)$$

Wird Differentialgleichung (2.2-27) bestimmt integriert in den Grenzen $t(r = r_1) = t_1$ und $t(r = r_2) = t_2$ ergibt sich für den Wärmestrom

$$\dot{Q} = -\left(a_0 + \frac{a_1}{2}(t_2 + t_1)\right) \cdot \frac{t_2 - t_1}{1/r_1 - 1/r_2} \cdot 4\pi = +\overline{\lambda}\Big|_{t_1}^{t_2} \cdot \frac{t_1 - t_2}{1/r_1 - 1/r_2} \cdot 4\pi \qquad (2.2\text{-}29)$$

Der Vergleich mit Formel (2.2-15) zeigt, dass auch hier die mittlere Wärmeleitfähigkeit, die aus dem arithmetischen Mittelwert der beiden Randtemperaturen gebildet wird, geeignet ist, den stationären Wärmestrom für die Wärmeleitung in einer Kugel zu berechnen.

Die Gleichungen (2.2-23; 2.2-26 und 2.2-29) bleiben auch gültig, wenn man eine höher gradige Abhängigkeit der Wärmeleitfähigkeit von der Temperatur berücksichtigen muss. Dann ist in diese Gleichungen einzusetzen

$$\overline{\lambda}\Big|_{t_1}^{t_2} = \frac{\int\limits_1^2 \lambda(t)\,\mathrm{d}t}{t_2 - t_1} \qquad (2.2\text{-}30)$$

Nach Gleichung (2.2-9) ist für den Wärmefluss $\dot{Q}$ die über dem entsprechenden Wärmeleitwiderstand R_λ abfallende Temperaturdifferenz Δt maßgeblich. Die Wärmeleitwiderstände für die ebene Wand, den Zylinder und die Kugel sind jeweils umgekehrt proportional zum Wärmeleitkoeffizienten und hängen ansonsten nur noch von der Geometrie ab. Gleichung (2.2-9) kann deshalb auch in die Form überführt werden:

$$\dot{Q} = \frac{t_1 - t_2}{R_\lambda} \quad \rightarrow \quad \dot{Q} = \lambda \cdot S \cdot (t_1 - t_2) \qquad (2.2\text{-}31)$$

S in Gleichung (2.2-31) stellt den nur von der zu Grunde liegenden Geometrie abhängigen Geometriefaktor (englisch: *shape factor*) dar. Für die bisher betrachtete eindimensionale Wärmeleitung ergibt sich aus einem Koeffizientenvergleich für den Geometriefaktor S:

$$S = \frac{A}{\delta} \text{ (ebene Wand)} \qquad S = \frac{2\pi \cdot l}{\ln\dfrac{r_2}{r_1}} \text{ (Zylinder)} \quad S = \frac{4\pi}{\dfrac{1}{r_1} - \dfrac{1}{r_2}} \text{ (Kugel)}$$

Dieses Vorgehen lässt sich für prismatische Körper auch bei einer zweidimensionalen Wärmeleitung anwenden. Prismatische Körper besitzen über ihre Länge (Höhe) stets den gleichen Querschnitt, so dass der entsprechende Geometriefaktor praktischerweise auf die Länge l bezogen und damit auch dimensionslos wird.

$$S_l = \frac{S}{l} \qquad [S_l] = 1 \qquad (2.2\text{-}32)$$

$$\frac{\dot{Q}}{l} = \lambda \cdot S_l \cdot (t_1 - t_2) \qquad \left[\frac{\dot{Q}}{l}\right] = 1\,\frac{\text{W}}{\text{m}} \qquad (2.2\text{-}33)$$

Ein nach (2.2-32) berechneter Geometriefaktor S liefert für einfache zweidimensionale Untersuchungen gute Näherungslösungen, wenn die Querschnittsfläche des Körpers einen einfach zusammenhängenden Bereich (in Tabelle 2-1 schraffiert) bildet und bei sonst adiabaten Umrandungen an zwei unterschiedlichen Randbereichen die konstanten Temperaturen t_1 und t_2 anliegen. Weitere Fallkonstellationen enthält [7].

Tab. 2-1: Geometriefaktoren S_l für ausgewählte zweidimensionale Wärmeleitkonstellationen.

Konstellation	Geometriefaktor
	$S_l = \dfrac{2\pi}{\ln\left(\dfrac{a}{r} + \sqrt{\dfrac{a^2}{r^2} - 1}\right)}$ $S_l \approx \dfrac{2\pi}{\ln(2a/r)}$ für $\dfrac{a}{r} > 5$
	$S_l = \dfrac{2\pi}{\ln(u + \sqrt{u^2 - 1})}$ mit $u = \dfrac{a^2 - r_1^2 - r_2^2}{2 \cdot r_1 \cdot r_2}$
	$\dfrac{a}{b} > 1,4 : \ S_l \approx \dfrac{2\pi}{0,93\ln(a/b) - 0,0502}$ $\dfrac{a}{b} < 1,4 : \ S_l \approx \dfrac{2\pi}{0,785\ln(a/b)}$
	$S_l \approx \dfrac{2\pi}{\ln(1,08a/d)}$

2.2.1   Laplace´sche Differentialgleichung in kartesischen Koordinaten

Die Laplace´sche Differentialgleichung $\nabla^2 t = 0$ ist auf den Fall einer eindimensionalen Wärmeleitung in einer ebenen Wand mit der Wandstärke δ anzuwenden.

a)   Entwickeln Sie aus der Differentialgleichung die allgemeine Lösung für die Temperaturverteilung $t(x)$!

b)   Geben Sie die spezielle Lösung für die Temperaturverteilung $t(x)$ an, wenn beidsei-
        tig Randbedingungen erster Art (links $t(x = x_1) = t_1$ und rechts $t(x = x_2) = t_2$) vorge-
        ben sind!

Gegeben:

$$\frac{\partial^2 t}{\partial x^2} + \frac{\partial^2 t}{\partial y^2} + \frac{\partial^2 t}{\partial z^2} = 0 \quad \text{mit Randbedingungen } t(x = x_1) = t_1 \text{ und } t(x = x_2) = t_2$$

Wandstärke δ

Vorüberlegungen:

Bei eindimensionaler Wärmeleitung vereinfacht sich die gegebene Laplace´sche Differentialgleichung auf $\partial^2 t / \partial x^2 = 0$, so dass die Temperatur t keine Funktion $t = t(x, y, z)$ mehr ist,
sondern nur noch von Koordinate x abhängt, so dass lediglich $t(x)$ zu berücksichtigen ist. Aus
der ursprünglich partiellen Differentialgleichung kann man deshalb zur gewöhnlichen Differentialgleichung $d^2 t / dx^2 = 0$ übergehen. Zur Lösung dieser Gleichung eignet sich das An-
satzverfahren für lineare Differentialgleichungen mit konstanten Koeffizienten.

Mit Aufgabenstellung (a) soll nachvollzogen werden, wie man aus Gleichung (2.2-1) im Fall
von Quellen-/Senkenfreiheit die allgemeine Lösung (2.2-10) gewinnt und in Aufgabenteil (b)
ist dann die daraus entwickelte Gleichung (2.2-8) abzuleiten.

Lösung:

a) allgemeine Lösung der Differentialgleichung

$$\frac{d^2 t(x)}{dx^2} = 0 \quad \text{Ansatz: } t(x) = e^{\mu x} \rightarrow \text{charakteristische Gleichung } \mu^2 = 0 \text{ mit } \mu_1 = \mu_2 = 0$$

Die Mathematik stellt für die homogene Differentialgleichung zweiter Ordnung als allgemeine Lösung $\underline{t(x) = C_1 \cdot x + C_2}$ zur Verfügung (charakteristische Gleichung besitzt die

doppelte Lösung 0), siehe auch Gleichung (2.2-2). C_1 und C_2 stellen zwei frei wählbare, reellzahlige Konstanten dar.

b) spezielle Lösung mit beidseitigen Randbedingungen erster Art

Die allgemeine Lösung $t(x) = C_1 \cdot x + C_2$ muss sowohl den vorgegebenen Bedingungen am
linken und rechten Rand genügen. Für die Bestimmung der beiden unbekannten Konstanten C_1 und C_2 entsteht so ein Gleichungssystem aus zwei Gleichungen mit zwei Unbekannten.

Linker Rand $t(x = x_1) = t_1$: $t_1 = C_1 \cdot x_1 + C_2$ (1)

Rechter Rand $t(x = x_2) = t_2$: $t_2 = C_1 \cdot x_2 + C_2$ (2)

Die Lösungen des aus Gleichung (1) und (2) bestehenden Gleichungssystems für die
Unbekannten C_1 und C_2 lauten:

$$C_1 = \frac{t_1 - t_2}{x_1 - x_2} \qquad\qquad C_2 = t_1 - \frac{t_1 - t_2}{x_1 - x_2} \cdot x_1$$

Eingesetzt in $t(x) = C_1 \cdot x + C_2$ entsteht daraus

$$t(x) = \frac{t_1 - t_2}{x_1 - x_2} \cdot x + t_1 - \frac{t_1 - t_2}{x_1 - x_2} \cdot x_1 = t_1 + \frac{t_1 - t_2}{x_1 - x_2}(x - x_1)$$

$$t(x) = t_1 - \frac{t_1 - t_2}{\delta}(x - x_1)$$

Dieses Ergebnis wurde schon mit Gleichung (2.2-8) vorweggenommen. Abbildung 2-7 enthält eine entsprechende grafische Aufarbeitung.

Hinweis:

Bei eindimensionaler stationärer Wärmeleitung in einer unendlich ausgedehnten ebenen Wand folgt der Temperaturverlauf für eine nicht von der Temperatur abhängigen Wärmeleit-fähigkeit immer einer Geradengleichung. So kann auch der Strahlensatz für die Ermittlung des Temperaturprofils in der Wand angesetzt werden. Man erhält schnell eine Formel zur linearen Interpolation der Temperaturen für die jeweilige Koordinate x zwischen den Tempe-raturwerten t_1 (links) und t_2 (rechts).

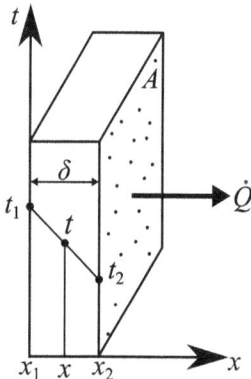

Abb. 2-7:   Temperaturverlauf bei eindimensionaler, stationärer Wärmeleitung in ebener Wand.

$$\frac{t(x) - t_1}{x - x_1} = \frac{t_1 - t_2}{x_1 - x_2} \;\rightarrow\; t(x) = t_1 - \frac{t_1 - t_2}{x_2 - x_1}(x - x_1) = t_1 - \frac{t_1 - t_2}{\delta}(x - x_1)$$

Die hier abgeleiteten Formeln gelten nur bei ausschließlichem Vorliegen der Randbedingung erster Art (vorgegebene Wandtemperaturen). Dabei fällt auf, dass die Wärmeleitfähigkeit des Wandmaterials für die Temperaturverteilung überhaupt keine Rolle spielt. Diese stationäre Temperaturverteilung stellt sich in einer Ziegelwand genauso ein wie in einer Stahlwand. Sobald nur auf einer Seite eine Randbedingung zweiter oder dritter Art ins Spiel kommt, beeinflusst die Wärmeleitfähigkeit das Temperaturprofil. Der Temperaturgradient wird um so größer, je kleinere Werte die Wärmeleitfähigkeit aufweist.

2.2.2   Eindimensionale Wärmeleitung mit verschiedenen Randbedingungen

Eine feste, 20 cm starke Wand habe an der Wandfläche auf der Außenseite die konstante Wandtemperatur von 10 °C. Die isotrope Wärmeleitfähigkeit für das Wandmaterial sei als konstanter Wert mit 15 W/(m K) gegeben. Berechnen Sie für den stationären Zustand die Wandtemperatur an der Innenseite und die Temperatur in Wandmitte, wenn an der Innenseite der Wand als Randbedingung

   a) eine konstante Temperatur von 18 °C anliegt (Randbedingung 1. Art)
   b) ein konstanter Wärmestrom von 600 W/m^2 (Randbedingung 2. Art)
   c) ein konstanter Wärmeübergangskoeffizient von 750 W/(m^2 K) und eine konstante Umgebungstemperatur von 40 °C (Randbedingung 3. Art) gegeben sind!

Gegeben:

Wand: $\delta = x_{W,a} - x_{W,i} = 0{,}2$ m $\lambda = 15$ W/(m K)   und die Randbedingungen:

Außenwand: in allen drei Fällen: $t(x = x_{W,a}) = t_{W,a} = 10\,°C$

Innenwand: a) $t_{W,i} = 18\,°C$ b) $\dot{q} = 600$ W/m^2 c) $\alpha = 750$ W/(m^2 K) $t_U = 40\,°C$

Vorüberlegungen:

Die allgemeine Lösung einer eindimensionalen stationären Wärmeleitaufgabe ohne innere Quellen oder Senken ist mit Gleichung (2.2-5) durch $t(x) = C_1 \cdot x + C_2$ gegeben. Wir müssen also nur noch die Konstanten C_1 und C_2 aus den gegebenen Randbedingungen für die spezielle Lösung des Problems bestimmen.

Lösung:

a) spezielle Lösung für Innenwand Randbedingung 1. Art

   Die Bestimmung der Innenwandtemperatur erübrigt sich, sie ist mit 18 °C gegeben.

   Gemäß dem vorherigen Beispiel 2.2.1 Aufgabenteil (b) folgt für die Temperatur in der Wandmitte bei linker Wandseite $x_{W,i} = 0$

$$t(x = 0{,}1\,\text{m}) = 18\,°C - \frac{18\,°C - 10\,°C}{0{,}2\,\text{m}} \cdot (0{,}1 - 0)\,\text{m} = \underline{\underline{14\,°C}}$$

b) spezielle Lösung für Innenwand Randbedingung 2. Art

   Bestimmung der Konstanten C_1 und C_2 aus allgemeiner Lösung $t(x) = C_1 \cdot x + C_2$:

   Wandinnenseite: Randbedingung 2. Art bei $x = x_{W,i}$: $\dot{q} = 600$ W/m^2

$$\dot{q} = -\lambda \frac{dt}{dx} \quad \text{und} \quad \frac{dt}{dx} = C_1 \quad \rightarrow \quad \dot{q} = -\lambda \cdot C_1 \qquad C_1 = -\frac{\dot{q}}{\lambda}$$

Wandaußenseite: Randbedingung 1. Art: $t_{W,a} = t(x = x_{W,a}) = 10\,°C$

$$t(x = x_{W,a}) = t_{W,a} = C_1 \cdot x_{W,a} + C_2 = -\frac{\dot{q}}{\lambda} \cdot x_{W,a} + C_2 \quad \rightarrow \quad C_2 = \frac{\dot{q}}{\lambda} \cdot x_{W,a} + t_{W,a}$$

Einsetzen von C_1 und C_2 in die allgemeine Lösung liefert:

$$t(x) = -\frac{\dot{q}}{\lambda} \cdot x + \frac{\dot{q}}{\lambda} \cdot x_{W,a} + t_{W,a} = t_{W,a} + \frac{\dot{q}}{\lambda}(x_{W,a} - x)$$

$$t_{W,a} = C_1 + C_2 \cdot x_{W,a} = t_{W,a} + \frac{\dot{q} \cdot \delta}{\lambda} - C_2 x_{W,i} + C_2 x_{W,a}$$

führt mit $\delta = x_{W,a} - x_{W,i}$ auf $C_2 = -\frac{\dot{q}}{\lambda}$ und $C_1 = t_{W,a} + \frac{\dot{q}}{\lambda}(\delta + x_{W,i})$

Aus $t(x) = C_1 + C_2 x$ folgt nun die spezielle Lösung mit $t(x) = t_{W,a} + \frac{\dot{q}}{\lambda}(x_{W,a} - x)$

Innenwandtemperatur: $t(x = x_{W,i}) = 10\,°C + \dfrac{600\ \text{W/m}^2}{15\ \text{W/(m K)}} \cdot 0,2\ \text{m} = \underline{\underline{18\,°C}}$

Temperatur Wandmitte: $t(x = \dfrac{x_{W,i} + x_{W,a}}{2}) = 10\,°C + \dfrac{600\ \text{W/m}^2}{15\ \text{W/(m K)}} \cdot 0,1\ \text{m} = \underline{\underline{14\,°C}}$

c) spezielle Lösung für Innenwand Randbedingung 3. Art:

Bestimmung der Konstanten C_1 und C_2 aus allgemeiner Lösung $t(x) = C_1 \cdot x + C_2$:

Wandinnenseite: Randbedingung 3. Art bei $x = x_{W,i}$: $\alpha = 750\ \text{W/(m}^2\text{ K)}$ $t_U = 40\,°C$

$$\dot{q} = -\lambda \frac{dt}{dx} = \alpha(t_U - t_{W,i}) \qquad \frac{\lambda}{\delta}(t_{W,i} - t_{W,a}) = \alpha(t_U - t_{W,i}) \quad \rightarrow \quad t_{W,i} = \frac{t_U + \lambda/(\alpha \cdot \delta) \cdot t_{W,a}}{1 + \lambda/(\alpha \cdot \delta)}$$

$$t(x = x_{W,i}) = t_{W,i} = C_1 \cdot x_{W,i} + C_2$$

$$t_{W,i} = \frac{t_U + \lambda/(\alpha \cdot \delta) \cdot t_{W,a}}{1 + \lambda/(\alpha \cdot \delta)} = C_1 \cdot x_{W,i} + C_2 \qquad \rightarrow \qquad C_2 = \frac{t_U + \lambda/(\alpha \cdot \delta) \cdot t_{W,a}}{1 + \lambda/(\alpha \cdot \delta)} - C_1 x_{W,i}$$

Wandaußenseite: Randbedingung 1. Art: $t_{W,a} = t(x = x_{W,a}) = 10\,°C$

$$t(x = x_{W,a}) = t_{W,a} = C_1 \cdot x_{W,a} + C_2 = C_1 \cdot x_{W,a} - C_1 \cdot x_{W,i} + \frac{t_U + \lambda/(\alpha \cdot \delta) \cdot t_{W,a}}{1 + \lambda/(\alpha \cdot \delta)}$$

$$t_{W,a} = C_1 \cdot \delta + \frac{t_U + \lambda/(\alpha \cdot \delta) \cdot t_{W,a}}{1 + \lambda/(\alpha \cdot \delta)} \quad \rightarrow \quad C_1 = \frac{t_{W,a}}{\delta} - \frac{t_U + \lambda/(\alpha \cdot \delta) \cdot t_{W,a}}{(1 + \lambda/(\alpha \cdot \delta)) \cdot \delta}$$

Spezielle Lösung der Differentialgleichung aus $t(x) = C_1 \cdot x + C_2$:

$$t(x) = \left[t_{W,a} - \frac{t_U + \lambda/(\alpha \cdot \delta) \cdot t_{W,a}}{1 + \lambda/(\alpha \cdot \delta)} \right] \cdot \frac{(x - x_{W,i})}{\delta} + \frac{t_U + \lambda/(\alpha \cdot \delta) \cdot t_{W,a}}{1 + \lambda/(\alpha \cdot \delta)}$$

Innenwandtemperatur mit $x = x_{W,i}$:

$$t(x = x_{W,i}) = \frac{40\,°\text{C} + \dfrac{15\,\text{W/(m K)}}{750\,\text{W/(m}^2\,\text{K)} \cdot 0,2\,\text{m}} \cdot 10\,°\text{C}}{1 + \dfrac{15\,\text{W/(m K)}}{750\,\text{W/(m}^2\,\text{K)} \cdot 0,2\,\text{m}}} = \underline{\underline{37,27\,°\text{C}}}$$

Temperatur Wandmitte mit $x = \delta/2$:

$$t(x = 0,1\,\text{m}) = 10\,°\text{C} \cdot \left(1 - \frac{0,1\,\text{m}}{0,2\,\text{m}}\right) + \frac{40\,°\text{C} + \dfrac{15\,\text{W/(m K)}}{750\,\text{W/(m}^2\,\text{K)} \cdot 0,2\,\text{m}} \cdot 10\,°\text{C}}{1 + \dfrac{15\,\text{W/(m K)}}{750\,\text{W/(m}^2\,\text{K)} \cdot 0,2\,\text{m}}} \cdot \left(\frac{0,1\,\text{m}}{0,2\,\text{m}}\right) = \underline{\underline{23,63\,°\text{C}}}$$

Die allgemeine Lösung (2.2-5) für die quellenfreie stationäre Wärmeleitung nimmt keinen Bezug auf die Wärmeleitfähigkeit des zu untersuchenden Materials. Diese spielt aber bei der Formulierung der Randbedingung zweiter Art nach (2.1-5) oder dritter Art (2.1-7) für die

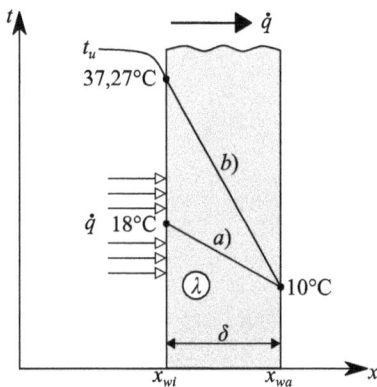

Abb. 2-8:   Temperaturverläufe in einer ebenen Wand bei Randbedingung zweiter und dritter Art.

Lösung sehr wohl eine Rolle. Liegen für ein quellenfreies, stationäres Wärmeleitproblem ausschließlich Randbedingungen erster Art (Vorgabe der Wandtemperatur) vor, bleibt die resultierende Temperaturverteilung allerdings tatsächlich unabhängig von der Materialeigenschaft Wärmeleitfähigkeit.

2.2.3   Stationäres Temperaturfeld in Kiesbetonwand

Eine aus Kiesbeton gegossene Wand von 40 cm Stärke werde an der Außenwand ($x = 0$) so von der Sonne beschienen, dass der dort auftreffende Wärmestrom 160 W/m² betrage. An der Innenwand liege ein Wärmeübergangskoeffizient von 8 W/(m² K) und eine konstante Umgebungstemperatur von 18 °C vor. Geben Sie eine Gleichung für das sich einstellende stationäre Temperaturprofil an und bestimmen Sie mit dieser Gleichung die beiden Wandtemperaturen sowie die Temperatur in Wandmitte!

Gegeben:

Tabelle 7.6-3: $\lambda = 1,28$ W/(m K) für Kiesbeton $\delta = 0,4$ m

Außenwand: $\dot{q} = 160$ W/m²   Innenwand: $\alpha = 8$ W/(m² K) $t_U = 18$ °C

Vorüberlegungen:

Das Temperaturprofil stellt eine lineare, von der Außen- zur Innenwandseite streng monoton fallende Funktion $t = t(x)$ dar.

Zur Vereinfachung der Rechnung wurde anders als in Beispiel 2.2.2 das Koordinatensystem so gewählt, dass an der Außenwand (links) bei $x = 0$ die Randbedingung 2. Art und an der Innenwand (rechts) bei $x = \delta$ die Randbedingung 3. Art anliegt.

Lösung:

Ausgangspunkt: allgemeine Lösung (2.2-5): $t(x) = C_1 \cdot x + C_2$ und $\dfrac{dt}{dx} = C_1$

Anpassung von C_1 und C_2 für die spezielle Lösung:

$x = 0$: $\dot{q} = -\lambda \cdot \dfrac{dt}{dx} = -\lambda \cdot C_1$ $\rightarrow$ $C_1 = -\dfrac{\dot{q}}{\lambda}$

$x = \delta$: $\dot{q} = \alpha \cdot (t(\delta) - t_U)$ $\rightarrow$ $t(\delta) = \dfrac{\dot{q}}{\alpha} + t_U$

$t(x) = C_1 \cdot x + C_2$ $\rightarrow$ $t(\delta) = \dfrac{\dot{q}}{\alpha} + t_U = -\dfrac{\dot{q}}{\lambda} \cdot \delta + C_2$ $\rightarrow$ $C_2 = \dfrac{\dot{q}}{\lambda} \cdot \delta + \dfrac{\dot{q}}{\alpha} + t_U$

Einsetzen von C_1 und C_2 in die allgemeine Lösung liefert:

$t(x) = C_1 \cdot x + C_2 = -\dfrac{\dot{q}}{\lambda} \cdot x + \dfrac{\dot{q}}{\lambda} \cdot \delta + \dfrac{\dot{q}}{\alpha} + t_U$

$\underline{\underline{t(x) = \dfrac{\dot{q}}{\lambda} \cdot (\delta - x) + \dfrac{\dot{q}}{\alpha} + t_U}}$

Für die Wandtemperaturen folgt nun:

$t(x = 0) = t_{W,a} = \dfrac{160 \text{ W/m²}}{1,28 \text{ W/(m K)}} \cdot 0,4 \text{ m} + \dfrac{160 \text{ W/m²}}{8 \text{ W/(m² K)}} + 18 \text{ °C} = \underline{\underline{88 \text{ °C}}}$

$t(x = \delta) = t_{W,i} = \dfrac{160 \text{ W/m²}}{8 \text{ W/(m² K)}} + 18 \text{ °C} = \underline{\underline{38 \text{ °C}}}$

Die Temperatur in Wandmitte ergibt sich aus:

$t(x = \dfrac{\delta}{2}) = t_{W,a} = \dfrac{160 \text{ W/m²}}{1,28 \text{ W/(m K)}} \cdot 0,2 \text{ m} + \dfrac{160 \text{ W/m²}}{8 \text{ W/(m² K)}} + 18 \text{ °C} = \underline{\underline{63 \text{ °C}}}$

2.2.4   Eindimensionale Wärmeleitung mit temperaturabhängiger Wärmeleitfähigkeit

Wir betrachten noch einmal das Beispiel 2.2.2 Teilaufgabe (a) unter der Bedingung, dass für den Wärmeleitkoeffizienten eine lineare Temperaturabhängigkeit in der Form $\lambda(t) = \lambda_0 \cdot (1 + a_1 \cdot t)$ vorgegeben ist. Berechnen Sie wiederum die linke Wandtemperatur $t_{W,i}$ und die Temperatur in Wandmitte $t(x = 0{,}1 \text{ m})$!

Gegeben:

Wand: $\delta = 0{,}2 \text{ m}$ $\lambda(t) = \lambda_0(1 + a_1 \cdot t)$ $\lambda_0 = 15 \text{ W/(m K)}$ $a_1 = 0{,}01 \text{ K}^{-1}$

Randbedingungen: Innenseite: $\dot{q} = 600 \text{ W/m}^2$ Außenseite: $t_{W,a} = 10 \text{ °C}$

Vorüberlegungen:

Für die Ableitung einer allgemeinen Lösung aus der Differentialgleichung (2.1-8) haben wir in den beiden vorangegangenen Beispielen $\lambda = $ konstant vorausgesetzt. Genau dies wird aber in der Aufgabenstellung verneint. Das bisherige Vorgehen ist also nicht mehr zielführend. Hier greift man auf das Fourier´sche Gesetz der Wärmeleitung (2.1-1) zurück, im eindimensionalen Fall auf $\dot{q} = -\lambda_0(1 + a_1 \cdot t) \cdot dt/dx$. Mit steigenden Temperaturen nimmt die Wärmeleitfähigkeit zu. Sie besitzt also an der Innenwand links einen höheren Wert als an der Außenwand rechts. Mit einem konstanten Wärmestrom $\dot{q} = 600 \text{ W/m}^2$ von links nach rechts ist der Temperaturgradient in der linken Wandhälfte demnach kleiner als in der rechten, das Temperaturprofil folgt nicht mehr einer Geradengleichung.

Eine lokale Abhängigkeit der Wärmeleitfähigkeit (zum Beispiel wegen Feuchteunterschieden oder Hohlräumen im Baumaterial) ist mit diesem Ansatz nicht zu modellieren.

Lösung:

$$\int_{x+x_{W,i}}^{\delta} \dot{q} \cdot dx = -\lambda_0 \int_{t_x}^{t_{W,a}} (1 + a_1 \cdot t) dt \quad \rightarrow \quad \dot{q}(x_{W,a} - x - x_{W,i}) = \dot{q}(\delta - x) = -\lambda_0 \left[t + \frac{a_1}{2} t^2 \right]_{t_x}^{t_{W,a}}$$

$$-\frac{\dot{q}(\delta - x)}{\lambda_0} = t_{W,a} + \frac{a_1}{2} t_{W,a}^2 - t_x - \frac{a_1}{2} t_x^2$$

In Normalform zur Anwendung der p,q-Lösungsformel lautet diese quadratische Gleichung:

$$t_x^2 + \frac{2}{a_1} t_x - \left(\frac{2\dot{q} \cdot (\delta - x)}{\lambda_0 \cdot a_1} + t_{W,a}^2 + \frac{2}{a_1} t_{W,a} \right) = 0$$

$$t(x) = t_x = -\frac{1}{a_1} \pm \sqrt{\frac{1}{a_1^2} + \left(\frac{2\dot{q} \cdot (\delta - x)}{\lambda_0 \cdot a_1} + t_{W,a}^2 + \frac{2}{a_1} t_{W,a} \right)}$$

Die Lösung mit dem Minuszeichen vor der Wurzel entfällt aus physikalischen Gründen (es würde eine negative Temperatur resultieren).

Temperatur linke Wandseite:

$$t(x=0) = -\frac{1\,K}{0,01} + \sqrt{\frac{K^2}{10^{-4}} + \frac{2 \cdot 600\,W/m^2 \cdot 0,2\,m}{15\,W/(m\,K) \cdot 0,01\,K^{-1}} + (10\,°C)^2 + \frac{2 \cdot 10\,°C}{0,01\,K^{-1}}} = \underline{\underline{17,05\,°C}}$$

Temperatur in Wandmitte:

$$t(x=0,1\,m) = -\frac{1\,K}{0,01} + \sqrt{\frac{K^2}{10^{-4}} + \frac{2 \cdot 600\,W/m^2 \cdot 0,1\,m}{15\,W/(m\,K) \cdot 0,01\,K^{-1}} + (10\,°C)^2 + \frac{2 \cdot 10\,°C}{0,01\,K^{-1}}} = \underline{\underline{13,57\,°C}}$$

2.2.5 Laplace´sche Differentialgleichung in Zylinderkoordinaten

Gegeben sei die gewöhnliche Differentialgleichung für die stationäre Temperaturverteilung bei eindimensionaler Wärmeleitung in Zylinderkoordinaten

$$\frac{d^2 t}{dr^2} + \frac{1}{r} \cdot \frac{dt}{dr} = 0$$

a) Geben Sie die allgemeine Lösung für das Temperaturprofil $t(r)$ in einem Zylinder an!
b) Entwickeln Sie aus $t(r)$ gemäß (a) eine spezielle Lösung für beidseitig vorgegebene Randbedingungen erster Art (Innenradius $t(r = r_1) = t_1$ und $t(r = r_2) = t_2$ für den Außenradius) bei einem Hohlzylinder (Rohrleitung)!
c) Geben Sie eine spezielle Lösung aus, wenn zusätzlich ein konstantes Quellglied auftritt (Poisson´schen Differentialgleichung)!

Gegeben:

Laplace´sche DGL: $\dfrac{d^2 t}{dr^2} + \dfrac{1}{r} \cdot \dfrac{dt}{dr} = 0$ mit Randbedingungen $t(r = r_1) = t_1$ und $t(r = r_2) = t_2$

Poisson´sche DGL: $\dfrac{d^2 t}{dr^2} + \dfrac{1}{r} \cdot \dfrac{dt}{dr} = -\dfrac{\tilde{q}_0}{\lambda}$ Randbedingungen siehe oben

Vorüberlegungen:

In Aufgabe (a) ist nachzuvollziehen, wie man von der gegebenen Differentialgleichung auf die allgemeine Lösung (2.2-6) kommt und in Aufgabe (b) wie man daraus die spezielle Lösung nach Gleichung (2.2-11) entwickelt. Für Aufgabe (c) ist aus der Poisson´sche Differentialgleichung (2.2-1) die allgemeine Lösung (2.2-3) herzuleiten.

Lösung:

a) allgemeine Lösung

$$\frac{d^2 t}{dr^2} + \frac{1}{r} \cdot \frac{dt}{dr} = 0 \quad \text{Substitution: } u = \frac{dt}{dr} \text{ führt auf} \quad \frac{du}{dr} + \frac{u}{r} = 0 \text{ oder} \quad \frac{du}{u} + \frac{dr}{r} = 0$$

$$\ln u + \ln r = \ln C_1 \quad \rightarrow \quad u \cdot r = C_1 \text{ einsetzen von } u = \frac{dt}{dr} \text{ führt auf } dt = C_1 \cdot \frac{dr}{r} \text{ und schließlich zu}$$

$$\underline{\underline{t(r) = C_1 \cdot \ln r + C_2}} \qquad \text{(entspricht der unter Formel (2.1-14) angeführten allgemeinen Lösung)}$$

b) spezielle Lösung für $t(r = r_1) = t_1$ und $t(r = r_2) = t_2$

Die vorgegebenen Wandtemperaturen von Innen- und Außenradius müssen jeweils die allgemeine Lösung $t(r) = C_1 \cdot \ln r + C_2$ erfüllen. Daraus entsteht das Gleichungssystem aus zwei Gleichungen für die beiden unbekannten Konstanten C_1 und C_2, die sich dann durch Lösung des Gleichungssystems bestimmen lassen.

$$t_1 = C_1 \cdot \ln r_1 + C_2$$

$$t_2 = C_1 \cdot \ln r_2 + C_2$$

$$C_1 = \frac{t_1 - t_2}{\ln(r_1 / r_2)} \qquad C_2 = t_1 - \frac{t_1 - t_2}{\ln(r_1 / r_2)} \cdot \ln r_1 \qquad \text{eingesetzt in } t(r) = C_1 \cdot \ln r + C_2 \text{ liefert}$$

$$\underline{\underline{t(r) = t_1 - \frac{t_1 - t_2}{\ln(r_2 / r_1)} \cdot \ln \frac{r}{r_1}}}$$

c) allgemeine Lösung für Poisson´sche Differentialgleichung

Eine geschickte Umformung gestattet die effiziente Lösung der Poisson´schen Differentialgleichung (2.2-1) für $n = 1$ (Zylinder) nach folgendem Vorbild:

$$\frac{\mathrm{d}^2 t}{\mathrm{d} r^2} + \frac{1}{r} \cdot \frac{\mathrm{d} t}{\mathrm{d} r} = -\frac{\tilde{q}_0}{\lambda} \qquad \rightarrow \qquad \frac{1}{r} \cdot \frac{\mathrm{d}}{\mathrm{d} r}\left(r \cdot \frac{\mathrm{d} t}{\mathrm{d} r}\right) = -\frac{\tilde{q}_0}{\lambda}$$

Diese Umformung erscheint auf den ersten Blick verwirrend, aber wir können uns von der Richtigkeit durch Anwendung der Produktregel überzeugen. Es ist nämlich

$$\mathrm{d}\left(r \cdot \frac{\mathrm{d} t}{\mathrm{d} r}\right) = 1 \cdot \frac{\mathrm{d} t}{\mathrm{d} r} + \frac{\mathrm{d}^2 t}{\mathrm{d} r^2} \cdot r \text{ und mithin } \frac{\mathrm{d}^2 t}{\mathrm{d} r^2} + \frac{1}{r} \cdot \frac{\mathrm{d} t}{\mathrm{d} r} = \frac{1}{r} \cdot \frac{\mathrm{d}}{\mathrm{d} r}\left(r \cdot \frac{\mathrm{d} t}{\mathrm{d} r}\right)$$

Die umgeformte Differentialgleichung gestattet nun eine zweifache Integration mit jeweiliger Trennung der Veränderlichen. Nach Trennung der Veränderlichen in der ersten Stufe folgt

$$\mathrm{d}\left(r \cdot \frac{\mathrm{d} t}{\mathrm{d} r}\right) = -\frac{\tilde{q}_0 \cdot r}{\lambda} \mathrm{d} r \text{ und die erste Integration liefert } r \frac{\mathrm{d} t}{\mathrm{d} r} = -\frac{\tilde{q}_0 \cdot r^2}{2\lambda} + C_1.$$

Nach erneuter Trennung der Veränderlichen $\mathrm{d} t = \left(-\frac{\tilde{q}_0 \cdot r}{2\lambda} + \frac{C_1}{r}\right) \mathrm{d} r$ und der zweiten Integration

gelangen wir in Übereinstimmung mit (2.2-3) auf $\underline{\underline{t(r) = -\frac{\tilde{q}_0 \cdot r^2}{4\lambda} + C_1 \ln r + C_2}}$.

2.2.6   Wärmeleitung im stromdurchflossenen Kabel (Zylinder)

Ein 200 m langes, freiliegendes Aluminiumkabel mit einem Leiterquerschnitt von 3 cm^2
sei mit einer PE-Isolierung von 3,5 mm Stärke ummantelt. An der äußeren Mantelfläche
der Isolierung herrsche eine Umgebungstemperatur von 20 °C bei einem Wärmeübergangskoeffizienten von 5 W/(m² K). Für den spezifischen elektrischen Widerstand von
Aluminium soll als entsprechend temperaturgemittelter Wert 2,45·10^{-6} Ω·cm verwendet
werden.

   a)   Mit welcher Stromstärke in Ampere darf das Kabel maximal beaufschlagt werden,
         damit die Temperatur in der Isolierung nirgends den Wert von 60 °C übersteigt?
   b)   Wie hoch ist dann die Temperatur in der Mitte des isolierten Kabels?
   c)   Wie hoch wäre dann die Temperatur in der Mitte des Kabels bei fehlender Isolie-
         rung?

Gegeben:

Randbedingungen:	$\alpha = 5$ W/(m² K)	$t_U = 20$ °C $t_{max} = 60$ °C
Stoffwerte (Tab. 7.6-2):	$\lambda_{Al} = 237$ W/(m K)	$\lambda_{PE} = 0,35$ W/(m K)
Aluminiumkabel:	$A_{Al} = 3$ cm$^2 = 3·10^{-4}$ m^2	$\rho_{el,\,Al} = 2,45·10^{-6}$ Ω·cm
	$\delta_{PE} = 3,5$mm $= 0,0035$ m	$l = 200$ m

Vorüberlegungen:

Die in Wärme umgewandelte elektrische Verlustleistung des Aluminiumkabels $\dot{Q}_V$ (Jou-
le`sche Wärme) durchsetzt als Wärmestrom die Kabelummantelung aus Polyethylen und ist
mit dem spezifischen elektrischen Widerstand für Aluminium $\rho_{el,Al}$ über die Kabellänge l zu
berechnen durch

$$\dot{Q}_V = P_{el} = I_{max}^2 \cdot R_{el} = I_{max}^2 \cdot \rho_{el,Al} \cdot \frac{l}{A_{Al}}$$

Der Radius des Aluminiumkabels r_{Al} entspricht dem Innenradius der PE-Ummantelung und

beträgt: $r_{Al} = \sqrt{\dfrac{A_{Al}}{\pi}} = \sqrt{\dfrac{3 \cdot 10^{-4} \text{ m}^2}{\pi}} = 9,772$ mm $= 0,009772$ m .

Der äußere Radius des Kabels r_K ist dann zu ermitteln aus:

$r_K = r_{Al} + \delta_{PE} = (9,772 + 3,5)$ mm $= 13,272$ mm $= 0,013272$ m .

Mit der maximal zulässigen Wandtemperatur der Kabelisolierung innen $t_{max} = t(r_{Al}) = 60$ °C,
die als Schichttemperatur zwischen Kabel und Isolierung auftritt, und der gegebenen Umgebungstemperatur von 20 °C in Verbindung mit dem Wärmeübergangskoeffizienten an der
äußeren Mantelfläche können wir hier von einer stationären Wärmeleitung im Hohlzylinder
(Kabelisolierung) ausgehen. Innen liegt eine Randbedingung erster Art, außen eine Randbedingung dritter Art vor. Schnell zum Ziel führt eine Betrachtung des Temperaturabfalls über
die beiden Wärmewiderstände $R_{\lambda,PE}$ und $R_{\alpha,a}$.

Für die beiden Aufgabenteile (b) und (c) muss eine Untersuchung der Wärmeleitung im stromdurchflossenen Aluminiumkabel (Wärmeleitung im Zylinder mit konstanter volumenspezifischer Ergiebigkeit) erfolgen. Dafür steht die Lösung der Poisson´schen Differentialgleichung (2.2-3) zur Verfügung. Hier sind nur noch die beiden Integrationskonstanten C_1 und C_2 aus den jeweils vorgegebenen Randbedingungen zu bestimmen. Die konstante volumenspezifische Ergiebigkeit aus Joule´scher Wärme zu Kabelvolumen errechnet man nach der Ermittlung der maximal zulässige Stromstärke I_{max} aus:

$$\tilde{\dot{q}}_0 = \frac{P_{el}}{V} = \frac{I_{max}^2}{A_{Al} \cdot l} \cdot \frac{\rho_{el,Al} \cdot l}{A_{Al}} = \frac{I_{max}^2 \cdot \rho_{el,Al}}{A_{Al}^2}$$

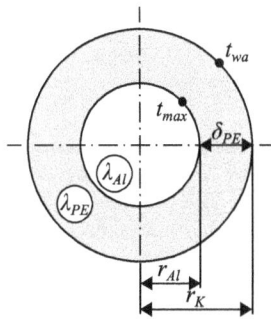

Abb. 2-9: Schnitt durch das ummantelte Aluminiumkabel.

Lösung:

a) maximal zulässiger Stromfluss bei Begrenzung der Temperatur des Isoliermaterials

$$\dot{Q}_V = P_{el} \quad \Leftrightarrow \quad \frac{t_{max} - t_U}{R_{\lambda,PE} + R_{\alpha,a}} = \frac{I_{max}^2 \cdot \rho_{el} \cdot l}{A_{Al}}$$

$$R_{\lambda,PE} = \frac{\ln(r_K / r_{Al})}{\lambda_{PE} \cdot 2\pi \cdot l} = \frac{\ln(13{,}272\,\text{mm}/9{,}772\,\text{mm})}{0{,}35\,\text{W/(m K)} \cdot 2\pi \cdot 200\,\text{m}} = 6{,}960423 \cdot 10^{-4}\,\frac{\text{K}}{\text{W}}$$

$$R_{\alpha,a} = \frac{1}{\alpha \cdot 2\pi \cdot r_K \cdot l} = \frac{1}{5\,\text{W/(m}^2\,\text{K)} \cdot 2\pi \cdot 0{,}013272\,\text{m} \cdot 200\,\text{m}} = 119{,}918 \cdot 10^{-4}\,\frac{\text{K}}{\text{W}}$$

$$I_{max} = \sqrt{\frac{A_{Al} \cdot (t_{max} - t_U)}{\rho_{el,Al} \cdot l \cdot (R_{\lambda,PE} + R_{\alpha,a})}} = \sqrt{\frac{3 \cdot 10^{-4}\,\text{m}^2 \cdot (60 - 20)\,\text{K}}{2{,}45 \cdot 10^{-8}\,\Omega\text{m} \cdot 200\,\text{m} \cdot (119{,}918 + 6{,}960423) \cdot 10^{-4}\,\text{K/W}}}$$

$$I_{max} = \underline{\underline{439{,}34\,\text{A}}} \qquad \text{(Hinweis: } 1\,\Omega = 1\,\text{V/A und } 1\,\text{W} = 1\,\text{V} \cdot \text{A)}$$

b) Temperatur der Seele $t(r = 0)$ des isolierten Kabels bei $I_{max} = 439{,}34$ A

Ausgangspunkt: Gleichung (2.2-3): $t(r) = C_1 \cdot \ln r + C_2 - \dfrac{\tilde{\dot{q}}_0 \cdot r^2}{4 \cdot \lambda_{Al}}$ mit $0 \leq r \leq r_{Al}$

Gleichung (2.2-3) analysiert die Temperaturverteilung in einem homogenen Material. Wir haben also für die Randbedingung an der äußeren Mantelfläche des Kabels zu berücksichtigen, dass bei einem Stromfluss der Stärke 439,34 A die Temperatur dort 60 °C beträgt. Für die Bestimmung der frei wählbaren Konstanten C_1 und C_2 ist anzusetzen:

1. $(dt/dr)_{r=0} = 0$, weil über Symmetrieachse kein Wärmestrom fließt (adiabat)

Es liegt also eine spezielle Form der Randbedingung zweiter Art vor.

$$\frac{dt}{dr} = \frac{C_1}{r} - \frac{\tilde{q}_0 \cdot r}{2\lambda_{Al}} = 0 \quad \Leftrightarrow \quad C_1(r) = \frac{\tilde{q}_0 \cdot r^2}{2\lambda_{Al}} \quad \rightarrow \quad C_1(r=0) = 0$$

2. $t(r = r_{Al}) = t_{max} \quad \rightarrow \quad t_{max} = -\frac{\tilde{q}_0 \cdot r_{Al}^2}{4\lambda_{Al}} + C_2 \quad \rightarrow \quad C_2 = t_{max} + \frac{\tilde{q}_0 \cdot r_{Al}^2}{4 \cdot \lambda_{Al}}$

Randbedingung erster Art, denn Wärmeübergangskoeffizient und Umgebungstemperatur gelten nur für den äußeren Mantel der PE-Isolierung!

Damit ergibt sich für die radiale Temperaturverteilung im Kabel:

$$t(r) = t_{max} + \frac{\tilde{q}_0 \cdot r_{Al}^2}{4 \cdot \lambda_{Al}} - \frac{\tilde{q}_0 \cdot r^2}{4\lambda_{Al}} = t_{max} + \frac{\tilde{q}_0}{4\lambda_{Al}} \cdot (r_{Al}^2 - r^2)$$

Für die volumenspezifische Ergiebigkeit ist nach den Vorüberlegungen anzusetzen:

$$\tilde{q}_0 = \frac{I_{max}^2 \cdot \rho_{el,Al}}{A_{Al}^2} = \frac{439,34^2 \, A^2 \cdot 2,45 \cdot 10^{-6} \, V/A \cdot 10^{-2} \, m}{9 \cdot 10^{-8} \, m^4} = 52.544 \, \frac{W}{m^3}$$

Für die Temperatur der Kabelseele $t(r = 0)$ ergibt sich so:

$$t(r=0) = t_{max} + \frac{\tilde{q}_0 \cdot r_{Al}^2}{4 \cdot \lambda_{Al}} = 60 \, °C + \frac{52.544 \, W/m^3 \cdot (0,009772 \, m)^2}{4 \cdot 237 \, W/(m \, K)} = \underline{\underline{60,0053 \, °C}}$$

c) Temperatur der Seele $t(r = 0)$ des unisolierten Kabels bei $I_{max} = 439,34 \, A$

Ausgangspunkt: Gleichung (2.2-3): $t(r) = C_1 \cdot \ln r + C_2 - \frac{\tilde{q}_0 \cdot r^2}{4 \cdot \lambda_{Al}}$ mit $0 \le r \le r_{Al}$

Für die Bestimmung der frei wählbaren Konstanten C_1 und C_2 sind jetzt aber folgende Randbedingungen zu berücksichtigen:

1. wie bei Aufgabenteil (b) mit dem Ergebnis $C_1 = 0$

2. $\lambda_{Al} \cdot \dfrac{dt}{dr}\bigg|_{r=r_{Al}} = \alpha \cdot (t(r_{Al}) - t_U)$ (Randbedingung dritter Art)

$$\lambda_{Al} \frac{dt}{dr}\bigg|_{r=r_{Al}} = \frac{\tilde{q}_0 \cdot r_{Al}}{2} \quad \text{aus (2.2-3) mit } C_1 = 0$$

$$\alpha \cdot (t(r_{Al}) - t_U) = \frac{\tilde{q}_0 \cdot r_{Al}}{2} \quad \rightarrow \quad t(r_{Al}) = t_U + \frac{\tilde{q}_0 \cdot r_{Al}}{2 \cdot \alpha}$$

Mantelflächentemperatur nach 2.2-3 mit $C_1 = 0$: $t(r_{Al}) = C_2 - \dfrac{\tilde{q}_0 \cdot r_{Al}^2}{4 \cdot \lambda_{Al}}$

Damit gilt: $t_U + \dfrac{\tilde{q}_0 \cdot r_{Al}}{2 \cdot \alpha} = C_2 - \dfrac{\tilde{q}_0 \cdot r_{Al}^2}{4 \cdot \lambda_{Al}} \quad \rightarrow \quad C_2 = t_U + \dfrac{\tilde{q}_0 \cdot r_{Al}}{2 \cdot \alpha} + \dfrac{\tilde{q}_0 \cdot r_{Al}^2}{4 \cdot \lambda_{Al}}$

Einsetzen von C_2 in Gleichung 2.2-3 führt auf die spezielle Lösung:

$$t(r) = t_U + \frac{\tilde{q}_0 \cdot r_{Al}}{2 \cdot \alpha} + \frac{\tilde{q}_0 \cdot r_{Al}^2}{4 \cdot \lambda_{Al}} - \frac{\tilde{q}_0 \cdot r^2}{4 \cdot \lambda_{Al}} = t_U + \frac{\tilde{q}_0 \cdot r_{Al}^2}{4 \cdot \lambda_{Al}} \cdot \left[1 - \left(\frac{r}{r_{Al}} \right)^2 + \frac{2 \cdot \lambda_{Al}}{\alpha \cdot r_{Al}} \right]$$

$$t(r=0) = t_U + \frac{\tilde{q}_0 \cdot r_{Al}^2}{4 \cdot \lambda_{Al}} \cdot \left[1 + \frac{2 \cdot \lambda_{Al}}{\alpha \cdot r_{Al}} \right]$$

$$t(r=0) = 20\,°C + \frac{52.544\ \text{W/m}^3 \cdot 0{,}009772^2\ \text{m}^2}{4 \cdot 237\ \text{W/(m K)}} \cdot \left[1 + \frac{2 \cdot 237\ \text{W/(m K)}}{5\ \text{W/(m}^2\ \text{K)} \cdot 0{,}009772\ \text{m}} \right] = \underline{\underline{71{,}35\,°C}}$$

Kommentar:

Auf den ersten Blick überrascht dieses Ergebnis, denn wir hatten zuvor die Temperatur in der Mitte des isolierten Kabels mit ca. 60 °C ermittelt. Warum ist die Temperatur der Kabelseele beim unisolierten Kabel höher?

Die Ursache für diesen meist sogar bewusst genutzten Effekt ist in der mit der angebrachten Isolierschicht einhergehenden Vergrößerung der wärmeabgebenden Oberfläche zu suchen. Unter bestimmten Bedingungen kommt es dabei zu einer stärkeren Wärmeabgabe.

Der Gesamtwiderstand für die Abführung der Joule´schen Wärme setzt sich zusammen aus:

$$R_{ges} = R_{\lambda,PE} + R_{\alpha,a} = \frac{\ln(r_K / r_{Al})}{\lambda_{PE} \cdot 2\pi \cdot l} + \frac{1}{\alpha_a \cdot 2\pi \cdot r_K \cdot l}$$

Für die mit dem äußeren Radius r_K einhergehende Veränderung des Gesamtwiderstandes kann man ansetzen:

$$\frac{dR_{ges}}{dr_K} = \frac{1}{2\pi \cdot l} \cdot \left(\frac{1}{\lambda_{PE} \cdot r_K} - \frac{1}{\alpha \cdot r_K^2} \right) = \frac{1}{2\pi \cdot l \cdot \lambda_{PE} \cdot r_K} \cdot \left(1 - \frac{\lambda_{PE}}{\alpha \cdot r_K} \right)$$

Damit können folgende Fälle unterschieden werden:

1. $\dfrac{\lambda_{PE}}{\alpha \cdot r_K} > 1 \quad \rightarrow \quad \dfrac{dR_{ges}}{dr_K} < 0$

   Mit Vergrößerung von r_K nimmt der Wärmewiderstand ab und die Wärmeabgabe steigt entsprechend.

2. $\dfrac{\lambda_{PE}}{\alpha \cdot r_K} < 1 \quad \rightarrow \quad \dfrac{dR_{ges}}{dr_K} > 0$

   Mit Vergrößerung von r_K nimmt der Wärmewiderstand zu und es tritt ein Isolations-effekt für die Wärmeabgabe ein.

Im hier behandelten Beispiel wirkt die PE-Isolierschicht kühlend bis zu:

$$r_K = \frac{\lambda_{PE}}{\alpha} = \frac{0{,}35\ \text{W/(m K)}}{5\ \text{W/(m}^2\ \text{K)}} = 0{,}07\ \text{m}$$

Eine technische Nutzung in dieser Größenordnung ergibt jedoch zumeist keinen Sinn.

2.2.7   Wärmeleitung im nuklearen Brennstab

Ein Brennstab der Länge l_{Br} für einen Druckwasserreaktor bestehe aus einer sehr dünnwandigen zylindrischen Zirkoniumhülse mit einem Innendurchmesser von 9,3 mm und sei
mit dem Kernbrennstoff Urandioxid (UO_2) gefüllt. Durch Kernreaktionen werde eine konstante (weder vom Radius noch von der Temperatur abhängige) volumenspezifische Wärmeleistung von 740 MW/m^3 freigesetzt. Die Wärmeleitfähigkeit für Urandioxid sei mit
2,0 W/(m K) gegeben. Im Primärkreislauf wird der Brennstab von unter hohem Druck stehenden Wasser bei einer mittleren Temperatur von 317 °C gekühlt, wobei für den Wärmeübergangskoeffizienten Brennstab-Wasser 6500 W/(m^2 K) anzusetzen ist. Berechnen Sie
die maximale, im Kern des Brennstabes im stationären Zustand auftretende Temperatur,
wenn der Wärmewiderstand der Zirkoniumhülse vernachlässigt werden kann!

Gegeben:

Kernbrennstoff: $r_{Br} = 0,00465$ m $\lambda_{UO_2} = 2,0$ W/(m K) $\tilde{q} = 740$ MW/m^3

Randbedingung: $\alpha = 6500$ W/(m^2 K) $t_W = 317$ °C

Vorüberlegungen:

Im zylindrischen Kernbrennstab ist eine stationäre Wärmeleitung in ausschließlich radialer
Richtung mit einer inneren Wärmequelle und Randbedingung dritter Art am äußeren Zylindermantel zu untersuchen. Der im Brennstab in radialer Richtung entstehende Wärmestrom
$\dot{Q} = \tilde{q} \cdot V = \tilde{q} \cdot \pi \cdot r_{Br}^2 \cdot l_{Br}$ wird an das Kühlwasser abgegeben $\dot{Q} = -\lambda_{UO_2} \cdot (2\pi \cdot r_{Br} \cdot l_{Br}) \cdot dt / dr$.

Lösung:

Aus den Vorüberlegungen zur Energiebilanz folgt die Differentialgleichung

$\tilde{q} \cdot \pi \cdot r_{Br}^2 l_{Br} = -\lambda_{UO_2} \cdot (2\pi \cdot r_{Br} \cdot l_{Br}) \cdot \dfrac{dt}{dr}$ und daraus nach Trennung der Veränderlichen

$$\int_{t(r=0)}^{t(r=r_{Br})} dt = -\int_0^{r_{Br}} \frac{\tilde{q} \cdot r}{2\lambda_{UO_2}} dr$$

Die gesuchte Temperatur im Kern des Brennstabes $t(r = 0)$ ergibt sich damit aus

$$t(r = 0) = t(r_{Br}) + \frac{\tilde{q} \cdot r_{Br}^2}{4 \cdot \lambda_{UO_2}}$$

Die hier benötigte Temperatur an der äußeren Zylindermantelfläche $t(r_{Br})$ ist über die Randbedingung dritter Art zu bestimmen.

$$\dot{Q} = \tilde{q} \cdot (\pi \cdot r_{Br}^2 l_{Br}) = \alpha \cdot (2\pi \cdot r_{Br} l_{Br}) \cdot (t(r_{Br}) - t_W) \quad \rightarrow \quad t(r_{Br}) = t_W + \frac{\tilde{q} \cdot r_{Br}}{2 \cdot \alpha}$$

Für die Temperatur in Brennstabmitte $t(r = 0)$ kann nun geschrieben werden:

$$t(r=0) = t_W + \frac{\tilde{\tilde{q}}}{2}\left(\frac{r_{Br}}{\alpha} + \frac{r_{Br}^2}{2\lambda_{UO_2}}\right)$$

$$t(r=0) = 317\,°C + \frac{740\cdot10^6\,W}{2\,m^3}\cdot\left(\frac{0{,}00465\,m}{6500\,W/(m^2\,K)} + \frac{0{,}00465^2\,m^2}{2\cdot2{,}0\,W/(m\,K)}\right) = \underline{\underline{2581{,}8\,°C}}$$

2.2.8   Wärmestrom durch Rohr mit temperaturabhängiger Wärmeleitfähigkeit

Für einen austenitischen Stahl betrage bei 20 °C die Wärmeleitfähigkeit 15,1 W/(m K) und steige linear auf 24,2 W/(m K) bei 800 °C an. Welcher Wärmestrom pro Meter Rohrlänge wird durch ein Stahlrohr mit 100 mm Außendurchmesser und 5 mm Wandstärke geleitet, wenn die Innenwandtemperatur im Rohr konstant 570 °C beträgt und die äußere Wandtemperatur den konstanten Wert von 35 °C aufweist?
  a) Gehen Sie von einer konstanten Wärmeleitfähigkeit bei 20 °C aus!
  b) Verwenden Sie eine konstante mittlere Wärmeleitfähigkeit!

Gegeben:

$d_a = 100$ mm $\delta = 5$ mm   daraus folgt: $d_i = 90$ mm!

$t_i = 570$ °C $t_a = 35$ °C $\lambda(20\,°C) = 15{,}1$ W/(m K) $\lambda(800\,°C) = 24{,}2$ W/(m K)

Vorüberlegungen:

Metalle aus dem Periodensystem der Elemente besitzen eine mit steigender Temperatur leicht (linear) abnehmende Wärmeleitfähigkeit, für austenitische Stähle ist jedoch das hier skizzierte Verhalten typisch.

Die lineare Funktion $\lambda = \lambda(t)$ gewinnen wir aus den gegebenen Werten mit Hilfe einer Zweipunkte-Zahlenwert-Gleichung $(\{t\} - \{t_1\})\cdot(\{\lambda_2\} - \{\lambda_1\}) = (\{\lambda\} - \{\lambda_1\})\cdot(\{t_2\} - \{t_1\})$.

Lösung:

a) $\lambda = $ konstant

$$\frac{\dot{Q}}{l} = \frac{2\pi\cdot\lambda}{\ln\dfrac{d_a}{d_i}}\cdot(t_i - t_a) = \frac{2\pi\cdot15{,}1\,W/(m\,K)}{\ln\dfrac{100\,mm}{90\,mm}}\cdot535\,K = \underline{\underline{481{,}76\,kW/m}}$$

b) $\lambda = \lambda(t)$ mit temperaturgemittelter Wärmeleitfähigkeit

$(\{t\} - 20)\cdot(24{,}2 - 15{,}1) = (\{\lambda\} - 15{,}1)\cdot(800 - 20)$ führt auf die Funktion

$\{\lambda\} = 14{,}866667 + 0{,}0116667\cdot\{t\}$

$$\int_{35}^{570}(14{,}866667 + 0{,}0116667\cdot\{t\})dt = [14{,}866667\cdot\{t\} + \frac{1}{2}\cdot0{,}0116667\cdot\{t\}^2]\Big|_{35}^{570} = 9841{,}7762$$

In Bezug auf die Maßeinheiten ist zu setzen: $\int_{35\,°C1}^{570\,°C}\lambda(t)\mathrm{d}t = 9841{,}7762\ \mathrm{W/m}$

Unter Rückgriff auf 2.2-26 können wir schreiben

$$\frac{\dot{Q}}{l} = \frac{2\pi \cdot \int_{1}^{2}\lambda(t)\mathrm{d}t}{\ln\dfrac{d_a}{d_i}} = \frac{2\pi \cdot 9841{,}7762\ \mathrm{W/m}}{\ln\dfrac{100\ \mathrm{mm}}{90\ \mathrm{mm}}} = \underline{\underline{586{,}92\ \mathrm{kW/m}}}$$

Die Verwendung des Tafelwertes für die Wärmeleitfähigkeit bei 20 °C ist für die Ermittlung des Wärmestroms hier nicht angemessen, weil eine deutliche Temperaturabhängigkeit des Wärmeleitkoeffizienten vorliegt und ein großer Temperaturbereich (535 K) überstrichen wird. Mit zunehmender Wärmeleitfähigkeit sinkt der Wärmeleitwiderstand, so dass der höhere Wärmestrom pro Meter Rohrlänge in Aufgabe b) plausibel ist.

2.2.9   Wärmeleitung in Kugel zur Bestimmung der Wärmeleitfähigkeit eines Sandes

Eine Messeinrichtung zur Ermittlung der Wärmeleitfähigkeit besteht aus einer Hohlkugel (Innenradius hier 125 mm), in deren Mitte eine beheizbare Metallkugel (Radius Metallkugel hier 75 mm) angeordnet ist. Der verbleibende freie Raum in der Hohlkugel dient zur Aufnahme des zu untersuchenden Stoffes. Bei der Bestimmung der Wärmeleitfähigkeit eines speziellen Sandes betrug die der Metallkugel im Beharrungszustand zugeführte Heizleistung 4,7 W. Die Oberflächentemperatur an der inneren Metallkugel wurde mit 25,9 °C gemessen und die Temperatur an der inneren Oberfläche der Hohlkugel zu 20 °C bestimmt. Berechnen Sie

a)   den Temperaturverlauf $t(r)$ an den Stützstellen $r = 85$ mm, $r = 95$ mm, $r = 105$ mm, $r = 115$ mm!

b)   die Wärmleitfähigkeit λ des Sandes aus den Versuchsdaten!

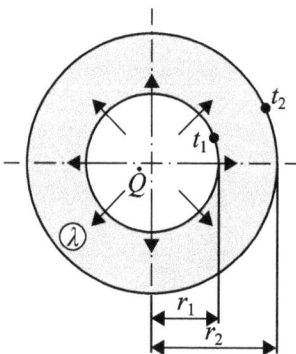

Abb. 2-10:   Schnitt durch die beheizbare Hohlkugel zur Messung der Wärmeleitfähigkeit eines Sandes.

Gegeben:

$r_1 = 0,075\,\text{m}$ $t_1 = 25,9\,°\text{C}$ $\dot{Q} = 4,7\,\text{W}$

$r_2 = 0,125\,\text{m}$ $t_2 = 20,0\,°\text{C}$

Vorüberlegungen:

Der Innenraum der Hohlkugel sei mit dem Sand (im Schnittbild 2-10 grau unterlegte Fläche) gefüllt, dessen Wärmeleitfähigkeit bestimmt werden soll. Eine Temperaturmessung signalisiert, wann der stationäre Zustand eingetreten ist. Zwischen den beiden Temperaturmessstellen liegt dann eine stationäre Wärmeleitung ohne innere Wärmequellen in radialer Richtung vor. Die Kugelgeometrie ist die einzige Geometrie, für die in einer endlichen Größe tatsächlich eine eindimensionale Wärmeleitung beobachtet werden kann. Für Platte und Zylinder benötigt man unendliche Abmessungen um die Wärmeverluste über die jeweiligen Stirnflächen vernachlässigen zu können. Deshalb ist die hier für den Versuch zur Bestimmung der Wärmeleitfähigkeit verwendete Hohlkugel eine kluge Wahl.

In der Literatur werden die Wärmeleitfähigkeiten für Sand wie folgt angegeben:

Sand trocken $\lambda = 0,27\,\text{W/(m\,K)}$ Sand feucht $\lambda = 0,58\,\text{W/(m\,K)}$

Lösung:

a) Bestimmung des Temperaturverlaufes

Der Temperaturverlaufes $t(r)$ folgt der Differentialgleichung (2.2-1) in Kugelkoordinaten ($n = 2$), die für die in den Vorüberlegungen beschriebenen Bedingungen die Form annimmt:

$$\frac{\mathrm{d}^2 t}{\mathrm{d}r^2} + \frac{2}{r} \cdot \frac{\mathrm{d}t}{\mathrm{d}r} = 0$$

Mit der Substitution $z = \dfrac{1}{r}$ und daraus $\dfrac{\mathrm{d}z}{\mathrm{d}r} = -\dfrac{1}{r^2}$ folgt für $\dfrac{\mathrm{d}t}{\mathrm{d}r}$ und $\dfrac{\mathrm{d}^2 t}{\mathrm{d}r^2}$ in obiger Gleichung

$$\frac{\mathrm{d}t}{\mathrm{d}r} = \frac{\mathrm{d}t}{\mathrm{d}z}\frac{\mathrm{d}z}{\mathrm{d}r} = -\frac{1}{r^2} \cdot \frac{\mathrm{d}t}{\mathrm{d}z} \quad \text{und}$$

$$\frac{\mathrm{d}^2 t}{\mathrm{d}r^2} = \frac{\mathrm{d}}{\mathrm{d}r}\left(-\frac{1}{r^2} \cdot \frac{\mathrm{d}t}{\mathrm{d}z}\right) = +\frac{2}{r^3} \cdot \frac{\mathrm{d}t}{\mathrm{d}z} + \left(-\frac{1}{r^2}\right) \cdot \frac{\mathrm{d}^2 t}{\mathrm{d}z^2} \cdot \frac{\mathrm{d}z}{\mathrm{d}r} = \frac{2}{r^3} \cdot \frac{\mathrm{d}t}{\mathrm{d}z} + \left(\frac{1}{r^2}\right)^2 \cdot \frac{\mathrm{d}^2 t}{\mathrm{d}z^2} \quad \text{(Produktregel!)}$$

Eingesetzt in die Ausgangsgleichung ergibt sich damit:

$$\frac{2}{r^3} \cdot \frac{\mathrm{d}t}{\mathrm{d}z} + \left(\frac{1}{r^2}\right)^2 \cdot \frac{\mathrm{d}^2 t}{\mathrm{d}z^2} - \frac{2}{r^3} \cdot \frac{\mathrm{d}t}{\mathrm{d}z} = 0 \quad \text{oder kompakter} \quad \frac{\mathrm{d}^2 t}{\mathrm{d}z^2} = 0$$

Allgemeine Lösungen dieser Differentialgleichung sind durch Gleichung (2.1-15) bekannt.

$$t(z) = C_1 \cdot z + C_2 \quad \text{oder} \quad t(r) = \frac{C_1}{r} + C_2$$

Die frei wählbaren Integrationskonstanten C_1 und C_2 werden jetzt für die spezielle Lösung aus den Randbedingungen erster Art an der inneren und äußeren Kugeloberfläche bestimmt:

$$t(r = r_1) = t_1 : \quad t_1 = C_1 / r_1 + C_2$$

$$t(r = r_2) = t_2 : \quad t_2 = C_1 / r_2 + C_2$$

Aus diesen zwei Gleichungen mit den beiden Unbekannten C_1 und C_2 bestimmt man diese nun zu:

$$C_1 = \frac{t_2 - t_1}{1/r_2 - 1/r_1} \qquad C_2 = t_1 - \frac{1}{r_1} \cdot \frac{t_2 - t_1}{(1/r_2 - 1/r_1)}$$

In Übereinstimmung mit Gleichung (2.2-14) erhält man: $t(r) = t_1 + \dfrac{t_2 - t_1}{1/r_2 - 1/r_1} \cdot \left(\dfrac{1}{r} - \dfrac{1}{r_1}\right)$

$$t(r = 75\,\text{mm}) = t_1 = 25{,}9\,°\text{C}$$

$$t(r = 85\,\text{mm}) = 25{,}9\,°\text{C} + \frac{(20 - 25{,}9)\,°\text{C}}{\dfrac{1}{0{,}125\,\text{m}} - \dfrac{1}{0{,}075\,\text{m}}} \cdot \left(\frac{1}{0{,}085\,\text{m}} - \frac{1}{0{,}075\,\text{m}}\right) = \underline{\underline{24{,}16\,°\text{C}}}$$

$$t(r = 95\,\text{mm}) = 25{,}9\,°\text{C} + \frac{(20 - 25{,}9)\,°\text{C}}{\dfrac{1}{0{,}125\,\text{m}} - \dfrac{1}{0{,}075\,\text{m}}} \cdot \left(\frac{1}{0{,}095\,\text{m}} - \frac{1}{0{,}075\,\text{m}}\right) = \underline{\underline{22{,}79\,°\text{C}}}$$

$$t(r = 105\,\text{mm}) = 25{,}9\,°\text{C} + \frac{(20 - 25{,}9)\,°\text{C}}{\dfrac{1}{0{,}125\,\text{m}} - \dfrac{1}{0{,}075\,\text{m}}} \cdot \left(\frac{1}{0{,}105\,\text{m}} - \frac{1}{0{,}075\,\text{m}}\right) = \underline{\underline{21{,}69\,°\text{C}}}$$

$$t(r = 115\,\text{mm}) = 25{,}9\,°\text{C} + \frac{(20 - 25{,}9)\,°\text{C}}{\dfrac{1}{0{,}125\,\text{m}} - \dfrac{1}{0{,}075\,\text{m}}} \cdot \left(\frac{1}{0{,}115\,\text{m}} - \frac{1}{0{,}075\,\text{m}}\right) = \underline{\underline{20{,}77\,°\text{C}}}$$

$$t(r = 125\,\text{mm}) = t_2 = 20{,}0\,°\text{C}$$

Verschaffen Sie sich eine Vorstellung vom hyperbolischen Temperaturverlauf durch grafisches Auftragen der Temperatur über den Kugelradius!

b) Wärmeleitfähigkeit aus Daten der Versuchseinrichtung

Bei stationärer Wärmeleitung für den gefüllten Bereich der Hohlkugel mit konstantem Wärmefluss in radialer Richtung (Beharrungszustand) gehen wir von Gleichung (2.2-14) aus.

$$\dot{Q} = 4\pi \cdot \lambda \cdot \frac{t_1 - t_2}{1/r_1 - 1/r_2} \quad \rightarrow \quad \lambda = \frac{\dot{Q}}{4\pi} \cdot \frac{\dfrac{1}{r_1} - \dfrac{1}{r_2}}{t_1 - t_2} = \frac{4{,}7\,\text{W}}{4\pi} \cdot \frac{\dfrac{1}{0{,}075\,\text{m}} - \dfrac{1}{0{,}125\,\text{m}}}{25{,}9\,°\text{C} - 20{,}0\,°\text{C}} = \underline{\underline{0{,}3381\,\frac{\text{W}}{\text{m K}}}}$$

Der hier ermittelte Wert fügt sich plausibel in die schon bekannten Literaturwerte ein.

2.2.10 Zweidimensionale Wärmeleitung für Rohr im Erdreich

Ein Heißwasser führendes Rohr von 30 cm Durchmesser sei in einer Tiefe von 0,8 m (Rohrachse-Erdoberfläche) im Erdreich verlegt. Im stationären Betriebszustand weist die äußere Mantelfläche des Rohres eine Temperatur von 60 °C auf. Die Wärmeleitfähigkeit des Erdbodens sei mit 1,2 W/(m K) gegeben. An der Erdoberfläche betrage der Wärmeübergangskoeffizient 8,5 W/(m^2 K), die Lufttemperatur über dem Boden 10 °C. Welcher Verlustwärmestrom fällt aus 1 m Rohrlänge an? (Skizze siehe Tabelle 2-1 auf Seite 40)

Gegeben:

Rohr: $r = 0,15$ m $t_{R,a} = 60$ °C $a = 0,8$ m

Boden: $\lambda_{EB} = 1,2$ W/(m K) $\alpha = 8,5$ W/(m^{2}K) $t_L = 10$ °C

Vorüberlegungen:

Das Problem ist als stationäre zweidimensionale Wärmeleitung im halbunendlichen Raum mit Randbedingung dritter Art an der Erdoberfläche zu beschreiben. Den Verlustwärmestrom berechnet man mit (2.2-32) und dem entsprechenden Geometriefaktor S_l aus Tabelle 2-1.

Wegen der geringen Temperaturleitfähigkeit des Erdreiches erreicht man tatsächlich fast nie einen stationären Zustand. Die zeitlichen Temperaturverläufe von Rohrwand, Außenluft, Erdoberfläche und Grundwasser über das gesamte Jahr sind für eine realistische Analyse der instationären Wärmeleitung meist nicht bekannt und man arbeitet selbst bei numerischer Berechnung mit zeitlichen Mittelwerten dieser Temperaturen.

Lösung:

$$\frac{\dot{Q}}{l} = \lambda_{EB} \cdot S_l \cdot (t_{R,a} - t_{EO}) \qquad \text{Indizes: „EB" = Erdboden „EO" = Erdoberfläche}$$

Für den Geometriefaktor ist gemäß Tabelle 2-1 anzusetzen:

$$\frac{a}{r} = \frac{0,8\,\text{m}}{0,15\,\text{m}} = 5,3333 > 5 \quad \rightarrow \quad S_l \approx \frac{2\pi}{\ln(2 \cdot \frac{a}{r})} \approx \frac{2\pi}{\ln\left(\frac{1,6\,\text{m}}{0,15\,\text{m}}\right)} \approx 2,654354$$

Die Temperatur an der Erdoberfläche t_{EO} folgt aus der Randbedingung dritter Art:

$$-\lambda_{EB}\frac{dt}{dx} = \alpha \cdot (t_{EO} - t_L) \quad \rightarrow \quad -\lambda_{EB}\int\limits_{t_{R,a}}^{t_{EO}} dt = \alpha \cdot (t_{EO} - t_L)\int\limits_{0}^{l} dx$$

$$\lambda_{EB}(t_{R,a} - t_{EO}) = \alpha \cdot t_{EO} \cdot l - \alpha \cdot t_L \cdot l$$

$$t_{EO} = \frac{\lambda_{EB} \cdot t_{R,a} + \alpha \cdot l \cdot t_L}{\lambda_{EB} + \alpha \cdot l} = \frac{1,2\,\text{W/(m K)} \cdot 60\,°\text{C} + 8,5\,\text{W/(m}^2\,\text{K)} \cdot 1\,\text{m} \cdot 10\,°\text{C}}{1,2\,\text{W/(m K)} + 8,5\,\text{W/(m}^2\,\text{K)} \cdot 1\,\text{m}} = 16,185567\,°\text{C}$$

$$\frac{\dot{Q}}{l} = 1,2\,\frac{\text{W}}{\text{m K}} \cdot 2,6543545 \cdot (60 - 16,185567)\,\text{K} = \underline{\underline{139,56\,\frac{\text{W}}{\text{m}}}}$$

2.3   Stationäre Wärmeleitung durch mehrschichtige Wände

Die Betrachtung der stationären Wärmeleitung durch mehrschichtige Wände wird durch eine bestehende Analogie zum Ohm'schen Gesetz der Elektrotechnik erleichtert. Basis für diese Analogiebetrachtung ist die Annahme, dass der „fließende" Wärmestrom als Analogon zum fließenden elektrischen Strom einer Potentialdifferenz (Wärmeleitung: Temperaturdifferenz; Elektrotechnik: Spannung (gegen null)) und einem Widerstand (Wärmeleitung: thermischer Widerstand R_{th} (hier Wärmeleitung R_{λ}); Elektrotechnik: Ohm'scher Widerstand R_{el}) zugeordnet ist.

Tab. 2-2:   Analogie Wärmeleitung zum Ohm'schen Gesetz im Gleichstromkreis.

	Ohm'sches Gesetz	**Wärmeleitung**
Wirkung	Elektrischer Strom I	Wärmestrom $\dot{Q}$
	$I = \dfrac{U}{R_{el}}$	$\dot{Q} = \dfrac{\Delta t}{R_{th}}$
Potentialdifferenz	Spannung $U - 0$	Temperaturdifferenz $(t_1 - t_2)$
Widerstand	$R_{el} = \dfrac{U - 0}{I} \quad [R_{el}] = 1\,\dfrac{\text{V}}{\text{A}} = 1\,\Omega$	$R_{\lambda} = \dfrac{t_1 - t_2}{\dot{Q}} \quad [R_{\lambda}] = 1\,\dfrac{\text{K}}{\text{W}}$
	$R_{el} = \rho_{el} \cdot \dfrac{L}{A} = \dfrac{L}{\sigma_{el} \cdot A}$	$R_{\lambda} = \dfrac{\delta}{\lambda \cdot A}$ ebene Wand
	L Leiterlänge	δ Schichtdicke
	σ_{el} spez. elektrische Leitfähigkeit	λ Wärmeleitfähigkeit
	A Leiterquerschnittsfläche	A Wandfläche

Der Wärmestrom muss analog zum elektrischen Strom bei einer Anordnung von Wärmewiderständen in einer Reihenschaltung durch alle Schichten gleich groß sein. Die Größe des Wärmeleitwiderstandes für jede einzelne Schicht i einer ebenen Wand und damit Höhe des Temperaturabfalls in dieser Schicht ergeben sich aus der Schichtdicke δ_i und der Materialeigenschaft λ_i. Die abfallende Temperaturdifferenz Δt_i in jeder Materialschicht i entspricht dem Spannungsabfall in einem analogen elektrischen Widerstand. Die Summe der Spannungsabfälle in jedem einzelnen Widerstand $R_{el,\,i}$ entspricht dem Spannungsabfall aus dem Gesamtwiderstand R_{el}. Gleiches gilt analog für die Temperaturdifferenzen bei der Wärmeleitung, so dass mit Bezug auf Abbildung 2-11 auszugehen ist von

$$\dot{Q} = \frac{t_1 - t_4}{R_{\lambda,ges}} = \frac{t_1 - t_4}{\dfrac{1}{A} \cdot \left(\dfrac{\delta_1}{\lambda_1} + \dfrac{\delta_2}{\lambda_2} + \dfrac{\delta_3}{\lambda_3} \right)} = \frac{t_1 - t_2}{\dfrac{1}{A} \cdot \dfrac{\delta_1}{\lambda_1}} = \frac{t_2 - t_3}{\dfrac{1}{A} \dfrac{\delta_2}{\lambda_2}} = \frac{t_3 - t_4}{\dfrac{1}{A} \dfrac{\delta_3}{\lambda_3}} \qquad (2.3\text{-}1)$$

Bei bekannten äußeren Wandtemperaturen t_1 und t_4 sind die Temperaturen der inneren Schichten t_2 und t_3 bestimmbar. Der Gesamtwiderstand für die Wärmeleitung beträgt $R_{\lambda,ges} = R_{\lambda,1} + R_{\lambda,2} + R_{\lambda,3}$. Die Gesamttemperaturdifferenz $\Delta t = t_1 - t_4$ ändert sich nicht, wenn die einzelnen Summanden vertauscht werden, aber die Zwischenschichttemperaturen nehmen dann andere Werte an. Wegen gegebener Temperaturbeständigkeiten bestimmter Schichten kann es deshalb durchaus zwingende konstruktive Gründe geben, eine bestimmte Reihenfolge bei der Anordnung der Wärmeleitwiderstände einzuhalten.

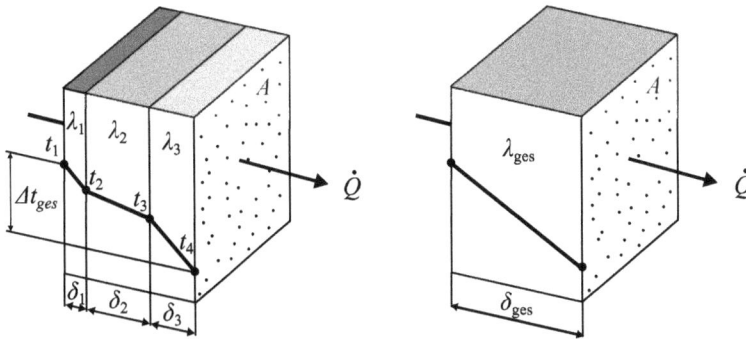

Abb. 2-11: Temperaturverlauf bei stationärer Wärmeleitung in einer dreischichtigen ebenen Wand.

Interessiert man sich nicht für die Zwischenwandtemperaturen, kann man die dreischichtige Wand homogenisieren und als einschichtige Wand mit einem äquivalenten Wärmeleitkoeffizienten $\lambda_{äq}$ betrachten.

$$\lambda_{äq} = \frac{\delta_1 + \delta_2 + \delta_3}{\dfrac{\delta_1}{\lambda_1} + \dfrac{\delta_2}{\lambda_2} + \dfrac{\delta_3}{\lambda_3}} \qquad (2.3\text{-}2)$$

Die Formeln (2.3-1) und (2.3-2) sind bei entsprechenden Aufgabenstellungen leicht für jeweils eine beliebige Zahl von Schichten anzupassen. Die beiden Formeln setzen allerdings immer einen idealen Wärmekontakt zwischen den einzelnen Schichten voraus. Praktisch ist das allerdings selbst bei fest aufeinander gepressten Flächen nicht immer der Fall. Dann müssen die Kontakte durch zusätzliche Wärmewiderstände nachgebildet werden.

2.3.1 Technische Bedeutung der unterschiedlichen Randbedingungen

Eine elektrische Fußbodenheizung mit einer elektrischen Anschlussleistung von 640 W sei unter einem 34 mm starken Marmorboden auf einer Fläche 8 m^2 in einem Badezimmer verlegt. Der Wärmeübergangskoeffizient Marmor/Luft im Badezimmer betrage 8 W/(m^2 K), die Lufttemperatur dort 23 °C. Gleiche Randbedingungen sollen auch auf der Oberseite der Bademate herrschen.

a) Welche Temperatur weist die Marmorbodenoberfläche im stationären Fall bei Betrieb der Fußbodenheizung auf?

b) Prüfen Sie, ob der spezifische Wärmewiderstand von 0,15 m² K/W als empfohlener Wert für Fußbodenheizungen überschritten ist, wenn eine Badematte mit einer Stärke von 4,5 mm (spezifischer Wärmewiderstand 0,115 (m² K)/W) auf den Marmorboden gelegt wird!

c) Werden die vom Hersteller angegebenen 45 °C als dauerverträgliche Maximaltemperatur für die Badematte an ihrer Unterseite überschritten? Gehen Sie von einem idealen thermischen Kontakt zwischen Badematte und Marmorboden aus!

d) Diskutieren Sie, welche Wirkung die Abdeckung mit einer Badematte hätte, wenn anstelle der elektrischen eine warmwassergeführte Fußbodenheizung verlegt wäre!

Gegeben:

$\dot{Q} = 640$ W $A = 8$ m² $\delta_M = 0,034$ m $\lambda_M = 2,8$ W/(m K) Tabelle 7.6-3

$\alpha = 8$ W/(m² K) $t_R = 23$ °C $R^*_B = 0,115$ (m² K)/W $R^*_{max} = 0,15$ (m² K)/W

Vorüberlegungen:

Wir setzen hier voraus, dass die Heizung immer gerade die (gleich bleibenden) Wärmeverluste ersetzt (stationärer Zustand).

Die großen Heizflächen von Fußbodenheizungen mit Wärmestromdichten zwischen 80 und 90 W/m² benötigen nur relativ niedrige Oberflächentemperaturen (Nutzung Niedertemperaturwärme). Für die Oberflächentemperatur der Heizflächen werden im Daueraufenthaltsbereich von Personen 29 °C, für Randzonen maximal 35 °C empfohlen. Im Barfußbereich in Nassräumen strebt man Oberflächentemperaturen von 33 °C an. Vorlauftemperaturen für das Heizwasser von 60 bis 80 °C aus klassischen Heizkesseln sind viel zu hoch, das von Wärmepumpen zur Verfügung gestellte Warmwasser mit 38 °C ist sehr gut geeignet. Für elektrisch betriebene Fußbodenheizungen sind unabhängig von einer ökologischen Bewertung der Herkunft des Stroms die entstehenden Betriebskosten wirtschaftlich nur in Niedrigenergiehäusern tragbar. Als Zusatzheizung im Badezimmer kann die Fußbodenheizung in der „Übergangszeit" für die Heizperiode ganz angenehm sein.

Mit (2.2-10) haben wir den Wärmewiderstand mit einer Maßeinheit K/W definiert. Hier ist zweckmäßig von $R^* = R_\lambda / A = \delta / \lambda$ als einen modifizierten flächenspezifischen Wärmewiderstand auszugehen.

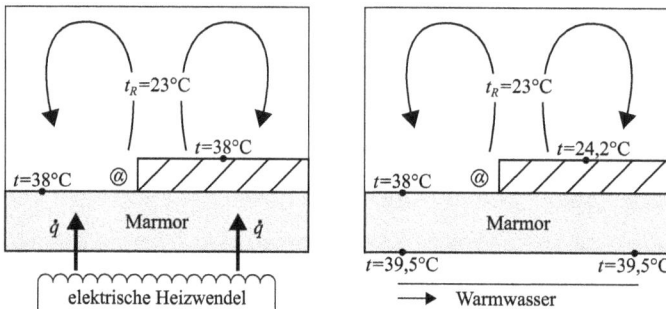

Abb. 2-12: Thermophysikalische Bedingungen für die elektrische Fußbodenheizung nach Aufgabe 2.3.1.

Lösung:

a) Oberflächentemperatur Marmorboden t_F aus $\dot{q} = \text{konstant}$

$$\dot{q} = \frac{\dot{Q}}{A} = \frac{640\,\text{W}}{8\,\text{m}^2} = 80\,\frac{\text{W}}{\text{m}^2} \qquad \dot{q} = \alpha \cdot (t_F - t_R) \quad \rightarrow \quad t_F = t_R + \frac{\dot{q}}{\alpha} = 23\,°\text{C} + \frac{80\,\text{W/m}^2}{8\,\text{W/(m}^2\,\text{K)}} = \underline{\underline{33\,°\text{C}}}$$

b) Gesamtwiderstand = Reihenschaltung Wärmewiderstand Marmor + Wärmewiderstand Badematte

$$R_M = \frac{\delta_M}{\lambda_M} = \frac{0,034\,\text{m}}{2,8\,\text{W/(m K)}} = 0,012143\,(\text{m}^2\,\text{K})/\text{W}$$

$$R_{ges} = R_M + R_B = (0,012143 + 0,115)\,(\text{m}^2\,\text{K})/\text{W} = \underline{\underline{0,127143\,(\text{m}^2\,\text{K})/\text{W} < 0,15\,(\text{m}^2\,\text{K})/\text{W}}}$$

Forderung wird eingehalten!

Die Kombination Parkett ($R^* = 0,1$ bis $0,15\,(\text{m}^2\,\text{K})/\text{W}$) und Teppich ($R^* = 0,12\,(\text{m}^2\,\text{K})/\text{W}$ bei 4,6 mm Stärke) sind wegen Überschreitung des empfohlenen Wertes für den Gesamtwärmewiderstand für Fußbodenheizungen R^*_{max} nicht zu empfehlen.

c) Fußbodenoberflächentemperatur im durch Badematte abgedeckten Bereich

Unterstellt man jetzt auch einen Wärmeübergangskoeffizienten von $8\,\text{W/(m}^2\,\text{K)}$ für den Bereich Oberseite Badematte/Badezimmer beträgt die Temperatur $t_{W/B}$ an der Oberseite der Badematte 33 °C (unveränderte Randbedingung dritter Art). Mit dem Temperaturabfall über dem Wärmewiderstand der Badematte ist die Temperatur zwischen Marmorboden und Badematte als Schichttemperatur Marmorboden/Badematte $t_{M/B}$ zu ermitteln, sofern man einen thermisch idealen Kontakt unterstellen kann.

$$\dot{q} = \frac{t_{M/B} - t_{W/B}}{R_B} \qquad t_{M/B} = t_{W/B} + \dot{q} \cdot R_B = 33\,°\text{C} + 80\,\frac{\text{W}}{\text{m}^2} \cdot 0,115\,\frac{\text{m}^2\,\text{K}}{\text{W}} = \underline{\underline{42,2\,°\text{C}}}$$

Diese Temperatur liegt unter $t_{max} = 45\,°\text{C}$ und wäre nach den Herstellerangaben unschädlich. Ein idealer thermischer Kontakt ist jedoch nur annähernd durch vollständiges Verkleben der Badematte erreichbar. Praktisch wird man also noch einen weiteren Wärmewiderstand durch die sehr dünne Luftschicht zwischen Fußboden und Matte berücksichtigen müssen, so dass die Temperatur für die Unterseite der Badematte noch etwas niedriger als errechnet läge.

Der Wärmestrom für die Heizung wird hier durch eine Randbedingung zweiter Art aufgeprägt und die Temperatur an der Oberfläche des Fußbodens stellt durch die thermischen Vorgänge im Badezimmer ein. Die Abdeckung einer Teilfläche mit einer Badematte hat darauf keinen Einfluss. Im Bereich der Badematte erhöht sich die Temperatur in den elektrischen Heizwendeln und in der Folge davon auch unter der Badematte. Für diese allein aus den Wärmeleitbedingungen abgeleiteten Temperaturen gibt es für einen dauernd fortgesetzten Heizbetrieb bis zur Temperaturfestigkeit der Heizwendeln keine obere Grenze. Auch die Raumtemperatur würde mit einer elektrischen Fußbodenheizung theoretisch immer steigen, solange die Heizung in Betrieb ist.

d) Warmwasser-Fußbodenheizung

Hier wird der Wärmestrom für die Heizung nicht durch eine Randbedingung zweiter Art, sondern mit einem Wärmeübergangskoeffizienten vom Heizwasser an die Innenmantelfläche des Heizrohres und der entsprechenden Heizwassertemperatur eine Randbedingung dritter Art vorgegeben. Jetzt kann an keiner Stelle die Temperatur des Marmorbodens die Vorlauftemperatur des Heizwassers übersteigen. Würde die Raumtemperatur im Heizungsbetrieb die Vorlauftemperatur erreichen, wäre die Wärmeübertragung mangels treibender Temperaturdifferenz automatisch unterbrochen. Eine darüber hinaus gehende angebotene Heizleistung wird über den Rücklauf des Heizwassers abgeführt. Der erhöhte Wärmewiderstand im Bereich der Badematte führt zur Verringerung des an das Badezimmer abgegebenen Wärmestroms und als Folge davon zu einer niedrigeren Oberflächentemperatur auf der Badematte. Für eine gleiche Heizleistung müsste man dort wo die Matte liegt, die Vorlauftemperatur erhöhen.

Wenn Vorlauftemperatur und Warmwassermassenstrom den Marmorboden von unten gleichmäßig auf etwa $t_{M,unten} = 34\,°C$ erwärmt, wird über der gesamten Fußbodenoberfläche mit einer Heizleistung von etwa 80 W/m² die Temperatur von $t_F = 33\,°C$ erreicht. Die Oberflächentemperatur auf der Badematte ergibt sich jetzt mit der Elektroanalogie für in Reihe geschaltete Wärmewiderstände zu

$$\frac{t_{M,unten} - t_F}{R_M} = \frac{t_{M,unten} - t_{B,oben}}{R_{ges}} \rightarrow \quad t_{B,oben} = t_{M,unten} - \frac{R_{ges}}{R_M} \cdot (t_{M,unten} - t_F)$$

$$t_{B,oben} = 34\,°C - \frac{0{,}127143\,(m²\,K)/W}{0{,}012143\,(m²\,K)/W} \cdot 1\,K \approx \underline{\underline{23{,}53\,°C}}$$

2.3.2   Wärmestrom durch Brennkammerwand mit Kesselsteinschicht

Auf einer 10 mm starken Stahlwand der Brennkammer eines Heizkessels hat sich nach längerem Betrieb eine Kesselsteinschicht gebildet. Im Auslegungszustand bei sauberer Heizfläche betrage die Heizflächenbelastung 400 kW/m². Auf welchen Wert geht die Heizflächenbelastung im momentanen Betriebszustand zurück, unter der Annahme, dass die mittleren Temperaturen der Wandoberflächen konstant geblieben und folgende Wärmeleitfähigkeiten gegeben sind:
a)   Stahl mit 0,1 % C: $\lambda_{St} = 52$ W/(m K) bei mittlerer Temperatur von 200 °C
      Kesselstein $\delta_K = 1$ mm, $\lambda_K = 1{,}5$ W/(m K) (Kesselstein feucht)
b)   Stahl mit 0,1 % C: $\lambda_{St} = 52$ W/(m K) bei mittlerer Temperatur von 200 °C
      Kesselstein $\delta_K = 2$ mm, $\lambda_K = 1{,}5$ W/(m K) (Kesselstein feucht)
c)   austenitischer Stahl: $\lambda_{St} = 18$ W/(m K) bei mittlerer Temperatur von 200 °C
      Kesselstein $\delta_K = 2$ mm, $\lambda_K = 0{,}93$ W/(m K) (Kesselstein andere Zusammensetzung)

Gegeben:

$\dot{q} = 400\,kW/m^2$

Stahl: $\delta_{St} = 0{,}01$ m $\lambda_{St} = 52$ W/(m K) $\lambda_{St} = 18$ W/(m K) (austenitisch)

Kesselstein: (a) $\delta_K = 0{,}001$ m oder (b) und (c) $\delta_K = 0{,}002$ m

(a) und (b) $\lambda_K = 1,5\,\text{W/(m K)}$ oder (c) $\lambda_K = 0,93\,\text{W/(m K)}$

Vorüberlegungen:

Bei dieser eindimensionalen Wärmeleitung sind die Wärmeleitwiderstände in Reihe geschaltet. Für den Betriebszustand ist daher bei gleichen Wandtemperaturen und größeren Wärmeleitwiderständen mit einer verringerten Wärmestromdichte zu rechnen. Für den Auslegungszustand (saubere Heizfläche) wird der Index „A" verwendet, für den Betriebszustand (mit Kesselstein) „B".

$\dot{q}=400\ kW/m^2$

$\dot{q}= ?$

$\dot{q}$

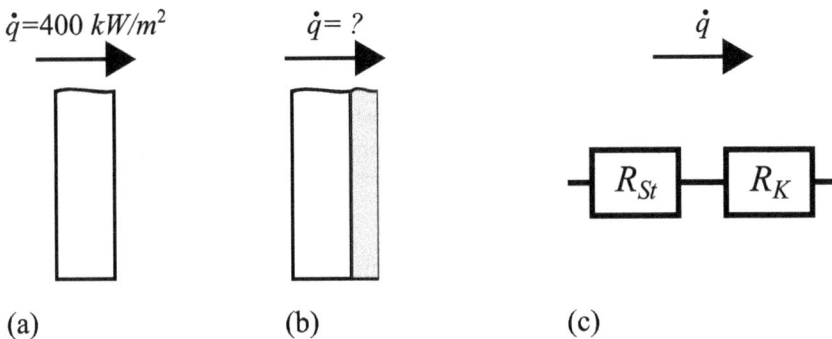

(a)   (b)   (c)

Abb. 2-13: Brennkammerwand mit außenseitig angelagertem Kesselstein.
a) Auslegungszustand   b) Betriebszustand   c) Ersatzschaltbild für Wärmewiderstände

Lösung:

Heizflächenbelastung:

im Auslegungszustand: $\dot{q}_A = \dfrac{\Delta t}{\dfrac{\delta_{St}}{\lambda_{St}}}$ im Betriebszustand: $\dot{q}_B = \dfrac{\Delta t}{\dfrac{\delta_{St}}{\lambda_{St}}+\dfrac{\delta_K}{\lambda_K}}$

Wegen gleichbleibender Wandtemperaturen (Δt = konstant) folgt: $\dot{q}_B = \dot{q}_A \cdot \dfrac{\dfrac{\delta_{St}}{\lambda_{St}}}{\dfrac{\delta_{St}}{\lambda_{St}}+\dfrac{\delta_K}{\lambda_K}}$

a) 1 mm Kesselsteinschicht:

$$\dot{q}_B = 400\,\frac{\text{kW}}{\text{m}^2}\cdot\frac{\dfrac{0,01\,\text{m}}{52\,\text{W/(m K)}}}{\dfrac{0,01\,\text{m}}{52\,\text{W/(m K)}}+\dfrac{0,001\,\text{m}}{1,5\,\text{W/(m K)}}} = 89,55\,\frac{\text{kW}}{\text{m}^2}$$

b) 2 mm Kesselsteinschicht:

$$\dot{q}_B = 400 \frac{kW}{m^2} \cdot \frac{\dfrac{0,01\,m}{52\,W/(m\,K)}}{\dfrac{0,01\,m}{52\,W/(m\,K)} + \dfrac{0,002\,m}{1,5\,W/(m\,K)}} = \underline{\underline{50,4 \frac{kW}{m^2}}}$$

Schon eine sehr dünne Kesselsteinschicht vermindert die übertragene Wärmeleistung deutlich. In diesem Beispiel bewirkt eine 2 mm starke Kesselsteinschicht einen Rückgang der Heizleistung um 87,5 %.

c) $\quad \dot{q}_B = 400 \dfrac{kW}{m^2} \cdot \dfrac{\dfrac{0,01\,m}{18\,W/(m\,K)}}{\dfrac{0,01\,m}{18\,W/(m\,K)} + \dfrac{0,002\,m}{0,93\,W/(m\,K)}} = \underline{\underline{82,12 \dfrac{kW}{m^2}}}$

Man beachte die unterschiedlichen Wärmeleitfähigkeiten für Stahl. Aus der Perspektive der Wärmeleitung ist Stahl eben nicht Stahl! Gleichzeitig ist es schwierig, Wärmeleitfähigkeiten für Kesselstein wegen unterschiedlicher Zusammensetzungen und unterschiedlichem Feuchtegehalt zuverlässig anzugeben.

2.3.3   Wärmeisolation einer ebenen Gebäudewand

Eine ebene 300 m² große Gebäudewänden weise auf der Innenseite eine konstante Wandtemperatur von +20 °C, an der Außenseite eine konstante Wandtemperatur von –12 °C auf. Die dreischichtige Wand verfüge über eine 1,5 cm starke Innenputzschicht (Wärmeleitfähigkeit 0,79 W/(m K), eine 24 cm dicke Ziegelwand und eine Außenputzschicht aus Mörtel von 2,5 cm Stärke. Die Gebäudehülle soll eine Wärmedämmung mit 8 cm starken Polystyrol-Schaumstoffplatten (Styropor) erhalten.
a) Welcher Wärmestrom wird vom ungedämmten Gebäude an die Umgebung abgegeben und wie hoch sind die einzelnen Schichtwandtemperaturen?
b) Berechnen Sie den Wärmestrom an die Umgebung und die einzelnen Schichtwandtemperaturen, wenn die Dämmplatten zwischen Außenputz und Ziegelwand angebracht werden!
c) Berechnen Sie den Wärmestrom an die Umgebung und die einzelnen Schichtwandtemperaturen, wenn die Dämmplatten zwischen Innenputz und Ziegelwand angebracht werden!

Gegeben:
Innenputz (Gips und Kalk) $\delta_{IP} = 0,015\,m$ $\lambda_{IP} = 0,790\,W/(m\,K)$ (Aufgabentext)
Ziegelwand (lufttrocken) $\delta_{ZW} = 0,240\,m$ $\lambda_{ZW} = 0,580\,W/(m\,K)$ (Tabelle 7.6-3)
Außenputzmörtel $\delta_{AP} = 0,025\,m$ $\lambda_{AP} = 0,930\,W/(m\,K)$ (Tabelle 7.6-3)
Polystyrolplatten $\delta_{PS} = 0,080\,m$ $\lambda_{PS} = 0,029\,W/(m\,K)$ (Tabelle 7.6-3)

$A = 300\,m^2$ $t_{W,i} = +20\ °C$ $t_{W,a} = -12\ °C$

Vorüberlegungen:

Das Problem kann als stationäre eindimensionale Wärmeleitung mit Randbedingung erster Art durch eine mehrschichtige ebene Wand betrachtet werden. Der Verlustwärmestrom $\dot{Q}$ über die ebene Gebäudewand insgesamt hängt nicht von der Anordnung der Schichten ab. Für den Fall b) und c) ergeben sich damit gleiche Verlustwärmeströme, die Schichttemperaturen hingegen verändern sich.

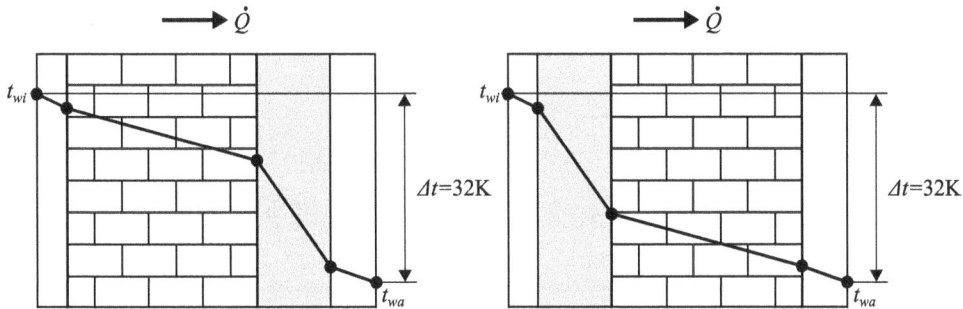

Abb. 2-14: Temperaturprofil für Wärmeleitung durch eine Gebäudewand. Die Dämmplatten sind grau unterlegt.

Lösung:

a) Wärmestrom und Schichtwandtemperaturen ohne Dämmschicht

Wärmewiderstände der einzelnen Wandschichten:

$$R_{IP} = \frac{\delta_{IP}}{\lambda_{IP} \cdot A} = \frac{0,015 \text{ m}}{0,79 \text{ W/(m K)} \cdot 300 \text{ m}^2} = 0,06329 \cdot 10^{-3} \frac{\text{K}}{\text{W}}$$

$$R_{ZW} = \frac{\delta_{ZW}}{\lambda_{ZW} \cdot A} = \frac{0,240 \text{ m}}{0,58 \text{ W/(m K)} \cdot 300 \text{ m}^2} = 1,37931 \cdot 10^{-3} \frac{\text{K}}{\text{W}}$$

$$R_{AP} = \frac{\delta_{AP}}{\lambda_{AP} \cdot A} = \frac{0,025 \text{ m}}{0,93 \text{ W/(m K)} \cdot 300 \text{ m}^2} = 0,08961 \cdot 10^{-3} \frac{\text{K}}{\text{W}}$$

In dieser dreischichtigen Wand liegt in der Ziegelschicht wegen des höchsten Wärmewiderstandes auch der größte Temperaturabfall vor, der kleinste Temperaturabfall tritt in der Innenputzschicht auf.

Wärmestrom aus Gesamttemperaturdifferenz zu Gesamtwiderstand:

$$\dot{Q} = \frac{t_{W,i} - t_{W,a}}{R_{IP} + R_{ZW} + R_{AP}} = \frac{(20 \,^\circ\text{C} - (-12 \,^\circ\text{C}))}{(0,06329 + 1,37931 + 0,08961) \cdot 10^{-3} \text{ K/W}} = \underline{\underline{20,885 \text{ kW}}}$$

Schichtwandtemperaturen aus Temperaturdifferenz in der Schicht zu Schichtwiderstand

$$\dot{Q} = \frac{t_{W,i} - t_{Z,i}}{R_{IP}} \rightarrow t_{Z,i} = t_{W,i} - \dot{Q} \cdot R_{IP} = 20,00 \,^\circ\text{C} - 20,885 \text{ kW} \cdot 0,06329 \cdot 10^{-3} \frac{\text{K}}{\text{W}} = \underline{\underline{18,68 \,^\circ\text{C}}}$$

$$\dot{Q} = \frac{t_{Z,i} - t_{Z,a}}{R_{ZW}} \rightarrow t_{Z,a} = t_{Z,i} - \dot{Q} \cdot R_{ZW} = 18,68 \,^\circ\text{C} - 20,885 \text{ kW} \cdot 1,37931 \cdot 10^{-3} \frac{\text{K}}{\text{W}} = \underline{\underline{-10,13 \,^\circ\text{C}}}$$

Temperaturdifferenzen in den Schichten:

$$\Delta t_{IP} = (20,00 - 18,68) \,^\circ\text{C} = \underline{\underline{1,32 \text{ K}}} \qquad\qquad \Delta t_{ZW} = (18,68 - (-10,13)) \,^\circ\text{C} = \underline{\underline{28,81 \text{ K}}}$$

$$\Delta t_{AP} = (-10{,}13 - (-12{,}00))\,°C = \underline{\underline{1{,}87\,K}}$$

b) Wärmestrom und Schichtwandtemperaturen bei Außendämmung
   Wärmewiderstand der Polystyrolplatte

$$R_{PS} = \frac{\delta_{PS}}{\lambda_{PS} \cdot A} = \frac{0{,}08\,m}{0{,}029\,W/(m\,K) \cdot 300\,m^2} = 9{,}1954 \cdot 10^{-3}\,\frac{K}{W}$$

Der Wärmewiderstand der Polystyrolplatte ist mit Abstand der größte Schichtwiderstand, deshalb ist hier jetzt auch die höchste Temperaturdifferenz zu erwarten.

$$\dot{Q} = \frac{t_{W,i} - t_{W,a}}{R_{IP} + R_{ZW} + R_{PS} + R_{AP}} = \frac{(20\,°C - (-12\,°C))}{(0{,}06329 + 1{,}37931 + 9{,}1954 + 0{,}08961) \cdot 10^{-3}\,K/W} = \underline{\underline{2{,}983\,kW}}$$

Schichtwandtemperaturen aus Temperaturdifferenz in der Schicht zu Schichtwiderstand

$$\dot{Q} = \frac{t_{W,i} - t_{Z,i}}{R_{IP}} \;\rightarrow\; t_{Z,i} = t_{W,i} - \dot{Q} \cdot R_{IP} = 20{,}00\,°C - 2{,}983\,kW \cdot 0{,}06329 \cdot 10^{-3}\,\frac{K}{W} = \underline{\underline{19{,}81\,°C}}$$

$$\dot{Q} = \frac{t_{Z,i} - t_{Z,a}}{R_{ZW}} \;\rightarrow\; t_{Z,a} = t_{Z,i} - \dot{Q} \cdot R_{ZW} = 19{,}81\,°C - 2{,}983\,kW \cdot 1{,}37931 \cdot 10^{-3}\,\frac{K}{W} = \underline{\underline{15{,}70\,°C}}$$

$$\dot{Q} = \frac{t_{Z,a} - t_{S,a}}{R_{PS}} \;\rightarrow\; t_{S,a} = t_{Z,a} - \dot{Q} \cdot R_{PS} = 15{,}70\,°C - 2{,}983\,KW \cdot 9{,}1954 \cdot 10^{-3}\,\frac{K}{W} = \underline{\underline{-11{,}73\,°C}}$$

Temperaturdifferenzen in den Schichten bei Außendämmung:

$$\Delta t_{IP} = (20{,}00 - 19{,}81)\,°C = \underline{\underline{0{,}19\,K}} \qquad\qquad \Delta t_{ZW} = (19{,}81 - 15{,}70)\,°C = \underline{\underline{4{,}11\,K}}$$

$$\Delta t_{PS} = (15{,}70 - (-11{,}73))\,°C = \underline{\underline{27{,}43\,K}} \qquad\qquad \Delta t_{AP} = (-11{,}73 - (-12{,}00))\,°C = \underline{\underline{0{,}27\,K}}$$

c) Wärmestrom und Schichtwandtemperaturen bei Innendämmung
   Wärmewiderstand und Gesamtwärmestrom können aus b) übernommen werden

   Wandtemperaturen aus Temperaturdifferenz in der Schicht zu Schichtwiderstand

$$\dot{Q} = \frac{t_{W,i} - t_{S,i}}{R_{IP}} \;\rightarrow\; t_{S,i} = t_{W,i} - \dot{Q} \cdot R_{IP} = 20{,}00\,°C - 2{,}983\,kW \cdot 0{,}06329 \cdot 10^{-3}\,\frac{K}{W} = \underline{\underline{19{,}81\,°C}}$$

$$\dot{Q} = \frac{t_{S,i} - t_{S,a}}{R_{PS}} \;\rightarrow\; t_{S,a} = t_{S,i} - \dot{Q} \cdot R_{PS} = 19{,}81\,°C - 2{,}983\,kW \cdot 9{,}1954 \cdot 10^{-3}\,\frac{K}{W} = \underline{\underline{-7{,}62\,°C}}$$

$$\dot{Q} = \frac{t_{S,a} - t_{Z,a}}{R_{ZW}} \;\rightarrow\; t_{Z,a} = t_{S,a} - \dot{Q} \cdot R_{ZW} = -7{,}62\,°C - 2{,}983\,kW \cdot 1{,}37931 \cdot 10^{-3}\,\frac{K}{W} = \underline{\underline{-11{,}73\,°C}}$$

Temperaturdifferenzen in den Schichten bei Innendämmung:

$$\Delta t_{IP} = (20{,}00 - 19{,}81)\,°C = \underline{\underline{0{,}19\,K}} \qquad\qquad \Delta t_{PS} = (19{,}81 - (-7{,}62))\,°C = \underline{\underline{27{,}43\,K}}$$

$$\Delta t_{ZW} = (-7{,}62 - (-11{,}73))\,°C = \underline{\underline{4{,}11\,K}} \qquad\qquad \Delta t_{AP} = (-11{,}73 - (-12{,}00))\,°C = \underline{\underline{0{,}27\,K}}$$

Je nach Lage der Isolierschicht unterscheiden sich – wie Abbildung 2-14 zeigt – die Temperaturen in den mittleren Wandschichten erheblich. Die jeweiligen Temperaturprofile haben zunächst nur einen vernachlässigbaren Einfluss auf die temperaturabhängige Wärmeleitfähigkeit in den einzelnen Wandschichten, sind aber in anderer Beziehung sehr bedeutungsvoll. Bei innenseitiger Wärmedämmung liegen in diesem Beispiel die Temperaturen im Außenputz sowie in der Ziegelwand ausschließlich als negative Temperaturen vor. Somit werden im Vergleich zur außenseitigen Wärmedämmung die Gefahr der Taupunktunterschreitung (Kondensation von diffundierender Luftfeuchtigkeit und Schimmelbildung) und die Gefahr für Bauschäden durch Frost infolge gefrierender Feuchtigkeit erhöht. Der sogenannte Taupunkt wird unterschritten, wenn die Temperatur der feuchten Luft unterhalb der Siedetemperatur des Wassers liegt, die dem Partialdruck für die Luftfeuchtigkeit entspricht (bei 0 °C Partialdrücke niedriger als 6 mbar). Eine dann einsetzende erhöhte Durchfeuchtung des Baumaterials (insbesondere der Isolierschichten) führt zu einem Ansteigen der Wärmeleitfähigkeit und daraus folgend der Wärmeverluste.

Die Wärmeleitfähigkeit für das Dämmmaterial Polystyrol ist als fester Wert aus der Tabelle 7.6-3 entnommen worden. Für genauere Untersuchungen wären hier die in den entsprechenden Normen aufgeführten Bemessungswerte zu verwenden.

Die Folgen einer Inneninsolierung sind verkleinerte Wohnflächen und kürzere Zeiten für Aufheizung der betreffenden Räume. Die Außenisolierung sorgt für eine Erhöhung der Wärmespeicherung durch die Wände mit der Folge, dass sich die Räume langsamer aufheizen oder abkühlen und so über die Tageszeit ein angenehmeres Raumklima schaffen. Bei außenseitiger Dämmung bleibt gleichzeitig die Wohnfläche erhalten. Man sollte sich also am besten für die Außendämmung entscheiden und wenn dies nicht möglich (Denkmalschutz), Lösungen unter Berücksichtigung der bauphysikalischen Wirkungen der Innendämmung entwickeln.

2.3.4 Reihen- und Parallelschaltung von Wärmewiderständen in ebener Wand

Für den Bau von Kühlhäusern ist der auf die Wandfläche bezogene Kühlbedarf $\dot{q}_K$ infolge der Wärmedurchlässigkeit der Wandkonstruktion zu untersuchen. Im Auslegungsfall sollen die Wandtemperaturen außen +30 °C und innen −10 °C betragen. Welche Kühlleistung in W/m² wird für 1 m² Wand benötigt, wenn die Wand

a) außen aus 30 cm gegossenen Kiesbeton und nach innen aus einer 8 cm starken Polystyrol-Schaumstoff-Isolierung sowie einer 1,5 mm starken Verblendung aus Edelstahl (Wärmeleitfähigkeit 15 W/(m K)) besteht

b) und wenn zusätzlich auf 1 m² Wandfläche für Stege zwischen Betonwand und Verblendung zu deren Befestigung 2 cm² Edelstahl-Wärmebrücken zu berücksichtigen sind?

Gegeben:

Beton:	$\delta_B = 0{,}300$ m	$\lambda_B = 1{,}280$ W/(m K)	(Tabelle 7.6-3)
Polystyrol-Schaumstoff:	$\delta_{Sty} = 0{,}080$ m	$\lambda_{Sty} = 0{,}029$ W/(m K)	(Tabelle 7.6-3)
Edelstahl:	$\delta_{ESt} = 0{,}0015$ m	$\lambda_{ESt} = 15{,}0$ W/(m K)	
Wandtemperaturen:	$t_{W,a} = +30$ °C	$t_{W,i} = -10$ °C	

Vorüberlegungen:

Der Fall a) ist als Reihenschaltung der Wärmeleitwiderstände der Wandschichten, Aufgabenteil b) als Kombination aus Reihen- und Parallelschaltung für die Wärmeleitwiderstände
nach Ersatzschaltbild in Abbildung 2-15 zu berechnen.

Fall a)   Fall b)

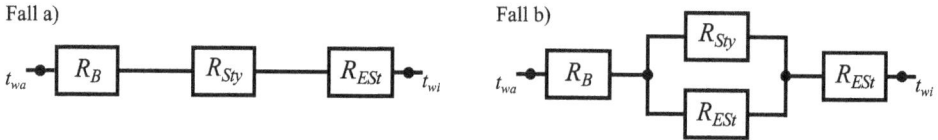

Abb. 2-15: Elektrische Ersatzschaltbilder für die Wärmewiderstände für die Kühlhauswand ohne Wärmebrücke (a)
und mit Wärmebrücke (b).

Lösung:

a) spezifische Kühlleistung für Wand ohne Wärmebrücken

$$\dot{Q}_K = \frac{t_{W,a} - t_{W,i}}{R_{\lambda,ges}} \quad \rightarrow \quad \dot{q}_K = \frac{t_{W,a} - t_{W,i}}{A \cdot R_{\lambda,ges}}$$

$$A \cdot R_{\lambda,ges} = A \cdot (R_B + R_{Sty} + R_{ESt}) = \frac{\delta_B}{\lambda_B} + \frac{\delta_{Sty}}{\lambda_{Sty}} + \frac{\delta_{ESt}}{\lambda_{ESt}}$$

$$A \cdot R_{\lambda,ges} = \frac{0,3\,\text{m}}{1,28\,\text{W/(m K)}} + \frac{0,08\,\text{m}}{0,029\,\text{W/(m K)}} + \frac{0,0015\,\text{m}}{15\,\text{W/(m K)}} = 2,9931\,\frac{\text{m}^2\,\text{K}}{\text{W}}$$

$$\dot{q}_K = \frac{30\,°\text{C} - (-10\,°\text{C})}{2,9931\,(\text{m}^2\,\text{K})/\text{W}} = 13,36\,\frac{\text{W}}{\text{m}^2} \qquad (\text{Beachte: } 30\,°\text{C} - (-10\,°\text{C}) = 40\,\text{K} \,!)$$

b) erforderliche Kühlleistung für Wand mit Wärmebrücken

$$A = A_{Sty} + A_{ESt} \qquad A_{Sty} = 0,9998\,\text{m}^2 \qquad A_{ESt} = 0,0002\,\text{m}^2$$

$$A \cdot R_{\lambda,ges} = A \cdot \left(R_B + \frac{1}{\frac{1}{R_{Sty}} + \frac{1}{R_{ESt}}} + R_{ESt}\right) = \frac{\delta_B}{\lambda_B} + \frac{\delta_{Sty}}{\frac{A_{Sty}}{A}\lambda_{Sty} + \frac{A_{ESt}}{A}\lambda_{ESt}} + \frac{\delta_{ESt}}{\lambda_{ESt}}$$

$$A \cdot R_{\lambda,ges} =$$

$$\left(\frac{0,3\,\text{m}}{1,28\,\text{W/(m K)}} + \frac{0,08\,\text{m}}{0,9998 \cdot 0,029\,\text{W/(m K)} + 0,0002 \cdot 15\,\text{W/(m K)}} + \frac{0,0015\,\text{m}}{15\,\text{W/(m K)}}\right) = 2,73492821\,\frac{\text{m}^2\,\text{K}}{\text{W}}$$

$$\dot{q}_K = \frac{t_{W,a} - t_{W,i}}{A \cdot R_{\lambda,ges}} = \frac{40\,\text{K}}{2,73492821\,\text{m}^2\,\text{K/W}} = 14,62\,\frac{\text{W}}{\text{m}^2}$$

Die Befestigungsstege führen als Wärmebrücken zu einem Kühlleistungsmehrbedarf. Bei
$200\,\text{m}^2$ Wandfläche folgt $\dot{Q} = (14,62 - 13,36)\,\text{W/m}^2 \cdot 200\,\text{m}^2 \approx 0,25\,\text{kW}$ als Zusatzleistung.

Aufgabe (b) stellt streng genommen keine reine eindimensionale Wärmeleitung dar, das
Ergebnis kann deshalb nur eine (technisch brauchbare) Näherung sein. Das Modell der elektrischen Ersatzschaltbilder führt in diesen Fällen nicht immer zu eindeutigen Lösungen. Hier
wurde ein Gesamtwiderstand aus der Reihenschaltung dreier Widerstände errechnet:

$R_{ges} = R_B + \dfrac{1}{1/R_{ESt,1} + 1/R_{Sty}} + R_{ESt,2}$. Denkbar wäre aber auch:

$R_{ges} = \dfrac{1}{1/(R_B + R_{Sty} + R_{ESt,1}) + 1/(R_B + R_{ESt,2})}$.

2.3.5 Äquivalente Wärmeleitfähigkeit bei Reihen- und Parallelschaltung von Wärmewiderständen

Ein Transformatorkern bestehe aus n Eisenblechen ($\lambda_E = 81$ W/(m K)) von je 1 mm Stärke, die zur Begrenzung von Wirbelströmen durch eine elektrisch isolierende Lackoxidschicht ($\lambda_S = 0{,}08$ W/(m K)) von 0,12 mm Stärke getrennt sind. Berechnen Sie jeweils die äquivalenten Wärmeleitfähigkeiten λ_x und λ_y für einen Wärmestrom $\dot{Q}_x$ senkrecht zu den Schichten und für einen Wärmestrom $\dot{Q}_y$ parallel zu den Schichten!

Gegeben:

$\lambda_E = 81$ W/(m K) $\delta_E = 0{,}001$ m

$\lambda_S = 0{,}08$ W/(m K) $\delta_S = 0{,}00012$ m

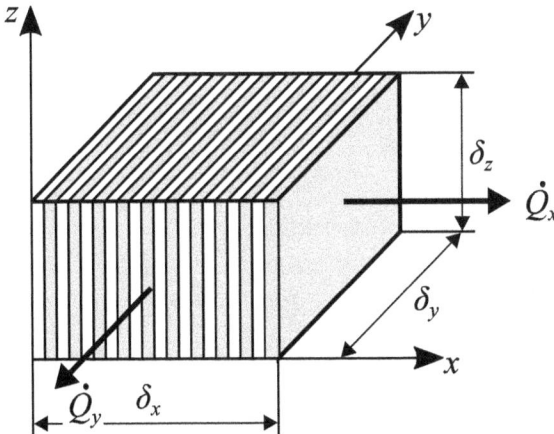

Abb. 2-16: Anisotropes Verhalten eines Transformatorkerns.

Vorüberlegungen:

Der Aufbau des Transformatorkerns ist in Abbildung 2-16 skizziert mit seinen Abmessungen δ_y und δ_z sowie $\delta_x = n \cdot (\delta_E + \delta_S)$. Die äquivalente Wärmeleitfähigkeit λ_x für den Wärmestrom $\dot{Q}_x$ senkrecht zu den Schichten ergibt sich aus der Reihenschaltung der n Wärmeleitwiderstände des Eisenblechs und der Lackoxidschicht. Für die Berechnung der äquivalenten

Wärmeleitfähigkeit λ_y für den Wärmestrom $\dot{Q}_y$ parallel zu den Schichten ist die Parallelschaltung der Wärmewiderstände zu beachten. Unterschiedliche Wärmeleitfähigkeiten in x- und y-Richtung begründen ein anisotropes Materialverhalten.

Lösung:

Äquivalente Wärmeleitfähigkeit $\lambda_{äq}$ nach Formel (2.3-2) in x-Richtung:

Der Gesamtwiderstand für die Wärmeleitung in x-Richtung enthält die gesuchte Größe λ_x. Gleichzeitig setzt sich dieser Widerstand aus der Addition der in Reihe geschalteten Einzelwiderstände für das Eisenblech und die Lackoxidschicht zusammen.

$$R_{\lambda,x} = n \cdot (R_{\lambda_E} + R_{\lambda_S}) \quad \Leftrightarrow \quad \frac{n \cdot (\delta_E + \delta_S)}{\lambda_x \cdot (\delta_y \cdot \delta_z)} = \frac{n \cdot \delta_E}{\lambda_E \cdot (\delta_y \cdot \delta_z)} + \frac{n \cdot \delta_S}{\lambda_S \cdot (\delta_y \cdot \delta_z)} \quad \Leftrightarrow \quad \frac{\delta_E + \delta_S}{\lambda_x} = \frac{\delta_E}{\lambda_E} + \frac{\delta_S}{\lambda_S}$$

$$\lambda_x = \frac{\delta_E + \delta_S}{\dfrac{\delta_E}{\lambda_E} + \dfrac{\delta_S}{\lambda_S}} = \frac{(0,001 + 0,00012)\,\mathrm{m}}{\dfrac{0,001\,\mathrm{m}}{81\,\mathrm{W/(m\,K)}} + \dfrac{0,00012\,\mathrm{m}}{0,08\,\mathrm{W/(m\,K)}}} = 0,7406\,\frac{\mathrm{W}}{\mathrm{m\,K}}$$

Äquivalente Wärmeleitfähigkeit $\lambda_{äq}$ nach Formel (2.3-2) in y-Richtung:

Für eine einzelne Schicht im Transformatorkern gilt jeweils:

$$R_{\lambda,E} = \frac{\delta_y}{\lambda_E \cdot \delta_E \cdot \delta_z} \qquad R_{\lambda,S} = \frac{\delta_y}{\lambda_S \cdot \delta_S \cdot \delta_z}$$

Der Gesamtwärmeleitwiderstand für die parallel geschalteten Wärmeleitwiderstände von den Eisenblechen $R_{\lambda,E}$ und den Lackoxidschichten $R_{\lambda,S}$ enthält die gesuchte Größe λ_y:

$$R_{\lambda,y} = \frac{\delta_y}{\lambda_y \cdot A} = \frac{\delta_y}{\lambda_y \cdot \delta_x \cdot \delta_z} = \frac{\delta_y}{\lambda_y \cdot n(\delta_E + \delta_S) \cdot \delta_z}$$

Für die Parallelschaltung der Widerstände kann man aber auch schreiben:

$$R_{\lambda,y} = \frac{1}{n \cdot \dfrac{1}{R_{\lambda,E}} + n \cdot \dfrac{1}{R_{\lambda,S}}} = \frac{1}{\dfrac{\lambda_E \cdot n \cdot \delta_E \cdot \delta_z}{\delta_y} + \dfrac{\lambda_S \cdot n \cdot \delta_S \cdot \delta_z}{\delta_y}} = \frac{\delta_y}{n \cdot (\lambda_E \cdot \delta_E + \lambda_S \cdot \delta_S) \cdot \delta_z}$$

Das Gleichsetzen der Beziehungen für die Wärmeleitwiderstände führt auf:

$$\lambda_y \cdot n \cdot (\delta_E + \delta_S) \cdot \delta_z = \lambda_E \cdot n \cdot \delta_E \cdot \delta_z + \lambda_S \cdot n \cdot \delta_S \cdot \delta_z$$

$$\lambda_y = \frac{\lambda_E \cdot \delta_E + \lambda_S \cdot \delta_S}{\delta_E + \delta_S} = \frac{81\,\mathrm{W/(m\,K)} \cdot 0,001\,\mathrm{m} + 0,08\,\mathrm{W/(m\,K)} \cdot 0,00012\,\mathrm{m}}{0,001\,\mathrm{m} + 0,00012\,\mathrm{m}} = 72,33\,\frac{\mathrm{W}}{\mathrm{m\,K}}$$

Die äquivalenten Wärmeleitfähigkeiten in x- und y-Richtung unterscheiden sich deutlich!

2.4　　　Stationäre Wärmeleitung in Rippen an der ebenen Wand

Auf einer wärmeabgebenden Fläche angebrachte Rippen (flächig ausgedehnt, siehe Abbildung 2-17) oder auch Nadeln (stabförmig, siehe Abbildung 2-19) sorgen lokal für eine Vergrößerung der Oberfläche und für eine Erhöhung des Wärmeflusses. Bei stationärer Wärmeleitung in einer Rippe stellt sich ein thermisches Gleichgewicht zwischen dem Wärmestrom, der in die Rippe eintritt und dem über die Rippenoberfläche an die Umgebung abgegebenen Wärmestrom ein. Mit der stetigen Wärmeabgabe über den Rippenumfang verringert sich vom Fuß aufwärts zur Spitze die Rippentemperatur. Das führt zu einer Verringerung des weiteren Wärmeflusses in der Rippe. Für die Berechnung des von einer Rippe übertragenen Wärmestroms benötigt man also die Temperaturverteilung in der Rippe. Nachfolgend betrachten wir nur die stationäre Temperaturverteilung einer Rippe mit konstanten Rippenquerschnitt A_R und einer Rippenhöhe h. In Abbildung 2-17 ist nicht nur die Rippentemperatur $t(x)$, sondern auch die für die rechnerische Verarbeitung oftmals vorteilhafte Übertemperatur als Temperaturdifferenz zur Umgebungstemperatur $\Delta t(x) = t(x) - t_U$ dargestellt.

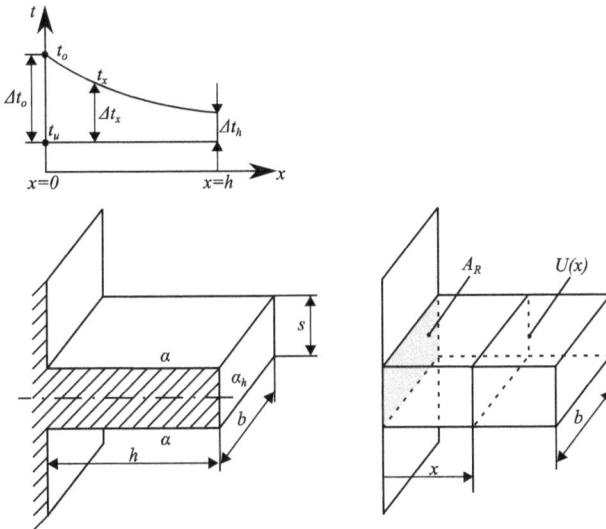

Abb. 2-17:　Stationäre Temperaturverteilung in einer Rippe mit konstantem Rippenquerschnitt A_R und Rippenumfang U.

Zur Förderung des Verständnisses der zugehörigen Berechnungsformeln deuten wir nachfolgend kurz ihre Entstehung an.

Für die Modellbildung zur Berechnung des Rippentemperaturfeldes nehmen wir an:

- Die Rippe mit dem konstanten Querschnitt $A_R = b \cdot s$ (vergleiche Abbildung 2-17) ist so dünn, dass man die Temperaturverteilung in der Rippe als eindimensional in Längsrichtung der Rippe betrachten kann. Damit wird unterstellt, dass die Temperatur über den jeweiligen Rippenquerschnitt konstant ist.
- Die Temperaturverteilung folgt einer speziellen aus Gleichung (2.1-1) abgeleiteten Differentialgleichung. An der Rippenoberfläche gelte Randbedingung (2.1-7) mit konstanten Wärmeübergangskoeffizienten α und mit konstanter Umgebungstemperatur t_U. Die

wärmeübertragende Oberfläche als Rippenmantelfläche A_M ergibt sich mit dem Umfang $U = 2(b+s)$ aus $dA_M = U \cdot dx$.

- Am Rippenfuß liege ein idealer thermischer Kontakt vor und es herrsche einheitlich die Temperatur $t(x = 0) = t_0$. Der Wärmeleitfähigkeit λ des Rippenmaterials sei von der Temperatur unabhängig.

Der über die Rippenoberfläche bei konstanter Querschnittsfläche A_R eindimensional in x-Richtung über eine Länge dx abgegebene Wärmestrom $d\dot{Q}$ entspricht der Differenz:

$$d\dot{Q} = \dot{Q}_x - \dot{Q}_{x+dx} = \dot{Q}_x - (\dot{Q}_x - \frac{d\dot{Q}}{dx}dx)$$

und mit der entsprechenden Komponentengleichung aus (2.1-1) für die Übertemperatur Δt:

$$d\dot{Q} = -\lambda \cdot A_R \cdot \frac{d(\Delta t)}{dx} + \lambda \cdot A_R \cdot \frac{d(\Delta t)}{dx} - \lambda \cdot A_R \cdot \frac{d^2(\Delta t)}{dx^2}dx = -\lambda \cdot A_R \cdot \frac{d^2(\Delta t)}{dx^2}dx$$

Die Randbedingung dritter Art für die wärmeabgebende Rippenoberfläche $U \cdot dx$ lautet:

$$-d\dot{Q} = \alpha \cdot U \cdot dx \cdot (t - t_U) = \alpha \cdot U \cdot dx \cdot \Delta t = \alpha \cdot dA_M \cdot (t - t_U)$$

Im stationären Fall wird der Wärmestrom in der Rippe über ihre Oberfläche abgegeben.

$\lambda \cdot A_R \cdot \frac{d^2(\Delta t)}{dx^2}dx = \alpha \cdot U \cdot dx \cdot \Delta t$ oder mit dem Rippenparameter μ

$$\mu = \sqrt{\frac{\alpha \cdot U}{\lambda \cdot A_R}} \qquad [\mu] = 1\,m^{-1} \qquad\qquad (2.4\text{-}1)$$

$\frac{d^2(\Delta t)}{dx^2} - \mu^2 \cdot \Delta t = 0$ folgt.

Damit liegt für die Übertemperatur Δt eine homogene lineare Differentialgleichung mit konstanten Koeffizienten Rippenparameter μ vor, deren Lösung mit dem Ansatz $\Delta t = e^{px}$ über die charakteristische Gleichung $p^2 - \mu^2 = 0 \rightarrow p_1 = -\mu$ und $p_2 = +\mu$ dargestellt werden kann als:

$$\Delta t(x) = C_1 e^{-\mu \cdot x} + C_2 e^{+\mu \cdot x}$$

Aus den beiden Randbedingungen am Rippenfuß ($x = 0$) und an der Rippenstirnseite ($x = h$) können die Konstanten C_1 und C_2 angepasst werden.

$x = 0$: $\Delta t(x = 0) = \Delta t_0 = t_0 - t_U$ $\Delta t_0 = C_1 e^0 + C_2 e^0$ $\Delta t_0 = C_1 + C_2$

$x = h$: $\left.\frac{d(\Delta t)}{dx}\right|_{x=h} = 0$ (Wärmestrom über die Rippenstirnseite ist zu vernachlässigen)

Gemäß Randbedingung an der Rippenstirnseite ist die allgemeine Lösungsfunktion nach x zu differenzieren, so dass für die Konstante C_1 folgt:

$$\left.\frac{d(\Delta t)}{dx}\right|_{x=h} = 0 = -\mu C_1 e^{-\mu \cdot h} + \mu C_2 e^{+\mu \cdot h} \quad \rightarrow \quad C_1 = C_2 \cdot \frac{e^{+\mu \cdot h}}{e^{-\mu \cdot h}}$$

Für die Konstante C_2 geht man von der Randbedingung am Rippenfuß aus:

$$\Delta t_0 = C_1 + C_2 = C_2 \cdot \frac{e^{+\mu \cdot h}}{e^{-\mu \cdot h}} + C_2 = C_2 \cdot \left(\frac{e^{+\mu \cdot h} + e^{-\mu \cdot h}}{e^{-\mu \cdot h}} \right)$$

so dass sich nun die Konstanten C_1 und C_2 bestimmen zu:

$$C_2 = \Delta t_0 \cdot \frac{e^{-\mu \cdot h}}{e^{+\mu \cdot h} + e^{-\mu \cdot h}} \qquad\qquad C_1 = \Delta t_0 \cdot \frac{e^{+\mu \cdot h}}{e^{+\mu \cdot h} + e^{-\mu \cdot h}}$$

($\mu \cdot h$) ist ein dimensionsloser Parameter, der sich aus der inversen Länge μ, $[\mu] = 1/m$, und der Rippenhöhe h, $[h] = 1$ m, ergibt und den man in der Literatur oft als dimensionslose Rippenhöhe bezeichnet.

Mit $\cosh(z) = 0{,}5 \cdot \left(e^z + e^{-z} \right)$ ergibt sich so die spezielle Lösung der Differentialgleichung:

$$\Delta t(x) = \Delta t_0 \cdot \frac{e^{+\mu(h-x)} + e^{-\mu(h-x)}}{e^{+\mu \cdot h} + e^{-\mu \cdot h}} \qquad \Delta t(x) = \Delta t_0 \cdot \frac{\cosh(\mu[h-x])}{\cosh(\mu \cdot h)} \qquad (2.4\text{-}2)$$

Formel (2.4-2) liefert für die Übertemperatur an der Stirnseite der Rippe $\Delta t(x = h) = \Delta t_h$ wegen $x = h$ $\cosh(\mu[h-h]) = \cosh(0) = 1$

$$\Delta t_h = \Delta t_0 \cdot \frac{1}{\cosh(\mu \cdot h)} \qquad\qquad (2.4\text{-}3)$$

Für den Wärmestrom über die Fläche $A_R = b \cdot s$ am Rippenfuß

$$\dot{Q}(x = 0) = \dot{Q}_0 = -\lambda \cdot A_R \cdot \frac{\mathrm{d}(\Delta t)}{\mathrm{d}x}\bigg|_{x=0}$$

ergibt die Differentiation der allgemeinen Lösung im Zusammenhang mit den Bestimmungsgleichungen für die Konstanten C_1 und C_2

$$-\frac{\mathrm{d}(\Delta t)}{\mathrm{d}x} = -\mu(C_2 - C_1) = -\mu \cdot \Delta t_0 \cdot \frac{e^{-\mu \cdot h} - e^{+\mu \cdot h}}{e^{\mu \cdot h} + e^{-\mu \cdot h}} = +\mu \cdot \Delta t_0 \frac{e^{\mu \cdot h} - e^{-\mu \cdot h}}{e^{\mu \cdot h} + e^{-\mu \cdot h}} = \mu \cdot \Delta t_0 \cdot \tanh(\mu \cdot h)$$

$$\dot{Q}_0 = \mu \cdot \lambda \cdot A_R \cdot \Delta t_0 \cdot \tanh(\mu \cdot h) \qquad\qquad (2.4\text{-}4)$$

Bei größeren Rippenstärken kann der die Stirnfläche der Rippe verlassende Wärmestrom nicht vernachlässigt werden, dort ist bei $x = h$ anzusetzen: $\dot{q} = \alpha_h \cdot \Delta t_h$. Der Wärmeübergangskoeffizient α_h muss nicht notwendig dem Wärmeübergangskoeffizienten α über der Mantelfläche der Rippe entsprechen. Für die Verteilung der Übertemperatur Δt in der Rippe ergibt sich dann:

$$\Delta t(x) = \Delta t_0 \frac{\cosh(\mu[h-x]) + \dfrac{\alpha_h}{\mu \cdot \lambda} \cdot \sinh(\mu[h-x])}{\cosh(\mu \cdot h) + \dfrac{\alpha_h}{\mu \cdot \lambda} \sinh(\mu \cdot h)} \qquad\qquad (2.4\text{-}5)$$

und für die Übertemperatur an der Rippenstirnwand $\Delta t(x = h) = \Delta t_h$

$$\Delta t_h = \Delta t_0 \frac{1}{\cosh(\mu \cdot h) + \dfrac{\alpha_h}{\mu \cdot \lambda} \cdot \sinh(\mu \cdot h)} \qquad (2.4\text{-}6)$$

Der von der Rippe insgesamt abgegebene Wärmestrom an die Umgebung entspricht dem Wärmestrom vom Rippenfuß bei $x = 0$:

$$\dot{Q}_0 = \sqrt{\alpha \cdot \lambda \cdot A_R \cdot U} \cdot \Delta t_0 \cdot \frac{\tanh(\mu \cdot h) + \dfrac{\alpha_h}{\mu \cdot \lambda}}{1 + \dfrac{\alpha_h}{\mu \cdot \lambda} \cdot \tanh(\mu \cdot h)} \qquad (2.4\text{-}7)$$

Außerdem betrachten wir den Fall, dass bei $x = h$ die Temperatur t_h vorgegeben ist (Bestimmung durch Messung möglich). Die Übertemperatur $\Delta t(x)$ an einer beliebigen Stelle x bestimmt sich aus

$$\Delta t(x) = \Delta t_0 \cdot \frac{\sinh(\mu[h - x])}{\sinh(\mu \cdot h)} + \Delta t_h \cdot \frac{\sinh(\mu \cdot x)}{\sinh(\mu \cdot h)} \qquad (2.4\text{-}8)$$

Zur Bestimmung der Wärmeabgabe über die Rippenmantelfläche im Bereich $0 < x < h$, berechnen wir die Wärmeströme durch die Rippenquerschnitte in x-Richtung für $x = 0$ und $x = h$. Für einen beliebigen Querschnitt an einer Stelle x erhält man

$$\dot{Q}(x) = \frac{\lambda \cdot A_R \cdot \mu \cdot \Delta t_0}{\sinh(\mu \cdot h)} \cdot \left(\cosh(\mu[h - x]) - \frac{\Delta t_h}{\Delta t_0} \cdot \cosh(\mu \cdot x) \right) \qquad (2.4\text{-}9)$$

Für $x = 0$ folgt aus (2.4-9): $\dot{Q}(x=0) = \dfrac{\lambda \cdot A_R \cdot \mu \cdot \Delta t_0}{\sinh(\mu \cdot h)} \cdot \left(\cosh(\mu \cdot h) - \dfrac{\Delta t_h}{\Delta t_0} \right)$ und

für $x = h$ folgt aus (2.4-9): $\dot{Q}(x=h) = \dfrac{\lambda \cdot A_R \cdot \mu \cdot \Delta t_0}{\sinh(\mu \cdot h)} \cdot \left(1 - \dfrac{\Delta t_h}{\Delta t_0} \cdot \cosh(\mu \cdot h) \right)$, so dass der zwischen

$0 < x < h$ über der Mantelfläche abgegebene Wärmestrom errechnet werden kann aus

$$\dot{Q} = \dot{Q}(x=0) - \dot{Q}(x=h) = \lambda \cdot A_R \cdot \mu \cdot \Delta t_0 \cdot \left(1 + \frac{\Delta t_h}{\Delta t_0} \right) \cdot \frac{\cosh(\mu \cdot h) - 1}{\sinh(\mu \cdot h)} \qquad (2.4\text{-}10)$$

Die Wirksamkeit von Rippen bewertet ein *Rippenwirkungsgrad* η_R als das Verhältnis des tatsächlich über die Mantelfläche A_M einer real ausgeführten Rippe abgegebenen Wärmestroms zum maximalen Wärmestrom nach (2.4-4) oder (2.4-7), den die (ideale) Rippe theoretisch abgeben könnte, wenn sie über ihre gesamte Länge die Übertemperatur vom Rippenfuß Δt_0 aufweisen würde (Wärmeleitfähigkeit Rippenmaterial $\lambda \to \infty$ oder Wärmeleitwiderstand der Rippe $R_\lambda \to 0$). Mit $\bar{t}_R$ als die über die Rippenhöhe h gemittelte Rippentemperatur ist

$$\eta_R = \frac{\bar{t}_R - t_U}{t_0 - t_U} = \frac{\dot{Q}_0}{\dot{Q}_0 (\text{ideale Rippe})} = \frac{\dot{Q}_0}{\dot{Q}_{max}} \qquad (2.4\text{-}11)$$

Für eine Rippe ohne Wärmeverlust über die Stirnfläche ergibt sich in Verbindung mit (2.5-4)

$$\eta_R = \frac{\mu \cdot \lambda \cdot A_R \cdot \Delta t_0 \cdot \tanh(\mu \cdot h)}{\alpha \cdot U \cdot h \cdot \Delta t_0} \quad \text{und mit} \quad \frac{1}{\mu^2} = \frac{\lambda \cdot A_R}{\alpha \cdot U}$$

$$\eta_R = \frac{1}{\mu \cdot h} \cdot \tanh(\mu \cdot h) \tag{2.4-12}$$

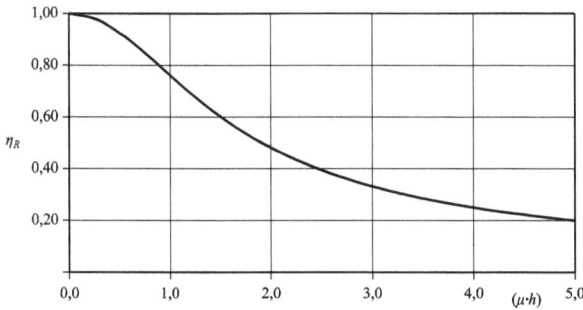

Abb. 2-18: Rippenwirkungsgrad η_R als Funktion der dimensionslosen Rippenhöhe $(\mu \cdot h)$.

In langen Rippen mit $(\mu \cdot h) > 2$ fällt die Übertemperatur $\Delta t(x)$ rasch ab, wodurch ein Teil der Rippe nur wenig Wärme überträgt. Optimierungsrechnungen legen nahe, das $(\mu \cdot h) \approx 1{,}419$ einen guten Kompromiss zwischen Wirkungsgrad der Rippe und ihrem Materialeinsatz darstellen können.

Der Rippenwirkungsgrad (2.4-12) verbessert sich mit sinkender dimensionsloser Rippenhöhe $(\mu \cdot h)$. Deshalb sind bevorzugt Rippen mit geringer Höhe h oder, um einen niedrigen Rippenparameter μ zu erhalten, aus einem Material mit hoher Wärmeleitfähigkeit einzusetzen.

Eine andere Art der Bewertung von Rippen erfolgt durch die *Rippenleistungsziffer* ε_R, die definiert ist als das Verhältnis des tatsächlich über die Rippe abgegebenen Wärmestroms nach Gleichung (2.4-4) oder (2.4-7) zum Wärmestrom über die Fläche am Rippenfuß ohne Rippe (also ohne Oberflächenvergrößerung, $A_R(x = 0)$ oder bei konstantem Rippenquerschnitt A_R) mit der Materialtemperatur t_0. Man strebt immer $\varepsilon_R \gg 1$ an. Für eine Rippe ohne Wärmeverlust über die Stirnfläche nach (2.4-5) folgt so

$$\varepsilon_R = \frac{\dot{Q}_0}{\dot{Q}_{\min}} = \frac{\dot{Q}_0}{\alpha \cdot A_R \cdot (t_0 - t_U)} = \frac{\mu \cdot \lambda}{\alpha} \cdot \tanh(\mu \cdot h) = \sqrt{\frac{\lambda \cdot U}{\alpha \cdot A_R}} \cdot \tanh(\mu \cdot h) \tag{2.4-13}$$

Aus (2.4-11) ist $\dot{Q}_0 = \eta_R \cdot \alpha \cdot U \cdot h \cdot (t_0 - t_U)$ zu folgern und gleichzeitig gilt mit R_R als thermischer Widerstand der Rippe $\dot{Q}_0 = \frac{t_0 - t_U}{R_R}$.

$$R_R = \frac{1}{\eta_R \cdot \alpha \cdot U \cdot h} \tag{2.4-14}$$

(2.4-14) ermöglicht eine vorteilhafte Einbindung der Rippenkonstruktionen in Analysen über thermische Widerstände gemäß der Analogie zum elektrischen Gleichstromkreis.

Man ist bemüht, den Materialeinsatz für die Herstellung von Rippen zu minimieren. Das hier nachfolgend dargestellte Vorgehen für Rechteckrippen als klassisches Beispiel für prismatische Rippen optimiert jeweils nur eine geometrische Größe der Rippe, die übrigen das Rippenvolumen bestimmenden Abmessungen werden als konstant im Sinne von konstruktiv fest vorgegeben behandelt. Für die mathematische Formulierung der Optimierungsaufgabe geht man von der Funktion Rippenvolumen $V = V(\mu h)$ oder von der Funktion Wärmestrom am Rippenfuß $\dot{Q}_o = \dot{Q}_0(h)$ aus. Es kommt darauf an, bei sparsamen Materialeinsatz durch Vergrößerung der wärmeübertragenden Fläche möglichst viel Wärme zusätzlich zu übertragen. Eine Flächenvergrößerung ist jedoch nur in bestimmten Umfang sinnvoll, da der Rippenwirkungsgrad mit zunehmender Rippenhöhe sinkt. Die Rippenbreite b ist fertigungstechnisch fast immer durch die Kühlfläche vorgegeben, so dass bevorzugt Rippenhöhe h sowie die Rippenstärke s und natürlich die Anzahl n der Rippen optimiert werden können. Die Rippenbreite b beeinflusst über die Länge des Strömungsweges die auftretenden Druckverluste und muss in die Optimierungsüberlegungen einbezogen werden. Außerdem spielt die Lage der Rippen zueinander eine Rolle. Unterbrechungen und eine in Strömungsrichtung versetzte Anordnung erzwingen ein Abreißen der Grenzschicht. Im Verhältnis zu vollständig durchgehenden Rippen erhöht sich mit den Turbulenzen so der Wärmeübergangskoeffizient.

Nachfolgend gehen wir immer von fest vorgegebener Rippenbreite b und sehr dünnen Rippen mit vernachlässigbarer Rippenstärke s ($s << b$) aus. Für den Umfang U kann dann näherungsweise $U = 2 \cdot (b+s) \approx 2b$ angesetzt werden.

Die Definitionsgleichung (2.4-1) für den Rippenparameter μ als inverse Länge führt mit dem Rippenquerschnitt $A_R = b \cdot s$ unter diesen Bedingungen auf

$$\mu = \sqrt{\frac{\alpha \cdot U}{\lambda \cdot A_R}} = \sqrt{\frac{\alpha \cdot 2b}{\lambda \cdot b \cdot s}} = \sqrt{\frac{2\alpha}{\lambda \cdot s}} \qquad (2.4\text{-}15)$$

Ersetzt man die Rippenstärke s in (2.4-15) durch das Rippenvolumen $V = b \cdot s \cdot h$ folgt:

$$\mu = \sqrt{\frac{2\alpha \cdot b \cdot h}{\lambda \cdot V}} \quad \text{und} \quad \mu \cdot h = \sqrt{\frac{2\alpha \cdot b \cdot h}{\lambda \cdot V}} \cdot h = \sqrt{\frac{2\alpha \cdot b}{\lambda \cdot V}} \cdot h^{3/2} \qquad (2.4\text{-}16)$$

Für den Wärmestrom am Rippenfuß nach (2.4-4) kann nun geschrieben werden

$$\dot{Q}_0 = \sqrt{\frac{2 \cdot \alpha}{\lambda \cdot s}} \cdot \lambda \cdot b \cdot s \cdot \Delta t_o \cdot \tanh(\mu \cdot h) = \sqrt{2 \cdot \alpha \cdot \lambda \cdot s} \cdot b \cdot \Delta t_o \cdot \tanh(\mu \cdot h)$$

Für die Ableitung der Funktion $V = V(\mu h)$ stellen wir obige Gleichung um nach

$$\sqrt{s} = \frac{\dot{Q}_0}{\sqrt{2 \cdot \alpha \cdot \lambda} \cdot b \cdot \Delta t_0 \cdot \tanh(\mu \cdot h)} \qquad (2.4\text{-}17)$$

und geben das Rippenvolumen in einer zunächst eigensinnig erscheinender Form an durch

$$V = b \cdot s \cdot h = b \cdot (\sqrt{s})^3 \cdot \frac{h}{\sqrt{s}} \cdot \frac{\mu}{\mu} = b \cdot (\sqrt{s})^3 \cdot \frac{(\mu \cdot h)}{\sqrt{2\alpha / \lambda}}$$

Zur Formulierung von $V = V(\mu h)$ gelangen wir jetzt durch

$$V = b \cdot \left(\frac{\dot{Q}_0}{\sqrt{2 \cdot \alpha \cdot \lambda} \cdot b \cdot \Delta t_0 \cdot \tanh(\mu \cdot h)} \right)^3 \cdot \frac{(\mu \cdot h)}{\sqrt{2\alpha / \lambda}} = \frac{\dot{Q}_0^3}{2 \cdot \alpha \cdot b^2 \Delta t_0^3} \cdot \frac{(\mu \cdot h)}{\tanh^3(\mu \cdot h()} = K \cdot \frac{(\mu \cdot h)}{\tanh^3(\mu \cdot h()}$$

Die Konstante K fasst alle Größen zusammen, die vom dimensionslosen Rippenparameter $(\mu \cdot h)$ unabhängig sind.

$$K = \frac{\dot{Q}_0^3}{b^2 \cdot 4\alpha^2 \cdot \lambda \cdot \Delta t_0^3}$$

Die Suche nach dem minimalem Volumen $V(\mu \cdot h) = K \cdot \dfrac{(\mu \cdot h)}{\tanh^3(\mu \cdot h)}$ beginnen wir nun mit

$$\frac{dV(\mu \cdot h)}{d(\mu \cdot h)} = 0 \quad \rightarrow \quad K \cdot \left(\frac{\tanh^3(\mu \cdot h) - 3\tanh^2(\mu \cdot h) \cdot \dfrac{1}{\cosh^2(\mu \cdot h)_{opt}} \cdot (\mu \cdot h)}{\tanh^6(\mu \cdot h)} \right) = 0$$

$$\tanh(\mu \cdot h) - 3(\mu \cdot h) \cdot \frac{1}{\cosh^2(\mu \cdot h)} = 0 \quad \rightarrow \quad \tanh(\mu \cdot h) = \frac{3 \cdot (\mu \cdot h)}{\cosh^2(\mu \cdot h)}$$

Die Lösung dieser transzendenten Gleichung liefert den für das minimale Rippenvolumen optimalen dimensionslosen Rippenparameter $(\mu \cdot h)_{opt} = 1{,}419223190024014$. Für die weitere Rechnung runden wir die numerische Lösung auf $(\mu \cdot h)_{opt} \approx 1{,}419$.

$$(\mu \cdot h)_{opt} \approx 1{,}419 \tag{2.4-18}$$

Aus (2.4-17) berechnen wir mit (2.4-18) und $\tanh(1{,}419) = 0{,}889390125$ die optimale Rippenstärke s bei gegebenen Wärmestrom am Rippenfuß aus

$$s_{opt} = \frac{\dot{Q}_0^2}{b^2 \cdot 2\alpha \cdot \lambda \cdot \Delta t_0^2 \cdot \tanh^2(\mu \cdot h)_{opt}} \approx 1{,}2642 \cdot \frac{\dot{Q}_0^2}{b^2 \cdot 2\alpha \cdot \lambda \cdot \Delta t_0^2} \tag{2.4-19}$$

Die optimale Rippenhöhe h_{opt} für s_{opt} folgt dann aus

$$h_{opt} = \frac{(\mu \cdot h)_{opt}}{\mu} \approx 1{,}419 \cdot \sqrt{\frac{\lambda \cdot s_{opt}}{2\alpha}} \tag{2.4-20}$$

Der Rippenwirkungsgrad nach (2.4-12) ergibt sich bei fest vorgegebenem Wärmestrom am Rippenfuß mit

$$\eta_R = \frac{\tanh(\mu \cdot h)_{opt}}{(\mu \cdot h)_{opt}} = \frac{\tanh(1{,}419)}{1{,}419} \approx 0{,}6268$$

Wenn eine Rechteckrippe für einen am Rippenfuß zu übertragenden Wärmestrom $\dot{Q}_0$ mit dem geringst möglichen Materialeinsatz konstruiert wird, erreicht sie etwas weniger als 2/3 des idealen Wertes für den Rippenwirkungsgrad.

Ohne Bezug auf einen vorgegebenen Wärmestrom am Rippenfuß kann man bei feststehender Rippenhöhe h aus (2.4-15) und (2.4-18) eine optimale Rippenstärke s bestimmen aus

$$s_{opt} \approx \frac{2 \cdot \alpha \cdot h^2}{1{,}419^2 \cdot \lambda} \approx 0{,}99327 \cdot \frac{\alpha \cdot h^2}{\lambda} \tag{2.4-21}$$

Der mit Vorgabe von (2.4-21) übertragene Wärmestrom am Rippenfuß ergibt sich nun über

$$\dot{Q}_0 = 2 \cdot \alpha \cdot h \cdot b \cdot \Delta t_0 \cdot \frac{\tanh(\mu \cdot h)_{opt}}{(\mu \cdot h)_{opt}} \approx 1,2535 \cdot \alpha \cdot h \cdot b \cdot \Delta t_0 \qquad (2.4\text{-}22)$$

Für den Ansatz $\dot{Q}_o = \dot{Q}_0(h)$ gewinnt man aus Gleichung (2.4-4) sowie (2.4-15) und (2.4-16)

$$\dot{Q}_0 = \sqrt{2 \cdot \alpha \cdot b \cdot \lambda \cdot b \cdot s} \cdot \Delta t_0 \cdot \tanh\left(\sqrt{\frac{2 \cdot \alpha \cdot b}{\lambda \cdot V}} \cdot h^{3/2}\right) = \sqrt{2 \cdot \alpha \cdot b \cdot \lambda \cdot V} \cdot \frac{1}{\sqrt{h}} \cdot \Delta t_0 \cdot \tanh\left(\sqrt{\frac{2 \cdot \alpha \cdot b}{\lambda \cdot V}} \cdot h^{3/2}\right)$$

$$\frac{d\dot{Q}_0}{dh} = 0 \quad \leftrightarrow \quad \frac{d\left[h^{-1/2} \cdot \tanh\left(\sqrt{\frac{2 \cdot \alpha \cdot b}{\lambda \cdot V}} \cdot h^{3/2}\right)\right]}{dh} = 0 \quad \text{und Anwendung der Produktregel führt zu}$$

$$-\frac{1}{2} h^{-3/2} \cdot \tanh\left(\sqrt{\frac{2 \cdot \alpha \cdot b}{\lambda \cdot V}} \cdot h^{3/2}\right) + \frac{\frac{3}{2} \cdot \sqrt{\frac{2 \cdot \alpha \cdot b}{\lambda \cdot V}} \cdot h^{1/2}}{\cosh^2\left(\sqrt{\frac{2 \cdot \alpha \cdot b}{\lambda \cdot V}} \cdot h^{3/2}\right)} \cdot h^{-1/2} = 0$$

$$\frac{1}{2} \cdot h^{-3/2} \cdot \tanh\left(\sqrt{\frac{2 \cdot \alpha \cdot b}{\lambda \cdot V}} \cdot h^{3/2}\right) = \frac{\frac{3}{2} \cdot \sqrt{\frac{2 \cdot \alpha \cdot b}{\lambda \cdot V}} \cdot h^{0}}{\cosh^2\left(\sqrt{\frac{2 \cdot \alpha \cdot b}{\lambda \cdot V}} \cdot h^{3/2}\right)} \quad \rightarrow \quad \tanh(\mu \cdot h) = \frac{3(\mu \cdot h)}{\cosh^2(\mu \cdot h)}$$

Diese transzendente Gleichung haben wir schon mit dem Ansatz $V = V(\mu h)$ erhalten und mit (2.4-18) die Lösung $(\mu \cdot h)_{opt} \approx 1,419$ angegeben.

Die Suche nach dem geringst möglichem Rippenvolumen respektive nach der geringsten Rippenmasse ist in der Praxis eng verbunden mit der Frage nach der optimalen Anzahl n der Rippen und der Wahl eines Werkstoffes mit optimalen thermophysikalischen Eigenschaften. Die Masse von n Rippen $m = \rho \cdot V = \rho \cdot n \cdot b \cdot s \cdot h$ macht deutlich, dass die Dichte ρ der Werkstoffes eine Rolle spielt. Die bisherige Beschäftigung mit der stationären Wärmeleitung in Rippen hat außerdem gezeigt, dass auch seine Wärmeleitfähigkeit λ betrachtet werden muss.

Zur Beurteilung der Werkstoffwahl für Rippen ist es sinnvoll, mit dem Verhältnis λ/ρ zu arbeiten. Der von n Rippen übertragene Wärmestrom folgt aus:

$$\dot{Q}_0 = n \cdot \sqrt{2 \cdot \alpha \cdot b \cdot \lambda \cdot V} \cdot \frac{1}{\sqrt{h}} \cdot \Delta t_0 \cdot \tanh\left(\sqrt{\frac{2 \cdot \alpha \cdot b}{\lambda \cdot V}} \cdot h^{3/2}\right) = n \cdot \sqrt{2 \cdot \alpha \cdot b} \cdot \sqrt{\frac{\lambda \cdot V}{h}} \cdot \Delta t_0 \cdot \tanh(\mu \cdot h)$$

Aus dem Term $\sqrt{\dfrac{\lambda \cdot V}{h}}$ wird mit Hilfe von $V = \dfrac{\rho}{m}$ der Ausdruck $\sqrt{\dfrac{\lambda \cdot m}{\rho \cdot h}}$, dessen Quadrat das gesuchte Verhältnis λ/ρ enthält. Die oben aufgeschriebene Gleichung für $\dot{Q}_0$ ist also zu quadrieren. Gleichzeitig sind die Größen mit Stoffeigenschaften des Werkstoffes von denen zu trennen, die unabhängig vom Werkstoff sind. So entsteht unter Berücksichtigung von $\tanh(\mu \cdot h) = \tanh(1,419)$ die Gleichung

$$\left(\frac{\dot{Q}_0}{\sqrt{2 \cdot \alpha \cdot b} \cdot \Delta t_0 \cdot \tanh(1,419)}\right)^2 = n^2 \cdot \lambda \cdot \frac{V}{h} = n^2 \cdot \lambda \cdot \frac{m}{\rho \cdot h}$$

Auf der linken Seite der Gleichung haben wir alle von der Anzahl der Rippen und ihrem Material unabhängigen Größen zusammengefasst. Sie stellen im Sinne der Aufgabenstellung Konstanten dar. Auf der rechten Seite erfassen wir die Materialeigenschaften durch (λ/ρ) und setzen außerdem für die Rippenhöhe h eine auf (2.4-20) basierende Gleichung für ihren Optimalwert ein.

$$h = \sqrt{\frac{\lambda \cdot s \cdot b}{2 \cdot \alpha \cdot b}} \cdot 1{,}419 \; \rightarrow \; \left(\frac{\dot{Q}_0}{\sqrt{2 \cdot \alpha \cdot b} \cdot \Delta t_0 \cdot \tanh(1{,}419)} \right)^2 = n^2 \cdot \left(\frac{\lambda}{\rho} \right) \cdot m \cdot \frac{\sqrt{2 \cdot \alpha \cdot b} \cdot 1{,}419}{\sqrt{\lambda \cdot b \cdot s}}$$

Den Term $\sqrt{\lambda \cdot b \cdot s}$ führen wir auf Größen zurück, die ihrerseits wieder unabhängig von den Materialeigenschaften der Rippe und der Rippenzahl sind. Dazu ist die Gleichung für den Wärmestrom am Rippenfuß $\dot{Q}_0 = \dot{Q}_0(h)$ nach $\sqrt{\lambda \cdot b \cdot s}$ aufzulösen.

$$\dot{Q}_0 = \sqrt{2 \cdot \alpha \cdot b \cdot \lambda \cdot b \cdot s} \cdot \Delta t_0 \cdot \tanh\left(\sqrt{\frac{2 \cdot \alpha \cdot b}{\lambda \cdot V}} \cdot h^{3/2} \right) = \sqrt{2 \cdot \alpha \cdot b} \cdot \sqrt{\lambda \cdot b \cdot s} \cdot \Delta t_0 \cdot \tanh(\mu \cdot h)$$

$$\sqrt{\lambda \cdot b \cdot s} = \frac{\dot{Q}_0}{\sqrt{2 \cdot \alpha \cdot b} \cdot \Delta t_0 \cdot 0{,}88939} \quad \text{mit} \; \tanh(\mu \cdot h) = \tanh(1{,}419) = 0{,}889390125 \, . \; \text{Wir erhalten:}$$

$$K = \frac{\dot{Q}_0^3}{(2\alpha b)^2 \cdot \Delta t_0^3 \cdot \tanh^3(1{,}419) \cdot 1{,}419} = n^2 \cdot \left(\frac{\lambda}{\rho} \right) \cdot m \quad \text{oder mit Konstante } K: \quad K = n^2 \cdot \left(\frac{\lambda}{\rho} \right) \cdot m$$

Aufgelöst nach der Bauteilmasse m erhalten wir schließlich:

$$m = \frac{1}{n^2} \cdot \left(\frac{\rho}{\lambda} \right) \cdot K \qquad\qquad\qquad (2.4\text{-}23)$$

Die Bauteilmasse m wird also günstig beeinflusst, wenn man bei der Zahl der Rechteckrippen an das Maß des technisch möglichen herangeht und bei Rippenmaterial einen Stoff mit günstigem (also niedrigem) Verhältnis Dichte zu Wärmeleitfähigkeit wählt. Als Optimierungsparameter kann die Baumasse nach zwei Gesichtspunkten bewertet werden. Wenn es auf Leichtbauweise ankommt (Kühlung von Flugzeugmotoren) auf die Masse selber, ansonsten aber über die Werkstoffkosten, die über die Masse vermittelt werden.

Nach den Stoffdaten der Tabelle 7.6-2 ergibt sich beispielsweise:

Aluminium: $\rho = 2.700 \text{ kg/m}^3$ $\quad\lambda = 237 \text{ W/(m K)}$ $\quad\rho/\lambda \approx 11{,}4 \text{ kg K/(W m}^2)$
Kupfer: $\rho = 8.930 \text{ kg/m}^3$ $\quad\lambda = 397 \text{ W/(m K)}$ $\quad\rho/\lambda \approx 22{,}5 \text{ kg K/(W m}^2)$
Gusseisen: $\rho = 7.350 \text{ kg/m}^3$ $\quad\lambda = 58 \text{ W/(m K)}$ $\quad\rho/\lambda \approx 127 \text{ kg K/(W m}^2)$
V2A-Stahl: $\rho = 8.000 \text{ kg/m}^3$ $\quad\lambda = 15 \text{ W/(m K)}$ $\quad\rho/\lambda \approx 533 \text{ kg K/(W m}^2)$

Aluminium wäre unter den gegebenen Umständen die beste Wahl, V2A-Stahl hingegen ist nicht besonders geeignet. Fertigungstechnisch werden insbesondere Rechteckrippen oft an ebene Wände angegossen, was die Wahlmöglichkeiten für den Werkstoff erheblich einschränken kann.

Die Zahl der Rippen insgesamt hängt von den gewählten Abständen zwischen den Rippen ab. Diese sollten mindestens so bemessen sein, dass die sich mit der Strömung ausbildenden Grenzschichten nicht zusammenwachsen, denn das hemmt die Wärmeübertragung.

Zylindrische Nadeln nach Abbildung 2-19 mit dem Durchmesser d und der Nadelhöhe h weisen genauso wie die Rechteckrippen als prismatische Körper über ihre gesamte Höhe konstante Querschnitte und Umfänge auf. Die für die Rechteckrippen abgeleiteten Beziehungen sind alle gleichfalls anwendbar mit einem Nadelparameter μ als inverse Länge aus dem Umfang der Nadel $U = \pi \cdot d$ und der Fläche am Nadelfuß $A_R = \dfrac{\pi}{4} d^2$.

$$\mu = \sqrt{\frac{4 \cdot \alpha}{\lambda \cdot d}} \qquad\qquad\qquad\qquad (2.4\text{-}24)$$

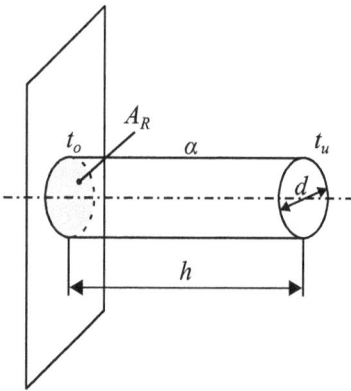

Abb. 2-19: Zylindrische Nadelrippe mit Nadelhöhe h und Zylinderdurchmesser d.

2.4.1   Analyse Rechteckrippe aus verschiedenen Rippenwerkstoffen

Gegeben sei eine Rechteckrippe nach Abbildung 2-17 mit den Maßen $h = 50\,\text{mm}$, $b = 10\,\text{mm}$ und $s = 1,5\,\text{mm}$ und einer Temperatur am Rippenfuß von 100 °C, einer Umgebungstemperatur von 25 °C sowie einem konstanten Wärmeübergangskoeffizienten von $25\,\text{W/(m}^2\,\text{K)}$. Lösen Sie jeweils für die Rippenwerkstoffe Kupfer, Edelstahl (Chrom-Nickel-Stahl) und Polyethylen folgende Aufgabenstellungen:

a)   Bestimmen Sie unter Vernachlässigung des Wärmestroms an der Stirnseite den Rippenwirkungsgrad und die Rippenleistungsziffer?

b)   Welcher Rippenwerkstoff ist für eine möglichst hohe Wärmeabfuhr bei sparsamen Materialeinsatz (Masse aller Rippen) besonders geeignet?

c)   Welche Temperatur in °C liegt in der Rippenspitze vor und skizzieren Sie den Temperaturverlauf $t(x)$ im Bereich $0 \leq x \leq h$!

d)   Wie ist für die Rippe aus Edelstahl die Rippenhöhe h zu wählen, damit 80 % des theoretisch möglichen Wärmestroms über die Rippe abgegeben werden können?

Gegeben:

Stoffwerte Rippenmaterial nach Tabelle 7.6-2 und 7.6-3:

$\lambda_{Cu} = 397$ W/(m K) $\lambda_{ESt} = 14{,}7$ W/(m K) $\lambda_{PE} = 0{,}35$ W/(m K)

$\rho_{Cu} = 8.930$ kg/m³ $\rho_{ESt} = 7.800$ kg/m³ $\rho_{PE} = 920$ kg/m³

Rippenparameter: $h = 50$ mm $b = 10$ mm $s = 1{,}5$ mm

Randbedingungen: $t_0 = 100\ °C$ $\alpha = 25$ W/(m² K) $t_U = 25\ °C$

Vorüberlegungen:

Für die Lösung der Aufgabe werden nach Kapitel 2.4 benötigt:

• dimensionslose Rippenhöhe ($\mu \cdot h$) nach Formel (2.4-1)

$$\mu = \sqrt{\frac{\alpha \cdot U}{\lambda \cdot A_R}}\quad \text{mit den vom Rippenmaterial unabhängigen Größen:}$$

$A_R = b \cdot s = 10\,\text{mm} \cdot 1{,}5\,\text{mm} = 15\,\text{mm}^2$ und $U = 2(b+s) = 2 \cdot 11{,}5\,\text{mm} = 23\,\text{mm}$

Kupfer: $\mu = \sqrt{\dfrac{25\ \text{W/(m}^2\ \text{K}) \cdot 23 \cdot 10^{-3}\ \text{m}}{397\ \text{W/(m K)} \cdot 15 \cdot 10^{-6}\ \text{m}^2}} = 9{,}82637\,\dfrac{1}{\text{m}}$ $(\mu \cdot h) = 0{,}491318$

Edelstahl: $\mu = \sqrt{\dfrac{25\ \text{W/(m}^2\ \text{K}) \cdot 23 \cdot 10^{-3}\ \text{m}}{14{,}7\ \text{W/(m K)} \cdot 15 \cdot 10^{-6}\ \text{m}^2}} = 51{,}0657\,\dfrac{1}{\text{m}}$ $(\mu \cdot h) = 2{,}55329$

Polyethylen: $\mu = \sqrt{\dfrac{25\ \text{W/(m}^2\ \text{K}) \cdot 23 \cdot 10^{-3}\ \text{m}}{0{,}35\ \text{W/(m K)} \cdot 15 \cdot 10^{-6}\ \text{m}^2}} = 330{,}944\,\dfrac{1}{\text{m}}$ $(\mu \cdot h) = 16{,}5472$

• abgegebener Wärmestrom ohne Rippe:

$$\dot{Q} = \alpha \cdot A_R \cdot (t_0 - t_U) = 25\,\frac{\text{W}}{\text{m}^2\ \text{K}} \cdot 15 \cdot 10^{-6}\ \text{m}^2 \cdot 75\ \text{K} = 28{,}125\,\text{mW}$$

• Übertemperatur am Rippenfuß Δt_0: $\Delta t_0 = t_0 - t_U = 100\,°C - 25\,°C = 75\ \text{K}$

• Hyperbelfunktionen $\sinh(\mu \cdot h) = \dfrac{e^{+\mu \cdot h} - e^{-\mu \cdot h}}{2}$ und $\cosh(\mu \cdot h) = \dfrac{e^{+\mu \cdot h} + e^{-\mu \cdot h}}{2}$

$\tanh(\mu \cdot h) = \dfrac{\sinh(\mu \cdot h)}{\cosh(\mu \cdot h)} = \dfrac{e^{+\mu \cdot h} - e^{-\mu \cdot h}}{e^{+\mu \cdot h} + e^{-\mu \cdot h}}$ oder $\tanh(\mu \cdot h) = 1 - \dfrac{2}{e^{2 \cdot \mu \cdot h} + 1}$

Lösung:

a) Rippenwirkungsgrad η_R nach (2.4-11) und Rippenleistungsziffer ε_R (2.4-13)

• $\eta_R = \dfrac{\tanh(\mu \cdot h)}{\mu \cdot h}$ Kupfer: $\eta_R = \dfrac{\tanh(0{,}491318)}{0{,}491318} = \dfrac{0{,}455262}{0{,}491318} = \underline{\underline{0{,}926614}}$

Edelstahl: $\eta_R = \dfrac{\tanh(2{,}55329)}{2{,}55329} = \dfrac{0{,}9879594}{2{,}55329} = \underline{\underline{0{,}3869358}}$

Polyethylen: $\eta_R = \dfrac{\tanh(16{,}5472)}{16{,}5472} \approx \dfrac{1}{16{,}5472} = \underline{\underline{0{,}0604332}}$

- $\varepsilon_R = \dfrac{\dot{Q}_{Rippe}}{\dot{Q}_{ohne\ Rippe}}$ mit $\dot{Q}_{Rippe} = \dot{Q}_0 = \mu \cdot \lambda \cdot A_R \cdot \Delta t_0 \cdot \tanh(\mu \cdot h)$

$$\dot{Q}_{0,Cu} = 9,82637\frac{1}{m} \cdot 397\frac{W}{m\,K} \cdot \frac{15\,m^2}{10^6} \cdot 75\,K \cdot 0,455262 = 1998\,mW \qquad \varepsilon_{Cu} = \frac{1998\,mW}{28,125\,mW} \approx \underline{\underline{71}}$$

$$\dot{Q}_{0,ESt} = 51,0657\frac{1}{m} \cdot 14,7\frac{W}{m\,K} \cdot \frac{15\,m^2}{10^6} \cdot 75\,K \cdot 0,987959 = 834,33\,mW \qquad \varepsilon_{ESt} = \frac{834,33\,mW}{28,125\,mW} \approx \underline{\underline{30}}$$

$$\dot{Q}_{0,PE} = 330.994\frac{1}{m} \cdot 0,35\frac{W}{m\,K} \cdot \frac{15\,m^2}{10^6} \cdot 75\,K \cdot 1 = 130,329\,mW \qquad \varepsilon_{PE} = \frac{130,329\,mW}{28,125\,mW} \approx \underline{\underline{4,63}}$$

b) Bewertung der Effizienz der Rippenwerkstoffe

Kupfer: $\dfrac{\rho_{Cu}}{\lambda_{Cu}} = \dfrac{8.930\,kg/m^3}{397\,W/(m\,M)} \approx 22,5\,\dfrac{kg\,K}{W\,m^2}$

Edelstahl: $\dfrac{\rho_{ESt}}{\lambda_{ESt}} = \dfrac{7.800\,kg/m^3}{14,7\,W/(m\,M)} \approx 530\,\dfrac{kg\,K}{W\,m^2}$

Polyethylen: $\dfrac{\rho_{PE}}{\lambda_{PE}} = \dfrac{920\,kg/m^3}{0,35\,W/(m\,M)} \approx 2629\,\dfrac{kg\,K}{W\,m^2}$

c) Temperatur an der Rippenspitze und Temperaturverlauf über Rippenhöhe

Temperatur in der Rippenspitze $t(x = h) = t_h = \Delta t_h + t_U$ in Verbindung mit (2.4-3)

Kupfer: $\Delta t_h = \dfrac{\Delta t_0}{\cosh(\mu \cdot h)} = \dfrac{75\,K}{\cosh(0,491318)} = 66,7768\,K \qquad \underline{\underline{t_h = 91,78\,°C}}$

Edelstahl: $\Delta t_h = \dfrac{\Delta t_0}{\cosh(\mu \cdot h)} = \dfrac{75\,K}{\cosh(2,55329)} = 11,6035\,K \qquad \underline{\underline{t_h = 36,60\,°C}}$

Polyethylen: $\Delta t_h = \dfrac{\Delta t_0}{\cosh(\mu \cdot h)} = \dfrac{75\,K}{\cosh(16,5472)} = 0,0000098\,K \qquad \underline{\underline{t_h \approx 25\,°C}}$

Temperaturverläufe in den Rippen: Bekannt sind für alle Rippenwerkstoffe: $t_0 = 100\,°C$ und die oben berechneten Temperaturen t_h. Zu bestimmen sind noch die Temperaturen bei $x_1 = 12,5\,mm$, $x_2 = 25\,mm$ sowie $x_3 = 37,5\,mm$. Dazu betrachten wir den Fall, dass die Temperatur $t_h = t(x = h)$ vorgegeben ist und verwenden Formel (2.4-8).

$$\Delta t(x) = \Delta t_0 \cdot \frac{\sinh(\mu \cdot [h - x])}{\sinh(\mu \cdot h)} + \Delta t_h \cdot \frac{\sinh(\mu \cdot x)}{\sinh(\mu \cdot h)}$$

Nebenrechnung für Kupfer: $\mu_{Cu} = 9,82637\ m^{-1}$:

$$\frac{\sinh(\mu_{Cu} \cdot (0,05\,m - 0,0375\,m))}{\sinh(\mu_{Cu} \cdot 0,050\,m)} = \frac{\sinh(\mu_{Cu} \cdot 0,0125\,m)}{\sinh(\mu_{Cu} \cdot 0,050\,m)} = \frac{\sinh(0,1228296)}{\sinh(0,491318)} = 0,2408229$$

$$\frac{\sinh(\mu_{Cu} \cdot (0{,}05\,\text{m} - 0{,}025\,\text{m}))}{\sinh(\mu_{Cu} \cdot 0{,}050\,\text{m})} = \frac{\sinh(\mu_{Cu} \cdot 0{,}0250\,\text{m})}{\sinh(\mu_{Cu} \cdot 0{,}050\,\text{m})} = \frac{\sinh(0{,}2456593)}{\sinh(0{,}491318)} = 0{,}4852838$$

$$\frac{\sinh(\mu_{Cu} \cdot (0{,}05\,\text{m} - 0{,}0125\,\text{m}))}{\sinh(\mu_{Cu} \cdot 0{,}050\,\text{m})} = \frac{\sinh(\mu_{Cu} \cdot 0{,}0375\,\text{m})}{\sinh(\mu_{Cu} \cdot 0{,}050\,\text{m})} = \frac{\sinh(0{,}368489)}{\sinh(0{,}491318)} = 0{,}7370755$$

$\Delta t(x_1) = 75\,\text{K} \cdot 0{,}7370755 + 66{,}7768\,\text{K} \cdot 0{,}2408229 = 71{,}36\,\text{K}$ $t(x = 12{,}5\,\text{mm}) = \underline{\underline{96{,}36\,°\text{C}}}$

$\Delta t(x_2) = 75\,\text{K} \cdot 0{,}4852838 + 66{,}7768\,\text{K} \cdot 0{,}4852838 = 68{,}80\,\text{K}$ $t(x = 25{,}0\,\text{mm}) = \underline{\underline{93{,}80\,°\text{C}}}$

$\Delta t(x_3) = 75\,\text{K} \cdot 0{,}2408229 + 66{,}7768\,\text{K} \cdot 0{,}7370755 = 67{,}28\,\text{K}$ $t(x = 37{,}5\,\text{mm}) = \underline{\underline{92{,}28\,°\text{C}}}$

Edelstahl: $\mu_{ESt} = 51{,}0657\,\text{m}^{-1}$ (ohne Nebenrechnung)

$\Delta t(x_1) = 75\,\text{K} \cdot \dfrac{3{,}3196728}{6{,}3857095} + 11{,}6035\,\text{K} \cdot \dfrac{0{,}6825608}{6{,}3857095} = 40{,}23\,\text{K}$ $t(x = 12{,}5\,\text{mm}) = \underline{\underline{65{,}23\,°\text{C}}}$

$\Delta t(x_2) = 75\,\text{K} \cdot \dfrac{1{,}6520059}{6{,}3857095} + 11{,}6035\,\text{K} \cdot \dfrac{1{,}6528059}{6{,}3857095} = 22{,}42\,\text{K}$ $t(x = 25{,}0\,\text{mm}) = \underline{\underline{47{,}42\,°\text{C}}}$

$\Delta t(x_3) = 75\,\text{K} \cdot \dfrac{0{,}6825608}{6{,}3857095} + 11{,}6035\,\text{K} \cdot \dfrac{3{,}3196728}{6{,}3857095} = 14{,}05\,\text{K}$ $t(x = 37{,}5\,\text{mm}) = \underline{\underline{39{,}05\,°\text{C}}}$

Polyethylen: $\mu_{PE} = 330{,}944\,\text{m}^{-1}$ (ohne Nebenrechnung)

$\Delta t(x_1) = 75\,\text{K} \cdot \dfrac{122.881{,}7536}{7.679.406{,}489} + \dfrac{9{,}8}{10^6}\,\text{K} \cdot \dfrac{31{,}110776}{7.679.406{,}489} \approx 1{,}2\,\text{K}$ $t(x = 12{,}5\,\text{mm}) = \underline{\underline{26{,}20\,°\text{C}}}$

$\Delta t(x_2) = 75\,\text{K} \cdot \dfrac{1.961{,}966871}{7.679.406{,}469} + \dfrac{9{,}8}{10^6}\,\text{K} \cdot \dfrac{1.961{,}966871}{7.679.406{,}469} = 0{,}02\,\text{K}$ $t(x = 25{,}0\,\text{mm}) = \underline{\underline{25{,}02\,°\text{C}}}$

Schon bei dieser Rippenhöhe beträgt der Unterschied zwischen Rippentemperatur und Umgebungstemperatur nur noch 1,2 K. Bei einer Rippenhöhe von 25 mm ist die Übertemperatur praktisch auf null gefallen, so dass eine weitere Verlängerung der Rippe nur noch Materialverschwendung darstellt.

Aus Abbildung 2-20 wird deutlich, dass Materialien mit hohem Wärmeleitkoeffizienten als Rippenwerkstoff besonders geeignet sind und dass sich mit zunehmender Rippenhöhe die Temperatur in der Rippe der Umgebungstemperatur annähert.

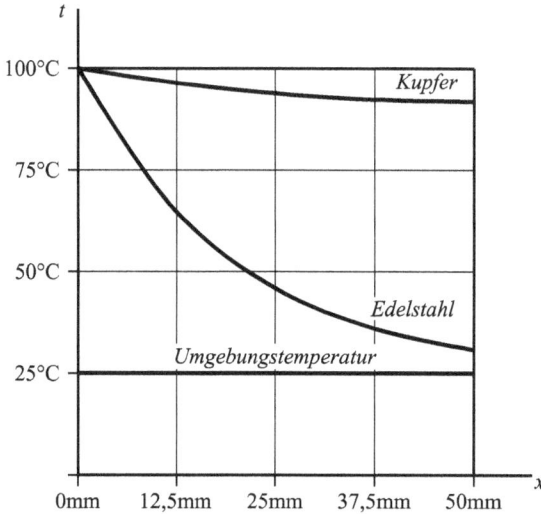

Abb. 2-20: Temperaturverlauf in einer Rechteckrippe in Abhängigkeit von der Rippenhöhe für unterschiedliche Rippenmaterialien.

d) Höhe h der Edelstahlrippe für 80 % Rippenwirkungsgrad η_R nach Gleichung (2.4-12)

Jetzt ist also die Gleichung $0{,}8{\cdot}(\mu{\cdot}h) = \tanh(\mu{\cdot}h)$ zu lösen, die man nicht explizit nach der dimensionslosen Rippenhöhe $(\mu{\cdot}h)$ respektive der Rippenhöhe h auflösen kann. Für die Lösung scheidet das Newton'sche Iterationsverfahren aus, da mit einem gewinnbaren Startwert und allen folgenden Näherungen die Lipschitzbedingung nur bedingt erfüllt ist. Deshalb greifen wir hier auf die Regula falsi zurück. Für die Intervallschachtelung benötigt man zwei Startwerte. Aus der Tatsache, dass in praxi Rippen sehr oft mit einer dimensionslosen Rippenhöhe von $(\mu{\cdot}h) < 1$ ausgeführt werden, sind auch zwei brauchbare Startwerte zu gewinnen, z. B. $(\mu{\cdot}h)_{(0)} = 1$ und $(\mu{\cdot}h)_{(1)} = 0{,}75$. Die Iterationsvorschrift für die Funktion $\tanh(\mu{\cdot}h) - 0{,}8{\cdot}(\mu{\cdot}h)$ lautet nun

$$(\mu \cdot h)_{(n+1)} = (\mu \cdot h)_{(n)} - \frac{(\mu \cdot h)_{(n)} - (\mu \cdot h)_{(n-1)}}{f((\mu \cdot h)_{(n)}) - f((\mu \cdot h)_{(n-1)})} \cdot f((\mu \cdot h)_{(n)})$$

$$(\mu \cdot h)_{(2)} = 0{,}75 - \frac{0{,}75 - 1}{+0{,}035149 - (-0{,}0384058)} \cdot (0{,}035149) = 0{,}8694654$$

$$(\mu \cdot h)_{(3)} = 0{,}8694654 - \frac{0{,}8694654 - 0{,}75}{+0{,}0055301 - 0{,}035149} \cdot (0{,}055301) = 0{,}8917705$$

$$(\mu \cdot h)_{(4)} = 0{,}8879326 \quad \rightarrow \quad (\mu{\cdot}h)_{(5)} = 0{,}8880144 \text{ stellt ein Ergebnis mit 7 gültigen Ziffern dar.}$$

Aus $\mu_{ESt} = 51{,}0657\,\mathrm{m}^{-1}$ errechnet man damit eine Rippenhöhe h von

$$h = \frac{(\mu \cdot h)_{(5)}}{\mu_{Est}} = \frac{0{,}8880144}{51{,}0657\,\mathrm{m}^{-1}} \approx \underline{\underline{17{,}4\,\mathrm{mm}}}$$

2.4.2 Optimierung Geometrie Rechteckrippe bei vorgegebener Kühlleistung

Für eine sehr dünne Rechteckrippe aus Aluminium mit einer konstruktiv vorgegebenen Breite von 10 mm sollen bei einem konstanten Wärmeübergangskoeffizienten von 10 W/(m² K), einer Temperatur am Rippenfuß von 50 °C und einer Umgebungstemperatur von 15 °C die Rippendicke s sowie die Rippenhöhe h so festgelegt werden, dass die feste Kühlleistung von 1 W bei minimalem Materialeinsatz (Rippenvolumen) gewährleistet ist.

a) Bestimmen Sie eine unter diesen Bedingungen optimale Rippenstärke und Rippenhöhe!

b) Welcher Rippenwirkungsgrad und welche Rippenleistungsziffer werden dann erreicht?

c) Welche Temperatur weist die Rippenstirnfläche auf und welcher Wärmestrom wird dort an die Umgebung übertragen? Welchen Einfluss hat das auf die Rippenleistungsziffer?

Gegeben:

$\dot{Q}_0 = 1\,\text{W}$ $\lambda_{Al} = 237\,\text{W/(m K)}$ (Tabelle 7.6-2) $\alpha = 10\,\text{W/(m}^2\,\text{K)}$

$b = 0{,}01\,\text{m}$ $t_0 = 50\,°\text{C}$ $t_U = 15\,°\text{C}$ $\Delta t_0 = 35\,\text{K}$

Vorüberlegungen:

Mit der Forderung nach einer sehr dünnen Rippenausführung ist $U = 2(b+s) \approx 2b$ als Näherung für den Rippenumfang gerechtfertigt. Für die geometrische Optimierung können die Überlegungen zu Grunde gelegt werden, die schließlich in den Formeln (2.4-19) und (2.4-20) münden. Dabei war das wichtige Kriterium $(\mu \cdot h)_{opt} \approx 1{,}419$ abgeleitet worden.

Für die Rippenleistungsziffer können wir vom gegebenen Wert von 1 W pro Rippe abgegebener Wärmeleistung ausgehen. Zu ermitteln wäre nur noch der Wärmestrom, der ohne Rippe über einer dem Rippenquerschnitt A_R entsprechenden Fläche abgeführt wird.

Lösung:

a) optimale Rippenstärke nach (2.4-19)

$$s_{opt} = \frac{\dot{Q}_0^2}{b^2 \cdot 2\alpha \cdot \lambda \cdot \Delta t_0^2 \cdot \tanh^2(\mu \cdot h)_{opt}}$$

$$s_{opt} = \frac{1^2\,\text{W}^2}{10^{-4}\,\text{m}^2 \cdot 20\,\text{W/(m}^2\,\text{K)} \cdot 237\,\text{W/(m K)} \cdot 1225\,\text{K}^2 \cdot 0{,}889390125^2} \approx \underline{\underline{2{,}18\,\text{mm}}}$$

optimale Rippenhöhe h_{opt} nach (2.4-20)

$$h_{opt} = \frac{(\mu \cdot h)_{opt}}{\mu_{opt}} \quad \text{mit} \quad \mu_{opt} = \sqrt{\frac{2\alpha}{\lambda \cdot s_{opt}}} = \sqrt{\frac{20\,\text{W/(m}^2\,\text{K)}}{237\,\text{W/(m K)} \cdot 0{,}00218\,\text{m}}} = 6{,}22175\,\frac{1}{\text{m}}$$

$$h_{opt} = 1{,}419 \cdot \frac{\text{m}}{6{,}22175} \approx 22{,}8\,\text{cm}$$

b) Rippenwirkungsgrad nach (2.4-12) und Rippenleistungsziffer nach (2.4-13)

$$\eta_R = \frac{\tanh(\mu \cdot h)_{opt}}{(\mu \cdot h)_{opt}} = \frac{\tanh(1{,}419)}{1{,}419} = \frac{0{,}889390125}{1{,}419} \approx 0{,}6268$$

$$\varepsilon_R = \frac{\dot{Q}_0}{\dot{Q}_{\min}} = \frac{\dot{Q}_0}{\alpha \cdot b \cdot s_{opt} \cdot (t_0 - t_U)} = \frac{1\,\text{W}}{10\,\text{W/(m}^2\,\text{K)} \cdot 0{,}01\,\text{m} \cdot 0{,}00218\,\text{m} \cdot (50\,°\text{C} - 15\,°\text{C})} \approx 131{,}1$$

c) Temperatur in Rippenspitze nach (2.4-3) und Wärmestrom an der Stirnwand

$$\Delta t_h = \Delta t_0 \cdot \frac{1}{\cosh(\mu \cdot h)_{opt}} = 35\,\text{K} \cdot \frac{1}{\cosh(1{,}419)} = 16\,\text{K}$$

$$t(x = h) = t_U + \Delta t_h = 15\,°\text{C} + 16\,\text{K} = \underline{\underline{31\,°\text{C}}}$$

Die optimale Temperatur in der Spitze für im Sinne der Aufgabenstellung dimensionierte prismatische Rippen liegt immer in der Nähe des Mittelwertes zwischen Umgebungs- und Wandtemperatur am Rippenfuß $(t_0 + t_U)/2 = (50\,°\text{C} + 15\,°\text{C})/2 = 32{,}5\,°\text{C}$.

. Wärmestrom an der Stirnwand:

$$\dot{Q} = \alpha \cdot A_R \cdot \Delta t_h = 10\,\frac{\text{W}}{\text{m}^2\,\text{K}} \cdot 0{,}01\,\text{m} \cdot 0{,}00218\,\text{m} \cdot 16\,\text{K} = 0{,}0035\,\text{W} = \underline{\underline{3{,}5\,\text{mW}}}$$

$$\varepsilon_R = \frac{\dot{Q}_{0,neu}}{\alpha \cdot b \cdot s_{opt} \cdot (t_0 - t_U)} = \frac{1\,\text{W} + 0{,}0035\,\text{W}}{10\,\text{W/(m}^2\,\text{K)} \cdot 0{,}01\,\text{m} \cdot 0{,}00218\,\text{m} \cdot (50\,°\text{C} - 15\,°\text{C})} \approx \underline{\underline{131{,}5}}$$

Bleibt der über die Stirnfläche abgegebene Wärmestrom unberücksichtigt, entsteht ein relativer Fehler von ca. 0,3 %. Das ist tolerabel.

2.4.3   Optimierungsmöglichkeiten über das Rippenmaterial

Die Ölwanne eines Verbrennungsmotors bestehe aus einer Aluminium-Druckguss-Legierung mit einer Dichte von 2.680 kg/m³ und einer Wärmeleitfähigkeit von 172 W/(m K). Zur Verbesserung der Wärmeabfuhr sind 3,5 mm starke Rechteckrippen von 11 cm Höhe angegossen. Diese werden von Luft mit einer Temperatur von 15 °C umspült, der über den Rippenumfang gemittelte Wärmeübergangskoeffizient betrage 50 W/(m² K). Für die äußere Wandtemperatur der Ölwanne ist von 50 °C auszugehen.
Bei Leichtbauweise konkurrieren die Al-Druckguss-Legierungen mit dem glasfaserverstärkten Werkstoff Polyamid 6.6 (Dichte 1.150 kg/m³, Wärmeleitfähigkeit 0,36 W/(m K)). Zur Verbesserung der Wärmeabfuhr plant man die äußere Ölwannenwand mit Rechteckrippen von 3 mm Stärke und 6 mm Höhe zu fertigen. Durch versetzte Anordnung der Rippen kann der gemittelte Wärmeübergangskoeffizient auf 62 W/(m² K) gesteigert werden. Bei den Polyamidrippen stellt sich am Rippenfuß eine Temperatur von 43 °C ein.

a) Ist der Materialeinsatz für die Wärmeabfuhr wirtschaftlich optimal?
b) Wie hoch sind die Rippenleistungsziffern?
c) Welche Celsiustemperaturen treten an einer adiabaten Rippenstirnwand auf?
d) Welcher Wärmestrom wird pro Meter Rippenbreite abgeführt?

Gegeben:

Aluminiumrippe:

ρ_{Al} = 8.930 kg/m³ λ_{Al} = 172 W/(m K) s = 0,0035 m h = 0,11 m

α = 50 W/(m² K) t_U = 15 °C t_0 = 50 °C

Rippe aus PA 6.6:

ρ_{PA} = 1.150 kg/m³ λ_{PA} = 0,36 W/(m K) s = 0,003 m h = 0,006 m

α = 62 W/(m² K) t_U = 15 °C t_0 = 43 °C

Lösung:

a) Prüfung der Effizienz des Materialeinsatzes

$$(\mu \cdot h) = \sqrt{\frac{2 \cdot \alpha}{\lambda \cdot s}} \cdot h \quad \rightarrow \quad (\mu \cdot h)_{opt} = 1,419$$

$$(\mu \cdot h)_{Al} = \sqrt{\frac{2 \cdot 50 \text{ W/(m² K)}}{172 \text{ W/(m K)} \cdot 0,0035 \text{ m}}} \cdot 0,11 \text{ m} = 12,88848156 \frac{1}{\text{m}} \cdot 0,11 \text{ m} \approx 1,4177$$

$$\left| \frac{1,419 - 1,4177}{1,419} \right| < 0,001 \quad \text{Die Abweichung vom Optimalwert beträgt weniger als 0,1 \%!}$$

$$(\mu \cdot h)_{PA} = \sqrt{\frac{2 \cdot 62 \text{ W/(m² K)}}{0,36 \text{ W/(m K)} \cdot 0,003 \text{ m}}} \cdot 0,006 \text{ m} = 338,8433485 \frac{1}{\text{m}} \cdot 0,006 \text{ m} \approx 2,033060091$$

$$\left| \frac{1,419 - 2,03306}{1,419} \right| < 0,4327 \quad \text{Die Abweichung vom Optimalwert beträgt mehr als 43 \%, in}$$

Bezug auf die Effizienz des Materialeinsatzes sind die Rippen eigentlich zu lang!

b) Rippenleistungsziffer nach (2.4-13) mit $U \approx 2b$ und $A_R = b \cdot s$

$$\varepsilon_R = \sqrt{\frac{2 \cdot \lambda}{\alpha \cdot s}} \cdot \tanh(\mu \cdot h)$$

$$\varepsilon_{R,Al} = \sqrt{\frac{2 \cdot 172 \text{ W/(m K)}}{50 \text{ W/(m² K)} \cdot 0,0035 \text{ m}}} \cdot \tanh(1,4177) = 44,33637655 \cdot 0,889118129 \approx \underline{\underline{39,42}}$$

$$\varepsilon_{R,PA} = \sqrt{\frac{2 \cdot 0,36 \text{ W/(m K)}}{62 \text{ W/(m² K)} \cdot 0,003 \text{ m}}} \cdot \tanh(2,033060091) = 1,967477507 \cdot \cdot 0,966290361 \approx \underline{\underline{1,9012}}$$

c) Temperatur an Rippenstirnwand aus Formel (2.4-3)

$$\Delta t_h = \Delta t_0 \cdot \frac{1}{\cosh(\mu \cdot h)} = \frac{t_0 - t_U}{\cosh(\mu \cdot h)} \quad \rightarrow \quad t(h) = t_U + \Delta t_h$$

$$\Delta t_{h,\text{Al}} = \frac{50\,°\text{C} - 15\,°\text{C}}{\cosh(1,4177)} = \frac{35\,\text{K}}{\cosh(1,4177)} = 15,18\,\text{K} \quad t(h)_{\text{Al}} = 15\,°\text{C} + 15,18\,\text{K} = \underline{\underline{30,18\,°\text{C}}}$$

$$\Delta t_{h,\text{PA}} = \frac{43\,°\text{C} - 15\,°\text{C}}{\cosh(2,03306)} = \frac{28\,\text{K}}{3,884178039} = 7,209\,\text{K} \quad t(h)_{\text{PA}} = 15\,°\text{C} + 7,209\,\text{K} \approx \underline{\underline{22,21\,°\text{C}}}$$

d) pro Meter Rippenbreite abgeführter Wärmestrom aus $\dot{Q}/b = \mu \cdot \lambda \cdot s \cdot \Delta t_0 \cdot \tanh(\mu \cdot h)$

$$(\dot{Q}/b)_{\text{Al}} = 12,88848156\,\text{m}^{-1} \cdot 172\,\text{W/(m K)} \cdot 0,0035\,\text{m} \cdot 35\,\text{K} \cdot 0,889118129 = \underline{\underline{241,45\,\text{W/m}}}$$

$$(\dot{Q}/b)_{\text{PA}} = 338,8433485\,\text{m}^{-1} \cdot 0,36\,\text{W/(m K)} \cdot 0,003\,\text{m} \cdot 28\,\text{K} \cdot 0,966290361 = \underline{\underline{9,9\,\text{W/m}}}$$

Ölwannenrippen aus Aluminium führen fast 25-mal mehr Wärme ab als Rippen aus PA 6.6. Einen solchen Unterschied kann man nicht durch längere Rippenbreiten ausgleichen. Trotzdem setzt man heute wegen der Massereduzierung auf den Werkstoff Polyamid 6.6. Die passgenaue Wärmeabfuhr für das Motorenöl übernimmt das Thermomanagement des Fahrzeugs in vielen Fällen durch eine externe Kühlung.

Außer Acht gelassen haben wir hier eine Vergrößerung der Wärmeabgabefläche durch eine höhere Rippendichte, mit der gleichfalls die Effizienz der Kühlung gesteigert werden könnte. Das hat aber engere Rippenkanäle zu Folge. Die mit der Wandreibung entstehenden Strömungsgrenzschichten führen die Luft an der Verrippung vorbei. Die Grenzschichtstärke hängt von der Reynolds-Zahl ab, die Optimierung der Rippendichte dann wichtig ist.

2.4.4 Einfluss Rippenhöhe auf Rippenleistungsziffer und -wirkungsgrad

Eine Rechteckrippe aus Aluminium nach Abbildung 2-17 weise eine Breite von 10 mm und eine Stärke von 1,5 mm auf. Die Temperatur am Rippenfuß betrage 100 °C, die Umgebungstemperatur 25 °C. Der Wärmeübergangskoeffizient an der Rippenmantelfläche sei mit 25 °W/(m K) gegeben.

a) Welche Werte erreichen die Übertemperatur in K und der Wärmestrom in mW an der Oberfläche am Rippenfuß, wenn keine Rippe vorgesehen wird?

b) Welche Rippenhöhe in mm ist für einen 50-fach höheren Abtransport des Wärmestroms vorzusehen und welcher Rippenwirkungsgrad läge dann vor?

c) Bei welcher Rippenhöhe in mm fällt die Übertemperatur auf ein Drittel des Wertes am Rippenfuß?

d) Auf welche Werte erhöhen sich die Leistungsziffer und der Rippenwirkungsgrad, wenn man bei der Rippe nach (b) auch den Wärmestrom an der Stirnseite berücksichtigt und dort ein Wärmeübergangskoeffizient von 30 W/(m² K) vorliegt?

Gegeben:

$\lambda_{Al} = 237$ W/(m K)   Tabelle 7.6-2

$b = 10$ mm $s = 1,5$ mm $t_0 = 100\,°C$ $t_U = 25\,°C$ $\alpha = 25$ W/(m² K)

$\alpha_h = 30$ W/(m² K)

Vorüberlegungen:

Die Rippenquerschnittsfläche A_R und der Rippenumfang U ergeben sich aus:

$$A_R = b \cdot s = 10\,\text{mm} \cdot 1,5\,\text{mm} = 15\,\text{mm}² = 15 \cdot 10^{-6}\,\text{m}²$$

$$U = 2 \cdot (b + s) = 2 \cdot (10\,\text{mm} + 1,5\,\text{mm}) = 23\,\text{mm} = 23 \cdot 10^{-3}\,\text{m}$$

Damit folgt für den in den Teilaufgaben b) bis d) benötigten Rippenparameter μ

$$\mu = \sqrt{\frac{\alpha \cdot U}{\lambda_{Al} \cdot A_R}} = \sqrt{\frac{25\,\text{W m}^{-2}\,\text{K}^{-1} \cdot 23 \cdot 10^{-3}\,\text{m}}{237\,\text{W m}^{-1}\,\text{K}^{-1} \cdot 15 \cdot 10^{-6}\,\text{m}²}} = 12{,}71786234\,\frac{1}{\text{m}}$$

Der Abtransport eines 50fach höheren Wärmestroms über den Rippenquerschnitt erfordert eine Rippenleistungsziffer von $\varepsilon_R = 50$. Die gesuchte Rippenhöhe erhalten wir durch Umformen der Gleichung (2.4-13) nach h.

$$\varepsilon_R = \frac{\dot{Q}_0}{\dot{Q}_{\min}} = \frac{\mu \cdot \lambda}{\alpha} \cdot \tanh(\mu \cdot h) \quad \rightarrow \quad h = \text{ar tanh}\left(\frac{\varepsilon_R \cdot \alpha}{\mu \cdot \lambda_{Al}}\right) \cdot \frac{1}{\mu}$$

Der minimale Wärmestrom $\dot{Q}_{\min}$ wird in Aufgabenteil a) errechnet. Auf diese Definition greifen wir zurück, wenn in Aufgabenteil d) die Rippenleistungsziffer bei Berücksichtigung des Wärmestroms an der Stirnseite zu berechnen ist. Der über die Rippe am Rippenfuß dann insgesamt abgegebene Wärmestrom $\dot{Q}_0$ ergibt sich aus Formel (2.4-7).

Wenn der verwendete Taschenrechner die Funktionswerte der Hyperbel- und ihrer Umkehrfunktionen nicht über eine Funktionstaste bereitstellt, sind folgende Beziehungen hilfreich:

$$\tanh x = 1 - \frac{2}{e^{2x} + 1} \qquad\qquad \text{ar tanh } x = \frac{1}{2}\ln\frac{1+x}{1-x}$$

$$\cosh x = \frac{e^x + e^{-x}}{2} \qquad\qquad \text{ar cosh } x = \ln(x + \sqrt{x^2 - 1})$$

Lösung:

a) Übertemperatur und Wärmestrom ohne Rippe

$$\Delta t_0 = t_0 - t_U = 100\,°C - 25\,°C = \underline{\underline{75\,\text{K}}}$$

$$\dot{Q}_{\min} = \alpha \cdot A_R \cdot \Delta t_0 = 25\,\text{W/(m² K)} \cdot 15 \cdot 10^{-6}\,\text{m}² \cdot 75\,\text{K} = \underline{\underline{28{,}125\,\text{mW}}}$$

b) Rippenhöhe h und Rippenwirkungsgrad η_R bei Rippenleistungsziffer $\varepsilon_R = 50$

$$h = \text{ar tanh}\left(\frac{\varepsilon_R \cdot \alpha}{\mu \cdot \lambda_{Al}}\right) \cdot \frac{1}{\mu} = \text{ar tanh}\left(\frac{50 \cdot 25\,\text{W/(m² K)}}{12{,}71786234\,\text{m}^{-1} \cdot 237\,\text{W/(m K)}}\right) \cdot \frac{1}{12{,}71786234\,\text{m}^{-1}}$$

$$h = \frac{\text{ar}\tanh(0{,}414712902)}{12{,}71786234\,\text{m}^{-1}} = \frac{0{,}44128969}{12{,}71786234\,\text{m}^{-1}} = 0{,}034698417\,\text{m} \approx 34{,}7\,\text{mm}$$

$$\eta_R = \frac{\tanh(\mu \cdot h)}{\mu \cdot h} \quad \text{mit } \mu \cdot h = 12{,}71786234\,\text{m}^{-1} \cdot 0{,}034698417\,\text{m} = 0{,}44128969$$

$$\eta_R = \frac{\tanh 0{,}44128969}{0{,}44128969} = \frac{0{,}414712901}{0{,}44128969} \approx 0{,}9398$$

Alternativ errechnen wir den Rippenwirkungsgrad aus der Definition $\eta_R = \dot{Q}_0 / \dot{Q}_{max}$:

$$\dot{Q}_0 = \mu \cdot \lambda \cdot A_R \cdot \Delta t_0 \cdot \tanh(\mu \cdot h)$$

$$\dot{Q}_0 = 12{,}71786234\,\text{m}^{-1} \cdot 237\,\text{W/(m K)} \cdot 15 \cdot 10^{-6}\,\text{m}^2 \cdot 75\,\text{K} \cdot 0{,}414712901 \approx 1406{,}3\,\text{mW} \qquad \text{oder}$$

$$\dot{Q}_0 = \dot{Q}_{min} \cdot \varepsilon_R = 28{,}125\,\text{mW} \cdot 50 \approx 1406{,}3\,\text{mW}$$

Der maximale Wärmestrom könnte übertragen werden, wenn die Rippe nicht die mittlere Rippentemperatur $\bar{t}_R$ besitzen würde, sondern wegen eines gegen null gehenden Wärmewiderstands überall die Temperatur am Rippenfuß besitzen würde. Der dann über die Mantelfläche der Rippe (Stirnseite adiabat) abgegebene Wärmestrom errechnet sich aus:

$$\dot{Q}_{max} = \alpha \cdot A_M \cdot \Delta t_0 = \alpha \cdot 2 \cdot (h \cdot b + h \cdot s) \cdot \Delta t_0$$

mit der Rippenmantelfläche $A_M = 2 \cdot (34{,}7\,\text{mm} \cdot 10\,\text{mm} + 34{,}7\,\text{mm} \cdot 1{,}5\,\text{mm}) = 798{,}1\,\text{mm}^2$

$$\dot{Q}_{max} = 25\,\text{W/(m}^2\,\text{K)} \cdot 798{,}1 \cdot 10^{-6}\,\text{m}^2 \cdot 75\,\text{K} \approx 1496{,}4\,\text{mW}$$

$$\eta_R = \frac{\dot{Q}_0}{\dot{Q}_{max}} = \frac{1406{,}3\,\text{mW}}{1496{,}4\,\text{mW}} = 0{,}9398$$

c) Rippenhöhe h für Abfall der Übertemperatur vom Rippenfuß an Stirnwand auf ein Drittel

aus Formel (2.4-3) folgt: $\dfrac{\Delta t_h}{\Delta t_0} = \dfrac{1}{\cosh(\mu \cdot h)} = \dfrac{1}{3} \quad \rightarrow \quad \cosh(\mu \cdot h) = 3$

$$h = \frac{\text{arcosh}(3)}{\mu} = \frac{1{,}762747174}{12{,}71786234\,\text{m}^{-1}} = 0{,}13804\,\text{m} \approx 138{,}60\,\text{mm}$$

d) Rippenleistungsziffer bei Berücksichtigung des Wärmestroms an der Stirnseite

Wir übernehmen aus Aufgabe a) den minimalen Wärmestrom $\dot{Q}_{min} = 28{,}125\,\text{mW}$ und aus Aufgabenteil (b) die Rippenhöhe mit 34,7 mm. Auch $\tanh(\mu \cdot h) = 0{,}414712901$ als Zwischenergebnis kann wieder verwendet werden.

$$\dot{Q}_0 = \sqrt{\alpha \cdot \lambda_{Al} \cdot A_R \cdot U} \cdot \Delta t_0 \cdot \frac{\tanh(\mu \cdot h) + \dfrac{\alpha_h}{\mu \cdot \lambda}}{1 + \dfrac{\alpha_h}{\mu \cdot \lambda} \cdot \tanh(\mu \cdot h)}$$

mit $\dfrac{\alpha_h}{\mu \cdot \lambda_{Al}} = \dfrac{30\,\text{W/(m}^2\,\text{K)}}{12{,}71786234\,\text{m}^{-1} \cdot 237\,\text{W/(m K)}} = 9{,}953109658 \cdot 10^{-3}$

$$\dot{Q}_0 = \sqrt{25\,\frac{\text{W}}{\text{m}^2\,\text{K}} \cdot 237\,\frac{\text{W}}{\text{m}\,\text{K}} \cdot \frac{15}{10^6}\,\text{m}^2 \cdot \frac{23}{10^3}\,\text{m} \cdot 75\,\text{K} \cdot \frac{0{,}414712901 + 9{,}953109658 \cdot 10^{-3}}{1 + 9{,}953109658 \cdot 10^{-3} \cdot 0{,}414712901}}$$

$$\dot{Q}_0 = 45{,}212\,\text{mW/K} \cdot 75\,\text{K} \cdot 0{,}422920329 = 1434{,}08\,\text{mW}$$

$$\varepsilon_R = \frac{\dot{Q}_0}{\dot{Q}_{\min}} = \frac{1434{,}1\,\text{mW}}{28{,}125\,\text{mW}} \approx \underline{\underline{51}}$$

Die Heizfläche der Rippe ergibt sich aus der Mantelfläche plus der Fläche der Stirnseite zu

$$A_M = 2 \cdot (h \cdot b + h \cdot s) + b \cdot s = 798{,}1\,\text{mm}^2 + 10\,\text{mm} \cdot 1{,}5\,\text{mm} = 813{,}1\,\text{mm}^2$$

und damit folgt für den maximal übertragbaren Wärmestrom:

$$\dot{Q}_{\max} = 25\,\text{W/(m}^2\,\text{K)} \cdot 813{,}1 \cdot 10^{-6}\,\text{m}^2 \cdot 75\,\text{K} \approx 1524{,}6\,\text{mW}$$

Der Rippenwirkungsgrad ist wiederum aus der Definition $\eta_R = \dot{Q}_0 / \dot{Q}_{\max}$ bestimmbar zu

$$\eta_R = \frac{\dot{Q}_0}{\dot{Q}_{\max}} = \frac{1434{,}1\,\text{mW}}{1524{,}6\,\text{mW}} = \underline{\underline{0{,}9406}}$$

2.4.5 Einfluss der Stirnseite einer Rechteckrippe

An einer 50 mm hohen, 10 mm breiten und 1,5 mm dicken Rechteckrippe aus Kupfer mit einer Temperatur von 100 °C am Rippenfuß seien für alle Rippenflächen der Wärmeübergangskoeffizient von 25 W/(m² K) und die Umgebungstemperatur von 25 °C gegeben.
  a) Welche Temperatur in °C weist die Rippe an ihrer Stirnseite auf und wie hoch ist ihre Leistungsziffer, wenn die Stirnwand der Rippe adiabat ist?
  b) Mit welcher Rippenhöhe in mm (drei signifikante Ziffern) trifft man bei adiabater Rippenstirnwand einen optimalen Kompromiss zwischen übertragenen Wärmestrom und Materialeinsatz und wie hoch wäre dann der Rippenwirkungsgrad?
  c) Welche Höhe müsste unter den hier gegebenen Bedingungen eine Rippe gleicher Breite und Dicke aus Aluminium aufweisen, wenn bei Vernachlässigung des Wärmeverlustes über die Stirnfläche mit der entsprechenden Oberflächenvergrößerung der gleiche Wärmestrom wie bei der 50 mm hohen Kupferrippe abgegeben wird?
  d) Welche Celsiustemperatur herrscht an der Stirnseite der Kupferrippe, wenn dort der Wärmeübergangskoeffizient mit 20 W/(m² K) und die Umgebungstemperatur mit 25 °C gegeben sind? Welche Leistungsziffer besitzt die Rippe dann? Kann man für dünne Rippen die Wärmeströme an ihren Stirnseiten vernachlässigen?

Gegeben:

Rippe: $h = 0{,}05$ m $b = 0{,}01$ m $s = 0{,}0015$ m $t_0 = 100$ °C

RB: $\alpha = 25$ W/(m² K) $t_U = 25$ °C $\alpha_h = 20$ W/(m² K)

Stoffwerte nach Tabelle 7.6-2:

$\lambda_{Cu} = 397$ W/(m K) $\rho_{Cu} = 8.930$ kg/m³ $\lambda_{Al} = 237$ W/(m K) $\rho_{Al} = 2.700$ kg/m³

Vorüberlegungen:

Die Lösung für Teilaufgabe (a) kann der Aufgabe 2.4.1 entnommen werden.

Rippengeometrie: $A_R = b \cdot s = 10\,\text{mm} \cdot 1,5\,\text{mm} = 15\,\text{mm}^2$ und $U = 2(b+s) = 2 \cdot 11,5\,\text{mm} = 23\,\text{mm}$

Übertemperatur am Rippenfuß: $\Delta t_0 = t_0 - t_U = 100\,°\text{C} - 25\,°\text{C} = 75\,\text{K}$

Wärmestrom   ohne   Rippe:

$$\dot{Q}_{\text{ohne Rippe}} = \alpha \cdot A_R \cdot (t_0 - t_U) = 25\,\frac{\text{W}}{\text{m}^2\,\text{K}} \cdot 15 \cdot 10^{-6}\,\text{m}^2 \cdot 75\,\text{K} = 28,125\,\text{mW}$$

$$\mu_{\text{Cu}} = \sqrt{\frac{\alpha \cdot U}{\lambda \cdot A_R}} = \sqrt{\frac{25\,\text{W/(m}^2\,\text{K)} \cdot 23 \cdot 10^{-3}\,\text{m}}{397\,\text{W/(m K)} \cdot 15 \cdot 10^{-6}\,\text{m}^2}} = 9,82637\,\frac{1}{\text{m}} \qquad (\mu \cdot h)_{\text{Cu}} = 0,491318$$

Der Vergleich der Rippen aus Kupfer und Aluminium erfolgt über die Rippenleistungsziffer ε_R gemäß Formel (2.4-13).

Lösung:

a) Vernachlässigung des Wärmestroms an der Stirnwand

$$\Delta t_h = \frac{\Delta t_0}{\cosh(\mu \cdot h)} = \frac{75\,\text{K}}{\cosh(0,491318)} = 66,7768\,\text{K} \qquad t_h = \Delta t_h + t_U = 66,7768\,\text{K} + 25\,°\text{C} = 91,78\,°\text{C}$$

$$\dot{Q}_{\text{Rippe}} = \dot{Q}_0 = \mu \cdot \lambda \cdot A_R \cdot \Delta t_0 \cdot \tanh(\mu \cdot h)$$

$$\dot{Q}_0 = 9,82637\,\frac{1}{\text{m}} \cdot 397\,\frac{\text{W}}{\text{m K}} \cdot \frac{15\,\text{m}^2}{10^6} \cdot 75\,\text{K} \cdot 0,455262 = 1998\,\text{mW}$$

$$\varepsilon_{R,\text{Cu}} = \frac{\dot{Q}_{\text{Rippe}}}{\dot{Q}_{\text{ohne Rippe}}} = \frac{1998\,\text{mW}}{28,125\,\text{mW}} \approx 71,0$$

b) optimale Rippenhöhe und Rippenwirkungsgrad für Rechteckrippe aus Kupfer

$$(\mu \cdot h)_{opt} \approx 1,419 \ \text{(siehe Beispiel 2.5.2)} \quad \rightarrow \quad h = \frac{1,419}{9,82637\,\text{m}^{-1}} \approx 144\,\text{mm}$$

$$\eta_R = \frac{\tanh(\mu \cdot h)_{opt}}{(\mu \cdot h)_{opt}} = \frac{\tanh(1,419)}{1,419} = \frac{0,889390125}{1,419} \approx 0,6268$$

Hier wurde für einen zu übertragenen Wärmestrom der Materialeinsatz für die Rippe optimiert. Im Verhältnis zu (a) ist sowohl der übertragene Wärmestrom als auch die Rippenhöhe größer, der Rippenwirkungsgrad nimmt jedoch wegen der längeren Rippe ab.

c) gleicher Wärmestrom für Kupfer- und Aluminiumrippe mit Ansatz: $\varepsilon_{R,\text{Cu}} = \varepsilon_{R,\text{Al}}$

$$\varepsilon_{R,\text{Cu}} = \sqrt{\frac{\lambda_{\text{Al}} \cdot U}{\alpha \cdot A_R}} \cdot \tanh(\mu \cdot h)_{\text{Al}} \quad \rightarrow \quad (\mu \cdot h)_{\text{Al}} = \text{ar}\tanh\left(\varepsilon_{R,\text{Cu}} / \sqrt{\frac{\lambda_{\text{Al}} \cdot U}{\alpha \cdot A}}\right)$$

Hinweis: $\text{ar}\tanh x = \frac{1}{2}\ln\left(\frac{1+x}{1-x}\right)$ für $|x| < 1$

$$(\mu \cdot h)_{Al} = \operatorname{artanh}\left(71 / \sqrt{\frac{237 \text{ W/(m K)} \cdot 23 \cdot 10^{-3} \text{ m}}{25 \text{ W/(m}^2 \text{ K)} \cdot 15 \cdot 10^{-6} \text{ m}^2}}\right) = \operatorname{artanh}(0{,}58889239) = 0{,}6759747$$

$$\mu_{Al} = \sqrt{\frac{\alpha \cdot U}{\lambda_{Al} \cdot A}} = \sqrt{\frac{25 \text{ W/(m}^2 \text{ K)} \cdot 23 \cdot 10^{-3} \text{ m}}{237 \text{ W/(m K)} \cdot 15 \cdot 10^{-6} \text{ m}^2}} = 12{,}717862 \frac{1}{\text{m}}$$

$$h_{Al} = \frac{(\mu \cdot h)_{Al}}{\mu_{Al}} = \frac{0{,}6759747}{12{,}717862 \text{ m}^{-1}} \approx \underline{\underline{53{,}2 \text{ mm}}}$$

Bei gleicher übertragener Wärmeleistung ist die Aluminiumrippe etwas größer, aber leichter.

Masse:

$$m_{Cu} = \rho_{Cu} \cdot V_{Cu} = \rho_{Cu} \cdot (b \cdot s \cdot h)_{Cu} = 8.930 \text{ kg/m}^3 \cdot 0{,}01 \text{ m} \cdot 0{,}0015 \text{ m} \cdot 0{,}05 \text{ m} \approx \underline{\underline{6{,}7 \text{ g}}}$$

$$m_{Al} = \rho_{Al} \cdot V_{Al} = \rho_{Al} \cdot (b \cdot s \cdot h)_{Al} = 2.700 \text{ kg/m}^3 \cdot 0{,}01 \text{ m} \cdot 0{,}0015 \text{ m} \cdot 0{,}0532 \text{ m} \approx \underline{\underline{2{,}2 \text{ g}}}$$

Das liegt an dem günstigeren Verhältnis ρ / λ:

$$(\rho / \lambda)_{Cu} \approx 22{,}5 \text{ kg K/(W m}^2) \qquad (\rho / \lambda)_{Al} \approx 11{,}4 \text{ kg K/(W m}^2)$$

d) Berücksichtigung des Wärmestroms an der Stirnseite der 50 mm hohen Kupferrippe

$$\Delta t_h = \frac{\Delta t_0}{\cosh(\mu \cdot h) + \dfrac{\alpha_h}{\mu \cdot \lambda} \cdot \sinh(\mu \cdot h)}$$

$$\Delta t_h = \frac{75 \text{ K}}{\cosh(0{,}491318) + \dfrac{20 \text{ W/(m}^2 \text{ K)}}{9{,}82637 \text{ m}^{-1} \cdot 397 \text{ W/(mK)}} \cdot \sinh(0{,}491318)}$$

$$\Delta t_h = \frac{75 \text{ K}}{1{,}123144 + 0{,}0051268 \cdot 0{,}5113248} = 66{,}6213 \text{ K}$$

$$t_h = \Delta t_h + t_U = 66{,}6213 \text{ K} + 25 \,°\text{C} = \underline{\underline{91{,}62 \,°\text{C}}}$$

$$\dot{Q}_0 = \sqrt{\alpha \cdot \lambda \cdot A_R \cdot U} \cdot \Delta t_0 \cdot \frac{\tanh(\mu \cdot h) + \dfrac{\alpha_h}{\mu \cdot \lambda}}{1 + \dfrac{\alpha_h}{\mu \cdot \lambda} \cdot \tanh(\mu \cdot h)}$$

$$\dot{Q}_0 =$$

$$\sqrt{25 \frac{\text{W}}{\text{m}^2 \text{ K}} \cdot 397 \frac{\text{W}}{\text{m K}} \cdot \frac{15 \text{ m}^2}{10^6} \cdot \frac{23 \text{ m}}{10^3}} \cdot 75 \text{ K} \cdot \frac{\tanh(0{,}491318) + \dfrac{20 \text{ W/(m}^2 \text{ K)}}{9{,}82637 \text{ m}^{-1} \cdot 397 \text{ W/(m K)}}}{1 + 0{,}0051268 \cdot \tanh(0{,}491318)}$$

$$\dot{Q}_0 \approx \underline{\underline{2016 \text{ mW}}}$$

$$\varepsilon_{R,Cu} = \frac{\dot{Q}_{Rippe}}{\dot{Q}_{ohne\,Rippe}} = \frac{2016\,mW}{28,125\,mW} \approx \underline{\underline{71,7}}$$

Für dünne Rippen können also die Wärmeströme an ihren Stirnseiten vernachlässigt werden. Die entsprechenden Rippenleistungsziffern unterscheiden sich um weniger als 1 %. Dies ist insbesondere vor dem Hintergrund zu würdigen, dass die Temperatur an der Rippenstirnwand mit knapp 92 °C noch deutlich über der Umgebungstemperatur liegt und damit ein relativ hoher Temperaturunterschied für den Wärmeübergang vorhanden ist.

2.4.6   Temperaturverteilung in einer zylindrischen Nadel

In einem Topf mit kochender Suppe (100 °C) wird beständig mit einem Rührlöffel aus Edelstahl (zylindrischer Stiel, 9 mm Durchmesser) umgerührt. Der Wärmeübergangskoeffizient betrage 14 W/(m² K), die Umgebungstemperatur 32 °C.
Untersuchen Sie die stationäre Temperaturverteilung im Stiel des Rührlöffels, wenn der Stiel 40 cm aus der Suppe herausragt an den Stellen 10 cm, 20 cm, 30 cm und am Stielende bei 40 cm! Über die Stirnseite am Ende des Stiels werde keine Wärme an die Umgebung abgegeben!

Gegeben:

$\alpha = 14$ W/(m² K) $t_0 = 100$ °C $t_U = 32$ °C $\lambda_{ESt} = 14{,}7$ W/(m K) (Tabelle 7.6-2)

$d = 0{,}009$ m $h = 0{,}4$ m

$x_1 = 0{,}1$ m $x_2 = 0{,}2$ m $x_3 = 0{,}3$ m $x_4 = 0{,}4$ m

Vorüberlegungen:

Der aus der kochenden Suppe herausragende Stiel des Rührlöffels wird als zylindrische Nadel aufgefasst. Nach Formel (2.4-24) ergibt sich für den Rippenparameter μ:

$$\mu = \sqrt{\frac{4\cdot\alpha}{\lambda_{ESt}\cdot d}} = \sqrt{\frac{4\cdot 14\,W/(m^2\,K)}{14{,}7\,W/(m\,K)\cdot 0{,}009\,m}} = 20{,}57378\,\frac{1}{m}$$

Die Übertemperatur am Rippenfuß beträgt: $\Delta t_0 = t_0 - t_U = 100\,°C - 32\,°C = 68\,K$

Zur Erinnerung die Definition der Hyperbelfunktion: $\cosh(\mu\cdot h) = \dfrac{e^{\mu h} + e^{-\mu h}}{2}$

Lösung:
Die Übertemperatur an einer Stelle x wird nach Formel (2.4-2) berechnet

$$\Delta t(x) = \Delta t_0 \frac{\cosh(\mu(h-x))}{\cosh(\mu\cdot h)}$$

Die Temperatur an der Stelle x folgt dann aus: $t(x) = t_U - \Delta t(x)$

$$\Delta t(x_1) = 68\ \text{K}\ \frac{\cosh(20{,}57378\ \text{m}^{-1} \cdot 0{,}3\ \text{m})}{\cosh(20{,}57378\ \text{m}^{-1} \cdot 0{,}4\ \text{m})} = 68\ \text{K}\ \frac{239{,}60487}{1875{,}0018} = 8{,}69\ \text{K}$$

$$t(x_1) = 32\ ^\circ\text{C} + 8{,}69\ \text{K} = \underline{\underline{40{,}69\ ^\circ\text{C}}}$$

$$\Delta t(x_2) = 68\ \text{K}\ \frac{\cosh(20{,}57378\ \text{m}^{-1} \cdot 0{,}2\ \text{m})}{\cosh(20{,}57378\ \text{m}^{-1} \cdot 0{,}4\ \text{m})} = 68\ \text{K}\ \frac{30{,}6268}{1875{,}0018} = 1{,}11\ \text{K}$$

$$t(x_2) = 32\ ^\circ\text{C} + 1{,}11\ \text{K} = \underline{\underline{33{,}11\ ^\circ\text{C}}}$$

$$\Delta t(x_3) = 68\ \text{K}\ \frac{\cosh(20{,}57378\ \text{m}^{-1} \cdot 0{,}1\ \text{m})}{\cosh(20{,}57378\ \text{m}^{-1} \cdot 0{,}4\ \text{m})} = 68\ \text{K}\ \frac{3{,}9766066}{1875{,}0018} = 0{,}14\ \text{K}$$

$$t(x_3) = 32\ ^\circ\text{C} + 0{,}14\ \text{K} = \underline{\underline{32{,}14\ ^\circ\text{C}}}$$

$$\Delta t(x_4) = 68\ \text{K}\ \frac{1}{\cosh(20{,}57378\ \text{m}^{-1} \cdot 0{,}4\ \text{m})} = 68\ \text{K}\ \frac{1}{1875{,}0018} = 0{,}04\ \text{K}$$

$$t(x_4) = 32\ ^\circ\text{C} + 0{,}04\ \text{K} = \underline{\underline{32{,}04\ ^\circ\text{C}}}$$

Die Oberflächentemperatur der menschlichen Haut an der Hand beträgt etwa 32 °C. Beim dauerhaften Rühren der Suppe braucht man nicht befürchten, dass der Löffelstiel zu heiß wird, wenn man ihn in ungefähr 20 cm Abstand zur Oberfläche der kochenden Suppe anfasst. Ein Löffel aus Aluminium hätte allerdings bei $x_2 = 0{,}2$ m eine deutlich zu hohe Temperatur.

$$\lambda_{Al} = 237\ \text{W/(m K)}\ \ (\text{Tabelle 7.6-2}) \qquad \mu = \sqrt{\frac{4 \cdot \alpha}{\lambda_{Al} \cdot d}} = \sqrt{\frac{4 \cdot 14\ \text{W/(m}^2\ \text{K)}}{237\ \text{W/(m K)} \cdot 0{,}009\ \text{m}}} = 5{,}1238757\ \frac{1}{\text{m}}$$

$$\Delta t(x_2) = 68\ \text{K}\ \frac{\cosh(5{,}1238757\ \text{m}^{-1} \cdot 0{,}2\ \text{m})}{\cosh(5{,}1238757\ \text{m}^{-1} \cdot 0{,}4\ \text{m})} = 68\ \text{K}\ \frac{1{,}572673}{3{,}9466007} = 27{,}1\ \text{K}$$

$$t(x_2) = 32\ ^\circ\text{C} + 27{,}1\ \text{K} = \underline{\underline{59{,}1\ ^\circ\text{C}}}$$

3 Instationäre Wärmeleitung in Festkörpern

3.1 Mathematische Formulierung des Problems

Ein in Bezug auf Ort und Zeit bekanntes Temperaturfeld ist für fast alle technisch bedeutsamen Vorgänge von hohem Interesse. Kommt es wegen vorhandener Temperaturunterschiede in einem Körper oder in mechanisch verbundenen Körpern zu unterschiedlichen Wärmedehnungen, entstehen mechanische Spannungen, die von einer Beschädigung bis zur Zerstörung des Bauteils führen können. Die Optimierung von An- sowie Abfahrvorgängen in Maschinen und Anlagen erfolgt genauso wie die Beurteilung von Aufheiz- und Abkühlvorgängen auf der Grundlage des zeitlich und örtlich veränderlichen Temperaturregimes. Neben den Wärmeflüssen an den Körperoberflächen ist bei der instationären Wärmeleitung auch die Wärmespeicherung im Körper selbst von Bedeutung.

Der erste Hauptsatz der Thermodynamik für geschlossene Systeme und das Fourier'sche Gesetz der Wärmeleitung führen auf die Fourier'sche Differentialgleichung (3.1-1) als eine partielle Differentialgleichung ersten Grades und zweiter Ordnung, die das gesuchte von Ort und Zeit abhängige Temperaturfeld $t = t(x, y, z, \tau)$ im Zusammenhang mit den zugehörigen Anfangs- und Randbedingungen beschreibt, wenn ein einziger, homogener und isotroper Körper in fester Phase vorliegt und sich sein Aggregatzustand nicht ändert.

$$\frac{\partial t}{\partial \tau} = a \cdot \nabla^2 t + \frac{\tilde{\tilde{q}}}{\rho \cdot c_p} \qquad (3.1\text{-}1)$$

Neben den bekannten Stoffeigenschaften Dichte ρ und spezifische Wärmekapazität c_p (für konstanten Druck) enthält (3.1-1) die Temperaturleitfähigkeit a als neue Stoffgröße. Sie ist ein Maß für die Geschwindigkeit der Temperaturänderungen im Körper und kann mit der Wärmeleitfähigkeit λ berechnet werden aus

$$a = \frac{\lambda}{\rho \cdot c_p} \qquad [a] = 1 \text{ m}^2/\text{s} \qquad (3.1\text{-}2)$$

Niedrige Werte für die Temperaturleitfähigkeit a haben ein langsames Fortschreiten der Temperaturwelle in einem Stoff zur Folge. Für ausgewählte Feststoffe, Flüssigkeiten und Gase können die Temperaturleitfähigkeiten den Tabellen 7.6-2 bis 7.6-5 entnommen werden. Bemerkenswert ist, dass die Temperaturleitfähigkeiten für Metalle und Gase oft von fast gleicher Größenordnung sind. Temperaturunterschiede in einer Metallschicht gleichen sich also etwa genauso schnell aus wie in einem Luftspalt.

Außerdem bedeutet $\tilde{\tilde{q}}$ in (3.1-1) eine volumenspezifische Ergiebigkeit (auch Leistungsdichte genannt), die dann beispielsweise für eine elektrische Widerstandsheizung oder auch für biologische, chemische sowie nukleare Reaktionen stehen kann.

$$\tilde{\tilde{q}} = \tilde{\tilde{q}}(\tau, t, x, y, z) = \frac{\dot{Q}}{V} \qquad [\tilde{\tilde{q}}] = 1 \frac{\text{W}}{\text{m}^3} \qquad (3.1\text{-}3)$$

http://doi.org/10.1515/9783110745092-003

Gleichung (3.1-1) wurde über Differentialoperatoren[13] beschrieben, deren Komponentendarstellungen für die gebräuchlichsten Koordinatensysteme noch einmal in der grauen Box zusammengestellt sind. Die Differentialgleichung in Komponentendarstellung erfordert mehr Schreibarbeit, stellt aber sofort einen eindeutigen Bezug zu einem bestimmten Koordinatensystem her.

Kartesische Koordinaten $(-\infty < x < +\infty, -\infty < y < +\infty, -\infty < z < +\infty)$

$$\text{divgrad} \equiv \nabla^2 \equiv \Delta = \frac{\partial^2}{\partial x^2} + \frac{\partial^2}{\partial y^2} + \frac{\partial^2}{\partial z^2}$$

Zylinderkoordinaten $(0 \le r < \infty, 0 \le \varphi \le 2\pi, -\infty < z < +\infty)$

$$\text{divgrad} \equiv \nabla^2 \equiv \Delta = \frac{1}{r} \cdot \frac{\partial}{\partial r}(r\frac{\partial}{\partial r}) + \frac{1}{r^2} \cdot \frac{\partial^2}{\partial \varphi^2} + \frac{\partial^2}{\partial z^2} = \frac{\partial^2}{\partial r^2} + \frac{1}{r} \cdot \frac{\partial}{\partial r} + \frac{1}{r^2} \cdot \frac{\partial^2}{\partial \varphi^2} + \frac{\partial^2}{\partial z^2}$$

Kugelkoordinaten $(0 \le r < \infty$, Längengrade: $0 \le \varphi \le 2\pi$, Breitengrade: $0 \le \psi \le \pi)$

$$\text{divgrad} \equiv \nabla^2 \equiv \Delta = \frac{1}{r^2}\left[\frac{\partial}{\partial r}(r^2\frac{\partial}{\partial r}) + \frac{1}{\sin\psi} \cdot \frac{\partial}{\partial \psi}(\sin\psi \cdot \frac{\partial}{\partial \psi}) + \frac{1}{\sin^2\psi} \cdot \frac{\partial^2}{\partial \varphi^2}\right]$$

$$\text{divgrad} \equiv \nabla^2 \equiv \Delta = \frac{\partial^2}{\partial r^2} + \frac{2}{r} \cdot \frac{\partial}{\partial r} + \frac{1}{r^2} \cdot \frac{\partial^2}{\partial \psi^2} + \frac{\cot\psi}{r^2} \cdot \frac{\partial}{\partial \psi} + \frac{1}{r^2 \sin^2\psi} \cdot \frac{\partial^2}{\partial \varphi^2}$$

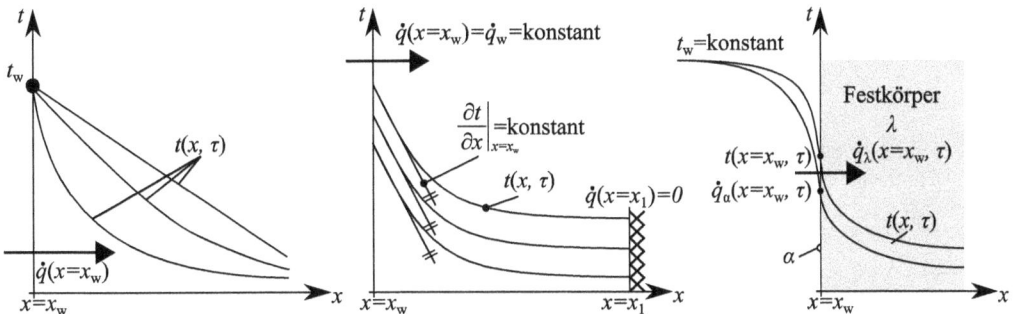

Abb. 3-1: Randbedingungen erster bis dritter Art für eine eindimensionale Wärmeleitung in einem Festkörper (von links nach rechts).

Die *Anfangsbedingungen* beschreiben die Temperaturverteilung an allen Punkten des Köpers zum Zeitpunkt $\tau = 0$ in Form von:

$$t(x, y, z, \tau = 0) = t_0(x, y, z) \quad \text{oder} \quad t(x, y, z, \tau = 0) = t_0 = \text{konstant} \quad (3.1\text{-}4)$$

Randbedingungen treten in drei verschiedenen Arten so wie in Abbildung 3-1 dargestellt als örtliche Vorgaben auf. Mögliche Randbedingungen für den Rand eines Körpers mit $x = x_0$ sind also:

---

[13] Da hier das Zeichen Δ oft zur Kennzeichnung von Differenzen herangezogen wird, verwenden wir bei den Differentialoperatoren ∇^2 sowie divgrad und verzichten auf Laplace = Δ.

Randbedingung 1. Art (Dirichlet´sche Randbedingung):

Hier wird an jedem Punkt des Randes eine konkrete Temperatur vorgeben:

$$t(x = x_W, y, z, \tau) = t_W(x_W, y, z, \tau) \qquad\qquad (3.1\text{-}5)$$

Randbedingung 2. Art (Neumann´sche Randbedingung):

Am Rand wird eine Wärmestromdichte vorgegeben (entspricht der Vorgabe eines Temperaturgradienten am Rand). Dies kann man sich als elektrische Flächenheizung vorstellen.

$$\dot q_W(x = x_W, y, z, \tau) = -\lambda \left.\frac{\partial t(x, y, z, \tau)}{\partial x}\right|_{x = x_W} \qquad\qquad (3.1\text{-}6a)$$

Eine adiabate Systemgrenze ist ein spezielle Randbedingung 2. Art, nämlich:

$$\dot q_W(x = x_W, y, z, \tau) = -\lambda \left.\frac{\partial t(x, y, z, \tau)}{\partial x}\right|_{x = x_W} = 0 \qquad\qquad (3.1\text{-}6b)$$

Die Isothermenkurven für (3.1-6b) münden mit dem Anstieg von null (also senkrecht) in
die Wand (siehe dazu Abbildung 3-1).

Randbedingung 3. Art (Newton´sche Randbedingung):

Diese Randbedingung beschreibt einen Wärmeübergang[14] von einem Körper an das ihn
umgebende Fluid oder umgekehrt.
Der Temperaturgradient an der Körperoberfläche ist proportional zur Differenz zwischen
der Temperatur t_U des angrenzenden Fluids (in der Literatur oftmals auch t_∞) und der
Wandtemperatur des Festkörpers t_W. Proportionalitätsfaktor für den zugehörigen linearen
Ansatz ist der Wärmeübergangskoeffizient α, der zur Wahrung der Bedingung „linearer
Zusammenhang" nicht von t_W oder $(t_U - t_W)$ abhängen darf. Bei freier Konvektion oder
bei entsprechender Modellierung von Strahlungsvorgängen ist dies aber genau der Fall,
so dass numerische Berechnungsmethoden anzuwenden sind.

$$\dot q_\alpha(x = x_0, \tau) = \dot q_\lambda(x = x_0, \tau)$$

$$\alpha \cdot (t_U - t_W) = -\lambda \left.\frac{\partial t(x, \tau)}{\partial x}\right|_{x = x_W}$$

$$-\left.\frac{\partial t(x, \tau)}{\partial x}\right|_{x = x_W} = \frac{t_U - t_W}{\lambda / \alpha} \qquad\qquad (3.1\text{-}7)$$

Mit der Umgebungstemperatur t_U ist die Temperatur des umgebenden Fluids außerhalb
der Temperaturgrenzschicht in unmittelbarer Wandnähe gemeint.
Achtung! Häufiger Fehler! In (3.1-7) ist der Wärmeleitfähigkeit λ die Materialeigenschaft der Wand, nicht des Fluids!

---

[14] Den Ansatz $\dot q = \alpha(t_U - t_W)$ hat Isaac Newton 1701 erstmals verwendet.

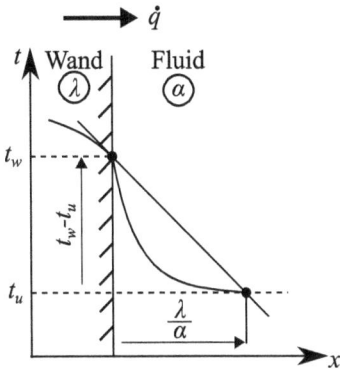

Abb. 3-2: Sekante λ/α für die Temperaturverteilungsfunktion im strömenden Fluid in Wandnähe.

Abbildung 3-2 veranschaulicht geometrisch, was aus Gleichung (3.1-7) für den Temperatur-gradienten an der Wand gefolgert werden kann. Zu beliebigen Zeitpunkten τ_1 und τ_2 zeigen die Tangenten der Temperaturkurven an der Wand bei $x = x_W$ auf den Richtpunkt P, der von der Wand den Abstand λ/α hat.

Eine weitere besondere Randbedingung liegt vor, wenn der wärmeleitende Festkörper mit einem anderen Festkörper in Berührung gebracht wird (Kapitel 3.3, Kontakttemperatur).

Die Fourier'sche Differentialgleichung für das Temperaturfeld in der allgemeinen Form (3.1-1) ist in Verbindung mit den Anfangsbedingungen (3.1-4) und den möglichen Randbe-dingungen (3.1-5) bis (3.1-7) nicht geschlossen analytisch lösbar, so dass man auf numeri-sche Lösungsverfahren (Differenzenverfahren, Methode der finiten Elemente) angewiesen ist. Die heute hierfür verfügbare Software gestattet die Lösung sehr komplexer Aufgabenstel-lungen. Die Schwierigkeiten für ihren Einsatz bestehen im Finden einer geeigneten zeitlichen und darauf abgestimmten räumlichen Diskretisierung und im Formulieren der Grenzbedin-gungen (3.1-4) bis (3.1-7), die man in der Praxis meist gar nicht so genau kennt, wie es für die exakte Aufgabenbeschreibung wünschenswert wäre. Für manche Teilbereiche ist da im Sinne einer Voruntersuchung ein Rückgriff auf bekannte analytische Lösungen hilfreich.

Analytische Lösungsverfahren bleiben heute Mittel der Wahl, wenn die Aufgabenstellung hinreichende vereinfachende Annahmen zulässt oder wie oben angedeutet, man für komplexe Zusammenhänge zur Vorbereitung einer komplexen numerischen Lösung zunächst eine erste Orientierung benötigt. Vorteile bieten die analytischen Methoden auch, wenn für eine Sensi-tivitätsanalyse der Einfluss einzelner Parameter quantifiziert werden soll.

Tatsächlich gibt es aber auch viele Fragestellungen, die zufriedenstellend mit Lösungen für die einfachen Grundgeometrien ebene Wand, den Zylinder und die Kugel in eindimensiona-ler Betrachtung beantwortet werden können.

$$\frac{\partial t}{\partial \tau} = a\left(\frac{\partial^2 t}{\partial r^2} + \frac{n}{r} \cdot \frac{\partial t}{\partial r}\right) + \frac{\tilde{\tilde{q}}}{\rho \cdot c_p} \qquad (3.1-8)$$

In Gleichung (3.1-8) spezifiziert der Parameter n die Grundgeometrie:

- unendlich ausgedehnte ebene Wand $n = 0$ und $r \equiv x$
- unendlich langer Zylinder (Stirnwände adiabat) $n = 1$
- Kugel $n = 2$

Eine Beschränkung auf eine eindimensionale instationäre Wärmeleitung bei konstanten Stoffwerten sowie der Verzicht auf eine Betrachtung von inneren Wärmequellen oder – senken macht Differentialgleichung (3.1-8) zugänglich für eine Reihe analytischer Lösungsverfahren. Danach ist die zeitliche Temperaturänderung $\partial t/\partial \tau$ an jedem Punkt im Körper proportional zur Temperaturleitfähigkeit a, die als Materialeigenschaft ein Maß für die Änderungsgeschwindigkeit der Temperatur ist. Stoffe mit hoher Temperaturleitfähigkeit geben die Temperaturänderungen schnell weiter. Außerdem verknüpft (3.1-8) die zeitliche Temperaturänderung an einem Punkt im wärmeleitenden Körper mit der Krümmung des Temperaturverlaufes in der Umgebung des Punktes. Für $\partial^2 t/\partial x^2 > 0$ (nach den Regeln der Kurvendiskussion aus der Mathematik konvexe Funktionskurve) ist auch $\partial t/\partial \tau > 0$ und somit nimmt die Körpertemperatur zu. Bei konkaven Kurvenverlauf ist $\partial t/\partial \tau < 0$ und die Temperatur des Körpers nimmt ab (siehe dazu auch Abbildung 3-3).

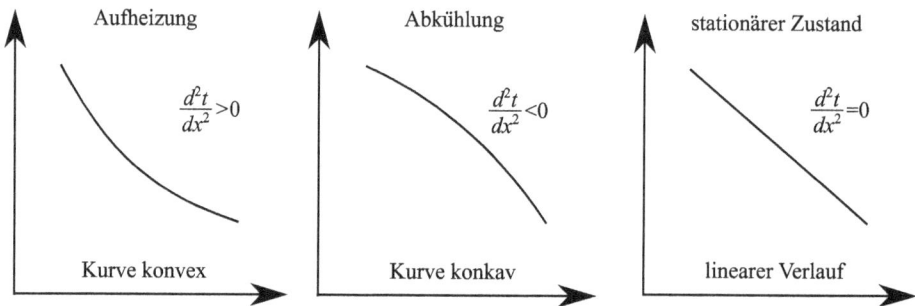

Abb. 3-3: Bedeutung der Krümmung des Temperaturverlaufes bei instationärer Wärmeleitung und des Sonderfalles der stationären Wärmeleitung

Die folgenden Kapitel beschäftigen sich mit den häufig anzutreffenden Lösungsverfahren für die eindimensionale Wärmeleitung nach Gleichung (3.1-8) bei Abwesenheit von Wärmequellen oder -senken durch Fourier-Reihen sowie nach den Modellen halbunendliche Wand und Blockkapazität (ideal gerührter Behälter). Die entsprechenden Lösungsfunktionen lassen sich besonders vorteilhaft ableiten, wenn man (3.1-8) mit folgenden dimensionslosen Kennzahlen in eine dimensionslose Form (siehe 3.1-12) überführt:

- **dimensionslose Übertemperatur Θ**

$$\Theta = \frac{t - t_U}{t_0 - t_U} \tag{3.1-9}$$

- **dimensionslose Ortskoordinate ξ mit einer charakteristischen Länge L^***

$$\xi = \frac{r}{L^*} \tag{3.1-10}$$

Die charakteristische Länge L^* ergibt sich abhängig von der Geometrie aus:

- für die ebene unendlich ausgedehnte Platte $L^* = \delta/2$ (halbe Plattenstärke δ)
- für den Zylinder $L^* = R$ (halber Zylinderdurchmesser = Zylinderradius R)
- für die Kugel $L^* = R$ (halber Kugeldurchmesser = Kugelradius R)

- **dimensionslose Zeit Fo (Fourier-Zahl)**

$$\text{Fo} = \frac{a \cdot \tau}{(L^*)^2} \qquad\qquad (3.1\text{-}11)$$

Die Temperaturleitfähigkeit a in der Fourier-Zahl ist eine Stoffeigenschaft des wärmeleitenden Körpers. Der Ausdruck $a\cdot\tau$ hat die Dimension einer Länge zum Quadrat. Eine an der Körperoberfläche aufgeprägte Temperaturdifferenz pflanzt sich über eine gewisse Zeit über die so genannte thermische Diffusionslänge $l \sim \sqrt{a\cdot\tau}$ ins Körperinnere fort. Die thermische Diffusionslänge kennzeichnet also die Eindringtiefe in einem Festkörper, die in der Zeit τ von einer Temperaturänderung erfasst wird. Die Fourier-Zahl Fo ist damit aufzufassen als

$$\text{Fo} \sim \left(\frac{l}{L^*}\right)^2 \sim \left(\frac{\text{thermische Diffusionslänge}}{\text{charakteristische Länge (Geometrie)}}\right)^2$$

Die Überführung von (3.1-8) in eine dimensionslose Form kann nun vollzogen werden durch:

(3.1-9) führt auf $t = t_U + \Theta \cdot (t_0 - t_U)$ sowie $\partial t = (t_0 - t_U)\partial\Theta$

(3.1-10) führt auf $r = \xi \cdot L^*$ sowie $\partial r = L^* \cdot \partial\xi$

(3.1-11) führt auf $\tau = \text{Fo} \cdot (L^*)^2 / a$ sowie $\partial\tau = ((L^*)^2 / a) \cdot \partial\text{Fo}$

$$\frac{\partial t}{\partial \tau} = \frac{(t_0 - t_U)\partial\Theta}{\dfrac{(L^*)^2}{a}\,\partial\text{Fo}} = \frac{a \cdot (t_0 - t_U)}{(L^*)^2} \cdot \frac{\partial\Theta}{\partial\text{Fo}}$$

$$\frac{\partial t}{\partial r} = \frac{(t_0 - t_U)}{L^*} \cdot \frac{\partial\Theta}{\partial\xi} \quad \text{und weiter} \quad \frac{\partial^2 t}{\partial r^2} = \frac{\partial}{\partial r}\left(\frac{\partial t}{\partial r}\right) = \frac{(t_0 - t_U)}{(L^*)^2} \cdot \frac{\partial^2\Theta}{\partial\xi^2}$$

Eingesetzt in (3.1-8) ergibt sich mit gleicher Zuordnung von n zu bestimmten Geometrien:

$$\frac{\partial\Theta}{\partial\text{Fo}} = \frac{\partial^2\Theta}{\partial\xi^2} + \frac{n}{\xi} \cdot \frac{\partial\Theta}{\partial\xi} \qquad\qquad (3.1\text{-}12)$$

Die zu (3.1-12) gehörige dimensionslose *Anfangsbedingung* gemäß (3.1-4) lautet

$$t(r, \tau = 0) = t_0 \quad \longrightarrow \quad \Theta(\xi, \text{Fo} = 0) = 1$$

Die *Randbedingung erster Art* für (3.1-12) wird (3.1-5) folgend beschrieben durch

$$t(x_W, \tau) = t_W \quad \longrightarrow \quad \Theta(\xi = 1, \text{Fo}) = 0$$

oder durch den Grenzübergang $\alpha \to \infty$ (Bi $\to \infty$), wodurch die Wandtemperatur t_W gegen die Umgebungstemperatur t_U strebt.

Die als Wärmestrom an der Körperoberfläche vorgegebene *Randbedingung zweiter Art* lautet gemäß (3.1-6a) in dimensionsloser Form

$$\dot{q}_W(x = x_W, \tau) = -\lambda \frac{\partial t}{\partial x}\bigg|_{x = x_W} \quad \longrightarrow \quad \dot{q}_W = -\lambda \frac{(t_W - t_U)}{L^*} \cdot \frac{\partial\Theta}{\partial\xi}\bigg|_{\xi = 1}$$

Die spezielle Form (3.1-6b) hat bei symmetrischer Beaufschlagung durch Randbedingungen zur Folge, dass dann in der Körpermitte ($r = 0$, $\xi = 0$) kein Wärmestrom fließt. So ist nur eine Symmetriehälfte zu betrachten und an der Symmetrieachse x_S anzusetzen

$$\dot{q}_W(x = x_S, \tau) = 0 \quad \rightarrow \quad \left.\frac{\partial \Theta}{\partial \xi}\right|_{\xi=1} = 0$$

Die (3.1-7) folgende Formulierung der *Randbedingungen dritter Art* in dimensionsloser Form erfordert noch die Definition einer weiteren dimensionslosen Kennzahl, die als Biot-ZahlBi das Verhältnis des Wärmeleitwiderstandes im Körperinneren L^*/λ zum Wärmeübergangswiderstand an der Körperoberfläche $1/\alpha$ zum Ausdruck bringt. Der Wärmeleitfähigkeit λ in der Biot-Zahl ist eine Stoffeigenschaft des wärmeleitenden Körpers.

$$\mathrm{Bi} = \frac{\alpha \cdot L^*}{\lambda} \qquad \text{Biot-Zahl = dimensionslose Randbedingung} \qquad (3.1\text{-}13)$$

$$\alpha(t_U - t_W) = -\lambda \cdot \left.\frac{\partial t(x,\tau)}{\partial x}\right|_{x=x_W} \quad \rightarrow \quad \mathrm{Bi} \cdot \Theta(\xi = 1, \mathrm{Fo}) = -\left.\frac{\partial \Theta}{\partial \xi}\right|_{\xi=1}$$

Eine Möglichkeit zur Lösung der partiellen Differentialgleichungen in dimensionsbehafteter Form (3.1-8) oder in dimensionsloser Form (3.1-12) unter Beachtung der schon erwähnten Einschränkungen für die Anwendung analytischer Verfahren besteht in der Anwendung der Fourier-Analyse. Das Vorgehen zum Entwickeln der speziellen Lösungen in Form unendlicher Reihen ist ausführlich in [2] dargestellt.

Wenngleich man nach den Veröffentlichungen in der Fachliteratur im Allgemeinen zu Recht davon ausgehen kann, dass die mathematischen Voraussetzungen für die Anwendung des Verfahrens in diesem Bereich allgemein gegeben sind, bleibt schlussendlich immer zu prüfen, ob die gefundene Lösung die Ausgangsdifferentialgleichung mit den zugehörigen Grenzbedingungen befriedigt. Bei instationären Wärmeleitproblemen liegt häufig der Fall vor, dass bei der Rücktransformation komplexwertige Integrale auftreten, die mit dem Satz von Cauchy zur Funktionentheorie auszuwerten sind. Im Ergebnis entstehen dann unendliche Reihen, deren Glieder Exponentialfunktionen sind, die für größer werdende Zeiten τ rasch abklingen. Oft erfordert die Gewährleistung einer brauchbaren technischen Genauigkeit wegen auftretender geschachtelter unendlicher Reihen manchmal einen sehr hohen mathematischen Auswerteaufwand. Ein gewöhnlicher Taschenrechner reicht dann häufig nicht aus. Mit einem PC ist die automatisierte Berechnung und Summation der Reihenglieder jedoch problemlos möglich. Insbesondere für den Zeitbereich zu Beginn einer instationären Wärmeleitung müssen aber sehr viele Reihenglieder berücksichtigt werden, so dass analytisch exakte Lösungen für instationäre Wärmeleitprobleme kaum noch Vorteile im Verhältnis zu numerischen Näherungslösungen mit der Methode der finiten Elemente oder dem Differenzenverfahren bieten, deren Genauigkeit durch die Feinheit der Diskretisierung nach Ort und Zeit beliebig einzustellen ist.

Als Einstieg für die Anwendung der Lösungsverfahren mit Fourierreihen sind in Kapitel 3.2 einige einfache Beispiele vorgestellt. Den dann in den Kapiteln 3.3 und 3.4 dargestellten Methoden liegt der strategische Gedanke zu Grunde, die partielle Differentialgleichung (3.1-8) oder (3.1-12) – sofern es die Aufgabenstellung zulässt – in eine gewöhnliche Differentialgleichung zu überführen, die mit den bekannten klassischen Lösungsverfahren für Differentialgleichungen ausgewertet werden können. Unberührt davon sind aber immer die genannten einschränkenden Voraussetzungen für (3.1-8) zu beachten.

Alle hier vorgestellten analytischen Verfahren eignen sich zur Gewinnung von Testlösungen bei der Nutzung von Software zur numerischen Behandlung größerer Aufgaben mit komplizierten Geometrien, Randbedingungen und Stoffwertverhalten. Optimale Schrittweiten für Ort und Zeit bei numerischen Berechnungsverfahren wie dem Differenzenverfahren oder der Methode der finiten Elemente gewinnt man oft erst aus einer Auswertung einer analytischen Lösung für vereinfachte Geometrien sowie für konstante. Stoffwerte. Bei den analytischen Berechnungen kann man sich durchaus auf bestimmte kritische Querschnitte und Zeitpunkte konzentrieren. Ein solches Vorgehen hilft meist auch bei der Ergebnisauswertung.

Die Verwendung der dimensionslosen Kennzahlen (3.1-9) bis (3.1-11) in den abzuleitenden Differentialgleichungen vereinfacht oft ihre Lösung und potenziert ihre Aussagekraft, weil damit viele ähnlich gelagerte Fälle abgehandelt werden können. Insbesondere für Parameterstudien ist ein solches methodisches Vorgehen zu empfehlen.

Die dimensionslosen Kennzahlen sind auch wichtig für Antworten aus Fragestellungen, die aus Maßstabsveränderungen resultieren. Werden Versuche nicht im Originalmaßstab, sondern an einem verkleinerten oder vergrößerten Modell durchgeführt, ist neben der geometrischen Ähnlichkeit auch auf die physikalische Ähnlichkeit (Übereinstimmung der dimensionslosen Kennzahlen) zu achten. Zwischen den dimensionslosen Kennzahlen besteht dann bei der Wärmeleitung ein funktionaler Zusammenhang in der Form $\Theta = f(\text{Fo})$ mit zugehörigen Randbedingungen, die gegebenenfalls mit der Biot-Zahl ausgedrückt werden.

3.1.1   Maßstabsänderungen und physikalische Ähnlichkeit bei Aufheizungen

Schließen Sie von der Kochzeit eines Hühnereis (70 g, 7 Minuten) auf die erforderliche Kochzeit für ein Ei eines Straußen (1,4 kg) und für ein Ei einer Wachtel (10 g)!

Gegeben:

Hühnerei: (Index H): $m_H = 0,07$ kg $\tau_H = 7$ Minuten

Straußenei (Index S): $m_S = 1,4$ kg

Wachtelei (Index W): $m_W = 0,01$ kg

Vorüberlegungen:

Zur Lösung greift man hier zweckmäßig auf die erläuterten Bedingungen „physikalische Ähnlichkeit" bei Maßstabsveränderungen zurück. Die geometrische Ähnlichkeit wollen wir für alle Eier als erfüllt ansehen und im Modell von einer Kugelform ausgehen. Vernachlässigt werden alle im Inneren des Eies auftretenden Umwandlungen des Eiweißes. Stoffwerte sind hier als nicht von der Temperatur abhängige Materialeigenschaften für die verschiedenen Eier jeweils gleich, also zum Beispiel $\rho = \rho_H = \rho_S = \rho_W$ oder $a_H = a_S$.

Unter Missachtung der physikalischen Ähnlichkeit würde ein einfacher Dreisatz über die Eimasse für das Straußenei 140 Minuten Kochzeit, für das Wachtelei etwa 1 Minute ergeben.

$$0{,}07\,\mathrm{kg} : 7\,\mathrm{Minuten} = 1{,}4\,\mathrm{kg} : x \qquad\qquad 0{,}07\,\mathrm{kg} : 7\,\mathrm{Minuten} = 0{,}01\,\mathrm{kg} : x$$

$$x = \frac{7\,\mathrm{Minuten}\cdot 1{,}4\,\mathrm{kg}}{0{,}07\,\mathrm{kg}} = 140\,\mathrm{Minuten} \qquad\qquad x = \frac{7\,\mathrm{Minuten}\cdot 0{,}01\,\mathrm{kg}}{0{,}07\,\mathrm{kg}} = 1\,\mathrm{Minute}$$

Lösung:

$$(\mathrm{Fo})_H = (\mathrm{Fo})_S \quad\rightarrow\quad \frac{a_H\cdot\tau_H}{R_H^2} = \frac{a_S\cdot\tau_S}{R_S^2} \quad\rightarrow\quad \tau_S = \frac{R_S^2}{R_H^2}\cdot\tau_H$$

In der Aufgabenstellung wird jedoch nicht Bezug genommen auf die charakteristische Länge R für die dimensionslose Zeit (3.1-11), sondern auf die Masse der Eier. Mit $m = \rho\cdot V$ und dem Kugelvolumen $V = \frac{4}{3}\pi\cdot R^3$ ergibt sich $m = \rho\cdot\frac{4}{3}\pi\cdot R^3$ und für den Kugelradius als charakteristische Länge damit $R = \sqrt[3]{\dfrac{3\cdot m}{4\pi\cdot\rho}}$.

Straußenei: $R_S^2 = \left(\dfrac{3m_S}{4\pi\cdot\rho_S}\right)^{\frac{2}{3}}$ \qquad Hühnerei: $R_H^2 = \left(\dfrac{3m_H}{4\pi\cdot\rho_H}\right)^{\frac{2}{3}}$

$$\tau_S = \frac{R_S^2}{R_H^2}\cdot\tau_H = \left(\frac{m_S}{m_H}\right)^{\frac{2}{3}}\cdot\tau_H = \left(\frac{1{,}4\,\mathrm{kg}}{0{,}07\,\mathrm{kg}}\right)^{\frac{2}{3}}\cdot 7\,\mathrm{min.} = \underline{\underline{51{,}6\,\mathrm{min.}}}$$

$$\tau_W = \frac{R_W^2}{R_H^2}\cdot\tau_H = \left(\frac{m_W}{m_H}\right)^{\frac{2}{3}}\cdot\tau_H = \left(\frac{0{,}01\,\mathrm{kg}}{0{,}07\,\mathrm{kg}}\right)^{\frac{2}{3}}\cdot 7\,\mathrm{min.} \approx \underline{\underline{2\,\mathrm{min.}}}$$

Von der Masse her entspricht ein Straußenei hier 20 Hühnereiern. Dies ist unter Beachtung der üblichen Schwankungen bei der Größe beider Eier als Naturprodukte ein realistischer Maßstab. Aber eine zwanzigfache Größe bedeutet noch lange nicht eine zwanzigfache Kochzeit für das Ei, der einfache Dreisatz würde hier zu falschen Schlüssen führen. Aus konkreter praktischer Sicht muss die hier ermittelte Kochzeit vor dem Hintergrund der getroffenen Annahmen dennoch kritisch hinterfragt werden. Die Schale der Straußeneier ist deutlich stärker als die der Hühnereier, was zu etwas längeren Kochzeiten als errechnet führt. Entsprechende Überlegungen sind auch für den Vergleich Hühnerei und Wachtelei anzustellen.

3.2　　Exakte Lösung für Grundgeometrien bei symmetrischen Randbedingungen

Die Fourier´sche Differentialgleichung für eine instationäre eindimensionale Temperaturverteilung nebst zugehörigen Grenzbedingungen wurde mit Gleichung (3.1-8) für die drei Elementargeometrien (unendlich ausgedehnte ebene Wand, unendlich langer Zylinder mit adiabaten Stirnflächen und Kugel) aufgeschrieben. Bei Betrachtung des dimensionslos dargestellten Temperaturfeldes $\theta(\xi, \mathrm{Fo})$ mit Gleichung (3.1-12) lassen sich bei Vorliegen *symmetri-*

scher Randbedingungen *erster* und *dritter* Art analytische Lösungen durch Fourier-Reihen in einer einheitlichen Form angeben:

$$\Theta(\xi, \text{Fo}) = \sum_{k=1}^{\infty} f_1(\mu_k) \cdot f_2(\mu_k \cdot \xi) \cdot e^{-\mu_k^2 \cdot \text{Fo}} \tag{3.2-1}$$

Wegen der symmetrischen Form aller drei Elementargeometrien sowie voraussetzungsgemäß außerdem symmetrisch vorliegender gleicher Randbedingungen kann man sich auf die Betrachtung der zeitlichen Entwicklung des Temperaturfeldes in einer Symmetriehälfte des jeweiligen Körpers beschränken. Dazu wird der Körper an der Symmetrieachse aufgeschnitten und die Schnittfläche als adiabat (Randbedingung zweiter Art mit $\dot{q} = 0$) betrachtet, was den Rechenaufwand erheblich reduziert. Die dimensionslose Ortskoordinate ξ nach Formel (3.1-10) läuft immer von $\xi = 0$ auf der körpermittigen Symmetrieachse bis $\xi = +1$ zur Außenfläche der rechten oder bis $\xi = -1$ zur Außenfläche der linken Symmetriehälfte.

Mathematisch kann die eindimensionale, instationäre Wärmeleitung für die drei erwähnten Elementargeometrien mit den in Tabelle 3-1 aufgeführten dimensionslosen Randbedingungen abschließend formuliert werden, wobei für die Randbedingung zweiter Art gesonderte Betrachtungen erforderlich sind.

Tab. 3-1: Dimensionslose Randbedingungen für Gleichung (3.2-1) an der Stelle $\xi = +1$

1. Art	2. Art	3. Art
$\Theta(\xi = 1, \text{Fo}) = 0$	$-\left.\dfrac{\partial \Theta}{\partial \xi}\right|_{\xi=1} = \dfrac{\dot{q}_W \cdot L^*}{\lambda(t_0 - t_\infty)}$	$-\left.\dfrac{\partial \Theta}{\partial \xi}\right|_{\xi=1} = \text{Bi} \cdot \Theta(\xi = 1, \text{Fo})$

Jedes Reihenglied in (3.2-1) enthält einen Eigenwert μ_k, der aus einer nichtlinearen Eigenwertgleichung resultiert. Die entsprechende Eigenwertgleichung hat jeweils für Geometrie und die Randbedingungen eine charakteristische Gestalt (siehe Tabelle 3-2).

Tab. 3-2: Eigenwertgleichungen zu Gleichung (3.2-1) für Randbedingungen 1. Art und 3. Art bei verschiedenen Geometrien

Geometrie	Randbedingung 1. Art	Randbedingung 3. Art
unendliche Platte	$\cot(\mu_k) = 0 \iff \mu_k = (2k-1) \cdot \dfrac{\pi}{2}$	$\cot(\mu_k) = \dfrac{\mu_k}{\text{Bi}}$
unendlicher Zylinder	$J_0(\mu_k) = 0$	$J_0(\mu_k) = \dfrac{\mu_k}{\text{Bi}} J_1(\mu_k)$
Kugel	$\dfrac{\sin(\mu_k)}{\sin(\mu_k) - \mu_k \cdot \cos(\mu_k)} = 0 \iff \mu_k = k \cdot \pi$	$\mu_k \cdot \cot(\mu_k) = 1 - \text{Bi}$

Abgesehen von den Randbedingungen 1. Art für Platte und Kugel sind die Bestimmungsgleichungen für die benötigten Eigenwerte μ_k in Tabelle 3-2 transzendent und damit nicht direkt nach den gesuchten Eigenwerten μ_k auflösbar. Man erhält die Eigenwerte in erster Näherung auf grafischem Wege oder durch Anwendung numerisch iterativer Verfahren.

Für die einzelnen Elementargeometrien sind die Funktionen f_1 und f_2 in Gleichung (3.2-1) so definiert, wie in Tabelle 3-3 angegeben.

Tab. 3-3:   Funktionen $f_1(\mu_k)$ und $f_2(\mu_k)$ zu Gleichung (3.2-1) bei verschiedenen Geometrien

Geometrie	$f_1(\mu_k)$	$f_2(\mu_k)$
unendliche Platte	$\dfrac{2\sin(\mu_k)}{\mu_k + \sin(\mu_k)\cdot\cos(\mu_k)}$	$\cos(\mu_k\cdot\xi)$
unendlicher Zylinder	$\dfrac{2J_1(\mu_k)}{\mu_k\left(J_0^2(\mu_k)+J_1^2(\mu_k)\right)}$	$J_0(\mu_k\cdot\xi)$
Kugel	$2\dfrac{\sin(\mu_k)-\mu_k\cdot\cos(\mu_k)}{\mu_k - \sin(\mu_k)\cdot\cos(\mu_k)}$	$\dfrac{\sin(\mu_k\cdot\xi)}{\mu_k\cdot\xi}$

Bei der Lösung von Aufgaben in Zylinderkoordinaten treten hier die Bessel-Funktionen erster Art (Zylinderfunktionen) auf, die als Lösungen der Bessel'schen Differentialgleichung bekannt sind. Numerisch können sie aus Potenzreihen bestimmt werden.

$$J_n(x) = \sum_{k=0}^{\infty} \frac{(-1)^k \cdot \left(\frac{x}{2}\right)^{2k+n}}{k!\cdot(k+n)!} \tag{3.2-2}$$

$$n=0:\ J_0(x) = \sum_{k=0}^{\infty} \frac{(-1)^k \cdot \left(\frac{x}{2}\right)^{2k}}{(k!)^2} = 1 - \frac{\left(\frac{x}{2}\right)^2}{(1!)^2} + \frac{\left(\frac{x}{2}\right)^4}{(2!)^2} - \frac{\left(\frac{x}{2}\right)^6}{(3!)^2} + \frac{\left(\frac{x}{2}\right)^8}{(4!)^2} - \frac{\left(\frac{x}{2}\right)^{10}}{(5!)^2} + -\cdots$$

$$J_0(x) = 1 - \frac{x^2}{4} + \frac{x^4}{64} - \frac{x^6}{2304} + \frac{x^8}{147.456} - \frac{x^{10}}{14.475.600} + \frac{x^{12}}{2.123.366.400} - \frac{x^{14}}{416.179.814.400} + -\cdots$$

$$n=1:\ J_1(x) = \sum_{k=0}^{\infty} \frac{(-1)^k \cdot \left(\frac{x}{2}\right)^{2k+1}}{k!\cdot(k+1)!} = \frac{x}{2}\cdot\left[1 - \frac{\left(\frac{x}{2}\right)^2}{1!\,2!} + \frac{\left(\frac{x}{2}\right)^4}{2!\,3!} - \frac{\left(\frac{x}{2}\right)^6}{3!\,4!} + \frac{\left(\frac{x}{2}\right)^8}{4!\,5!} - \frac{\left(\frac{x}{2}\right)^{10}}{5!\,6!} + \frac{\left(\frac{x}{2}\right)^{12}}{6!\,7!} - +\cdots\right]$$

$$J_1(x) = \frac{x}{2}\cdot\left[1 - \frac{x^2}{8} + \frac{x^4}{192} - \frac{x^6}{9216} + \frac{x^8}{737.280} - \frac{x^{10}}{88.473.600} + \frac{x^{12}}{14.863.564.800} - +\cdots\right]$$

Da die Eigenwerte μ_k mit wachsender Laufvariable k schnell wachsen, ist wegen $e^{-\mu_k^2\cdot Fo}$ davon auszugehen, dass die Beiträge höherer Summenterme in (3.2-1) betragsmäßig schnell abnehmen, sofern die Fourier-Zahlen nicht wegen sehr kleiner Anfangszeiten zu niedrig sind. Deshalb lässt sich für genügend große Zeiten (oft reicht Fo > 0,25) das Temperaturfeld

$\theta(\xi, \text{Fo})$ von ebener Wand, Zylinder und Kugel durch das jeweilige erste Reihenglied der Fourier-Reihe (3.2-1) näherungsweise angeben:

Ebene Wand (Fo > 0,30): $\Theta(\xi, \text{Fo}) \approx f_1(\mu_1) \cdot \cos(\mu_1 \cdot \xi) \cdot e^{-\mu_1^2 \cdot \text{Fo}}$ (3.2-3a)

Zylinder (Fo > 0,25): $\Theta(\xi, \text{Fo}) \approx f_1(\mu_1) \cdot J_0(\mu_1 \cdot \xi) \cdot e^{-\mu_1^2 \cdot \text{Fo}}$ (3.2-3b)

Kugel (Fo > 0,20): $\Theta(\xi, \text{Fo}) \approx f_1(\mu_1) \cdot \dfrac{\sin(\mu_1 \cdot \xi)}{\mu_1 \cdot \xi} \cdot e^{-\mu_1^2 \cdot \text{Fo}}$ (3.2-3c)

Zur Unterstützung bei der Auswertung der Gleichungen für den unendlichen Zylinder und für Kugeln sind im Anhang Kapitel 7.5.2 Tabellen verfügbar.

3.2.1 Temperaturfeld in ebener Kiesbetonwand mit symmetrisch vorgegebenen Wandtemperaturen

Eine aus Kiesbeton gegossene ebene Wand von 40 cm Stärke besitze die einheitliche Anfangstemperatur von 18 °C. Ab einer bestimmten Zeit werde auf der rechten und linken Wandseite jeweils eine Wandtemperatur von 100 °C aufgeprägt.
   a) Ermitteln Sie den Temperaturverlauf in der rechten Wandhälfte von Wandmitte (Schrittweite $\Delta x = 5$ cm) bis zur rechten Außenwand nach 30 Minuten!
   b) Ermitteln Sie den Temperaturverlauf in der rechten Wandhälfte von Wandmitte (Schrittweite $\Delta x = 5$ cm) bis zur rechten Außenwand nach 2 Stunden!
   c) Ermitteln Sie die jeweiligen Temperaturen in der Wandmitte sowie auf der äußeren rechten Wandoberfläche nach einer, 6 sowie 12 Stunden!

Gegeben:
$a = 0{,}662 \cdot 10^{-6}$ m²/s $\lambda = 1{,}28$ W/(m K) (Tabelle 7.6-3 für Kiesbeton) $\delta = 0{,}4$ m

$t_0 = 18$ °C $t_W = 100$ °C

Die dimensionslosen Ortskoordinaten sind hier geordnet nach steigenden Eindringtiefen in der rechten Wandhälfte, die Indizierung läuft dagegen von $\xi_1 = 0{,}00$ bis $\xi_5 = 1{,}00$.

$x_E = 5$ cm $\left(\xi_4 = \dfrac{15\,\text{cm}}{20\,\text{cm}} = 0{,}75\right)$ $x_E = 10$ cm $\left(\xi_3 = \dfrac{10\,\text{cm}}{20\,\text{cm}} = 0{,}50\right)$

$x_E = 15$ cm $\left(\xi_2 = \dfrac{5\,\text{cm}}{20\,\text{cm}} = 0{,}25\right)$ $x_E = 20$ cm $\left(\xi_1 = \dfrac{0\,\text{cm}}{20\,\text{cm}} = 0{,}00\right)$

Zeitpunkte für die Temperaturprofile in der Wand:

$\tau_1 = 0{,}5$ h = 1.800 s $\tau_2 = 2$ h = 7.200 s $\tau_3 = 6$ h = 21.600 s $\tau_4 = 12$ h = 43.200 s

Zeitpunkte für die Temperaturentwicklung in der Wandmitte:

$\tau_1 = 1$ h = 3.600 s $\tau_2 = 6$ h = 21.600 s $\tau_3 = 12$ h = 43.200 s

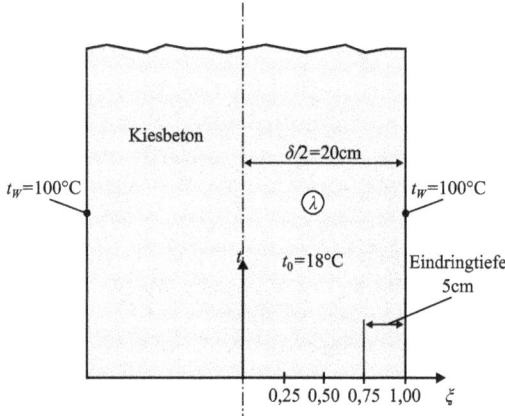

Abb. 3-4: Kiesbetonwand mit symmetrisch anliegenden Randbedingungen 1. Art links und rechts

Vorüberlegungen:

Die symmetrischen Randbedingungen erster Art mit einer konstanten Wandtemperatur ge-statten die Anwendung der Gleichung (3.2-1) mit der dimensionslosen Übertemperatur Θ nach (3.1-9).

$$\Theta(\xi,\mathrm{Fo}) = \sum_{k=1}^{\infty} \frac{2\sin(\mu_k)}{\mu_k + \sin(\mu_k)\cdot\cos(\mu_k)} \cdot \cos(\mu_k\cdot\xi)\cdot e^{-\mu_k^2\cdot\mathrm{Fo}}$$

Die Eigenwerte μ_k für alle $k = 1, 2, 3,\ldots, \infty$ bestimmen sich hier nach Tabelle 3-2 aus der Gleichung $\mu_k = (2k-1)\cdot\pi/2$. Damit wird $\cos(\mu_k) = 0$ und obige Gleichung vereinfacht sich zu

$$\Theta(\xi,\mathrm{Fo}) = \sum_{k=1}^{\infty} \frac{2\sin(\mu_k)}{\mu_k} \cdot \cos(\mu_k\cdot\xi)\cdot e^{-\mu_k^2\cdot\mathrm{Fo}}$$

Das Koordinatensystem für die dimensionslose Ortskoordinate ξ wurde in Übereinstimmung mit den Forderungen zu Anwendung von Gleichung (3.2-1) so gelegt, dass $\xi = 0$ auf der körpermittigen Symmetrieachse verläuft und die Außenfläche bei $\xi = 1$ erreicht wird.

Die Temperatur $t(\tau = 0) = t_0$ führt in Übereinstimmung mit den Forderungen für den Start-punkt auf $\Theta = 1$, nach unendlich langer Zeit ist $t(\tau \to \infty) = t_W$ und somit $\Theta = 0$.

Aus Gleichung (3.2-1) wird in Zusammenhang mit Gleichung (3.1-9):

$$t(\xi,\mathrm{Fo}) = t_W + (t_0 - t_W)\cdot \sum_{k=1}^{\infty} \frac{2\sin(\mu_k)}{\mu_k} \cdot \cos(\mu_k\cdot\xi)\cdot e^{-\mu_k^2\cdot\mathrm{Fo}}$$

Lösung:

a) Temperaturen nach 30 Minuten (Kurzzeitbereich Fo < 0,05)

$$\mathrm{Fo} = \frac{a\cdot\tau}{(\delta/2)^2} = \frac{0{,}662\cdot10^{-6}\ \mathrm{m^2/s}\cdot1.800\,\mathrm{s}}{0{,}04\,\mathrm{m^2}} = 0{,}02979 < 0{,}05$$

Die $\Theta(\xi,\mathrm{Fo})$ zugehörige Reihe konvergiert bei $n = 9$:

$$\sum_{k=1}^{9} \frac{2\sin(\mu_k)}{\mu_k + \sin(\mu_k)\cdot\cos(\mu_k)} \cdot \cos(\mu_k\cdot\xi_1)\cdot e^{-\mu_k^2\cdot\mathrm{Fo}} = 0{,}6942647359$$

Die Temperatur in 5 cm Wandtiefe von der rechten Wandseite aus gesehen errechnet sich damit über

$$t(\xi_4 = 0,75; \tau = 1.800\,\mathrm{s}) = 100\,°C + (18\,°C - 100°C) \cdot 0,6942647359 = \underline{\underline{43,070\,°C}}$$

Für die anderen Punkte ergeben sich:

$$t(\xi_3 = 0,50; \tau = 1.800\,\mathrm{s}) = 100\,°C + (18\,°C - 100°C) \cdot 0,9594814808 = \underline{\underline{21,323\,°C}}$$

$$t(\xi_2 = 0,25; \tau = 1.800\,\mathrm{s}) = 100\,°C + (18\,°C - 100°C) \cdot 0,9978779198 = \underline{\underline{18,174\,°C}}$$

$$t(\xi_1 = 0,00; \tau = 1.800\,\mathrm{s}) = 100\,°C + (18\,°C - 100°C) \cdot 0,9999162369 = \underline{\underline{18,007\,°C}}$$

Für den Kurzzeitbereich sind leider verhältnismäßig viele Reihenglieder bis zur Konvergenz erforderlich, mit dem Modell halbunendliche Wand wurden hier die gleichen Ergebnisse mit deutlich geringeren Aufwand erzielt!

b) Temperaturen nach zwei Stunden (erweiterter Kurzzeitbereich Fo < 0,3)

$$Fo = \frac{a \cdot \tau}{(\delta/2)^2} = \frac{0,662 \cdot 10^{-6}\,\mathrm{m^2/s} \cdot 7.200\,\mathrm{s}}{0,04\,\mathrm{m^2}} = \underline{\underline{0,11916 < 0,3}}$$

Die Konvergenz der Reihe ergibt sich hier wegen der höheren Fo-Zahl schon bei $n = 4$.

$$t(\xi_4 = 0,75; \tau = 7.200\,\mathrm{s}) = 100\,°C + (18\,°C - 100°C) \cdot 0,3910897257 = \underline{\underline{67,931\,°C}}$$

$$t(\xi_3 = 0,50; \tau = 7.200\,\mathrm{s}) = 100\,°C + (18\,°C - 100°C) \cdot 0,6921432634 = \underline{\underline{43,244\,°C}}$$

$$t(\xi_2 = 0,25; \tau = 7.200\,\mathrm{s}) = 100\,°C + (18\,°C - 100°C) \cdot 0,8650882417 = \underline{\underline{29,063\,°C}}$$

$$t(\xi_1 = 0,00; \tau = 7.200\,\mathrm{s}) = 100\,°C + (18\,°C - 100°C) \cdot 0,9189629648 = \underline{\underline{24,645\,°C}}$$

Die Temperatur für die Wandmitte nach 2 Stunden (Kurzzeitbereich Fo < 0,15) von 24,64 °C kann man auch aus der Überlagerung mit dem Modell doppelt halbunendliche Wand mit geringerem Aufwand (vergleiche Aufgabe 3.3.3) erhalten.

c) Temperaturentwicklung in Wandmitte

In Wandmitte mit $\xi_1 = 0$ ist die Entstehung der Temperatur aus der analytischen Lösung besonders einfach zu verfolgen, da immer $f_2(\mu_k) = \cos(\mu_k \cdot \xi) = \cos(0) = 1$. Mit den speziellen Eigenschaften der Sinus-Funktion für die Eigenwerte $\mu_k = (2k-1) \cdot \pi/2$ vereinfacht sich gleichzeitig die Funktion $f_1(\mu_k)$ zu $f_1(\mu_k) = 2 \cdot (-1)^{k+1} / \mu_k$.

Bei steigenden Forier-Zahlen ist zusätzlich mit einer raschen Konvergenz der Reihe zu rechnen. Die Effekte sind mit dem Taschenrechner nachvollziehbar.

Temperatur nach einer Stunde $\qquad$ $Fo = \dfrac{a \cdot \tau}{(\delta/2)^2} = \dfrac{0,662 \cdot 10^{-6}\,\mathrm{m^2/s} \cdot 3.600\,\mathrm{s}}{0,04\,\mathrm{m^2}} \approx \underline{\underline{0,06 > 0,05}}$

k	μ_k	$f_1(\mu_k)=\dfrac{2\cdot(-1)^{k+1}}{\mu_k}$	$e^{-\mu_k^2\cdot Fo}$	$\dfrac{2\cdot(-1)^{k+1}}{\mu_k}\cdot e^{-\mu_k^2\cdot Fo}$
1	1,570796327	+1,273239545	0,862393111	+1,098033013
2	4,71238898	−0,424413181	0,263844175	−0,111978945
3	7,853981634	+0,254647908	0,024696304	+0,006288862
4	10,995574287	−0,181891363	0,000707226	−0,000128638
5	14,137166941	+0,141471060	0,000006196	+0,000000876
6	17,278759595	−0,115749049	0,000000016	−0,000000002

$$\Sigma \quad +0{,}992215166$$

$$t(\xi_1=0{,}00\,;\,\tau=1\,\mathrm{h})=100\,°C+(18\,°C-100\,°C)\cdot 0{,}992215166=18{,}638\,°C$$

Temperatur nach 6 Stunden $\qquad Fo=\dfrac{a\cdot\tau}{(\delta/2)^2}=\dfrac{0{,}662\cdot 10^{-6}\,\mathrm{m^2/s}\cdot 21.600\,\mathrm{s}}{0{,}04\,\mathrm{m^2}}\approx 0{,}35748>0{,}3$

k	μ_k	$f_1(\mu_k)=\dfrac{2\cdot(-1)^{k+1}}{\mu_k}$	$e^{-\mu_k^2\cdot Fo}$	$\dfrac{2\cdot(-1)^{k+1}}{\mu_k}\cdot e^{-\mu_k^2\cdot Fo}$
1	1,570796327	+1,273239545	0,413934907	+0,527038293
2	4,71238898	−0,424413181	0,000356770	−0,000151417
3	7,853981634	+0,254647908	$2{,}65\cdot 10^{-10}$	+0,000000000

$$\Sigma \quad +0{,}526886876$$

$$t(\xi_1=0{,}00;\ \tau=6\,\mathrm{h})=100\,°C+(18\,°C-100\,°C)\cdot 0{,}526886876=56{,}795\,°C$$

Schon mit dem ersten Reihenglied (Näherungsformel für große Zeiten) ergäbe sich eine hinreichende Genauigkeit für die Temperatur:

$$t(\xi_1=0{,}00;\ \tau=6\,\mathrm{h})=100\,°C+(18\,°C-100\,°C)\cdot 0{,}527038293=56{,}783\,°C$$

Temperatur nach 12 Stunden $\qquad Fo=\dfrac{a\cdot\tau}{(\delta/2)^2}=\dfrac{0{,}662\cdot 10^{-6}\,\mathrm{m^2/s}\cdot 43.200\,\mathrm{s}}{0{,}04\,\mathrm{m^2}}=0{,}715\gg 0{,}3$

k	μ_k	$f_1(\mu_k)=\dfrac{2\cdot(-1)^{k+1}}{\mu_k}$	$e^{-\mu_k^2\cdot Fo}$	$\dfrac{2\cdot(-1)^{k+1}}{\mu_k}\cdot e^{-\mu_k^2\cdot Fo}$
1	1,570796327	+1,273239545	0,171325197	+0,218138017
2	4,71238898	−0,424413181	0,000000090	−0,000000038
3	7,853981634	+0,254647908	$7\cdot 10^{-20}$	+0,000000000

$$\Sigma \quad +0{,}218137979$$

$$t(\xi_4=0,\tau=12\,\mathrm{h})=100\,°C+(18\,°C-100\,°C)\cdot 0{,}218137979=82{,}113\,°C$$

Gleiches Ergebnis erhält man, wenn nur das erste Reihenglied berücksichtigt wird!

Für die Temperaturen an der rechten Wandoberfläche ($\xi = 1$) gilt zu allen Zeitpunkten

$f_2 = \cos(\mu_k \cdot 1) = \cos(\mu_k) = 0$ und damit wird auch die Summe aller Reihenglieder null ($\Theta = 0$).

$t(\xi = 1; \text{Fo}) = t_W = \underline{100\,°C}$

Nachteilig für diese Art der analytischen Lösung ist die Tatsache, dass für sehr kleine Zeiten relativ viele Reihenglieder berücksichtigt werden müssen. Aber bei der Nutzung eines Kalkulationsprogramms wie zum Beispiel Excel auf dem PC fällt dies jedoch kaum ins Gewicht.

3.2.2   Temperaturfeld in unendlichem Zylinder mit vorgegebener Wandtemperatur

Ein aus Kiesbeton gegossener Zylinder von 40 cm Durchmesser mit adiabaten Stirnwänden besitze die einheitliche Anfangstemperatur von 18 °C. Ab einer bestimmten Zeit werde über den gesamten Umfang gleichmäßig eine Wandtemperatur von 100 °C aufgeprägt.
  a) Ermitteln Sie den Temperaturverlauf in der rechten Zylinderhälfte vom Kern (Schrittweite $\Delta r = 5$ cm) bis zu äußeren Mantelfläche nach 30 Minuten!
  b) Ermitteln Sie den Temperaturverlauf in der rechten Zylinderhälfte vom Kern (Schrittweite $\Delta r = 5$ cm) bis zur äußeren Mantelfläche nach 2 Stunden!
  c) Ermitteln Sie die jeweiligen Temperaturen im Zylinderkern nach 6 sowie 12 Stunden!

Gegeben:
$a = 0{,}662 \cdot 10^{-6}$ m²/s $\lambda = 1{,}28$ W/(m K) (Tabelle 7.6-3 für Kiesbeton) $d = 0{,}4$ m

$t_0 = 18\,°C$ $t_w = 100\,°C$ $r = 0{,}2$ m

dimensionslose Ortskoordinaten geordnet nach steigenden Eindringtiefen (rechte Hälfte):

$r_E = 5\,\text{cm}$ $(\xi_4 = \dfrac{15\,\text{cm}}{20\,\text{cm}} = 0{,}75)$ $r_E = 10\,\text{cm}$ $(\xi_3 = \dfrac{10\,\text{cm}}{20\,\text{cm}} = 0{,}50)$

$r_E = 15\,\text{cm}$ $(\xi_2 = \dfrac{5\,\text{cm}}{20\,\text{cm}} = 0{,}25)$ $r_E = 20\,\text{cm}$ $(\xi_1 = \dfrac{0\,\text{cm}}{20\,\text{cm}} = 0{,}00)$

Zeitpunkte für den Temperaturverlauf:

$\tau_1 = 30$ min. $= 1.800$ s $\tau_2 = 2$ h $= 7.200$ s

$\tau_3 = 6$ h $= 21.600$ s $\tau_4 = 12$ h $= 43.200$ s

Vorüberlegungen:

Die Aufgabe orientiert sich an der vorangegangenen mit gleichfalls vorgegebener Randbedingung erster Art, allerdings anstelle der ebenen Wand wird hier ein (unendlicher) Zylinder untersucht. Aus Symmetriegründen kann man sich auf die Betrachtung einer Symmetriehälfte beschränken, hier untersuchen wir einen Bereich von der Symmetrieachse $\xi = 0$ bis zum Zylindermantel auf der rechten Seite $\xi = 1$.

Die charakteristische Länge eines Zylinders ist sein Radius, hier $L^* = d/2 = 0,2$ m. Rechnerisch können damit den gegebenen Zeitpunkten τ_1 bis τ_4 die gleichen Fourier-Zahlen wie in der vorangegangenen Aufgabe zugeordnet werden.

$$\text{Fo}(\tau = 30\,\text{min.}) = \frac{a \cdot \tau}{r^2} = \frac{0,662 \cdot 10^{-6}\ \text{m}^2/\text{s} \cdot 1800\,\text{s}}{0,2^2\ \text{m}^2} = 0,02979$$

$$\text{Fo}(\tau = 2\,\text{h}) = 0,11916 \qquad \text{Fo}(\tau = 6\,\text{h}) = 0,35748 \qquad \text{Fo}(\tau = 12\,\text{h}) = 0,715$$

Für die Lösung benötigen wir die Bessel'schen Funktionen $J_0(x)$ und $J_1(x)$. Es wird empfohlen, sich zu den mathematischen Grundlagen im Anhang zu informieren!

Wir gehen wieder von Gleichung (3.2-1) aus. In Verbindung mit (3.1-9) und Tabelle 3-3 entsteht

$$t(\xi, \text{Fo}) = t_W + (t_0 - t_W) \cdot \sum_{k=1}^{\infty} \frac{2 \cdot J_1(\mu_k)}{\mu_k \cdot (J_0^2(\mu_k) + J_1^2(\mu_k))} \cdot J_0(\xi \cdot \mu_k) \cdot e^{-\mu_k^2 \cdot \text{Fo}}$$

Die unbekannten Eigenwerte μ_k können bei Vorliegen von Randbedingungen erster Art aus den Nullstellen der Bessel-Funktion erster Art nullter Ordnung ($J_0(\mu_k) = 0$) berechnet werden. Die daraus mit der entsprechenden Reihenentwicklung resultierende Gleichung besitzt mit $k \to \infty$ unendlich viele Lösungen und ist nicht direkt nach μ_k auflösbar, so dass die Bestimmung der Eigenwerte mathematisch einigen Aufwand (programmierbarer Taschenrechner, besser noch PC) erfordert. Unsere Musterlösungen sollen mit einem einfachen „wissenschaftlichen" Taschenrechner nachvollzogen werden können, so dass wir hier empfehlen, auf Tabelle 7.5-3 im Anhang zurückzugreifen. Wegen des Rechenaufwandes ist außerdem noch zu prüfen, welche Schlussfolgerungen sich aus $J_0(\mu_k) = 0$ für die konkrete Berechnung in diesem Beispiel ergeben. Die oben angegebene Gleichung vereinfacht sich nämlich zu

$$t(\xi, \text{Fo}) = t_W + (t_0 - t_W) \cdot \sum_{k=1}^{\infty} \frac{2}{\mu_k \cdot J_1(\mu_k)} \cdot J_0(\xi \cdot \mu_k) \cdot e^{-\mu_k^2 \cdot \text{Fo}}$$

Weitere Vereinfachungen ergeben sich für bestimmte Orte. In der Zylindermitte mit $\xi = 0$ folgt für $f_2 = J_0(\mu_k \cdot \xi) = J_0(0) = 1$

$$t(\xi = 0, \text{Fo}) = t_W + (t_0 - t_W) \cdot \sum_{k=1}^{\infty} \frac{2}{\mu_k \cdot J_1(\mu_k)} \cdot e^{-\mu_k^2 \cdot \text{Fo}}$$

Auf dem Zylindermantel ist die Temperatur durch die Randbedingung mit $t(\xi = 1) = t_W$ fest vorgegeben. Formal entsteht auch mit $f_2 = J_0(\mu_k \cdot \xi) = J_0(\mu_k) = 0$

$$t(\xi = 1, \text{Fo}) = t_W + (t_0 - t_W) \cdot \sum_{k=1}^{\infty} \frac{2}{\mu_k \cdot J_1(\mu_k)} \cdot 0 \cdot e^{-\mu_k^2 \cdot \text{Fo}} = t_W + (t_0 - t_W) \cdot 0 = t_W$$

Lösung:

a) Temperaturverlauf nach 30 Minuten = 1.800 s oder Fo = 0,02979

Wegen der relativ niedrigen Forier-Zahl müssen hier immerhin bis zu neun Reihenglieder berücksichtigt werden! Mit der nachfolgenden Tabelle sind deren Beiträge für die dimensionslose Temperatur Θ bequem zu verfolgen.

Tab. 3-4: Beiträge der Reihenglieder zur Summe für die Ermittlung der dimensionslosen Temperatur Θ an der Stelle $\xi_3 = 0{,}5$ für Fo = 0,02979 (30 Minuten)

k	μ_k	$J_1(\mu_k)$	f_1	f_2	$e^{-\mu_k^2 \cdot Fo}$	Θ
1	2,40482556	+0,5191475	+1,6019747	0,66992974	0,84174252	0,9033669
2	5,52007811	−0,3402648	−1,0647993	−0,16840167	0,4034354	0,0723416
3	8,65372791	+0,2714523	+0,8513992	−0,3562782	0,10743342	−0,0325883
4	11,7915344	−0,2324598	−0,7296452	0,12078254	0,01589088	−0,0014004
5	14,9309177	+0,20654643	+0,6485236	0,27086204	0,00130552	0,00022933
6	18,071064	−0,1877288	−0,5895428	−0,0989741	5,9572E-05	3,476E-06
7	21,2116366	+0,17326589	+0,5441802	−0,2270424	1,5098E-06	−1,865E-07
8	24,3524715	−0,1617016	−0,5078936	0,08584516	2,1253E-08	−9,267E-10
9	27,4934791	+0,15218121	+0,4780125	0,19930769	1,6617E-10	1,5831E-11

Mit den Werten aus der Tabelle 3-4 können nun nach den in den Vorüberlegungen aufgeführten Formeln sowohl die dimensionslose Temperatur Θ als auch die Celsiustemperatur t für eine Eindringtiefe von 10 cm direkt nachvollzogen werden. Für die Temperaturen an den anderen Orten ist analog vorzugehen.

$$\Theta \approx 0{,}9033669 + 0{,}0723416 - 0{,}0325883 - 0{,}0014004 + 0{,}00022933 + 0{,}000003476 - 0{,}000000186 - $$
$$9{,}267 \cdot 10^{-10} + 1{,}5831 \cdot 10^{-11} \approx \underline{\underline{0{,}94195242}}$$

$$t(r_E = 10\,\text{cm}; 1.800\,\text{s}) = 100\,°\text{C} - 82\,\text{K} \cdot 0{,}94195242 \approx \underline{\underline{22{,}76\,°\text{C}}}$$

Tabelle 3-5 listet die übrigen Ergebnisse für den Temperaturverlauf nach 30 Minuten auf.

Tab. 3-5: Temperaturverlauf nach 30 Minuten in der rechten Symmetriehälfte geordnet **nach Eindringtiefen**

Temperatur	$r_E = 20$ cm	$r_E = 15$ cm	$r_E = 10$ cm	$r_E = 5$ cm	$r_E = 0$ cm
	$\xi_1 = 0$	$\xi_2 = 0{,}25$	$\xi_3 = 0{,}50$	$\xi_4 = 0{,}75$	$\xi_5 = 1{,}00$
Θ (Fo = 0,02979)	0,99955888	0,99562099	0,94195242	0,6447989	0,0000000
t in °C	18,04	18,36	22,76	47,13	100,00

b) Temperaturverlauf nach 2 h = 7.200 s oder Fo = 0,11916

Die Fourier-Zahl ist hier viermal höher als in Aufgabenteil (a) und hier wird deshalb bereits nach dem vierten Reihenglied kein nennenswerter Beitrag zur Summe für die dimensionslose Temperatur geliefert. Die entsprechende Entwicklung kann man in Tabelle 3-6 verfolgen:

Tab. 3-6: Beiträge der Reihenglieder zur Summe für die Ermittlung der dimensionslosen Temperatur Θ an der Stelle $\xi_3 = 0{,}5$ für Fo = 0,11916 (2 Stunden)

k	μ_k	$J_1(\mu_k)$	f_1	f_2	$e^{-\mu_k^2 \cdot Fo}$	Θ
1	2,40482556	+0,5191475	+1,6019747	0,66992974	0,50201542	0,53876822
2	5,52007811	−0,3402648	−1,0647993	−0,16840167	0,0649086	0,00475018
3	8,65372791	+0,2714523	+0,8513992	−0,3562782	0,00013322	−0,00004041
4	11,7915344	−0,2324598	−0,7296452	0,12078254	6,3766E-08	−5,620E-09
5	14,9309177	+0,20654643	+0,6485236	0,27086204	2,9049E-12	5,1028E-13

Tab. 3-7:   Temperaturverlauf nach zwei Stunden in der linken Symmetriehälfte geordnet **nach Eindringtiefen**

Temperatur	$r_E = 20$ cm	$r_E = 15$ cm	$r_E = 10$ cm	$r_E = 5$ cm	$r_E = 0$ cm
	$\xi_1 = 0$	$\xi_2 = 0{,}25$	$\xi_3 = 0{,}50$	$\xi_4 = 0{,}75$	$\xi_5 = 1{,}00$
Θ (Fo = 0,11916)	0,77612193	0,71689139	0,54347798	0,28259771	0,0000000
t in °C	36,36	41,21	55,43	76,83	100,00

c) Temperaturverlauf nach 6 h = 21.600 s (Fo = 0,35748) und 12 h = 43.200 s (Fo = 0,715)

Für Fo = 0,35748 berechnen wir für $e^{-\mu_k^2 \cdot Fo}$

$$k = 1: \quad e^{-2,40482556^2 \cdot 0,35748} = 0,126517666 \qquad k = 2: \quad e^{-5,52007811^2 \cdot 0,35748} = 0,00001859$$

$$k = 3: \quad e^{-8,65372791^2 \cdot 0,35748} = 2,364139118 \cdot 10^{-12}$$

Damit kann man sich für die dimensionslose Temperatur auf zwei Reihenglieder beschränken und erhält zum Beispiel für eine Eindringtiefe von 10 cm:

$$\Theta = (f_1 \cdot f_2 \cdot e^{-\mu_k^2 \cdot Fo})_{k=1} + (f_1 \cdot f_2 \cdot e^{-\mu_k^2 \cdot Fo})_{k=2}$$

$$\Theta \approx 1,6019747 \cdot 0,66992974 \cdot 0,126517666 + (-1,0647993) \cdot (-0,1684017) \cdot 0,00001859 \approx 0,13578342$$

$$t(r_E = 10\,\text{cm}; 21.600\,\text{s}) = 100\,°C - 82\,K \cdot 0,13578342 \approx \underline{\underline{88,87\,°C}}$$

Für Fo = 0,715 ist schon das erste Reihenglied ausreichend

$$\Theta = (f_1 \cdot f_2 \cdot e^{-\mu_k^2 \cdot Fo})_{k=1} = 1,6019747 \cdot 0,66992974 \cdot 0,016003017 = 0,017174605$$

$$t(r_E = 10\,\text{cm}; 43.200\,\text{s}) = 100\,°C - 82\,K \cdot 0,017174605 \approx \underline{\underline{98,59\,°C}}$$

Zusammenfassend können die gesuchten Temperaturen wie folgt dargestellt werden:

Tab. 3-8:   Zusammenfassung der gesuchten Temperaturverläufe in der linken Symmetriehälfte in °C geordnet **nach Eindringtiefen**

τ in s	$r_E = 20$ cm	$r_E = 15$ cm	$r_E = 10$ cm	$r_E = 5$ cm	$r_E = 0$ cm
	$\xi_1 = 0$	$\xi_2 = 0{,}25$	$\xi_3 = 0{,}50$	$\xi_4 = 0{,}75$	$\xi_5 = 1{,}00$
1.800	18,04	18,36	22,76	47,13	100,00
7.200	36,36	41,21	55,43	76,83	100,00
21.600	83,38	84,85	88,87	94,38	100,00
43.200	97,90	98,08	98,59	99,29	100,00

Man sieht, dass sich der Zylinder schneller erwärmt als die gleich starke ebene Wand unter gleichen Randbedingungen. Vergleichen Sie dazu die Ergebnisse der vorangegangenen Aufgabe. Ursache ist das beim Zylinder kleinere Verhältnis von Volumen zu Oberfläche (*V/A*). Bei der Behandlung von Blockkapazitäten kommen wir auf diesen Zusammenhang über die sogenannte charakteristische Länge (vergleiche Formel (3.4-8)) noch einmal zurück.

3.2.3 Temperaturfeld im unendlichen Zylinder mit Randbedingung dritter Art

Ein aus Kiesbeton gegossener Zylinder von 40 cm Durchmesser mit adiabaten Stirnwänden und einer einheitlichen Anfangstemperatur von 18 °C werde zu einem Betrachtungszeitraum null in eine Umgebung mit der konstanten Temperatur von 100 °C gebracht. Der Wärmeübergangskoeffizient Zylinder-Umgebung betrage 100 W/(m² K).

a) Ermitteln Sie den Temperaturverlauf in der rechten Zylinderhälfte vom Kern (Schrittweite $\Delta r = 5$ cm) bis zur äußeren Mantelfläche nach 30 Minuten!

b) Ermitteln Sie den Temperaturverlauf in der rechten Zylinderhälfte vom Kern (Schrittweite $\Delta r = 5$ cm) bis zur äußeren Mantelfläche nach 2 Stunden!

c) Ermitteln Sie die jeweiligen Temperaturen im Zylinderkern nach 6 sowie 12 Stunden!

Gegeben:

$a = 0{,}662 \cdot 10^{-6}$ m²/s $\lambda = 1{,}28$ W/(m K) (Tabelle 7.6-3 Kiesbeton) $d = 0{,}4$ m

$t_0 = 18$ °C $t_U = 100$ °C $\alpha = 100$ W/(m² K) $r = 0{,}2$ m

dimensionslose Ortskoordinaten geordnet nach steigenden Eindringtiefen (rechte Hälfte):

$r_E = 5$ cm $(\xi_4 = \dfrac{15\,\text{cm}}{20\,\text{cm}} = 0{,}75)$ $r_E = 10$ cm $(\xi_3 = \dfrac{10\,\text{cm}}{20\,\text{cm}} = 0{,}50)$

$r_E = 15$ cm $(\xi_2 = \dfrac{5\,\text{cm}}{20\,\text{cm}} = 0{,}25)$ $r_E = 20$ cm $(\xi_1 = \dfrac{0\,\text{cm}}{20\,\text{cm}} = 0{,}00)$

Zeitpunkte für den Temperaturverlauf:

$\tau_1 = 30$ min. = 1.800 s $\tau_2 = 2$ h = 7.200 s

$\tau_3 = 6$ h = 21.600 s $\tau_4 = 12$ h = 43.200 s

Vorüberlegungen:

Diese Aufgabe unterscheidet sich von der vorangegangenen Aufgabe durch die Randbedingungen. Hier liegen Randbedingungen dritter Art vor, für deren Berücksichtigung die Biot-Zahl

$$\text{Bi} = \frac{\alpha \cdot L^*}{\lambda} = \frac{\alpha \cdot d/2}{\lambda} = \frac{100\ \text{W/(m² K)} \cdot 0{,}2\ \text{m}}{1{,}28\ \text{W/(m K)}} = 15{,}625$$

und zur Bestimmung der Eigenwerte die Gleichung $J_0(\mu_k) = \dfrac{\mu_k}{\text{Bi}} \cdot J_1(\mu_k)$ zu lösen ist. Auch hier stehen zumeist für die ersten sechs Eigenwerte in Abhängigkeit ausgewählter Biot-Zahlen Literaturveröffentlichungen zur Verfügung [9]. Aber nur in ganz wenigen Fällen wird man der Vielfalt der Randbedingungen dritter Art geschuldet in der Literatur für konkrete Anwendungsfälle brauchbare Eigenwerte finden. In Tabelle 3-9 sind die ersten neun Eigenwerte für Bi = 15,625 aufgeführt, die zuvor auf numerischem Wege ermittelt wurden aus:

$$J_0(\mu_k) = \frac{\mu_k}{Bi} \cdot J_1(\mu_k)$$

Lösung:

a) Temperaturverlauf nach 30 Minuten

Tab. 3-9:   Fourier-Reihenglieder für $\tau = 1.800$ s bei Randbedingung dritter Art an der Stelle $\xi_3 = 0,500$

k	μ_k	$J_0(\mu_k)$	$J_1(\mu_k)$	f_1	f_2	$e^{-\mu_k^2 \cdot Fo}$	Θ
1	2,25676208	0,07904537	0,54728142	1,58623298	0,70614124	0,85922907	0,96242636
2	5,1896536	−0,1138391	−0,3427467	−1,0126794	−0,0943656	0,44828804	0,04283935
3	8,15916153	0,13267289	0,25407192	0,75806956	−0,3907024	0,13763123	−0,0407636
4	11,1561718	−0,1418132	−0,1986194	−0,597829	0,01962402	0,02453466	−0,0002878
5	14,1779803	0,14491823	0,15970874	0,48441213	0,29931039	0,00250807	0,00036364
6	17,2210996	−0,1444563	−0,1310677	−0,4000843	0,01174649	0,00014559	−6,842E-07
7	20,281746	0,14201752	0,1094099	0,33569287	−0,2495721	4,7656E-06	−3,993E-07
8	23,3564629	−0,1385701	−0,0927006	−0,2855864	−0,0264092	8,754E-08	6,6023E-10
9	26,4423672	0,13468017	0,07958356	0,24596787	0,2172102	8,9955E-10	4,806E-11

Das weitere Verfahren entspricht dem der vorangegangenen Aufgabe, hier ist wieder das Beispiel für die Stelle $\xi_3 = 0,500$ aufgezeigt. Das Ergebnis fassen wir wie folgt zusammen:

Tab. 3-10:   Temperaturverlauf nach 30 Minuten in der rechten Symmetriehälfte geordnet **nach Eindringtiefen**

Temperatur	$r_E = 20$ cm $\xi_1 = 0$	$r_E = 15$ cm $\xi_2 = 0,25$	$r_E = 10$ cm $\xi_3 = 0,50$	$r_E = 5$ cm $\xi_4 = 0,75$	$r_E = 0$ cm $\xi_5 = 1,00$
Θ (Fo = 0,02979)	0,99979019	0,99767317	0,96457687	0,74836588	0,17552075
t in °C	18,02	18,19	20,90	38,63	85,81

Tab. 3-11:   Zusammenfassung der gesuchten Temperaturverläufe in °C geordnet **nach fallenden Eindringtiefen** im Zylinder bei Randbedingungen dritter Art ($\alpha = 100$ W/(m² K) und $t_U = 100$ °C)

τ in s	$r_E = 20$ cm $\xi_1 = 0,00$	$r_E = 15$ cm $\xi_2 = 0,25$	$r_E = 10$ cm $\xi_3 = 0,50$	$r_E = 5$ cm $\xi_4 = 0,75$	$r_E = 0$ cm $\xi_5 = 1,00$
1.800	18,02	18,19	20,90	38,63	85,61
7.200	32,44	36,71	49,63	70,13	94,01
21.600	78,94	80,58	85,13	91,53	98,33
43.200	96,59	96,86	97,59	98,63	99,73

Auffallend ist, dass die Wandtemperaturen jetzt weniger als 100 °C betragen.

3.2.4   Wärmeleitung in einer Kugel mit Randbedingung erster Art

In einem Eierkocher werden Eier, die zu Beginn der Erwärmung die einheitliche Anfangstemperatur von 20 °C aufwiesen, mit kondensierendem Dampf von 100 °C erwärmt. Berechnen Sie unter folgenden vereinfachenden Bedingungen, welche Temperaturen im Inneren des Eies nach 5 und nach 7 Minuten erreicht werden:

1. Das Ei wird als Kugel aus homogenem Material mit 50 mm Durchmesser betrachtet.

2. Für die homogene Masse der Eier sei jeweils unabhängig von der Temperatur die Dichte mit 1050 kg/m³, die Wärmeleitfähigkeit mit 0,5 W/(m K) und die spezifische Wärmekapazität mit 3,2 kJ/(kg K) vorgegeben.
3. Der Wärmeübergangskoeffizient kondensierender Dampf/Ei sei so hoch, dass an der äußeren Eierschale von einer konstanten Temperatur von 100 °C ausgegangen werden kann (Randbedingung 1. Art!).

Gegeben:

$\rho = 1050$ kg/m³ $\lambda = 0,5$ W/(m K) $c_p = 3200$ J/(kg K) $d = 0,05$ m $\rightarrow$ $r = 0,025$ m

$t_0 = 20$ °C $t_W = 100$ °C $\tau_1 = 300$ s $\tau_2 = 420$ s

$\xi = 0$ (dimensionslose Ortkoordinate in Kugelmitte)

Vorüberlegungen:

Konstante Randbedingungen über die gesamte Oberfläche einer Kugel ermöglichen die Betrachtung einer einzigen Symmetriehälfte.

Lösung:

$$a = \frac{\lambda}{\rho \cdot c_p} = \frac{0,5 \text{ W/(m K)}}{1050 \text{ kg/m}^3 \cdot 3200 \text{ J/(kg K)}} = 0,14881 \cdot 10^{-6} \frac{\text{m}^2}{\text{s}}$$

$$\text{Fo}(\tau_1) = \frac{a \cdot \tau_1}{r^2} = \frac{0,14881 \cdot 10^{-6} \text{ m}^2/\text{s} \cdot 300 \text{ s}}{0,025^2 \text{ m}^2} = 0,0714288 \qquad \text{Fo}(\tau_2) = \frac{0,14881 \cdot 10^{-6} \text{ m}^2/\text{s} \cdot 420 \text{ s}}{0,025^2 \text{ m}^2} = 0,1$$

Gleichung (3.2-1) ist nach Tabelle 3-3 für die eindimensionale Wärmeleitung in einer Kugel zu spezifizieren als

$$\Theta(\text{Fo}, \xi) = \sum_{k=1}^{\infty} 2 \frac{\sin(\mu_k) - \mu_k \cdot \cos(\mu_k)}{\mu_k - \sin(\mu_k) \cdot \cos(\mu_k)} \cdot \frac{\sin(\mu_k \cdot \xi)}{\mu_k \cdot \xi} \cdot e^{-\mu_k^2 \cdot \text{Fo}} \quad \text{mit den Eigenwerten nach Tabelle 3-2}$$

von $\mu_1 = \pi$, $\mu_2 = 2\pi$, $\mu_3 = 3\pi$, $\mu_4 = 4\pi$ usw.

Der Ausdruck $f_2(\mu_k, \xi) = \dfrac{\sin(\mu_k \cdot \xi)}{\mu_k \cdot \xi}$ wird für $\xi = 0$ wegen der Form $\dfrac{0}{0}$ unbestimmt. Nach der Regel von Bernoulli und l`Hospital folgt dann $\lim\limits_{\xi \to 0} \dfrac{\sin(\mu_k \cdot \xi)}{\mu_k \cdot \xi} = \lim\limits_{\xi \to 0} \dfrac{\cos(\mu_k \cdot \xi) \cdot \mu_k}{\mu_k} = 1$. Unter Beachtung der Nullstellen für die Sinusfunktion kann man dann vereinfachend schreiben:

$$\Theta(\text{Fo}, \xi = 0) = \sum_{k=1}^{\infty} 2 \frac{-\mu_k \cdot \cos(\mu_k)}{\mu_k} \cdot 1 \cdot e^{-\mu_k^2 \cdot \text{Fo}} = \sum_{k=1}^{\infty} -2 \cdot \cos(\mu_k) e^{-\mu_k^2 \cdot \text{Fo}}$$

$\Theta(\text{Fo}(\tau_1), \xi = 0) =$

$(-2) \cdot (-1) \cdot e^{-\pi^2 \cdot \text{Fo}(\tau_1)} + (-2) \cdot (+1) \cdot e^{-4\pi^2 \cdot \text{Fo}(\tau_1)} + (-2) \cdot (-1) \cdot e^{-9\pi^2 \cdot \text{Fo}(\tau_1)} + (-2) \cdot (+1) \cdot e^{-16\pi^2 \cdot \text{Fo}(\tau_1)} + \ldots =$

$+ 0,988242843 - 0,119224284 + 0,003511827 - 0,000025256 + - \ldots \approx 0,872505129 \approx \underline{\underline{0,872505}}$

Die Berücksichtigung Glieder höherer Ordnung trägt nicht mehr sinnvoll zur Verbesserung der Genauigkeit des Ergebnisses bei.

$t(\tau_1, r = 0) = t_W + \Theta(t_0 - t_W) \quad \rightarrow \quad t(300\,\text{s}, 0\,\text{m}) = 100\,°C + 0{,}872505 \cdot (20\,°C - 100\,°C) \approx \underline{\underline{30{,}2\,°C}}$

Für $\tau_2 = 420$ s oder mit $\text{Fo}(\tau_2) = 0{,}1$ folgt dann

$\Theta(\text{Fo}(\tau_2)), \xi = 0) =$

$(-2) \cdot (-1) \cdot e^{-\pi^2 \cdot \text{Fo}(\tau_2)} + (-2) \cdot (+1) \cdot e^{-4\pi^2 \cdot \text{Fo}(\tau_2)} + (-2) \cdot (-1) \cdot e^{-9\pi^2 \cdot \text{Fo}(\tau_2)} + (-2) \cdot (+1) \cdot e^{-16\pi^2 \cdot \text{Fo}(\tau_2)} + ... =$

$+ 0{,}745415677 - 0{,}038592605 + 0{,}000277553 - 0{,}000000277 + - ... \approx \underline{\underline{0{,}7071}}$

$t(\tau_2, r = 0) = t_W + \Theta \cdot (t_0 - t_W) \quad \rightarrow \quad t(420\,\text{s}, 0\,\text{m}) = 100\,°C + 0{,}7071 \cdot (20\,°C - 100\,°C) \approx \underline{\underline{43{,}43\,°C}}$

Trotz der starken Vereinfachungen spiegeln sich hier unsere Erfahrungen mit dem Eierko-chen gut wieder. Zwischen 41 °C und 43 °C beginnt die Masse im Ei zu gerinnen. Beim sogenannten 5-Minuten-Ei ist das Eigelb noch flüssig, beim 7-Minuten-Ei schon leicht fest (hart gekocht).

3.3   Instationäre Wärmeleitung in halbunendlicher Wand

Betrachtet wird hier eine eindimensionale, quellenfreie instationäre Wärmeleitung nach in einer ebenen Platte mit unendlich ausgedehnter Plattenstärke $(x \rightarrow \infty)$, so dass aus Differen-tialgleichung (3.1-1) folgende Differentialgleichung entsteht:

$$\frac{\partial t}{\partial \tau} = a \cdot \frac{\partial^2 t}{\partial x^2} \qquad\qquad (3.3\text{-}1)$$

An der Wand $(x = 0)$ können von der Zeit unabhängige Randbedingungen erster bis dritter Art erfasst werden.

Eine halbseitig unendliche ausgedehnte Wand kommt als geometrische Form in der Natur oder Technik nicht vor. Aber die hier angegebenen Berechnungsmöglichkeiten für die Tem-peraturfelder sind als Näherungslösung auch bei einer Platte endlicher Stärke (Dicke δ) für sehr kurze Zeiten (Fo < 0,05) brauchbar, weil sich die wahrnehmbaren Temperaturänderun-gen dann auf den oberflächennahen Bereich beschränken und die Temperaturen im Kern nahezu unverändert bleiben. Bedenkt man, dass die Fourier-Reihen als Lösung von (3.3-1) für sehr kleine Zeiten nur sehr langsam konvergieren, steht für diesen Zeitbereich nun eine Näherungslösung zur Verfügung, da bei Fo < 0,25 die von der Oberfläche ausgehende Stö-rung des Temperaturfeldes in der Regel das Innere des Körpers noch nicht erreicht hat. So sind die relativ einfach zu berechnenden Lösungen für die halbunendliche Wand brauchbar, um den Beginn des Temperaturausgleichs im endlichen Körper zu beschreiben.

Anstelle der partiellen Differentialgleichung mit den unabhängigen Variablen x für den Ort und τ für die Zeit löst man eine gewöhnliche Differentialgleichung für eine einzige dimensi-onslose Ähnlichkeitsvariable ζ gemäß Definition (3.3-2), die die Variablen x und τ mit Hilfe der Temperaturleitfähigkeit a zu einer dimensionslosen Größe zusammenfasst.

$$\zeta = \frac{x}{2 \cdot \sqrt{a \cdot \tau}} \qquad\qquad (3.3\text{-}2)$$

Der Faktor 2 im Nenner von (3.3-2) wurde aus rechentechnischen Gründen hinzugefügt.

Zur Transformation der partiellen Differentialgleichung für die eindimensionale instationäre Wärmeleitung in eine gewöhnliche Differentialgleichung mit der dimensionslosen Ähnlichkeitsvariablen ζ geht man folgendermaßen vor:

$$\frac{\partial \zeta}{\partial x} = \frac{1}{2 \cdot \sqrt{a \cdot \tau}} \qquad \text{und} \qquad \frac{\partial \zeta}{\partial \tau} = \frac{x}{2\sqrt{a}} \cdot \left(-\frac{1}{2}\right) \cdot \tau^{-3/2} = -\frac{x}{4\sqrt{a \cdot \tau} \cdot \tau}$$

$$\frac{\partial t}{\partial \tau} = \frac{\partial t}{\partial \zeta} \cdot \frac{\partial \zeta}{\partial \tau} = \frac{\partial t}{\partial \zeta} \cdot \left(\frac{-x}{4\sqrt{a \cdot \tau} \cdot \tau}\right) \qquad \text{und} \qquad \frac{\partial^2 t}{\partial x^2} = \frac{\partial}{\partial x}\left(\frac{\partial t}{\partial x}\right) \qquad \text{woraus folgt}$$

$$\frac{\partial t}{\partial x} = \frac{\partial t}{\partial \zeta} \cdot \frac{\partial \zeta}{\partial x} = \frac{1}{2\sqrt{a \cdot \tau}} \cdot \frac{\partial t}{\partial \zeta} \qquad \qquad \frac{\partial^2 t}{\partial x^2} = \frac{\partial}{\partial x}\left(\frac{1}{2\sqrt{a \cdot \tau}} \cdot \frac{\partial t}{\partial \zeta}\right) = \frac{1}{4 \cdot a \cdot \tau} \cdot \frac{\partial^2 t}{\partial \zeta^2}$$

Eingesetzt in die Differentialgleichung $\dfrac{\partial t}{\partial \tau} = a \cdot \dfrac{\partial^2 t}{\partial x^2}$ ergibt sich nunmehr

$$\frac{\partial t}{\partial \zeta} \cdot \left(\frac{-x}{4\sqrt{a \cdot \tau} \cdot \tau}\right) = a \cdot \frac{1}{4 \cdot a \cdot \tau} \cdot \frac{\partial^2 t}{\partial \zeta^2} \qquad \rightarrow \qquad \frac{\partial^2 t}{\partial \zeta^2} + \frac{x}{\sqrt{a \cdot \tau}} \cdot \frac{\partial t}{\partial \zeta} = 0$$

Die Temperatur t ist nur noch eine Funktion der dimensionslosen Ähnlichkeitsvariablen ζ, so dass nun eine gewöhnliche Differentialgleichung vorliegt in der Form

$$\frac{d^2 t}{d\zeta^2} + 2 \cdot \zeta \frac{dt}{d\zeta} = 0 \tag{3.3-3}$$

und wir geben wie in der mathematischen Fachliteratur abgeleitet für (3.3-3) die allgemeine Lösung an mit

$$t(\zeta) = t(x, \tau) = C_1^* \cdot \int_0^\zeta e^{-\zeta^2} d\zeta + C_2 = C_1 \cdot \frac{2}{\sqrt{\pi}} \cdot \int_0^\zeta e^{-\zeta^2} d\zeta + C_2 = C_1 \cdot \text{erf}(\zeta) + C_2 \tag{3.3-4}$$

Der Term $\dfrac{2}{\sqrt{\pi}} \cdot \displaystyle\int_0^\zeta e^{-\zeta^2} d\zeta$ stellt das Gauß'sche Fehlerintegral dar, das im angelsächsischen Sprachraum error-function genannt wird.

Mathematisch ergeben sich die Fehlerfunktion $\text{erf}(\zeta)$ und die dazu komplementäre Fehlerfunktion $\text{erfc}(\zeta) = 1 - \text{erf}(\zeta)$ aus

$$\text{erf}(\zeta) = \frac{2}{\sqrt{\pi}} \int_0^\zeta e^{-\zeta^2} d\zeta \qquad \text{und} \qquad \text{erfc}(\zeta) = \frac{2}{\sqrt{\pi}} \int_\zeta^\infty e^{-\zeta^2} d\zeta \tag{3.3-5}$$

Das Gauß'sche Fehlerintegral ist eine im Wertebereich $0 \leq \zeta < \infty$ stetig wachsende Funktion mit $\text{erf}(0) = 0$ und $\text{erf}(\infty) = 1$. Die Potenzreihe (3.3-6a) der Fehlerfunktion $\text{erf}(\zeta)$ konvergiert für Argumente $\zeta < 0{,}5$ recht schnell, der dabei auftretende Fehler kann bequem über das letzte noch verwendete Glied der alternierenden Reihe abgeschätzt werden.

$$\mathrm{erf}(\zeta) = \frac{2}{\sqrt{\pi}} \cdot \left(\frac{\zeta}{1\cdot 0!} - \frac{\zeta^3}{3\cdot 1!} + \frac{\zeta^5}{5\cdot 2!} - \frac{\zeta^7}{7\cdot 3!} + \frac{\zeta^9}{9\cdot 4!} - \frac{\zeta^{11}}{11\cdot 5!} + \frac{\zeta^{13}}{13\cdot 6!} - \frac{\zeta^{15}}{15\cdot 7!} + \cdots \right) \quad (3.3\text{-}6\mathrm{a})$$

$$\mathrm{erf}(\zeta) =$$

$$\frac{2}{\sqrt{\pi}} \cdot \begin{pmatrix} \dfrac{\zeta}{1} - \dfrac{\zeta^3}{3} + \dfrac{\zeta^5}{10} - \dfrac{\zeta^7}{42} + \dfrac{\zeta^9}{216} - \dfrac{\zeta^{11}}{1320} + \dfrac{\zeta^{13}}{9360} - \dfrac{\zeta^{15}}{75.600} + \dfrac{\zeta^{17}}{685.440} - \dfrac{\zeta^{19}}{6.894.720} + \\[2mm] \dfrac{\zeta^{21}}{76.204.800} - \dfrac{\zeta^{23}}{918.086.400} + \dfrac{\zeta^{25}}{1,197504\cdot 10^{10}} - \dfrac{\zeta^{27}}{1,681295616\cdot 10^{11}} + \cdots \end{pmatrix}$$

Funktionswerte für die error- und die komplementäre error-function sind mit einer Genauigkeit von 5 signifikanten Ziffern in den Tabellen 7.5-1 und 7.5-2 für Argumente im Bereich $0,00 \leq \zeta \leq 2,99$ aufgeführt. Der Ansatz (3.3-6b) gestattet eine näherungsweise Bestimmung der error-function sowie der komplementären error-function mit einem maximalen Fehler von $\pm 0,000025$.

$$\mathrm{erf}(\zeta) = 1 - \mathrm{erfc}(\zeta)$$

$$\mathrm{erf}(\zeta) = 1 - \left(\frac{0,3480242}{1+0,47047\cdot \zeta} - \frac{0,0958798}{(1+0,47047\cdot \zeta)^2} + \frac{0,7478556}{(1+0,47047\cdot \zeta)^3} \right) \cdot e^{-\zeta^2} \quad (3.3\text{-}6\mathrm{b})$$

Für Argumente $\zeta \geq 3$ empfiehlt sich zur Ermittlung der komplementären Fehlerfunktion die Verwendung der alternierenden Reihe (3.3-6c) mit einem Fehler, der betragsmäßig kleiner ist als das jeweils letzte verwendete Reihenglied:

$$\mathrm{erfc}(\zeta) = \frac{e^{-\zeta^2}}{\sqrt{\pi}\cdot \zeta} \left(1 - \frac{1}{2\cdot \zeta^2} + \frac{3}{4\cdot \zeta^4} - \frac{15}{8\cdot \zeta^6} + \frac{105}{16\cdot \zeta^8} - \frac{945}{32\cdot \zeta^{10}} + \cdots \right) \quad (3.3\text{-}6\mathrm{c})$$

Mit (3.3-4) haben wir oben die allgemeine Lösung der Differentialgleichung (3.3-3) angegeben, deren frei wählbare Konstanten C_1 und C_2 nach Maßgabe der im konkreten Fall vorliegenden Anfangs- und Randbedingungen für die spezielle Lösung anzupassen sind.

Besitzt ein halbseitig unendlich ausgedehnter Körper bei $\tau = 0$ die einheitliche Anfangstemperatur t_0 und wird gleichzeitig an der Wand (bei $x = 0$) die Temperatur sprunghaft auf den konstant bleibenden Wert t_W gebracht (Randbedingung 1.Art) folgt

$$t(0,\tau) = t_W = C_1 \cdot \mathrm{erf}(0) + C_2 = C_2 \qquad \rightarrow \qquad C_2 = t_W$$

$$t(x,0) = t_0 = C_1 \cdot \mathrm{erf}(\infty) + C_2 = C_1 + C_2 \qquad \rightarrow \qquad C_1 = t_0 - t_W$$

Aus $t(x,\tau) = C_1 \cdot erf(\zeta) + C_2$ entsteht dann eine Gleichung mit der dimensionslosen Übertemperatur Θ.

Randbedingung erster Art:

$$\frac{t(x,\tau) - t_W}{t_0 - t_W} = \Theta = \mathrm{erf}(\zeta) \qquad\qquad (3.3\text{-}7\mathrm{a})$$

$$t(x,\tau) = t_W + (t_0 - t_W) \cdot \mathrm{erf}\left(\frac{x}{2 \cdot \sqrt{a \cdot \tau}}\right) \tag{3.3-7b}$$

Die Formeln (3.3-7a) und (3.3-7b) gelten sowohl für Abkühl- als auch für Aufheizvorgänge. Praktisch werden sie in dieser Form jedoch häufig nur für Abkühlvorgänge eingesetzt in Übereinstimmung mit der Überlegung, dass bei **Abkühlvorgängen** mit $t_W < t_0 = t(\tau = 0)$ die dimensionslose Temperatur Θ^- von eins auf null fällt.

$$\Theta^- = \frac{t(x,\tau) - t_W}{t_0 - t_W} = \mathrm{erf}(\zeta) \qquad t(x,\tau) = t_W + \Theta^- (t_0 - t_W) \tag{3.3-8a}$$

$$\tau = 0: \quad t(x,\tau) = t_0 \;\; \rightarrow \;\; \Theta^- = 1$$

$$\tau \rightarrow \infty: \;\; t(x,\tau) = t_W \;\; \rightarrow \;\; \Theta^- = 0$$

Für **Aufheizvorgänge** mit $t_W > t_0 = t(\tau = 0)$ soll hingegen gelten, dass die dimensionslose Temperatur Θ^+ von null auf eins steigt. Dabei gilt der Zusammenhang $\Theta^- = 1 - \Theta^+$, so dass hier die komplementäre Fehlerfunktion erfc(ζ) gemäß $\mathrm{erf}(\zeta) = 1 - \mathrm{erfc}(\zeta)$ anzuwenden ist.

$$\Theta^+ = \frac{t(x,\tau) - t_0}{t_W - t_0} = \mathrm{erfc}(\zeta) \qquad t(x,\tau) = t_0 + \Theta^+ (t_W - t_0) \tag{3.3-8b}$$

$$\tau = 0: \quad t(x,\tau) = t_0 \;\; \rightarrow \;\; \Theta^+ = 0$$

$$\tau \rightarrow \infty: \;\; t(x,\tau) = t_W \;\; \rightarrow \;\; \Theta^+ = 1$$

Für die Berechnung der Wärmestromdichte in der halbseitig unendlich ausgedehnten Wand ist bei Vorliegen einer Randbedingung erster Art auszugehen von:

$$\dot{q}(x,\tau) = -\lambda \frac{dt}{dx} = -\lambda \cdot (t_0 - t_W) \frac{\partial \mathrm{erf}(\zeta)}{\partial x} = -\lambda \cdot (t_0 - t_W) \frac{\partial \mathrm{erf}(\zeta)}{\partial \zeta} \frac{\partial \zeta}{\partial x} = -\frac{\lambda \cdot (t_0 - t_W)}{2 \cdot \sqrt{a \cdot \tau}} \cdot \frac{\partial \mathrm{erf}(\zeta)}{\partial \zeta}$$

$$\frac{\partial \mathrm{erf}(\zeta)}{\partial \zeta} = \frac{2}{\sqrt{\pi}} \cdot e^{-\zeta^2} \text{ (vergleiche die Definition der Funktion erf}(\zeta)\text{!). Daraus folgt nun}$$

$$\dot{q}(x,\tau) = -\frac{\lambda \cdot (t_0 - t_W)}{2\sqrt{a \cdot \tau}} \cdot \frac{2}{\sqrt{\pi}} \cdot e^{-\zeta^2} = \frac{\lambda \cdot (t_W - t_0)}{\sqrt{a \cdot \tau}} \cdot \frac{1}{\sqrt{\pi}} \cdot e^{-\zeta^2}$$

$$\dot{q}(x,\tau) = \lambda \cdot (t_W - t_0) \cdot \frac{e^{-\zeta^2}}{\sqrt{\pi \cdot a \cdot \tau}} = \frac{b \cdot (t_W - t_0)}{\sqrt{\pi \cdot \tau}} e^{-\zeta^2} \tag{3.3-9}$$

Bei der Berechnung der aus der Temperaturverteilung (3.3-8) folgenden Wärmestromdichte greift man oft auf den in (3.3-10) definierten materialabhängigen Wärmeeindringkoeffizienten b als weitere charakteristische Größe der instationären Wärmeleitung zurück.

$$b = \sqrt{\lambda \cdot \rho \cdot c} = \frac{\lambda}{\sqrt{a}} \qquad [b] = 1 \frac{W \cdot \sqrt{s}}{m^2 \, K} \tag{3.3-10}$$

Für die Wärmestromdichte in der Tiefe x zur Zeit τ ergibt sich dann:

$$\dot{q}(x,\tau) = -\lambda \frac{dt}{dx} = +\lambda \cdot \frac{(t_W - t_0)}{\sqrt{\pi \cdot a \cdot \tau}} e^{-\frac{x^2}{4a\tau}} = \frac{b(t_W - t_0)}{\sqrt{\pi \cdot \tau}} e^{-\frac{x^2}{4a\tau}} \qquad (3.3\text{-}11)$$

Damit ist die an der Oberfläche der Platte $(x = 0)$ eindringende Wärmestromdichte $\dot{q}_0$ aus Gleichung (3.3-11) bestimmbar über

$$\dot{q}_0 = \dot{q}(x = 0, \tau) = \frac{b(t_W - t_0)}{\sqrt{\pi \cdot \tau}} \qquad (3.3\text{-}12)$$

Während für die Geschwindigkeit des Ausbreitens einer Temperaturänderung die Temperaturleitfähigkeit a maßgeblich ist, wird das Tempo des Eindringens eines Wärmestroms in ein Material vom Wärmeeindringkoeffizienten b bestimmt.

Aus den Formeln (3.3-11) und (3.3-12) geht hervor, dass in Übereinstimmung mit den Vorzeichenvereinbarungen der Thermodynamik bei Aufheizvorgängen $(t_W > t_0)$ der Wärmestrom als zugeführter Wärmestrom positiv zu bilanzieren ist, für Abkühlvorgänge $(t_W < t_0)$ als abgeführter Wärmestrom negativ.

Die plötzliche Abkühlung der Oberfläche eines halbunendlichen Körpers auf eine konstante Temperatur t_W kann man bei frisch gefallenem Schnee $(t_W = 0\ °C)$ beobachten. Die in der Zeit τ auf der Fläche A schmelzende Schneemenge hängt wesentlich von dem durch diese Fläche tretenden Wärmestrom $\dot{Q}_0$ ab, die gemäß (3.3-12) proportional zum Wärmeeindringkoeffizienten b des Untergrundes ist. So schmilzt der Schnee am schnellsten auf metallenem Untergrund, danach mit fallender Intensität auf größeren Steinen, porösem Boden, Holz und Grasnarbe.

Randbedingung zweiter Art: $\dot{q}(x = 0, \tau) = \dot{q}_W = $ konstant

$$t(x,\tau) = t_0 + \frac{\dot{q}_W}{\lambda} \cdot \left(2 \cdot \sqrt{\frac{a \cdot \tau}{\pi}} \cdot e^{-\zeta^2} - x \cdot \mathrm{erfc}(\zeta) \right) \qquad (3.3\text{-}13)$$

$$\dot{q}(x,\tau) = \dot{q}_W \cdot \mathrm{erfc}(\zeta) \qquad (3.3\text{-}14)$$

Randbedingung dritter Art:

Hier ist die Temperatur an der den halbseitig unendlich ausgedehnten Körper begrenzenden Wand mit dem dort auftretenden Temperaturgradienten gekoppelt.

$$\lambda \cdot \left. \frac{\partial t}{\partial x} \right|_{x=0} = \alpha \cdot (t_W - t_U)$$

Für die Darstellung der funktionalen Zusammenhänge wird noch eine weitere dimensionslose Kennzahl benötigt, die modifizierte Biot-Zahl Bi^*, die ohne charakteristische Länge auskommt, weil für den halbseitig unendlich ausgedehnten Körper keine charakteristische Länge L^* definiert werden kann.

$$\mathrm{Bi}^* = a \cdot \tau \cdot \left(\frac{\alpha}{\lambda} \right)^2 = \mathrm{Fo} \cdot \mathrm{Bi}^2 \qquad (3.3\text{-}15)$$

Der Ausdruck $a \cdot \tau$ in (3.3-15) entspricht dem Quadrat der thermischen Diffusionslänge zur Kennzeichnung der Länge in einem Festkörper, die in der Zeit τ eine bestimmte Temperaturänderung erfährt.

$$\frac{t(x,\tau)-t_U}{t_0-t_U} = \Theta^- = \mathrm{erf}(\zeta) + e^{\mathrm{Bi}^* + 2\sqrt{\mathrm{Bi}^*} \cdot \zeta} \cdot \mathrm{erfc}(\sqrt{\mathrm{Bi}^*} + \zeta) \qquad (3.3\text{-}16)$$

Für die zeitlich veränderliche Wandtemperatur $t_W = t(0, \tau)$ ergibt sich wegen $\zeta = 0$ und damit $\mathrm{erf}(0) = 0$ zu

$$t_W(\tau) = t_U + (t_0 - t_U) \cdot e^{\mathrm{Bi}^*} \cdot \mathrm{erfc}(\sqrt{\mathrm{Bi}^*}) \qquad (3.3\text{-}17)$$

Der Wärmstrom an der Stelle $x = 0$ berechnet sich demnach aus:

$$\dot{q}_W = \dot{q}(0,\tau) = -\alpha \cdot (t_W - t_U) = -\alpha \cdot (t_0 - t_U) \cdot e^{\mathrm{Bi}^*} \cdot \mathrm{erfc}(\sqrt{\mathrm{Bi}^*}) \qquad (3.3\text{-}18)$$

Bei symmetrischen Randbedingungen kann das Verfahren ebenfalls für ebene Platten mit endlicher Dicke δ unter Nutzung des Superpositionsprinzips (Modell doppelt halbunendliche Wand) angewendet werden.

Für Platten mit endlicher Dicke δ steigt bei Nutzung des Modells doppelt halbunendliche Wand der Fehler mit dem Anwachsen der Fourier-Zahl Fo, da für die Lösung dann auch Temperaturänderungen bedeutsam sind, die im nicht erfassten Plattenvolumen auftreten. Im Bereich von $0{,}05 < \mathrm{Fo} < 0{,}3$ ist die hier skizzierte Überlagerung einer Lösung von links und einer von rechts gemäß Abbildung 3-6 ein brauchbares Hilfsmittel.

$$\Theta(\zeta_{li}, \zeta_{re}, \mathrm{Fo}) = \Theta_{li} + \Theta_{re} - 1 = \mathrm{erf}(\zeta_{li}) + \mathrm{erf}(\zeta_{re}) - 1 \qquad (3.3\text{-}19)$$

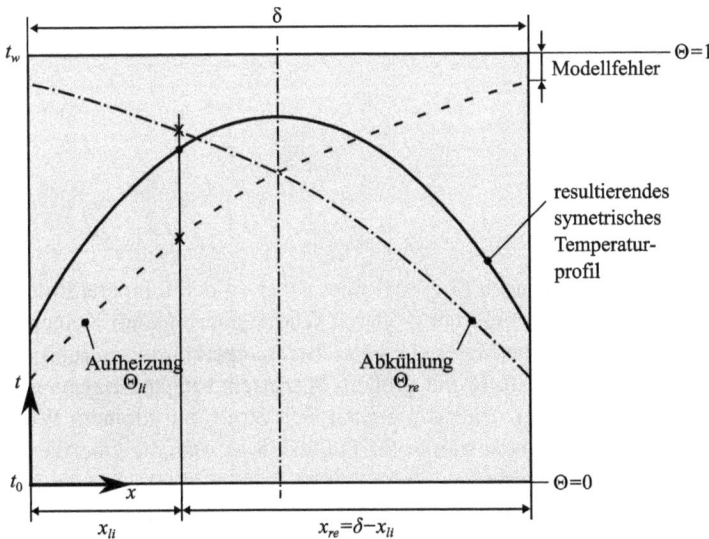

Abb. 3-6: Überlagerung berechneter Temperaturen für eine ebene Wand der Stärke δ im Modell „doppelt halbunendliche Wand"

Das Berechnungsmodell für den halbseitig unendlich ausgedehnten Körper kann außerdem angewendet werden, um die Kontakttemperatur zweier Festkörper bei idealem thermischen Kontakt zu berechnen. Hierzu werden zwei halbunendlich ausgedehnte Körper mit jeweils konstanter, aber unterschiedlicher Anfangstemperatur t_1 und t_2 gemäß Abbildung 3-7 ohne zusätzlichen Wärmewiderstand thermisch direkt so miteinander verbunden, dass der unstetige Temperaturverlauf unverzüglich in einen stetigen Verlauf übergeht und sich in der Kontaktebene $x = 0$ eine Berührungstemperatur t_K ausbildet. Die Temperaturfeldentwicklung in jedem der beiden Körper ist aus (3.3-8) zu berechnen.

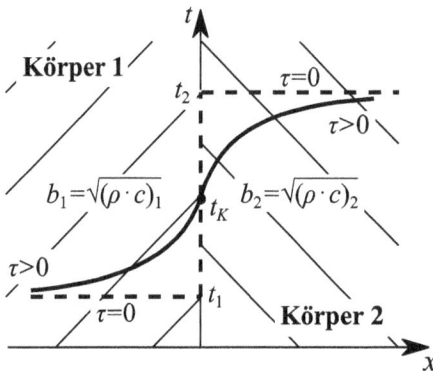

Abb. 3-7: Thermisch idealer Kontakt zweier halbunendlicher fester Körper.

Durch Wärmezufuhr heizt sich Körper 1 auf ($\dot{q}_1 > 0$) und Körper 2 gibt Wärme ab ($\dot{q}_2 < 0$). An der Trennfläche $x = 0$ kann keine Wärme gespeichert werden, so dass die aus (3.3-12) berechenbaren Wärmeströme an dieser Stelle betragsmäßig übereinstimmen müssen.

$$\dot{q}_1(x=0) = -\dot{q}_2(x=0) \quad \Leftrightarrow \quad \frac{b_1(t_K - t_1)}{\sqrt{\pi \cdot \tau}} = \frac{b_2(t_2 - t_K)}{\sqrt{\pi \cdot \tau}}$$

$$t_K = \frac{b_1 \cdot t_1 + b_2 \cdot t_2}{b_1 + b_2} = \frac{\dfrac{b_1}{b_2} t_1 + t_2}{\dfrac{b_1}{b_2} + 1} \qquad (3.3\text{-}20\text{a})$$

Die zeitunabhängige Kontakttemperatur t_K nach (3.3-20a) liegt näher an der Temperatur desjenigen Körpers, der über den in (3.3-10) definierten größeren Wärmeeindringkoeffizienten b verfügt. Deshalb fühlen sich unterschiedliche Materialien gleicher Temperatur bei Berührung mit der Hand unterschiedlich „warm" an. Stoffe mit großem Wärmeeindringkoeffizienten b sind berührungskalt (zum Beispiel Metalle). Dagegen eignen sich Stoffe mit kleinem Wärmeeindringkoeffizienten b gut als Oberflächenmaterial für Fußböden, da sich die Oberfläche durch geringe Wärmeableitung schnell erwärmt.

Für den Sonderfall gleicher Materialien unterschiedlicher Anfangstemperatur (also $b_1 = b_2$ und $t_1 \neq t_2$) führt (3.3-20a) in Übereinstimmung mit der Erfahrung auf

$$t_K = \frac{t_1 + t_2}{2} \qquad (3.3\text{-}20\text{b})$$

Die Berührungstemperatur t_K stellt sich natürlich auch bei idealem thermischen Kontakt zweier Körper mit endlicher Dicke ein. Dies ist der praktisch relevantere Fall. Hier ist Berührungstemperatur jedoch nicht zeitunabhängig, sondern gilt nur im Kurzzeitbereich. Unterstellt man, dass beide Körper zusammen ein adiabates System bilden, nähert sich die Berührungstemperatur t_K mit zunehmenden Temperaturausgleich der Ausgleichstemperatur t_A an nach Maßgabe von

$$t_A = \frac{(m \cdot c)_1 \cdot t_1 + (m \cdot c)_2 \cdot t_2}{(m \cdot c)_1 + (m \cdot c)_2} \qquad\qquad (3.3\text{-}20c)$$

3.3.1   Abkühlvorgang in halbunendlicher Wand (Schmiedestück)

Ein sehr großes Schmiedestück (Stahl: Temperaturleitfähigkeit $22{,}85 \cdot 10^{-6}$ m²/s, Wärmeleitfähigkeit 14,9 W/(m K)) mit einer einheitlichen Anfangstemperatur von 850 °C sei an einer Seite durch eine ebene, zu härtende Wand (87 cm lang, 83 cm hoch) begrenzt. Die Oberfläche dieser Wand werde mit einer konstanten Temperatur von 35 °C beaufschlagt.
   a)   Welche Temperatur wird in 31,2 mm Tiefe nach 10 s erreicht?
   b)   Welcher Fehler entsteht für die Temperatur bei fünf signifikanten Ziffern durch die Interpolation der Werte error-function nach Tabelle 7.5-1?
   c)   Nach welcher Zeit wird in einer Tiefe von 31,2 mm eine Temperatur von 687 °C erreicht?
   d)   Welche Wärme in kWh wird dem Schmiedestück an dieser Wand innerhalb von 20 s entzogen?

Gegeben:

$a = 22{,}85 \cdot 10^{-6}$ m²/s $\lambda = 14{,}9$ W/(m K) $x_E = 31{,}2$ mm $A = 0{,}7221$ m²

$\tau_1 = 10$ s $\tau_3 = 20$ s

$t_0 = 850$ °C $t_W = 35$ °C $t(\tau_2 = ?) = 687$ °C

Vorüberlegungen:

Die Nutzung des Modells halbunendliche Wand ist vorgegeben. Zur Analyse des Verlustes signifikanter Stellen für die errechneten Temperaturen muss der aus der linearen Interpolation ermittelte Wert für die error-function verglichen werden mit einem Wert, der aus der entsprechenden Reihenentwicklung hervorgegangen ist. Zur Demonstration der Genauigkeiten wollen wir hier nur einen extrem kleinen Fehler von $\pm 2 \cdot 10^{-9}$ zulassen.

Lösung:

a) Temperatur in der Eindringtiefe von 31,2 mm nach 10 s

$$\Theta^- = \frac{t - t_W}{t_0 - t_W} = \mathrm{erf}(\zeta) \quad \text{und} \quad \zeta = \frac{x_E}{2 \cdot \sqrt{a \cdot \tau_1}} = \frac{0{,}0312 \,\text{m}}{2 \cdot \sqrt{22{,}85 \cdot 10^{-6}\,\text{m²/s} \cdot 10\,\text{s}}} = 1{,}03200$$

Lineare Interpolation aus Tabelle 7.5-1:

$$\text{erf}(1,032) = \text{erf}(1,03) + \frac{1,032 - 1,030}{1,040 - 1,030} \cdot (\text{erf}(1,04) - \text{erf}(1,03))$$

$$\text{erf}(1,032) = 0,85478 + 0,2 \cdot (0,85865 - 0,85478) = 0,855554$$

$$t(x_E, \tau) = t_W + \Theta^- \cdot (t_0 - t_W) = t_W + \text{erf}(\zeta) \cdot (t_0 - t_W)$$

$$t(31,2\,\text{mm},\ 10\,\text{s}) = 35\,°\text{C} + 0,855554 \cdot (850\,°\text{C} - 35\,°\text{C}) = 732,27651\,°\text{C} \approx \underline{\underline{732,28\,°\text{C}}}$$

b) Untersuchung des Fehlers infolge des Verlustes signifikanter Ziffern durch Interpolation

Verbesserung der linearen Interpolation nach Bessel:

$$f(x) = f(x_1) - \frac{x - x_1}{x_2 - x_1} \cdot (f(x_2) - f(x_1)) \quad \text{mit } k = \frac{x - x_1}{x_2 - x_1} \quad \text{und} \quad \Delta f_1 = f(x_2) - f(x_1) \quad \text{auf}$$

$$f(x) = f(x_1) + k \cdot \Delta f_1 - k_1 \cdot \frac{\Delta f_2 - \Delta f_0}{2} \quad \text{mit } k_1 = \frac{k \cdot (1-k)}{2} \quad \text{und} \quad \Delta f_0 = f(x_1) - f(x_0)$$

$$\Delta f_2 = f(x_3) - f(x_2)$$

$$\Delta f_0 = \text{erf}(1,03) - \text{erf}(1,02) = 0,85478 - 0,85084 = 0,00394$$

$$\Delta f_2 = \text{erf}(1,04) - \text{erf}(1,03) = 0,85865 - 0,85478 = 0,00387$$

$$\text{erf}(1,032) = 0,85478 + 0,2 \cdot (0,85865 - 0,85478) - 0,08 \cdot \frac{0,00387 - 0,00394}{2} = 0,8555568$$

$$t(31,2\,\text{mm}, 10\,\text{s}) = 35\,°\text{C} + 0,8555568 \cdot (850\,°\text{C} - 35\,°\text{C}) = 732,278792\,°\text{C} \approx \underline{\underline{732,28\,°\text{C}}}$$

„exakter" Wert für erf(1,032) mit Reihenentwicklung (3.3-6a):

$$\text{erf}(\zeta) =$$

$$\frac{2}{\sqrt{\pi}} \left(\zeta - \frac{\zeta^3}{3 \cdot 1!} + \frac{\zeta^5}{5 \cdot 2!} - \frac{\zeta^7}{7 \cdot 3!} + \frac{\zeta^9}{9 \cdot 4!} - \frac{\zeta^{11}}{11 \cdot 5!} + \frac{\zeta^{13}}{13 \cdot 6!} - \frac{\zeta^{15}}{15 \cdot 7!} + \frac{\zeta^{17}}{17 \cdot 8!} - \frac{\zeta^{19}}{19 \cdot 9!} + \frac{\zeta^{21}}{21 \cdot 10!} - \frac{\zeta^{23}}{23 \cdot 11!} + - \ldots \right)$$

$$\text{erf}(1,032) =$$
$$1,128379167 \cdot (1,032 - 0,366368256 + 0,117057295 - 0,029683054 + 0,006147004 - 0,001071279 +$$
$$0,000160901 - 0,000021216 + 0,000002492 - 0,000000263 + 0,000000025 - 0,000000002 \approx 0,855563767$$
$$\text{erf}(1,032) \approx 0,85556 \quad \text{(gerundet auf 5 signifikante Ziffern!)}$$
$$t(31,2\,\text{mm},\ 10\,\text{s}) = 35\,°\text{C} + 0,855563767 \cdot (850\,°\text{C} - 35\,°\text{C}) = 732,2844701\,°\text{C} \approx \underline{\underline{732,28\,°\text{C}}}$$

Schon eine lineare Interpolation der Werte aus Tabelle 7.5-1 führt bei der Berechnung der Temperaturen auf Ergebnisse, die in fünf signifikanten Ziffern übereinstimmen mit den Berechnungsergebnis, das aus einem Wert der error-function mit einer Genauigkeit von $\pm 2 \cdot 10^{-9}$ ermittelt wurde.

c) Zeit für das Erreichen von 687 °C in 31,2 mm Eindringtiefe

$$\Theta^- = \frac{t(\tau_2 = ?) - t_W}{t_0 - t_W} = \frac{687\,°C - 35\,°C}{850\,°C - 35\,°C} = 0,80000 = \text{erf}(\zeta)$$

Ermittlung von ζ durch inverse Interpolation in Tabelle 7.5-1:

$$\zeta = 0,90 + \frac{0,80000 - 0,79691}{0,80188 - 0,79691} \cdot (0,91 - 0,90) = 0,90622$$

Bestimmung der gesuchten Zeit τ_2 aus der Ähnlichkeitsvariablen ζ:

$$\zeta = \frac{x_E}{2 \cdot \sqrt{a \cdot \tau_2}} \quad \tau_2 = \frac{1}{4 \cdot a} \cdot \left(\frac{x_E}{\zeta}\right)^2 = \frac{0,25 \cdot 10^6}{22,85\,\text{m}^2/\text{s}} \cdot \left(\frac{0,0312\,\text{m}}{0,90622}\right)^2 = 12,969\,\text{s} \approx \underline{\underline{13\,\text{s}}}$$

d) Wärmeentzug in 20 s in kWh über die gegebene Oberfläche A

$$Q = q_0 \cdot A = \int_0^{\tau_3} \dot{q}_0 \cdot \text{d}\tau \cdot A$$

$$\dot{q}_0 = \frac{b \cdot (t_W - t_0)}{\sqrt{\pi} \cdot \sqrt{\tau}} = \frac{\lambda \cdot (t_W - t_0)}{\sqrt{\pi \cdot a} \cdot \sqrt{\tau}} \quad \text{wegen} \quad b = \frac{\lambda}{\sqrt{a}}$$

$$q_0 = \frac{\lambda \cdot (t_W - t_0)}{\sqrt{\pi \cdot a}} \int_0^{\tau_3} \frac{\text{d}\tau}{\sqrt{\tau}} = \frac{2\lambda \cdot (t_W - t_0)}{\sqrt{\pi \cdot a}} \cdot (\sqrt{\tau_3} - 0)$$

$$q_0 = \frac{2 \cdot 14,9\,\text{W/(m K)} \cdot (35\,°C - 850\,°C)}{\sqrt{\pi \cdot 22,85 \cdot 10^{-6}\,\text{m}^2/\text{s}}} \cdot \sqrt{20\,\text{s}} = -12.819,49249\,\text{kJ/m}^2$$

$$Q = q_0 \cdot A = -12.819,49249\,\frac{\text{kJ}}{\text{m}^2} \cdot 0,7221\,\text{m}^2 \cdot \frac{1\,\text{h}}{3.600\,\text{s}} = \underline{\underline{2,5714\,\text{kWh}}}$$

3.3.2   Temperaturprofil in einer von der Sonne beschienener Sandsteinwand

Eine 60 cm starke Sandsteinwand besitze eine einheitliche Anfangstemperatur von 18 °C. Auf die linke Wandseite treffe durch Sonnenbestrahlung ein spezifischer Wärmestrom von 250 W/m², auf der rechten Wandseite seien ein Wärmeübergangskoeffizient von 8 W/(m² K) und eine konstante Umgebungstemperatur von 18 °C gegeben.

a)   Ermitteln Sie die Wandtemperatur links und die Temperaturen in 10 cm, 20 cm und 30 cm Tiefe nach einer Stunde, nach zwei Stunden und nach vier Stunden!

b)   Welcher Wärmestrom liegt geht nach zwei Stunden durch die Wandmitte und welcher im stationären Zustand?

c)   Berechnen Sie die stationäre Temperaturverteilung in der Wand!

Gegeben:

Sandstein Tab. 7.6-3: $\rho = 2.150\,\text{kg/m}^3$ $c = 710\,\text{J/(kg K)}$ $\lambda = 1,6\,\text{W/(m K)}$ $\delta = 0,6\,\text{m}$

Randbedingungen: $x = 0$: $\dot{q}_W = 250$ W/m² $x = \delta$: $\alpha = 8$ W/(m² K), $t_U = 18$ °C

Anfangsbedingung: $t_0 = 18$ °C

Vorüberlegungen:

Tabelle 7.6-3 enthält auch eine Angabe für die Temperaturleitfähigkeit a, die jedoch für Sandstein unterschiedlichster Provenienz als ungefährer Richtwert angesehen werden muss. Für die Lösung dieser Aufgabe ist es angezeigt, folgenden Wert zu verwenden:

$$a = \frac{\lambda}{\rho \cdot c} = \frac{1,6 \text{ W/m}^2 \text{ K})}{2.150 \text{ kg/m}^3 \cdot 710 \text{ Ws/(kg K)}} = 1,04815 \cdot 10^{-6} \text{ m}^2/\text{s}$$

Am linken Rand liegt eine Randbedingung zweiter Art vor, am rechten dritter Art. Solange betreffende Wandschichten keine Temperaturänderung durch den auftreffenden Wärmestrom erfahren, erfolgt keine Wärmeab- oder zufuhr von der rechten Seite, so dass das Modell halbunendliche Wand hier ein probates Mittel ist, im Kurzzeitbereich die instationären Temperaturprofile bis zur Wandmitte zu berechnen. Mit dem Kriterium Fo $\leq 0,05$ kann bis zu einer Zeit

$$\tau = \frac{\text{Fo} \cdot \delta^2}{a} = \frac{0,05 \cdot 0,36 \text{ m}^2}{1,04815 \cdot 10^{-6} \text{ m}^2/\text{s}} \approx 4,77 \text{ h} \quad \text{mit } L^* = \delta \text{ das Modell halbunendliche Wand verwen-}$$

det werden.

Für die stationäre Temperaturverteilung können wir von der allgemeinen Lösung nach Formel (2.2-5) mit $t(x) = C_1 \cdot x + C_2$ und $dt/dx = C_1$ ausgehen und müssen lediglich die Randbedingungen anpassen.

Lösung:

a) Temperaturprofile für ausgewählte Zeitpunkte

$$t(x,\tau) = t_0 + \frac{\dot{q}_W}{\lambda} \cdot \left(2 \cdot \sqrt{\frac{a \cdot \tau}{\pi}} \cdot e^{-\zeta^2} - x \cdot \text{erfc}(\zeta) \right) \quad \text{mit } \zeta = \frac{x}{2 \cdot \sqrt{a \cdot \tau}}$$

$\tau = 1$ h = 3.600 s:

$x = 0,0$ m : $\zeta = 0$ erfc(0) = 1 $t = 28,83$ °C

$x = 0,1$ m : $\zeta = 0,813967443 \approx 0,81$ erfc(0,81) = 0,251996719 $t = 19,68$ °C

$x = 0,2$ m : $\zeta = 1,627934887 \approx 1,63$ erfc(1,63) = 0,02115716 $t = 18,10$ °C

$x = 0,3$ m : $\zeta = 2,44190233 \approx 2,44$ erfc(2,44) = 0,000559174 $t = 18,00$ °C

$$t(0,0 \text{ m}; 1 \text{ h}) = 18 \text{ °C} + 156,25 \text{ K/m} \cdot (2 \cdot 10^{-3} \cdot \sqrt{\frac{1,04815 \text{ m}^2/\text{s} \cdot 3.600 \text{ s}}{\pi}} \cdot e^0 - 0) = \underline{\underline{28,83 \text{ °C}}}$$

$$t(0,1 \text{ m}; 1 \text{ h}) = 18 \text{ °C} + 156,25 \frac{\text{K}}{\text{m}} \cdot (2 \cdot 10^{-3} \cdot \sqrt{\frac{1,04815 \text{ m}^2/\text{s} \cdot 3.600 \text{ s}}{\pi}} \cdot e^{-0,81^2} - 0,1 \text{ m} \cdot 0,251996719)$$

$$t(0,1 \text{ m}; 1 \text{ h}) = \underline{\underline{19,682 \text{ °C}}}$$

$$t(0,2\,\text{m};1\,\text{h}) = 18\,°\text{C} + 156,25\,\frac{\text{K}}{\text{m}}\cdot(2\cdot10^{-3}\cdot\sqrt{\frac{1,04815\,\text{m}^2/\text{s}\cdot3.600\,\text{s}}{\pi}}\cdot e^{-1,63^2} - 0,2\,\text{m}\cdot0,02115716)$$

$$t(0,2\,\text{m};1\,\text{h}) = \underline{\underline{18,099\,°\text{C}}}$$

$$t(0,3\,\text{m};1\,\text{h}) = 18\,°\text{C} + 156,25\,\frac{\text{K}}{\text{m}}\cdot(2\cdot10^{-3}\cdot\sqrt{\frac{1,04815\,\text{m}^2/\text{s}\cdot3.600\,\text{s}}{\pi}}\cdot e^{-2,44^2} - 0,3\,\text{m}\cdot0,000559174)$$

$$t(0,3\,\text{m};1\,\text{h}) = \underline{\underline{18,0019\,°\text{C}}}$$

$\tau = 2$ h $= 7.200$ s:

$x = 0\,\text{m}:$ $\zeta = 0$	$\text{erfc}(0) = 1$	$t = 33,32\,°\text{C}$
$x = 0,1\,\text{m}:$ $\zeta = 0,575561898 \approx 0,58$	$\text{erfc}(0,58) = 0,4120771$	$t = 22,50\,°\text{C}$
$x = 0,2\,\text{m}:$ $\zeta = 1,151123798 \approx 1,15$	$\text{erfc}(1,15) = 0,103876157$	$t = 18,84\,°\text{C}$
$x = 0,3\,\text{m}:$ $\zeta = 1,726685697 \approx 1,73$	$\text{erfc}(1,73) = 0,0144215$ $t = 18,09\,°\text{C}$	

$$t(0,0\,\text{m};2\,\text{h}) = 18\,°\text{C} + 156,25\,\text{K/m}\cdot(2\cdot10^{-3}\cdot\sqrt{\frac{1,04815\,\text{m}^2/\text{s}\cdot7.200\,\text{s}}{\pi}}\cdot e^{0} - 0) = \underline{\underline{33,316\,°\text{C}}}$$

$$t(0,3\,\text{m};2\,\text{h}) = 18\,°\text{C} + 156,25\,\frac{\text{K}}{\text{m}}\cdot(2\cdot10^{-3}\cdot\sqrt{\frac{1,04815\,\text{m}^2/\text{s}\cdot7.200\,\text{s}}{\pi}}\cdot e^{-1,73^2} - 0,3\,\text{m}\cdot0,0144215)$$

$$t(0,3\,\text{m};\,2\,\text{h}) = \underline{\underline{18,092\,°\text{C}}}$$

$\tau = 4$ h $= 14.400$ s:

$x = 0\,\text{m}:$ $\zeta = 0$	$\text{erfc}(0) = 1$	$t = 39,66\,°\text{C}$
$x = 0,1\,\text{m}:$ $\zeta = 0,406983721 \approx 0,41$	$\text{erfc}(0,41) = 0,56203091$	$t = 27,53\,°\text{C}$
$x = 0,2\,\text{m}:$ $\zeta = 0,813967443 \approx 0,81$	$\text{erfc}(0,81) = 0,251996719$	$t = 21,36\,°\text{C}$
$x = 0,3\,\text{m}:$ $\zeta = 1,220951165 \approx 1,22$	$\text{erfc}(1,22) = 0,084466119$	$t = 18,93\,°\text{C}$

Kontrollrechnung zur Einschätzung der Rechengenauigkeit bei $\tau = 4$ h und $x = \delta$

$$\zeta = \frac{x}{2\cdot\sqrt{a\cdot\tau}} = \frac{0,6\,\text{m}}{2\cdot\sqrt{1,04815\cdot10^{-6}\,\text{m}^2/\text{s}\cdot14.400\,\text{s}}} = 2,44190233 \approx 2,44$$

$$\text{erfc}(2,44) = 0,000559174$$

$$t(0,6\,\text{m};4\,\text{h}) = 18\,°\text{C} + 156,25\,\frac{\text{K}}{\text{m}}\cdot(0,002\cdot\sqrt{\frac{1,04815\,\text{m}^2/\text{s}\cdot14.400\,\text{s}}{\pi}}\cdot e^{-2,44^2} - 0,6\,\text{m}\cdot0,000559174)$$

$$t(0,6\,\text{m};\,4\,\text{h}) = \underline{\underline{18,00382642\,°\text{C}}}$$

Schon für eine Zeit von 4 Stunden lässt sich rechnerisch ein Nachweis dafür erbringen, dass auch die rechte Wandseite Einfluss auf die Ausbildung des Temperaturprofils im Wandinneren nimmt, wenngleich dieser Einfluss noch sehr gering ist.

$\tau = 5\,\text{h} \qquad \zeta \approx 2,18 \qquad \text{erfc}(2,18) = 0,002049351$

$$t(0,6\,\text{m};5\,\text{h}) = 18\,°\text{C} + 156,25\,\frac{\text{K}}{\text{m}} \cdot (0,002 \cdot \sqrt{\frac{1,04815\,\text{m}^2/\text{s} \cdot 18.000\,\text{s}}{\pi}} \cdot e^{-2,18^2} - 0,6\,\text{m} \cdot 0,002049351)$$

$$t(0,6\,\text{m};5\,\text{h}) = \underline{\underline{18,0169\,°\text{C}}}$$

Mit 5 Stunden ist die in den Vorbemerkungen ermittelte Zeitgrenze für die Anwendung des Modells halbunendliche Wand eigentlich schon überschritten, die Temperatur liegt aber immer noch nicht signifikant oberhalb von Anfangstemperatur 18 °C!

b) Wärmestrom in Wandmitte nach Formel (3.3-14) und im stationären Zustand

$\tau = 2\,\text{h} = 7.200\,\text{s}$:

$$\dot{q}(0,3\,\text{m};2\,\text{h}) = \dot{q}_W \cdot \text{erfc}(\zeta)\ \text{mit}\ \zeta = \frac{x}{2 \cdot \sqrt{a \cdot \tau}} = \frac{0,3\,\text{m}}{2 \cdot \sqrt{1,04815 \cdot 10^{-6}\,\text{m}^2/\text{s} \cdot 7.200\,\text{s}}} \approx 1,73$$

$$\dot{q}(0,3\,\text{m};2\,\text{h}) = 250\,\text{W/m}^2 \cdot \text{erfc}(1,73) = 250\,\text{W/m}^2 \cdot 0,0144215 = \underline{\underline{3,6054\,\text{W/m}^2}}$$

Stationärer Zustand:

$$\dot{q} = \dot{q}_W = 250\,\text{W/m}^2 = \text{konstant}$$

c) Anpassung Randbedingungen für stationäre Temperaturverteilung

$$x = 0:\ \dot{q}_W = -\lambda \cdot \frac{\text{d}t}{\text{d}x} = -\lambda \cdot C_1 \qquad \underline{\underline{C_1 = -\frac{\dot{q}_W}{\lambda}}}$$

$$x = \delta:\ \dot{q}_W = \alpha \cdot (t(x = \delta) - t_U)\ \rightarrow\ t(x = \delta) = \frac{\dot{q}_W}{\alpha} + t_U$$

$$t(x = \delta) = C_1 \cdot \delta + C_2 = -\frac{\dot{q}_W}{\lambda} \cdot \delta + C_2 \qquad \underline{\underline{C_2 = t(x = \delta) + \frac{\dot{q}_W \cdot \delta}{\lambda}}}$$

Einsetzen in $t(x) = C_1 \cdot x + C_2$ führt auf die spezielle Lösung:

$$t(x) = -\frac{\dot{q}_W}{\lambda} \cdot x + t(x = \delta) + \frac{\dot{q}_W}{\lambda} = \frac{\dot{q}_W}{\lambda} \cdot (\delta - x) + \frac{\dot{q}_W}{\alpha} + t_U$$

$$t(x = 0) = \frac{250\,\text{W/m}^2}{1,6\,\text{W/(m K)}} \cdot (0,6\,\text{m} - 0\,\text{m}) + \frac{250\,\text{W/m}^2}{8\,\text{W/(m}^2\,\text{K)}} + 18\,°\text{C} = 93,75\,\text{K} + 31,25\,\text{K} + 18\,°\text{C} = \underline{\underline{143\,°\text{C}}}$$

$$t(x = 0,3\,\text{m}) =$$
$$\frac{250\,\text{W/m}^2}{1,6\,\text{W/(m K)}} \cdot (0,6\,\text{m} - 0,3\,\text{m}) + \frac{250\,\text{W/m}^2}{8\,\text{W/(m}^2\,\text{K)}} + 18\,°\text{C} = 46,875\,\text{K} + 31,25\,\text{K} + 18\,°\text{C} = \underline{\underline{96,125\,°\text{C}}}$$

$$t(x = \delta) = \frac{250\,\text{W/m}^2}{8\,\text{W/(m}^2\,\text{K)}} + 18\,°\text{C} = 31,25\,\text{K} + 18\,°\text{C} = \underline{\underline{49,25\,°\text{C}}}$$

3.3.3   Kurzzeitlösung für Temperaturfeld in ebener Wand aus Kiesbeton

Eine aus Kiesbeton gegossene Wand von 40 cm Stärke habe eine gleichmäßige Temperatur von 18 °C. Zu einem Zeitpunkt $\tau = 0$ werden die Temperaturen sprunghaft an der linken und rechten Wandseite konstant auf jeweils 100 °C gebracht. Untersuchen Sie mit dem Modell halbunendliche Wand für die rechte Wandhälfte

a)   bis zu welcher Zeit man in den wandflächennahen Schichten das Verfahren anwenden kann!

b)   nach welcher Zeit in der Wandmitte erstmals ein Temperaturanstieg von 0,5 K erreicht wird und vergleichen Sie dieses Resultat mit der empfohlenen dimensionslosen Zeitgrenze Fo = 0,05!

c)   welche Temperaturen sich beginnend von der rechten Wandoberfläche bis zur Symmetrieachse mit einer Schrittweite von 2,5 cm nach $\tau_2 =$ 10 Minuten ergeben!

d)   welche Temperaturen sich beginnend von der rechten Wandoberfläche bis zur Symmetrieachse mit einer Schrittweite von 5 cm nach $\tau_3 =$ 30 Minuten ergeben!

e)   Welche Wärmeströme dringen an der rechten Wandseite nach $\tau_1 = 1$ Minute und nach $\tau_3 = 30$ Minuten ein?

Gegeben:

$a = 0{,}662 \cdot 10^{-6}$ m²/s $\lambda = 1{,}28$ W/(m K)   (Tabelle 7.6-3 für Kiesbeton) $\delta = 0{,}4$ m

$t_0 = 18$ °C $t_W = 100$ °C

$x_1 = 0{,}05$ m $x_2 = 0{,}10$ m $x_3 = 0{,}15$ m $x_4 = 0{,}20$ m

$\tau_1 = 60$ s $\tau_2 = 600$ s $\tau_3 = 1.800$ s

Vorüberlegungen:

Die hier vorliegende eindimensionale instationäre Wärmeleitung mit symmetrischen Randbedingungen 1. Art bei konstanter Anfangstemperaturverteilung führt nach Aufgabenstellung zu einer Aufheizung der Wand, die wir für den Kurzzeitbereich mit Formel (3.3-8b) behandeln wollen. In der Kiesbetonwand bildet sich über die gesamte Zeit der instationären Wärmeleitung ein symmetrisches Temperaturfeld aus, so dass eigentlich die Betrachtung der zeitlichen Temperaturverteilung in einer Symmetriehälfte ausreicht (zum Beispiel rechte Hälfte).

Der Rückgriff auf die Berechnung nach dem Modell halbunendliche Wand ist solange zulässig, wie in einer Tiefe von $\delta/2$ im Wandmaterial (rechte Symmetriehälfte) keine Temperaturänderungen auftreten, die das Temperaturfeld in der linken Wandhälfte beeinflussen. Das Modell halbunendliche Wand für die Berechnung von Temperaturfeldern in Platten mit endlicher Plattenstärke versagt, wenn mit zunehmender Zeit für die Lösung Bereiche relevant werden, die das endliche Plattenvolumen übersteigen. Als Grenze dafür wird Fo = 0,05 empfohlen.

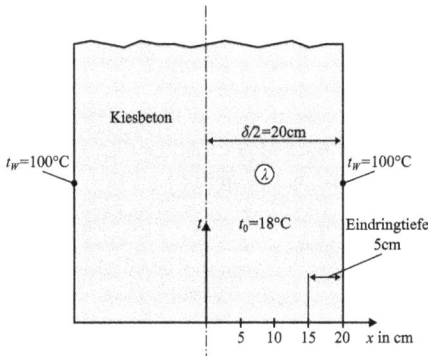

Abb. 3-8: Kiesbetonwand mit symmetrisch anliegenden Randbedingungen 1. Art links und rechts.

Lösung:

a) Grenze für die Anwendung des Modells halbunendliche Wand mit Fo = 0,05

$$\text{Fo} = \frac{a \cdot \tau}{(\delta/2)^2} \qquad \tau = \frac{\text{Fo} \cdot (\delta/2)^2}{a} = \frac{0,05 \cdot 0,2^2 \, \text{m}^2}{0,662 \cdot 10^{-6} \, \text{m}^2/\text{s}} = 3.021,15 \, \text{s} \qquad \text{(etwas mehr als 50 Minuten!)}$$

Nach Gleichung (3.3-8b) wird nach dieser Zeit in Wandmitte folgende Temperatur erreicht:

$$\zeta = \frac{x}{2 \cdot \sqrt{a \cdot \tau}} = \frac{0,2 \, \text{m}}{2 \cdot \sqrt{0,662 \cdot 10^{-6} \, \text{m}^2/\text{s} \cdot 3.021,15 \, \text{s}}} \approx 2,2361$$

$$\text{erfc}(2,2361) = 0,00161 + \frac{2,2361 - 2,23}{2,24 - 2,23} \cdot (0,00154 - 0,00161) = 0,0015673$$

$$\Theta^+ = \frac{t(x,\tau) - t_0}{t_W - t_0} = \text{erfc}(\zeta) = 0,0015673$$

$$t(x,\tau) = t_0 + \Theta^+ (t_W - t_0) = 18\,°C + 0,0015673 \cdot (100\,°C - 18\,°C) = \underline{\underline{18,129\,°C}}$$

Innerhalb der von Fo = 0,05 vorgegebenen Zeitspanne von etwas mehr als 50 Minuten können wir getrost so tun, als läge hier eine unendlich ausgedehnte Wand vor.

b) Zeit, in der bei $x_E = 0,2$ m erstmals die Temperatur $t = t_0 + \Delta t$ mit $\Delta t = 0,5$ K auftritt.

 Mit dieser Temperaturdifferenz unterstellen wir, dass die Systemgrenze in der Symmetrieachse nicht mehr adiabat ist und die weitere zeitliche Entwicklung des Temperaturfeldes auch von der anderen Symmetriehälfte beeinflusst wird.

$$\Theta^+ = \frac{t - t_0}{t_W - t_0} = \text{erfc}(\zeta) \qquad \frac{18,5\,°C - 18\,°C}{100\,°C - 18\,°C} = 0,0060976 = \text{erfc}(\zeta)$$

Der Tabelle 7.5-2 ist zu entnehmen, dass erfc(ζ) = 0,0060976 zwischen den Werten ζ = 1,93 und ζ = 1,94 liegt, so dass eine lineare Interpolation mit den Tafelwerten führt auf

$$\zeta = 1,93 + \frac{0,0060976 - 0,00634}{0,00608 - 0,00634} (1,94 - 1,93) = 1,9393231$$

$$\zeta = \frac{x_E}{2 \cdot \sqrt{a \cdot \tau}} \qquad \rightarrow \qquad \tau = \frac{x_E^{\,2}}{4a \cdot \zeta^2} = \frac{0,04 \, \text{m}^2 \cdot 10^6}{4 \cdot 0,662 \, \text{m}^2/\text{s} \cdot 1,9393231^2} = \underline{\underline{4.016,44 \, \text{s}}}$$

$$\text{Fo} = \frac{a \cdot \tau}{(\delta/2)^2} = \frac{0,662 \cdot 10^{-6} \, \text{m}^2/\text{s} \cdot 4.016,43 \, \text{s}}{0,04 \, \text{m}^2} = 0,0665 > 0,05$$

Zulässige Grenze für Fo-Zahl wird überschritten! Mit dem Modell „doppelt halbunendliche Wand" könnten hier aber noch brauchbare Ergebnisse erzielt werden.

Der Ansatz $t = t_0 + \Delta t$ mit $\Delta t = 0,1$ K führt auf $\dfrac{18,1\,°\text{C} - 18\,°\text{C}}{100\,°\text{C} - 18\,°\text{C}} = 0,0012195 = \text{erfc}(\zeta)$

Jetzt entnehmen wir Tabelle 7.5-2, dass erfc $(\zeta) = 0,0012195$ zwischen den Werten $\zeta = 2,28$ und $\zeta = 2,29$ liegt. Eine entsprechende lineare Interpolation mit den Tafelwerten führt auf

$$\zeta = 2,29 + \frac{0,0012195 - 0,00120}{0,00126 - 0,00120}(2,28 - 2,29) = 2,28675$$

$$\zeta = \frac{x_E}{2 \cdot \sqrt{a \cdot \tau}} \quad \rightarrow \quad \tau = \frac{x_E^2}{4a \cdot \zeta^2} = \frac{0,04 \, \text{m}^2 \cdot 10^6}{4 \cdot 0,662 \, \text{m}^2/\text{s} \cdot 2,28675^2} = \underline{\underline{2.888,71 \, \text{s}}}$$

Unter dieser Voraussetzung würden Zeiten von etwas mehr als 48 Minuten die Anwendung des Modells halbunendliche Wand gestatten. Dies entspricht einer Fourier-Zahl von

$$\text{Fo} = \frac{a \cdot \tau}{(\delta/2)^2} = \frac{0,662 \cdot 10^{-6} \, \text{m}^2/\text{s} \cdot 2.888,92 \, \text{s}}{0,04 \, \text{m}^2} = \underline{\underline{0,0478 < 0,05}}$$

c) Temperaturprofil für die aufgeheizte Wand nach 10 Minuten = 600 s

- Grundsätzlicher Rechenweg am Beispiel 5 cm Eindringtiefe ($x_{E,1}$):

$$\zeta_1 = \frac{x_{E1}}{2 \cdot \sqrt{a \cdot \tau_2}} = \frac{0,05 \, \text{m}}{2 \cdot \sqrt{0,662 \cdot 10^{-6} \, \text{m}^2/\text{s} \cdot 600 \, \text{s}}} = 1,254398 \quad \rightarrow \quad \Theta^+(\zeta_1) = \frac{t - t_0}{t_W - t_0} = \text{erfc}(\zeta_1)$$

Eine lineare Interpolation aus Tabelle 7.5-2 führt auf

erfc$(1,254398) = 0,07710 + 0,4398 \cdot (0,07476 - 0,07710) = 0,0760708$

Ein genaueres Ergebnis für erfc$(1,254398)$ erhält man aus der Reihenentwicklung (3.3-6a) für erf(x) in Verbindung mit erfc$(x) = 1 - erf(x)$:

erf$(x) =$

$$\frac{2}{\sqrt{\pi}}\left(x - \frac{x^3}{3} + \frac{x^5}{10} - \frac{x^7}{42} + \frac{x^9}{216} - \frac{x^{11}}{1320} + \frac{x^{13}}{9360} - \frac{x^{15}}{75600} + \frac{x^{17}}{685.440} - \frac{x^{19}}{6.894.720} + \frac{x^{21}}{96.206.800} - +... \right)$$

erf$(\zeta_1 = 1,254398) =$

$$\frac{2}{\sqrt{\pi}} \cdot \begin{pmatrix} 1,254398 - 0,657937748 + 0,310582344 - 0,116358517 + 0,035601182 - 0,00916674 + \\ 0,002034153 - 0,000396285 + 0,000068775 - 0,000010758 + 0,000001531 + -... \end{pmatrix} \approx$$

$1,128379167 \cdot 0,818815937 \approx 0,923934844$

erfc$(\zeta_1 = 1,254398) = 1 - 0,923934844 \pm \Delta$erfc$(\zeta) = 0,076065155 \pm 0,0000014$

Wir verwenden erfc$(\zeta_1 = 1,254398) = \underline{0,07606}$ und ermitteln die Temperatur zu:

$$t(x_{E1}, \tau_2) = t_0 + (t_W - t_0) \cdot \text{erfc}(\zeta_1) = 18\,°\text{C} + (100\,°\text{C} - 18\,°\text{C}) \cdot 0,07606 \approx \underline{\underline{24,23692\,°\text{C}}}$$

- Zusammenstellung der Ergebnisse für $\tau_2 = 600$ s und unterschiedliche Eindringtiefen

$$t(x_{E,2}, \tau_2) = t_0 + (t_W - t_0) \cdot \text{erfc}\left(\frac{x_2}{2 \cdot \sqrt{a \cdot \tau_2}}\right) = 18\,°C + 82\,K \cdot \text{erfc}\left(\frac{0,1\,m}{2 \cdot \sqrt{0,662 \cdot 10^{-6}\,m²/s \cdot 600\,s}}\right)$$

$$t(x_{E,2}, \tau_2) = 18\,°C + 82\,K \cdot \text{erfc}(2,508796207) \approx 18\,°C + 82\,K \cdot 0,00041 = 18,03362\,°C$$

$$t(x_{E,3}, \tau_2) = 18\,°C + 82\,K \cdot \text{erfc}\left(\frac{0,15\,m}{2 \cdot \sqrt{0,662 \cdot 10^{-6}\,m²/s \cdot 600\,s}}\right) = 18\,°C + 82\,K \cdot \text{erfc}(3,763194311)$$

$$t(x_{E,3}, \tau_2) = 18\,°C + 82\,K \cdot \text{erfc}(3,763194311) \approx 18\,°C + 82\,K \cdot 0,00001 \approx \underline{\underline{18,00082\,°C}}$$

$$t(x_{E,4}, \tau_2) = 18\,°C + 82\,K \cdot \text{erfc}(5,017592414) \approx 18\,°C + 82\,K \cdot 1,283 \cdot 10^{-12} \approx \underline{\underline{18\,°C}}$$

d) Temperaturprofil für die aufgeheizte Wand nach 30 Minuten = 1.800 s

Ermittlung der Ähnlichkeitsvariablen ζ nach (3.3-2) für $\tau_2 = 1.800$ s und x_1 bis x_4:

- Grundsätzlicher Rechenweg am Beispiel 5 cm Eindringtiefe ($x_{E,1}$):

$$\zeta_1 = \frac{x_{E1}}{2 \cdot \sqrt{a \cdot \tau_2}} = \frac{0,05\,m}{2 \cdot \sqrt{0,662 \cdot 10^{-6}\,m^2/s \cdot 1.800\,s}} = 0,7242 \quad \rightarrow \quad \Theta^+(\zeta_1) = \frac{t - t_0}{t_W - t_0} = \text{erfc}(\zeta_1)$$

$$\text{erfc}(\zeta_1 = 0,7242) = 0,3057505 \qquad \text{(Interpolation aus Tabelle 7.5-2)}$$

$$t(x_{E1}, \tau_1) = t_0 + (t_W - t_0) \cdot \text{erfc}(\zeta_1) = 18\,°C + (100\,°C - 18\,°C) \cdot 0,3057505 \approx \underline{\underline{43,07\,°C}}$$

- Zusammenstellung der Ergebnisse für $\tau_3 = 1.800$ s und unterschiedliche Eindringtiefen

$$t(x_{E1} = 0,05\,m, \tau_3) = t_0 + (t_W - t_0) \cdot \text{erfc}(\zeta_1) = 18\,°C + (100\,°C - 18\,°C) \cdot 0,3057505 \approx \underline{\underline{43,07\,°C}}$$

$$t(x_{E2} = 0,10\,m, \tau_3) = t_0 + (t_W - t_0) \cdot \text{erfc}(\zeta_2) = 18\,°C + (100\,°C - 18\,°C) \cdot 0,04051 \approx \underline{\underline{21,32\,°C}}$$

$$t(x_{E3} = 0,15\,m, \tau_3) = t_0 + (t_W - t_0) \cdot \text{erfc}(\zeta_3) = 18\,°C + (100\,°C - 18\,°C) \cdot 0,002123 \approx \underline{\underline{18,17\,°C}}$$

$$t(x_{E4} = 0,20\,m, \tau_3) = t_0 + (t_W - t_0) \cdot \text{erfc}(\zeta_4) = 18\,°C + (100\,°C - 18\,°C) \cdot 0,00004 \approx \underline{\underline{18,003\,°C}}$$

In Übereinstimmung mit den Ergebnissen aus Aufgabenteil (a) sehen wir hier, dass das Modell halbunendliche Wand für eine Zeit von $\tau_2 = 30$ Minuten gut anwendbar ist, denn in Wandmitte liegt rechnerisch immer noch die Anfangstemperatur von 18 °C vor, so dass auch in der Eindringtiefe von 20 cm noch kein technisch relevanter Wärmestrom in eine tiefer gelegene Schicht transportiert wird.

Anders verhält es sich für eine Zeit von $\tau_4 = 2$ h = 7.200 s

$$\zeta_4 = \frac{x_{E4}}{2 \cdot \sqrt{a \cdot \tau_3}} = \frac{0,2\,m}{2 \cdot \sqrt{0,662 \cdot 10^{-6}\,m^2/s \cdot 7.200\,s}} = 1,4485 \quad \rightarrow \quad \text{erfc}(1,4485) = 0,04051$$

$$t(x_{E4} = 0,20\,m, \tau_3) = t_0 + (t_W - t_0) \cdot \text{erfc}(\zeta_4) = 18\,°C + (100\,°C - 18\,°C) \cdot 0,04051 \approx \underline{\underline{21,322\,°C}}$$

Diese Temperatur liegt schon deutlich über der Anfangstemperatur von 18 °C. In einer unendlich ausgedehnten Wand wäre zu dieser Zeit schon ein entsprechender Wärmetransport in tiefer gelegene Schichten erfolgt, so dass dieses rechnerische Vorgehen auf die endliche Wand nicht mehr anwendbar ist. Die errechnete Temperatur von 21,322 °C entspricht der Temperatur in einer Tiefe von 20 cm nach einer Zeit von 2 h, aber nicht der Temperatur in der Mitte einer 40 cm starken Wand mit links- und rechtsseitig gleichen Randbedingungen.

e) Wärmeströme an der rechten Wandseite nach Gleichung (3.3-12) mit Wärmeeindringkoeffizienten b nach Gleichung (3.3-10)

$$\dot{q}_0(\tau) = \frac{b \cdot (t_W - t_0)}{\sqrt{\pi \cdot \tau}} \qquad \text{mit} \quad b = \frac{\lambda}{\sqrt{a}} = \frac{1{,}28 \text{ W/(m K)}}{\sqrt{0{,}662 \cdot 10^{-6} \text{ m}^2/\text{s}}} = 1573{,}2 \, \frac{\text{W} \cdot \sqrt{\text{s}}}{\text{m}^2 \text{ K}}$$

$$\dot{q}_0(\tau_1) = \frac{1573{,}2 \text{ W} \cdot \sqrt{\text{s}}/(\text{m}^2\text{K}) \cdot (100\,°\text{C} - 18\,°\text{C})}{\sqrt{\pi \cdot 60 \text{ s}}} = 9.396{,}09 \, \frac{\text{W}}{\text{m}^2}$$

$$\dot{q}_0(\tau_2) = \frac{1573{,}2 \text{ W} \cdot \sqrt{\text{s}}/(\text{m}^2\text{K}) \cdot (100\,°\text{C} - 18\,°\text{C})}{\sqrt{\pi \cdot 1.800 \text{ s}}} = 1.715{,}48 \, \frac{\text{W}}{\text{m}^2}$$

3.3.4 Erweiterte Kurzzeitlösung für Temperaturfeld in ebener Wand aus Kiesbeton

Eine aus Kiesbeton gegossene Wand von 40 cm Stärke habe eine gleichmäßige Temperatur von 18 °C. Zu einem Zeitpunkt $\tau = 0$ werden die Temperaturen sprunghaft an der linken und rechten Wandseite konstant auf jeweils 100 °C gebracht.

a) Untersuchen Sie, bis zu welcher Zeit man das Modell doppelt halbunendliche Wand für den erweiterten Kurzzeitbereich anwenden kann!

b) Ermitteln Sie den Temperaturverlauf von rechter Wandfläche bis Wandmitte (Schrittweite $\Delta x = 5$ cm Eindringtiefe) für die Zeit $\tau_1 = 2$ Stunden mit dem Verfahren doppelt unendlich ausgedehnte Wand!

c) Vergleichen Sie die exakten Temperaturen in Wandmitte nach der Zeit $\tau_2 = 5$ Stunden ($t(5 \text{ h}) = 49{,}985$ °C) sowie der Zeit $\tau_3 = 6$ Stunden ($t(6 \text{ h}) = 56{,}795$ °C) mit den jeweiligen Temperaturen, die sich mit dem Modell doppelt halbunendliche Wand ergeben!

Gegeben:

$a = 0{,}662 \cdot 10^{-6} \text{ m}^2/\text{s}$ $\lambda = 1{,}28$ W/(m K)   (Tabelle 7.6-3 für Kiesbeton) $\delta = 0{,}4$ m

$t_0 = 18$ °C $t_w = 100$ °C

$x_1 = 0{,}05$ m $x_2 = 0{,}10$ m $x_3 = 0{,}15$ m $x_4 = 0{,}20$ m

$\tau_1 = 7.200$ s $\tau_2 = 18.000$ s $\tau_3 = 21.600$ s

$t(5 \text{ h}) = 49{,}985$ °C $t(6 \text{ h}) = 56{,}795$ °C   (exakte Temperaturen für Vergleich)

Vorüberlegungen:

Hiermit werden die Untersuchungen aus Aufgabe 3.2.1 fortgesetzt. Das Modell „doppelt halbunendliche Wand" nutzt das Superpositionsprinzip und zerlegt die symmetrischen Randbedingungen für den Aufheizvorgang in einer Platte mit gegebener Plattenstärke δ in einen Abkühlvorgang (hier links) und einen Aufheizvorgang (hier rechts) für eine jeweils halbseitig unendlich ausgedehnte Wand. Die dimensionslosen Temperaturen Θ für die Platte ergeben sich aus der Abkühlung in einer unendlich ausgedehnten Wand (links) abzüglich der Aufheizung in einer unendlich ausgedehnten Wand (rechts).

$$\Theta = \Theta_{li}^- - \Theta_{re}^+ = \Theta_{li}^- - (1 - \Theta_{re}^-) = \Theta_{li}^- + \Theta_{re}^- - 1 = \mathrm{erf}(x_{li}) + \mathrm{erf}(x_{re}) - 1 = \mathrm{erf}(x_{li}) + \mathrm{erf}(\delta - x_{li}) - 1$$

Die sich aus einer analytisch exakten Lösung für Aufgabenteil (b) ergebenden Temperaturen wurden in Aufgabe 3.2.1 bereitgestellt.

$t(x_E = 5 \text{ cm}, 2 \text{ h}) = 67,931 \text{ °C}$ $t(x_E = 10 \text{ cm}, 2 \text{ h}) = 43,244 \text{ °C}$

$t(x_E = 15 \text{ cm}, 2 \text{ h}) = 29,063 \text{ °C}$ $t(x_E = 20 \text{ cm}, 2 \text{ h}) = 24,645 \text{ °C}$

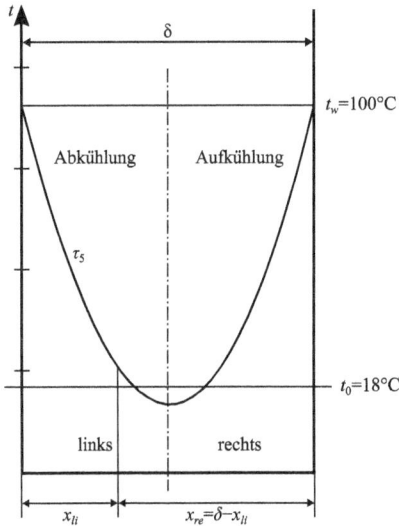

Abb. 3-9: Superposition bei doppelt halbunendlicher Wand aus Kiesbeton.

Lösung:

a) Zeitbeschränkungen für die erweitere Kurzzeitlösung $0,05 \leq \mathrm{Fo} \leq 0,3$

$$\mathrm{Fo} = \frac{a \cdot \tau_1}{(\delta/2)^2} = \frac{0,662 \cdot 10^{-6} \text{ m}^2/\text{s} \cdot 7.200 \text{ s}}{0,04 \text{ m}^2} = \underline{\underline{0,11916 < 0,3}}$$

$$\mathrm{Fo} = \frac{a \cdot \tau_2}{(\delta/2)^2} = \frac{0,662 \cdot 10^{-6} \text{ m}^2/\text{s} \cdot 18.000 \text{ s}}{0,04 \text{ m}^2} = \underline{\underline{0,29790 < 0,3}}$$

$$\mathrm{Fo} = \frac{a \cdot \tau_3}{(\delta/2)^2} = \frac{0,662 \cdot 10^{-6} \text{ m}^2/\text{s} \cdot 21.600 \text{ s}}{0,04 \text{ m}^2} = \underline{\underline{0,35748 > 0,3}}$$

Mit der Zeit $\tau_1 = 2$ h liegt man sehr gut im Bereich der empfohlenen Anwendungsgrenzen, mit $\tau_2 = 5$ h sehr nah an der oberen Grenze, bei $\tau_3 = 6$ h wird die Grenze überschritten.

b) Temperaturverlauf in der Platte nach 2 Stunden

5 cm Eindringtiefe (Rechenschritte hier ausführlich dargestellt)

$$\zeta_{li} = \frac{x_{E,1}}{2\cdot\sqrt{a\cdot\tau_1}} = \frac{0,05\,\text{m}}{2\cdot\sqrt{0,662\cdot10^{-6}\,\text{m}^2/\text{s}\cdot7.200\,\text{s}}} = \frac{0,05\,\text{m}}{0,138078238\,\text{m}} = 0,362113541$$

$$\zeta_{re} = \frac{\delta - x_{E,1}}{2\cdot\sqrt{a\cdot\tau_1}} = \frac{0,35\,\text{m}}{0,138078238\,\text{m}} = 2,53479479$$

Lineare Interpolation der Werte für erf(x) aus Tabelle 7.5-1 :

erf(0,362113541) = 0,38933 + 0,2113541 · (0,39921 − 0,38933) = 0,391418178

erf(2,53479479) = 0,99965 + 0,479479 · (0,99967 − 0,99965) = 0,999659589

$$\Theta = \Theta_{li}^- + \Theta_{re}^- - 1 = \text{erf}(\zeta_{li}) + \text{erf}(\zeta_{re}) - 1 = 0,391418178 + 0,999659589 - 1 = 0,391077767$$

$$\Theta = \frac{t(x_E,\tau) - t_W}{t_0 - t_W} \qquad\qquad t(x_E,\tau) = t_W + \Theta\cdot(t_0 - t_W)$$

$t(5\,\text{cm}, 2\,\text{h}) = 100\,°\text{C} + 0,391077767 \cdot (18\,°\text{C} - 100\,°\text{C}) = \underline{\underline{67,931\,°\text{C}}}$

Das Ergebnis stimmt mit der exakten Lösung vollständig überein!

10 cm Eindringtiefe

$$\zeta_{li} = \frac{x_{E,2}}{2\cdot\sqrt{a\cdot\tau_1}} = \frac{0,10\,\text{m}}{0,138078238\,\text{m}} = 0,724227082 \qquad \text{erf}(\zeta_{li}) = 0,694249463$$

$$\zeta_{re} = \frac{\delta - x_{E,2}}{2\cdot\sqrt{a\cdot\tau_1}} = \frac{0,30\,\text{m}}{0,138078238\,\text{m}} = 2,172681248 \qquad \text{erf}(\zeta_{re}) = 0,997876812$$

$$\Theta = \text{erf}(\zeta_{li}) + \text{erf}(\zeta_{re}) - 1 = 0,694249463 + 0,997876812 - 1 = 0,692126275$$

$t(10\,\text{cm}, 2\,\text{h}) = 100\,°\text{C} + 0,692126275 \cdot (18\,°\text{C} - 100\,°\text{C}) = \underline{\underline{43,246\,°\text{C}}}$ (sehr gute Übereinstimmung!)

15 cm Eindringtiefe

$$\zeta_{li} = \frac{x_{E,3}}{2\cdot\sqrt{a\cdot\tau_1}} = \frac{0,15\,\text{m}}{0,138078238\,\text{m}} = 1,086340624 \qquad \text{erf}(\zeta_{li}) = 0,875530196$$

$$\zeta_{re} = \frac{\delta - x_{E,3}}{2\cdot\sqrt{a\cdot\tau_1}} = \frac{0,35\,\text{m}}{0,138078238\,\text{m}} = 1,810567707 \qquad \text{erf}(\zeta_{re}) \approx 0,989543843$$

$$\Theta = \text{erf}(\zeta_{li}) + \text{erf}(\zeta_{re}) - 1 = 0,875530196 + 0,989543843 - 1 = 0,865074039$$

$t(15\,\text{cm}, 2\,\text{h}) = 100\,°\text{C} + 0,865074039 \cdot (18\,°\text{C} - 100\,°\text{C}) = \underline{\underline{29,063\,°\text{C}}}$ (exakte Übereinstimmung!)

20 cm Eindringtiefe (Wandmitte):

$$\zeta_{li} = \zeta_{re} = \frac{x_{E4}}{2 \cdot \sqrt{a \cdot \tau_1}} = \frac{0,2\,m}{2 \cdot \sqrt{0,662 \cdot 10^{-6}\,m^2/s \cdot 7.200\,s}} = 1,448454166$$

$$\mathrm{erf}(\zeta_{li}) = \mathrm{erf}(\zeta_{re}) = 0,95830 + \frac{1,448454166 - 1,44}{1,45 - 1,44}(0,95970 - 0,95830) = 0,959483583$$

$$\Theta = \mathrm{erf}(\zeta_{li}) + \mathrm{erf}(\zeta_{re}) - 1 = 2 \cdot 0,959483583 - 1 = 0,918967166$$

$$t(20\,cm, 2\,h) = 100\,°C + 0,918967166 \cdot (18\,°C - 100\,°C) = \underline{\underline{24,645\,°C}} \quad \text{(exakte Übereinstimmung!)}$$

c) Temperaturverlauf in Wandmitte nach 5 und 6 Stunden

5 h: exakter Wert nach Aufgabenstellung: $t(20\,cm, 5\,h) = 49,985\,°C \approx 50,0\,°C$

$$\zeta_{li} = \zeta_{re} = \frac{\delta/2}{2 \cdot \sqrt{a \cdot \tau_2}} = \frac{0,2\,m}{2 \cdot \sqrt{0,662 \cdot 10^{-6}\,m²/s \cdot 18.000\,s}} = 0,916082849$$

$$\mathrm{erf}(\zeta_{li}) = \mathrm{erf}(\zeta_{re}) = 0,804793684 \qquad \Theta = \mathrm{erf}(\zeta_{li}) + \mathrm{erf}(\zeta_{re}) - 1 = 2 \cdot 0,804793684 - 1 = 0,609587369$$

$$t(20\,cm, 5\,h) = 100\,°C + 0,609587369 \cdot (18\,°C - 100\,°C) = \underline{\underline{50,014\,°C}}$$

Obwohl die Fehler mit steigenden Fo-Zahlen zunehmen, liegt an der oberen Grenze für die Zeit liegt immer noch ein auf drei signifikante Stellen genaues Ergebnis vor!

6 h: exakter Wert nach Aufgabenstellung: $t(20\,cm, 6\,h) = 56,795\,°C \approx 56,8\,°C$

$$\zeta_{li} = \zeta_{re} = \frac{\delta/2}{2 \cdot \sqrt{a \cdot \tau_3}} = \frac{0,2\,m}{2 \cdot \sqrt{0,662 \cdot 10^{-6}\,m²/s \cdot 21.600\,s}} = 0,836265402$$

$$\mathrm{erf}(\zeta_{li}) = \mathrm{erf}(\zeta_{re}) = 0,763041155 \qquad \Theta = \mathrm{erf}(\zeta_{li}) + \mathrm{erf}(\zeta_{re}) - 1 = 2 \cdot 0,763041155 - 1 = 0,526082311$$

$$t(20\,cm, 6\,h) = 100\,°C + 0,526082311 \cdot (18\,°C - 100\,°C) = \underline{\underline{56,861\,°C \approx 56,9\,°C}}$$

Bei dem hier erhaltenen Ergebnis stimmen nur noch zwei signifikante Ziffern mit dem als exakt unterstellten Vergleichswert überein. Der Genauigkeitsverlust ist in diesem Zeitbereich, obwohl die Zeitgrenze Fo < 0,3 mit Fo = 0,35748 für die Superposition „doppelt halbunendliche Wand" noch nicht sehr weit überschritten wurde, schon deutlich spürbarer.

3.3.5 Wärmeleitung in ebener Wand bei zeitveränderlichen Randbedingungen

Die 80 cm dicke Wand eines Industrieofens verfüge über eine Temperaturleitfähigkeit von 10^{-6} m²/s und eine einheitliche Anfangstemperatur von 20 °C. Ab einer bestimmten Zeit werde 118 Minuten lang die Wandfläche so beheizt, dass die Wandtemperatur sprunghaft auf den Wert von 300 °C ansteigt. Nach Ablauf dieser Zeit weise die Wandtemperatur wieder den Ausgangszustand 20 °C auf.

a)   Bis zu welcher Zeit kann man das Modell halbunendliche Wand zur Berechnung des instationären Temperaturfeldes anwenden?

b)   Welche Temperaturen werden nach 90 Minuten in 1 cm und 60 cm Wandtiefe erreicht?

c)   Geben Sie die Temperaturen in °C für die Eindringtiefen 1 cm, 5 cm und 10 cm nach zwei Stunden an!

d)   Ermitteln Sie die maximale Celsiustemperatur in der Wand nach zwei Stunden! An welcher Stelle (Eindringtiefe) wird diese erreicht?

Gegeben:
$a = 10^{-6}$ m²/s $\delta = 0{,}8$ m $\tau_1 = 7080$ s (118 Minuten) $\tau_2 = 7200$ s (2 Stunden)
$t_{W1} = t_1 = 300$ °C für $0 < \tau \le \tau_1$ sowie $t_{W2} = t_2 = 20$ °C für $\tau > \tau_1$ $t_0 = 20$ °C

Vorüberlegungen:
Die Zeitgrenze für die Anwendung des Modells halbunendliche Wand ist durch das dimensionslose Kriterium Fo < 0,05 gegeben.

Nach dem Superpositionsprinzip können Teillösungen linearer gewöhnlicher oder partieller Differentialgleichungen zu einer Gesamtlösung addiert werden. Für einen Aufheizvorgang ist nach Gleichung (3.3-8b) auszugehen von

$$\Theta^+ = \text{erfc}(\zeta) \quad \text{oder} \quad \frac{t - t_0}{t_w - t_0} = \text{erfc}\left(\frac{x}{2\sqrt{a \cdot \tau}}\right) \qquad t = t_0 + \text{erfc}\left(\frac{x}{2\sqrt{a \cdot \tau}}\right) \cdot (t_w - t_0)$$

Wird nach der Zeit $\tau = \tau_1$ an der Wand wieder $\Theta^+ = 0$ ($t = t_0$) aufgeprägt, folgt unter Nutzung des Superpositionsprinzips [Temperatur = Temperatur(Zeit beheizt) – Temperatur(Zeit nicht beheizt)]: $\Theta_{ges}(\tau) = \Theta_1(\tau) - \Theta_2(\tau - \tau_1) = \text{erfc}(\zeta(\tau)) - \text{erfc}(\zeta(\tau - \tau_1))$ oder

$$\left(\frac{t - t_0}{t_1 - t_0}\right)_{ges} = \text{erfc}\left(\frac{x}{2 \cdot \sqrt{a \cdot \tau}}\right) - \text{erfc}\left(\frac{x}{2 \cdot \sqrt{a \cdot (\tau - \tau_1)}}\right)$$

Lösung:
a) Maximal mögliche Zeit für die Anwendung des Modells halbunendliche Wand aus Fo = 0,05

$$\text{Fo} = \frac{a \cdot \tau}{(\delta/2)^2} \qquad \tau = \frac{\text{Fo} \cdot (\delta/2)^2}{a} = \frac{0{,}05 \cdot 0{,}4^2 \text{ m}^2}{10^{-6} \text{ m}^2/\text{s}} = \underline{\underline{8.000 \text{ s}}}$$

b) Temperaturen nach 5.400 s (90 Minuten) geordnet nach Eindringtiefe

$x =$ 1 cm = 0,01 m

$$\zeta = \frac{x}{2 \cdot \sqrt{a \cdot \tau}} = \frac{0{,}01 \text{ m}}{2 \cdot \sqrt{10^{-6} \text{ m}^2/\text{s} \cdot 5.400 \text{ s}}} = 0{,}068041381 \approx 0{,}06804$$

$$\Theta^+ = \text{erfc}(\zeta) = \text{erfc}(0{,}068041381)$$

Ermittlung von erfc(0,068041381) aus erfc(ζ) = 1– erf(ζ) und erf(ζ) aus der Potenzreihe:

$$\text{erf}(\zeta) = \frac{2}{\sqrt{\pi}} \cdot \left(x - \frac{x^3}{3} + \frac{x^5}{10} - \frac{x^7}{42} + \dots - \dots \right)$$

erf(0,068041381) =

$$\frac{2}{\sqrt{\pi}} \cdot \left(0,068041381 - 0,000105002 + 0,000000145 - 1,60754 \cdot 10^{-10} \right) = 0,076658158$$

erfc(0,068041381) = 1 – 0,076658158 = 0,923341841 ≈ 0,92334   (5 signifikante Ziffern)

Ermittlung von erfc(0,068041381) durch lineare Interpolation aus Tabelle 7.5-2:

ζ = 0,068041381 ≈ 0,06804

erfc(0,06804) = 0,93238 + 0,804 · (0,92114 – 0,93238) = 0,92334

$t(1\,\text{cm}) = t_0 + \text{erfc}(\zeta) \cdot (t_W - t_0) = 20\,°\text{C} + 0,92334 \cdot (300\,°\text{C} - 20\,°\text{C}) = \underline{\underline{278,54\,°\text{C}}}$

$x = 60$ cm = 0,60 m

$$\zeta = \frac{x}{2 \cdot \sqrt{a \cdot \tau}} = \frac{0,60\,\text{m}}{2 \cdot \sqrt{10^{-6}\,\text{m}^2/\text{s} \cdot 5.400\,\text{s}}} = 4,082482905 \approx 4,0825$$

$\Theta^+ = \text{erfc}(4,0825) = 0$ $t(60\,\text{cm}) = 20\,°\text{C} + 0 \cdot (300\,°\text{C} - 20\,°\text{C}) = \underline{\underline{20,00\,°\text{C}}}$

c) Temperaturen nach 7.200 s (2 Stunden) geordnet nach Eindringtiefe

$$\zeta_1 = \frac{x}{2 \cdot \sqrt{a \cdot \tau}} = \frac{x}{2 \cdot \sqrt{10^{-6}\,\text{m}^2/\text{s} \cdot 7200\,\text{s}}} = 5,8925565\,\text{m}^{-1} \cdot x$$ x ist in Meter einzusetzen!

$$\zeta_2 = \frac{x}{2 \cdot \sqrt{a \cdot (\tau - \tau_1)}} = \frac{x}{2 \cdot \sqrt{10^{-6}\,\text{m}^2/\text{s} \cdot 120\,\text{s}}} = 45,643546\,\text{m}^{-1} \cdot x$$

Die nachfolgend benötigten Werte für die komplementäre Error-Funktion sind aus Tabelle 7.5-2 zu entnehmen:

$x = 1$ cm = 0,01 m: $\zeta_1 = 0,058925565$ erfc(ζ_1) ≈ 0,9336

$\zeta_2 = 0,45643546$ erfc(ζ_2) ≈ 0,5291

$\Theta^+ = \text{erfc}(\zeta_1) - \text{erfc}(\zeta_2) = 0,9336 - 0,5291 = 0,4045$

$t(1\,\text{cm}) = 20\,°\text{C} + 0,4045 \cdot (300\,°\text{C} - 20\,°\text{C}) = \underline{\underline{133,26\,°\text{C}}}$

$x = 5$ cm = 0,05 m: $\zeta_1 = 0,294627825$ erfc(ζ_1) ≈ 0,68

$\zeta_2 = 2,2821773$ erfc(ζ_2) ≈ 0,00126

$\Theta^+ = \text{erfc}(\zeta_1) - \text{erfc}(\zeta_2) = 0,68000 - 0,00126 = 0,67874$

$t(5\,\text{cm}) = 20\,°\text{C} + 0,67874 \cdot (300\,°\text{C} - 20\,°\text{C}) = \underline{\underline{210,05\,°\text{C}}}$

$x = 10$ cm $= 0,10$ m: $\zeta_1 = 0,58925565$ $\mathrm{erfc}(\zeta_1) \approx 0,40465676$

$\zeta_2 = 4,5643546$ $\mathrm{erfc}(\zeta_2) \approx 0$

$$\Theta^+ = \mathrm{erfc}(\zeta_1) - \mathrm{erfc}(\zeta_2) = 0,40465676 - 0 \approx 0,40465676$$

$$t(10\,\mathrm{cm}) = 20\,°\mathrm{C} + 0,40465676 \cdot (300\,°\mathrm{C} - 20\,°\mathrm{C}) = \underline{\underline{133,30\,°\mathrm{C}}}$$

Hinweis:

Numerische Berechnung von $\mathrm{erfc}(x)$ für $x = 0,58925565$ aus $\mathrm{erfc}(x) = 1 - \mathrm{erf}(x)$ und

$\mathrm{erf}(x) =$

$$\frac{2}{\sqrt{\pi}} \cdot \left(x - \frac{x^3}{3} + \frac{x^5}{10} - \frac{x^7}{42} + \frac{x^9}{216} - \frac{x^{11}}{1.320} + \frac{x^{13}}{9.360} - \frac{x^{15}}{75.600} + \frac{x^{17}}{685.440} - \frac{x^{19}}{6.894.720} + \frac{x^{21}}{76.204.800} - +... \right)$$

$\mathrm{erf}(0,58925565) =$

$$\frac{2}{\sqrt{\pi}}(0,58925565 - 0,068200885 + 0,007104258 - 0,000587322 + 0,000039653 - 0,000002253 +$$

$$0,00000011 - 0,000000004) = \underline{\underline{0,595343237}}$$

Abbruch nach 8. Reihenglied!

$\mathrm{erfc}(0,58925565) = 1 - 0,595343237 = \underline{\underline{0,404656763}}$

Ein Vergleich mit dem durch lineare Interpolation gewonnenen Wert für die Eindringtiefe von 10 cm zeigt, dass man bei der linearen Interpolation mit einem Genauigkeitsverlust ab der 5. Ziffer rechnen muss.

$x = 15$ cm $= 0,15$ m: $\zeta_1 = 0,883883475$ $\mathrm{erfc}(\zeta_1) = 0,21130$

$$\mathrm{erfc}(0,883883475) \approx \mathrm{erfc}(0,8839)$$

lineare Interpolation aus Tabelle 7.5-2 ergibt

$$\mathrm{erfc}(0,8839) = \mathrm{erfc}(0,88) + \frac{0,8839 - 0,88}{0,89 - 0,88}(\mathrm{erfc}(0,89) - \mathrm{erfc}(0,88))$$

$$\mathrm{erfc}(0,8839) = 0,21331 + 0,39 \cdot (0,20816 - 0,21331) = 0,21130$$

$\zeta_2 = 6,8465$ $\mathrm{erfc}(\zeta_2) \approx 0$

$\Theta^+ = \mathrm{erfc}(\zeta_1) - \mathrm{erfc}(\zeta_2) = 0,21130 - 0 = 0,21130$

$t(15\,\mathrm{cm}) = 20\,°\mathrm{C} + 0,2113 \cdot (300\,°\mathrm{C} - 20\,°\mathrm{C}) = \underline{\underline{79,16\,°\mathrm{C}}}$

d) Ort für Temperaturmaximum nach zwei Stunden und dessen Höhe

- extremwertverdächtige Stelle von $\Theta^+ = \mathrm{erfc}(\zeta(x))$ aus $\dfrac{d\Theta^+}{dx} = 0$ $\dfrac{d\Theta^+}{dx} = \dfrac{d\Theta^+}{d\zeta} \cdot \dfrac{d\zeta}{dx}$

- $\mathrm{erf}(\zeta) = \dfrac{2}{\sqrt{\pi}} \cdot \displaystyle\int_0^\zeta e^{-\xi^2} d\zeta$ sowie $\mathrm{erfc}(\zeta) = 1 - \mathrm{erf}(\zeta)$ mit $\zeta_1 = a \cdot x = 5,8925565\ \mathrm{m^{-1}} \cdot x$ und

$\zeta_2 = b \cdot x = 45,643546\ \mathrm{m^{-1}} \cdot x$

- Integration als Umkehrung der Differentiation: $\dfrac{d}{d\zeta}\left(\int e^{-\zeta^2}\,d\zeta\right)=e^{-\zeta^2}$ so dass

$$\frac{d\,\mathrm{erfc}(\zeta)}{d\zeta}=\frac{d[1-\mathrm{erf}(\zeta)]}{d\zeta}=-\frac{2}{\sqrt{\pi}}\,e^{-\zeta^2}$$

- Bestätigung Maximum durch Nachweis des Wechsels des Vorzeichens von $d\Theta/dx$ (von plus nach minus) beim Überschreiten der ermittelten extremwertverdächtigen Stelle von links nach rechts

$$\frac{d\Theta}{dx}=\frac{d[\mathrm{erfc}(\zeta_1(x))-\mathrm{erfc}(\zeta_2(x))]}{dx}=\frac{d\left[-\dfrac{2}{\sqrt{\pi}}\left(e^{-(ax)^2}-e^{-(bx)^2}\right)\right]}{dx}=$$

$$\frac{2}{\sqrt{\pi}}(-e^{-(ax)^2}\cdot 2a\cdot x+e^{-(bx)^2}\cdot 2b\cdot x)=0 \qquad \text{führt auf}$$

$$e^{-(bx)^2}\cdot b=e^{-(ax)^2}\cdot a \text{ oder } \frac{b}{a}=e^{x^2(b^2-a^2)}$$

$$\frac{45,643546\,\mathrm{m}^{-1}}{5,8925565\,\mathrm{m}^{-1}}=e^{x^2(45,643546^2-5,8925565^2)\,\mathrm{m}^{-2}} \qquad \rightarrow \qquad 7,745966628=e^{x^2\cdot 2048,611069\,\mathrm{m}^{-2}}$$

$$x=\sqrt{\frac{\ln 7,745966628}{2048,611069\,\mathrm{m}^{-2}}}=0,031611669\,\mathrm{m}\approx\underline{\underline{0,0316\,\mathrm{m}}}$$

Nachweis über Vorzeichenwechsel, dass ein Maximum vorliegt aus

$$\left.\frac{d\Theta}{dx}\right|_x=\frac{2}{\sqrt{\pi}}(-e^{-(ax)^2}\cdot 2a\cdot x+e^{-(bx)^2}\cdot 2b\cdot x)$$

$$\left.\frac{d\Theta}{dx}\right|_{x=0,03\,\mathrm{m}}=\frac{2}{\sqrt{\pi}}(-0,342675695+0,419979884)=+0,087228437$$

$$\left.\frac{d\Theta}{dx}\right|_{x=0,04\,\mathrm{m}}=\frac{2}{\sqrt{\pi}}(-0,4459295695+0,130263013)=-0,356191565$$

$x = 0,031611669$ m:

$\zeta_1\approx 0,1863$ $\mathrm{erfc}(\zeta_1)\approx 0,79906+0,63\cdot(0,78816-0,79906)=0,79219$

$\zeta_2\approx 1,4429$ $\mathrm{erfc}(\zeta_2)\approx 0,04170+0,29\cdot(0,04030-0,04170)=0,041294$

$\qquad\qquad\quad \Theta^+=\mathrm{erfc}(\zeta_1)-\mathrm{erfc}(\zeta_2)=0,79219-0,041294=0,75090$

$\qquad\qquad\quad t(3,16\,\mathrm{cm})=20\,°\mathrm{C}+0,7509\cdot(300\,°\mathrm{C}-20\,°\mathrm{C})\approx\underline{\underline{230,25\,°\mathrm{C}}}$

3.3.6   Kontakttemperatur zweier endlicher Körper im Kurzfristbereich

Ein Mensch betrete barfuß einen Fußboden, der eine konstante Temperatur von 16 °C aufweise. Der Wärmeeindringkoeffizient für menschliches Gewebe sei unter Verwendung medizinischer Daten für den gesunden Menschen mit 1080 W $\sqrt{\text{s}}$ /(m² K) , die Hauttemperatur als Oberflächentemperatur mit 32 °C gegeben. Berechnen Sie die sich unmittelbar einstellende Kontakttemperatur, wenn der Fußboden aus
a) Edelstahlblech (Cr-Ni-Stahl) im Schwimmbad
b) Marmor (Treppe im Hotel)
c) Korkfliesen (Kinderzimmer) besteht!

Gegeben:

Mensch: $t_M = 32 \,°C$ $b_M = 1080 \, W\sqrt{s} \,/(m² \, K)$

Fußboden: $t_F = 16 \,°C$

Edelstahl (Cr-Ni): $a_1 = 3{,}75 \cdot 10^{-6} \, m^2/s$ $\lambda_1 = 14{,}7 \, W/(m \, K)$ (Tabelle 7.6-2)

Marmor: $a_2 = 1{,}30 \cdot 10^{-6} \, m^2/s$ $\lambda_2 = 2{,}80 \, W/(m \, K)$ (Tabelle 7.6-3)

Kork: $a_3 = 0{,}11 \cdot 10^{-6} \, m^2/s$ $\lambda_3 = 0{,}041 \, W/(m \, K)$ (Tabelle 7.6-3)

Vorüberlegungen:

Bekanntlich liegen die Temperaturen im Körperinneren eines Menschen höher, die Hauttemperaturen als Oberflächentemperaturen betragen jedoch beim gesunden Menschen zwischen 31 und 32 °C. Damit ist neben der Tatsache, dass Mensch ebenso wie Fußboden glücklicherweise keine halbseitig unendlich ausgeweiteten Körper sind, auch eine zweite wichtige Voraussetzung für die Ableitung von (3.3-20a) nicht erfüllt, nämlich zumindest beim Menschen liegt im Körper keine einheitliche Anfangstemperatur vor. Deshalb können die nachfolgenden Rechnungen nur Anspruch auf Gültigkeit für eine sehr kurze Zeitspanne erheben.

Wir unterstellen idealen thermischen Kontakt und berechnen die sich im ersten Moment einstellende Kontakttemperatur nach (3.3-20a).

Lösung:

1. Schritt: Berechnung des Wärmeeindringkoeffizienten nach Gleichung (3.3-10)

$$\text{Edelstahl} \qquad b_1 = \frac{\lambda_1}{\sqrt{a_1}} = \frac{14{,}7 \, W/(m \, K)}{\sqrt{3{,}75 \cdot 10^{-6} \, m^2/s}} = 7591 \, \frac{W\sqrt{s}}{m^2 \, K}$$

$$\text{Marmor} \qquad b_2 = \frac{\lambda_2}{\sqrt{a_2}} = \frac{2{,}80 \, W/(m \, K)}{\sqrt{1{,}30 \cdot 10^{-6} \, m^2/s}} = 2455{,}8 \, \frac{W\sqrt{s}}{m^2 \, K}$$

$$\text{Kork} \qquad b_3 = \frac{\lambda_3}{\sqrt{a_3}} = \frac{0{,}041 \, W/(m \, K)}{\sqrt{0{,}11 \cdot 10^{-6} \, m^2/s}} = 123{,}62 \, \frac{W\sqrt{s}}{m^2 \, K}$$

2. Schritt: Kontakttemperaturen nach Gleichung (3.3-20a)

Edelstahl $\quad t_B = \dfrac{b_1 \cdot t_F + b_M \cdot t_M}{b_1 + b_M} = \dfrac{7591\,\dfrac{W\sqrt{s}}{m^2\,K}\cdot 16\,°C + 1080\,\dfrac{W\sqrt{s}}{m^2\,K}\cdot 32\,°C}{7591\,\dfrac{W\sqrt{s}}{m^2\,K} + 1080\,\dfrac{W\sqrt{s}}{m^2\,K}} \approx \underline{\underline{18\,°C}}$

Marmor $\quad t_B = \dfrac{b_2 \cdot t_F + b_M \cdot t_M}{b_2 + b_M} = \dfrac{2455{,}8\,\dfrac{W\sqrt{s}}{m^2\,K}\cdot 16\,°C + 1080\,\dfrac{W\sqrt{s}}{m^2\,K}\cdot 32\,°C}{2455{,}8\,\dfrac{W\sqrt{s}}{m^2\,K} + 1080\,\dfrac{W\sqrt{s}}{m^2\,K}} \approx \underline{\underline{20{,}89\,°C}}$

Kork $\quad t_B = \dfrac{b_3 \cdot t_F + b_M \cdot t_M}{b_3 + b_M} = \dfrac{123{,}62\,\dfrac{W\sqrt{s}}{m^2\,K}\cdot 16\,°C + 1080\,\dfrac{W\sqrt{s}}{m^2\,K}\cdot 32\,°C}{123{,}62\,\dfrac{W\sqrt{s}}{m^2\,K} + 1080\,\dfrac{W\sqrt{s}}{m^2\,K}} = \underline{\underline{30{,}37\,°C}}$

Wegen des kleinen Wärmeeindringkoeffizienten für Kork spürt man auf der Haut kaum einen Temperaturunterschied, obwohl die Korkfliese nur eine Temperatur von 16 °C aufweist. Die Resultate bestätigen also anschaulich die allgemein bekannte Wahrnehmung, dass sich Körper mit hohem Wärmeeindringkoeffizienten besonders „kalt" anfühlen, wenn ihre Temperatur deutlich unter der Hauttemperatur liegt. Ist die Temperatur des betreffenden Körpers hingegen deutlich höher als die Hauttemperatur, fühlt er sich entsprechend „heißer" an (Effekt: Hand taucht in ruhendes heißes Wasser $\rightarrow b(H_2O$ bei $50\,°C) \approx 1635\,W\sqrt{s}\,/(m^2\,K)$).

Können Sie sich jetzt vorstellen, warum Saunabänke aus Holz hergestellt werden und nicht aus dem einfacher hygienisch zu säubernden Material Edelstahl?

3.4 Sprungantwort einer Blockkapazität

Ein beliebig gestalteter Festkörper mit einer konstanten Ausgangstemperatur t_0 und dem Volumen V mit wärmeübertragender Oberfläche A und einer spezifischen Wärmekapazität c stehe über den konstanten mittleren Wärmeübergangskoeffizienten α mit einem Fluid, das die konstante Umgebungstemperatur t_U besitze, im Wärmeaustausch. An den Festkörper stellen wir ferner die Forderung, dass seine Temperatur von der Zeit τ abhängig, aber zu jedem Zeitpunkt innerhalb des gesamten Körpers konstant ist. Innerhalb des Körpers treten also keine Temperaturdifferenzen auf. Einen solchen Körper bezeichnet man als Blockkapazität. Die Temperatur für den gesamten Körper im Block ist zeitlich veränderlich, aber an jedem Punkt des Körpers für einen ausgewählten Zeitpunkt einheitlich. Ein Behälter, der über einen Wärmedurchgangskoeffizienten k mit der Umgebung thermisch gekoppelt und mit einem stets gut durchmischten Fluid gefüllt ist, kann mathematisch wie eine Blockkapazität behandelt werden. Daher spricht man anstelle vom Modell Blockkapazität gelegentlich vom Modell des *ideal gerührten Behälters*

Ein über die Körperoberfläche tretender Wärmestrom ändert die im Körper gespeicherte Energie nach Maßgabe von

$$\dot{Q} = m \cdot c \cdot \frac{\mathrm{d}t}{\mathrm{d}\tau} = \rho \cdot V \cdot c \cdot \frac{\mathrm{d}t}{\mathrm{d}\tau} \qquad (3.4\text{-}1)$$

Der gewöhnlichen Differentialgleichung (3.4-1) werden folgende Anfangs- und Randbedingungen zugeordnet:

- Anfangsbedingung: $\quad t(\tau = 0) = t_0$

- Randbedingung dritter Art: $\quad \dot{Q} = -\alpha \cdot A \cdot (t - t_U)$ mit folgenden Bedingungen:

  $\quad\quad\quad\quad\quad\quad\quad\quad\quad t > t_U \;\rightarrow\; \text{Körper gibt Wärme ab } \dot{Q} < 0$

  $\quad\quad\quad\quad\quad\quad\quad\quad\quad t < t_U \;\rightarrow\; \text{Körper nimmt Wärme auf } \dot{Q} > 0$

Mit (3.4-1) sowie der oben aufgeführten Randbedingung dritter Art folgt nun aus der Tatsache, dass der Wärmeübergang Fluid/Körper an der Körperoberfläche alleinige Ursache für den Wärmetransport in oder aus dem Körper ist:

$$\rho \cdot V \cdot c \cdot \frac{\mathrm{d}t}{\mathrm{d}\tau} = -\alpha \cdot A \cdot (t - t_U) \qquad (3.4\text{-}2)$$

und nach Trennung der Veränderlichen $\dfrac{\mathrm{d}t}{t - t_U} = -\dfrac{\alpha \cdot A}{\rho \cdot V \cdot c}\mathrm{d}\tau$ kann die allgemeine Lösung von

Gleichung (3.4-2) gefunden werden mit

$$t - t_U = K \cdot e^{-\frac{\alpha \cdot A}{\rho \cdot V \cdot c}\tau} \qquad (3.4\text{-}3)$$

Die frei wählbare Konstante K in der allgemeinen Lösung (3.4-3) führt bei der Anfangsbedingung $t(\tau = 0) = t_0$ auf $K = t_0 - t_U$. Ferner definiert man für (3.4-3) eine Zeitkonstante ϑ als charakteristische Größe für die Blockkapazität

$$\vartheta = \frac{\rho \cdot V \cdot c}{\alpha \cdot A} = \frac{m \cdot c}{\alpha \cdot A} \quad \text{mit } [\vartheta] = 1\,\mathrm{s} \qquad (3.4\text{-}4)$$

Gleichung (3.4-3) erscheint nun in der Form

$$t - t_U = (t_0 - t_U) \cdot e^{-\frac{\tau}{\vartheta}} \qquad (3.4\text{-}5)$$

Für einen Gleichgewichtszustand gelten dann folgende Aussagen:

- $\tau = 1 \cdot \vartheta: \quad t(\tau) - t_U = (t_0 - t_U) \cdot e^{-1} = (t_0 - t_U) \cdot 0{,}36788$

  Die treibende Temperaturdifferenz ist auf circa 36 % ihres Ausgangswertes gefallen.

- $\tau = 5 \cdot \vartheta: \quad t(\tau) - t_U = (t_0 - t_U) \cdot e^{-5} = (t_0 - t_U) \cdot 0{,}0067379$

  Die treibende Temperaturdifferenz ist auf circa 0,67 % ihres Ausgangswertes gefallen und der Gleichgewichtszustand fast erreicht!

Grundsätzlich (aber im Ingenieurwesen weniger üblich) könnte zur Charakterisierung eines Ausgleichsvorganges mit dem Modell Blockkapazität gleichfalls die in der Physik als Halbwertszeit bekannte Zeit τ_H, herangezogen werden, nach der sich die anfängliche Temperaturdifferenz zwischen Blockkapazität und Umgebung halbiert hat. Dann ist anzusetzen:

$$\frac{t(\tau)-t_U}{t_0-t_U}=\frac{1}{2} \quad \rightarrow \quad e^{-\frac{\tau_H}{\vartheta}}=\frac{1}{2} \quad \rightarrow \quad e^{\frac{\tau_H}{\vartheta}}=2$$

Die Halbwertszeit τ_H dann mit der Zeitkonstante ϑ in dem festen Zusammenhang

$$\tau_H = \ln 2 \cdot \vartheta \approx 0,69315 \cdot \vartheta \tag{3.4-6}$$

Die Zeitkonstante ϑ beschreibt außerdem den Einfluss der Geometrie auf Verhalten des Körpers bei Auskühlung/Aufheizung über eine charakteristische Länge der Blockkapazität L_{BK}^*.

$$\vartheta = \frac{\rho \cdot c}{\alpha} \cdot \frac{V}{A} = \frac{\rho \cdot c}{\alpha} \cdot L_{BK}^* \qquad [\vartheta] = 1\,\mathrm{s} \tag{3.4-7}$$

Gleichung (3.4-5) zeigt in Verbindung mit (3.4-4), dass der Einfluss der Körperform auf die Temperaturänderung einer Blockkapazität nur vom Verhältnis Oberfläche zu Volumen abhängt.

$$L_{BK}^* = V / A \tag{3.4-8}$$

Der Quotient V/A in (3.4-8) stellt demnach eine für die Blockkapazität charakteristische Länge L_{BK}^* dar, die für spezielle Grundgeometrien auch einfach ermittelt werden kann:

- Symmetrische Platte (Dicke $\delta = 2R$) $\quad L_{BK}^* = \dfrac{2R \cdot A}{2 \cdot A} = R$

- Zylinder (Durchmesser $D = 2R$) $\quad L_{BK}^* = \dfrac{\pi \cdot R^2 \cdot h}{\pi \cdot 2R \cdot h} = \dfrac{R}{2}$ $\quad$ (A = Mantelfläche; $h >> R$)

- Kugel (Durchmesser $D = 2R$) $\quad L_{BK}^* = \dfrac{\frac{4}{3} \cdot \pi \cdot R^3}{4 \cdot \pi \cdot R^2} = \dfrac{R}{3}$

Für ansonsten festgehaltene Bedingungen vollzieht sich ein Abkühl- oder Aufheizvorgang umso langsamer, je größer L_{BK}^* ist. So würde die Kugel als Blockkapazität mit der kleinsten charakteristischen Länge – überall gleiches R vorausgesetzt – nach einer Störung des Gleichgewichtes am schnellsten den neuen Gleichgewichtszustand mit der Umgebung erreichen.

Grundsätzlich sind diese Überlegungen auch übertragbar zur Abschätzung des Auskühlverhaltens unterschiedlicher Gebäudetypen. Häuser in kompakter Bauweise kühlen nicht so schnell aus wie Häuser mit Erkern und anderen Oberflächen vergrößernden Anbauten. Ist das Haus fast „würfelförmig" gebaut, kühlt es langsamer aus als ein Haus, bei dem eine Abmessung wesentlich kleiner ist als die anderen beiden.

Je mehr Wärme über die Oberfläche der Blockkapazität abgegeben oder aufgenommen wird, desto niedriger muss der Widerstand für die Wärmeleitung im Inneren für die Blockkapazität sein, damit dort im gesamten Bereich eine einheitliche Temperatur herrscht. Das Verhältnis von Wärmeleit- zu Wärmeübergangswiderstand wird durch die Biot-Zahl Bi ausgedrückt. Das Modell Blockkapazität setzt also mindestens $Bi < 1$ voraus, unbedenklich ist die Anwendung des Modells für $Bi < 0,15$. In diesem Fall eignet sich die Blockkapazität auch zur Bestimmung des mittleren Wärmeübergangskoeffizienten. Für größere Biot-Zahlen treten nicht konstante Temperaturverteilungen sowohl im Körper als auch in seiner unmittelbaren Umgebung auf. Im Grenzfall $Bi \rightarrow \infty$ ($\alpha \rightarrow \infty$) wird zum Zeitpunkt $\tau = 0$ die Wand schon

Umgebungstemperatur annehmen, während im Inneren des Körpers erst allmählich der Temperaturausgleich anläuft. Dann ist das Modell Blockkapazität nicht anwendbar.

So wie die in der Blockkapazität gespeicherte Energie bei Vorliegen eines Temperaturunterschiedes zur Umgebung gegen einen thermischen Widerstand an die Umgebung abgegeben wird, entlädt sich in einem analogen Vorgang ein Kondensator mit der Kapazität C gegen einen Ohmschen Widerstand. Einander entsprechende Einflussgrößen sind dabei:

* als den Ausgleichsvorgang treibender Potentialunterschied die Temperaturdifferenz $(t(\tau) - t_U)$ und die Spannung U
* die im System gespeicherten Erhaltungsgrößen innere Energie $(\rho \cdot V \cdot c \cdot \Delta t)$ und elektrische Ladung $Q = C \cdot U$
* die den Transport hemmenden Widerstände Wärmeübergangs- bzw. Wärmedurchgangswiderstand ($1/(\alpha \cdot A)$ bzw. $1/(k \cdot A)$) und Ohmscher Widerstand R_{el}

3.4.1 Analyse eines Aufheizvorganges für verschiedene Materialien

Ein Zylinder aus Kupfer und ein Zylinder aus CrNi-Stahl von jeweils 2 cm Höhe und 2 cm Durchmesser sowie jeweils einheitlicher Anfangstemperatur von 20 °C werden in einem Glühofen mit konstanter Glühofentemperatur von 600 °C aufgeheizt. Für beide Zylinder kann ein konstanter Wärmeübergangskoeffizient von 8 W/(m² K) angesetzt werden.

a) Begründen Sie mit dem Wärmeeindringkoeffizienten, welcher Zylinder im Kurzzeitbereich mehr Wärme aufgenommen hat?

b) Welcher Zylinder hat bei durchgängigem Erreichen der Glühofentemperatur mehr Wärme aufgenommen?

c) Nach jeweils welcher Zeit ist der Aufheizvorgang für die beiden Zylinder abgeschlossen?

Hinweis: Für die Rechnung sei es ausreichend, konstante Stoffwerte bei einer Temperatur von 20 °C zu verwenden!

Gegeben:

Zylinder: $d = 2$ cm $\qquad h = 2$ cm

$$V = \frac{\pi}{4} d^2 \cdot h = \frac{\pi}{4} \cdot 4 \, \text{cm}^2 \cdot 2 \, \text{cm} = 2\pi \cdot 10^{-6} \, \text{m}^3 \approx 6{,}2832 \cdot 10^{-6} \, \text{m}^3$$

$$A = 2 \cdot \frac{\pi}{4} \cdot d^2 + \pi \cdot d \cdot h = 2 \cdot \frac{\pi}{4} \cdot 4 \, \text{cm}^2 + \pi \cdot 2 \, \text{cm} \cdot 2 \, \text{cm} = 6 \cdot \pi \cdot 10^{-4} \, \text{m}^2 \approx 18{,}85 \cdot 10^{-4} \, \text{m}^2$$

Stoffwerte bei 20 °C aus Tabelle 7.6-2:

Cu: $\rho = 8.930$ kg/m³ $\qquad c = 382$ J/(kg K) $\qquad \lambda = 397$ W/(m K)

CrNi: $\rho = 7.800$ kg/m³ $\qquad c = 502$ J/(kg K) $\qquad \lambda = 14{,}7$ W/(m K)

$t_A = 20\,°C$ $\qquad\qquad$ $t_E = 600\,°C$ $\qquad\qquad$ $\Delta t = 580\,K$

Vorüberlegungen:

1. Das Modell Blockkapazität kann hier in beiden Fällen uneingeschränkt angewendet werden (Bi < 0,15).

   Cu: $\quad Bi = \dfrac{\alpha \cdot d/2}{\lambda} = \dfrac{8\,W/(m^2\,K) \cdot 0,01\,m}{397\,W/(m\,K)} = 0,000201511$

   CrNi: $Bi = \dfrac{\alpha \cdot d/2}{\lambda} = \dfrac{8\,W/(m^2\,K) \cdot 0,01\,m}{14,7\,W/(m\,K)} = 0,005442176$

2. Der Wärmeeindringkoeffizient b ist eine charakteristische Größe für die instationäre Wärmeleitung. Wir übernehmen die Definition aus Gleichung (3.3-10).

   $b = \sqrt{\lambda \cdot \rho \cdot c}$ $\qquad\qquad$ $[b] = 1\dfrac{W \cdot \sqrt{s}}{m^2\,K}$

3. Das Ende der Aufheizzeit kann über die Zeitkonstante ϑ einer Blockkapazität nach Formel (3.3-4) bestimmt werden. Der Aufheizvorgang kann bei $\tau = 5 \cdot \vartheta$ als abgeschlossen angesehen werden.

   $\vartheta = \dfrac{\rho \cdot V \cdot c}{\alpha \cdot A}$

Lösung:

a) Wärmeeindringkoeffizient

   Cu: $\quad b = \sqrt{397\,W/(m\,K) \cdot 8.930\,kg/m^3 \cdot 382\,J/(kg\,K)} = 36.800,41\,W \cdot \sqrt{s}\,/(m^2\,K)$

   CrNi: $b = \sqrt{14,7\,W/(m\,K) \cdot 7.800\,kg/m^3 \cdot 502\,J/(kg\,K)} = 7586,786\,W \cdot \sqrt{s}\,/(m^2\,K)$

Wegen des größeren Wärmeeindringkoeffizienten b nimmt der Kupferzylinder im Kurzzeitbereich mehr Wärme auf.

b) Wärmeaufnahme bis zum Erreichen des neuen Gleichgewichtszustandes

   $Q = \rho \cdot V \cdot c \cdot \Delta t$

   Cu: $\quad Q = 8.930\,kg/m^3 \cdot 6,2832 \cdot 10^{-6}\,m^3 \cdot 382\,J/(kg\,K) \cdot 580\,K = 12,432\,kJ$

   CrNi: $Q = 7.800\,kg/m^3 \cdot 6,2832 \cdot 10^{-6}\,m^3 \cdot 502\,J/(kg\,K) \cdot 580\,K = 14,269\,kJ$

Der Stahlzylinder nimmt wegen der höheren Wärmekapazität $C = m \cdot c$ insgesamt mehr Wärme auf.

c) Dauer des Aufheizvorganges aus der Zeitkonstante für Blockkapazität

   Cu: $\quad \vartheta = \dfrac{8.930\,kg/m^3 \cdot 6,2832 \cdot 10^{-6}\,m^3 \cdot 382\,Ws/(kg\,K)}{8\,W/(m^2\,K) \cdot 18,85 \cdot 10^{-4}\,m^2} = 1421,328172\,s$

   $\tau = 5 \cdot \vartheta = 5 \cdot 1421,328172\,s \cdot \dfrac{1\,h}{3.600\,s} \approx 1,974\,h$

CrNi: $\vartheta = \dfrac{7.800\,\text{kg/m}^3 \cdot 6{,}2832 \cdot 10^{-6}\,\text{m}^3 \cdot 502\,\text{Ws/(kg K)}}{8\,\text{W/(m}^2\text{ K)} \cdot 18{,}85 \cdot 10^{-4}\,\text{m}^2} = 1631{,}465379\,\text{s}$

$\tau = 5 \cdot \vartheta = 5 \cdot 1631{,}465379\,\text{s} \cdot \dfrac{1\,\text{h}}{3.600\,\text{s}} \approx \underline{\underline{2{,}226\,\text{h}}}$

3.4.2   Sprungantwort einer Blockkapazität (Thermometerperle)

Ein Glasthermometer mit einer zylindrischen, quecksilbergefüllten Thermometerperle von 4 mm Durchmesser, das zunächst eine einheitliche Anfangstemperatur von 20 °C besitzt, werde in ein Wasserbad mit einer konstanten Temperatur von 60 °C getaucht. Der Wärmeübergangskoeffizient Wasser-Thermometer betrage 150 W/(m² K). Die Stoffwerte für Quecksilber bei 20 °C seien wie folgt gegeben:

c_{Hg} = 139,5 J/(kg K) λ_{Hg} = 8,70 W/(m K) ρ_{Hg} = 13.546 kg/m³

   a) Prüfen Sie, ob Sie hier mit dem Modell Blockkapazität erfolgreich arbeiten können!
   b) Nach welcher Zeit beträgt der Anzeigefehler weniger als 0,1 K?

Gegeben:

d = 0,004 m t_0 = 20 °C t_U = 60 °C α = 150 W/(m² K)

c_{Hg} = 139,5 J/(kg K) λ_{Hg} = 8,70 W/(m K) ρ_{Hg} = 13.546 kg/m³

Anzeigewert Thermometer: $t = t_U - 0{,}1\,\text{K} = 59{,}9\,°C$

Vorüberlegungen:

Dieser Vorgang kann als Sprungantwort einer Blockkapazität behandelt werden, wenn Bi ≤ 0,15 erfüllt ist. Die charakteristische Länge eines Zylinders ist sein Radius $L^* = d/2$.

Die Rechnung vereinfacht sich mit der Annahme eines Vollzylinders für die Thermometerperle, dessen wärmeübertragende Oberfläche sich aber auf seine Mantelfläche beschränkt.

Lösung:

a) Prüfen, ob Bi ≤ 0,15 erfüllt

$Bi = \dfrac{\alpha \cdot L^*}{\lambda} = \dfrac{\alpha \cdot d/2}{\lambda} = \dfrac{150\,\text{W/(m}^2\text{ K)} \cdot 0{,}002\,\text{m}}{8{,}7\,\text{W/(m K)}} = \underline{\underline{0{,}034483 \le 0{,}15}}$

b) Einstellzeit für die Temperaturanzeige

Aus Gleichung (3.4-5) kann abgeleitet werden: $\dfrac{t - t_U}{t_0 - t_U} = e^{-\frac{\tau}{\vartheta}}$ oder $\ln \dfrac{t - t_U}{t_0 - t_U} = -\dfrac{\tau}{\vartheta}$

$\tau = \vartheta \cdot \ln \dfrac{t_0 - t_U}{t - t_U}$ mit $\vartheta = \dfrac{\rho_{Hg} \cdot V \cdot c_{Hg}}{\alpha \cdot A}$

$$\vartheta = \frac{\rho_{Hg} \cdot \pi \cdot r^2 \cdot l \cdot c_{Hg}}{\alpha \cdot \pi \cdot 2 \cdot r \cdot l} = \frac{\rho_{Hg} \cdot r \cdot c_{Hg}}{\alpha \cdot 2} = \frac{13.546 \,\text{kg/m}^3 \cdot 0,002 \,\text{m} \cdot 139,5 \,\text{J/(kg K)}}{150 \,\text{W/(m}^2 \,\text{K}) \cdot 2} = 12,59778 \,\text{s}$$

$$\tau = 12,59778 \,\text{s} \cdot \ln \frac{20\,°\text{C} - 60\,°\text{C}}{59,9\,°\text{C} - 60\,°\text{C}} = \underline{\underline{75,479 \,\text{s}}}$$

Die Einstellzeit für die Temperaturmessung beträgt unter diesen Voraussetzungen etwas mehr als 1,25 Minuten! Die Wärmekapazität $C = m \cdot c_{Hg}$ der Thermometerperle und daraus folgend auch deren Zeitkonstante ϑ ist bei Flüssigkeits-Ausdehungsthermometern im Vergleich zu Widerstandsthermometern oder Thermoelementen sehr hoch und führt daher immer zu einer größeren Anzeigeträgheit. Für die Messung schnell veränderlicher Temperaturen greift man deshalb gern auf Thermoelemente zurück. Zur Absenkung der Einstellzeit der Temperaturanzeige bei Flüssigkeitsthermometern kann man erreichen durch:

-       Verringerung des Volumens der Thermometerperle
-       Verbesserung des Wärmeübergangs Thermometer-Fluid

3.4.3   Thermometerfehler erster Art

In einem Behälter werden 1,5 kg Wasser mit einer elektrischen Beheizung so erwärmt, dass die Wassertemperatur pro Minute um 15 K zunimmt. Wegen der Dünnwandigkeit des Behälters soll seine Temperatur gleichfalls immer um 15 K pro Minute zunehmen. Im Übrigen kann man aber die behältereigene Wärmekapazität vernachlässigen. In der elektrischen Heizung treten 2,5 % Verluste auf. Außerdem gehen über die Behälterwände noch einmal 16,5 % der an das Wasser abgegebenen Wärme als Verlust an die Umgebung verloren. Die spezifische Wärmekapazität für Wasser ist als konstanter Wert mit 4,19 kJ/(kg K) anzusetzen. Die Wassertemperatur wird während des Aufheizvorganges stetig mit einem Quecksilberthermometer gemessen. Das Ausdehnungsgefäß für das Quecksilber besitze eine kugelförmige Gestalt mit einem Durchmesser von 0,6 cm. Der Einfluss des Thermometerglases auf den Thermometerfehler darf vernachlässigt werden. Für das Quecksilber seien die Dichte bei 20 °C mit 13,546 g/cm^3 und die spezifische Wärmekapazität mit 0,1395 kJ/(kg K) und der Wärmeleitkoeffizient mit 8,7 W/(m K) gegeben. Der Wärmeübergangskoeffizient Wasser-Thermometerperle wurde zuvor mit 200 W/(m^2 K) bestimmt.

a)   Welche Leistung in kW muss die elektrische Heizung besitzen, um das Wasser unter den oben angegebenen Bedingungen mit der genannten Aufheizgeschwindigkeit zu erwärmen?

b)   Wie groß ist der systematische Fehler bei der Temperaturmessung in K durch die Anzeigeträgheit des Thermometers (Thermometerfehler erster Art)?

c)   Ermitteln Sie die Zeitverzögerung in Sekunden für das Anzeigen der tatsächlichen Wasserbadtemperatur!

Hinweis: Eine konkrete Vorgabe einer Anfangstemperatur t_0 ist nicht erforderlich!

Gegeben:

Wasser:	m_W = 1,5 kg	c_W = 4,19 kJ/(kg K)
Quecksilber (20 °C):	ρ_{Hg} = 13.546 kg/m^3	c_{Hg} = 0,1395 kJ/(kg K)

Thermometer:	$d = 0{,}006\ \mathrm{m}$	$\alpha = 200\ \mathrm{W/(m^2\ K)}$

Aufheizgeschwindigkeit: $\quad \beta = \dfrac{15\ \mathrm{K}}{60\ \mathrm{s}} = 0{,}25\ \dfrac{\mathrm{K}}{\mathrm{s}}$

Verluste: Heizung: 2,5 %   Behälter 16,5 %

Vorüberlegungen:

Die Leistung der elektrischen Beheizung für (a) folgt aus der Energiebilanz mit 2,5 % Verlust in der Heizung und 16,5 % Wärmeverlust des Behälters an die Umgebung ($\dot{Q}_V = 0{,}165 \cdot m_W \cdot c_W \cdot \beta$).

Der zeitliche Temperaturverlauf des sich aufheizenden Wasserbades $t_U(\tau)$ und die zeitlich nachlaufende Anzeige der Temperatur durch das Thermometer $t(\tau)$ können unter Berücksichtigung der Thermometerperle als Blockkapazität in einen mathematisch beschreibbaren Zusammenhang gebracht werden, so dass sowohl der systematische Fehler bei der Temperaturmessung als auch der Zeitverzug sehr gut abgeschätzt werden können.

Die Voraussetzungen zur Anwendung des Modells Blockkapazität sind gegeben:

$$\mathrm{Bi} = \frac{\alpha \cdot L^*}{\lambda_{Hg}} = \frac{\alpha \cdot d/2}{\lambda_{Hg}} = \frac{200\ \mathrm{W/(m^2\ K)} \cdot 0{,}003\ \mathrm{m}}{8{,}7\ \mathrm{W/(m\ K)}} = \underline{\underline{0{,}068966 \leq 0{,}15}}$$

Es liegt keine konstante, sondern eine mit der Zeit linear wachsende Umgebungstemperatur vor $t_U(\tau) = t_U(0) + \beta \cdot \tau$, so dass die Bilanzgleichung der Blockkapazität die Gestalt annimmt:

$$\frac{(\rho \cdot V \cdot c)_{Hg}}{\alpha \cdot A} \cdot \frac{\mathrm{d}t}{\mathrm{d}\tau} = -(t(\tau) - t_U(\tau)) \quad \text{mit der Anfangsbedingung:} \quad t(\tau = 0) = t_U(\tau = 0)$$

an, so dass die Trennung der Veränderlichen zur Lösung der Differentialgleichung nicht möglich ist. Praktisch ist es sinnvoll, die obige Differentialgleichung in eine dimensionslose Form (die Größen kennzeichnen wir mit einem hochgestellten *) zu überführen und die Lösung mittels Variation der Konstanten vorzunehmen.

- mit Zeitkonstante ϑ dimensionslos gemachte Zeit τ^*

$$\tau^* = \frac{\tau}{\vartheta} = \frac{\alpha \cdot A}{\rho \cdot V \cdot c} \cdot \tau$$

- mit einem Referenztemperaturintervall Δt_{ref} dimensionslos gemachte Temperatur $t(\tau)$

$$\Delta t_{ref} = \beta \cdot \vartheta = \beta \cdot \frac{\rho \cdot V \cdot c}{\alpha \cdot A}$$

$$\Theta^* = \frac{t(\tau) - t_0}{\Delta t_{ref}} \quad \rightarrow \quad t(\tau) - t_0 = \Theta^* \cdot \Delta t_{ref}$$

$$\Theta_U^* = \frac{t_U(\tau) - t_0}{\Delta t_{ref}} \quad \rightarrow \quad t_U(\tau) - t_0 = \Theta_U^* \cdot \Delta t_{ref}$$

Grundsätzlich ist man bei der Wahl des Referenztemperaturintervalls frei, die hier vorgenommene Festschreibung wird sich jedoch bald als sinnvoll erweisen.

Obige Differentialgleichung ist nun wie folgt in die dimensionslose Form zu überführen:

$$t(\tau) - t_U(\tau) = \Delta t_{ref} \cdot (\Theta^* - \Theta_U^*)$$

$$\mathrm{d}t = \mathrm{d}\Theta^* \cdot \Delta t_{ref} \text{ , weil } \frac{\mathrm{d}\Theta^*}{\mathrm{d}t} = \frac{1}{\Delta t_{ref}} \qquad \text{und} \qquad \mathrm{d}\tau = \frac{\rho \cdot V \cdot c}{\alpha \cdot A} \cdot \mathrm{d}\tau^* \text{ , weil } \frac{\mathrm{d}\tau^*}{\mathrm{d}\tau} = \frac{\alpha \cdot A}{\rho \cdot V \cdot c}$$

$$\frac{\rho \cdot V \cdot c}{\alpha \cdot A} \cdot \frac{\mathrm{d}t}{\mathrm{d}\tau} = -(t(\tau) - t_U(\tau)) \quad \rightarrow \quad \frac{\rho \cdot V \cdot c}{\alpha \cdot A} \cdot \frac{\mathrm{d}\Theta^* \cdot \Delta t_{ref}}{\frac{\rho \cdot V \cdot c}{\alpha \cdot A} \mathrm{d}\tau^*} = -\Delta t_{ref} \cdot (\Theta^* - \Theta_U^*)$$

$$\frac{\mathrm{d}\Theta^*}{\mathrm{d}\tau^*} + \Theta^* = \Theta_U^* \quad \text{mit} \quad \Theta_U^* = \frac{t_U(\tau) - t_U(\tau=0)}{\Delta t_{ref}} = \frac{t_U(\tau=0) + \beta \cdot \tau - t_U(\tau=0)}{\beta \cdot \frac{\rho \cdot V \cdot c}{\alpha \cdot A}} = \tau^*$$

$$\frac{\mathrm{d}\Theta^*}{\mathrm{d}\tau^*} + \Theta^* = \tau^* \quad \text{Lösung mit Variation der Konstanten}$$

1. Lösung der homogenen Differentialgleichung

    $$\frac{\mathrm{d}\Theta^*}{\mathrm{d}\tau^*} + \Theta^* = 0 \quad \rightarrow \quad \Theta^* = C_1 \cdot e^{-\tau^*}$$

2. Variation der Konstanten $C_1 = C(\tau^*)$

    $$\Theta^* = C(\tau^*) \cdot e^{-\tau^*} \qquad \frac{\mathrm{d}\Theta^*}{\mathrm{d}\tau^*} = \frac{\mathrm{d}C(\tau^*)}{\mathrm{d}\tau^*} \cdot e^{-\tau^*} - C(\tau^*) \cdot e^{-\tau^*}$$

3. Einsetzen in die DGL und Ermittlung von $C(\tau^*)$

    $$\frac{\mathrm{d}C(\tau^*)}{\mathrm{d}\tau^*} \cdot e^{-\tau^*} - C(\tau^*) \cdot e^{-\tau^*} + C(\tau^*) \cdot e^{-\tau^*} = \tau^*$$

    $$C(\tau^*) = \int \tau^* \cdot e^{\tau^*} \mathrm{d}\tau^* = \tau^* \cdot e^{\tau^*} - e^{\tau^*} + C_2$$

4. Allgemeine Lösung aus $\Theta^* = C(\tau^*) \cdot e^{-\tau^*}$

    $$\Theta^* = (\tau^* \cdot e^{\tau^*} - e^{\tau^*} + C_2) \cdot e^{-\tau^*} = \tau^* - 1 + C_2 \cdot e^{-\tau^*}$$

5. Spezielle Lösung mit Anfangsbedingung $\Theta^*(\tau^* = 0) = 0$

    $$0 = 0 - 1 + C_2 \qquad C_2 = 1$$

    $$\underline{\Theta^* = e^{-\tau^*} + \tau^* - 1}$$

Für das Zeitverhalten der Blockkapazität Thermometerperle können somit zwei Aussagen getroffen werden:

1. für kleine Zeiten ($\tau^* \rightarrow 0$): $e^{-\tau^*} \approx 1 - \tau^* + \frac{(\tau^*)^2}{2}$ Abbruch der Taylorreihe führt auf

    $$\Theta^* = 1 - \tau^* + \frac{(\tau^*)^2}{2} + \tau^* - 1 = \frac{(\tau^*)^2}{2}$$

2. für große Zeiten ($\tau^* \rightarrow \infty$): $\lim_{\tau^* \to \infty} e^{-\tau^*} = 0 \quad \rightarrow \quad \Theta^* = \tau^* - 1$

Für hinreichend große Zeiten können wir also den als Thermometerfehler erster Art bezeichneten systematischen Fehler bei der Temperaturmessung und den Zeitverzug wie folgt abschätzen (vergleiche jeweils Abbildung 3-10):

- Thermometerfehler erster Art:

$$\Theta_U^* - \Theta^* = \tau^* - (\tau^* - 1) = 1 \quad \rightarrow \quad \Delta t = (t_U(\tau) - t_0) - (t(\tau) - t_0) = 1 \cdot \Delta t_{ref}$$

$$\Delta t = t_U(\tau) - t(\tau) = \beta \cdot \frac{\rho \cdot V \cdot c}{\alpha \cdot A}$$

- Zeitverzug:

$$\Theta_U^* = \tau_1^* \quad \text{und} \quad \Theta^* = \tau_2^* - 1$$

$$\Theta_U^* = \Theta^* \quad \tau_1^* = \tau_2^* - 1 \quad \rightarrow \quad \tau_2^* - \tau_1^* = 1 \quad \rightarrow \quad \frac{\alpha \cdot A}{\rho \cdot V \cdot c} \cdot \tau_2 - \frac{\alpha \cdot A}{\rho \cdot V \cdot c} \cdot \tau_1 = 1$$

$$\Delta \tau = \tau_2 - \tau_1 = \frac{\rho \cdot V \cdot c}{\alpha \cdot A}$$

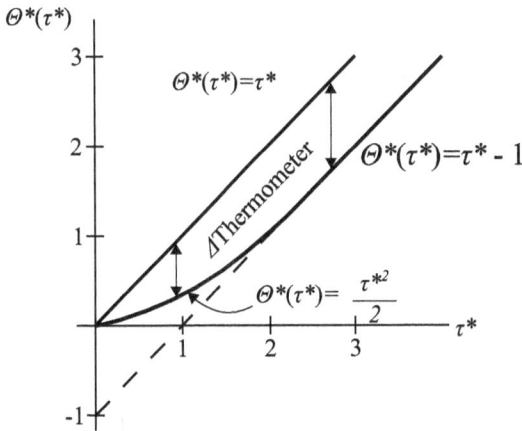

Abb. 3-10: Thermometerfehler erster Art für sehr kleine und sehr große Zeiten.

Bei vorgegebener Aufheizgeschwindigkeit β sollte man zur Minimierung des Thermometerfehlers für einen sehr guten Wärmeübergang sorgen und die Wärmekapazität $C = \rho \cdot V \cdot c$ der Thermometerperle möglichst gering halten.

Lösung:

a) erforderliche Heizleistung aus Energiebilanz

2,5 % Verlust in elektrischer Heizung und 16,5 % Wärmeverlust des Behälters an die Umgebung

$$0{,}975 \cdot P_{el} = 1{,}165 \cdot m \cdot c_W \cdot \beta \qquad (\dot{Q}_V = 0{,}165 \cdot m \cdot c_W \cdot \beta)$$

$$P_{el} = \frac{1{,}165 \cdot 1{,}5 \, kg \cdot 4{,}19 \frac{kJ}{kg \, K} \cdot 0{,}25 \frac{K}{s}}{0{,}975} \approx 1{,}88 \, kW$$

b) Thermometerfehler erster Art (siehe Vorüberlegungen)

$$\text{Kugel:} \quad \frac{V}{A} = \frac{\frac{1}{6} \cdot \pi \cdot d^3}{\pi \cdot d^2} = \frac{d}{6}$$

$$\Delta t = \beta \cdot \frac{\rho \cdot V \cdot c}{\alpha \cdot A} = \beta \cdot \frac{d}{6} \cdot \frac{\rho \cdot c}{\alpha} = 0,25 \, \frac{K}{s} \cdot \frac{0,006 \, m}{6} \cdot \frac{13546 \, kg/m^3 \cdot 139,5 \, J/(kg \, K)}{200 \, W/(m^2 \, K)} = \underline{\underline{2,3621 \, K}}$$

c) Zeitverzögerung für das Anzeigen der tatsächlichen Temperatur (siehe Vorüberlegungen)

$$\Delta \tau = \frac{\rho \cdot V \cdot c}{\alpha \cdot A} = \frac{\rho \cdot d \cdot c}{\alpha \cdot 6} = \frac{13546 \, kg/m^3 \cdot 0,006 \, m \cdot 139,5 \, J/(kg \, K)}{200 \, W(m^2 \, K) \cdot 6} = \underline{\underline{9,4483 \, s}}$$

3.4.4   Blockkapazität Goldmünze mit Analogie zum Kondensator

Eine kleine (1/8 oz.) Goldmünze (3,89 g, 999,9 Au, Durchmesser 17,5 mm) mit einer Anfangstemperatur von 0 °C werde zu einem Zeitpunkt $\tau = 0$ s in einem Raum mit konstanter Lufttemperatur von 24 °C gebracht. Nach 6,5 Minuten besitze die Münze die einheitliche Temperatur von 20 °C.
  a) Wie groß ist der mittlere Wärmeübergangskoeffizient Luft an Münze in W/(m² K)?
  b) Welche Wärmemenge in J hat die Münze nach einer Minute aufgenommen?
  c) Nach welcher Zeit ist der Temperaturausgleich abgeschlossen?
  d) Wie sind elektrischer Widerstand in Ω und die Kapazität eines Kondensators in F zu bemessen, damit man diesen Aufwärmvorgang durch das Verfolgen der Spannung über dem Kondensator (1 V ≡ 1 °C) bei seiner Aufladung nachbilden kann?

Gegeben:

Münze:	$m_{Au} = 0,00389$ kg	$r = 0,00875$ m	$t(\tau = 0 \text{ s}) = t_0 = 0$ °C
		$t_U = 24$ °C	$t(\tau = 390 \text{ s}) = 20$ °C
Stoffdaten:	$\rho = 19.260$ kg/m³	$c = 129$ J/(kg K)	$\lambda = 316$ W/(m K)
(entnommen Tabelle 7.6-2)			

Vorüberlegungen:

Wir fassen die Münze vereinfachend (unabhängig vom geriffelten Rand und der Prägung) als Zylinder auf und bestimmen aus der gegebenen Masse über $m = \rho \cdot V$ das Volumen und damit aus $V = \pi \cdot r^2 \cdot h$ die Zylinderhöhe und Zylinderoberfläche A.

$$V = \frac{m}{\rho} = \frac{3,89 \cdot 10^{-3} \, kg}{19.260 \, kg/m^3} = 0,201973 \cdot 10^{-6} \, m^3 \approx 0,2 \, cm^3$$

$$h = \frac{V}{\pi \cdot r^2} = \frac{0,201973 \cdot 10^{-6} \, m^3}{\pi \cdot (0,875 \cdot 10^{-2} \, m)^2} = 0,0839706 \cdot 10^{-2} \, m \approx 0,84 \, mm$$

$$A = 2\pi(r^2 + r \cdot h) = 2\pi(0,00875^2 \, m^2 + 0,00875 \, m \cdot 0,000839706 \, m) = 5,2722 \cdot 10^{-4} \, m^2$$

Voraussetzung zur Berechnung eines mittleren Wärmeübergangskoeffizienten α nach dem Modell Blockkapazität sind Biot-Zahlen $< 0,15$. Die dabei zu verwendende charakteristische Länge ist der Zylinderradius (hier: $r = 0,00875$ m). Bei der freien Konvektion treten Wärmeübergangskoeffizienten von 3 bis 30 W/(m^2 K) auf. Unabhängig von der Lage im Raum ist bei den kleinen Abmessungen der Münze eher von den niedrigen Wärmeübergangskoeffizienten des oben genannten Bereichs auszugehen, mit denen die Forderung Bi $< 0,15$ bequem erfüllt wird.

Zur Nutzung der Analogie zwischen Temperaturausgleich durch Aufwärmung und Aufladung eines Kondensators betrachten wir einen aus elektrischen Widerstand und Kondensator bestehenden elektrischen Schaltkreis nach Abbildung 3-11. Bei Schließen des Schalters zum Zeitpunkt $\tau = 0$ fließt solange elektrischer Strom, bis der Kondensator vollständig aufgeladen und dort die Spannung $U_C = U_0$ erreicht ist. Sowohl Strom als auch Spannung können messtechnisch bequem erfasst werden.

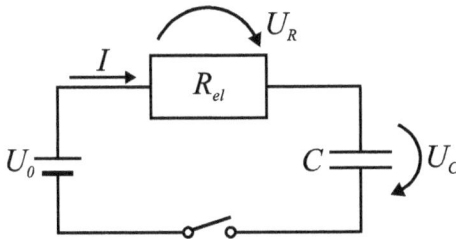

Abb. 3-11: Elektrischer Schaltkreis zur Nutzung der Analogie Blockkapazität.

Aus der Maschengleichung folgt unter Verwendung der erwähnten analogen Größen:

$$U_0 = R_{el} \cdot \dot{q} + \frac{1}{C} q \quad \text{und mit } q = C \cdot U_C \text{ sowie mit der Zeitkonstante } \vartheta = R_{el} \cdot C$$

$$U_0 = R_{el} \cdot C \cdot \frac{dU_C}{d\tau} + U_C \quad \rightarrow \quad U_0 - U_C = \vartheta \cdot \frac{dU_C}{d\tau} \quad \rightarrow \quad \int \frac{dU_C}{U_0 - U_C} = \int \frac{d\tau}{\vartheta}$$

$$-\ln(U_0 - U_C) = \frac{\tau}{\vartheta} + K \quad \rightarrow \quad U_0 - U_C = K \cdot e^{-\frac{\tau}{\vartheta}}$$

Bestimmung der frei wählbaren Konstanten K aus Anfangsbedingung $U_C(\tau = 0) = 0$

$$U_0 - 0 = K \cdot e^0 \quad \rightarrow \quad K = U_0 \qquad\qquad U_C(\tau) = U_0 - U_0 \cdot e^{-\frac{\tau}{\vartheta}} = U_0(1 - e^{-\frac{\tau}{\vartheta}})$$

Der zeitliche Verlauf des bei Aufladung des Kondensators fließenden Stroms bei Gleichspannung ergibt sich aus $U(\tau) = U_R + U_C$ und mit $U_R = R_{el} \cdot I$ sowie $U_C = \frac{q}{C} = \frac{I \cdot \tau}{C}$

$$U(\tau) = R_{el} \cdot I + \frac{I \cdot \tau}{C} \quad \rightarrow \quad \frac{dU(\tau)}{d\tau} = R_{el} \cdot \frac{dI}{d\tau} + \frac{I}{C}$$

Wegen der anliegenden Gleichspannung ist $\dfrac{\mathrm{d}U(\tau)}{\mathrm{d}\tau} = 0$ und somit $0 = R_{el} \cdot \dfrac{\mathrm{d}I}{\mathrm{d}\tau} + \dfrac{I}{C}$. Trennung

der Veränderlichen führt unter Verwendung der Zeitkonstanten $\vartheta = R_{el} \cdot C$ auf

$$\frac{\mathrm{d}I}{I} = -\frac{\mathrm{d}\tau}{R_{el} \cdot C} = -\frac{\mathrm{d}\tau}{\vartheta} \quad \rightarrow \quad \ln I = -\frac{\tau}{\vartheta} + K \quad \rightarrow \quad I = K \cdot e^{-\frac{\tau}{\vartheta}}$$

In der allgemeinen Lösung der Differentialgleichung wird die frei wählbare Konstante K aus der Anfangsbedingung $I(\tau = 0) = I_0 = U_0 / R_{el}$ bestimmt: $\quad I_0 = K \cdot e^{-0} \quad K = I_0$

Die Strom-Zeit-Funktion für die Aufladung eines Kondensators bei anliegender Gleichspannung als gesuchte spezielle Lösung der Differentialgleichung lautet demnach

$$I(\tau) = I_0 \cdot e^{-\frac{\tau}{\vartheta}} = \frac{U_0}{R_{el}} \cdot e^{-\frac{\tau}{\vartheta}}$$

Sprungantwort einer Blockkapazität sowie das zeitliche Verhalten von Strom und Kondensatorspannung werden durch mathematisch gleich strukturiert Gleichungen beschrieben. Auch die jeweils definierten Zeitkonstanten besitzen einen analogen Aufbau. Bei der Blockkapazität ergibt sich die Zeitkonstante ϑ aus dem Produkt des Wärmeübergangswiderstandes $R_\alpha = 1/(\alpha \cdot A)$ und der Wärmekapazität $C = m \cdot c = \rho \cdot V \cdot C$, für die Kondensatoraufladung aus elektrischem Widerstand R_{el} und der elektrischen Kapazität des Kondensators C.

Lösung:

a) Bestimmung des Wärmeübergangskoeffizienten α aus der Zeitkonstanten ϑ

Aus Gleichung (3.4-3) folgt für $t_U > t_0$ und mit $t_0 = 0$ °C

$$t_U - t(\tau) = (t_U - t_0) \cdot e^{-\frac{\tau}{\vartheta}} \quad \rightarrow \quad t(\tau) = t_U - t_U \cdot e^{-\frac{\tau}{\vartheta}} \quad \rightarrow \quad \frac{t(\tau)}{t_U} = 1 - e^{-\frac{\tau}{\vartheta}}$$

Mit $t(\tau = 390 \text{ s}) = 20$ °C bestimmen wir die Zeitkonstante ϑ zu

$$\frac{20\,^\circ\text{C}}{24\,^\circ\text{C}} = 1 - e^{-\frac{390\,\text{s}}{\vartheta}} \quad \rightarrow \quad \frac{5}{6} = 1 - e^{-\frac{390\,\text{s}}{\vartheta}} \quad \rightarrow \quad \vartheta = -\frac{\tau}{\ln(1/6)} = -\frac{390\,\text{s}}{-1,7917595} = 217,66314\,\text{s}$$

Unter Nutzung von (3.4-5) ergibt sich nun für den Wärmeübergangskoeffizienten

$$\alpha = \frac{\rho \cdot V \cdot c}{\vartheta \cdot A} = \frac{m \cdot c}{\vartheta \cdot A} = \frac{3,89 \cdot 10^{-3}\,\text{kg} \cdot 129\,\text{Ws/(kg K)}}{217,66314\,\text{s} \cdot 5,2722 \cdot 10^{-4}\,\text{m}^2} \approx \underline{\underline{4,37\,\frac{\text{W}}{\text{m}^2\,\text{K}}}}$$

Die Voraussetzungen für die Anwendung des Modells Blockkapazität sind gegeben, weil:

$$\text{Bi} = \frac{\alpha \cdot r}{\lambda} = \frac{4,37\,\text{W/(m}^2\,\text{K)} \cdot 0,00875\,\text{m}}{316\,\text{W/(m K)}} = \underline{\underline{0,000121 < 0,15}}$$

b) aufgenommene Wärme nach einer Minute ($\tau = 60$ s)

1. Schritt: Ermittlung der Münztemperatur nach einer Minute

$$t(\tau) = t_u \cdot (1 - e^{-\frac{\tau}{\vartheta}}) = 24\,^\circ\text{C} \cdot (1 - e^{-\frac{60\,\text{s}}{217,66314\,\text{s}}}) \approx 5,78\,^\circ\text{C}$$

2. Schritt: Grundgleichung der Kalorik

$$Q_{12} = m \cdot c \cdot (t(60\,\text{s}) - t_0) = 3{,}89 \cdot 10^{-3}\,\text{kg} \cdot 129\,\text{J/(kg K)} \cdot (5{,}78\,°\text{C} - 0\,°\text{C}) \approx \underline{\underline{2{,}9\,\text{J}}}$$

c) Ansatz für Zeit zum Temperaturausgleich $\tau = 5 \cdot \vartheta$

$$\tau = 5 \cdot 217{,}66314\,\text{s} \approx \underline{\underline{1088{,}3\,\text{s}}}$$

Nach etwas mehr als 18 Minuten beträgt die verbleibende Temperaturdifferenz zwi schen Münze und Umgebung $\sim 0{,}16\,\text{K}$.

d) Analogie Aufwärmung/Aufladung elektrischer Kondensator

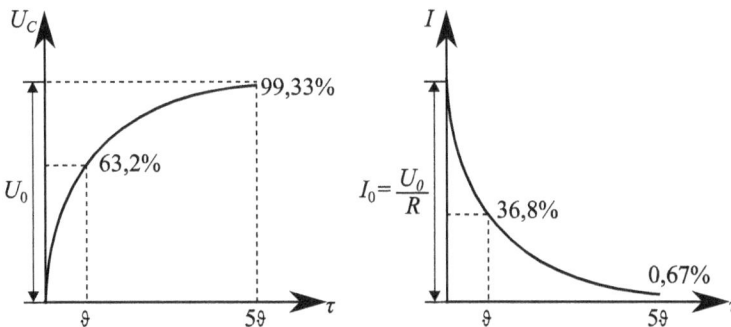

Abb. 3-12: Verlauf von Spannung U und Strom I über der Zeit τ bei Aufladung eines Kondensators.

Für eine äquivalente Zeitkonstante $\vartheta = R_{el} \cdot C$ zur Aufladung des Kondensators ist zu wählen:

$$\{C\} \equiv \{m \cdot c\} = 3{,}89 \cdot 10^{-3} \cdot 129 = 501{,}81 \cdot 10^{-3} \quad \text{und} \quad \{R_{el}\} = \left\{\frac{1}{\alpha \cdot A}\right\} = \frac{1}{4{,}37 \cdot 5{,}2722 \cdot 10^{-4}} = 434{,}03693$$

Mit den aus der Elektrotechnik bekannten Maßeinheiten für den elektrischen Widerstand $1\,\Omega = 1\,\text{V/A}$ und für die elektrische Kapazität $1\,\text{F} = 1\,\text{As/V}$ können wir die Zeitkonstante angeben mit $\vartheta = 434{,}03693\,\Omega \cdot 501{,}81\,\text{mF} = 217{,}8\,\text{s}$. Bei 24 V Ausgangsspannung wird nach 6,5 Minuten die Spannung $U_c(390\,\text{s}) = 24\,\text{V} \cdot (1 - e^{-\frac{390\,\text{s}}{50{,}227114\,\text{s}}}) \approx 20\,\text{V}$ erreicht. Dieser Wert ent-spricht den 20 °C, die für den Aufwärmvorgang nach Aufgabenstellung gegeben sind.

Das in Abbildung 3-12 skizzierte Verhalten von Spannung und Strom beim Laden und Entla-den eines Kondensators entspricht den Ausführungen zur Aufheizung und Abkühlung einer Blockkapazität. Werden die entsprechenden Parameter maßstäblich eingestellt, kann anstelle der Aufheizung der Goldmünze die Spannung im Schaltkreis nach Abbildung 3-11 gemessen werden.

3.4.5   Konstante und temperaturabhängige Verlustleistung beim Aufheizen von Wasser

1 Liter Wasser mit einer Anfangstemperatur von 8 °C soll auf einer Herdplatte mit 1000 W Leistung in einem Kochtopf aus Edelstahl (Masse 400 g, einheitliche Anfangstemperatur entspricht der konstanten Umgebungstemperatur von 18 °C) bis zum Sieden auf 100 °C erwärmt werden. Ermitteln Sie den zeitlichen Verlauf der mittleren Wassertemperatur $t(\tau)$ als kalorische Mitteltemperatur einer Blockkapazität und die Zeit τ_s bis zum Erreichen der Siedetemperatur t_s in Minuten unter Berücksichtigung folgender Bedingungen:

   a)   ausschließliche Erwärmung des Wassers, Wärmekapazität und Anfangstemperatur des Topfes ohne Einfluss, Verluste an die Umgebung!

   b)   Topf heizt sich zusammen mit dem Wasser auf! Unmittelbar nach dem Eingießen des Wassers in den Topf besitzen Wasser und Topf im zeitlichen Verlauf stets die gleiche Temperatur. Über den gesamten Aufheizvorgang ist ein konstanter Wärmeverluststrom von 15 % der zugeführten Wärme zu berücksichtigen!

   c)   Aufheizung unter Wärmeverlusten an die Umgebung mit einer konstanten Umgebungstemperatur von 18 °C bei dem auf der Herdplatte stehenden Topf über den Deckel und die Mantelflächen auf (zusammen 800 cm²). Der Wärmedurchgangskoeffizient gemittelt über die Fläche betrage 10 W/(m² K).

Für das Wasser soll in allen Fällen eine Dichte von 1 kg/ℓ und eine mittlere spezifische Wärmekapazität von 4,19 kJ/(kg K) angenommen werden.

Gegeben:

$V_W = 1\ \ell$ $\rho_W = 1\ \text{kg}/\ell$ $c_W = 4{,}19\ \text{kJ/(kg K)}$ $t_A = 8\ °C$ $t_E = 100\ °C$

                $m_{St} = 0{,}4\ \text{kg}$ $c_{St} = 0{,}502\ \text{kJ/(kg K)}$ (Tabelle 7-5) $t_{St} = 18\ °C$

$t_U = 18\ °C$ $k_V = 10\ \text{W/(m}^2\ \text{K)}$ $A_V = 0{,}08\ \text{m}^2$ $P_{el} = 1\ \text{kW}$

Vorüberlegungen:

Energiebilanz:

Die zugeführte elektrische Leistung P_{el} wird benötigt für die zeitliche Enthalpieänderung $dH/d\tau$ zur Aufheizung der Materialien und zur Deckung der Wärmeverlustleistung $\dot{Q}_V$ über der Oberfläche des Topfes $P_{el} = \dfrac{dH}{d\tau} + \dot{Q}_V$ bis zum Erreichen der Endtemperatur t_E.

Kalorische Mitteltemperatur nach Erreichen des Temperaturgleichgewichtes zwischen Topf und Wasser unmittelbar nach dem Eingießen als Anfangstemperatur t_A für Aufheizvorgang:

$$t_A = \frac{m_{st} \cdot c_{st} \cdot t_{St} + m_W \cdot c_W \cdot t_W}{m_{st} \cdot c_{st} + m_W \cdot c_W} = \frac{0{,}4\,\text{kg} \cdot 502\,\text{J/(kg K)} \cdot 18\,°C + 1\,\text{kg} \cdot 4190\,\text{J/(kg K)} \cdot 8\,°C}{0{,}4\,\text{kg} \cdot 502\,\text{J/(kg K)} + 1\,\text{kg} \cdot 4190\,\text{J/(kg K)}} = \underline{\underline{8{,}4573\,°C}}$$

Lösung:

a) Vernachlässigung von Wärmeverlusten an die Umgebung $\dot{Q}_V = 0$

    Vernachlässigung der Wärmekapazität des Topfes $m_{St} \cdot c_{St} = 0$

Anfangstemperatur Wasser $t_A = 8\ °C$

$$P_{el} = \frac{dH}{d\tau} = \rho_W \cdot V_W \cdot c_W \cdot \frac{dt}{d\tau} \qquad \rightarrow \qquad \int_{t_A}^{t(\tau)} dt = \frac{P_{el}}{\rho_W \cdot V_W \cdot c_W} \int_0^{\tau} d\tau$$

$$t(\tau) = t_A + \frac{P_{el}}{\rho_W \cdot V_W \cdot c_W} \cdot \tau \quad \text{(lineare Funktion mit absolutem Glied } t_A \text{ und Anstieg } \frac{P_{el}}{\rho_W \cdot V_W \cdot c_W} \text{)}$$

Erreichen der Siedezeit bei $t(\tau = \tau_s) = t_s = 100\ °C$

$$\tau_s = (t_s - t_A) \cdot \frac{\rho_W \cdot V_W \cdot c_W}{P_{el}} = 92\ K \cdot \frac{1\ kg/\ell \cdot 1\ \ell \cdot 4{,}19\ kJ/(kg\ K)}{1\ kW} = 385{,}48\ s \approx 6{,}42\ \text{Minuten}$$

b) konstanter Wärmeverlust an die Umgebung $\dot{Q}_V = 0{,}15 \cdot P_{el}$

Berücksichtigung der Wärmekapazität des Topfes $m_{St} \cdot c_{St}$ $\qquad t_A = 8{,}4573\ °C$

$$P_{el} + \dot{Q}_V = \frac{dH}{d\tau} = (\rho_W \cdot V_W \cdot c_W + m_{St} \cdot c_{St}) \cdot \frac{dt}{d\tau} \quad \rightarrow \quad \int_{t_A}^{t(\tau)} dt = \frac{P_{el} + \dot{Q}_V}{\rho_W \cdot V_W \cdot c_W + m_{St} \cdot c_{St}} \int_0^{\tau} d\tau$$

$$t(\tau) = t_A + \frac{1{,}15 \cdot P_{el}}{\rho_W \cdot V_W \cdot c_W + m_{St} \cdot c_{St}} \cdot \tau$$

Erreichen der Siedezeit bei $t(\tau = \tau_s) = t_s = 100\ °C$

$$\tau_s = (t_s - t_A) \cdot \frac{\rho_W V_W c_W + m_{St} c_{St}}{1{,}15 \cdot P_{el}} = 91{,}5427\ K \cdot \frac{1\ \dfrac{kg}{\ell} \cdot 1\ \ell \cdot 4{,}19\ \dfrac{kJ}{kg\ K} + 0{,}4\ kg \cdot 0{,}502\ \dfrac{kJ}{kg\ K}}{1{,}15\ kW}$$

$$\tau_s = 349{,}52\ s \approx 5{,}83\ \text{Minuten}$$

c) Berücksichtigung der Wärmeverluste an die Umgebung durch $\dot{Q}_V = k_V \cdot A_V \cdot (t(\tau) - t_U)$

$$P_{el} = \frac{dH}{d\tau} + \dot{Q}_V \quad \rightarrow \quad P_{el} = (\rho_W V_W c_W + m_{St} c_{St}) \frac{dt}{d\tau} + k_V \cdot A_V\,(t(\tau) - t_U)$$

Daraus entsteht eine inhomogene Differentialgleichung erster Ordnung:

$$\frac{P_{el} + k_V A_V t_U}{\rho_W V_W c_W + m_{St} c_{St}} = \frac{k_V A_V}{\rho_W V_W c_W + m_{St} c_{St}} \cdot t(\tau) + \frac{dt}{d\tau}$$

Mathematische Lösung mit Variation der Konstanten in sechs Schritten

1. Herstellen der Normalform:

$$\frac{dt}{d\tau} + A \cdot t(\tau) = B$$

$$\text{mit } B = \frac{P_{el} + k_V A_V t_U}{\rho_W V_W c_W + m_{St} c_{St}} \quad \text{und} \quad A = \frac{k_V A_V}{\rho_W V_W c_W + m_{St} c_{St}} \qquad \frac{B}{A} = \frac{P_{el}}{k_V A_V} + t_U$$

2. Lösung der homogenen Differentialgleichung:

$$\frac{dt}{d\tau} + A \cdot t(\tau) = 0 \quad \rightarrow \quad t(\tau) = C \cdot e^{-A\cdot\tau} \quad C = \text{frei wählbare Konstante}$$

3. Variation der Konstanten $C \rightarrow C(\tau) \rightarrow$ Ansatz von Lagrange:

$$t(\tau) = C(\tau) \cdot e^{-A\cdot\tau} \qquad \frac{dt(\tau)}{d\tau} = \dot{C} \cdot e^{-A\cdot\tau} - A \cdot e^{-A\cdot\tau} \cdot C$$

4. Ermittlung von $C(\tau)$ durch Einsetzen in die Differentialgleichung:

$$\dot{C} \cdot e^{-A\cdot\tau} - C \cdot A \cdot e^{-A\cdot\tau} + C \cdot A \cdot e^{-A\cdot\tau} = B \quad \rightarrow \quad \dot{C} = B \cdot e^{+A\cdot\tau} \quad \rightarrow \quad C(\tau) = \int B \cdot e^{+A\cdot\tau} d\tau$$

$$C(\tau) = (B/A) \cdot e^{+A\cdot\tau} + K \qquad K = \text{frei wählbare Integrationskonstante}$$

5. Lösung der Differentialgleichung durch Einsetzen von $C(\tau)$ in den Ansatz:

$$t(\tau) = \left((B/A) \cdot e^{+A\cdot\tau} + K\right) \cdot e^{-A\cdot\tau} = (B/A) + K \cdot e^{-A\cdot\tau}$$

6. Ermittlung der speziellen Lösung für die Anfangsbedingung $t(\tau = 0) = t_A$:

$$t_A = \frac{B}{A} + K \quad \rightarrow \quad K = t_A - \frac{B}{A} = t_A - \frac{P_{el}}{k_V A_V} - t_U$$

$$t(\tau) = \left(\frac{P_{el}}{k_V A_V} + t_U\right) + \left(t_A - \frac{P_{el}}{k_V A_V} - t_U\right) \cdot e^{-\frac{k_V A_V}{\rho_W V_W c_W + m_{St} c_{St}}\tau}$$

Erreichen der Siedezeit bei $t(\tau = \tau_s) = t_s = 100\ °C$ mit dem Ansatz

$$\frac{t_s - \frac{P_{el}}{k_V A_V} - t_U}{t_A - \frac{P_{el}}{k_V A_V} - t_U} = e^{-\frac{k_V A_V}{\rho_W V_W c_W + m_{St} c_{St}}\tau_s} \quad \rightarrow \quad \tau_s = \frac{\rho_W V_W c_W + m_{St} c_{St}}{k_V A_V} \cdot \ln\frac{t_A - t_U - \frac{P_{el}}{k_V A_V}}{t_s - t_U - \frac{P_{el}}{k_V A_V}}$$

$$\tau_s = \frac{1\frac{\text{kg}}{\ell} \cdot 1\,\ell \cdot 4{,}19\frac{\text{kJ}}{\text{kg K}} + 0{,}4\,\text{kg} \cdot 0{,}502\frac{\text{kJ}}{\text{kg K}}}{10\ \text{W/(m}^2\ \text{K)} \cdot 0{,}08\ \text{m}^2} \cdot \ln\frac{(+8{,}4573 - 18)\,\text{K} - \dfrac{1.000\ \text{W}}{10\ \text{W/(m}^2\ \text{K)} \cdot 0{,}08\ \text{m}^2}}{(100 - 18)\,\text{K} - \dfrac{1.000\ \text{W}}{10\ \text{W/(m}^2\ \text{K)} \cdot 0{,}08\ \text{m}^2}}$$

$$\underline{\tau_s = 414{,}14\ \text{s} \approx 6{,}9\ \text{Minuten}}$$

Tatsächlich werden die Verluste noch etwas höher sein, da der Strahlungseinfluss noch nicht erfasst ist. Gleichzeitig treten noch Verluste bei der Wärmebereitstellung auf der Herdplatte auf, die bei der hier vorgenommenen Abgrenzung des thermodynamischen Systems gar nicht bilanziert werden.

3.4.6   Ideal gerührter Behälter, Abkühlung siedendes Wasser in Teeglas

Zur Untersuchung der Bedingungen für die Teezubereitung wird 200 ml siedendes Wasser in ein sehr dünnwandiges Gefäß gegeben und mit Temperaturmessungen bei konstanter Umgebungstemperatur von 20 °C der sich anschließende Abkühlvorgang beobachtet:

Zeit τ in Minuten	2	10	15	20	30
Temperatur $t(\tau)$ in °C	90	57	46	37	29

Der Einfluss des Gefäßes auf die Abkühlung kann vernachlässigt werden. Für die mittlere Dichte des Wassers ist 1 kg/dm³, für die spezifische Wärmekapazität 4,19 kJ/(kg K) und für die mittlere Wärmeleitfähigkeit 0,676 W/(m K) anzusetzen.

   a) Welche Anfangstemperatur $t_0 = t(\tau = 0)$ besaß das Wasser und nach welcher Zeit ist es bis auf Umgebungstemperatur abgekühlt?

   b) Die optimalen Genusstemperaturen für Tee liegen je nach Sorte zwischen 65 °C und 40 °C. Nach welcher Zeit würde der Tee die Genusstemperatur von 42 °C erreichen, wenn Sie für Tee die thermophysikalischen Eigenschaften von Wasser verwenden?

Gegeben:

Gefäß	$V = 0,0002$ m³	$h = 0,08$ m	$t_U = 20$ °C
Tee	$\rho = 1000$ kg/m³	$c_p = 4,19$ kJ/(kg K)	Abkühlkurve wie oben

Vorüberlegungen:

Die Aufgabe kann mit dem Modell ideal gerührter Behälter nach Gleichung gelöst werden. Die Anfangstemperatur t_0 muss allerdings nach den Regeln der Ausgleichsrechnung für die fünf vorliegenden Messungen berechnet werden. Die zu bestimmende Ausgleichskurve vermittelt auch eine in Sekunden anzugebende Zeitkonstante ϑ gemäß (3.4-7).

Lösung:

a) Anfangstemperatur und Zeit für das Erreichen des thermischen Gleichgewichts

1. Schritt: Ausgleichskurve bestimmen

Wenn (3.4-5) logarithmiert wird, kann man eine einfach zu handhabende lineare Ausgleichsgerade in der Form $y = m \cdot x + b$ berechnen.

$$\ln(\{t(\tau)\} - \{t_U\}) = \ln(\{t_0\} - \{t_U\}) - \left(\frac{\tau}{\vartheta}\right) \quad \text{mit folgenden Substitutionen:}$$

$$y = \ln(\{t(\tau)\} - \{t_U\}) \qquad\qquad b = \ln(\{t_0\} - \{t_U\}) \qquad\qquad x = \tau \qquad\qquad m = -\frac{1}{\vartheta}$$

Logarithmen können nur von reinen Zahlen, nicht aber von Größen mit Maßeinheiten gebildet werden. Deshalb wird hier jetzt ausschließlich mit Zahlenwerten gerechnet. Die Zeit τ ist in der SI-Einheit s anzugeben, somit wird der Quotient τ / ϑ dimensionslos! Nach Norm gilt für die physikalische Größe $t_U = 20$ °C und für ihren Zahlenwert $\{t_U\} = 20$.

Tab. 3-12: Daten für die Berechnung der Ausgleichskurve

n	$x_i = \tau_i$	$y_i = \ln(t(\tau) - t_U)$	x_i^2	$x_i \cdot y_i$
1	120	ln(90-20) = 4,2484952	14.400	509,81942
2	600	ln(57-20) = 3,6109179	360.000	2.166,5507
3	900	ln(46-20) = 3,2580965	810.000	2.932,2869
4	1.200	ln(37-20) = 2,8332133	1.440.000	3.399,8560
5	1.800	ln(29-20) = 2,1972246	3.240.000	3.955,0042
Σ	4.620	16,1479480	5.864.400	12.963,518

$$m = \frac{n \cdot \sum_{i=1}^{n} x_i \cdot y_i - \sum_{i=1}^{n} x_i \cdot \sum_{i=1}^{n} y_i}{n \cdot \sum_{i=1}^{n} x_i^2 - \left(\sum_{i=1}^{n} x_i\right)^2} = \frac{5 \cdot 12.963,518 - 4.620 \cdot 16,147948}{5 \cdot 5.684.400 - 4.620^2} = -0,0012267$$

$$b = \frac{1}{n}\left(\sum_{i=1}^{n} y_i - m \sum_{i=1}^{n} x_i\right) = \frac{1}{5}(16,147948 + 0,0012267 \cdot 4.620) = 4,3630604$$

Die Resubstitution liefert: $\vartheta = -\dfrac{1}{m} = -\dfrac{1}{-0,0012267} = 815,21125$ und die Anfangstemperatur t_0

aus: $b = \ln(t_0 - t_U) \;\rightarrow\; e^b = t_0 - t_U \;\rightarrow\; t_0 = t_U + e^b = 20 + e^{4,3630604} = 98,497$

Damit lautet die Ausgleichskurve $\underline{t(\tau) = 20\,°C + (78,497\,K) \cdot e^{-\frac{\tau}{815,211\,s}}}$

2. Schritt: gesuchte Parameter mit Ausgleichskurve berechnen:

Anfangstemperatur: $t(\tau = 0) = 20\,°C + (78,497\,K) \cdot e^0 = \underline{98,497\,°C}$

Diese Anfangstemperatur entspräche in etwa der Siedetemperatur bei 964 mbar. Damit läge ein sehr niedriger Luftdruck vor. Zu beachten ist aber, dass mit dem Einfüllen des siedenden Wassers in das dünnwandige Gefäß von diesem sofort etwas Wärme aufgenommen wird.

Zur Bestimmung der Zeit für den Temperaturausgleich setzen wir die fünffache Zeitkonstante an: $5 \cdot \vartheta = 5 \cdot 815,211\,s \approx \underline{4076\,s}$. Das entspricht ca. 68 Minuten. Setzen wir diese Zeit in die Ausgleichskurve ein, stellen wir fest, dass immer noch eine kleine Temperaturdifferenz verbleibt. Diese ist aber so gering, dass praktisch kaum noch messbare Wärmemengen ausgetauscht werden.

b) Ermittlung der Zeit zum Erreichen der optimalen Genusstemperatur

$$t(\tau = ?) = 42\,°C = 20\,°C + (78,497\,K) \cdot e^{-\frac{\tau}{815,211\,s}}$$

$$\ln\frac{(42-20)\,K}{78,497\,K} = -\frac{\tau}{815,211\,s} \qquad \rightarrow \qquad \tau = -\ln 0,2802655 \cdot 815,211\,s = \underline{\underline{1036,963\,s}}$$

Die Abkühlzeit bis zum Erreichen der Temperatur von 42 °C beträgt ca. 17,28 Minuten. Nach dieser Zeit stellt sich die optimale Genusstemperatur für diese Teesorte ein.

Eine Alternative zu dieser Rechnung wäre die lineare Interpolation für die Zeit zwischen den Temperaturmesswerten 46 °C und 27 °C. Hier ergibt sich:

$$\tau = 15 \text{ Minuten} + \frac{42\,°C - 37\,°C}{46\,°C - 37\,°C} (20 - 15) \text{ Minuten} = \underline{\underline{17,78 \text{ Minuten}}}$$

Obwohl der zu interpolierende Zusammenhang nicht einer linearen Funktion folgt, ist das Ergebnis durchaus brauchbar. Das liegt vor allem daran, dass hier die Temperaturänderungsgeschwindigkeit in diesem Bereich schon deutlich abgenommen hat und das Zeitintervall hinreichend klein ist.

3.4.7 Temperaturen im gerührten Behälter bei Eintrag von Rührleistung

Ein kontinuierlich von Wasser (spezifische Wärmekapazität 4,19 kJ/(kg K)) durchströmter, ideal gerührter Reaktor mit Zu- und Ablauf berge stets 400 kg Wassermasse, so dass sich der Flüssigkeitsstand im Reaktor nicht ändere. Der Reaktorinhalt besitze anfangs die Temperatur von 15 °C, der eintretende Flüssigkeitsstrom von 0,25 kg/s die Temperatur 25 °C. Die eingebrachte Rührleistung von 838 W werde in Wärme dissipiert.
a) Wie hoch ist die Verweilzeit der Flüssigkeit im Reaktor?
b) Wie entwickelt sich die Flüssigkeitstemperatur im Reaktor über der Zeit?

Gegeben:

$P_R = 838$ W	$c_p = 4190$ J/(kg K)	$m = 400$ kg	$t_0 = 15$ °C
		$\dot{m}_e = 0{,}25$ kg/s	$t_e = 25$ °C

$\tau_1 = 900$ s $\tau_2 = 1800$ s $\tau_3 = 2700$ s $\tau_4 = 3600$ s

Vorüberlegungen:

„Ideal gerührt" bedeutet, dass die Flüssigkeit im Behälterinneren als Blockkapazität aufzufassen ist und die Temperatur im Behälter ausschließlich eine Funktion der Zeit ist.

Aus der Forderung nach konstantem Flüssigkeitsspiegel folgt die Massenstrombilanz:

$$\dot{m}_e = \dot{m}_a$$

Die Enthalpieänderung dH/dτ für die konstante Flüssigkeitsmasse m im Behälter resultiert aus ihrer Temperaturänderung, die auf den Zulauf $\dot{m}_e$, den Ablauf $\dot{m}_a$ und auf die eingetragene Rührleistung P_R zurückzuführen ist. Die Energiebilanz ist daher wie folgt zu formulieren:

$$\frac{dH}{d\tau} = m \cdot c_p \cdot \frac{dt}{d\tau} = \dot{m}_e \cdot c_p \cdot (t_e - t_0) - \dot{m}_a \cdot c_p \cdot (t_a - t_0) + P_R$$

Weil der Behälter ideal gerührt ist, entspricht die Ablauftemperatur t_a stets der Temperatur t im Behälterinneren ($t_a = t$). Die Energiebilanz können wir daher wie folgt vereinfachen:

$$m \cdot c_p \cdot \frac{dt}{d\tau} = \dot{m}_e \cdot c_p \cdot (t_e - t) + P_R \quad \text{oder} \quad \frac{dt}{d\tau} + \frac{t}{\tau_V} = \frac{t_e}{\tau_V} + \frac{P_R}{m \cdot c_p}$$

mit der Anfangsbedingung: $t(\tau = 0) = t_0$

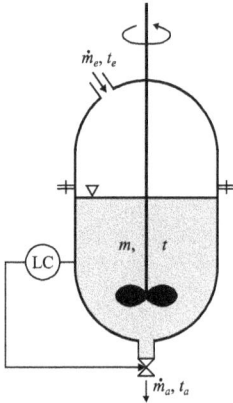

Abb. 3-13: Stetig durchströmter Reaktor mit Rührer.

Vorteilhaft, aber nicht zwingend für eine erfolgreiche Lösung ist die Transformation obiger Differentialgleichung in eine Differentialgleichung mit dimensionslosen Kennziffern. Dies kann geschehen mit:

$$\dot{H}_e = \dot{m}_e \cdot c_p \cdot (t_e - t_0) \quad \rightarrow \quad \frac{m}{\dot{m}_e} \cdot \frac{dt}{d\tau \cdot (t_e - t_0)} = \frac{t_e - t}{t_e - t_0} + \frac{P_R}{\dot{m}_e \cdot c_p \cdot (t_e - t_0)}$$

Zweckmäßig führt man also folgende dimensionslose Größen ein:

- dimensionslose Zeit $\qquad \tau^* = \dfrac{\tau}{m/\dot{m}_e}$ und $\dfrac{d\tau^*}{d\tau} = \dfrac{\dot{m}_e}{m}$

- dimensionslose Temperatur $\qquad \Theta = \dfrac{t - t_e}{t_0 - t_e}$ oder $-\Theta = \dfrac{t - t_e}{t_e - t_0}$

$$\frac{d\Theta}{dt} = \frac{1}{t_0 - t_e}$$

- dimensionslose Rührleistung $\qquad \Pi = \dfrac{P_R}{\dot{m}_e \cdot c_p \cdot (t_e - t_0)}$

Die Differentialgleichung mit dimensionslosen Kennziffern lautet somit

$\dfrac{d\Theta}{d\tau^*} = -\Theta + \Pi$ oder in Normalform für die allgemeine Lösung mit der Methode „Variation

der Konstanten": $\dfrac{d\Theta}{d\tau^*} + \Theta = \Pi$.

Die hier interessierende spezielle Lösung erhält man durch die Formulierung der Anfangsbedingung $t(\tau = 0) = t_0$, die in dimensionsloser Form lautet:

$$\tau^* = \frac{0}{m/\dot{m}_e} = 0 \quad \text{und} \quad \Theta = \frac{t_0 - t_e}{t_0 - t_e} \quad \text{also} \quad \Theta(\tau^* = 0) = 1$$

Lösung:

a) Verweilzeit im Reaktor

$$\tau_V = \frac{m}{\dot{m}_e} = \frac{400\,\text{kg}}{0{,}25\,\text{kg/s}} = \underline{\underline{1600\,\text{s}}}$$

b) Temperatur der Flüssigkeit als Funktion der Zeit (dimensionslose Darstellung)

$$\frac{\mathrm{d}\Theta}{\mathrm{d}\tau^*} + \Theta = \Pi \quad \text{mit der Anfangsbedingung } \Theta(\tau^* = 0) = 1 \quad \text{Variation der Konstanten:}$$

   1)   Lösung der homogenen Differentialgleichung

$$\frac{\mathrm{d}\Theta}{\mathrm{d}\tau^*} + \Theta = 0 \qquad \frac{\mathrm{d}\Theta}{\Theta} = -\mathrm{d}\tau^* \qquad \ln\Theta = -\tau^* + C \qquad \Theta = C \cdot e^{-\tau^*}$$

   2)   Variation der Konstanten

$$\Theta = C(\tau^*) \cdot e^{-\tau^*} \qquad \frac{\mathrm{d}\Theta}{\mathrm{d}\tau^*} = C'(\tau^*) \cdot e^{-\tau^*} - C(\tau^*) \cdot e^{-\tau^*}$$

   3)   Einsetzen des Ansatzes in die Ausgangsdifferentialgleichung

$$C'(\tau^*) \cdot e^{-\tau^*} - C(\tau^*) \cdot e^{-\tau^*} + C(\tau^*) = \Pi$$

$$C'(\tau^*) \cdot e^{-\tau^*} = \Pi \qquad C'(\tau^*) = \Pi \cdot e^{+\tau^*} \qquad C(\tau^*) = \Pi \cdot e^{+\tau^*} + C$$

$$\Theta = (\Pi \cdot e^{+\tau^*} + C) \cdot e^{-\tau^*} = \Pi + C \cdot e^{-\tau^*} \quad \text{(allgemeine Lösung der Differentialgleichung)}$$

   4)   Spezielle Lösung aus Anfangsbedingung $\Theta(\tau^* = 0) = 1$

$$1 = \Pi + C \quad \text{oder} \quad C = 1 - \Pi \quad \text{führt auf} \quad \Theta = \Pi + (1 - \Pi) \cdot e^{-\tau^*}$$

Mit der Zusammenfassung mehrerer Parameter zu einer dimensionslosen Größe kann die Entwicklung der Temperatur im Inneren eines kontinuierlich durchströmten Behälters über der Zeit in Abhängigkeit des Eintrags einer Rührleistung grafisch gut dargestellt werden. Die dimensionslose Temperatur hängt nur noch von den zwei Variablen dimensionslose Zeit und dimensionslose Rührleistung ab, so dass man auf dieser Basis ein einfach zu handhabendes Diagramm entwerfen kann.

Abbildung 3-14 zeigt:

Wird keine Rührleistung eingetragen ($\Pi = 0$), strebt die Flüssigkeitstemperatur im Behälter nach hinreichender Zeit gegen die Temperatur des einströmenden Flüssigkeit $t = t_e$ ($\Theta = 0$).

Entspricht die Enthalpie des Zulaufs der des Ablaufs ($\Pi = 1$), ändert sich die Temperatur im Behälter nicht ($\Theta = 1$).

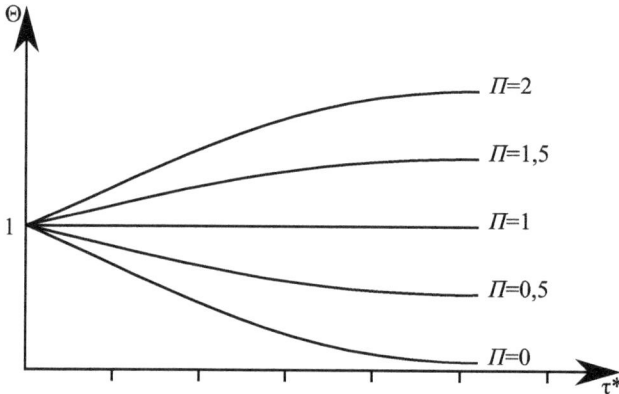

Abb. 3-14 : Temperaturverlauf im Reaktorinneren (dimensionslose Darstellung)

Auch ohne Rückgriff auf dimensionslose Kennziffern ist die Differentialgleichung unter Verwendung der Methode Variation der Konstanten zu lösen.

$$\frac{dt}{d\tau} + \frac{t}{\tau_V} = \frac{t_e}{\tau_V} + \frac{P_R}{m \cdot c_p} \quad \text{mit der Anfangsbedingung: } t(\tau = 0) = t_0$$

1) Lösung der homogenen Differentialgleichung

$$\frac{dt}{d\tau} + \frac{t}{\tau_V} = 0 \qquad \frac{dt}{t} = -\frac{t}{\tau_V} d\tau \qquad \ln t = -\frac{\tau}{\tau_V} + C \qquad t = C \cdot e^{-\frac{\tau}{\tau_V}}$$

2) Variation der Konstanten

$$t = C(\tau) \cdot e^{-\frac{\tau}{\tau_V}} \qquad \frac{dt}{d\tau} = C'(\tau) \cdot e^{-\frac{\tau}{\tau_V}} - C(\tau) \cdot \frac{1}{\tau_V} \cdot e^{-\frac{\tau}{\tau_V}}$$

3) Einsetzen des Ansatzes in die Ausgangsdifferentialgleichung

$$C'(\tau) \cdot e^{-\frac{\tau}{\tau_V}} - C(\tau) \cdot \frac{1}{\tau_V} \cdot e^{-\frac{\tau}{\tau_V}} + C(\tau) \cdot \frac{1}{\tau_V} \cdot e^{-\frac{\tau}{\tau_V}} = \frac{t_e}{\tau_V} + \frac{P_R}{m \cdot c_p}$$

$$C'(\tau) \cdot e^{-\frac{\tau}{\tau_V}} = \frac{t_e}{\tau_V} + \frac{P_R}{m \cdot c_p} = A \qquad C'(\tau) = A \cdot e^{+\frac{\tau}{\tau_V}} \qquad C(\tau) = A \cdot \tau_V \cdot e^{+\frac{\tau}{\tau_V}} + C$$

$$t = (A \cdot \tau_V \cdot e^{\frac{\tau}{\tau_V}} + C) \cdot e^{-\frac{\tau}{\tau_V}} \quad \text{(allgemeine Lösung der Differentialgleichung)}$$

4) Spezielle Lösung aus Anfangsbedingung: $t(\tau = 0) = t_0$

$$t_0 = A \cdot \tau_V \cdot 1 + C \quad \text{also} \quad C = t_0 - A \cdot \tau_V \quad \text{so dass folgt}$$

$$t = (A \cdot \tau_V \cdot e^{\frac{\tau}{\tau_V}} + (t_0 - A \cdot \tau_V)) \cdot e^{-\frac{\tau}{\tau_V}} = A \cdot \tau_V + (t_0 - A \cdot \tau_V) \cdot e^{-\frac{\tau}{\tau_V}}$$

$$A = \frac{1\,\text{kg/s}}{4 \cdot 400\,\text{kg}} \cdot 25\,°C + \frac{838\,\text{J/s}}{400\,\text{kg} \cdot 4190\,\text{J/(kg K)}} = 0{,}016125 \frac{°C}{s}$$

$$t = A \cdot \tau_V + (t_0 - A \cdot \tau_V) \cdot e^{-\frac{\tau}{\tau_V}} = 0,016125 \frac{°C}{s} \cdot 1600\,s + (15\,°C - 0,016125 \cdot \frac{°C}{s} \cdot 1600\,s) \cdot e^{-\frac{\tau}{\tau_V}}$$

$$A \cdot \tau_V = 0,016125 \cdot \frac{°C}{s} \cdot 1600\,s = 25,8\,°C \qquad t_0 - A \cdot \tau_V = 15\,°C - 25,8\,°C = 10,8\,K$$

$\tau_1 = 900$ s: $\quad t = 25,8\,°C - 10,8\,K \cdot e^{-900\,s/1600\,s} = 25,8\,°C - 10,8\,K \cdot 0,569782824 = 19,646\,°C$

$\tau_2 = 1800$ s: $\quad t = 25,8\,°C - 10,8\,K \cdot e^{-1800\,s/1600\,s} = 25,8\,°C - 10,8\,K \cdot 0,324652467 = 22,294\,°C$

$\tau_3 = 2700$ s: $\quad t = 25,8\,°C - 10,8\,K \cdot e^{-2700\,s/1600\,s} = 25,8\,°C - 10,8\,K \cdot 0,184981399 = 23,802\,°C$

$\tau_4 = 3600$ s: $\quad t = 25,8\,°C - 10,8\,K \cdot e^{-3600\,s/1600\,s} = 25,8\,°C - 10,8\,K \cdot 0,105399224 = 24,662\,°C$

3.4.8   Abschmelzen einer Eismasse

Ein Eiswürfel und eine Eiskugel mit einer Masse von jeweils 4 g Eis und einheitlicher Blocktemperatur von 0 °C werden in eine Umgebung aus Luft mit der konstanten Temperatur von 10 °C gebracht. Der Wärmeübergangskoeffizient Eis/Luft betrage jeweils 12 W/(m² K), die Dichte des Eises 918 kg/m³ und seine Schmelzenthalpie 333,5 kJ/kg. Das Schmelzwasser fließe immer sofort ab.
a) Nach wie vielen Stunden ist der Eiswürfel vollständig geschmolzen, wenn er beim Schmelzen stets die Gestalt eines Würfels behält?
b) Nach wie vielen Stunden ist die Eiskugel vollständig geschmolzen, wenn sie beim Schmelzen stets die Gestalt einer Kugel behält?
c) Nach wie vielen Stunden ist die Hälfte der Eismasse bei der Eiskugel geschmolzen, wenn sie beim Schmelzen stets Kugelgestalt behält?

Gegeben:

Eis (Blockkapazität): $\rho_E = 918$ kg/m³ $m_E = 4 \cdot 10^{-3}$ kg $\sigma_E = 333,5$ kJ/kg $t_0 = 0\,°C$

Randbedingung: $t_U = 10\,°C$ $\alpha = 12$ W/(m² K)

Vorüberlegungen:

Mit der Annahme, dass die Ausgangstemperatur im Eis überall konstant 0 °C beträgt und diese Temperatur sich im Eis während des Schmelzvorgangs nicht ändert, sind quasi von vornherein die Voraussetzungen für die Anwendung des Modells Blockkapazität gegeben. Eine Kontrolle über das Kriterium Bi ≤ 0,15 erübrigt sich.

Die Differentialgleichung der Blockkapazität muss für die Lösung dieser Aufgabe modifiziert werden, denn $\Delta t = t_U - t_0 = 10\,°C - 0\,°C = 10\,K$ als die treibende Temperaturdifferenz bleibt hier wegen der konstanten Schmelztemperatur $t_s = t_0$ als einheitliche Blocktemperatur über die Zeit konstant. Aber mit dem Abschmelzvorgang verringert sich die Eismasse, was gleichzeitig mit der Verringerung des Eisvolumens und der Eisoberfläche verbunden ist. Bildet die Eismasse das thermodynamische System, wird aus der Umgebung ein Wärmestrom aufgenommen, so dass die gegebene Randbedingung dritter Art zu formulieren ist als $\dot{Q}(\tau) = +\alpha \cdot A(\tau) \cdot \Delta t$. Mit zunehmender Schmelzzeit vermindert sich das Eisvolumen, weswegen aus $Q(\tau) = m(\tau) \cdot \sigma_E = \rho_E \cdot V(\tau) \cdot \sigma_E$ die zeitliche Änderung der für das Schmelzen erforderlichen Wärme sich errechnet aus:

$$\frac{dQ}{d\tau} = -\frac{\rho_E \cdot V(\tau) \cdot \sigma_E}{d\tau}$$

Behält die Eismasse während des Schmelzvorganges ihre grundsätzliche Gestalt bei, ist das Volumen V als Funktion der Oberfläche A darstellbar als $V = F \cdot \sqrt{A^3}$, wobei F eine allein von der speziellen Gestalt des Körpers abhängige Konstante darstellt.

Würfel: $V = a^3$ $A = 6a^2$ $a = \sqrt{\frac{A}{6}}$ $V = \sqrt{\frac{A^3}{6^3}} = \frac{1}{\sqrt{216}} \cdot \sqrt{A^3}$

$F_W = \dfrac{1}{\sqrt{216}} \approx 0{,}0680414$

Kugel: $V = \dfrac{4}{3}\pi \cdot r^3$ $A = 4\pi \cdot r^2$ $r = \sqrt{\dfrac{A}{4\pi}}$ $V = \dfrac{1}{6 \cdot \sqrt{\pi}} \cdot \sqrt{A^3}$

$F_K = \dfrac{1}{6 \cdot \sqrt{\pi}} \approx 0{,}0940316$

In einer differentiell kleinen Zeit können wir beim Schmelzen Volumen und Oberfläche als konstante Größen auffassen.

$$\frac{dV(\tau)}{d\tau} = \frac{d(F \cdot \sqrt{A^3(\tau)})}{d\tau} = \frac{3}{2} \cdot F \cdot \sqrt{A(\tau)} \cdot \frac{dA}{d\tau} \qquad \text{(innere und äußere Ableitung!)}$$

Lösung:

Aus den Vorüberlegungen kann abgeleitet werden:

$$-\frac{\rho_E \cdot V(\tau) \cdot \sigma_E}{d\tau} = \alpha \cdot A(\tau) \cdot \Delta t \quad \rightarrow \quad -\frac{\rho_E \cdot 1{,}5 \cdot F \cdot \sqrt{A} \cdot dA \cdot \sigma_E}{d\tau} = \alpha \cdot A(\tau) \cdot \Delta t$$

Wenn zur Zeit $\tau = 0$ die Oberfläche als A_0 und bei der Zeit für das vollständige Schmelzen $\tau = \tau_S$ die Oberfläche A verschwunden ist ($A = 0$) kann obige Differentialgleichung bestimmt integriert werden.

$$\int_{A=A_0}^{A=0} A(\tau)^{-1/2} dA = -\frac{\alpha \cdot \Delta t}{\rho_E \cdot \sigma_E \cdot 1{,}5 \cdot F} \cdot \int_{\tau=0}^{\tau_S} d\tau = -C \cdot \int_{\tau=0}^{\tau_S} d\tau \quad \text{mit } C = \frac{\alpha \cdot \Delta t}{\rho_E \cdot \sigma_E \cdot 1{,}5 \cdot F}$$

$$\int_{A=0}^{A=A_0} A(\tau)^{-1/2} dA = +C \cdot \int_{\tau=0}^{\tau_S} d\tau \quad \rightarrow \quad 2 \cdot (\sqrt{A_0} - 0) = C \cdot \tau_S \qquad \rightarrow \quad \tau_S = 2 \cdot \frac{\sqrt{A_0}}{C}$$

a) Zeit für das Schmelzen des Eiswürfels

Für einen Eiswürfel (Index „W") der Masse m_E mit Oberfläche A_0 zu Beginn des Schmelzvorgangs erhalten wir als Zeit für das vollständige Schmelzen:

$$A_{0,W} = \left(\frac{m_E}{\rho_E \cdot F_W} \right)^{2/3} = \left(\frac{4 \cdot 10^{-3}\,\text{kg}}{918\,\text{kg/m}^3 \cdot 0,0680414} \right)^{2/3} \approx 0,0016\,\text{m}^2 = 16\,\text{cm}^2$$

$$C_W = \frac{\alpha \cdot \Delta t}{\rho_E \cdot \sigma_E \cdot 1,5 \cdot F_W} = \frac{12\,\text{W/(m}^2\,\text{K)} \cdot 10\,\text{K}}{918\,\text{kg/m}^3 \cdot 333.500\,\text{J/kg} \cdot 1,5 \cdot 0,0680414} = 3,840415 \cdot 10^{-6}\,\frac{\text{m}}{\text{s}}$$

$$\tau_S = 2 \cdot \frac{\sqrt{0,0016\,\text{m}^2}}{3,840415 \cdot 10^{-6}\,\text{m/s}} \approx 20.831,08\,\text{s} \approx \underline{\underline{5,79\,\text{h}}}$$

b) Zeit für das Schmelzen der Eiskugel

Für eine Eiskugel (Index „K") der Masse m_E mit Oberfläche A_0 zu Beginn des Schmelzvorgangs erhalten wir als Zeit für das vollständige Schmelzen:

$$A_{0,K} = \left(\frac{m_E}{\rho_E \cdot F_K} \right)^{2/3} = \left(\frac{4 \cdot 10^{-3}\,\text{kg}}{918\,\text{kg/m}^3 \cdot 0,0940316} \right)^{2/3} \approx 0,00129\,\text{m}^2 = 12,9\,\text{cm}^2$$

$$C_K = \frac{\alpha \cdot \Delta t}{\rho_E \cdot \sigma_E \cdot 1,5 \cdot F_K} = \frac{12\,\text{W/(m}^2\,\text{K)} \cdot 10\,\text{K}}{918\,\text{kg/m}^3 \cdot 333.500\,\text{J/kg} \cdot 1,5 \cdot 0,0940316} = 2,77893 \cdot 10^{-6}\,\frac{\text{m}}{\text{s}}$$

$$\tau_S = 2 \cdot \frac{\sqrt{0,00129\,\text{m}^2}}{2,77893 \cdot 10^{-6}\,\text{m/s}} \approx 25.849,21\,\text{s} \approx \underline{\underline{7,18\,\text{h}}}$$

c) Zeit für das Abschmelzen der Eiskugel auf halbe Masse

Die zu einer Eiskugel mit einer Masse von 2 g gehörige Kugeloberfläche beträgt

$$A_{1/2,K} = \left(\frac{m_E / 2}{\rho_E \cdot F_K} \right)^{2/3} = \left(\frac{2 \cdot 10^{-3}\,\text{kg}}{918\,\text{kg/m}^3 \cdot 0,0940316} \right)^{2/3} \approx 0,000812722\,\text{m}^2$$

$$\tau_S = 2 \cdot \frac{\sqrt{0,00129\,\text{m}^2} - \sqrt{0,000812722\,\text{m}^2}}{2,77893 \cdot 10^{-6}\,\text{m/s}} \approx 5.331,74\,\text{s} \approx \underline{\underline{1,48\,\text{h}}}$$

Wegen der kleineren Oberfläche der Kugel wird in einer fixen Zeiteinheit weniger Wärme als beim Würfel aufgenommen, so dass die Kugel deutlich langsamer schmilzt. Gleichzeitig besteht zwischen Schmelzzeit und abgeschmolzener Masse keine direkte Proportionalität, die Anwendung eines Dreisatzes für ein anteiliges Schmelzen ist hier also nicht möglich.

Hierzu alternativ kann der Ansatz gewählt werden, dass die in einem differentiell kleinem Zeitraum $d\tau$ aufgenommene Wärme dQ zum Abschmelzen einer differentiell kleinen Kugelschale dm (Minuszeichen steht für abnehmende Masse) benötigt wird.

$$dQ = \alpha \cdot A \cdot (t_U - t_0) \cdot d\tau \quad \text{und} \quad dQ = -\sigma_E \cdot dm = -\sigma_E \cdot \rho_E \cdot A \cdot dr \quad \text{führt also auf}$$

$$\alpha \cdot A \cdot (t_U - t_0) \cdot d\tau = -\sigma_E \cdot \rho \cdot A \cdot dr \quad \text{oder} \quad \int_0^{\tau_S} d\tau = -\frac{\sigma_E \cdot \rho_E}{\alpha \cdot (t_U - t_0)} \cdot \int_{r_A}^{r_E} dr$$

$$\tau_S = -\frac{\sigma_E \cdot \rho_E}{\alpha \cdot (t_U - t_0)} \cdot (r_E - r_A) = +\frac{\sigma_E \cdot \rho_E}{\alpha \cdot (t_U - t_0)} \cdot (r_A - r_E)$$

Zur rechnerischen Auswertung wird hier noch die Differenz der Kugelradien zu Beginn und nach der Halbierung der Masse $(r_A - r_E)$ benötigt. Aus Anfangsmasse $m \rightarrow m/2$ leiten wir ab:

$$\rho_E \cdot V_E = \rho_E \cdot \frac{V_A}{2} \quad \text{und weiter} \quad \rho_E \frac{4}{3}\pi \cdot r_E^3 = \rho_E \frac{1}{2} \cdot \frac{4}{3}\pi \cdot r_A^3 \quad \text{und schließlich} \quad r_E = \sqrt[3]{\frac{1}{2}} \cdot r_A$$

Der Anfangsradius der Kugel ergibt sich aus dem anfänglichem Kugelvolumen V zu

$$r_A = \sqrt[3]{\frac{3 \cdot V}{4\pi}} = \sqrt[3]{\frac{3}{4\pi} \cdot \frac{m}{\rho_E}} = \sqrt[3]{\frac{3}{4 \cdot \pi} \cdot \frac{4000 \cdot 10^{-6}\,\text{kg}}{918\,\text{kg/m}^3}} = 1{,}013233562 \cdot 10^{-2}\,\text{m}$$

$$r_A - r_E = r_A \cdot \left(1 - \sqrt[3]{\frac{1}{2}}\right) = \sqrt[3]{\frac{3}{4\pi} \cdot \frac{m}{\rho_E}} \cdot \left(1 - \sqrt[3]{\frac{1}{2}}\right)$$

$$r_A - r_E = 1{,}013233562 \cdot 10^{-2}\,\text{m} \cdot (1 - 0{,}793700526) = 0{,}209029549 \cdot 10^{-2}\,\text{m}$$

Dies eingesetzt in

$$\tau_S = \frac{\sigma_E \cdot \rho_E}{\alpha \cdot (t_U - t_0)} \cdot (r_A - r_E) = \frac{333.500\,\text{J/kg} \cdot 918\,\text{kg/m}^3}{12\,\text{W/(m}^2\,\text{K}) \cdot (10\,°\text{C} - 0\,°\text{C})} \cdot 0{,}209029549 \cdot 10^{-2}\,\text{m} \approx \underline{\underline{1{,}48\,\text{h}}}$$

Achtung!

Ein gelegentlich in Klausuren bei dieser Aufgabe auftauchender Fehler resultiert aus der falschen Annahme, die Hälfte der Eismasse sei geschmolzen, wenn der Radius sich halbiert habe! Bei halbiertem Kugelradius existiert nur noch 1/8 der anfänglich vorhandenen Masse als Eis. Die zugehörige Schmelzdauer ergibt sich aus:

$$r_A - r_E = r_A - \frac{r_A}{2} = r_A \cdot \left(1 - \frac{1}{2}\right) = \frac{r_A}{2} = \frac{1}{2} \cdot \sqrt[3]{\frac{3 \cdot V}{4\pi}} = \frac{1}{2} \cdot \sqrt[3]{\frac{3}{4\pi} \cdot \frac{m}{\rho_E}}$$

$$r_A - r_E = 0{,}5 \cdot 1{,}013233562 \cdot 10^{-2}\,\text{m} = 0{,}506616781 \cdot 10^{-2}\,\text{m}$$

Dies wiederum eingesetzt in die Gleichung für die Schmelzzeit τ_S führt auf

$$\tau_S = \frac{\sigma_E \cdot \rho_E}{\alpha \cdot (t_U - t_0)} \cdot (r_A - r_E) = \frac{333.500\,\text{J/kg} \cdot 918\,\text{kg/m}^3}{12\,\text{W/(m}^2\,\text{K}) \cdot (10\,°\text{C} - 0\,°\text{C})} \cdot 0{,}506616781 \cdot 10^{-2}\,\text{m} \approx \underline{\underline{3{,}59\,\text{h}}}$$

3.4.9   Wachstum der Phasengrenze fest-flüssig bei Wasser

Ein Gewässer sei mit einer 1 cm dicken Eisschicht bedeckt, die an der Oberfläche eine über die Zeit konstante Temperatur von –10 °C aufweise. Die beim Gefrieren von Wasser freiwerdende Erstarrungsenthalpie sei mit 333,5 kJ/kg gegeben.
    a) Um wie viele Millimeter wächst die Eisschicht anfänglich nach unten pro Stunde?
    b) Nach welcher Zeit ist die Eisschicht auf 15 cm Stärke angewachsen?
Hinweis: Stoffwerte für Eis entnehmen Sie bitte der Tabelle 7.6-3 im Anhang!

Gegeben:

Erstarrungsenthalpie = Schmelzenthalpie: σ_E = 333,5 kJ/kg

$\Delta t = 0\ °C - (-10\ °C) = 10\ K$ $\delta_1 = 0,01\ m$ $\delta_2 = 0,15\ m$

Stoffwerte aus Tabelle 7.6-3:

$\rho_E(0\ °C) = 917\ kg/m^3$ $\rho_E(-10\ °C) = 920\ kg/m^3$ $\overline{\rho}_E\big|_{-10\ °C}^{0\ °C} = 918,5\ kg/m^3$

$\lambda_E(0\ °C) = 2,25\ W/(m\ K)$ $\lambda_E(-10\ °C) = 2,30\ W/(m\ K)$ $\overline{\lambda}_E\big|_{-10\ °C}^{0\ °C} = 2,275\ W/(m\ K)$

Vorüberlegungen:

Die bei der Eisbildung frei werdende Erstarrungsenthalpie wird von der unteren Seite der Schicht mit der Gefriertemperatur von 0 °C zur Oberfläche mit der niedrigeren Temperatur von −10 °C durch Wärmeleitung transportiert. Die Schichtdicke nimmt von unten zu, die treibende Temperaturdifferenz $\Delta t = 0\ °C - (-10\ °C) = 10\ K$ bleibt aber immer konstant.

Die Stoffwerte für Eis sind nach Tabelle 7.6-3 temperaturabhängig, was das Wachstum der Eisschicht $\delta = \delta(\tau)$ auch beeinflusst. Dem kann mit einer einfachen Mittlung der Stoffwerte über das betreffende Temperaturintervall Rechnung getragen werden.

Für die Lösung der Aufgabe ist von folgenden Grundzusammenhängen auszugehen:

$\dot{Q} = \dfrac{\lambda_E}{\delta} \cdot A \cdot \Delta t$ (eindimensionale stationäre Wärmeleitung durch ebene Wand)

$Q = H_E = m \cdot \sigma_E = \rho_E \cdot V \cdot \delta_E = \rho_E \cdot A \cdot \delta \cdot \sigma_E$ (frei werdende Erstarrungsenthalpie)

Lösung:

a) anfängliche Wachstumsgeschwindigkeit für die Eisdecke

$\dot{Q} = \dfrac{dH_E}{d\tau} = \rho_E \cdot A \cdot \sigma_E \cdot \dfrac{d\delta}{d\tau}$ führt auf im Zusammenhang mit der stationären Wärmeleitung

auf $\rho_E \cdot A \cdot \sigma_E \cdot \dfrac{d\delta}{d\tau} = \dfrac{\lambda_E}{\delta_1} \cdot A \cdot \Delta t$ → aufgelöst nach $\dfrac{d\delta}{d\tau} = \dfrac{\lambda_E \cdot \Delta t}{\delta_1 \cdot \sigma_E \cdot \rho_E}$

$\dfrac{d\delta}{d\tau} = \dfrac{2,275\ W/(m\ K) \cdot 10\ K}{0,01\ m \cdot 333.500\ Ws/kg \cdot 918,5\ kg/m^3} = 0,007426879\ \dfrac{mm}{s} \cdot \dfrac{3.600\ s}{1\ h} = \underline{\underline{26,737\ \dfrac{mm}{h}}}$

b) Zeit für das Erreichen einer 15 cm starken Eisschicht

$\dfrac{d\delta}{d\tau} = \dfrac{\lambda_E \cdot \Delta t}{\delta \cdot \sigma_E \cdot \rho_E}$ Nach Trennung der Veränderlichen kann man wie folgt integrieren:

$\displaystyle\int_{\delta_1}^{\delta_2} \delta \cdot d\delta = \int_{0}^{\tau} \dfrac{\lambda_E \cdot \Delta t}{\sigma_E \cdot \rho_E} d\tau$ → $\dfrac{\delta_2^2 - \delta_1^2}{2} = \dfrac{\lambda_E \cdot \Delta t}{\sigma_E \cdot \rho_E} \cdot \tau$

$\tau = \dfrac{\sigma_E \cdot \rho_E \cdot (\delta_2^2 - \delta_1^2)}{2 \cdot \lambda_E \cdot \Delta t} = \dfrac{333.500\ Ws/kg \cdot 918,5\ kg/m^3 \cdot (0,0225\ m^2 - 0,0001\ m^2)}{2 \cdot 2,275\ W/(m\ K) \cdot 10\ K} = \underline{\underline{150.803,57\ s}}$

Diese Zeit entspricht ungefähr 41,89 h, also 1 Tag 17 Stunden und 53,4 Minuten.

3.5   Numerische Lösung von Wärmeleitaufgaben mit dem Differenzenverfahren

Für anspruchsvolle Aufgaben zur instationären Wärmeleitung, bei denen temperaturabhängige Stoffwerte, komplizierte Geometrien und variable Grenzbedingungen zu berücksichtigen sind, muss man auf numerische Lösungsverfahren zurückgreifen. Dank des verfügbaren Softwareangebotes mit numerischen Programmen auf Basis der Methode der finiten Differenzen, der Methode der finiten Elemente oder der Volumenmethode, die auf Elementebene formulierte Energiebilanzen nutzt, kann mit Hilfe von Computern heute weit über die einschränkenden Bedingungen für die zuvor beschriebenen analytischen Verfahren hinausgehen. So ist ein numerisches Verfahren zum Beispiel im Gegensatz zu den analytischen relativ einfach auf eine mehrdimensionale Betrachtung auszuweiten.

Die Kenntnis numerisch berechneter Temperaturfelder in festen Körpern ist für folgende technische Aufgabenstellungen von herausragender Bedeutung:

– Berechnung von Wärmespannungen und Verformungen bei Fertigung und Konstruktion
– Kühlung thermisch stark belasteter Bauteile (zum Beispiel in der Energietechnik)
– Analyse von Aufheiz- und Abkühlvorgängen an Werkzeugen und Werkstücken
– Beurteilung von Gefügeveränderungen in Werkstoffen
– Analyse des hermischen Verschleißes in der spanenden Formung

Der einfachste Weg für einen schnellen Einstieg in das sehr anspruchsvolle Fachgebiet der numerischen Temperaturfeldberechnung führt über die Differenzenverfahren. Die Grundlagen sind leicht zu verstehen und in der heutigen Mathematikausbildung für Ingenieure spielen, sofern die numerische Mathematik auf dem Stundenplan steht, die Differenzenverfahren eine wichtige Rolle. Deshalb gehen wir hier auf die Differenzenverfahren kurz ein, wohl wissend, dass der durch den Rahmen dieses Buches vorgegebene Umfang ohnehin nur zu einer allerersten Heranführung an die Themen für die numerische Berechnung von Aufgaben zur Wärmeleitung reichen kann. Zu den verfahrensbedingten Einschränkungen bei der Anwendung eines Differenzenschemas nehmen wir später noch Stellung.

Differenzenverfahren arbeiten für die räumliche Diskretisierung immer mit äquidistanten Gittern. Wegen der stets gleich bleibenden Maschenweite behält man einen guten Überblick über das Verfahren und kann es leicht selber programmieren. Anspruchsvolle Geometrien können aber kaum berücksichtigt werden. Schon an dieser Stelle werden Grenzen für die praktische Anwendung dieses Verfahrens sichtbar.

Zur Herleitung des Rechenschemas beim Differenzenverfahren gehen wir der Einfachheit halber von einer eindimensionalen instationären Wärmeleitung in einer ebenen Wand nach Gleichung (3.1-8) aus.

$$\frac{\partial t}{\partial \tau} = a \cdot \frac{\partial^2 t}{\partial x^2} + \frac{\tilde{\tilde{q}}}{\rho \cdot c_p} = a \cdot \frac{\partial}{\partial x}\left(\frac{\partial t}{\partial x}\right) + \frac{\tilde{\tilde{q}}}{\rho \cdot c_p} \tag{3.5-1}$$

Die Differenzenverfahren ersetzen die auftretenden partiellen Ableitungen in (3.5-1) und in den jeweils zugeordneten Randbedingungen durch Differenzenquotienten. Mit dieser zeitlichen und räumlichen Diskretisierung geht die Differentialgleichung in eine Differenzengleichung über. Statt der stetigen Funktion $t = t(x, \tau)$ können die Temperaturen auch an einer festzulegenden Zahl diskreter Punkte $t_{n,k} = t(x_n, \tau_k)$ berechnet werden. Die Genauigkeit der Lösung steigt in der Regel mit der Höhe der berücksichtigten Punkte durch Verringerung der Maschenweite.

$$x_n = x_0 + n \cdot \Delta x \quad \text{und} \quad \tau_k = \tau_0 + k \cdot \Delta \tau$$

Für die räumliche Diskretisierung verwenden wir hier den Laufindex n, für die zeitliche den Laufindex k.

Mathematisch gelingt die Überführung von Gleichung (3.5-1) in eine Differenzengleichung mit entsprechenden Taylor-Reihenentwicklungen.

$$f(x+\Delta x) = f(x) + \frac{f'(x)}{1!}\Delta x + \frac{f''(x)}{2!}\Delta x^2 + \frac{f'''(x)}{3!}\Delta x^3 + \frac{f^{(4)}}{4!}\Delta x^4 + \dots \frac{f^{(n)}}{n!}\Delta x^n + R_n(x)$$

$$f(x-\Delta x) = f(x) - \frac{f'(x)}{1!}\Delta x + \frac{f''(x)}{2!}\Delta x^2 - \frac{f'''(x)}{3!}\Delta x^3 + \frac{f^{(4)}}{4!}\Delta x^4 + \dots \frac{f^{(n)}}{n!}\Delta x^n + R_n(x)$$

Bei Abbruch der ersten Reihe nach dem zweiten Glied kann man eine Näherungsgleichung für die erste Ableitung finden, bei der $f'(x)$ nur noch vom Funktionswert im Punkt x und einem Nachbarpunkt $x+\Delta x$ abhängt. Der entstehende Abbruchfehler nimmt proportional zum Abstand Δx dieser beiden Punkte ab, die Approximation folgt also einem Ansatz erster Ordnung.

$$f'(x) = \frac{f(x+\Delta x) - f(x)}{\Delta x} \tag{3.5-2}$$

Bricht man die Reihen nach dem jeweils dritten Glied ab und addiert die beiden so entstandenen Ausdrücke, folgt eine Gleichung, die nach $f''(x)$ auflösbar ist.

$$f''(x) = \frac{f(x+\Delta x) - 2 \cdot f(x) + f(x-\Delta x)}{(\Delta x)^2} \tag{3.5-3}$$

Der bei diesem Vorgehen entstehende Abbruchfehler durch die vernachlässigten Terme in der Reihenentwicklung ist proportional $(\Delta x)^2$, so dass hier ein Abbruchfehler zweiter Ordnung vorliegt (Fehler nimmt) quadratisch mit kleiner werdenden Δx ab.

Der partielle Differentialquotient der Temperatur t nach der Zeit τ bezieht sich auf einen festen Ort x und ist unter dieser Bedingung nach (3.5-2) zu bilden.

$$\left(\frac{\partial t}{\partial \tau}\right)_x \approx \left(\frac{\Delta_x t}{\Delta \tau}\right)$$

Die Abbildung 3-15 gibt einen zeitlichen Temperaturverlauf an dem festen Ort x_n wieder und zeigt die drei Möglichkeiten, einen Differenzenquotienten zu bilden.

$$\frac{\partial t}{\partial \tau} \approx \frac{t_{n,k+1} - t_{n,k}}{\Delta \tau} \qquad \text{vorderer Differenzenquotient} \tag{3.5-4a}$$

$$\frac{\partial t}{\partial \tau} \approx \frac{t_{n,k+1} - t_{n,k-1}}{2 \cdot \Delta \tau} \qquad \text{mittlerer Differenzenquotient} \tag{3.5-4b}$$

$$\frac{\partial t}{\partial \tau} \approx \frac{t_{n,k} - t_{n,k-1}}{\Delta \tau} \qquad \text{hinterer Differenzenquotient} \qquad (3.5\text{-}4c)$$

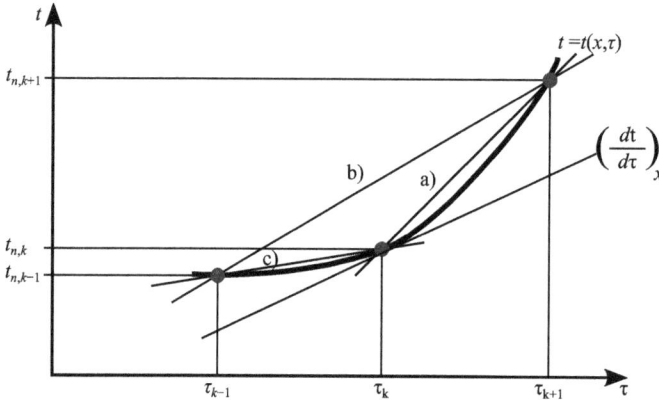

Abb. 3-15: Zeitdiskretisierung mit vorderen Differenzenquotienten (a), mittleren (b) und hinteren (c).

Nach Abbildung 3-15 beschreibt der mittlere Differenzenquotient den Anstieg der Funktion $t = t(x, \tau)$ zur Zeit τ_k offenbar am besten. Alle drei hier gezeigten Möglichkeiten sind aber mit spezifischen Vor- und Nachteilen bei der weiteren mathematischen Behandlung verbunden. Die endgültige Wahl eines konkreten Verfahrens wird deshalb immer noch durch die speziellen Anforderungen der Aufgabenstellung und durch die verfügbaren Rechenressourcen beeinflusst.

Die zweifache partielle Ableitung der Temperatur t nach dem Ort x bezieht sich auf eine feste Zeit τ. Damit folgt

$$\Delta_x t = t_{n,k+1} - t_{n,k} \quad \text{und} \quad \Delta_\tau (\Delta_\tau t) = (t_{n+1,k} - t_{n,k}) - (t_{n,k} - t_{n-1,k}) \qquad (3.5\text{-}5)$$

Durch Einsetzen der Formeln (3.5-4) und der Formel (3.5-5) kann nun der Weg von der Differentialgleichung (3.5-1) zu einem finite-Differenzen-Schema nachvollzogen werden.

Differenzenverfahren sind numerisch nur dann stabil, wenn im Verlauf der Rechnung die numerisch entstehenden Fehler kleiner werden und so sich ihr Einfluss verringert. Einigen Differenzengleichungen wohnt aber die unangenehme Eigenschaft der numerischen Instabilität inne, so dass sich selbst minimale Rundungsfehler (interne Genauigkeit der Rechenmaschine) mit fortschreitender Rechnung zu erheblicher Größe aufschaukeln und die erhaltenen Lösungen bis zur praktischen Unbrauchbarkeit verfälschen können. Insbesondere die expliziten Differenzenverfahren verfügen über eine stark eingeschränkte numerische Stabilität und müssen in diesem Zusammenhang besonders betrachtet werden.

Für ein explizites Verfahren mit dem vorderen Differenzenquotienten nach (3.5-4a) folgt aus

$$\frac{\Delta_x t}{\Delta \tau} = a \cdot \frac{\Delta_\tau}{\Delta x} \cdot \left(\frac{\Delta_\tau t}{\Delta x} \right) + \frac{\tilde{q}}{\rho \cdot c_p} \quad \rightarrow \quad \frac{t_{n,k+1} - t_{n,k}}{\Delta \tau} = a \cdot \frac{t_{n+1,k} - t_{n-1,k} - 2t_{n,k}}{(\Delta x)^2} + \frac{\tilde{q}}{\rho \cdot c_p}$$

$$t_{n,k+1} = t_{n,k} + \frac{a \cdot \Delta \tau}{(\Delta x)^2} (t_{n+1,k} + t_{n-1,k} - 2t_{n,k}) + \frac{\tilde{q} \cdot \Delta \tau}{\rho \cdot c_p} \qquad (3.5\text{-}6)$$

Zur Ableitung eines Stabilitätskriteriums betrachten wir Gleichung (3.5-6) ohne volumenspezifische Ergiebigkeit führen zunächst zur Vereinfachung der Schreibweise eine modifizierte Fourierzahl Fo^+ mit $\mathrm{Fo}^+ = \dfrac{a \cdot \Delta \tau}{(\Delta x)^2}$ ein.

$$t_{n,k+1} = t_{n,k} + \mathrm{Fo}^+ \cdot (t_{n+1,k} + t_{n-1,k} - 2 \cdot t_{n,k}) \quad \text{oder}$$

$$t_{n,k+1} = (1 - 2 \cdot \mathrm{Fo}^+) \cdot t_{n,k} + \mathrm{Fo}^+ \cdot t_{n+1,k} + \mathrm{Fo}^+ \cdot t_{n-1,k}$$

Ein hinreichendes Kriterium zur Gewährleistung der numerischen Stabilität der obigen Differenzengleichung ist die Forderung, dass kein Koeffizient in dieser Gleichung negativ sein darf. Das führt auf

$$1 - 2 \cdot \mathrm{Fo}^+ \geq 0 \quad \text{oder auf} \quad \mathrm{Fo}^+ = \frac{a \cdot \Delta \tau}{(\Delta x)^2} \leq \frac{1}{2} \qquad (3.5\text{-}7)$$

Für eine gegebene Ortsschrittweite Δx darf man also nach (3.5-7) die Zeitschrittweite $\Delta \tau$ nicht zu groß wählen. Wird das Stabilitätskriterium verletzt, erhält man nicht nur ungenaue, sondern völlig unbrauchbare, oft stark oszillierende Lösungen. Räumliche und zeitliche Diskretisierung sind also optimal aufeinander abzustimmen. In der Regel muss man mit Rücksicht auf die Materialeigenschaft Temperaturleitfähigkeit a sehr kleine Zeitschrittweiten $\Delta \tau$ wählen. Will man die Änderungen in einem Temperaturfeld über einen längeren Zeitraum beobachten, entsteht durch die Restriktionen bei der Zeitschrittweitenwahl ein hoher Rechenaufwand.

Den größten Zeitschritt $\Delta \tau$ ermöglicht $\mathrm{Fo}^+ = 0{,}5$. Trotzdem muss von der vollen Ausreizung des Stabilitätskriteriums abgeraten werden, weil in Verbindung mit Randbedingungen und einem maximal möglichen Fo^+ schnell zusätzliche numerische Probleme auftreten können.

Der vordere Differenzenquotient (explizites Zeitintegrationsverfahren) nach (3.5-4a) führt auf ein finites-Differenzen-Schema, mit dem bei bekannter Temperaturverteilung in der Zeitebene τ_k der Temperaturverlauf für die Zeitebene τ_{k+1} aus den Werten für x_{n-1}, x_n und x_{n+1} berechnet werden kann und gleichermaßen durch schrittweises Fortsetzen auch zu allen späteren Zeitpunkten.

Der mittlere Differenzenquotient nach (3.5-4b) und der hintere nach (3.5-4c) führen auf implizite Zeitintegrationsverfahren, die in Bezug auf die Stabilität der numerischen Lösung deutlich unempfindlicher sind, aber für jeden Zeitschritt die Lösung von Gleichungssystemen mit allen n Unbekannten x_n erfordern.

$$t_{n,k} = t_{n,k-1} + \frac{a \cdot \Delta \tau}{(\Delta x)^2} (t_{n+1,k} + t_{n-1,k} - 2 t_{n,k}) + \frac{\tilde{\tilde{q}} \cdot \Delta \tau}{\rho \cdot c_p} \qquad (3.5\text{-}8)$$

Bei diesem finiten-Differenzen-Schema benötigt man für die Berechnung der unbekannten Temperatur $t_{n,k}$ in der Zeitebene k auch noch die unbekannte Temperatur $t_{n+1,k}$. Deswegen ist hier nicht nur eine Gleichung, sondern ein Gleichungssystem mit allen Gleichungen des finiten-Differenzen-Schemas simultan zu lösen.

Für die Übertragung der hier skizzierten Methode auf eine zwei- oder dreidimensionale Geometrie muss man auf den rechten Seiten der Gleichungen (3.5-6) oder (3.5-8) jeweils nur die Differenzenquotienten für die Ableitungen nach y (zweidimensional) oder nach y und z (dreidimensional) addieren gemäß

$$\frac{\partial t}{\partial \tau} = a \cdot \left(\frac{\partial^2 t}{\partial x^2} + \frac{\partial^2 t}{\partial y^2} + \frac{\partial^2 t}{\partial z^2} \right) + \frac{\tilde{\tilde{q}}}{\rho \cdot c_p}$$

Damit erhalten die angesprochen Gleichungen für den zweidimensionalen Fall noch einen zusätzlichen Laufindex, für den dreidimensionalen Fall zwei zusätzliche Laufindizes. Aber der grundsätzliche Ablauf bei der Berechnung der diskreten Temperaturwerte für die nächste Zeitreihe bleibt erhalten.

Die Differenzengleichungen (3.5-6) und (3.5-8) verarbeiten auch temperaturabhängige Stoffwerte (Wärmeleitfähigkeit, spezifische Wärmekapazität und Dichte) sowie temperaturabhängige Quellen oder Senken, weil die an den diskreten Orten auftretenden Temperaturen aus dem vorherigen Zeitschritt immer bekannt sind.

Für die numerische Lösung der Wärmeleitaufgabe müssen die Randbedingungen erster bis dritter Art in das finite-Differenzen-Schema integriert werden.

Für die Randbedingung erster Art (Vorgabe der Temperaturen an der Wand) teile man das Gebiet so, dass der Rand genau mit einer Gitterlinie zusammenfällt. Die gegebenen Temperaturen werden an entsprechender Stelle in den Differenzengleichungen (3.5-6) und (3.5-8) verwendet.

Bei der Randbedingung zweiter Art wählt man das Gitternetz so, dass der Rand genau mittig zwischen zwei Gitterlinien liegt (siehe Abbildung 3.16 für den linken Rand mit $x_{W,l} = x_0 + \Delta x/2$). Damit erzeugt man Hilfsgitterpunkte $(0, k)$ außerhalb des zu untersuchenden Körpers.

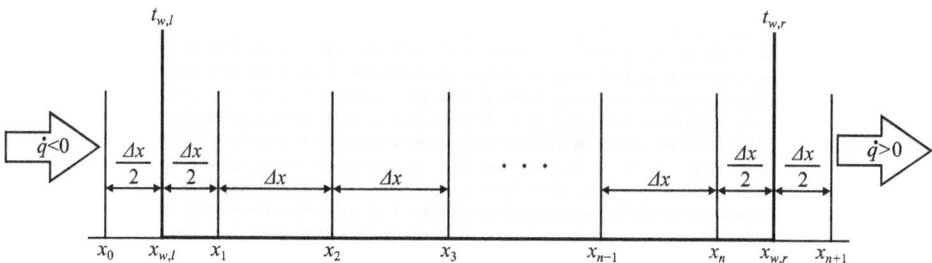

Abb. 3-16: Berücksichtigung von Randbedingungen 2. Art beim finiten-Differenzen-Verfahren.

Für die Randbedingung zweiter Art ist Gleichung (3.1-6a) oder (3.1-6b) zu erfüllen.

$$\dot{q}_W = -\lambda \cdot \frac{\partial t}{\partial x}\bigg|_{x=x_W}$$

Die partielle Ableitung ersetzt man durch den mittleren Differenzenquotienten und erhält

$$\dot{q}_W = -\lambda \cdot \left(\frac{t_{1,k} - t_{0,k}}{\Delta x} \right) \quad \text{oder} \quad t_{0,k} = t_{1,k} - \frac{\Delta x}{\lambda} \cdot \dot{q}_W \qquad (3.5\text{-}9)$$

An der Stelle x_1 ($n = 1$) gilt beim expliziten Verfahren das finite-Differenzen-Schema

$$t_{1,k+1} = t_{1,k} + \frac{a \cdot \Delta\tau}{(\Delta x)^2}(t_{2,k} + t_{0,k} - 2 \cdot t_{1,k}) \qquad (3.5\text{-}10)$$

Die Elimination von $t_{0,k}$ mit (3.5-9) liefert die Differenzengleichung (3.5-11), die Gleichung (3.5-10) im allgemeinen Schema ersetzt.

$$t_{1,k+1} = t_{1,k} + \frac{a \cdot \Delta\tau}{(\Delta x)^2}(t_{2,k} - t_{1,k} - \frac{\Delta x}{\lambda} \cdot \dot{q}_W) \qquad (3.5\text{-}11)$$

Gleichung (3.5-11) wurde für den linken Rand der Wand abgeleitet. Bei Vorliegen einer Randbedingung zweiter Art am rechten Rand wählt man ein analoges Vorgehen für $x_{W,r} = x_n + \Delta x/2$ und erhält nach Elimination der Temperatur $t_{n+1,k}$ die Differenzengleichung (3.5-12), die Gleichung (3.5-10) im allgemeinen Schema ersetzt.

$$t_{n,k+1} = t_{n,k} + \frac{a \cdot \Delta\tau}{(\Delta x)^2} \cdot (t_{n-1,k} - t_{n,k} + \frac{\Delta x}{\lambda} \cdot \dot{q}_W) \qquad (3.5\text{-}12)$$

In den Gleichungen (3.5-10) und (3.5-12) besitzt die Wärmestromdichte bei vom Körper wegzeigender Richtung einen positiven Wert ($\dot{q} > 0$), ist sie auf den Körper gerichtet einen negativen Wert ($\dot{q} < 0$).

Eine Besonderheit der Randbedingung zweiter Art sind adiabate Wände. Adiabate Ränder können auch die Symmetrieebenen im Körperinneren sein. In letzterem Fall legt man das finite-Differenzen-Schema zweckmäßig so, dass die adiabate Symmetrieachse genau mittig zwischen zwei benachbarten Gitterlinien liegt. So ist dann die Ermittlung der Temperaturen in einer der beiden Körperhälften ausreichend.

Bei der Randbedingung dritter Art geht bei gegebenen Wärmeübergangskoeffizienten α Wärme an ein Fluid der Temperatur t_U über. Dabei muss gelten

$$-\lambda \cdot \frac{\partial t}{\partial x} = \alpha \cdot (t_W - t_U)$$

Zur Diskretisierung dieser Randbedingung empfiehlt es sich, die äußeren Wände mit Gitterlinien zusammenfallen zu lassen, weil dann die auftretende Wandtemperatur t_W auch vom Verfahren direkt geliefert wird. Um die partielle Ableitung durch den mittleren Differenzenquotienten zu ersetzen, benötigt man wiederum Gitterpunkte außerhalb des Körpers. Das grundsätzliche Vorgehen am linken und rechten Rand entspricht dem bei der Randbedingung zweiter Art.

Die Berücksichtigung der Randbedingung dritter Art verschlechtert allerdings die Stabilitätseigenschaften des expliziten Verfahrens noch weiter. Das einzuhaltende Stabilitätskriterium lautet dann:

$$\text{Fo}^+ = \frac{a \cdot \Delta\tau}{\Delta x^2} \leq \frac{1}{2(1 + \dfrac{\alpha \cdot \Delta x}{\lambda})} \qquad (3.5\text{-}13)$$

Mit dem Differenzenverfahren können auch stationäre (mehrdimensionale) Wärmeleitprobleme analysiert werden. Entsprechende Rechenschemata und Beispielaufgaben finden sich in [3]. Differenzengleichungen sind auch mit etwas Mehraufwand für Zylinderkoordinaten ableitbar und sogar temperaturabhängige Stoffwerte können berücksichtigt werden.

Komplizierte, aber in der Praxis oft auftretende Grenzbedingungen sowie anspruchsvolle Geometrien sind aber mit Differenzenverfahren nicht ausreichend abzubilden.

Für inhomogen aufgebaute Körper ist das Differenzenverfahren gleichfalls nicht das Verfahren der Wahl. Für die Anpassung an vielgestaltige geometrische Formen und ein wechselndes Materialverhalten durch einen schichtweisen Aufbau des Körpers erzielt man mit der Methode der finiten Elemente bessere Resultate.

Neben den mathematischen Aspekten Stabilität und Genauigkeit entscheiden über den praktischen Einsatz eines konkreten numerischen Verfahrens in Verbindung mit der entsprechenden Software auch folgende anwendungstechnische Gesichtspunkte:

– Fähigkeit zur Approximation von nahezu beliebigen Geometrien und Grenzbedingungen
– anwendungsfreundliche Datenaufbereitung (Eingabe, Fehlersuche, Ergebnisse)
– Kopplungsfahigkeit mit anderen Berechnungsverfahren und anderer Software

In der Mechanik hat sich heute aus vorgenannten Gründen die Methode der finiten Elemente weitgehend durchgesetzt. Die Möglichkeit zur Kopplung von Software spielt für die Berechnung von Wärmespannungen eine sehr wichtige Rolle.

Beim Differenzenverfahren werden die Differentialquotienten durch Differenzenquotienten ersetzt mit dem Ziel, die Differentialgleichung inklusive ihrer Grenzbedingungen in ein System algebraischer Gleichungen umzuwandeln. Der Methode der finiten Elemente (FEM) liegt hingegen die Variationsrechnung zu Grunde. Die Lösung der Differentialgleichung erhält man mit der Funktion, die einen die Randbedingungen einschließenden Integralausdruck unbekannter Funktionen (das sogenannte Funktional) zu einem Minimum macht. Die Methode der finiten Elemente ist eine Anwendung des Verfahrens von Ritz auf Teilbereiche eines zu untersuchenden Gesamtgebietes. Die unbekannte stetige Funktion für das gesamte Gebiet approximiert man durch abschnittsweise stetige Funktionen über Elementen aus dem Gebiet. Damit umgeht man die Schwierigkeit des Ritz´schen Verfahrens, eine im gesamten Bereich gültigen und an die exakte Lösung ausreichend anpassungsfähigen Ansatz zu finden. Mit der Vorgabe der Elementgröße sind die durch die Knotenwerte des Elements festgelegten Ansatzfunktionen beliebig genau an die exakte Lösung anzunähern.

Heute steht eine größere Auswahl technisch ausgereifter Softwareprogramme zur Berechnung von Problemen der Wärme- und Stoffübertragung auf der Grundlage der Methode der finiten Elemente zur Verfügung. Das Hauptproblem für die Anwendung fertiger oder selbst programmierter Software ist die Fähigkeit des Nutzers, sinnvolle Eingabedaten zu generieren und die erhaltenen Lösungen richtig zu bewerten. Dazu benötigt man einen Erfahrungshintergrund, über den der Anfänger oder der nur gelegentlich damit Befasste naturgemäß nicht verfügt. Die in diesem Abschnitt erworbenen Kenntnisse dürften es jedoch erleichtern, sich in die qualifizierte Nutzung der entsprechenden Programme einzuarbeiten. Gerade wenn man bei der Nutzung von Computern nach der Dateneingabe den Weg und die Art der Datenverarbeitung bis zur Ergebnisausgabe nicht mehr direkt verfolgen kann, sollte man sich durch eine vergleichende Betrachtung ähnlicher analytischer Lösungen Gewissheit über die Qualität der Lösung verschaffen.

3.5.1   Numerische Lösung für Wärmeleitung in ebener Kiesbetonwand

Eine aus Kiesbeton gegossene ebene Wand von 40 cm Stärke besitze die einheitliche Anfangstemperatur von 18 °C. Ab einer bestimmten Zeit werde auf der rechten und linken Wandseite jeweils eine Wandtemperatur von 100 °C aufgeprägt. Zur Ermittlung der Temperaturverläufe soll ein explizites Differenzenverfahren mit einer Zeitschrittweite von 5 Minuten und mit einer Ortsschrittweite 2,5 cm genutzt werden.

a) Prüfen Sie für die gegebenen Bedingungen die Stabilität des Verfahrens!

b) Ermitteln Sie die diskreten Temperaturen nach 10 Minuten und nach 30 Minuten in der linken Wandhälfte und vergleichen Sie die Ergebnisse mit der exakten Lösung aus Aufgabe 3.3.3!

c) Wie groß könnte die Zeitschrittweite bei gegebener örtlicher Diskretisierung maximal für das explizite Differenzenverfahren gewählt werden, wenn die symmetrische Randbedingung dritter Art mit einem Wärmeübergangskoeffizienten von 250 W/(m² K) und eine Umgebungstemperatur von 100 °C zu beachten wären?

Gegeben:

$a = 0{,}662 \cdot 10^{-6}$ m²/s $\lambda = 1{,}28$ W/(m K)   (Tabelle 7.6-3 für Kiesbeton) $\delta = 0{,}4$ m

$t_0 = 18$ °C $t_w = 100$ °C $\Delta\tau = 5$ min. = 300 s $\Delta x = 0{,}025$ m

Vorüberlegungen:

Der Temperaturverlauf nach 30 Minuten unterliegt – wie Aufgabe 3.3.3 zu entnehmen ist – noch den Bedingungen für die Kurzzeitlösung nach dem Modell halbunendlicher Körper. Für eine Eindringtiefe von 2,5 cm von der linken äußeren Wandbegrenzung gilt deshalb:

$$t(x = 2{,}5 \text{ cm}; \tau = 1.800 \text{ s}) = t_{1,6} = t_0 + (t_W - t_0) \cdot \text{erfc}\left(\frac{x_1}{2 \cdot \sqrt{a \cdot \tau}}\right)$$

$$t_{1,6} = 18 \text{ °C} + (100 - 18) \text{ K} \cdot \text{erfc}\left(\frac{0{,}0025 \text{ m}}{2 \cdot \sqrt{0{,}662 \cdot 10^{-6} \text{ m²/s} \cdot 1.800 \text{ s}}}\right) = 18 \text{ °C} + 82 \text{ K} \cdot \text{erfc}(0{,}3621135)$$

$$t_{1,6} = 18 \text{ °C} + 82 \text{ K} \cdot 0{,}608577 = 67{,}903314 \text{ °C}$$

Aus der Aufgabe 3.2.1 oder auch 3.3.2 können außerdem folgende Temperaturwerte für die linke Symmetriehälfte als Vergleichslösung herangezogen werden:

$t(x_2 = \ \ 5 \text{ cm}, \tau = 1.800 \text{ s}) = 43{,}070 \text{ °C}$ $t(x_4 = 10 \text{ cm}, \tau = 1.800 \text{ s}) = 21{,}323 \text{ °C}$

$t(x_6 = 15 \text{ cm}, \tau = 1.800 \text{ s}) = 18{,}174 \text{ °C}$ $t(x_8 = 20 \text{ cm}, \tau = 1.800 \text{ s}) = 18{,}007 \text{ °C}$

Mit der vorgeschlagenen örtlichen Diskretisierung läuft n von 0 bis 8 und der Laufindex k für die zeitliche Diskretisierung von 0 bis 6 (30 Minuten).

Die Anfangstemperaturverteilung ist mit 18 °C über den gesamten Bereich gegeben, so dass gilt $t_{n>0,0} = 18$ °C. Wegen der Randbedingung erster Art am linken Rand gilt außerdem $t_{0,k} = 100$ °C. Über das Ansetzen der Randbedingungen an der äußeren rechten Wandoberfläche oder an der Symmetrieachse brauchen wir uns wegen der Beschränkung auf den Zeitbereich von maximal 30 Minuten keine Gedanken machen.

Lösung:

a) Prüfung der Stabilität mit Stabilitätskriterium (3.5-7)

$$\text{Fo}^+ = \frac{a \cdot \Delta\tau}{(\Delta x)^2} \leq \frac{1}{2} \qquad \text{Fo}^+ = \frac{0{,}662 \cdot 10^{-6} \text{ m}^2/\text{s} \cdot 300 \text{ s}}{0{,}000625 \text{ m}^2} = \underline{\underline{0{,}31776 < 0{,}5}}$$

b) Temperaturverlauf nach $\tau_2 = 600$ s und $\tau_6 = 1.800$ s

Berechnung erfolgt mit Differenzengleichung (3.5-6) ohne Berücksichtigung von Quellen.

$$t_{n,k+1} = t_{n,k} + \frac{a \cdot \Delta\tau}{(\Delta x)^2}(t_{n+1,k} + t_{n-1,k} - 2t_{n,k})$$

Temperaturen in der ersten Zeitebene $\tau = 300$ s $\quad (k = 1)$

$t_{0,1} = \underline{\underline{100\,°C}}$

$t_{1,1} = t_{1,0} + \text{Fo}^+ \cdot (t_{2,0} + t_{0,0} - 2 \cdot t_{1,0}) = 18\,°C + 0{,}31776 \cdot (18\,°C + 100\,°C - 2 \cdot 18\,°C) = \underline{\underline{44{,}05632\,°C}}$

$t_{2,1} = t_{2,0} + \text{Fo}^+ \cdot (t_{3,0} + t_{1,0} - 2 \cdot t_{2,0}) = 18\,°C + 0{,}31776 \cdot (18\,°C + 18\,°C - 2 \cdot 18\,°C) = \underline{\underline{18\,°C}}$

Bei allen numerischen Verfahren entstehen in den Bereichen mit hohen Temperaturgradienten höhere Fehler. Diese Anfangsfehler ziehen sich dann durch die ganze Rechnung und müssen deshalb so klein wie möglich gehalten werden.

Zur Abschätzung des hier entstehenden Fehlers greifen wir auf die analytisch exakte Lösung für den halbunendlichen Körper zurück.

$$t_{1,1} = t_0 + (t_W - t_0) \cdot \text{erfc}\left(\frac{x_1}{2 \cdot \sqrt{a \cdot \tau_1}}\right) = 18\,°C + (100\,°C - 18\,°C) \cdot \text{erfc}\left(\frac{0{,}025 \text{ m}}{2 \cdot \sqrt{0{,}662 \cdot 10^{-6} \text{ m}^2/\text{s} \cdot 300 \text{ s}}}\right)$$

$$t_{1,1} = 18\,°C + 82 \text{ K} \cdot 0{,}20971 = \underline{\underline{35{,}19581\,°C}}$$

$$t_{2,1} = t_0 + (t_W - t_0) \cdot \text{erfc}\left(\frac{x_2}{2 \cdot \sqrt{a \cdot \tau_1}}\right) = 18\,°C + 82 \text{ K} \cdot \text{erfc}\left(\frac{0{,}050 \text{ m}}{2 \cdot \sqrt{0{,}662 \cdot 10^{-6} \text{ m}^2/\text{s} \cdot 300 \text{ s}}}\right) = \underline{\underline{18{,}99368\,°C}}$$

$$t_{3,1} = t_0 + (t_W - t_0) \cdot \text{erfc}\left(\frac{x_3}{2 \cdot \sqrt{a \cdot \tau_1}}\right) = 18\,°C + 82 \text{ K} \cdot \text{erfc}\left(\frac{0{,}075 \text{ m}}{2 \cdot \sqrt{0{,}662 \cdot 10^{-6} \text{ m}^2/\text{s} \cdot 300 \text{ s}}}\right) = \underline{\underline{18{,}01394\,°C}}$$

Man kann die Genauigkeit des Differenzenverfahrens nicht nur durch Verfeinerung von zeitlicher und örtlicher Diskretisierung steigern, sondern auch durch Modifikation der Temperaturverteilung für die ersten Zeitschritte.

Temperaturen in der zweiten Zeitebene $\tau = 600$ s $\quad (k = 2)$

$t_{0,2} = \underline{\underline{100\,°C}}$

$$t_{1,2} = t_{1,1} + \mathrm{Fo}^+ \cdot (t_{2,1} + t_{0,1} - 2 \cdot t_{1,1}) =$$
$$44{,}05632\,°\mathrm{C} + 0{,}31776 \cdot (18\,°\mathrm{C} + 100\,°\mathrm{C} - 2 \cdot 44{,}05632\,°\mathrm{C}) = \underline{\underline{53{,}553328\,°\mathrm{C}}}$$

zur Bewertung der Genauigkeit:

$$t_{1,2} = t_0 + (t_W - t_0) \cdot \mathrm{erfc}\left(\frac{x_1}{2 \cdot \sqrt{a \cdot \tau_2}} \right) = 18\,°\mathrm{C} + (100\,°\mathrm{C} - 18\,°\mathrm{C}) \cdot \mathrm{erfc}\left(\frac{0{,}025\,\mathrm{m}}{2 \cdot \sqrt{0{,}662 \cdot 10^{-6}\,\mathrm{m^2/s} \cdot 600\,\mathrm{s}}} \right)$$

$$t_{1,2} = 18\,°\mathrm{C} + 82\,\mathrm{K} \cdot 0{,}37509 = \underline{\underline{48{,}75738\,°\mathrm{C}}}$$

$$t_{2,2} = t_{2,1} + \mathrm{Fo}^+ \cdot (t_{3,1} + t_{1,1} - 2 \cdot t_{2,1}) =$$
$$18\,°\mathrm{C} + 0{,}31776 \cdot (18\,°\mathrm{C} + 44{,}05632\,°\mathrm{C} - 2 \cdot 18\,°\mathrm{C}) = \underline{\underline{26{,}279656\,°\mathrm{C}}}$$

$$t_{3,2} = t_{3,1} + \mathrm{Fo}^+ \cdot (t_{4,1} + t_{2,1} - 2 \cdot t_{3,1}) =$$
$$18\,°\mathrm{C} + 0{,}31776 \cdot (18\,°\mathrm{C} + 18\,°\mathrm{C} - 2 \cdot 18\,°\mathrm{C}) = \underline{\underline{18\,°\mathrm{C}}}$$

Temperaturen in der dritten Zeitebene $\tau = 900\,\mathrm{s}$ $(k = 3)$

$$t_{0,3} = \underline{\underline{100\,°\mathrm{C}}}$$

$$t_{1,3} = t_{1,2} + \mathrm{Fo}^+ \cdot (t_{2,2} + t_{0,2} - 2 \cdot t_{1,2}) =$$
$$53{,}553328\,°\mathrm{C} + 0{,}31776 \cdot (26{,}279656\,°\mathrm{C} + 100\,°\mathrm{C} - 2 \cdot 53{,}553328\,°\mathrm{C}) = \underline{\underline{59{,}645740\,°\mathrm{C}}}$$

$$t_{2,3} = t_{2,2} + \mathrm{Fo}^+ \cdot (t_{3,2} + t_{1,2} - 2 \cdot t_{2,2}) =$$
$$26{,}279656\,°\mathrm{C} + 0{,}31776 \cdot (18\,°\mathrm{C} + 53{,}553328\,°\mathrm{C} - 2 \cdot 26{,}279656\,°\mathrm{C}) = \underline{\underline{32{,}315194\,°\mathrm{C}}}$$

$$t_{3,3} = t_{3,2} + \mathrm{Fo}^+ \cdot (t_{4,2} + t_{2,2} - 2 \cdot t_{3,2}) =$$
$$18\,°\mathrm{C} + 0{,}31776 \cdot (18\,°\mathrm{C} + 26{,}279656\,°\mathrm{C} - 2 \cdot 18\,°\mathrm{C}) = \underline{\underline{20{,}630944\,°\mathrm{C}}}$$

$$t_{4,3} = t_{4,2} + \mathrm{Fo}^+ \cdot (t_{5,2} + t_{3,2} - 2 \cdot t_{4,2}) =$$
$$18\,°\mathrm{C} + 0{,}31776 \cdot (18\,°\mathrm{C} + 18\,°\mathrm{C} - 2 \cdot 18\,°\mathrm{C}) = \underline{\underline{18\,°\mathrm{C}}}$$

Die Temperaturen in der vierten Zeitebene $\tau = 1.200\,\mathrm{s} = 20\ \mathrm{Minuten}$ $(k = 4)$ gilt:

$$t_{0,4} = \underline{\underline{100\,°\mathrm{C}}}$$

$$t_{1,4} = t_{1,3} + \mathrm{Fo}^+ \cdot (t_{2,3} + t_{0,3} - 2 \cdot t_{1,3}) = \underline{\underline{63{,}784156\,°\mathrm{C}}}$$

$$t_{2,4} = t_{2,3} + \mathrm{Fo}^+ \cdot (t_{3,3} + t_{1,3} - 2 \cdot t_{2,3}) = \underline{\underline{37{,}286961\,°\mathrm{C}}}$$

$$t_{3,4} = t_{3,3} + \mathrm{Fo}^+ \cdot (t_{4,3} + t_{2,3} - 2 \cdot t_{3,3}) = \underline{\underline{23{,}507723\,°\mathrm{C}}}$$

$$t_{4,4} = t_{4,3} + \mathrm{Fo}^+ \cdot (t_{5,3} + t_{3,3} - 2 \cdot t_{4,3}) = \underline{\underline{18{,}836009\,°\mathrm{C}}}$$

$$t_{5,4} = t_{5,3} + \mathrm{Fo}^+ \cdot (t_{6,3} + t_{4,3} - 2 \cdot t_{5,3}) = \underline{\underline{18\,°\mathrm{C}}}$$

Für die Berechnung einer Temperatur $t_{n,k}$ werden die Werte an der Stelle $n-1$, n und $n+1$ aus der Zeitebene zuvor benötigt. Aus Platzgründen verzichten wir ab $k = 5$ auf die Aufführung aller Gleichungen und einzusetzenden Werte. Um den Fehler bei der zusammenfassenden Darstellung der Temperaturwerte klein zu halten, wurde jeweils die volle Taschenrechnergenauigkeit berücksichtigt. Technisch ist es bei Temperaturmessungen enorm aufwendig, eine Genauigkeitsschranke von ±0,01 K einzuhalten. Deshalb sind zwei Nachkommastellen für Temperaturangaben eigentlich völlig auskömmlich.

Beim Nachverfolgen der hier angegebenen Werte mit Excel oder dem Taschenrechner können geringfügige Abweichungen entstehen, 5 signifikante Ziffern sollten aber stimmen!

	$k = 5$	$k = 6$	$k = 7$	$k = 8$	$k = 9$
$n = 0$	100,00	100,00	100,00	100,00	100,00
$n = 1$	66,872354	69,282090	71,232470	72,852684	74,226636
$n = 2$	41,328219	**44,702082**	47,563800	50,029235	52,180477
$n = 3$	26,401730	29,127984	31,653925	33,975808	36,106828
$n = 4$	20,054842	**21,503095**	23,051084	24,628762	26,193380
$n = 5$	18,265650	18,749771	19,413243	20,205613	21,086819
$n = 6$	18,00	**18,084413**	18,269014	18,555646	18,933647
$n = 7$	18,00	18,00	18,026823	18,095258	18,213990
$n = 8$	18,00	**18,00**	18,00	18,00	18,033376

Bei $n = 8$ ist die Wandmitte erreicht. Das Differenzenverfahren weist hier erstmals für 45 Minuten ($k = 9$) eine Überschreitung der Anfangstemperatur von 18 °C aus, wir verlassen also den Bereich, der nicht von der rechten Wandhälfte beeinflusst wird. Spätestens ab hier müssten wir für die numerische Lösung die rechte Wandhälfte mit Randbedingung erster Art oder an der Symmetrieachse eine Randbedingung zweiter Art mit $\dot{q} = 0$ berücksichtigen. Eine adiabate Symmetrieachse ist allerdings mit der hier vorgenommenen räumlichen Diskretisierung schwer zu verwirklichen.

Der Vergleich der numerischen Lösung für den Temperaturverlauf nach 30 Minuten zeigt eine recht gute Übereinstimmung mit der hier als exakt unterstellten analytischen Lösung.

c) maximale Zeitschrittweite für Randbedingung 3. Art ($\alpha = 250$ W/(m² K), $t_U = 100$ °C)

verschärftes Stabilitätskriterium $\dfrac{a \cdot \Delta\tau}{\Delta x^2} \leq \dfrac{1}{2(1 + \dfrac{\alpha \cdot \Delta x}{\lambda})}$ führt auf die maximale Zeitschrittweite:

$$\Delta\tau = \frac{(\Delta x)^2}{2 \cdot a \cdot (1 + \dfrac{\alpha \cdot \Delta x}{\lambda})} = \frac{0,000625 \text{ m}^2}{2 \cdot 0,662 \cdot 10^{-6} \dfrac{\text{m}^2}{\text{s}} \cdot (1 + \dfrac{250 \text{ W/(m}^2 \text{ K)} \cdot 0,025 \text{ m}}{1,28 \text{ W/(mK)}})} = \underline{\underline{80,243 \text{ s}}}$$

3.5.2 Explizites Differenzenverfahren für Temperaturentwicklung in Kiesbetonwand mit Symmetrieachse

Eine aus Kiesbeton gegossene ebene Wand von 40 cm Stärke besitze die einheitliche Anfangstemperatur von 18 °C. Ab einer bestimmten Zeit werde auf der rechten und linken Wandseite jeweils eine Wandtemperatur von 100 °C aufgeprägt. Ermitteln Sie wiederum den Temperaturverlauf mit einer Zeitschrittweite von 10 Minuten und mit einer Ortsschrittweite 8 cm genutzt werden. Nutzen Sie zur Erhöhung der Genauigkeit des Verfahrens das Modell halbunendlicher Körper, in dem Sie die Temperaturen an den diskreten Orten nach dem ersten Zeitschritt als ortsabhängige Anfangstemperaturverteilung vorgeben.

   a) Prüfen Sie die Stabilität für das explizite Differenzenverfahren!
   b) Geben Sie die Temperatur in Wandmitte nach 30 Minuten und nach 1 Stunde an!

Gegeben:

$a = 0{,}662 \cdot 10^{-6}$ m^2/s $\lambda = 1{,}28$ W/(m K) (Tabelle 7.6-3 für Kiesbeton) $\delta = 0{,}4$ m

$t_0 = 18$ °C $t_W = 100$ °C $\Delta\tau = 10$ min. $= 600$ s $\Delta x = 0{,}08$ m

Vorüberlegungen:

Die örtliche Diskretisierung gestattet nun die Berücksichtung einer adiabaten Symmetrieachse als Mitte zweier benachbarter Gitterlinien, wobei $n = 4$ schon eine Hilfsgitterlinie ist, die schon außerhalb der untersuchten linken Symmetriehälfte liegt.

Laufindex n 0   1   2   3   4

Eindringtiefe x 0 cm   8 cm   16 cm   **20 cm** 24 cm

Das finite-Differenzen-Schema besteht aus drei Gleichungen:

   1. für $n = 0$: $t_{0,k} = 100$ °C

   2. für $n = 1$ bis 3 $t_{n,k+1} = t_{n,k} + \mathrm{Fo}^+ \cdot (t_{n+1,k} + t_{n-1,k} - 2t_{n,k})$ gemäß (3.5-6)

   3. für $n = 4$ $t_{4,k+1} = t_{4,k} + \mathrm{Fo}^+ \cdot (t_{3,k} - t_{4,k})$ gemäß (3.5-12)

Die maßgeblichen Vergleichstemperaturen aus der analytischen Lösung nach Aufgabe 3.2.1 lauten: $t(20$ cm, 30 Minuten$) = 18{,}007$ °C und $t(20$ cm, 1 Stunde$) = 18{,}638$ °C

Für das Differenzenverfahren steigen wir hier auf der Zeitebene $k = 2$ ein. Die Temperaturverteilung für $k = 1$ ($\tau = 600$ s) ermitteln wir nach dem Modell halbunendlicher Körper:

$\underline{t_{0,1} = 100\,°C}$

$$t_{1,1} = t_0 + (t_W - t_0) \cdot \mathrm{erfc}\left(\frac{x_1}{2 \cdot \sqrt{a \cdot \tau_1}} \right) = 18\,°C + (100\,°C - 18\,°C) \cdot \mathrm{erfc}\left(\frac{0{,}08\ \mathrm{m}}{2 \cdot \sqrt{0{,}662 \cdot 10^{-6}\ \mathrm{m^2/s} \cdot 600\,\mathrm{s}}} \right)$$

$$t_{1,1} = 18\,°C + 82\ K \cdot erfc(2,0070) = 18\,°C + 82\ K \cdot 0,00454 = \underline{\underline{18,37228\,°C}}$$

$$t_{2,1} = 18\,°C + 82\ K \cdot erfc\left(\frac{0,16\ m}{2 \cdot \sqrt{0,662 \cdot 10^{-6}\ m²/s \cdot 600\ s}} \right) = 18\,°C + 82\ K \cdot erfc(4,0147) = \underline{\underline{18\,°C}}$$

$$t_{3,1} = t_{4,1} = \underline{\underline{18\,°C}}$$

Lösung:

a) Prüfung der Stabilität des Verfahrens

$$Fo^+ = \frac{a \cdot \Delta\tau}{(\Delta x)^2} \le \frac{1}{2} \qquad Fo^+ = \frac{0,662 \cdot 10^{-6}\ m²/s \cdot 600\ s}{0,0064\ m²} = \underline{\underline{0,0620625 < 0,5}}$$

Hinweis: Für so kleine Fo^+ müssen die Temperaturen mit entsprechend vielen signifikanten Ziffern bestimmt werden, um Temperaturänderungen zum jeweils nächsten Zeitschritt auch zu registrieren!

b) Temperaturen in Wandmitte

Selbst wenn nur die Temperaturen in Wandmitte interessieren, ist verfahrensbedingt immer das gesamte Temperaturprofil für alle diskreten Punkte in der linken Symmetriehälfte zu berechnen.

Temperaturen in der zweiten Zeitebene $\tau = 600$ s $\quad (k = 2)$

$$t_{0,2} = \underline{\underline{100\,°C}}$$

$$t_{1,2} = t_{1,1} + Fo^+ \cdot (t_{2,1} + t_{0,1} - 2 \cdot t_{1,1}) =$$
$$18,37228\,°C + 0,0620625 \cdot (18\,°C + 100\,°C - 2 \cdot 18,37228\,°C) = \underline{\underline{23,41519575\,°C}}$$

$$t_{2,2} = t_{2,1} + Fo^+ \cdot (t_{3,1} + t_{1,1} - 2 \cdot t_{2,1}) =$$
$$18\,°C + 0,0620625 \cdot (18\,°C + 18\,°C - 2 \cdot 18\,°C) = \underline{\underline{18\,°C}}$$

$$t_{3,2} = t_{3,1} + Fo^+ \cdot (t_{4,1} + t_{2,1} - 2 \cdot t_{3,1}) =$$
$$18\,°C + 0,0620625 \cdot (18\,°C + 18\,°C - 2 \cdot 18\,°C) = \underline{\underline{18\,°C}}$$

$$t_{4,2} = t_{4,1} + Fo^+ \cdot (t_{3,1} - t_{4,1}) = 18\,°C + 0,0620625 \cdot (18\,°C - 18\,°C) = \underline{\underline{18\,°C}}$$

Inhaltsverzeichnis

4 Wärmeübergang durch Konvektion

4.1 Physikalische Grundlagen und dimensionslose Kennzahlen

Beim konvektiven Wärmeübergang betrachtet man den Energietransport von einer festen Wand an ein bewegtes Fluid (oder umgekehrt). Dabei überlagern sich zwei Energieströme zu einem resultierenden Wärmestrom. Parallel zur festen Wand wird in der Strömung mit den Fluidmasseteilchen Enthalpie transportiert und in Wandnormalenrichtung findet infolge eines Temperaturunterschiedes zwischen Fluid- und Wandtemperatur ein Energietransport durch Wärmeleitung statt. Für alle Fluide (Gase, Dämpfe sowie Flüssigkeiten) gelten hinsichtlich des Wärmeüberganges jeweils gleiche Gesetzmäßigkeiten. Je nach Strömungsursache unterscheidet man aber zwei verschiedene Arten der Konvektion:

1. *freie Konvektion* (Strömung wird nur durch Auftriebskräfte hervorgerufen) z. B. Raumheizkörper, Thermik
2. *erzwungene Konvektion* (Strömung wird durch Pumpen oder Gebläse mit einer erzeugten Druckdifferenz erzwungen)

Auf Isaac Newton geht ein Ansatz zurück, der zum Ausdruck bringt, dass der konvektiv übertragene Wärmestrom von der Temperaturdifferenz zwischen Fluidtemperatur t_∞ und Wandtemperatur t_W sowie der wärmeübertragenden Fläche A abhängt.

$$\dot{Q} = \alpha \cdot A \cdot (t_\infty - t_W) \quad \text{oder} \quad \dot{q} = \alpha \cdot (t_\infty - t_W) \tag{4.1-1a}$$

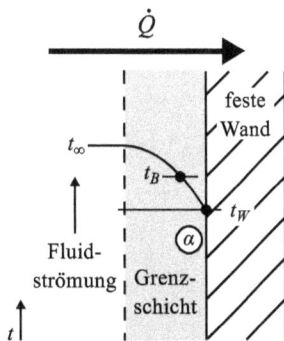

Abb. 4-1: Konvektiver Wärmeübergang und Ausbildung einer ausgebildeten thermischen Grenzschicht an ebener Wand.

Abbildung 4-1 zeigt *eine* der sich zwischen fester Wand und frei strömenden Fluid ausbildenden Grenzschichten. Tatsächlich überlagern sich hier immer zwei Grenzschichten, eine Strömungsgrenzschicht mit einem Geschwindigkeitsprofil von $c = 0$ an der Wand bis zur Strömungsgeschwindigkeit t_∞ der ungestörten Außenströmung und eine Temperaturgrenzschicht, in der sich ein Temperaturverlauf im Fluid von der Wandtemperatur t_W auf die Temperatur in der Außenströmung t_∞ einstellt.

http://doi.org/10.1515/9783110745092-004

Für durchströmte Rohre wird der mittlere Wärmeübergangskoeffizient α abweichend von (4.1-1a) mit einer konstanten mittleren logarithmischen Temperaturdifferenz Δt_m definiert.

$$\dot{q} = \alpha \cdot \Delta t_m \quad \text{mit} \quad \Delta t_m = \frac{(t_W - t_E) - (t_W - t_A)}{\ln\dfrac{t_W - t_E}{t_W - t_A}} \qquad (4.1\text{-}1b)$$

Der im Ansatz (4.1-1) als Proportionalitätsfaktor eingeführte Wärmeübergangskoeffizient α stellt eine kompliziert verkettete Funktion zahlreicher Parameter dar. Hier fließen zum Beispiel die Strömungsgeschwindigkeit des Fluids, der Strömungszustand (laminar oder turbulent), die temperaturabhängigen Stoffeigenschaften des Fluids wie Dichte, Wärmeleitfähigkeit, dynamische Viskosität und spezifische Wärmekapazität, die Geometrie (Form und Lage der wärmeübertragenden Fläche) und schließlich sogar die Richtung des Wärmestroms ein. Die temperaturabhängigen thermophysikalischen Eigenschaften des Fluids in der Temperaturgrenzschicht bezieht man allgemein auf eine konstante, als mittlere Grenzschichttemperatur aufgefasste Bezugstemperatur t_B, die oft aus dem arithmetischen Mittel von der Wandtemperatur t_W und der Temperatur des Fluids außerhalb der Temperaturgrenzschicht t_∞ ermittelt wird.

$$t_B = \frac{t_W + t_\infty}{2} \qquad (4.1\text{-}2)$$

Es ist noch einmal festzuhalten, dass der Wärmeübergangskoeffizient α in (4.1-1a) keine spezifische Stoffeigenschaft oder Naturkonstante ist, sondern ein aus vielen Einflüssen gebildeter Koeffizient. Somit liegt anders als bei der Wärmeleitung Gleichung (4.1-1a) keine Naturgesetzlichkeit zu Grunde, sondern ist – wie sich noch zeigen wird – ein klug gewählter Ansatz. In diesem Ansatz ist der übertragene Wärmestrom direkt proportional zur wärmeübertragenden Fläche $\dot{Q} \sim A$, aber wegen der Temperaturabhängigkeit der Stoffgrößen, die in den Wärmeübergangskoeffizienten $\alpha = \alpha(t)$ eingehen, nicht mehr direkt proportional, sondern nur noch proportional zur Temperaturdifferenz Δt.

Den Ansatz (4.1-1a) können wir in Analogie zur Wärmeleitung mit $\dot{Q} = \Delta t / R_\lambda$ auch in die Form bringen

$$\dot{Q} = \frac{t_\infty - t_W}{R_\alpha} \quad \text{mit dem Wärmeübergangswiderstand} \quad R_\alpha = \frac{1}{\alpha \cdot A} \qquad (4.1\text{-}3)$$

$$[\alpha] = 1\frac{\text{W}}{\text{m}^2\,\text{K}} \qquad\qquad\qquad [R_\alpha] = 1\frac{\text{K}}{\text{W}}$$

Die Temperaturen t_w und t_∞ haben entlang des Strömungsweges lokal fast immer verschiedene Werte, sind also nicht konstant, sondern hängen vom Ort ab. So unterscheiden sich Fluidtemperaturen sowie Wandtemperaturen am Ein- und Austritt eines Wärmeübertragers erheblich. Mit den temperaturabhängigen Stoffwerten sind dann auch die jeweiligen örtlichen Wärmeübergangskoeffizienten verschieden. Bei der Bestimmung des Wärmeübergangskoeffizienten α für die Berechnung der Wärmeströme gemäß (4.1-1a) wird jedoch zumeist über den Strömungsweg $0 \leq x \leq l$ integral gemittelt.

$$\bar{\alpha} = \frac{1}{l}\int_0^l \alpha(x)\,\mathrm{d}x \qquad (4.1\text{-}4)$$

Für die unterschiedlichen Temperaturen des Fluids entlang des Strömungsweges setzt man dabei oft die aus dem arithmetischen Mittel von Eintritts- und Austrittstemperatur gebildete mittlere Fluidtemperatur als konstante Temperatur an.

$$\bar{t}_\infty = \frac{t_E + t_A}{2} \qquad\qquad\qquad (4.1\text{-}5)$$

Bei den Wandtemperaturen über dem Strömungsweg in Gleichung (4.1-1a) verwendet man gleichfalls einen geeignet gewählten konstanten Temperaturwert.

Reibungseffekte bewirken, dass das strömende Fluid unmittelbar an der festen Wand haftet (Prandtl'sche Haftbedingung, Strömungsgeschwindigkeit $c = 0$). Könnte man die Behandlung des Problems allein auf diese Stelle reduzieren, wäre für den Wärmeübergang ausschließlich die Wärmeleitung im Fluid heranzuziehen, der Wärmetransport in der Strömung hätte keine Bedeutung. Tatsächlich ist aber schon in geringsten Abständen von der Wand die Fluidgeschwindigkeit von null verschieden, so dass sich innerhalb einer Grenzschicht ein Temperaturprofil einstellt. Der Gradient der Temperaturverteilung in der Grenzschicht bestimmt die Intensität des konvektiven Wärmeübergangs. Da mit zunehmender Grenzschichtdicke der Temperaturgradient kleinere Werte annimmt, wird man in erster Näherung feststellen können, dass der Wärmeübergangskoeffizient sich umgekehrt proportional zur Grenzschichtdicke ($\alpha \sim 1/\delta_{th}$) verhält. Leider hilft diese Aussage meist nicht viel weiter, da im konkreten praktischen Fall die Grenzschichtdicke δ_{th} nicht bekannt ist.

Wegen der Vielfalt von Einflussfaktoren auf die Intensität des Wärmeübergangs bleibt eine rein analytische Bestimmung des Wärmeübergangskoeffizienten α in nur sehr seltenen Fällen möglich, zum Beispiel für die ausgebildete laminare Rohrströmung. Die rechnerische Ermittlung des Wärmeübergangskoeffizienten erfordert die Kenntnis der Temperaturverteilung im strömenden Fluid, die wiederum erst dann bestimmbar ist, wenn man die Geschwindigkeitsverteilung im Fluidstrom kennt. Im Allgemeinen muss deshalb der Wärmeübergangskoeffizient α als ein summarischer Wert für alle konkreten Bedingungen experimentell ermittelt werden. Die Vielzahl der dazu erforderlichen Versuche kann man – wie von Nußelt [15] vorgeschlagen – durch Anwendung der Ähnlichkeitstheorie einschränken. Die Ähnlichkeitstheorie ist die wissenschaftliche Grundlage für die experimentelle Untersuchung komplizierter Vorgänge mit Hilfe von Modellversuchen und der Übertragung ihrer Ergebnisse auf analoge (ähnliche) Verhältnisse. Dazu fasst man jeweils mehrere Einflussgrößen zu dimensionslosen Kennzahlen zusammen (Erhöhung der Übersichtlichkeit durch Verringerung der Anzahl der Parameter) und leitet aus einem Experiment Gleichungen mit diesen dimensionslosen Kennzahlen ab. Von Vorteil ist dabei, dass die einzelnen Stoffgrößen nicht unabhängig voneinander den Wärmeübergangskoeffizienten bestimmen, sondern nur in bestimmten Kombinationen. Die dimensionslosen Kennzahlen ergeben sich aus der Entdimensionierung der dem betreffenden Vorgang zu Grunde liegenden Differentialgleichungen. Alternativ kann man für die Gewinnung der dimensionslosen Kennzahlen auch das Π-Theorem von Buckingham anwenden. Am einfachsten nachzuvollziehen ist die Gewinnung von dimensionslosen Kennzahlen aus der Dimensionsanalyse. Diese Methode führt allerdings nur dann zum Ziel, wenn alle für den Vorgang relevanten Parameter a priori bekannt sind.

---

[15] Ernst Kraft Wilhelm Nußelt (1882–1957), deutscher Ingenieur, bahnbrechende Veröffentlichungen zur Wärmeübertragung, u. a. zur Begründung der Ähnlichkeitstheorie beim Wärmeübergang (1915).

Bei Vorliegen gleicher Maßstabsfaktoren für physikalische Größen sowie für geometrische Abmessungen zwischen Modell und dem real untersuchten Gegenstand (physikalische und geometrische Ähnlichkeit lässt eine übereinstimmende Größe paarweise gleicher dimensionsloser Kennzahlen auf gleiche Verhältnisse im Modellversuch und dem konkret zu untersuchenden Wärmeübergang schließen. Geometrische Ähnlichkeit liegt vor, wenn im Modell und im Original alle entsprechenden Abmessungen in einem gleichen Verhältnis zueinander stehen. Physikalische Ähnlichkeit erfordert, dass die korrespondierenden physikalischen Größen in einer festen Relation zueinander stehen. Beispielsweise bedeutet das unter anderem, dass sich alle Kräfte und Fluidgeschwindigkeiten aus dem Modellversuch mit demselben Faktor auf das zu untersuchende Originalsystem übertragen lassen müssen. Der Strömungszustand in einem Untersuchungsobjekt ist genau dann physikalisch ähnlich zu einer Modellströmung, wenn alle in der Strömung auftretenden Kräfte von Untersuchungsobjekt (Index U) und Modell (Index M) jeweils den gleichen Maßstabsfaktor f_m aufweisen. Für die Trägheitskraft F_T muss also gelten: $F_{T,U} = f_m \cdot F_{T,M}$. Gleiches muss dann für die Reibungskraft $F_{R,U} = f_m \cdot F_{R,M}$ und für die Druckkraft $F_{p,U} = f_m \cdot F_{p,M}$ gefordert werden. So ist dann das Verhältnis von Trägheitskraft zu Reibungskraft F_T/F_R, das wir gleich als dimensionslose Reynolds-Zahl Re kennen lernen werden, im Untersuchungsobjekt und Modell gleich, denn es gilt nun:

$$\frac{F_{T,U}}{F_{R,U}} = \frac{f_m \cdot F_{T,M}}{f_m \cdot F_{R,M}} = \frac{F_{T,M}}{F_{R,M}} = \text{Re}$$

Die experimentellen Ergebnisse und die darauf beruhenden Wärmeübergangskorrelationen für ein bestimmtes Modell können also auf ähnliche Geometrien anderer Größenordnung und/oder auf bestimmte andere physikalische Versuchsparameter übertragen werden. Dabei treten die dimensionslosen Kennzahlen als maßgebliche Veränderliche auf.

Die Berechnung von Wärmeübergangskoeffizienten α mit den dimensionslosen Kennzahlen in der Nußelt'schen Ähnlichkeitstheorie ist theoretisch nicht anspruchsvoll, weil man sich an ein festes Schema halten kann, aber handwerklich aufwendig und von daher leider auch fehleranfällig. Zuweilen irritiert die zunächst verwirrende Vielzahl dimensionsloser Kennzahlen und nicht immer ist ihre physikalische Bedeutung sofort erkennbar, denn den dimensionslosen Kennzahlen hat man Namen von Forschern mit Verdiensten um das Fachgebiet Wärme- und Stoffübertragung gegeben.

Tab. 4-1:   Größenordnungen für Wärmeübergangskoeffizienten bei reiner Konvektion.

freie Konvektion	Luft	$\alpha = \ \ \ 3 \dots \ \ \ 30 \ \text{W/(m}^2\text{K)}$
	Wasser	$\alpha = 100 \dots 700 \ \text{W/(m}^2\text{K)}$
erzwungene Konvektion	Luft	$\alpha = 25 \dots\dots \ \ \ \ \ 350 \ \text{W/(m}^2\text{K)}$
	Wasser	$\alpha = 500 \dots 10.000 \ \text{W/(m}^2\text{K)}$
	zähe Flüssigkeiten	$\alpha = 60 \dots \ \ \ \ \ 600 \ \text{W/(m}^2\text{K)}$
siedendes Wasser		$\alpha = 1.500 \dots 20.000 \ \text{W/(m}^2\text{K)}$
kondensierender Dampf	Tropfenkondensation	$\alpha = 35.000 \dots 40.000 \ \text{W/(m}^2\text{K)}$
	Filmkondensation, Wasserdampf	$\alpha = 5.000 \dots \ 28.000 \ \text{W/(m}^2\text{K)}$
	Filmkondensation, Kältemittel	$\alpha = 1.000 \dots \ \ \ 5.000 \ \text{W/(m}^2\text{K)}$

Wegen der großen Bedeutung der Strömungsgeschwindigkeit für die Intensität des konvektiven Wärmeübergangs führt Tabelle 4-2 zudem typische mittlere Strömungsgeschwindigkeiten in Leitungen auf.

Tab. 4-2:   Richtwerte für mittlere Geschwindigkeiten von Fluiden bei stationärer Rohrströmung.

Fluid und Besonderheiten der Leitungen	c in m/s
Wasser:	
längere Leitungen	0,7 bis 2,5
Trinkwasserleitungen	1,0 bis 2,0
Saugleitungen von Pumpen (Kavitation!)	0,5 bis 2,0
Druckleitungen von Pumpen	1,5 bis 4,0
Zuleitungen für Turbinen	2,0 bis 8,5
Wasserdampf:	
trocken gesättigter Dampf	15 bis 30
überhitzter Dampf (Niederdruck < 10 bar)	15 bis 20
überhitzter Dampf (Mitteldruck < 40 bar)	20 bis 35
überhitzter Dampf (Hochdruck < 120 bar)	30 bis 60
Luft:	
Normzustand und niedrige Drücke	10 bis 40
Pressluft	5 bis 10

Der sichere Umgang mit diesem Instrumentarium erfordert neben größter Sorgfalt viel Erfahrung, die der Studierende naturgemäß in und unmittelbar nach der Ausbildung noch nicht mitbringt. Deshalb sollte der Einsteiger in dieses Fachgebiet immer mit den in Tabelle 4-1 genannten Größenordnungen für Wärmeübergangskoeffizienten die Ergebnisse seiner umfangreichen Rechnungen überschlägig auf Plausibilität prüfen.

Die praktische Bestimmung eines Wärmeübergangskoeffizienten α basiert auf der Auswertung eines konkreten, schon durchgeführten Versuchs an einem passenden Modell. Die Vielzahl der oben erwähnten Einflussgrößen wird durch die Einbindung in wenige (in der Regel drei) dimensionslose Kennzahlen reduziert. Für die aus dem Modellversuch vorliegenden Messwerte führt man eine Regressionsrechnung durch, die dann eine dem Prinzip der kleinsten Fehlerquadrate genügende Gleichung mit einem funktionalen Zusammenhang zwischen den dimensionslosen Kennzahlen liefert, aus der man dann den gesuchten Wärmeübergangskoeffizienten α berechnet. Die Gleichungen nennt man auch Korrelationen. Wichtig ist dabei, dass man auf Korrelationen aus einem Versuch an einem Modell zurückgreift, das in Bezug auf die zu analysierenden Wärmeübergangsbedingungen die Kriterien für geometrische und physikalische Ähnlichkeit erfüllt. Die gilt es in der Literatur zu finden!

Für konkrete Fälle kann das Auffinden einer geeigneten Korrelation im Schrifttum schwierig sein, denn selbst wenn man mit dimensionslosen Kennzahlen über die Ähnlichkeit auf viele andere Konstellationen schließen kann, bleibt doch die schier unüberschaubare Vielfalt bei den Geometrien und Randbedingungen. Bei der Verwendung einer Gleichung aus der Literatur ist immer zu prüfen, ob die dort aufgeführten, zugehörigen Anwendungsgrenzen, die sich aus der Durchführung des Versuches ergaben, auch für den ins Auge gefassten Untersuchungsfall eingehalten werden können. Diesbezügliche Nachlässigkeiten stellen in der Praxis eine der häufigsten Fehlerquellen dar.

In vielen technischen Anwendungen tritt der Wärmeübergang durch Konvektion in Kombination mit der Wärmestrahlung auf. Der durch Strahlung übertragene Wärmestrom wird dann oft so behandelt als rühre er auch von einer Konvektion her. Dadurch sind für bestimmte technische Konstellationen mitunter deutlich höhere Erfahrungswerte zu Wärmeübergangskoeffizienten ausgewiesen als eigentlich durch reinen Wärmeübergang infolge Konvektion erreichbar. Im Zweifel hilft immer eine überschlägige Nachrechnung, um zu erkennen, welche zusätzlichen Effekte in den Erfahrungswert eingeflossen sein könnten.

Für die Wände geschlossener Räume mit natürlicher Luftbewegung setzt man allgemein für den Wärmeübergangskoeffizienten $\alpha = 8$ W/(m^2 K) an. Der Wärmeübergangskoeffizient an Fußböden und Decken kann bei einem Wärmestrom von unten nach oben (also zum Beispiel Fußbodenheizung) mit $\alpha = 8$ W/(m^2 K) angenommen werden. Bei einem Wärmestrom von oben nach unten (kalter Fußboden) ist hingegen von $\alpha = 6$ W/(m^2 K) auszugehen. An den Außenseiten von Wänden bei mittlerer Windgeschwindigkeit von 2 m/s herrschen meist Bedingungen, die einem Wärmeübergangskoeffizienten von $\alpha = 23$ W/(m^2 K) entsprechen. Die üblicherweise hier angesetzten Korrelationen für den konvektiven Wärmeübergang liefern in der Regel niedrigere Werte. Die Erfahrung zeigt aber, dass man parallel zum konvektiven Wärmeübergang in der Praxis noch einen gewissen Strahlungsanteil berücksichtigen muss.

Im Allgemeinen gilt:

- Bei Gasen ist der Wärmeübergang deutlich schlechter als bei Flüssigkeiten. Die höchsten Wärmeübergangskoeffizienten werden bei Verdampfung oder Kondensation erreicht.
- Je größer die Fluidgeschwindigkeit c, desto größer der Wärmeübergangskoeffizient α.
- Bei nicht abreißender turbulenter Strömung ist der Wärmeübergang immer besser als bei laminarer, allerdings sind bei turbulenter Strömung dann die Druckverluste höher.

Ein interessantes Phänomen des konvektiven Wärmeübergangs sind die sogenannten „gefühlten Temperaturen". In heißen Sommern stellt man in Büros manchmal Tischventilatoren zur „Kühlung" auf. Wird man von dem erzeugten Luftstrom getroffen, verbessert sich der Wärmeübergang von unserer Haut an die Umgebung durch erhöhte Konvektion (sowie zusätzlich durch erhöhte Verdunstung) und wir empfinden dies als Kühlung. Eine Temperaturmessung im „kühlen" Luftstrom würde allerdings zeigen, dass seine Temperatur nicht unterhalb der Raumtemperatur liegt, sondern sogar ganz leicht darüber, denn die Energie, mit der der Luftstrom bewegt wird, dissipiert durch Reibung in Wärme.

In Wetterberichten wird manchmal neben den gemessenen Lufttemperaturen t_L auch die gefühlte Temperatur t_f erwähnt. Gemeint ist damit eine fiktive Temperatur, die bei Windstille ($c = 0$) auf denselben Wärmeübergang zwischen menschlichen Körper und Umgebung führen würde, wie er tatsächlich bei den vorhandenen Windgeschwindigkeiten ($c > 0$) auftritt. Unter Annahme einer einheitlichen konstanten Körperoberflächentemperatur von $t_K = 33$ °C führt die obige Definition einer gefühlten Temperatur auf $\alpha_{c=0} \cdot (t_K - t_f) = \alpha_{c_L} \cdot (t_K - t_L)$ mit:

$\alpha_{c=0}$ = Wärmeübergangskoeffizient bei Windstille

α_{c_L} = Wärmeübergangskoeffizient bei Wind mit der Geschwindigkeit c_L

Die Korrelation des Wärmeübergangs zu einem zweckmäßig gewählten Modell (senkrecht stehender Zylinder, quer angeströmt) liefert für den Wärmeübergangskoeffizienten α eine Nußeltbeziehung Nu, die die gefühlte Temperatur t_f als Variable enthält:

$$\text{Nu}_{c=0}(t_K - t_f) = \text{Nu}_{c_L}(t_K - t_L) \quad \rightarrow \quad t_f = t_K - \frac{\text{Nu}_{c_L}}{\text{Nu}_{c=0}}(t_K - t_L)$$

In der Literatur werden für Windgeschwindigkeiten unterhalb von 25 m/s Näherungsformeln angegeben, die in etwa auf folgende Anhaltswerte für die gefühlte Temperatur führen:

Tab. 4-3: Gefühlte Temperaturen bei Windbewegung.

	$t_L = +4\ °C$	$t_L = -4\ °C$	$t_L = -12\ °C$	$t_L = -20\ °C$
$c_L = $ **4** m/s	+0,8 °C	–8,1 °C	–17,0 °C	–25,9 °C
$c_L = $ **8** m/s	–4,2 °C	–14,5 °C	–24,7 °C	–35,0 °C
$c_L = $ **16** m/s	–8,4 °C	–19,8 °C	–31,2 °C	–42,6 °C
$c_L = $ **20** m/s	–9,1 °C	–20,7 °C	–32,3 °C	–43,9 °C

Von solchen Erscheinungen dürfen wir uns bei der ingenieurtechnischen Untersuchung des Wärmeübergangs durch Konvektion mit einem Wärmeübergangskoeffizienten nicht täuschen lassen

Die wichtigsten Kennzahlen für die Berechnung eines Wärmeübergangskoeffizienten α sind:

Nußelt-Zahl

Die Nußelt-Zahl gibt als dimensionsloser Wärmeübergangskoeffizient an, in welchem Verhältnis der konvektive Wärmeübergang zur reinen Wärmeleitung im Fluid steht.

$$\text{Nu} = \frac{\alpha \cdot l^*}{\lambda} \tag{4.1-6}$$

α Wärmeübergangskoeffizient $[\alpha] = 1\ \text{W}/(\text{m}^2\ \text{K})$

λ Wärmeleitfähigkeit $[\lambda] = 1\ \text{W}/(\text{m K})$

l^* charakteristische Länge $[l^*] = 1\ \text{m}$

Tab. 4-4: Häufig gewählte charakteristische Längen in Nußelt-Korrelationen.

Geometrische Form	charakteristische Länge $l^* = $
waagerechte Platten	kleinste Abmessung l_{min}
senkrechte Wände und Zylinder	Höhe h
durchströmte Rohre	Innendurchmesser d_i
umströmte, horizontale Rohre[16]	Anströmlänge $\pi \cdot r$
Kugeln	Kugeldurchmesser d
kleine Spalte	Spaltbreite δ

---

[16] Bei nicht kreisrunden Strömungskanälen verwendet man in Anlehnung an den hydraulischen Durchmesser aus der Strömungstechnik einen gleichwertigen Durchmesser $d_{gl} = 4 \cdot A/U$, wobei A die durchströmte Querschnittsfläche und U der wärmeübertragende Umfang ist.

Für die Wärmeleitung in der thermischen Grenzschicht des Fluids gilt:

$$\dot{q} = \frac{\lambda}{\delta_{th}}(t_W - t_\infty)$$

t_∞ = Temperatur des Fluids außerhalb der Grenzschicht (hinreichender Abstand zur Wand)

Mit Ansatz (4.1-1) für den konvektiven Wärmeübergang folgt daraus für die Nußelt-Zahl:

$$\alpha(t_W - t_\infty) = \frac{\lambda}{\delta_{th}}(t_W - t_\infty) \quad \rightarrow \quad \alpha = \frac{\lambda}{\delta_{th}} \qquad \mathrm{Nu} = \frac{\alpha \cdot l^*}{\lambda} = \frac{l^*}{\delta_{th}}$$

Die Nußelt-Zahl setzt also die charakteristische Länge l^* einer um- beziehungsweise durchströmten Geometrie in Relation zur Stärke der Grenzschicht δ_{th}.

Gleichzeitig kann aus $\dot{q} = -\lambda \dfrac{dt}{dy} = \alpha(t_W - t_\infty)$ oder $\alpha = \dfrac{-\lambda \cdot dt/dy}{t_W - t_\infty}$ für die Nußelt-Zahl geschlussfolgert werden $\mathrm{Nu} = \dfrac{-dt/dx}{t_W - t_\infty} \cdot l^*$ und man erkennt, dass die Nußelt-Zahl angibt, um wie viel mal das sich mit dem konvektiven Wärmeübergang ausbildende Temperaturprofil steiler ist als das der reinen Wärmeleitung im Fluid.

Die Biot-Zahl als dimensionslose Randbedingung dritter Art bei der Wärmeleitung nach (3.1-13) sowie die Nußelt-Zahl nach (4.1-6) sind als dimensionslose Kennzahlen bis auf spezifisch zu wählende charakteristische Längen gleich definiert und beschreiben dennoch unterschiedliche Sachverhalte.

$$\mathrm{Bi} = \frac{\alpha \cdot L^*}{\lambda} \qquad\qquad \mathrm{Nu} = \frac{\alpha \cdot l^*}{\lambda}$$

Mit der Biot-Zahl wird das Verhältnis von Wärmeleitwiderstand im Festkörper zum Wärmeübergangswiderstand an seinem Rand untersucht. Die Wärmeleitfähigkeit λ in Gleichung (3.1-13) bezieht sich auf die des Festkörpers!
Die Nußelt-Zahl (4.1-6) hingegen ist nach den obigen Ausführungen sowohl als Maßstab für die Dicke der thermischen Grenzschicht in Relation zur charakteristischen Länge als auch als dimensionsloser Temperaturgradient an der Wand aufzufassen. Die Wärmeleitfähigkeit λ in (4.1-6) bezieht sich auf die des Fluids!

Reynolds-Zahl

Die Reynolds-Zahl als das dimensionslose Verhältnis der Trägheitskräfte zu den durch die Zähigkeit der Fluide hervorgerufenen Reibungskräften ist geeignet, den Strömungszustand (laminar oder turbulent) zu beschreiben. Die Begriffe laminar und turbulent für Strömungen haben lateinische Ursprünge (lamina = Platte und turbulentus = unruhig). Ein laminar strömendes Fluid bewegt sich in einzelnen Schichten, die sich nicht miteinander vermischen. Bei einer turbulenten Strömung überlagern sich dieser Bewegung unregelmäßige Schwankungen, so dass sich die einzelnen Schichten auch mischen. Die turbulenten Störungen der Strömung führen zu einer verstärkten Querdiffusion aller Transportgrößen. Uns interessieren hier besonders die Masse und die Energie. Auch in laminarer Strömung findet eine Querdiffusion von Transportgrößen statt, allerdings nur auf molekularer Ebene und daher deutlich geringer als bei turbulenter Strömung.

Unter Vernachlässigung der Gewichtskraft wirken auf ein strömendes Teilchen Trägheitskräfte F_T, Reibungskräfte F_R und Druckkräfte F_p, die in allen Punkten der Strömung im Gleichgewicht stehen müssen.

$$F_T + F_R + F_p = 0 \qquad \text{oder, wenn man durch } F_R \text{ teilt}$$

$$\frac{F_T}{F_R} + 1 + \frac{F_p}{F_R} = 0 \quad \rightarrow \quad \frac{F_p}{F_R} = -1 - \frac{F_T}{F_R}$$

und gleichfalls

$$1 + \frac{F_R}{F_T} + \frac{F_p}{F_T} = 0 \quad \rightarrow \quad \frac{F_p}{F_T} = -1 - \frac{1}{F_R / F_T}$$

Aus den dann umgeformten Gleichungen auf der jeweils rechten Seite wird ersichtlich: Ist F_T/F_R bekannt, liegen die anderen beiden Verhältnisse auch fest und der Strömungszustand ist eindeutig beschrieben.

$$\text{Re} = \frac{c \cdot l^*}{v} = \frac{\text{Trägheitskräfte}}{\text{Reibungskräfte}} \qquad\qquad (4.1\text{-}7)$$

c Strömungsgeschwindigkeit $[c] = 1$ m/s

l^* charakteristische Länge   (wie in (4.1-6)) $[l^*] = 1$ m

v kinematische Viskosität $[v] = 1$ m^2/s

Unter Turbulenz wird eine kinematisch irreversible Bewegung von Fluiden zusammengefasst, die vor allem bei höheren Strömungsgeschwindigkeiten, großen Abmessungen des Strömungsraumes und bei niedriger Fluidzähigkeit auftritt. Die Reynolds-Zahl ist ein Stabilitätskriterium für die Strömung und trifft mit der kritischen Reynolds-Zahl Re_{krit} eine Aussage, wann eine laminare Strömung instabil (turbulent) wird. Oberhalb der kritischen Reynolds-Zahl schaukeln sich zufällige Störungen des laminaren Geschwindigkeitsprofils auf und führen schließlich zu seiner Zerstörung. Unterhalb von Re_{krit} klingen die Störungen des Geschwindigkeitsprofils durch Dämpfung aus, so dass der laminare Zustand stets erhalten bleibt. Insgesamt bedeutet das, dass unterhalb Re_{krit} immer laminare Strömung vorliegen *muss*, oberhalb Re_{krit} jedoch vorliegen *kann*. In der Technik ist es daher üblich, zwischen folgenden Strömungsbereichen zu unterscheiden:

- laminare Strömung $0 < \text{Re} < \text{Re}_{krit}$
- Übergangsbereich $\text{Re}_{krit} < \text{Re} \le 5 \cdot \text{Re}_{krit}$
- turbulente Strömung $5 \cdot \text{Re}_{krit} < \text{Re}$

Die kritische Reynolds-Zahl für Rohrströmungen liegt bei $\text{Re}_{krit} \approx 2320$, im Übergangsbereich bestimmen die Art der Zuströmung und die Form des Rohreinlaufs die Strömungsart.

Bei längs angeströmten ebenen Platten sollte man von kritischen Reynolds-Zahlen für den Umschlag von laminarer in die turbulente Strömung je nach Ausbildung der Plattenvorderkante im Bereich von $10^5 < \text{Re}_{krit} < 3 \cdot 10^6$ ausgehen.

Im Übergangsbereich von laminarer zu turbulenter Strömung hängt die Stärke der Turbulenz von vielen schwer bestimmbaren Einflussfaktoren ab. Deshalb stößt die Bestimmung zuverlässiger Wärmeübergangskoeffizienten hier regelmäßig auf größere Schwierigkeiten.

Für die charakteristische Länge l^* in (4.1-7) gelten die schon für die Nußelt-Zahl (4.1-6) getroffenen Aussagen.

Grashof-Zahl

$$Gr = \frac{g \cdot \left|\dfrac{\rho_\infty - \rho_W}{\rho_W}\right| \cdot (l^*)^3}{\nu^2} = \frac{g \cdot \beta \cdot \Delta t \cdot (l^*)^3}{\nu^2} = \frac{\text{Auftriebskräfte}}{\text{Trägheitskräfte}} \qquad (4.1\text{-}8)$$

g Fallbeschleunigung $\qquad\qquad\qquad\qquad\qquad g = 9{,}80665 \text{ m/s}^2$

β isobarer Volumenausdehnungskoeffizient $\qquad\quad [\beta] = 1/\text{K}$

ρ Dichte ($\rho_W = \rho(t = t_W)$) des Fluids $\qquad\qquad\quad [\rho] = 1 \text{ kg/m}^3$

Δt Temperaturdifferenz $\Delta t = t_W - t_\infty \qquad\qquad [\Delta t] = 1 \text{ K}$

l^* charakteristische Länge (wie in (4.1-6)) $\qquad [l^*] = 1 \text{ m}$

ν kinematische Viskosität $\qquad\qquad\qquad\qquad [\nu] = 1 \text{ m}^2/\text{s}$

$$\left|\frac{\rho_\infty - \rho_W}{\rho_W}\right| = \beta \cdot \Delta t$$

Achtung!

Mit Ausnahme des isobaren Volumenausdehnungskoeffizienten, der aus der Temperatur der ungestörten Strömung t_∞ zu bilden ist, sind für die Stoffwerte die Bezugstemperaturen nach (4.1-2) maßgebend. Für ideale Gase gilt: $\beta = 1/T_\infty$.

Prandtl-Zahl

Die Prandtl-Zahl als Stoffeigenschaft von Fluiden steht für das Verhältnis von Strömungsgrenzschicht zur Temperaturgrenzschicht (Relation für den Impulstransport infolge von Reibung zum Wärmetransport durch Wärmeleitung). Pr = 1 bedeutet, dass beide Grenzschichten gleiche Stärke aufweisen. Dies ist für Gase annähernd erfüllt. Öle als Stoffe mit großer Zähigkeit und geringer Wärmeleitfähigkeit besitzen sehr hohe Werte für Pr. Die Strömungsgrenzschicht ist hier wesentlich stärker als die Temperaturgrenzschicht (Öl: Pr $\approx$ 1000). Bei flüssigen Metallen mit sehr guter Wärmeleitfähigkeit sind die Temperaturgrenzschichten deutlich dicker als die Strömungsgrenzschichten und Pr $\ll$ 1 (z. B. Quecksilber: Pr $\approx$ 0,03).

Die Prandtl-Zahl ist in den Stoffwerttabellen 7.6-4 für Wasser (Pr $\approx$ 7) und in Tabelle 7.6-5 für trockene Luft (Pr $\approx$ 0,7) als Funktion der Temperatur dargestellt.

$$Pr = \frac{\eta \cdot c_p}{\lambda} = \frac{\nu}{a} = \frac{\text{Impulstransport durch Reibung}}{\text{Wärmetransport durch Leitung}} \qquad (4.1\text{-}9)$$

ν kinematische Viskosität $\quad [\nu] = 1 \text{ m}^2/\text{s} \qquad\qquad a$ Temperaturleitfähigkeit $\quad [a] = 1 \text{ m}^2/\text{s}$

Rayleigh-Zahl

Bei der freien Konvektion ist praktisch immer das Produkt aus der Grashof-Zahl und der Prandtl-Zahl maßgeblich, so dass man beide dimensionslosen Kennzahlen zu einer neuen (abgeleiteten) Kennzahl zusammenfasst

$$\mathrm{Ra} = \mathrm{Gr} \cdot \mathrm{Pr} = \frac{g \cdot \beta \cdot \Delta t \cdot (l^*)^3}{\nu \cdot a} \qquad\qquad (4.1\text{-}10)$$

Archimedes-Zahl

Jede erzwungene Konvektion mit Wärmeübergang an die Umgebung enthält wegen der sich durch Temperaturunterschiede ausbildenden Dichteunterschiede gleichfalls zu einem gewissen Teil eine freie Konvektion. Ist die Reynolds-Zahl der erzwungenen Konvektion sehr groß, kann der Anteil der freien Konvektion vernachlässigt werden. Bei sehr kleinen Reynolds-Zahlen und gleichzeitig großen Grashof-Zahlen für die freie Konvektion ist die Wirkung der erzwungenen Konvektion vernachlässigbar

$$\mathrm{Ar} = \frac{\mathrm{Gr}}{(\mathrm{Re})^2} = \frac{g \cdot \beta \cdot \Delta t \cdot (l^*)^3 \cdot \nu^2}{\nu^2 \cdot c^2 \cdot (l^*)^2} = \frac{g \cdot \beta \cdot \Delta t \cdot l^*}{c^2} \qquad (4.1\text{-}11)$$

Für senkrecht beheizte Wände unterstellt man zum Beispiel:

- $\mathrm{Ar} \leq 0{,}225$ ausschließlich erzwungene Konvektion
- $0{,}225 < \mathrm{Ar} < 10$ erzwungene und freie als Mischkonvektion
- $\mathrm{Ar} > 10$ nur freie Konvektion

Verlaufen die Strömungen der freien und erzwungenen Konvektion in dieselbe Richtung kann man in einem definierten Gültigkeitsbereich mit einer korrigierten Reynolds-Zahl die Nußelt-Gleichungen für erzwungene Konvektion anwenden.

$$\mathrm{Re}_{\mathrm{korr}} = \sqrt{\mathrm{Re}_{\mathrm{erzw}}^2 + \frac{\mathrm{Gr}}{2{,}5}} \quad \text{für } 0{,}5 < \mathrm{Pr} < 2.500 \ \text{ und } \ 0{,}1 < \mathrm{Re} < 10^7 \quad (4.1\text{-}12)$$

Die Ähnlichkeitstheorie trifft beim konvektiven Wärmeübergang zwei Grundaussagen:

1. Zwischen den dimensionslosen Kennzahlen besteht beim konvektiven Wärmeübergang ein funktionaler Zusammenhang, den man zweckmäßig in der Form $\mathrm{Nu} = f(\mathrm{Re} \text{ oder } \mathrm{Gr}, \mathrm{Pr})$ formuliert, weil Nu mit dem Wärmeübergangskoeffizienten α die gesuchte Größe enthält. Wie die Funktion im konkreten Fall aussieht, kann aus der Ähnlichkeitstheorie nicht hergeleitet werden, dazu bedarf es des Experimentes. Bei der freien Konvektion sind die Aussagen der Reynolds-Zahl schon in der Grashof-Zahl enthalten, so dass die Reynolds-Zahl bei der Beschreibung der entsprechenden funktionalen Zusammenhänge keine Rolle spielt. Bei einer erzwungenen Konvektion hat die Auftriebsströmung hingegen (fast) keine Bedeutung für den Wärmeübergang. Für die jeweilige Formulierung des funktionalen Zusammenhangs als Korrelation bedeutet dies nun:
   - freie Konvektion: $\mathrm{Nu} = \mathrm{Nu}(\mathrm{Gr}, \mathrm{Pr})$
   - freie, Konvektion, schleichende Bewegung $\mathrm{Nu} = \mathrm{Nu}(\mathrm{Gr} \cdot \mathrm{Pr}) = \mathrm{Nu}(\mathrm{Ra})$
   - erzwungene Konvektion $\mathrm{Nu} = \mathrm{Nu}(\mathrm{Re}, \mathrm{Pr})$

2. Weisen die Ähnlichkeitskriterien Nu, Re oder Gr und Pr für Wärmeübergänge an geometrisch ähnlichen Körpern gleiche Größen auf, dann ist auch die physikalische Ähnlichkeit gegeben, so dass die aus einem Versuch gewonnenen Erkenntnisse auf entsprechend passende andere Fälle übertragen werden können.

Nußelt[17] konnte mit Bezug auf obige Erläuterungen als Erster zeigen, dass wenn der betrachtete Wärmeübergang exakt den Vorgaben der Ähnlichkeitstheorie folgt die Gleichungen in
definierten Bereichen immer in Form eines Produktes von Potenzen auftreten, zum Beispiel
für die erzwungene Konvektion

$$Nu = C \cdot Re^m \cdot Pr^n \qquad\qquad (4.1\text{-}13)$$

Für die Anwendung aus Versuchen an einem Modell abgeleiteten Nußelt-Gleichungen ist
allgemein zu beachten:

- Oftmals ist die **Wandtemperatur** t_W für die Berechnung der mittleren Grenzschichttemperatur nach (4.1-2) zur Ermittlung der temperaturabhängigen Stoffwerte des Fluids
  nicht von vornherein bekannt. Dann sind geeignete Annahmen zu treffen (Wandtemperatur schätzen) und nach Vorliegen eines entsprechenden Ergebnisses für den Wärmeübergangskoeffizienten dieses α zu nutzen, die geschätzte Wandtemperatur t_W zu überprüfen.
  Gegebenenfalls muss man sich der Realität durch erneute Rechnung iterativ nähern.

- **Erhöhungsfaktor** $f_1 = [1 + (d/l)^{2/3}]$ **für Rohreinlauf**
  Bei Rohrströmungen ist der Wärmeübergang in der Einlaufstrecke (also in dem Bereich,
  in der die Strömung ihr endgültiges Geschwindigkeitsprofil ausbildet) höher, weil der
  Geschwindigkeitsgradient an der Wand dort größer als bei der voll ausgebildeten Strömung ist. Insbesondere bei kurzen Rohren mit einem hohen Anteil des Einlaufbereiches
  an der Gesamtrohrlänge ist für den Wärmeübergangskoeffizienten ein Erhöhungsfaktor
  in der Form von $f_1 = [1 + (d/l)^{2/3}]$ zu berücksichtigen. Für sehr lange Rohre $l \gg d$ der
  Rohreinlauf schwindet der Einfluss wegen der Mittelung des Wärmeübergangskoeffizienten über die gesamte Rohrlänge ($f_1 \approx 1$).

- **Korrekturfaktor** K **für Temperaturabhängigkeit der Stoffwerte**
  Die Nußelt-Korrelationen sind in der Regel für konstante Stoffwerte bei der Temperatur
  t_B nach Gleichung (4.1-2) abgeleitet. Bei größeren Temperaturunterschieden zwischen
  Wand und Fluid und/oder stärkerer Temperaturabhängigkeit der Stoffwerte (Flüssigkeiten) ist die Richtung des Wärmestroms zu beachten. In Flüssigkeiten liegt beim Heizen
  ein besserer Wärmeübergang vor als beim Kühlen, weil in Flüssigkeiten die dynamische
  Viskosität mit steigender Temperatur abnimmt und damit der für den Wärmeübergang
  maßgebliche Geschwindigkeitsgradient an der Wand zunimmt. Der Wärmeübergangskoeffizient α wird dann mit dem Faktor $(\eta/\eta_W)^n$ beziehungsweise $(Pr/Pr_W)^m$ korrigiert. Dabei
  sind η und Pr bei der Temperatur t_∞ oder bei Rohrströmungen $\bar{t}_\infty$ nach Gleichung (4.1-5)
  der ungestörten Strömung und η_W oder Pr_W bei der Wandtemperatur t_W einzusetzen. Die
  Höhe der Exponenten n und m ist in erster Linie abhängig von der Art des Fluids (Flüssigkeit, Dampf, Gas). Für Flüssigkeiten wird die Richtung des Wärmestroms häufig mit
  dem Faktor $K = (\eta/\eta_W)^{0,14}$ korrigiert. Neuere Untersuchungen empfehlen:

---

[17] Gleichungen in Form von (4.1-13) heißen deshalb Nußelt-Gleichungen.

für Flüssigkeiten:

- $K = (Pr/Pr_W)^{0,11}$ für Heizen in Rohrströmungen bei $0,1 < (Pr/Pr_W) < 10$
- $K = (Pr/Pr_W)^{0,25}$ für Kühlen in Rohrströmungen bei $0,1 < (Pr/Pr_W) < 10$
- $K = (Pr/Pr_W)^{0,25}$ für angeströmte Platten bei $0,5 < (Pr/Pr_W) < 500$

für Gase:

- $K = (T/T_W)^{0,45}$ in Rohrströmungen $0,5 < T/T_W < 2,0$; $Re > 2320$, T in K
- $K \approx 1$ keine Korrektur bei umströmten Platten, dort mittlere Grenzschichttemperatur für Stoffwerte verwenden!

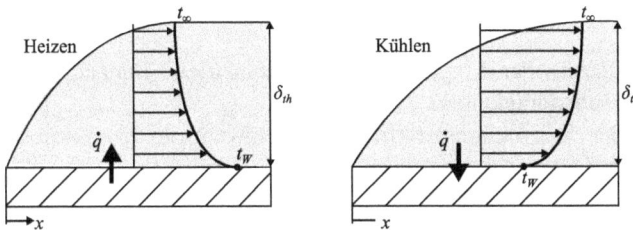

Abb. 4-2:   Temperaturprofile in der Grenzschicht beim Heizen und Kühlen.

- **gleichwertiger Durchmesser bei Abweichungen von kreisrunden Strömungsquerschnitten**

  Nußelt-Korrelationen für turbulente Rohrströmungen können auch für geometrisch nicht ähnliche Strömungsquerschnitte angewandt werden. Dazu definiert man einen hydraulischen Durchmesser d_h (manchmal auch gleichwertiger Durchmesser genannt), der als jeweilige charakteristische Länge l^* in die Nußelt-Gleichungen eingesetzt wird.

$$d_h = \frac{4 \cdot \text{durchströmte Fläche}}{\text{benetzter Umfang}} = \frac{4 \cdot A}{U} \qquad (4.1\text{-}14)$$

Für eine Kreisringfläche mit den Durchmessern d_a und d_i ergibt sich nach (4.1-14)

$$d_h = \frac{4 \cdot \frac{\pi}{4} \cdot (d_a^2 - d_i^2)}{\pi \cdot (d_a + d_i)} = \frac{(d_a + d_i) \cdot (d_a - d_i)}{(d_a + d_i)} = d_a - d_i$$

Tab. 4-5:   Hydraulischer Durchmesser für vom Kreis abweichende Strömungsquerschnitte.

Geometrie	$d_h =$
Ringspalt mit Durchmesser d_a und di	$d_a - d_i$
Quadrat mit Seitenlänge a	a
Rechteck mit Seitenlängen a und b	$2 \cdot a \cdot b / (a + b)$
gleichseitiges Dreieck, Seitenlänge a	$a / \sqrt{3}$

Für Strömungsquerschnitte, die durch ein regelmäßiges Vieleck beschrieben werden, ist der hydraulische Durchmesser gleich dem Durchmesser des in die Polygonfläche einbeschriebenen Kreises.

Ringspalte sind nur dann geometrisch ähnlich, wenn das Verhältnis des Außendurchmessers des Innenrohres d_i zum Innendurchmesser des Außenrohres d_a übereinstimmt. Das Durchmesserverhältnis d_i/d_a beeinflusst als zusätzliche Kenngröße den Wärmeübergang in Ringspalten und ist nach einem Vorschlag von Gnielinski als Korrekturfaktor f_2 zu berücksichtigen, wenn der Wärmeübergang nur vom oder zum Innenrohr erfolgt (adiabates Mantelrohr)

$$f_2 = 0{,}86 \cdot (d_a/d_i)^{0{,}16}$$

Der Ermittlung eines Wärmeübergangskoeffizienten mit Hilfe der Ähnlichkeitstheorie liegt das folgende allgemeine Lösungsschema zu Grunde:

1. Zusammenstellung der Eingangsgrößen (Geometrien, Temperaturen, Stoffwerte, Strömungsgeschwindigkeiten)
2. Feststellen der Konvektionsart (freie oder erzwungene Konvektion, Konvektion mit Phasenübergang)
3. Untersuchung der Strömungsform (laminar, turbulent) und Besonderheiten der Strömung (Umströmung, Durchströmung, Strömung in Spalten)
4. Berechnung der relevanten dimensionslosen Kennzahlen
5. Auswahl einer geeigneten Nußelt-Korrelation (Prüfung des Gültigkeitsbereiches) und zahlenmäßige Ermittlung des dimensionslosen Wärmeübergangskoeffizienten, gegebenenfalls mit Berücksichtigung des Temperatureinflusses der Stoffwerte durch $\mathrm{Nu} = \mathrm{Nu}_0 \cdot K$
6. Errechnung des Wärmeübergangskoeffizienten α aus der Definition (4.1-6):

    $$\alpha = \mathrm{Nu} \cdot \frac{\lambda}{l^*} \quad \text{nach Gleichung (4.1-14)}$$

7. Prüfen, ob getroffene Annahmen zur Wandtemperatur zutreffen und gegebenenfalls Neuberechnung mit verbesserter Wandtemperatur (iteratives Vorgehen)

Die Verwendung einer empirisch gewonnenen Korrelation in Schritt 5 beschränkt in Verbindung mit den Toleranzen bei den Eingangsgrößen (insbesondere Fehlergrenzen der Stoffwerte) die technisch erreichbare Genauigkeit in vielen Fällen auf drei signifikante Ziffern. Deshalb sollte der rechnerisch ermittelte Wert für den Wärmeübergangskoeffizienten auf diese Genauigkeit gerundet werden.

4.1.1   Herleitung einer dimensionslosen Kennzahl

Leiten Sie mit Hilfe der Dimensionsanalyse eine den Strömungszustand in einer Rohrleitung beschreibende, dimensionslose Kennzahl K ab. Alle für den Vorgang relevanten Größen sind mit Formelzeichen und Basismaßeinheit nachfolgend aufgeführt:

Rohrinnendurchmesser	d_i	m
Strömungsgeschwindgkeit	c	m/s
dynamische Viskosität	η	kg/(m s)
Fluiddichte	ρ	kg/m³

Vorüberlegungen:

Wir gehen davon aus, dass oben *alle* den Strömungszustand beschreibenden und beeinflussenden physikalischen Größen vollständig erfasst sind. Dies ist die entscheidende Voraussetzung zur Anwendung der Dimensionsanalyse.

Lösung:

Die dimensionslose Kennzahl K entsteht aus einen Potenzansatz mit den vier gegebenen Einflussgrößen. Die Exponenten *i, j, k, l* wählt man so, dass die Maßeinheiten im zugehörigen Einheitenansatz verschwinden.

$$K = d^i \cdot c^j \cdot \eta^k \cdot \rho^l \qquad \rightarrow \qquad m^i \cdot \left(\frac{m}{s}\right)^j \cdot \left(\frac{kg}{m\,s}\right)^k \cdot \left(\frac{kg}{m^3}\right)^l = 1$$

Dimension	Basiseinheit	Gleichung	Exponent	
Länge	m	$m^{i+j-k-3l} = 1 \;\rightarrow$	$i + j - k - 3l = 0$	(1)
Zeit	s	$s^{-j-k} = 1$	$-j - k = 0$	(2)
Masse	kg	$kg^{k+l} = 1$	$k + l = 0$	(3)

Für die Lösung des Gleichungssystems mit drei Gleichungen und vier Unbekannten kann man über eine der Unbekannten frei verfügen. Wir setzen $l = 1$. Aus Gleichung (3) folgt dann $k = -1$, aus (2) $j = +1$ und damit schließlich aus Gleichung (1) $i = 1$.

Diese Werte für die Exponenten führen auf eine Kennzahl K mit

$$K = d^1 \cdot c^1 \cdot \eta^{-1} \cdot \rho^1 = \frac{c \cdot d \cdot \rho}{\eta} = \frac{c \cdot d}{\eta / \rho} = \frac{c \cdot d}{\nu} \equiv \mathrm{Re}$$

Als Resultat erhalten wir die uns schon bekannte Reynolds-Zahl. Wichtiger als das Ergebnis selber ist das hier vorgestellte methodische Gerüst, mit dem auch für andere Arbeitsgebiete dimensionslose Kennzahlen gebildet werden können.

4.1.2   Berechnung dimensionsloser Kennzahlen

Rohrströmung I

Stickstoff unter einem Druck von 10 bar ströme mit einer Geschwindigkeit von 7 m/s durch ein 3 m langes Stahlrohr mit einem Innendurchmesser von 40 mm und Außendurchmesser von 50 mm. Der Stickstoff trete mit einer Temperatur von 25 °C in das Stahlrohr ein und mit 13 °C aus. Stickstoff kann hier als ideales Gas mit einer relativen Molekülmasse von 28,0135 kg/kmol angesehen werden. Folgende Stoffwerte sind aus einer Stoffwertsammlung für Stickstoff unter einem Druck von 10 bar entnommen:

Temperaturleitfähigkeit bei 0 °C: $18{,}56 \cdot 10^{-7}$ m²/s   bei 25 °C: $21{,}88 \cdot 10^{-7}$ m²/s

dynamische Viskosität bei 0 °C: $16{,}77 \cdot 10^{-6}$ Pa ·s   bei 25 °C: $17{,}93 \cdot 10^{-6}$ Pa ·s

a) Ermitteln Sie über die Reynolds-Zahl welche Strömungsform vorliegt!

b) Welche Prandtl-Zahl wäre für diesen Prozess anzusetzen?

Gegeben:

$d_i = 0,04$ m $\qquad\qquad$ $d_a = 0,05$ m $\qquad\qquad$ $p = 10$ bar $\qquad\qquad$ $M_{N_2} = 28,0135$ kg/kmol

$t_E = 25\,°C$ $\qquad\qquad\quad$ $t_A = 13\,°C$ $\qquad\qquad\quad$ $l = 3$ m $\qquad\qquad\qquad$ $c = 7$ m/s

Vorüberlegungen:

Nach Tabelle 4-2 entspricht die gegebene Strömungsgeschwindigkeit den Erwartungswerten (vergleiche Pressluft zwischen 5 und 10 m/s) und ist deshalb als praktisch relevant anzusehen. Die kritische Reynolds-Zahl für den beginnenden Übergang von laminarer zur turbulenten Strömung in Rohren liegt bei $Re_{krit} = 2320$.

Die Bezugstemperatur t_B für die Stoffwerte beträgt nach Formel (4.1-5):

$t_B = (t_E + t_A)/2 = (25\,°C + 13\,°C)/2 = 19\,°C$.

Die Bestimmung der Temperaturleitfähigkeit a und der dynamischen Viskosität η erfordert eine lineare Interpolation zwischen den gegebenen Stützwerten $0\,°C$ und $25\,°C$.

$$a(19\,°C) = 18,56 \cdot 10^{-7}\,\frac{m^2}{s} + \frac{19\,°C - 0\,°C}{25\,°C - 0\,°C} \cdot (21,88 - 18,56) \cdot 10^{-7}\,\frac{m^2}{s} = 21,0832 \cdot 10^{-7}\,\frac{m^2}{s}$$

$$\eta(19\,°C) = 16,77 \cdot 10^{-6}\,Pa \cdot s + \frac{19\,°C - 0\,°C}{25\,°C - 0\,°C} \cdot (17,93 - 16,77) \cdot 10^{-6}\,Pa \cdot s = 17,6516 \cdot 10^{-6}\,Pa \cdot s$$

$$1\,Pa \cdot s = 1\,\frac{N}{m^2} \cdot s = 1\,\frac{kg\,m}{s^2 \cdot m^2} \cdot s = 1\,\frac{kg}{m \cdot s}$$

Die Dichte $\rho(19\,°C)$ ergibt sich aus der Grundgleichung für ideales Gas und der universellen Gaskonstante $R_m = 8314,4621$ J/(kmol K) bei gegebener relativer Molekülmasse zu

$$\rho = \frac{p \cdot M_{N_2}}{R_m \cdot T_B} = \frac{10 \cdot 10^5\,N/m^2 \cdot 28,0135\,kg/kmol}{8314,4621\,Nm/(kmol\,K) \cdot 292,15\,K} = 11,5326\,\frac{kg}{m^3}$$

Die charakteristische Länge für eine Rohrinnenströmung ist der Innendurchmesser. Länge und Außendurchmesser sind gegebene Größen, die wir für die Rechnung hier nicht benötigen!

Lösung:

a) Bestimmung Strömungsform aus Reynolds-Zahl

$$Re = \frac{c \cdot d_i}{v} = \frac{c \cdot d_i \cdot \rho}{\eta} = \frac{7\,m/s \cdot 0,04\,m \cdot 11,5326\,kg/m^3}{17,6516 \cdot 10^{-6}\,kg/(m\,s)} = \underline{\underline{182.936,8}}$$

Es liegt turbulente Strömung vor, denn $Re > 5 \cdot Re_{krit} = 11.600$!

b) Bestimmung Prandtl-Zahl

$$Pr(19\,°C) = \frac{v}{a} = \frac{\eta}{\rho \cdot a} = \frac{17,6516 \cdot 10^{-6}\,kg/(m \cdot s)}{11,5326\,kg/m^3 \cdot 21,0832 \cdot 10^{-7}\,m^2/s} = \underline{\underline{0,72597}}$$

Rohrströmung II
Trinkwasser unter einem Druck von 1 bar ströme mit einer Geschwindigkeit von 1,2 m/s durch ein 3 m langes Stahlrohr mit einem Innendurchmesser von 10 mm. Das Trinkwasser trete mit einer Temperatur von 9 °C in das Stahlrohr ein und mit 11 °C aus.
    a) Ermitteln Sie über die Reynolds-Zahl welche Strömungsform vorliegt!
    b) Welche Prandtl-Zahl wäre für diesen Prozess anzusetzen?

Gegeben:

$d_i = 0,01$ m $t_E = 9$ °C $t_A = 11$ °C $c = 1,2$ m/s $l = 3$ m

Vorüberlegungen:

Anhand von Tabelle 4-2 ist zu prüfen, ob die gegebene Strömungsgeschwindigkeit den Erwartungswerten für einen solchen Fall entspricht.

Bezugstemperatur für Stoffwerte nach (4.1-5): $t_B = (9 \, °C + 11 \, °C)/2 = 10 \, °C$.

Alle benötigten Stoffwerte können der Tabelle 7.6-4 bei 10 °C entnommen werden.

$\lambda = 0,02880$ W/(m K) $\nu = 1,306 \cdot 10^{-6}$ m²/s $Pr = 9,466$

Lösung:

a) Bestimmung Strömungsform aus Reynolds-Zahl

$$Re = \frac{c \cdot d_i}{\nu} = \frac{1,2 \text{ m/s} \cdot 0,01 \text{ m}}{1,306 \cdot 10^{-6} \text{ kg/(m s)}} \approx \underline{\underline{9.188,4}}$$

Hier liegt eine Strömung im Übergangsbereich vor, denn $Re < 5 \cdot Re_{krit} = 11.600$!

b) Bestimmung Prandtl-Zahl

$Pr(10 \, °C) = 9,466$ (abgelesen in Tabelle 7.6-4)

Plattenheizkörper
Ein senkrecht stehender und längs angeströmter Plattenheizkörper besitze eine Länge von 1,30 m sowie eine Höhe von 65 cm und weise eine Oberflächentemperatur von 100 °C auf. Die Lufttemperatur betrage 20 °C. Der Plattenheizkörper liege im Einzugsbereich eines Gebläses, das die Luft von der unteren zur oberen Kante des Plattenheizkörpers mit einer Geschwindigkeit von 0,4 m/s bewegt.
Bestimmen Sie die Rayleigh-Zahl und Archimedes-Zahl! Welche Konvektionsart und welche Strömungsform liegen vor?

Gegeben:

$l = 1,30$ m $h = l^* = 0,65$ m $t_W = 100$ °C $t_L = 20$ °C $c = 0,4$ m/s

Vorüberlegungen:

Die Stoffwerte für Luft können der Tabelle 7.6-5 entnommen werden. Die Bezugstemperatur beträgt nach (4.1-2): $t_B = (t_W + t_L)/2 = (100\ °C + 20\ °C)/2 = 60\ °C$

$\lambda = 0,02880\ W/(m\ K)$　　　　　$\nu = 192,2 \cdot 10^{-7}\ m²/s$　　　　　$Pr = 0,7035$

Der Volumenausdehnungskoeffizient β darf nicht mit der Bezugstemperatur t_B gebildet werden, sondern ist für die Fluidtemperatur t_L zu bestimmen.

$\beta = \dfrac{1}{T_L} = \dfrac{1}{293,15\ K}$　　(sollte der Genauigkeit wegen so als Bruch verwendet werden)

Lösung:

$$Gr = \frac{g \cdot \beta \cdot (t_W - t_L) \cdot (l^*)^3}{\nu^2} = \frac{9,80665\ m/s² \cdot 80\ K \cdot 0,65^3\ m^3}{293,15\ K \cdot 192,2^2 \cdot 10^{-14}\ m^4/s^2} = 1,98954637 \cdot 10^9$$

$$Ra = Gr \cdot Pr = 1,98954637 \cdot 10^9 \cdot 0,7035 = \underline{1.399.645.871}$$

$$Ar = \frac{Gr}{(Re)²} = \frac{g \cdot \beta \cdot (t_W - t_L) \cdot l^*}{c^2} = \frac{9,80665\ m/s² \cdot 80\ K \cdot 0,65\ m}{292,15\ K \cdot 0,16\ m²/s²} = 10,909$$

Dieser Fall kann gerade noch als freie Konvektion behandelt werden!

Zur Bestimmung der Strömungsform ist die Reynolds-Zahl zu berechnen:

$$Re = \frac{c \cdot l^*}{\nu} = \frac{0,4\ m/s \cdot 0,65\ m}{192,2 \cdot 10^{-7}\ m²/s} = 13.527,575$$

Nach den Ausführungen zur Reynolds-Zahl in Kapitel 4.1 liegt die kritische Reynolds-Zahl für längs angeströmte Platten je nach Beschaffenheit der Anströmkante im Bereich von $10^5 < Re_{krit} < 3 \cdot 10^6$. Wir können also hier von laminarer Strömung ausgehen.

4.2　　　Freie Konvektion (Nu = Nu(Ra))

Energietransport durch freie Konvektion ist die Folge von Dichteunterschieden im Fluid. Beheizt man eine senkrecht stehende Platte sind die wandnahen Fluidschichten spezifisch leichter als die weiter entfernt liegenden. So entsteht ein statischer Druckunterschied zwischen den Schichten, der eine aufwärts gerichtete Strömung mit dem in Abbildung 4-3 gezeigten Geschwindigkeitsprofil bewirkt.

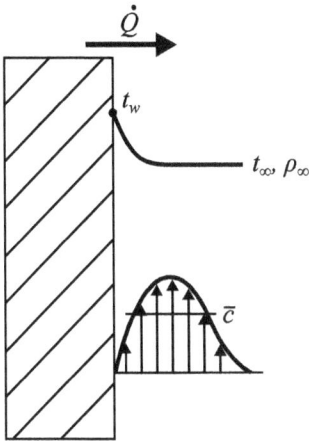

Abb. 4-3:   Konvektive Auftriebsströmung an senkrechter Wand.

a) Korrelationen für die Vertikale

Der mittlere, dimensionslose Wärmeübergangskoeffizient Nu für laminare und turbulente Strömung an der **vertikalen Wand** mit der Wandhöhe h wird von [7] angegeben mit

$$\text{Nu}_{\text{Wand}} = \left[0,825 + 0,387\left(\text{Ra} \cdot f_1(\text{Pr})\right)^{1/6}\right]^2 \tag{4.2-1}$$

$$f_1(\text{Pr}) = \left[1 + \left(\frac{0,492}{\text{Pr}}\right)^{9/16}\right]^{-16/9}$$

Gültigkeit: $0,1 \leq \text{Ra} \leq 10^{12}$ und $0,001 < \text{Pr} < \infty$; charakteristische Länge $l^* = $ Wandhöhe h

Für den **senkrecht stehenden Zylinder** der Höhe h und vom Durchmesser d wird Nu bei gleichen Gültigkeitsbereichen unter Rückgriff von (4.2-1) ermittelt. Die charakteristische Länge ist hier die Zylinderhöhe h.

$$\text{Nu}_{\text{Zyl}} = \text{Nu}_{\text{Wand}} + 0,435 \cdot \frac{h}{d} \tag{4.2-2}$$

Gültigkeit: $0,1 \leq \text{Ra} \leq 10^{12}$ und $0,001 < \text{Pr} < \infty$; charakteristische Länge $l^* = $ Zylinderhöhe h

b) Korrelationen für geneigte ebene Flächen

Wärmeabgabe an der Oberseite oder Wärmeaufnahme an der Unterseite einer schrägen Wand führt in beiden Fällen zu einem nach oben gerichteten Wärmestrom. Die Grenzschichten lösen sich beim Übergang von der laminaren zur turbulenten Strömung mit Erreichen einer kritischen Rayleigh-Zahl Ra_{krit} von der Wand ab. Für den Bereich der turbulenten Ablösung empfiehlt [7] die Verwendung von

$$Nu_{Wand} = 0,56(Ra_{krit} \cdot \cos\gamma)^{1/4} + 0,13(Ra^{1/3} - Ra_{krit}^{1/3}) \qquad (4.2\text{-}3)$$

Gültigkeit:

$Ra > Ra_{krit}$ $Ra_{krit} = 10^{(8,9-0,00178 \cdot \gamma^{1,82})}$ charakteristische Länge $l^* = $ Überströmlänge h

In die im Gültigkeitsbereich angegebene Näherungsbeziehung für Ra_{krit} ist der Neigungswinkel γ gegenüber der Vertikalen als Zahlenwert im Gradmaß einzusetzen.

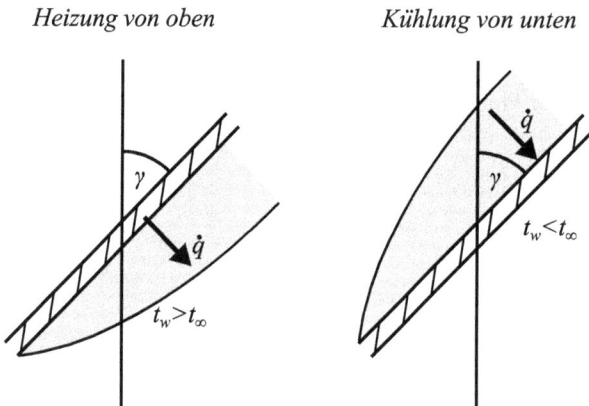

Abb. 4-4:   Stabile Grenzschichten an schräger Wand bei freier Konvektion.

Wärmeabgabe an der Oberseite oder Wärmeaufnahme an der Unterseite einer schrägen Wand führen zur Ausbildung stabiler Grenzschichten (siehe Abbildung 4-4). Der dimensionslose Wärmeübergangskoeffizient Nu kann hier näherungsweise mit der Korrelation (4.2-1) berechnet werden, wenn anstelle der Fallbeschleunigung g deren zur vertikalen Fläche parallele Komponente $g \cdot \cos(\gamma)$ (also $Ra_\gamma = Ra \cdot \cos(\gamma)$) und als charakteristische Länge l^* die Überströmlänge h eingesetzt wird.

c) Korrelationen für die Horizontale

Für **horizontale, ebene Flächen (Rechtecke, Kreisscheiben)** wird als charakteristische Länge l^* in den dimensionslosen Kennzahlen die Anströmfläche als Verhältnis von Oberfläche A zum Umfang U verwendet, wobei die wärmeübertragende Fläche Teil einer unendlich ausgedehnten Ebene ist.

$$l^* = \frac{A}{U} = \frac{a \cdot b}{2(a+b)} \qquad \text{für Rechtecke mit Seitenlänge } a, b \qquad (4.2\text{-}4a)$$

$$l^* = \frac{A}{U} = \frac{\frac{\pi}{4} d^2}{\pi \cdot d} = \frac{d}{4} \qquad \text{für Kreisscheiben mit Durchmesser } d \qquad (4.2\text{-}4b)$$

Heizung auf der Oberseite oder Kühlung auf der Unterseite

$$\text{Nu} = 0,766 \cdot [\text{Ra} \cdot f_2(\text{Pr})]^{1/5} \qquad (4.2\text{-}5a)$$

$$f_2(\text{Pr}) = \left[1 + \left(\frac{0,322}{\text{Pr}} \right)^{11/20} \right]^{-20/11} \qquad (4.2\text{-}6)$$

Gültigkeit: laminare Strömung $\text{Ra} \cdot f_2(\text{Pr}) \leq 7 \cdot 10^4$ und $0 < \text{Pr} < \infty$

$$\text{Nu} = 0,15 \cdot [\text{Ra} \cdot f_2(\text{Pr})]^{1/3} \quad \text{in Verbindung mit (4.2-6)} \qquad (4.2\text{-}5b)$$

Gültigkeit: turbulente Strömung $\text{Ra} \cdot f_2(\text{Pr}) \geq 7 \cdot 10^4$ und $0 < \text{Pr} < \infty$

Heizung auf der Unterseite oder Kühlung auf der Oberseite

$$\text{Nu} = 0,6 \cdot [\text{Ra} \cdot f_1(\text{Pr})]^{1/5} \qquad f_1(\text{Pr}) = \left[1 + \left(\frac{0,492}{\text{Pr}} \right)^{9/16} \right]^{-16/9} \qquad (4.2\text{-}7)$$

Gültigkeit: $10^3 < \text{Ra} \cdot f_1(\text{Pr}) < 10^{10}$ $f_1(\text{Pr})$ wie für Gleichung (4.2-1)

Für einen **horizontalen Zylinder** wird in [7] die Beziehung (4.2-8) empfohlen:

$$\text{Nu}_{\text{Zyl}} = \left[0,752 + 0,387 \cdot (\text{Ra} \cdot f_3(\text{Pr}))^{1/6} \right]^2 \qquad (4.2\text{-}8)$$

$$f_3(\text{Pr}) = \left[1 + \left(\frac{0,559}{\text{Pr}} \right)^{9/16} \right]^{-16/9}$$

Gültigkeit:
$3,9 \cdot 10^{-5} < \text{Ra} < 3,9 \cdot 10^{12}$ und $0 < \text{Pr} < \infty$; charakteristische Länge $l^* = \frac{\pi}{2} d$ (Anströmlänge)

d) Korrelationen für Kugeln

Für **Kugeln** vom Durchmesser d wird Nu bei nicht zu kleinen Durchmessern und Temperaturdifferenzen wiederum in einem eingeschränkten Gültigkeitsbereich von $10^3 \leq Ra \leq 10^{12}$ und $0,001 < Pr < \infty$ unter Rückgriff auf (4.2-1) ermittelt. Die charakteristische Länge ist hier der Kugeldurchmesser d. Für $Ra < 10^3$ gibt [7] folgende Gleichung an:

$$Nu_{Kugel} = 0,56 \cdot \left[\left(\frac{Pr}{0,846 + Pr} \right) \cdot Ra \right]^{1/4} + 2 \qquad (4.2-9)$$

Gültigkeit: $Ra \leq 10^3$ und $0,001 < Pr < \infty$; $\quad l^* = $ Kugeldurchmesser d

Für sehr kleine Temperaturdifferenzen und/oder Kugeldurchmesser ($Ra \to 0$) strebt Nu_{Kugel} gegen den Grenzwert 2.

4.2.1   Näherungsformeln für Wärmeübergang bei freier Konvektion

Ein beheiztes Rohr (Außendurchmesser 300 mm) befinde sich in ruhender, trockener Luft von 6 °C und weise an der äußeren Rohrwand eine Temperatur von 54 °C auf.

a)   Berechnen Sie jeweils den Wärmeübergangskoeffizienten Rohrwand/Luft für die Rohrlängen 0,4 m, 1,2 m und 3,6 m bei senkrecht stehendem Rohr und für ein Rohr in horizontaler Lage mit den in Kapitel 4.2 vorgestellten Nußelt-Korrelationen!

b)   Die VDI-Richtlinie 2055 (August 1992) gibt für den Wärmeübergangskoeffizienten α in W/(m² K) durch freie Konvektion von Luft an Rohren im Gültigkeitsbereich $d^3 \cdot \Delta t > 1$ m³ K die folgenden Näherungsformeln an:

$\alpha = 1,71 \cdot \sqrt[3]{\Delta t}$ (senkrecht stehend) $\alpha = 1,21 \cdot \sqrt[3]{\Delta t}$ (waagerechtes Rohr)

Errechnen Sie die Wärmeübergangskoeffizienten α nach diesen Näherungsformeln und vergleichen Sie die Ergebnisse mit denen aus (a)!

c)   Michejew[18] schlug vor, die an Kugeln, horizontalen und vertikalen Zylindern sowie an vertikalen Wänden experimentell gewonnenen Ergebnisse für die freie Konvektion durch eine einzige Nußelt-Gleichung zu korrelieren. Für $Pr \geq 0,7$ hat er **Nu = C·(Gr·Pr)^n** und in Abhängigkeit von den Verhältnissen in der Auftriebsströmung folgende Parameter für C und n angegeben:

Gr·Pr	C	n	charakteristische Längen l^*
$< 10^{-3}$	0,50	0	vertikale Zylinder und Wände: Höhe h
$1 \cdot 10^{-3}$ bis $5 \cdot 10^2$	1,18	1/8	horizontale Zylinder, Kugeln: Durchmesser d
$5 \cdot 10^2$ bis $2 \cdot 10^7$	0,54	1/4	horizontale Wände: kleinere Seitenlänge a
$2 \cdot 10^7$ bis $1 \cdot 10^{13}$	0,135	1/3	

Stoffwerte sind für die Bezugstemperatur nach Gleichung (4.1-2) einzusetzen. Welche Wärmeübergangskoeffizienten α ergeben sich daraus?

---

[18]   Michejew, M. A.: Grundlagen der Wärmeübertragung, Verlag Technik Berlin, 3. Auflage 1968.

Gegeben:

Stahlrohr: $d_a = 0{,}3$ m $t_W = 54$ °C $t_\infty = 6$ °C $\Delta t = 54$ °C – 6 °C = 48 K

              $l_1 = 0{,}4$ m $l_2 = 1{,}2$ m $l_3 = 3{,}6$ m

Lösung:

a) Nußelt-Korrelationen gemäß [7] nach allgemeinem Lösungsschema in Kapitel 4.1:

1. Neben der Erfassung der oben unter gegeben aufgeführten Größen müssen die Stoffwerte für trockene Luft aus Tabelle 7.6-5 bei der Bezugstemperatur t_B nach Gleichung (4.1-2) ermittelt werden.

$$t_B = \frac{t_W + t_\infty}{2} = \frac{54\,°C + 6\,°C}{2} = 30\,°C \text{ und damit aus Tabelle 7.6-5:}$$

$\lambda = 0{,}02662$ W/(m K) $v = 162{,}6 \cdot 10^{-7}$ m^2/s   Pr = 0,7068

$$\beta(6\,°C) = \frac{1}{T_\infty} = \frac{1}{279{,}15\text{ K}} = 0{,}003582\text{ K}^{-1}$$

2. Es liegt freie Konvektion vor.

3. In vertikaler und horizontaler Rohreinbausituation bilden sich jeweils spezifische Grenzschichten aus, die die Intensität des Wärmeübergangs beeinflussen. Daher sind auch entsprechend spezifische Nußelt-Korrelationen mit jeweils unterschiedlichen charakteristischen Längen zu verwenden.

4. Für die freie Konvektion ist die Rayleigh-Zahl relevant. Mit Blick auf die schon ermittelte Prandtl-Zahl verwenden wir vorteilhaft:

$$Ra = Gr \cdot Pr = \frac{g \cdot \beta \cdot \Delta t \cdot (l^*)^3}{v^2} \cdot Pr$$

senkrechtes Rohr:

$l_1^* = h_1 = 0{,}4$ m : $Ra = \dfrac{9{,}80665\text{ m/s}^2 \cdot 48\text{ K} \cdot 0{,}4^3\text{ m}^3}{279{,}15\text{ K} \cdot 162{,}6^2 \cdot 10^{-14}\text{ m}^4/\text{s}^2} \cdot 0{,}7068 = 2{,}885092309 \cdot 10^8$

$Ra \approx 3 \cdot 10^8$

$l_2^* = h_2 = 1{,}2$ m : $Ra = \dfrac{9{,}80665\text{ m/s}^2 \cdot 48\text{ K} \cdot 1{,}2^3\text{ m}^3}{279{,}15\text{ K} \cdot 162{,}6^2 \cdot 10^{-14}\text{ m}^4/\text{s}^2} \cdot 0{,}7068 = 7.789.749.235$

$Ra \approx 8 \cdot 10^9$

$l_3^* = h_3 = 3{,}6$ m : $Ra = \dfrac{9{,}80665\text{ m/s}^2 \cdot 48\text{ K} \cdot 3{,}6^3\text{ m}^3}{279{,}15\text{ K} \cdot 162{,}6^2 \cdot 10^{-14}\text{ m}^4/\text{s}^2} \cdot 0{,}7068 = 2{,}103232293 \cdot 10^{11}$

$Ra \approx 2 \cdot 10^{11}$

waagerechtes Rohr: charakteristische Länge unabhängig von Rohrlänge

$$l^* = \frac{\pi}{2} \cdot d_a = \frac{\pi}{2} \cdot 0{,}3\text{ m} = 0{,}4712\text{ m}$$

$l_1^* = 0{,}4712$ m : $Ra = \dfrac{9{,}80665\text{ m/s}^2 \cdot 48\text{ K} \cdot 0{,}4712^3\text{ m}^3}{279{,}15\text{ K} \cdot 162{,}6^2 \cdot 10^{-14}\text{ m}^4/\text{s}^2} \cdot 0{,}7068 = 4{,}71623660 \cdot 10^8$

$Ra \approx 4{,}7 \cdot 10^8$

5. Ermittlung des dimensionslosen Wärmeübergangskoeffizienten Nu

senkrechtes Rohr: (Gleichung (4.2-8))

$$\mathrm{Nu}_{Zyl} = \left[0{,}825 + 0{,}387 \cdot \left(\mathrm{Ra} \cdot f_1(\mathrm{Pr})\right)^{1/6}\right]^2 + 0{,}435 \cdot \frac{h}{d_a}$$

$$f_1(\mathrm{Pr}) = \left[1 + \left(\frac{0{,}492}{\mathrm{Pr}}\right)^{9/16}\right]^{-16/9} = \left[1 + \left(\frac{0{,}492}{0{,}7068}\right)^{9/16}\right]^{-16/9} = 0{,}346338398$$

anwendbar, weil:

$0{,}1 \le (\mathrm{Ra} = 3 \cdot 10^8) \le 10^{12}$ $0{,}1 \le (\mathrm{Ra} = 8 \cdot 10^9) \le 10^{12}$ $0{,}1 \le (\mathrm{Ra} = 2 \cdot 10^{11}) \le 10^{12}$

$0{,}001 \le (\mathrm{Pr} = 0{,}7068) \le \infty$

für $l_1^* = h_1 = 0{,}4$ m folgt:

$$\mathrm{Nu}_{Zyl} = \left[0{,}825 + 0{,}387 \cdot \left(2{,}885092309 \cdot 10^8 \cdot 0{,}346338398\right)^{1/6}\right]^2 + 0{,}435 \cdot \frac{0{,}4\,\mathrm{m}}{0{,}3\,\mathrm{m}} = 84{,}51446225$$

für $l_2^* = 1{,}2$ m folgt: $\mathrm{Nu}_{Zyl} = 234{,}7410597$ und für $l_3^* = 3{,}6$ m $\mathrm{Nu}_{Zyl} = 672{,}6530725$

waagerechtes Rohr: (Gleichung 4.2-8))

$$\mathrm{Nu}_{Zyl} = [0{,}752 + 0{,}387(\mathrm{Ra} \cdot f_3(\mathrm{Pr}))^{1/6}]^2$$

$$f_3(\mathrm{Pr}) = \left[1 + \left(\frac{0{,}559}{\mathrm{Pr}}\right)^{9/16}\right]^{-16/9} = \left[1 + \left(\frac{0{,}559}{0{,}7068}\right)^{0{,}5625}\right]^{-16/9} = 0{,}326661942$$

anwendbar, weil:

$3{,}9 \cdot 10^{-5} < \mathrm{Ra} = 4{,}7 \cdot 10^8 < 3{,}9 \cdot 10^{12}$ und $0 \le (\mathrm{Pr} = 0{,}7068) \le \infty$

$$\mathrm{Nu}_{Zyl} = \left[0{,}752 + 0{,}387 \cdot (4{,}7162366 \cdot 10^8 \cdot 0{,}326661942)^{1/6}\right]^2 = 94{,}33041517$$

6. Wärmeübergangskoeffizient α aus Definition (4.1-6):
    senkrechtes Rohr:

$h_1 = 0{,}4$ m $\alpha = \mathrm{Nu} \cdot \dfrac{\lambda}{l_1^*} = 84{,}51446225 \cdot \dfrac{0{,}02662\,\mathrm{W/(m\,K)}}{0{,}4\,\mathrm{m}} = 5{,}62\,\dfrac{\mathrm{W}}{\mathrm{m}^2\,\mathrm{K}}$

$h_2 = 1{,}2$ m $\alpha = \mathrm{Nu} \cdot \dfrac{\lambda}{l_2^*} = 234{,}7410597 \cdot \dfrac{0{,}02662\,\mathrm{W/(m\,K)}}{1{,}2\,\mathrm{m}} = 5{,}21\,\dfrac{\mathrm{W}}{\mathrm{m}^2\,\mathrm{K}}$

$h_3 = 3{,}6$ m $\alpha = \mathrm{Nu} \cdot \dfrac{\lambda}{l_3^*} = 672{,}6530725 \cdot \dfrac{0{,}02662\,\mathrm{W/(m\,K)}}{3{,}6\,\mathrm{m}} = 4{,}97\,\dfrac{\mathrm{W}}{\mathrm{m}^2\,\mathrm{K}}$

waagerechtes Rohr:

$l^* = 0{,}4712$ m $\alpha = \mathrm{Nu} \cdot \dfrac{\lambda}{l^*} = 94{,}33041517 \cdot \dfrac{0{,}02662\,\mathrm{W/(m\,K)}}{0{,}4712\,\mathrm{m}} = 5{,}33\,\dfrac{\mathrm{W}}{\mathrm{m}^2\,\mathrm{K}}$

b) Verwendung Näherungsformeln nach VDI-2055

Nachweis der Anwendbarkeit: $d^3 \cdot \Delta t > 1\,\mathrm{m}^3\,\mathrm{K}$ $0{,}3^3\,\mathrm{m}^3 \cdot 48\,\mathrm{K} = 1{,}296\,\mathrm{m}^3\,\mathrm{K} > 1\,\mathrm{m}^3\,\mathrm{K}$

senkrechtes Rohr: $\{\alpha\} = 1{,}71 \cdot \sqrt[3]{\{\Delta t\}} = 1{,}71 \cdot \sqrt[3]{48} = 6{,}215$

waagerechtes Rohr: $\{\alpha\} = 1{,}21 \cdot \sqrt[3]{\{\Delta t\}} = 1{,}21 \cdot \sqrt[3]{48} = 4{,}397$

Für das waagerechte Rohr entsteht durch die Verwendung der Näherungsformel ein relativer Fehler von circa 17 %. Für das senkrechte Rohr fällt auf, dass die funktionale Abhängigkeit von der Zylinderhöhe in der Näherungsgleichung nicht widergespiegelt wird, aber der Fehler verringert sich offenbar für größer werdende Rohrlängen (Zylinderhöhe).

c) Wärmeübergangskoeffizient α nach Michejew

senkrechtes Rohr:

Hier können wir für die Berechnung der Nußelt-Zahlen die Rayleigh-Zahlen aus a) übernehmen. Unter Hinweis auf diese Ergebnisse ist die Michejew-Gleichung $\mathrm{Nu} = 0{,}135 \cdot \mathrm{Ra}^{1/3}$ anzuwenden. Dadurch entfällt in diesem speziellen Fall wieder die Berücksichtigung der Abhängigkeit des mittleren Wärmeübergangskoeffizienten von der Höhe $h = l^*$, weil:

$$\alpha = \mathrm{Nu} \cdot \frac{\lambda}{l^*} = 0{,}135 \sqrt[3]{\mathrm{Gr} \cdot \mathrm{Pr}} \cdot \frac{\lambda}{l^*} = 0{,}135 \cdot \sqrt[3]{\frac{g \cdot \beta \cdot \Delta t \cdot (l^*)^3}{v^2} \cdot \mathrm{Pr}} \cdot \frac{\lambda}{l^*} = 0{,}135 \cdot \sqrt[3]{\frac{g \cdot \beta \cdot \Delta t}{v^2} \cdot \mathrm{Pr}} \cdot \lambda$$

Stellvertretend ermitteln wir deshalb den Wärmeübergangskoeffizienten α für:

$h_1 = 0{,}4\,\mathrm{m}$: $\mathrm{Nu} = 0{,}135 \cdot (2{,}885092309 \cdot 10^8)^{1/3} = 89{,}20454931$

$$\alpha = \mathrm{Nu} \cdot \frac{\lambda}{l_1^*} = 89{,}20454931 \cdot \frac{0{,}02662\,\mathrm{W/(m\,K)}}{0{,}4\,\mathrm{m}} = 5{,}93\,\frac{\mathrm{W}}{\mathrm{m}^2\,\mathrm{K}}$$

waagerechtes Rohr:

Anders als bei der Nußelt-Korrelation (4.2-8) ist hier der Durchmesser d als charakteristische Länge für die Rayleigh-Zahl zu verwenden.

$l^* = d = 0{,}3\,\mathrm{m}$: $\mathrm{Ra} = \dfrac{9{,}80665\,\mathrm{m/s}^2 \cdot 48\,\mathrm{K} \cdot 0{,}3^3\,\mathrm{m}^3}{279{,}15\,\mathrm{K} \cdot 162{,}6^2 \cdot 10^{-14}\,\mathrm{m}^4/\mathrm{s}^2} \cdot 0{,}7068 = 121.714.831{,}8$ $\mathrm{Ra} \approx 1{,}2 \cdot 10^8$

Damit ist gleichfalls die oben schon für das senkrechte Rohr verwendete Michejew-Gleichung anzuwenden:

$$\mathrm{Nu} = 0{,}135 \cdot \mathrm{Ra}^{1/3} = 0{,}135 \cdot 121.714.831{,}8^{1/3} = 66{,}903412$$

$$\alpha = \mathrm{Nu} \cdot \frac{\lambda}{l^*} = 66{,}903412 \cdot \frac{0{,}02662\,\mathrm{W/(m\,K)}}{0{,}3\,\mathrm{m}} = 5{,}94\,\frac{\mathrm{W}}{\mathrm{m}^2\,\mathrm{K}}$$

Im Vergleich zur Korrelation (4.2-8) mit der Anströmlänge $l^* = \pi \cdot r$ als charakteristische Länge treten bei Verwendung der Michejew-Gleichung mit $l^* = d$ als charakteristische Länge hier Abweichungen in der Größenordnung von 11 % auf.

4.2.2   Einfluss der charakteristischen Länge auf Wärmeübergang an vertikaler Wand

Ein rechteckiges Glasfenster kann in unterschiedlicher Einbauform in eine Gebäudefassade integriert werden. Welcher Wärmestrom in W wird über die Fensterfläche abgegeben, wenn das Fenster eine einheitliche Oberflächentemperatur von 25 °C aufweist, die Lufttemperatur der Umgebung −5 °C beträgt und das Fenster
   a) eine Breite von 2,5 m und eine Höhe von 1 m
   b) eine Breite von 1 m und eine Höhe von 2,5 m
   c) eine Breite von 2,5 und eine Höhe von 4 m   besitzt?

Gegeben:

$t_W = 25\ °C$ $t_\infty = -5\ °C$ a) $l^* = 1,0\ m$ b) $l^* = 2,5\ m$ c) $l^* = 4,0\ m$

Vorüberlegungen:
Für die Berechnung des Wärmeübergangskoeffizienten α folgen wir dem in Kapitel 3.3 vorgestellten allgemeinen Lösungsschema. Die Wärmeverluste über das Fenster können dann jeweils mit $\dot{Q} = \alpha \cdot A \cdot (t_W - t_\infty)$ bestimmt werden.

Lösung:
1. Stoffwerte für trockene Luft aus Tabelle 7.6-5 bei der Bezugstemperatur t_B nach Gleichung (4.1-2)

$$t_B = \frac{t_W + t_\infty}{2} = \frac{25\,°C + (-5\,°C)}{2} = 10\,°C \quad \text{und damit aus Tabelle 7.6-5:}$$

$$\lambda = 0,02512\ W/(m\ K) \qquad v = 144,0 \cdot 10^{-7}\ m^2/s \qquad Pr = 0,7095$$

$$\beta(-5\,°C) = \frac{1}{T_\infty} = \frac{1}{268,15\ K} = 0,003729\ K^{-1}$$

2. Hier liegt freie Konvektion an einer senkrechten Wand vor. Die charakteristische Länge l^* für die Nußelt-Korrelation ist die Wandhöhe h, die Breite des Fensters hat keinen Einfluss auf die Höhe des Wärmeübergangskoeffizienten α, wohl aber auf die aus der Fensterfläche herrührenden Wärmeverluste.

3. Es entsteht eine Auftriebsströmung an einer beheizten Wand.

4. Für die freie Konvektion ist die Rayleigh-Zahl relevant. Mit Blick auf die schon ermittelte Prandtl-Zahl verwenden wir vorteilhaft:

$$Ra = Gr \cdot Pr = \frac{g \cdot \beta \cdot \Delta t \cdot (l^*)^3}{v^2} \cdot Pr$$

senkrechte Wand:

$$l_1^* = h_1 = 1,0\ m: \qquad Ra = \frac{9,80665\ m/s^2 \cdot (25\,°C - (-5\,°C)) \cdot 1^3\ m^3}{268,15\ K \cdot 144,0^2 \cdot 10^{-14}\ m^4/s^2} \cdot 0,7095 = 0,3753977 \cdot 10^{10}$$

$$Ra \approx 3,8 \cdot 10^9$$

Die Rayleigh-Zahlen für b) und c) unterscheiden sich in Bezug auf a) nur noch durch die dritte Potenz der charakteristischen Längen:

$l_2^* = h_2 = 2,5\,\text{m}:$ $\quad \text{Ra} = 0,3753977 \cdot 10^{10} \cdot \{2,5\}^3 = 5,8655882 \cdot 10^{10}$ $\qquad \text{Ra} \approx 5,9 \cdot 10^{10}$

$l_3^* = h_3 = 4,0\,\text{m}:$ $\quad \text{Ra} = 0,3753977 \cdot 10^{10} \cdot \{4,0\}^3 = 24,0254528 \cdot 10^{10}$ $\qquad \text{Ra} \approx 2,4 \cdot 10^{11}$

5. Ermittlung des dimensionslosen Wärmeübergangskoeffizienten Nu für die vertikale Wand

$$\text{Nu}_{\text{Wand}} = \left[0,825 + 0,387 \cdot \left(\text{Ra} \cdot f_1(\text{Pr}) \right)^{1/6} \right]^2$$

$$f_1(\text{Pr}) = \left[1 + \left(\frac{0,492}{\text{Pr}} \right)^{9/16} \right]^{-16/9} = \left[1 + \left(\frac{0,492}{0,7095} \right)^{9/16} \right]^{-16/9} = 0,3469318$$

anwendbar, weil:

$0,1 \leq (\text{Ra} = 3,8 \cdot 10^9) \leq 10^{12}$ $\qquad 0,1 \leq (\text{Ra} = 5,9 \cdot 10^{10}) \leq 10^{12}$ $\qquad 0,1 \leq (\text{Ra} = 2,4 \cdot 10^{11}) \leq 10^{12}$

$0,001 \leq (\text{Pr} = 0,7095) \leq \infty$

a) $\text{Nu} = \left[0,825 + 0,387 \cdot \left(0,3753977 \cdot 10^{10} \cdot 0,3469318 \right)^{1/6} \right]^2 = 185,3385883$

b) $\text{Nu} = \left[0,825 + 0,387 \cdot \left(5,8655882 \cdot 10^{10} \cdot 0,3469318 \right)^{1/6} \right]^2 = 442,9359759$

c) $\text{Nu} = \left[0,825 + 0,387 \cdot \left(24,0254528 \cdot 10^{10} \cdot 0,3469318 \right)^{1/6} \right]^2 = 697,10907$

6. Wärmeübergangskoeffizient aus Definition (4.1-6)

$h_1 = 1,0\,\text{m}$ $\qquad \alpha = \text{Nu} \cdot \dfrac{\lambda}{l_1^*} = 185,3385834 \cdot \dfrac{0,02512\,\text{W/(m K)}}{1,0\,\text{m}} = \underline{\underline{4,66\,\dfrac{\text{W}}{\text{m}^2\,\text{K}}}}$

$h_2 = 2,5\,\text{m}$ $\qquad \alpha = \text{Nu} \cdot \dfrac{\lambda}{l_2^*} = 442,9359759 \cdot \dfrac{0,02512\,\text{W/(m K)}}{2,5\,\text{m}} = \underline{\underline{4,45\,\dfrac{\text{W}}{\text{m}^2\,\text{K}}}}$

$h_3 = 4,0\,\text{m}$ $\qquad \alpha = \text{Nu} \cdot \dfrac{\lambda}{l_3^*} = 697,10907 \cdot \dfrac{0,02512\,\text{W/(m K)}}{4,0\,\text{m}} = \underline{\underline{4,38\,\dfrac{\text{W}}{\text{m}^2\,\text{K}}}}$

Die ermittelten Wärmeübergangskoeffizienten entsprechen den in Tabelle 3-1 aufgeführten Erfahrungswerten. Durch den Einfluss der sich mit zunehmender Wandhöhe stärker ausbildenden Grenzschicht nimmt der Wärmeübergangskoeffizient Fenster/Umgebung ab.

Wärmeverluste an die Umgebung: $\dot{Q} = \alpha \cdot A \cdot (t_W - t_\infty)$ mit $A = b \cdot h$

a) $\dot{Q} = 4,66\,\dfrac{\text{W}}{\text{m}^2\,\text{K}} \cdot 2,5\,\text{m} \cdot 1,0\,\text{m} \cdot (25\,°\text{C} - (-5\,°\text{C})) = \underline{\underline{349,5\,\text{W}}}$

b) $\dot{Q} = 4,45\,\dfrac{\text{W}}{\text{m}^2\,\text{K}} \cdot 2,5\,\text{m} \cdot 1,0\,\text{m} \cdot (25\,°\text{C} - (-5\,°\text{C})) = \underline{\underline{333,75\,\text{W}}}$

c) $\dot{Q} = 4{,}38 \dfrac{W}{m^2\,K} \cdot 2{,}5\,m \cdot 4{,}0\,m \cdot (25\,°C - (-5\,°C)) = \underline{\underline{1314\,W}}$

Die Einbauform (hochkant oder quer) hat einen deutlich geringeren Einfluss auf die konvektiven Wärmeverluste als die Fenstergröße. Praktisch sind aber auch noch die bei Sonnenschein möglichen solaren Gewinne zu bilanzieren, die mit größeren Fenstern steigen. Nachts sollten dann durch zusätzliche Wärmewiderstände (Vorhänge und Fensterläden) die höheren konvektiven Wärmeverluste so weit wie möglich gemindert werden.

4.3   Erzwungene Konvektion (Nu = Nu(Re, Pr))

Bei der erzwungenen Konvektion liegt anders als bei der freien Konvektion keine Kopplung zwischen Geschwindigkeits- und Temperaturprofil in der Grenzschicht vor, denn das Geschwindigkeitsfeld wird von außen (zum Beispiel durch ein Gebläse) aufgeprägt.

Die beim Einströmen eines Fluids in ein Rohr entstehende Grenzschicht wächst im Zuge des hydromechanischen (oder hydraulischen) Einlaufs infolge der auftretenden Wandreibung stromabwärts. Die Kontinuität bewirkt wegen der geringeren Geschwindigkeiten in den wandnahen Schichten dann eine Beschleunigung der Kernströmung. Erreicht die hydrodynamische Grenzschicht die Rohrachse, ändert sich das Geschwindigkeitsprofil nicht mehr und man spricht für diesen Fall von einer hydrodynamisch ausgebildeten Strömung. Die hydrodynamische Einlauflänge kann bei laminarer Strömung abgeschätzt werden über:

$$l_{hyd,lam} = \left(0{,}056 \cdot Re + \frac{0{,}6}{1 + 0{,}035 \cdot Re} \right) \cdot d_i \qquad\qquad (4.3\text{-}1a)$$

Für die sehr kurzen Einlauflängen bei turbulenten Strömungen gilt die Abschätzung:

$$10 \cdot d_i \le l_{hyd,tur} \le 60 \cdot d_i \qquad\qquad (4.3\text{-}1b)$$

Bei Annahme eines gleichzeitig vorliegenden hydrodynamischen und thermischen Einlaufs kann die thermisch Einlauflänge bei laminarer Strömung abgeschätzt werden durch:

$$t_W = \text{konstant}: \qquad l_{th,lam} = 0{,}037 \cdot Re \cdot Pr \cdot d_i \qquad \text{bei } Pr = 0{,}7 \qquad (4.3\text{-}2a)$$

$$l_{th,lam} = 0{,}0335 \cdot Re \cdot Pr \cdot d_i \qquad \text{bei } Pr \to \infty \qquad (4.3\text{-}2b)$$

$$\dot{q}_W = \text{konstant}: \qquad l_{th,lam} = 0{,}053 \cdot Re \cdot Pr \cdot d_i \qquad Pr = 0{,}7 \qquad (4.3\text{-}2c)$$

$$l_{th,lam} = 0{,}043 \cdot Re \cdot Pr \cdot d_i \qquad \text{bei } Pr \to \infty \qquad (4.3\text{-}2d)$$

Für turbulente Strömungen setzt man in der Praxis zur Abschätzung der Länge bis zur hydrodynamisch und thermisch voll ausgebildeten Grenzschicht oft nur grob an:

$$l_{hyd,tur} = l_{th,tur} \approx 10 \cdot d_i \qquad\qquad (4.3\text{-}3)$$

Der Wärmeübergang ist in laminarer und turbulenter Strömung unterschiedlich intensiv und wird deshalb durch jeweils spezifische Nußelt-Gleichungen (Nu_{lam} für laminare und Nu_{tur} für turbulente Grenzschichtströmung) korreliert. Bei Rohrströmungen geht man davon aus, dass unterhalb der kritischen Reynoldszahl von 2.320 stets laminare Strömung vorliegt. In einem Übergangsbereich von $2.320 < Re < 11.600$ können kleinste Störungen zu einem Umschlag in die Turbulenz führen. Die Entwicklung der turbulenten Strömung nach Überschreiten von Re_{krit} hängt von den Verhältnissen beim Rohreinlauf, von der Art der Zuströmung und ihren Geschwindigkeitsschwankungen ab. Oberhalb von $5 \cdot Re = 11.600$ liegt dann aber mit Sicherheit eine turbulente Rohrströmung vor.

a) Korrelationen für durchströmte Rohre

Der in den nachstehenden Korrelationen angegebene mittlere dimensionslose Wärmeübergangskoeffizient Nu enthält den mittleren Wärmeübergangskoeffizienten α, der nach Gleichung (4.1-1b) für eine mittlere logarithmische Temperaturdifferenz definiert ist. Bei **laminarer Strömung** werden die Randbedingungen konstante Wandtemperatur t_W = konstant und konstante Wandwärmestromdichte $\dot{q}_W$ = konstant unterschieden (Formeln nach [7]).

$$Nu_{Rohr,lam} = \sqrt[3]{49{,}37 + \left[1{,}615 \cdot \left(Re \cdot Pr \cdot \frac{d_i}{l}\right)^{1/3} - 0{,}7\right]^3} \tag{4.3-4}$$

Gültigkeit: t_W = konstant und $0 < Re \cdot Pr \cdot \dfrac{d_i}{l} < \infty$ $l^* = d_i$

$$Nu_{Rohr,lam} = \sqrt[3]{83{,}33 + \left[1{,}953 \cdot \left(Re \cdot Pr \cdot \frac{d_i}{l}\right)^{1/3} - 0{,}6\right]^3} \tag{4.3-5}$$

Gültigkeit: $\dot{q}_W$ = konstant und $0 < Re \cdot Pr \cdot \dfrac{d_i}{l} < \infty$ $l^* = d_i$

Der VDI-Wärmeatlas [7] enthält darüber hinaus auch noch Nußelt-Gleichungen, die nicht nur für den Bereich der voll ausgebildeten laminaren Strömung, sondern auch noch den Einlaufbereich einschließen. Oberhalb der kritischen Reynolds-Zahl bei entsprechender Strömungsgeschwindigkeit hängt das Auftreten von Turbulenz im Wesentlichen von den Bedingungen im Rohreinlauf, von der Art der Zuströmung und von Störungen durch Geschwindigkeitsschwankungen ab.

Beim Wärmeübergang in **voll ausgebildeter turbulenter Strömung** können für die beiden Randbedingungen konstante Wandtemperatur und konstante Wandwärmestromdichte keine Unterschiede ausgemacht werden. Nach [7] kann hier für den dimensionslosen mittleren Wärmeübergangskoeffizienten Nu empfohlen werden:

$$\text{Nu}_{\text{Rohr,tur}} = \frac{(\xi/8)\cdot\text{Re}\cdot\text{Pr}}{1+12,7\cdot\sqrt{\xi/8}\cdot(\text{Pr}^{2/3}-1)}\cdot\left[1+\left(\frac{d_i}{l}\right)^{2/3}\right] \qquad (4.3\text{-}6)$$

mit Druckverlustbeiwert $\xi = (1,8\cdot\lg\text{Re}-1,5)^{-2}$

Gültigkeit:

$10^4 \le \text{Re} \le 10^6$ $0,1 \le \text{Pr} \le 1000$ $d_i/l \le 1$ Stoffwerte $t_B = (t_E + t_A)/2$ $l^* = d_i$

Korrelation (4.3-6) zeigt, dass die Bedeutung der Rohrlänge für den mittleren dimensionslosen Wärmeübergangskoeffizienten Nu mit zunehmender Länge abnimmt. Bei sehr kurzen Rohren und turbulenter Strömung sollte man örtliche Wärmeübergangskoeffizienten untersuchen. Gleichungen erhält man durch Differentiation von (4.3-6).

Für Überschlagsrechnungen im Übergangsgebiet *und* im Bereich der voll ausgebildeten turbulenten Strömung (Index „tur+") verwendet man oft einfacher aufgebaute Gleichungen, die aber den Nachteil haben, im Übergangsbereich $2320 < \text{Re}_{\text{krit}} < 11.600$ bei kleinen Werten d_i/l zu hohe Wärmeübergangskoeffizienten zu liefern.

$$\text{Nu}_{\text{Rohr,tur+}} = 0,0214(\text{Re}^{0,8}-100)\cdot\text{Pr}^{0,4}\cdot[1+(d_i/l)^{2/3}] \qquad (4.3\text{-}7\text{a})$$

Gültigkeit: $2320 < \text{Re} < 10^6$ $0,5 < \text{Pr} < 1,5$

$$\text{Nu}_{\text{Rohr,tur+}} = 0,012(\text{Re}^{0,87}-280)\cdot\text{Pr}^{0,4}\cdot[1+(d_i/l)^{2/3}] \qquad (4.3\text{-}7\text{b})$$

Gültigkeit: $2320 < \text{Re} < 10^6$ $1,5 < \text{Pr} < 500$

b) Korrelationen für längsseitig umströmte ebene Wände

Bei einer längsseitig umströmten ebenen Wand bildet sich je nach Form der angeströmten Wandkante zunächst eine laminare Grenzschicht aus, die nach einer kritischen Lauflänge l_{krit} in einem durch $10^5 \le \text{Re}_{\text{krit}} \le 3\cdot10^6$ gekennzeichneten Übergangsbereich in eine turbulente Grenzschichtströmung umschlägt. Im turbulent überströmten Bereich entsteht eine laminare Unterschicht. Für den mittleren dimensionslosen Wärmeübergangskoeffizienten Nu gibt [7] dazu folgende Gleichungen an:

$$\text{Nu}_{\text{lam}} = 0,664\cdot\sqrt[2]{\text{Re}}\cdot\sqrt[3]{\text{Pr}} \qquad\qquad \text{Re} < 10^5 \qquad (4.3\text{-}8)$$

$$\text{Nu}_{\text{tur}} = \frac{0,037\cdot\text{Re}^{0,8}\cdot\text{Pr}}{1+2,443\cdot\text{Re}^{-0,1}\cdot(\text{Pr}^{2/3}-1)} \qquad 5\cdot10^5 < \text{Re} < 10^7 \qquad (4.3\text{-}9)$$

Praktisch treten bei längs angeströmten Platten selbst bei sehr niedrigen Reynolds-Zahlen kaum laminare Grenzschichten auf, weil oft schon Turbulenzen im anströmenden Fluid vorhanden sind oder an stumpfen Anströmkanten entstehen. Deshalb wird für ein weites, auch das Übergangsgebiet von laminarer zu turbulenter Strömung erfassendes Spektrum von Reynolds-Zahlen die Anwendung von (4.3-10) empfohlen.

$$\text{Nu}_{\text{Wand}} = \sqrt{\text{Nu}_{\text{lam}}^2 + \text{Nu}_{\text{tur}}^2} \cdot K \tag{4.3-10}$$

$$K = \left(\frac{\text{Pr}}{\text{Pr}_W}\right)^{0,25} \text{ für Flüssigkeiten und } \quad K = \left(\frac{\overline{T}_\infty}{T_W}\right)^{0,12} \text{ für Gase}$$

$\overline{T}_\infty$ mittlere Fluidtemperatur in Kelvin

T_W Wandtemperatur in Kelvin

Gültigkeit: $10^1 < \text{Re} < 10^7$ $0,5 < \text{Pr} < 2000$ charakteristische Länge $l^* = $ Anströmlänge

Die Anwendung der Gleichungen (4.3-8) bis (4.3-10) setzt voraus, dass Reynolds-Zahlen abhängig vom jeweiligen Ort x auf dem Strömungsweg berechnet werden. Dies stößt dann auf Schwierigkeiten, wenn die kritische Lauflänge l_{krit} nicht hinreichend genau eingegrenzt werden kann.

c) Korrelationen für quer angeströmte Zylinder und Profile

In [7] werden aufbauend auf den Gleichungen (4.3-8) und (4.3-9) bei quer angeströmten Zylindern und Profilen für die Ermittlung des mittleren dimensionslosen Wärmeübergangskoeffizienten Nu wiederum Korrelationen empfohlen, die eine genaue Untersuchung der Strömungsverhältnisse erfordern. Da häufig nur der mittlere Wärmeübergangskoeffizient von Interesse ist, hat man auch Nußelt-Korrelationen abgeleitet, für die die dimensionslosen Kennzahlen aus einer einheitlichen charakteristischen Länge l^* zu berechnen sind.

Dazu gibt [7] zum Beispiel die von Gnielinski mitgeteilte Korrelation

$$\text{Nu}_m = 0,3 + \sqrt{\text{Nu}_{m,\text{lam}}^2 + \text{Nu}_{m,\text{turb}}^2} \tag{4.3-11a}$$

Gültigkeit: $1 < \text{Re} < 10^6$ $0,7 < \text{Pr} < 600$ $l^* = $ Überströmlänge nach Abbildung 4-5

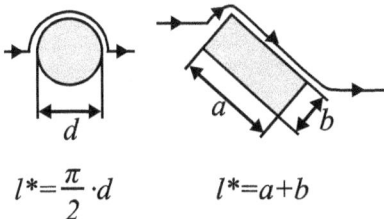

$$l^* = \frac{\pi}{2} \cdot d \qquad l^* = a + b$$

Abb. 4-5:   Überströmlänge für quer angeströmtes Rohr- und Rechteckprofil.

$$\mathrm{Nu}_{m,lam} = \frac{2}{\sqrt{\pi}} \cdot \sqrt{\mathrm{Re} \cdot \mathrm{Pr}} \cdot \frac{1}{(1+1{,}973\,\mathrm{Pr}^{0{,}272}+21{,}29\,\mathrm{Pr})^{1/6}} \qquad \mathrm{Nu}_{m,turb} = \frac{0{,}037 \cdot \mathrm{Re}^{0{,}8} \cdot \mathrm{Pr}}{1+2{,}443\,\mathrm{Re}^{-0{,}1}(\mathrm{Pr}^{2/3}-1)}$$

Für Zylinder kann man auch auf einfache empirische Ansätze für Nu_m zurückgreifen, in denen die mittlere Nußelt- und Reynolds-Zahl nur mit dem Zylinderdurchmesser $l^* = d$ als charakteristische Länge und den Stoffwerten bei Bezugstemperatur $t_B = (t_W + t_\infty)/2$ gebildet wird [3].

$$\mathrm{Nu}_m = c \cdot \mathrm{Re}^m \cdot \mathrm{Pr}^n \cdot \left(\frac{\mathrm{Pr}}{\mathrm{Pr}_W}\right)^p \tag{4.3-11b}$$

Die in Gleichung (4.3-11b) vorkommenden Konstanten c, m, n und p sind je nach Anwendungsfall der Tabelle 4-5 zu entnehmen.

Tab. 4-5:   Konstante c und Exponenten der Gleichung (4.3-11b).

Re	c	m	n
1 bis 40	0,760	0,4	0,37
40 bis 1000	0,520	0,5	0,37
10^3 bis $2 \cdot 10^5$	0,260	0,6	0,37
$2 \cdot 10^5$ bis 10^7	0,023	0,8	0,40
Heizung des Fluids	$p = 0{,}25$		
Kühlung des Fluids	$p = 0{,}20$		

4.3.1   Erzwungene Rohrströmung mit heißem Wasser

In einer 3 m langen Rohrleitung, die über einen Innendurchmesser von 15 mm verfügt, ströme heißes Wasser mit einer Geschwindigkeit von 1,2 m/s. Das Wasser tritt mit 77 °C in die Rohrleitung ein und verlasse diese mit einer Temperatur von 73 °C. Die mittlere Temperatur an der Innenwand des Rohres sei zunächst unbekannt und werde aufgrund der thermischen Verhältnisse auf 70 °C geschätzt.
   a) Ermitteln Sie den Wärmeverlust über die gesamte Rohrlänge in W!
   b) Welche Innenwandtemperatur liegt tatsächlich vor?

Gegeben:
$d_i = 0{,}015$ m $l = 3$ m $c = 1{,}2$ m/s $t_E = 77$ °C $t_A = 73$ °C
$t_W = 70$ °C (geschätzt)

Vorüberlegungen:
Für den Wärmeverlust gilt die Energiebilanz unter Verwendung von (4.1-1b):

$$\dot{m}_W \cdot \bar{c}_W \cdot \Delta t = \alpha_i \cdot A_i \cdot \Delta t_m \quad \leftrightarrow \quad \rho_W \cdot c \cdot \frac{\pi}{4} d_i^2 \cdot \bar{c}_W \cdot (t_E - t_A) = \alpha_i \cdot \pi \cdot d_i \cdot l \cdot \frac{(t_W - t_E)-(t_W - t_A)}{\ln\dfrac{(t_W - t_E)}{(t_W - t_A)}}$$

Der rechte Term der Energiebilanz ist aus den gegebenen Größen explizit bestimmbar, der linke Term enthält mit dem Wärmeübergangskoeffizienten α_i und der mittleren Temperaturdifferenz Δt_m zwei von der Wandtemperatur t_W abhängige Größen. Die Wandtemperatur kann deshalb nur iterativ (mit einer Fixpunktiteration) gelöst werden.

Die benötigten Stoffwerte für Wasser sind aus Tabelle 7.6-4 für die mittlere Fluidtemperatur $t_B = (t_E + t_A)/2 = (77\ °C + 73\ °C)/2 = \mathbf{75\ °C}$ zu ermitteln:

$\rho = 974,86$ kg/m³ $c_W = 4,192$ kJ/(kg K) $\lambda = 0,66358$ W/(m K)

$v = 0,3872 \cdot 10^{-6}$ m²/s   Pr $= 2,384$

$Pr(t_W = 70\ °C) = 2,562$

Wegen des zu erwartenden deutlichen Temperaturunterschiedes zwischen mittlerer Fluidtemperatur und Wandtemperatur muss der Einfluss der temperaturabhängigen Stoffwerte auf den dimensionslosen Wärmeübergangskoeffizienten berücksichtigt werden durch:

$$Nu = Nu_0 \cdot K = Nu_0 \cdot \left(\frac{Pr}{Pr_W}\right)^{0,25}$$

Lösung:

a) Wärmeverlust über die Rohrleitung

$$\dot{Q}_V = \rho_W \cdot c \cdot \frac{\pi}{4} d_i^2 \cdot c_W \cdot (t_E - t_A) = 974,86\ \frac{\text{kg}}{\text{m}^3} \cdot 1,2\ \frac{\text{m}}{\text{s}} \cdot \frac{\pi}{4} \cdot 0,015^2\ \text{m}^2 \cdot 4192\ \frac{\text{J}}{\text{kg K}} \cdot 4\ \text{K} = \underline{\underline{3466,39\ \text{W}}}$$

b) Rohrwandinnentemperatur über Wärmeübergangskoeffizient

Lösungsschema für Ermittlung Wärmeübergangskoeffizient nach Kapitel 4.1

1. Zusammenstellung der Eingangsgrößen (siehe Gegeben und Vorüberlegungen)
2. Zu untersuchen ist der konvektive Wärmeübergang bei erzwungener Rohrströmung.
3. $Re = \dfrac{c \cdot d_i}{v} = \dfrac{1,2\ \text{m/s} \cdot 0,015\ \text{m}}{0,3872 \cdot 10^{-6}\ \text{m}^2/\text{s}} = 46.487,6033$

   $Re \gg 2320$ $\rightarrow$ turbulente voll ausgebildete Rohrströmung
4. Es muss eine mittlere Nußelt-Zahl berechnet werden.
5. Berechnung des dimensionslosen Wärmeübergangskoeffizienten Nu nach (4.3-6)

$$Nu = \frac{(\xi/8) \cdot Re \cdot Pr}{1 + 12,7 \cdot \sqrt{\xi/8} \cdot (Pr^{2/3} - 1)} \cdot \left[1 + \left(\frac{d_i}{l}\right)^{2/3}\right] \cdot \left(\frac{Pr}{Pr_W}\right)^{0,25}$$

$$\xi = (1,8 \cdot \lg Re - 1,5)^{-2} = 0,020996645$$

anwendbar, weil $10^4 \leq Re = 4,6 \cdot 10^4 \leq 10^6$ und $0,1 \leq Pr = 2,384 \leq 1000$

$$Nu = \frac{0,0026246 \cdot 46487,6033 \cdot 2,384}{1 + 12,7 \cdot 0,05123066 \cdot (2,384^{2/3} - 1)} \cdot \left[1 + \left(\frac{0,015\ \text{m}}{3\ \text{m}}\right)^{\frac{2}{3}}\right] \cdot \left(\frac{2,384}{2,562}\right)^{\frac{1}{4}} = 194,66666$$

6. Wärmeübergangskoeffizient α aus Definition (4.1-6)

$$\alpha = Nu \cdot \frac{\lambda}{d_i} = 194,66666 \cdot \frac{0,66358\ \text{W/(m K)}}{0,015\ \text{m}} \approx 8612\ \frac{\text{W}}{\text{m}^2\ \text{K}}$$

Der hier errechnete Wärmeübergangskoeffizient liegt im Erfahrungsbereich von 500 bis 10.000 W/(m² K) nach Tabelle 4-1.

Errechnung der Rohrinnenwandtemperatur aus $\dot{Q} = \alpha_i \cdot \pi \cdot d_i \cdot l \cdot (\bar{t}_i - t_W)$

$$t_W = \bar{t}_i - \frac{\dot{Q}}{\alpha_i \cdot \pi \cdot d_i \cdot l} = 75\,°C - \frac{3466,39\,W}{8612\,W/(m^2\,K) \cdot \pi \cdot 0,015\,m \cdot 3\,m} \approx \underline{\underline{72,15\,°C}}$$

Interpolation mit Werten aus der Tabelle 7.6-4 liefert:

$$Pr_W\,(72,15\,°C) = 2,562 + \frac{72,15\,°C - 70\,°C}{75\,°C - 70\,°C}(2,384 - 2,562) = 2,48546 \qquad \left(\frac{2,384}{2,48546}\right)^{0,25} = 0,9896346$$

Mit der verbesserten Wandtemperatur errechnet sich der dimensionslose Wärmeübergangskoeffizient Nu = 196,216674 und damit $\alpha \approx 8680\,W/(m^2\,K)$. Für die mittlere Wandtemperatur folgt daraus:

$$t_W = 75\,°C - \frac{3466,35\,W}{8680\,W/(m^2\,K) \cdot \pi \cdot 0,015\,m \cdot 3\,m} \approx \underline{\underline{72,18\,°C}}$$

4.3.2   Erzwungene Konvektion bei in einem Rohr strömendem Dampf

Durch eine 15 m lange Rohrleitung aus Stahl mit einem Innendurchmesser von 260 mm, strömen 850 ℓ/s Dampf mit einer mittleren Temperatur 262 °C bei einem Druck von 5 bar. Die Rohrwandtemperatur innen betrage im Mittel über die Rohrlänge 258 °C.

   a) Bestimmen Sie den Wärmeübergangskoeffizienten an der Rohrwand innen!

   b) Welche Wandtemperatur herrscht unter diesen Bedingungen auf der Außenseite des 4,5 mm starken Rohres aus Stahl, wenn für das Rohrmaterial eine mittlere Wärmeleitfähigkeit von 52 W/(m K) angesetzt werden kann?

Hinweis: Zur Lösung benötigt man Stoffwerte für Dampf, die hier nach Feststellung der Bezugstemperatur als Auszug aus einer entsprechenden Wasserdampftafel gegeben werden!

Gegeben:

$d_i = 0,260$ m	$\delta = 0,0045$ m	$\lambda_{St} = 52$ W/(m K)	$l = 15$ m
$\dot{V} = 0,85$ m³/s	$t_i = 262$ °C	$t_{W,i} = 258$ °C	

Vorüberlegungen:

Außendurchmesser Rohr: $d_a = d_i + 2 \cdot \delta = 0,26$ m $+ 0,009$ m $= 0,269$ m

Bezugstemperatur für Stoffwerte Dampf: $t_B = (t_i + t_{W,i})/2 = (262\,°C + 258\,°C)/2 = 260\,°C$

Wegen $t_s(5$ bar$) \approx 152\,°C$ ist der Dampf überhitzt. Die Stoffwerte entnehmen wir einer Wasserdampftafel mit:

$v = 0,484135$ m³/kg	$\lambda = 0,0398$ W/(m K)	$c_p = 2,0730$ kJ/(kg K)
$\eta = 18,58 \cdot 10^{-6}$ kg/(m· s)		

Zur Feststellung der Strömungsform wird die Reynolds-Zahl benötigt, die ihrerseits auch von der Strömungsgeschwindigkeit c abhängt. Aus der Kontinuitätsgleichung ist ableitbar:

$$c = \frac{\dot{V}}{A_i} = \frac{4 \cdot \dot{V}}{\pi \cdot d_i^2} = \frac{4 \cdot 0{,}85 \, \text{m}^3/\text{s}}{\pi \cdot 0{,}26^2 \, \text{m}^2} = 16 \frac{\text{m}}{\text{s}}$$

($c \ll$ Schallgeschwindigkeit, deshalb $\dot{V} =$ konstant möglich!)

Für die Berechnung des Wärmeübergangskoeffizienten verwenden wir das allgemeine Lösungsschema aus Kapitel 4.1!

Lösung:

Wärmeübergangskoeffizient Rohrinnenseite:
1. Zusammenstellung Stoffwerte und Eingangsgrößen
Zusätzlich zu den oben bereitgestellten Größen wird benötigt:
- Kinematische Viskosität:
  $$\nu = \eta / \rho = \eta \cdot v = 18{,}58 \cdot 10^{-6} \, \text{kg/(m s)} \cdot 0{,}484135 \, \text{m}^3/\text{kg} = 8{,}9952 \cdot 10^{-6} \, \text{m}^2/\text{s}$$
- Prandtl-Zahl
  $$\text{Pr} = \frac{\nu}{a} = \frac{\eta}{\rho} \cdot \frac{\rho \cdot c_p}{\lambda} = \frac{\eta \cdot c_p}{\lambda} = \frac{18{,}58 \cdot 10^{-6} \, \text{kg/(m s)} \cdot 2073 \, \text{Ws/(kg K)}}{0{,}0398 \, \text{W/(m K)}} = 0{,}9677$$
- Charakteristische Länge $l^* = d_i$

2. Strömungsart = erzwungene Konvektion als horizontale Rohrinnenströmung

3. Strömungsform aus Reynolds-Zahl
$$\text{Re} = \frac{c \cdot d_i}{\nu} = \frac{16 \, \text{m/s} \cdot 0{,}26 \, \text{m}}{8{,}9952 \cdot 10^{-6} \, \text{m}^2/\text{s}} = 462.468{,}872 \qquad \text{Re} > \text{Re}_{\text{krit}} = 2320 \; \rightarrow \text{turbulent}$$

4. Relevante Kennzahlen Re, Pr

5. Nußelt-Korrelation
$$\text{Nu} = \frac{(\xi/8) \cdot \text{Re} \cdot \text{Pr}}{1 + 12{,}7\sqrt{\xi/8} \cdot (\text{Pr}^{2/3} - 1)} \cdot \left[1 + \left(\frac{d_i}{l} \right)^{2/3} \right] \quad \text{mit } \xi = (1{,}8 \cdot \lg \text{Re} - 1{,}5)^{-2} \text{ anwendbar, weil:}$$

$$10^4 < \text{Re} \approx 4{,}6 \cdot 10^5 < 10^6 \qquad 0 \le \text{Pr} \approx 0{,}97 \le 1000 \qquad d_i/l \approx 0{,}01734 < 1$$

Einfluss der Temperaturabhängigkeit der Stoffwerte auf den Wärmeübergang wird hier wegen des geringen Temperaturunterschiedes zwischen Fluid und Wand vernachlässigt!

$$\xi = (1{,}8 \cdot \lg(462.468{,}872) - 1{,}5)^{-2} = 0{,}013220449$$

$$\text{Nu} = \frac{0{,}001652556 \cdot 462.468{,}872 \cdot 0{,}9677}{1 + 12{,}7 \cdot 0{,}040651644 \cdot (-0{,}02165095)} \cdot \left[1 + \left(\frac{0{,}26 \, \text{m}}{15 \, \text{m}} \right)^{2/3} \right] = 798{,}0241613$$

6. Errechnung des Wärmeübergangskoeffizienten α aus der Definition (4.1-6)
$$\alpha = Nu \cdot \frac{\lambda}{d_i} = 798{,}0241613 \cdot \frac{0{,}0398 \, \text{W/(m K)}}{0{,}26 \, \text{m}} \approx 122 \frac{\text{W}}{\text{m}^2 \, \text{K}}$$

Vom Stoff her ist der überhitzte Dampf Wasser. Dieses Wasser tritt jedoch aufgrund seines thermodynamischen Zustandes als überhitzter Dampf und damit in einer gasähnlichen Form auf. Im Vergleich zu den Erfahrungswerten für den Wärmeübergangskoeffizienten aus Tabelle 4-1 erscheint das Ergebnis deshalb plausibel.

b) Bestimmung der Rohrwandtemperatur außen aus der Bedingung $\dot{Q}$ = konstant :

$$\frac{t_i - t_{W,i}}{R_{\alpha,i}} = \frac{t_{W,i} - t_{W,a}}{R_\lambda} \quad \text{und} \quad R_{\alpha,i} = \frac{1}{\alpha_i \cdot \pi \cdot d_i \cdot l} \qquad R_\lambda = \frac{\ln(d_a / d_i)}{\lambda_{St} \cdot 2 \cdot \pi \cdot l}$$

$$t_{W,a} = t_{W,i} - \frac{R_\lambda}{R_{\alpha,i}}(t_i - t_{W,i}) = t_{W,i} - \frac{\alpha_i \cdot d_i \cdot \ln(d_a / d_i)}{\lambda_{St} \cdot 2} \cdot (t_i - t_{W,i})$$

$$t_{W,a} = 258\,°C - \frac{122\ W/(m^2\ K) \cdot 0,26\ m \cdot \ln\left(\dfrac{269\ mm}{260\ mm}\right) \cdot 4\ K}{52\ W/(m\ K) \cdot 2} \approx 257{,}95\,°C$$

4.3.3   Erzwungene Konvektion bei quer angeströmtem Zylinder

Ein 2 m langer Aluminiumdraht von 8 mm Durchmesser besitze anfänglich eine Temperatur von 100 °C werde von Luft mit 20 °C und einer Geschwindigkeit von 7 m/s quer angeströmt.

a)   Ermitteln Sie einen mittleren Wärmeübergangskoeffizienten für den Wärmeübergang vom Draht an die Luftströmung! Diskutieren Sie die Konstanz des errechneten Wertes in Bezug auf Ort und Zeit!

b)   Nach ungefähr welcher Zeit hat sich der Draht auf die Hälfte des Ursprungswertes abgekühlt?

Gegeben:

Temperaturen:	t_A = 100 °C	t_E = 50 °C	t_∞ = 20 °C
Draht:	d = 0,008 m	l = 2 m	
	ρ_{Al} = 2700 kg/m^3	c_{Al} = 888 J/(kg K)	λ_{Al} = 237 W/(m K)

Vorüberlegungen:

Die Strömungsverhältnisse für den quer angeströmten Zylinder sind nicht einfach zu beschreiben. Es empfiehlt sich daher, auf die Betrachtung der örtlichen Verteilung des Wärmeübergangskoeffizienten zu verzichten und eine Nußelt-Korrelation für einen mittleren Wert auszuwählen.

Für die Beantwortung von (b) ist zu prüfen, ob der Draht eine Blockkapazität darstellt und seine Temperatur an jedem Ort tatsächlich nur eine Funktion der Zeit ist. Dazu muss der Wärmewiderstand des Drahtes deutlich niedriger als der der Luft sein. Zum Nachweis verwenden wir die Biot-Zahl mit der Forderung Bi = $\alpha \cdot d / \lambda_{Al} < 0{,}15$.

Lösung:

a) Berechnung des Wärmeübergangskoeffizienten nach Lösungsschema in Kapitel 3.3

1. Neben den gegebenen Eingangsgrößen sind die Stoffwerte für Luft nach Tabelle 7.6-5 bei der Bezugstemperatur $t_B = (t_A + t_\infty)/2 = (100\ °C + 20\ °C)/2 = 60\ °C$ zu bestimmen:

$\lambda = 0,0288\ W/(m\ K)$ $\qquad v = 192,2 \cdot 10^{-7}\ m^2/s$ $\qquad Pr = 0,7035$ $\qquad Pr_W = 0,7004$

2. Der Draht (geometrisch Zylinder) wird durch erzwungene Konvektion gekühlt. Die Luft als das beteiligte Fluid heizt sich auf. Die charakteristische Länge ist der Zylinderdurchmesser $l^* = d$.

3. Es liegt eine Zylinderumströmung vor, die im Bereich $5 < Re < 40$ laminar und im Bereich $300 < Re < 300.000$ voll turbulent ist.

4. Für die erzwungene Konvektion ist die Reynolds- und die Prandtl-Zahl relevant.

$$Re = \frac{c \cdot d}{v} = \frac{7\ m/s \cdot 0,008\ m}{192,2 \cdot 10^{-7}\ m^2/s} = 2913,6316\ \text{voll turbulent, weil } 300 < Re \approx 2913 < 300.000$$

5. Verwendung der Nußelt-Korrelation (3-34b) mit $c = 0,26$ $\ m = 0,6$ $\ n = 0,35$ und $p = 0,25$

$$Nu_m = 0,26 \cdot Re^{0,6} \cdot Pr^{0,37} \cdot \left(\frac{Pr}{Pr_W}\right)^{0,25} = 0,26 \cdot 2913,6316^{0,6} \cdot 0,7035^{0,37} \cdot \left(\frac{0,7035}{0,7004}\right)^{0,25} = 27,39058702$$

6. $\alpha = Nu \cdot \dfrac{\lambda}{d} = 27,39058702 \cdot \dfrac{0,0288\ W/(m\ K)}{0,008\ m} = 98,6\ \dfrac{W}{m^2\ K}$

Der hier ermittelte Wert ist als mittlerer Wert an jeder Stelle der Drahtoberfläche gültig. In Bezug auf die Abkühlzeit ist der Wärmeübergangskoeffizient jedoch nicht konstant, für eine genauere Rechnung müsste man die sich verringernde Oberflächentemperatur mit den Konsequenzen für die Stoffwerte der Luft berücksichtigen.

b) Bestimmung der Abkühlzeit auf 50 °C

1. Schritt: Prüfung, ob Draht unter diesen Bedingungen Blockkapazität ist

$$Bi = \frac{\alpha \cdot d}{\lambda_{Al}} = \frac{98,6\ W/(m^2\ K) \cdot 0,008\ m}{237\ W/(m\ K)} \approx 0,0033 \ll 0,15 \quad \text{Bedingung erfüllt!}$$

2. Schritt: Auswertung der Sprungantwort einer Blockkapazität nach Gleichung (2-49)

$$\rho_{Al} \cdot V \cdot c_{Al} \cdot \frac{dt}{d\tau} = -\alpha \cdot A \cdot (t - t_\infty) \quad \rightarrow \quad \int_0^\tau d\tau = -\frac{\rho_{Al} \cdot V \cdot c_{Al}}{\alpha \cdot A} \cdot \int_{t_A}^{t_E} \frac{dt}{t - t_\infty}$$

dabei ergeben sich die geometrischen Spezifika aus $\dfrac{V}{A} = \dfrac{\frac{\pi}{4}d^2 \cdot l}{\pi \cdot d \cdot l} = \dfrac{d}{4}$

$$\tau = -\frac{\rho_{Al} \cdot c_{Al} \cdot d}{4 \cdot \alpha} \cdot \ln\left(\frac{t_E - t_\infty}{t_A - t_\infty}\right) = \frac{\rho_{Al} \cdot c_{Al} \cdot d}{4 \cdot \alpha} \cdot \ln\left(\frac{t_A - t_\infty}{t_E - t_\infty}\right)$$

$$\tau = \frac{2.700\ kg/m^3 \cdot 888\ J/(kg\ K) \cdot 0,008\ m}{4 \cdot 98,6\ W/(m^2\ K)} \ln\left(\frac{100\ °C - 20\ °C}{50\ °C - 20\ °C}\right) = \underline{\underline{47,7\ s}}$$

4.4   Korrelationen bei Mischkonvektion

Unter bestimmten, durch die Archimedes-Zahl definierten Bedingungen überlagern sich freie und erzwungene Konvektion so, dass die Nußelt-Zahlen nach $Nu_{Misch} = Nu(Re, Gr, Pr)$ berechnet werden müssen.

$$Nu_{Misch} = \left(Nu_{erzw}^n \pm Nu_{frei}^n \right)^{1/n} \qquad bei \; 0,1 \leq Pr \leq 100 \qquad\qquad (4.4\text{-}1)$$

Für den Exponenten n findet man in Abhängigkeit vom Anwendungsfall in der Literatur verschiedene Empfehlungen, die wiederum abhängig vom Autor für gleiche Sachverhalte teilweise doch sehr verschieden ausfallen. Wir greifen hier deshalb nur aus einige Anwendungsfälle zurück und verwenden Ansätze, die nach Erfahrung des Autors brauchbare Ergebnisse liefern.

- $n = 3$ vertikal umströmte Einzelkörper und Strömungen an vertikalen Wänden
- $n = 3$ vertikale und horizontale Rohrströmung bei t_w = konstant
- $n = 6$ vertikale und horizontale Rohrströmung bei $\dot{q}_w$ = konstant
- $n = 4$ quer angeströmte Zylinder und Kugeln

Nu_{erzw} folgt den in 4.3 vorgestellten Korrelationen, Nu_{frei} nach den in 4.2 behandelten Korrelationen. Bei der Anwendung von Gleichung (4.4-1) für die Mischkonvektion sind zwei grundlegende Fälle zu unterscheiden.

Bei *gleichgerichteter* Mischkonvektion (in Gleichung 4.4-1 „+") weist die aufgeprägte erzwungene Konvektion in Richtung der Auftriebskraft. Dies bewirkt eine Steigerung der Geschwindigkeiten und Gradienten in den Grenzschichten und wird allgemein unterstellt, wenn Strömungsrichtung der freien und Strömungsrichtung der erzwungenen Konvektion einen spitzen Winkel bilden. Bei der beheizten Aufwärtsströmung oder bei gekühlter Abwärtsströmung tritt also eine Verbesserung des Wärmeübergangs auf.

Bei *gegenläufiger* Mischkonvektion (in 4.4-1 „–") weist die aufgeprägte erzwungene Konvektionsströmung in die der Auftriebskraft entgegengesetzten Richtung und verursacht eine turbulente Grenzschicht sowie oft eine Ablösung der Strömung. Hier werden alle Fälle erfasst, in denen die Strömung der freien und die der erzwungenen Konvektion in einem stumpfen Winkel zueinander stehen. Für die gegenläufige Mischkonvektion ist die Anwendung von (4.4-1) auf den Bereich $Nu_{frei}/Nu_{erzw} < 0,8$ beschränkt. Aus den bislang bekannten Veröffentlichungen geht nicht eindeutig hervor, wie genau der Wärmeübergang bei gegenläufiger Mischkonvektion mit Ansatz (4.4-1) überhaupt korreliert wird. Anzunehmen ist aber, dass bei einer beheizten Abwärtsströmung oder einer gekühlten Aufwärtsströmung der Wärmeübergang schlechter wird.

Der in Abbildung 4-6 dargestellte Grenzfall, in dem die Richtung der freien Konvektion orthogonal zur Richtung der aufgeprägten (erzwungenen) Strömung steht, wird noch der gleichläufigen Mischkonvektion zugerechnet, weil die Mechanismen bei der Ablösung der sich durch freie Konvektion bildenden Grenzschicht denen bei gleichläufiger Mischkonvektion ähneln.

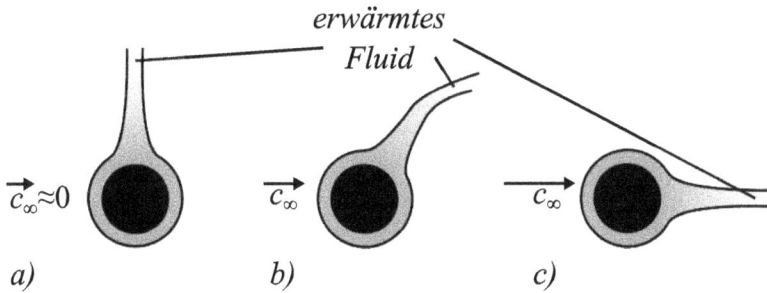

Abb. 4-6: Freie Konvektion am horizontalen Zylinder (a), Mischkonvektion (b) und erzwungene Konvektion (c) bei Queranströmung.

4.4.1   Querangeströmter horizontaler Zylinder

Eine horizontal frei liegende Rohrleitung mit einem Außendurchmesser von 5 cm habe eine gleichmäßige äußere Wandtemperatur von 40 °C. Die Lufttemperatur der Umgebung sei gleichermaßen konstant und betrage 0 °C. Bestimmen Sie den Wärmeübergangskoeffizienten am äußeren Rohrmantel, wenn die Rohrleitung von der Umgebungsluft quer mit einer Geschwindigkeit von
a) 0,1 m/s   b) 0,2 m/s   c) 1,0 m/s   angeströmt wird!

Gegeben:

$d_a = 0,05$ m $t_W = 40$ °C $t_U = 0$ °C

a) $c = 0,1$ m/s   b) $c = 0,2$ m/s   c) $c = 1,0$ m/s

Vorüberlegungen:

Hier wird die in Abbildung 4-6 skizzierte Situation der Überlagerung von freier und erzwungener Konvektion beschrieben. Anzuwenden ist Formel (4.4-1) mit dem Exponenten $n = 4$. Basis sind die Korrelationen (4.2-8) für die freie und (4.3-11a) für die erzwungene Konvektion mit der gemeinsamen charakteristischen Länge $l^* = 0,5 \cdot \pi \cdot d_a \approx 0,07854$ m. Grundsätzlich könnte man für die erzwungene Konvektion auch (4.3-11b) verwenden, müsste aber wegen der dann unterschiedlichen charakteristischen Längen bei den Korrelationen für freie und erzwungene Konvektion in Formel (4.4-1) die Wärmeübergangskoeffizienten α_{frei} und α_{erzw} anstelle von Nu_{frei} und Nu_{erzw} einsetzen!

Die Bezugstemperatur für die Stoffwerte ergibt sich aus $t_B = (t_W + t_U)/2 = 20$ °C. Der Tabelle 7.6-5 sind dann zu entnehmen:

$\lambda = 0,02587$ W/(m·K) $\nu = 153,2 \cdot 10^{-7}$ m²/s $\text{Pr} = 0,7143$ $\beta = \dfrac{1}{T_U} = \dfrac{1}{293,15 \text{ K}}$

Der Wärmeübergangskoeffizient für die freie Konvektion ist in allen drei Fällen derselbe und errechnet sich mit (4.2-8) aus:

$$\mathrm{Nu} = \left[0{,}752 + 0{,}387 \cdot (\mathrm{Ra} \cdot f_3(\mathrm{Pr})^{1/6}\right]^2 \quad \text{mit} \quad f_3(\mathrm{Pr}) = \left[1 + \left(\frac{0{,}559}{\mathrm{Pr}}\right)^{9/16}\right]^{-16/9} \quad \text{unter Voraussetzung dass}$$

$$3{,}9 \cdot 10^{-5} < \mathrm{Ra} < 3{,}9 \cdot 10^{12} \quad \text{und} \quad 0 < \mathrm{Pr} < \infty;$$

$$f_3(\mathrm{Pr}) = \left[1 + \left(\frac{0{,}559}{0{,}7143}\right)^{9/16}\right]^{-16/9} = 0{,}328273779$$

$$\mathrm{Gr} = \frac{g \cdot \beta \cdot \Delta t \cdot (l^*)^3}{\nu^2} = \frac{9{,}80665 \,\mathrm{m/s^2} \cdot (40\,°\mathrm{C} - 0\,°\mathrm{C}) \cdot 0{,}07854^3 \,\mathrm{m^3}}{293{,}15 \,\mathrm{K} \cdot 153{,}2^2 \cdot 10^{-14} \,\mathrm{m^4/s^2}} = 2.762.141{,}536$$

$$\mathrm{Ra} = \mathrm{Gr} \cdot \mathrm{Pr} = 2.762.141{,}536 \cdot 0{,}7143 = 1.972.997{,}699$$

Gültigkeitsbereich für Ra und Pr wird eingehalten!

$$\mathrm{Nu_{frei}} = \left[0{,}752 + 0{,}387 \cdot (1.972.997{,}699 \cdot 0{,}328273779)^{1/6}\right]^2 = 18{,}93766219$$

$$\alpha_{\mathrm{frei}} = \frac{\lambda}{l^*} \cdot \mathrm{Nu_{frei}} = \frac{0{,}02587 \,\mathrm{W/(m\,K)}}{0{,}07854 \,\mathrm{m}} \cdot 18{,}93766219 \approx 6{,}24 \,\mathrm{W/(m^2\,K)} \qquad \text{(zusätzlich informativ)}$$

Mit der bekannten Grashof-Zahl Gr können nun in Verbindung mit den Reynolds-Zahlen Re auch für die Fälle a) bis c) die Archimedes-Zahlen berechnet werden aus $\mathrm{Ar} = \mathrm{Gr}/(\mathrm{Re})^2$:

a) $\mathrm{Re} = \dfrac{c \cdot l^*}{\nu} = \dfrac{0{,}1 \,\mathrm{m/s} \cdot 0{,}07854 \,\mathrm{m}}{153{,}2 \cdot 10^{-7} \,\mathrm{m^2/s}} = 509{,}7911227$ b) $\mathrm{Re} = 1025{,}326371$ c) $\mathrm{Re} = 5097{,}911227$

a) $\mathrm{Ar} = \dfrac{2.762.141{,}536}{509{,}7911227^2} = 10{,}628$ b) $\mathrm{Ar} = 2{,}627372645$ c) $\mathrm{Ar} = 0{,}10628$

   nur freie Konvektion   Mischkonvektion   nur erzwungene
                                                                                        Konvektion

Lösung:

Erzwungene Konvektion wird berechnet mit (4.3-11b) für einen quer angeströmten Zylinder unter Berücksichtigung der Anteile aus laminarer und turbulenter Strömung:

$$\mathrm{Nu_m} = 0{,}3 + \sqrt{\mathrm{Nu_{m,lam}^2 + \mathrm{Nu_{m,tur}^2}}} \quad \text{für} \quad 1 < \mathrm{Re} < 10^6 \quad \text{und} \quad 0{,}7 < \mathrm{Pr} < 600 \quad \text{(erfüllt!)}$$

I. Anteil laminare Strömung:

$$\mathrm{Nu_{m,lam}} = \frac{2}{\sqrt{\pi}} \cdot \frac{\sqrt{\mathrm{Re} \cdot \mathrm{Pr}}}{(1 + 1{,}937 \cdot \mathrm{Pr}^{0{,}272} + 21{,}29 \cdot \mathrm{Pr})^{1/6}} \quad \text{mit} \quad \mathrm{Pr}(20\,°\mathrm{C}) = 0{,}7143 \quad \text{folgt:}$$

$$\mathrm{Nu_{m,lam}} = 0{,}589228429 \cdot \sqrt{\mathrm{Re}}$$

a) $\mathrm{Nu_{m,lam}}(c = 0{,}1 \,\mathrm{m/s}) = 0{,}589228429 \cdot 509{,}7911227^{1/2} = 13{,}30392619$

b) $\mathrm{Nu_{m,lam}}(c = 0{,}2 \,\mathrm{m/s}) = 0{,}589228429 \cdot 1025{,}326371^{1/2} = 18{,}86751727$

c) $\mathrm{Nu_{m,lam}}(c = 1{,}0 \,\mathrm{m/s}) = 0{,}589228429 \cdot 5097{,}911227^{1/2} = 42{,}07070858$

II. Anteil turbulente Strömung

$$\mathrm{Nu}_{m,tur} = \frac{0,037 \cdot \mathrm{Re}^{0,8} \cdot \mathrm{Pr}}{1 + 2,443 \cdot \mathrm{Re}^{-0,1} \cdot (\mathrm{Pr}^{2/3} - 1)} \quad \text{mit } \mathrm{Pr}(20°\mathrm{C}) = 0,7143 \text{ folgt:}$$

$$\mathrm{Nu}_{m,tur} = \frac{0,0264291 \cdot \mathrm{Re}^{0,8}}{1 - 0,490861768 \cdot \mathrm{Re}^{-0,1}}$$

a) $\mathrm{Nu}_{m,tur}(c = 0,1\,\mathrm{m/s}) = \dfrac{0,0264291 \cdot 509,7911227^{0,8}}{1 - 0,490861768 \cdot 509,7911227^{-0,1}} = 5,255608808$

b) $\mathrm{Nu}_{m,tur}(c = 0,2\,\mathrm{m/s}) = 8,975419719$ c) $\mathrm{Nu}_{m,tur}(c = 1,0\,\mathrm{m/s}) = 30,89151298$

III. Nußelt-Zahl nach (4.3-11b) mit Anteil laminarer und turbulenter Strömung

a) $\mathrm{Nu}_m = 0,3 + \sqrt{13,30392619^2 + 5,255608808^2} = 14,60440058$

$\alpha_{erzw} = \dfrac{\lambda}{l^*} \cdot \mathrm{Nu}_m = \dfrac{0,02587\,\mathrm{W/(m\,K)}}{0,07854\,\mathrm{m}} \cdot 14,60440058 \approx \underline{\underline{4,81\,\mathrm{W/(m^2\,K)}}}$ (zusätzlich informativ!)

b) $\mathrm{Nu}_m = 21,19357239$ $\alpha_{erzw} \approx \underline{\underline{6,98\,\mathrm{W/(m^2\,K)}}}$

c) $\mathrm{Nu}_m = 52,49415767$ $\alpha_{erzw} \approx \underline{\underline{17,29\,\mathrm{W/(m^2\,K)}}}$

IV. Nußelt-Zahl für Mischkonvektion nach (4.4-1) mit $n = 4$ und zugehöriger Wärmeübergangskoeffizient α

$$\mathrm{Nu}_{Misch} = \left(\mathrm{Nu}_{erzw}^4 \pm \mathrm{Nu}_{frei}^4\right)^{1/4}$$

a) $\mathrm{Nu}_{Misch} = (14,60440058^4 + 18,93766219^4)^{0,25} = 20,42709499$

$\alpha_{Misch} = \dfrac{\lambda}{l^*} \cdot \mathrm{Nu}_{Misch} = \dfrac{0,02587\,\mathrm{W/(m\,K)}}{0,07854\,\mathrm{m}} \cdot 20,42709499 \approx \underline{\underline{6,73\,\mathrm{W/(m^2\,K)}}}$

b) $\mathrm{Nu}_{Misch} = 23,9745427$ $\alpha_{Misch} \approx \underline{\underline{7,89\,\mathrm{W/(m^2\,K)}}}$

c) $\mathrm{Nu}_{Misch} = 52,71504578$ $\alpha_{Misch} \approx \underline{\underline{17,36\,\mathrm{W/(m^2\,K)}}}$

Kommentar:

Die Überlagerung von freier und erzwungener Konvektion erfolgt nicht nach dem Superpositionsprinzip, man darf also die allein aus der freien Konvektion herrührenden Nußelt-Zahlen oder Wärmeübergangskoeffizienten nicht zu denen der erzwungenen Konvektion addieren. Die dahinterliegenden Abhängigkeiten sind keine linearen Funktionen!

Bei der kleinsten Anströmgeschwindigkeit in diesem Beispiel hat die erzwungene Konvektion kaum Einfluss auf den Wärmeübergang. Bei der größten Anströmgeschwindigkeit ist der Einfluss der freien Konvektion vernachlässigbar. Diese Aussage hätte man qualitativ schon aus der Archimedes-Zahl ableiten können. Im durch $0,225 < \mathrm{Ar} < 10$ beschriebenen Übergangsbereich liegen die Wärmeübergangskoeffizienten, die man für den Anteil der freien Konvektion berechnet, über weite Strecken etwa in gleicher Größenordnung wie die aus den Korrelationen für ausschließlich erzwungene Strömung ($\alpha_{frei} \approx \alpha_{erzw}$), in unserem Beispiel sind für $c = 0,2\,\mathrm{m/s}$ $\alpha_{frei} = 6,24\,\mathrm{W/(m^2\,K)}$ und $\alpha_{erzw} = 6,89\,\mathrm{W/(m^2\,K)}$.

4.4.2   Freie und Mischkonvektion an geneigten Wänden

Die Glasabdeckung eines Solarflachkollektors mit einer Neigung von 60° gegenüber der Vertikalen sei 2,5 m lang und 1 m breit. Sie besitze eine einheitliche Oberflächentemperatur von 25 °C, die Lufttemperatur betrage –5 °C.

a) Wie hoch ist der Wärmeverluststrom der Kollektorfläche durch freie Konvektion bei ruhender Luft?

b) Wie hoch ist der Wärmeverluststrom der Kollektorfläche, wenn Wind mit einer Geschwindigkeit von 0,9 m/s den Kollektor von unten nach oben überströmt?

Gegeben:

$t_W = 25 \text{ °C}$ $\qquad\qquad$ $t_\infty = -5 \text{ °C}$ $\qquad\qquad$ $l^* = 2,5 \text{ m}$ $\qquad\qquad$ $\gamma = 60°$

Vorüberlegungen:

Für die Berechnung des Wärmeübergangskoeffizienten α folgen wir dem in Kapitel 4.1 vorgestellten allgemeinen Lösungsschema. Bei den Stoffwerten und den dimensionslosen Kennzahlen greifen wir teilweise auf Ergebnisse der Aufgabe 4.2.1 zurück. Die Wärmeverluste durch Konvektion über der Kollektorabdeckung berechnen wir mit $\dot{Q} = \alpha \cdot A \cdot (t_W - t_\infty)$.

Lösung:

a) freie Konvektion

Ermittlung des Wärmeübergangskoeffizienten

1.   Stoffwerte für trockene Luft aus Tabelle 7.6-5 bei der Bezugstemperatur $t_B = 10 \text{ °C}$

$\lambda = 0,02512 \text{ W/(m K)}$ $\qquad$ $v = 144,0 \cdot 10^{-7} \text{ m}^2/\text{s}$ $\qquad$ $Pr = 0,7095$

$\beta(-5\,°C) = \dfrac{1}{T_\infty} = \dfrac{1}{268,15 \text{ K}} = 0,003729 \text{ K}^{-1}$

2.   Hier liegt nach Aufgabenstellung eine freie Konvektion an einer geneigten Wand vor.

3.   Es entsteht eine Auftriebsströmung nach oben an einer beheizten, geneigten Wand. Zunächst entsteht dabei eine laminare, anschließend im Bereich Ra_{krit} ist mit Turbulenz und Ablösung der Grenzschicht zu rechnen.

$Ra_{krit} = 10^{8,9 - 0,00178 \cdot \gamma^{1,82}} = 10^{8,9 - 3,066586913} = 681.417,1921$ $\qquad$ $Ra_{krit} \approx 6,8 \cdot 10^5$

4.   Für die freie Konvektion ist die Rayleigh-Zahl relevant. Aus Aufgabe 4.2.1 können wir übernehmen

$l^* = h = 2,5 \text{ m}:$ $\quad$ $Ra = 0,3753977 \cdot 10^{10} \cdot \{2,5\}^3 = 5,8655882 \cdot 10^{10}$ $\qquad$ $Ra \approx 5,9 \cdot 10^{10}$

5.   Auswahl der Nußelt-Korrelation

Wegen $Ra > Ra_{krit}$ ist Korrelation (4.2-3) zu wählen.

$Nu_{Wand} = 0,56(Ra_{krit} \cdot \cos\gamma)^{1/4} + 0,13(Ra^{1/3} - Ra_{krit}^{1/3})$

$Nu_{Wand} = 0,56(681.417,19\,21 \cdot \cos 60°)^{1/4} + 0,13((5,8655882 \cdot 10^{10})^{1/3} - 681.417,19\,21^{1/3})$

$Nu_{Wand} = 507,1935576$

6.   Errechnung des Wärmeübergangskoeffizienten aus Definition (4.1-6)

$\alpha = Nu \cdot \dfrac{\lambda}{l^*} = 507,1935576 \cdot \dfrac{0,02512 \text{ W/(m K)}}{2,5 \text{ m}} = \underline{\underline{5,10 \text{ W/(m}^2\text{ K)}}}$

Verlustwärmestrom: $\dot{Q} = \alpha \cdot A \cdot (t_W - t_\infty) = 5{,}10 \dfrac{W}{m^2 \, K} \cdot 1 \, m \cdot 2{,}5 \, m \cdot (25\,°C - (-5\,°C)) = \underline{\underline{382{,}5 \, W}}$

Bemerkenswert ist, dass die Wärmeverluste der geneigten gegenüber der vertikalen Wand (siehe vorherige Aufgabe) noch einmal zunehmen. Ursache ist die sich im Fall der geneigten Wand ablösende Grenzschicht mit zusätzlichen Turbulenzen.

b) Mischkonvektion

Ermittlung des Wärmeübergangskoeffizienten

1. Stoffwerte für trockene Luft aus Tabelle 7.6-5 bei der Bezugstemperatur $t_B = 10\,°C$

   $\lambda = 0{,}02512 \, W/(m\,K)$ $\qquad v = 144{,}0 \cdot 10^{-7} \, m^2/s$ $\qquad Pr = 0{,}7095$

   $\beta(-5\,°C) = \dfrac{1}{T_\infty} = \dfrac{1}{268{,}15 \, K} = 0{,}003729 \, K^{-1}$ $\qquad\qquad c = 0{,}9 \, m/s$

2. Nach Aufgabenstellung liegt eine Mischkonvektion an einer geneigten Wand vor.

   $Ar = \dfrac{Gr}{Re^2} = \dfrac{Ra}{Pr \cdot Re^2} = \dfrac{5{,}8655882 \cdot 10^{10}}{0{,}7095 \cdot 156.250^2} \approx 3{,}386$

   $0{,}225 < Ar = 3{,}386 < 10$ ist eine Bestätigung für das Vorliegen der Mischkonvektion

3. $Re = \dfrac{c \cdot l^*}{v} = \dfrac{0{,}9 \, m/s \cdot 2{,}5 \, m}{144{,}0 \cdot 10^{-7} \, m^2/s} = 156.250$ $\qquad Re \approx 1{,}6 \cdot 10^5$

   Mit $Re \approx 1{,}6 \cdot 10^5$ liegt hier die durch den Wind indizierte Strömung im Übergangsbereich zwischen laminarer und turbulenter Strömung, so dass wir auf die aufwändige Korrelation (4.3-10) in Verbindung mit (4.3-8) und (4.3-9) zurückgreifen müssen.

4. Für die Mischkonvektion sind die Reynolds- und Prandtl-Zahl relevant.

   $Re = 156.250$ $\qquad Pr = 0{,}7095 / \, Nu_{frei} = 507{,}1935576$ schon berechnet in a)

5. Auswahl der Nußelt-Korrelation für Mischkonvektion: Gleichung (4.3-12)

   „+" für gleichgerichtete Mischkonvektion

   $Nu_{Misch} = \sqrt[3]{Nu_{erzw}^3 + Nu_{frei}^3}$ anwendbar, weil $0{,}1 \le Pr \le 100$

   $Nu_{erzw} = \sqrt{Nu_{lam}^2 + Nu_{tur}^2} \cdot \left(\dfrac{\overline{T_\infty}}{T_W}\right)^{0{,}12}$

   $Nu_{lam} = 0{,}664 \cdot \sqrt{Re} \cdot \sqrt[3]{Pr} = 0{,}664 \cdot \sqrt{156.250} \cdot \sqrt[3]{0{,}7095} = 234{,}0968441$ $\qquad$ (4.3-8)

   $Nu_{tur} = \dfrac{0{,}037 \cdot Re^{0{,}8} \cdot Pr}{1 + 2{,}443 \cdot Re^{-0{,}1} \cdot (Pr^{2/3} - 1)}$ $\qquad\qquad\qquad$ (4.3-9)

   $Nu_{tur} = \dfrac{0{,}037 \cdot 156.250^{0{,}8} \cdot 0{,}7095}{1 + 2{,}443 \cdot 156.250^{-0{,}1} \cdot (0{,}7095^{2/3} - 1)} = 441{,}9284513$

   $Nu_{erzw} = \sqrt{441{,}9284513^2 + 234{,}0968441^2} \cdot \left(\dfrac{268{,}15 \, K}{298{,}15 \, K}\right)^{0{,}12} = 493{,}7780926$

   $Nu_{Misch} = \sqrt[3]{493{,}7780926^3 + 507{,}1935576^3} = 630{,}6858687$

6. Errechnung des Wärmeübergangskoeffizienten aus Definition (4.1-6)

   $\alpha = Nu \cdot \dfrac{\lambda}{l^*} = 630{,}6858687 \cdot \dfrac{0{,}02512 \, W/(m\,K)}{2{,}5 \, m} = \underline{\underline{6{,}34 \dfrac{W}{m^2 \, K}}}$

Verlustwärmestrom: $\dot{Q} = \alpha \cdot A \cdot (t_W - t_\infty) = 6{,}34 \, \dfrac{\text{W}}{\text{m}^2 \, \text{K}} \cdot 1 \, \text{m} \cdot 2{,}5 \, \text{m} \cdot (25\,°\text{C} - (-5\,°\text{C})) = \underline{\underline{475{,}5 \, \text{W}}}$

Ein ganz leichter Wind führt schon zu einer deutlichen Steigerung des Wärmeübergangskoeffizienten und damit zu höheren Wärmeverlusten (fast 25 %).

4.5   Wärmeübergang bei Kondensation und Verdampfung

Bei Kondensation oder Verdampfung (mehrphasiger Wärmeübergang) treten an den Grenzflächen der Phasen Diskontinuitäten auf, die ganz wesentlich den Wärmeübergang beeinflussen. Bis heute sind die bei einem Wärmeübergang mit Phasenumwandlung auftretenden physikalischen Erscheinungen nur zum Teil geklärt. Die Ähnlichkeitstheorie für den klassischen, einphasigen Wärmeübergang versagt insbesondere auch wegen der Wechselwirkungen zwischen den beiden Phasen. Spezielle Versuche müssen die hier bedeutsamen Einflüsse von der Verdampfungsenthalpie $r(p)$ und von der Oberflächenspannung σ klären. Dazu werden oft empirische oder halbempirische Gleichungen angegeben, die keine dimensionslosen Kennzahlen enthalten, sondern direkt auf die wesentlichen Einflussparameter zurückgreifen. Um im konkreten Fall einen Wärmeübergangskoeffizienten hinreichend genau zu berechnen, müssen die bei der Kondensation oder Verdampfung jeweils auftretenden Teilvorgänge richtig erkannt und die dafür im Schrifttum bereitgestellten Beziehungen herausgesucht werden.

a) Kondensation von Dämpfen an einer Wand

Mit Bezug auf die Zwischenüberschrift halten wir hier zunächst den Hinweis fest, dass die Kondensation von Dämpfen auch ohne Berührung mit einer kälteren Wand möglich ist. Eine hinreichende Druckerhöhung kann zur spontanen Kondensation im Dampfraum führen. Geringste Verunreinigungen im Dampf bilden dann Kondensationskeime, um die sich dann kleine Flüssigkeitstropfen bilden (Tautropfen sorgen für das Erscheinen von Nebel).

Beim Wärmeübergang vom Dampf an eine feste Wand unterscheidet man zwei Fälle. Ist die Wandtemperatur höher als gemäß entsprechender Dampfdruckkurve die dem Sättigungsdruck entsprechende Sättigungstemperatur $(t_W > t_s(p))$ erfolgt der Wärmeübergang wie bei einem Gas. Liegt die Wandtemperatur unterhalb der Sättigungstemperatur $(t_W < t_s(p))$, setzt eine Kondensation ein, unabhängig davon, ob der Dampf trocken gesättigt oder überhitzt ist.

Wird die Wand vom Kondensat gut benetzt, entsteht an der Wand ein nach unten durch die Schwerkraft ablaufender oder von der Dampfströmung abgelenkter Flüssigkeitsfilm, während immer neuer Dampf niedergeschlagen wird. Man spricht in diesem Fall von *Filmkondensation*.

Bei schlechter Benetzung der Wand (sehr glatte Wandoberfläche oder geringe Viskosität der Flüssigkeit) zieht sich das Kondensat sofort zu winzigen Tröpfchen zusammen (Taubildung). Zwischen den Tröpfchen existiert immer noch freie Wandoberfläche, an der Kondensation weiter möglich ist. Deshalb ermöglicht die *Tropfenkondensation* im Verhältnis zur Filmkondensation sehr viel höhere, bis bei 40.000 W/(m² K) liegende Wärmeübergangskoeffizienten. Das Auftreten von Tropfenkondensation hängt signifikant von der Beschaffenheit der Wandoberfläche, insbesondere von ihrer Benetzbarkeit, ab. Obwohl schon geringste Mengen an Verunreinigungen die Benetzbarkeit von Oberflächen soweit herabsetzen können, dass Tropfenkondensation auftritt, ist es allerdings technisch sehr schwierig, die Tropfenkondensation durch gezielte Verwendung von Zusatzstoffen (Promotoren) in einem dauerhaften Prozess aufrecht zu erhalten, weil durch Abwaschen und andere Einflüsse die Tropfenkondensation oftmals in eine Filmkondensation mit einem nicht so intensiven Wärmeübergang übergeht. Deshalb wird eine **technische Anlage immer für die Filmkondensation** ausgelegt.

Eine hohe Strömungsgeschwindigkeit des Dampfes in Richtung des ablaufenden Kondensats steigert den Wärmeübergang. Strömt der Dampf gegen die Richtung des Kondensatlaufs, verringert sich zunächst der Wärmeübergangskoeffizient α. Aber bei sehr hoher gegenläufiger Geschwindigkeit reißt die Kondensathaut auf und es ergibt sich wieder ein besserer Wärmeübergang. Enthält der Dampf inerte (nicht kondensierende) Gase, verschlechtert sich der Wärmeübergang deutlich.

In Dampfgemischen kondensiert bevorzugt zuerst die Komponente mit der höheren Siedetemperatur. Dabei verändert sich die Zusammensetzung des Dampfgemisches. In Rektifizierkolonnen wird die Kondensation von Dampfgemischen an geeigneter Stelle unterbrochen, um mit der Teilkondensation auch eine teilweise Trennung der Stoffe zu erreichen. Die Berechnung des Wärmeübergangs ist allerdings sehr aufwendig, weil neben dem Widerstand des Kondensatfilms und der Dampfgrenzschicht gleichzeitig noch die veränderliche Zusammensetzung in der Dampf- und Flüssigkeitsphase berücksichtigt werden muss.

Für die Berechnung von Wärmeübergangskoeffizienten beim Kondensieren müssen laminar oder turbulent ablaufender Kondensatfilm unterschieden werden.

Für die stationäre laminare Filmkondensation bei konstanter Wandtemperatur t_W und konstanten Stoffwerten hat Nußelt 1916 eine geschlossene Theorie zur Berechnung des Wärmeübergangs an senkrechten oder geneigten Wänden (ebene Wand oder Zylinderwand) vorgelegt, die in Lehrbüchern als Nußelt´sche Wasserhauttheorie behandelt wird [3] und bis heute Basis für alle weiterführenden Berechnungsverfahren bei Kondensationsvorgängen ist. Nußelt postulierte, dass der Transport der frei werdenden Kondensationsenthalpie r in einem laminar nach unten strömenden Kondensatfilm, dessen Schichtdicke $\delta(x)$ nach unten stetig zunimmt, nur durch Wärmeleitung erfolge. Die durch Konvektion im Kondensatfilm übertragene Wärme wird vernachlässigt. Daraus folgt für den örtlichen Wärmeübergangskoeffizienten α_x der Ansatz

$$\dot{q}_x = \alpha_x \cdot (t_s - t_W) = \frac{\lambda_F}{\delta(x)} \cdot (t_s - t_W) \qquad \text{oder} \quad \alpha_x = \frac{\lambda_F}{\delta(x)}$$

Mit der als konstant vorausgesetzten Wärmeleitfähigkeit der Flüssigkeit λ_F ergibt sich im Kondensatfilm ein linearer Temperaturverlauf.

Aus dem Gleichgewicht von Schwerkraft und den von den Schubspannungen herrührenden Kräften folgt für die Schichtdicke $\delta(x)$ des ablaufenden Kondensatfilms eine Funktion, nach der die Schichtdicke mit $\sqrt[4]{x}$ zunimmt.

$$\delta(x) = \left[\frac{4 \cdot \lambda_F \cdot \nu_F \cdot (t_s - t_W)}{(\rho_F - \rho_D) \cdot g \cdot r} \cdot x \right]^{1/4} \quad \text{und für den örtlichen Wärmeübergangskoeffizienten}$$

$$\alpha_x = \frac{\lambda_F}{\delta(x)} = \left[\frac{(\rho_F - \rho_D) \cdot g \cdot r \cdot \lambda_F^3}{4 \cdot \nu_F \cdot (t_s - t_W)} \cdot \frac{1}{x} \right]^{1/4} \qquad \text{Beachte: } \frac{\lambda_F}{\lambda_F^{1/4}} = \lambda_F^{3/4}$$

Der mittlere Wärmeübergangskoeffizient folgt nach (4.1-14) aus:

$$\overline{\alpha} = \frac{1}{h}\int_0^h \alpha_x \mathrm{d}x = \left(\frac{1}{h}\cdot\left[\frac{(\rho_F - \rho_D)\cdot g\cdot r\cdot\lambda_F^3}{4\cdot\nu_F\cdot(t_s - t_W)}\right]^{\frac{1}{4}}\right)\cdot\frac{4}{3}\cdot\left(x^{3/4}\Big|_0^h\right) = \left(\frac{1}{4}\right)^{\frac{1}{4}}\cdot\frac{4}{3}\cdot\left[\frac{(\rho_F - \rho_D)\cdot g\cdot r\cdot\lambda_F^3}{4\cdot\nu_F\cdot(t_s - t_W)}\cdot\frac{1}{h}\right]^{\frac{1}{4}}$$

Beachte: $\dfrac{h^{3/4}}{h} = h^{-1/4} = \dfrac{1}{h^{1/4}}$

Für eine vertikale Wand oder einen vertikalen Zylinder der Höhe h gilt also bei laminar ab-laufenden Kondensatfilm für den mittleren Wärmeübergangskoeffizienten

$$\overline{\alpha}_{ver} = 0,9428 1\cdot\sqrt[4]{\frac{(\rho_F - \rho_D)\cdot g\cdot r(p)\cdot\lambda_F^3}{\nu_F\cdot(t_s(p) - t_W)}\cdot\frac{1}{h}} \qquad (4.5\text{-}1a)$$

Manchmal wird die Beziehung (4.5-1a) auch noch wegen $\rho_D << \rho_F$ mit $\nu_F = \eta_F/\rho_F$ verein-facht zu

$$\overline{\alpha}_{ver} = 0,9428 1\cdot\sqrt[4]{\frac{\rho_F^2\cdot g\cdot r(p)\cdot\lambda_F^3}{\eta_F\cdot(t_s(p) - t_W)}\cdot\frac{1}{h}} \qquad (4.5\text{-}1b)$$

Für die bei geringen Dampfgeschwindigkeiten und langsam ablaufenden, dünnen Kondensat-filmen auftretende laminare Kondensation werden also hohe Wärmeübergangskoeffizienten erzielt, wenn die Temperaturdifferenz $(t_s - t_W)$ und die Wandhöhe h klein sind.

In (4.5-1a) beziehungsweise (4.5-1b) bedeuten:

r	kJ/kg	Verdampfungsenthalpie
ρ_D	kg/m^3	Dichte des Dampfes
ρ_F	kg/m^3	Dichte der Flüssigkeit
g	m/s^2	Fallbeschleunigung
ν_F	m²/s	kinematische Viskosität der Flüssigkeit
η_F	kg/(m·s)	dynamische Viskosität
λ_F	W/(m K)	Wärmeleitfähigkeit der Flüssigkeit

Der über dem Umfang gemittelte Wärmeübergangskoeffizient α für die Kondensation am waagerechten (horizontalen) Rohr mit dem Außendurchmesser d_a lässt sich gemäß [3] dar-stellen durch

$$\overline{\alpha}_{hor} = 0,728\cdot\sqrt[4]{\frac{(\rho_F - \rho_D)\cdot g\cdot r(p)\cdot\lambda_F^3}{\nu_F\cdot(t_s(p) - t_W)}\cdot\frac{1}{d_a}} \qquad (4.5\text{-}2a)$$

$$\overline{\alpha}_{hor} = 0,728\cdot\sqrt[4]{\frac{\rho_F^2\cdot g\cdot r(p)\cdot\lambda_F^3}{\eta_F\cdot(t_s(p) - t_W)}\cdot\frac{1}{d_a}} \qquad (4.5\text{-}2b)$$

Als Bezugstemperatur t_B für die Stoffeigenschaften in obigen Formeln ist die mittlere Kon-densatfilmtemperatur gemäß (4.5-3) einzusetzen.

$$t_B = \frac{t_s(p) + t_W}{2} \qquad\qquad (4.5\text{-}3)$$

Die Formeln (4.5-1) und (4.5-2) eignen sich für die Nachrechnung des Wärmeübergangs bei bekannten Temperaturdifferenzen $(t_s(p) - t_W)$ und gegebener Höhe h beziehungsweise Außendurchmesser d_a. Zur Auslegung von Kondensatoren sind die erforderlichen Kühlflächen für die abzuführenden Kondensatströme zu bestimmen. Der Kondensatmassestrom $\dot{m}_K$ ergibt sich aus der Bilanz

$$\dot{m}_K \cdot r(p) = \overline{\alpha} \cdot A \cdot (t_s(p) - t_W) \qquad\qquad (4.5\text{-}4a)$$

$$\dot{q} = \overline{\alpha} \cdot (t_s(p) - t_W) \qquad\qquad (4.5\text{-}4b)$$

Ersetzt man $(t_s(p) - t_W)$ in (4.5-2b) durch den sich aus (4.5-4a) ergebenden Term und verwendet für die Mantelfläche eines Rohres $A = \pi \cdot d_a \cdot l$ folgt für die Kondensation am Außendurchmesser

$$\overline{\alpha}_{hor} = 0{,}655 \cdot \sqrt[3]{\frac{\rho_F^2 \cdot g \cdot \lambda_F^3 \cdot \pi \cdot l}{\eta_F \cdot \dot{m}_K}} \qquad\qquad (4.5\text{-}5a)$$

Analoges Vorgehen mit (4.5-4b) führt auf

$$\overline{\alpha}_{hor} = 0{,}655 \cdot \sqrt[3]{\frac{\rho_F^2 \cdot g \cdot r(p) \cdot \lambda_F^3}{\eta_F \cdot d_a \cdot \dot{q}}} \qquad\qquad (4.5\text{-}5b)$$

Der Vorfaktor in den Gleichungen (4.5-5) ergibt sich aus $0{,}728^{4/3} \approx 0{,}655$.

Die Nußelt′sche Wasserhauttheorie liefert für praktische Untersuchungen nur einen ersten Anhaltspunkt und meist zu niedrige Wärmeübergangskoeffizienten. Die Gründe dafür sind zu suchen in:

- An der Wand wird außer der Kondensationsenthalpie auch noch ein Wärmestrom zur Unterkühlung des Kondensats abgeführt. Dieser Effekt tritt zwangsläufig ein, weil $t_s(p) < t_W$.
- Bei Temperaturdifferenzen $(t_s(p) - t_W) < 50\,\text{K}$ ist die Voraussetzung konstanter Stoffwerte in der Nußelt′schen Wasserhauttheorie noch gut erfüllt, größere Temperaturdifferenzen können aber bis zu 20 % höhere als nach Wasserhauttheorie berechnete Wärmeübergangskoeffizienten zur Folge haben.
- Die Wasserhauttheorie geht von einem gleichmäßig anwachsenden Kondensatfilm aus. Tatsächlich hat man beobachtet, dass trotz eindeutig vorliegender laminarer Strömung an der Oberfläche des Kondensatfilms Wellen auftreten, die im statistischen Mittel zu einer geringeren Stärke des Kondensatfilms und damit zur Verbesserung des Wärmeübergangs führen.

Die abfließende Kondensatmenge nimmt stromabwärts systematisch zu, der zunächst „glatte" Film wird wellig und entwickelt sich nach einer gewissen Zeit zu einem turbulenten Film mit deutlich besserem Wärmeübergang. Die dafür verfügbaren Gleichungen sind sehr auf spezielle Fälle zugeschnitten und nur in einem engen Gültigkeitsbereich verwendbar. Dazu verweisen wir auf die Literatur [3] und [7].

b) Verdampfung bei freier Konvektion (Behältersieden)

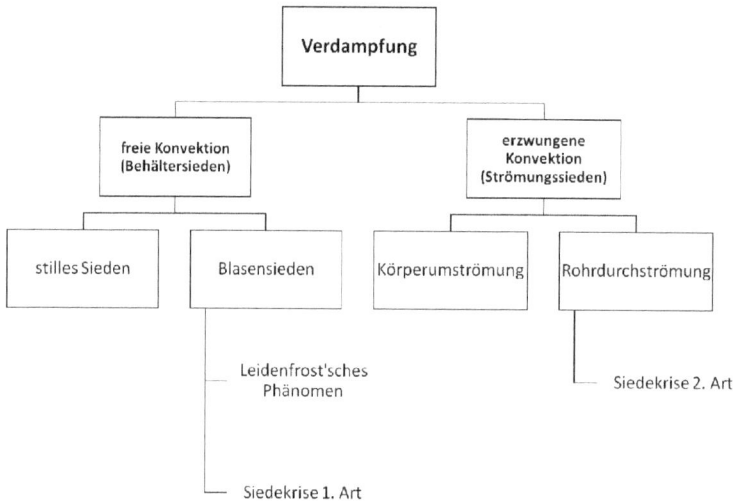

```
                          ┌──────────────────┐
                          │   Verdampfung    │
                          └──────────────────┘
              ┌───────────────────┴────────────────────┐
     ┌──────────────────┐                    ┌──────────────────┐
     │  freie Konvektion │                    │    erzwungene     │
     │  (Behältersieden) │                    │    Konvektion     │
     │                   │                    │ (Strömungssieden) │
     └──────────────────┘                    └──────────────────┘
      ┌──────────┴──────────┐                  ┌──────────┴──────────┐
┌────────────┐      ┌────────────┐      ┌────────────────┐   ┌──────────────────┐
│stilles Sieden│     │ Blasensieden │     │Körperumströmung│   │ Rohrdurchströmung │
└────────────┘      └────────────┘      └────────────────┘   └──────────────────┘
```

Leidenfrost'sches
Phänomen

Siedekrise 2. Art

Siedekrise 1. Art

Abb. 4-7: Formen der Verdampfung.

Im Sättigungszustand stehen Temperaturen der Flüssigkeit und des trocken gesättigten Dampfes gemäß Sättigungsdruck im Gleichgewicht. Der Verdampfungsvorgang ist dagegen ein dynamischer, nicht im Gleichgewichtszustand befindlicher Prozess. Hier wird dem Wasser am Ort der Phasenumwandlung die erforderliche Verdampfungsenthalpie zugeführt. Für diese Wärmezufuhr ist ein (kleines, aber wirksames) Temperaturgefälle nötig, so dass die Temperaturen des Wassers und des Dampfes nicht mehr identisch sein können.

Die Verdampfung von Flüssigkeiten erfolgt immer an der Phasengrenzfläche (Blasen) zwischen Flüssigkeit und Dampf. Die Beobachtung des Siedevorgangs in einem offenen Glasgefäß zeigt, dass Dampfblasen immer an einigen bevorzugten Stellen der Heizfläche entstehen, die man als Keimstellen der Blasenbildung bezeichnet. Nachdem die Bläschen eine gewisse Größe erreicht haben, lösen sie sich von der Heizfläche ab und steigen zur Wasseroberfläche hoch. Dabei wachsen die Dampfblasen durch Fortsetzung des Verdampfungsvorganges an der inneren Blasenoberfläche auf das Vielfache ihres Abreißvolumens an. Die weitaus größte Dampfmenge entsteht nicht während des Haftens der kleinen Dampfblasen an der Heizfläche, sondern während des Aufsteigens in der Flüssigkeitssäule. Die Größe der Dampfblase im Augenblick des Abreißens von der Heizfläche ist einerseits abhängig von den die Benetzbarkeit der Oberfläche bedingenden Oberflächenspannungen zwischen Flüssigkeit, Dampf und Heizfläche und andererseits vom Auftrieb der Blase in der Flüssigkeit, der wiederum von der Dichte des Dampfes und der Flüssigkeit sowie vom Blasenvolumen abhängt.

Beim Sieden unter den Bedingungen der freien Konvektion können hinsichtlich des Wärmeübergangs drei verschiedene Bereiche (stilles Sieden, Blasensieden, Filmsieden) unterschieden werden.

a)   b)   c)

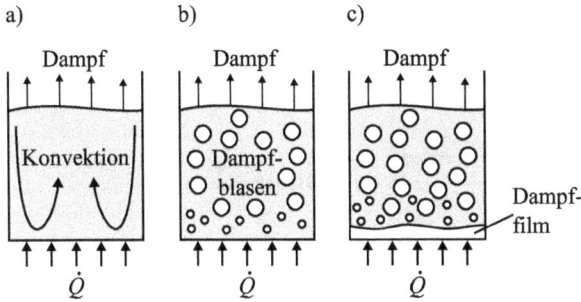

Abb. 4-8: Siedeformen (von links nach rechts: Konvektionssieden, Blasensieden, Filmsieden).

Beim *stillen Sieden oder Konvektionssieden* einer reinen Flüssigkeit liegt die Wandtemperatur nur geringfügig über der Siedetemperatur (kleine Übertemperaturen $\Delta t = t_W - t_s(p)$). Die erwärmte Flüssigkeit steigt durch freie Konvektion auf und verdampft an der Oberfläche. Für die Bestimmung des Wärmeübergangskoeffizienten α können beim Konvektionssieden noch alle Nußelt-Beziehungen für einphasige Systeme verwendet werden. Für Wasser kann man im Bereich $\dot{q} < 17\,\mathrm{kW/m^2}$ von Konvektionssieden ausgehen. Ausschließlich gültig für Wasser im Druckbereich 0,5 bar $< p <$ 20 bar empfehlen einige Autoren für die waagerechte Heizfläche Korrelationen, in die p in bar und $\dot{q}$ in kW/m² einzusetzen sind:

$$\{\alpha\} = 1{,}026 \cdot \{\dot{q}\}^{0{,}75} \cdot \{p\}^{0{,}25} \qquad \text{in kW/(m}^2\text{ K)} \qquad (4.5\text{-}6)$$

$$\{\alpha\} = 1{,}034 \cdot \{t_W - t_s(p)\}^{0{,}351} \cdot \{p\}^{0{,}338} \qquad \text{in kW/(m}^2\text{ K)} \qquad (4.5\text{-}7)$$

Ist die Wandtemperatur so hoch, dass sich unmittelbar an der Wand Dampfblasen bilden, die sich dann ablösen und schnell in der Flüssigkeit aufsteigen, spricht man vom *Blasensieden*. Für Wasser bei einem Druck von 1 bar tritt das Blasensieden ab circa $\Delta t \approx 7$ K zunächst als unterkühltes Sieden auf, d. h. die Dampfblasen steigen vom Boden auf, kondensieren aber in höheren Schichten und geben Kondensationswärme ab, was zur Erwärmung dieser Schichten führt. Mit zunehmendem, über die Heizfläche zugeführtem Wärmestrom steigen die Wärmeübergangskoeffizienten in diesem Bereich bis zum Erreichen maximaler (kritischer) Werte kontinuierlich an. In den Vertiefungen der technischen rauen Heizflächen bilden sich aus kleinsten Gas- oder Dampfresten Keimstellen, an denen die Dampfblasen so lange wachsen, bis sie durch größer werdende Auftriebskräfte von der Keimstelle abreißen.

Für Wasser kann man im Bereich $\dot{q} > 17\,\mathrm{kW/m^2}$ von Blasensieden ausgehen. Ausschließlich gültig für Wasser im Druckbereich 0,5 bar $< p <$ 20 bar empfehlen einige Autoren für die horizontale und vertikale Heizfläche gleichermaßen die Anwendung von

$$\{\alpha\} = 0{,}274 \cdot \{\dot{q}\}^{0{,}75} \cdot \{p\}^{0{,}25} \qquad \text{in kW/(m}^2\text{ K)} \qquad (4.5\text{-}8)$$

$$\{\alpha\} = 0{,}00565 \cdot \{t_W - t_s(p)\}^{3} \cdot \{p\} \qquad \text{in kW/(m}^2\text{ K)} \qquad (4.5\text{-}9)$$

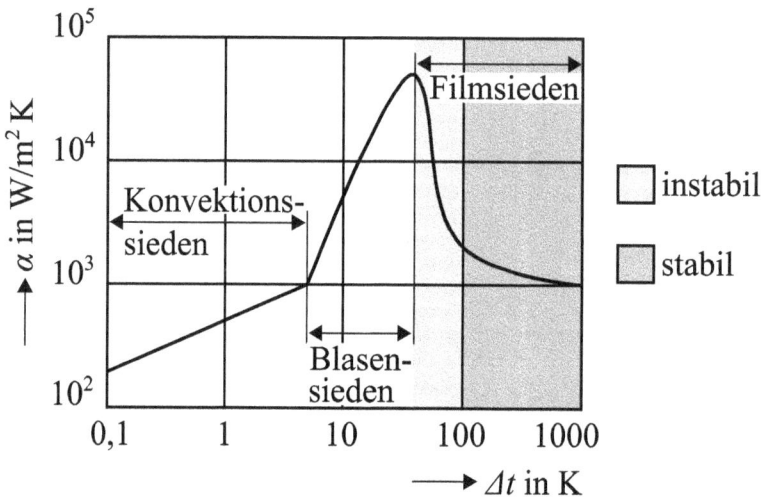

Abb. 4-9: Wärmeübergangskoeffizient bei verschiedenen Siedeformen in Abhängigkeit von der Temperatur-differenz zur Heizfläche.

Bei kleineren Übertemperaturen arbeiten nur wenige große Keimstellen. Mit steigenden Übertemperaturen werden immer mehr auch kleinere Keimstellen aktiviert, bis deren Zahl pro Flächeneinheit so groß ist, dass die Flüssigkeit nach dem Ablösen einer Blase die Heiz-fläche nicht wieder benetzen kann und damit ein kritischer Wert für die Wärmestromdichte (oder Heizflächenbelastung) erreicht ist. Dabei haben sich dann so viele wandnahe Dampf-blasen zusammengeschlossen, dass sie einen Dampffilm zwischen Wand und Flüssigkeit bilden (Filmsieden). Zunächst bricht der Dampffilm wieder zusammen und man spricht vom *instabilen Filmsieden.*

Bei einem fortgesetzten Ansteigen der Wandtemperatur stabilisiert sich der Dampffilm und sorgt so beim stabilen Filmsieden für einen zusätzlichen Wärmewiderstand. Die stark abfal-lenden Wärmeübergangskoeffizienten verringern die Wärmeabfuhr über die verdampfende Flüssigkeit, so dass sich die Heizfläche rapide aufheizt. Bei aufgeprägter Wärmestromdichte (elektrische oder nukleare Beheizung) kann das zur Zerstörung der Heizfläche bei Über-schreiten der Schmelztemperatur des Materials führen (*Siedekrise erster Art*). Die Siedekrise erster Art ist bei einer Beheizung mit einem flüssigen oder dampfförmigen Heizmedium vermeidbar, da dann nicht die Wärmestromdichte, sondern die Übertemperatur aufgeprägt werden kann. Abbildung 4-9 zeigt auch deutlich, dass einem fest vorgegebenen Wärmeüber-gangskoeffizienten α verschiedenen Übertemperaturen Δt zugeordnet werden können (Hyste-rese-Verhalten). Der Bereich zwischen Blasensieden und stabilen Filmsieden ist instabil und nicht erreichbar durch Vorgabe eines Wärmeübergangskoeffizienten mittels Wärmestrom-dichte, sondern nur durch eine zum Beispiel mit kondensierendem Dampf bereitgestellte entsprechend konstante Wandtemperatur.

Für einen Druck von 1 bar können Übertemperaturen von 95 °C < Δt < 100 °C als untere Grenze für ein stabiles Filmsieden angesehen werden. Den Umschlagpunkt zum stabilen Filmsieden bezeichnet man auch als Leidenfrost-Punkt[19]. Wenn beim stabilen Filmsieden die

---

[19]   Johann Gottlob Leidenfrost (1715–1794), Theologe und Arzt, hatte ab 1743 an der Universität Duisburg einen Lehrstuhl für Medizin inne, lehrte aber auch Physik und Chemie. Leidenfrost versuchte Erde aus Feuer und

Heizfläche nicht mehr mit Flüssigkeit benetzt werden kann, kontrolliert der zwischen Heizfläche und Flüssigkeit abströmende Dampffilm den Wärmeübergang. Hier ist dann zusätzlich die durch Strahlung von der Heizfläche an die Flüssigkeit übertragene Wärme unbedingt zu berücksichtigen. Aus Abbildung 4-9 kann man ableiten, dass man technisch vorteilhaft das Gebiet des Blasensiedens anstreben sollte. In diesem Bereich sind große Wärmestromdichten bei vertretbaren Temperaturdifferenzen übertragbar.

Für den sicheren Betrieb von Verdampfern darf die kritische Wärmestromdichte $\dot{q}_{krit}$ nicht überschritten werden. Zu ihrer Bestimmung gibt [7] folgende Korrelationen für die vollständig auf Siedetemperatur gebrachte Flüssigkeit bei stabilem Blasensieden vor:

$$\dot{q}_{krit} = 0{,}144 \cdot r \cdot \sqrt{(\rho_F - \rho_D) \cdot \rho_D} \cdot \sqrt[4]{(g \cdot \sigma)/\rho_F} \cdot \mathrm{Pr}^{-0{,}245} \qquad (4.5\text{-}10)$$

$$\dot{q}_{krit} = 0{,}145 \cdot r \cdot \sqrt{\rho_D} \cdot \sqrt[4]{g \cdot \sigma \cdot (\rho_F - \rho_D)} \qquad (4.5\text{-}11)$$

r	kJ/kg	Verdampfungsenthalpie	$r(p_k) = 0$
ρ_D	kg/m^3	Dichte des Dampfes	
ρ_F	kg/m^3	Dichte der Flüssigkeit	
g	m/s^2	Fallbeschleunigung	
σ	N/m	Oberflächenspannung der Flüssigkeit	

Aus (4.5-10) und (4.5-11) ist ersichtlich, dass die kritische Wärmestromdichte signifikant vom Druck abhängt. Für alle Fluide steigt die Dichte mit dem Druck an, Verdampfungsenthalpie und Oberflächenspannung nehmen jedoch ab. Wegen dieser gegenläufigen funktionalen Abhängigkeiten wächst die kritische Wärmestromdichte zunächst mit steigendem Druck, um dann ab Drücken von $p = p_k/3$ wieder abzunehmen. Bei kritischem Druck p_k nimmt die kritische Wärmestromdichte $\dot{q}_{krit}$ wegen $r(p_k) = 0$ den Wert null an.

c) Verdampfung bei erzwungener Konvektion (Strömungssieden)

Hier ist es sinnvoll, zwischen der **Umströmung** eines Körpers im Siedezustand (z. B. Umströmung eines Rohres) und der **Durchströmung** durch ein räumlich begrenztes Volumen (Durchströmung eines Rohres) zu unterscheiden.

Die Wärmeübergänge für das stille Sieden *bei Körperumströmungen* sind stets besser als die bei ausschließlicher freier Konvektion. Der Übergang zum Blasensieden erfolgt meist bei gleicher Fluidüberhitzung wie bei rein freier Konvektion. Da die erzwungene Strömung entstehende Dampfblasen tendenziell von der Heizfläche entfernt, treten mit wachsenden Strömungsgeschwindigkeiten auch immer höhere Wärmeübergänge auf.

Beim *Siedevorgang für Körperdurchströmungen* wird einem Flüssigkeitsmassenstrom ein Wärmestrom zugeführt, so dass die Flüssigkeit nach einer bestimmten Lauflänge vollständig verdampft, sofern die Wärmestromdichte die dafür erforderliche Mindesthöhe besitzt.

Wasser nach der Lehre der vier Elemente (Feuer, Wasser, Luft und Erde) des Aristoteles herzustellen. Dabei beschrieb er 1756 das Phänomen eines auf heiß glühendem Untergrund springenden Wasserstopfens. Dieser Effekt wurde später nach ihm benannt. Das in Duisburg vorzufindende Wasser ist bekanntermaßen besonders mineralhaltig. Der Versuch, aus diesem Wasser mit Feuer Erde herzustellen, musste aber scheitern.

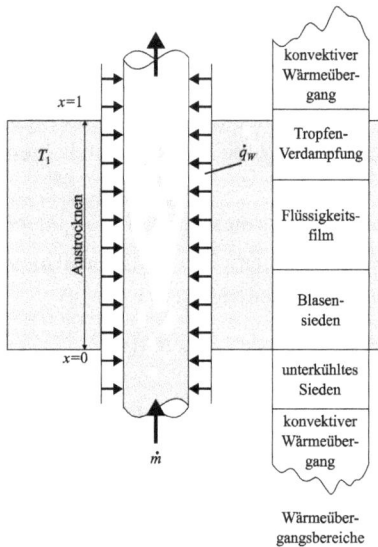

Abb. 4-10: Wärmeübergangsformen am senkrecht beheizten Rohr.

Bei einem senkrechten, von einer Flüssigkeit durchströmten Rohr, das von außen mit einer konstanten Wärmestromdichte beaufschlagt wird, beobachten wir am Eintritt und in dem Bereich, ab dem die Flüssigkeit vollständig verdampft ist, relativ niedrige Wärmeübergangs-koeffizienten, so wie man diese gemäß der Nußelt-Gleichungen für einphasige Systeme be-rechnet. In der Siede-/Verdampfungszone (Übergang von Dampfanteil $x = 0$ auf $x = 1$) fin-det ein komplizierter zweiphasiger Verdampfungsprozess statt, bei dem man verschiedene Stadien unterscheidet (Abbildung 4-10). Den Ort im Strömungsverlauf, an dem das Fluid wieder einphasig vorliegt, bezeichnet man als *Stelle der Austrocknung*. Ab dieser Stelle wird der Wärmeübergang wieder erheblich schlechter und infolge dessen nehmen die Wandtempe-raturen deutlich zu. Die plötzliche Verschlechterung des Wärmeübergangs wird in der Litera-tur als kritischer Siedezustand oder als *Siedekrise zweiter Art* beschrieben.

Die einheitliche Verwendung des Begriffes Siedekrise für zwei völlig verschiedene Erschei-nungen kann irritieren. Wenn in einem Rohr die vollständige Verdampfung einer Flüssigkeit erfolgen soll, ist die Siedekrise erster Art (Filmsieden) durch technische Maßnahmen ver-meidbar, die schnelle Erreichung der Siedekrise zweiter Art (Austrocknung) ist aber gerade Ziel der Bemühungen.

Zur Abschätzung der anzustrebenden Wärmestromdichte, mit der ein vorgegebener Massen-strom mit Siedetemperatur $t_s(p_s)$ über eine vorgegebene Rohrlänge l vollständig verdampft werden kann, ermittelt man zunächst die Energiestromdichte aus der Energiebilanz

$$\dot{q} = \frac{\dot{Q}}{A} = \frac{\dot{m} \cdot r(t_s)}{A} = \frac{\dot{m}(h'' - h')}{A}$$

Erreicht die Wärmestromdichte den Wert für die kritische Wärmestromdichte (das heißt es kommt zur Siedekrise erster Art, die unbedingt vermieden werden muss) kann man mit einer Verlängerung des Rohres und damit Verringerung der Wärmestromdichte bei gleich bleiben-dem Wärmestrom Abhilfe schaffen.

4.5.1 Kondensation an senkrechter Wand

Langsam strömender Wasserdampf kondensiere bei physikalischem Normdruck an einer senkrechten Wand von 60 cm Höhe und 1,60 m Breite, die eine Wandtemperatur von 90 °C aufweise. Die Kondensationsenthalpie sei mit 2256,54 kJ/kg gegeben.
  a) Welche Stärke erreicht der ablaufende Kondensatfilm nach 10 cm und nach 50 cm?
  b) Wie groß ist der mittlere Wärmeübergangskoeffizient an die Wand?
  c) Wie viel Kilogramm Kondensat laufen pro Stunde insgesamt ab?
Hinweis: Man gehe davon aus, dass die Dichte in der gasförmigen Phase vernachlässigbar klein gegenüber der flüssigen Phase ist!

Gegeben:

Wand: $h = 0,6$ m $\qquad$ $b = 1,20$ m $\qquad$ $A = 0,72$ m² $\qquad$ $t_W = 90$ °C

physikalischer Normdruck: $p = 1,01325$ bar $\qquad$ $r = 2.256.540$ J/kg $\qquad$ $t_s = 100$ °C

Bezugtemperatur für Stoffwerte aus Tabelle 7.6-4: $t_B = (100 \text{ °C} + 90 \text{ °C})/2 = 95$ °C

$\lambda_F = 0,67517$ W/(m K) $\qquad$ $\eta_F = 675,17 \cdot 10^{-7}$ kg/(m·s) $\qquad$ $\nu_F = 0,3089 \cdot 10^{-6}$ m²/s

$$\rho_F = 961,89 \text{ kg/m}^3$$

Lösung:

a) Kondensatfilmstärke bei $x = 0,1$ m und $x = 0,5$ m mit Nußelt´scher Wasserhauttheorie

$$\delta(x) = \left[\frac{4 \cdot \lambda_F \cdot \eta_F \cdot (t_s - t_W)}{\rho_F^2 \cdot g \cdot r} \cdot x \right]^{1/4}$$

$$\delta(0,1 \text{ m}) = \left[\frac{4 \cdot 0,67517 \text{ W} \cdot 675,17 \cdot 10^{-7} \text{ kg} \cdot 10 \text{ K} \cdot \text{m}^6 \cdot \text{s}^2 \cdot \text{kg}}{(\text{m} \cdot \text{K}) \cdot (\text{m} \cdot \text{s}) \cdot 961,89^2 \text{ (kg)}^2 \cdot 9,80665 \text{ m} \cdot 2.256.540 \text{ J}} \cdot 0,1 \text{ m} \right]^{1/4}$$

$$\delta(0,1 \text{ m}) = \left[\frac{18.234,18116 \cdot 10^{-8} \text{ m}^4}{2.047.455.783 \cdot 10^4} \right]^{1/4} = \frac{11,62041307 \cdot 10^{-2} \text{ m}}{212,7177021 \cdot 10} = 0,054628331 \text{ mm} \approx 54,6 \text{ μm}$$

$$\delta(0,5 \text{ m}) = \left[\frac{91.170,9058 \cdot 10^{-8} \text{ m}^4}{2.047.455.783 \cdot 10^4} \right]^{1/4} = \frac{17,37657053 \text{ mm}}{212,7177021} = 0,081688408 \text{ mm} \approx 81,7 \text{ μm}$$

Bei der rechnerischen Auswertung ist es sinnvoll, zunächst die Einheiten zu bearbeiten, weil so eventuell vorhandene Formelfehler entdeckt werden können. Im Hinblick auf den Exponenten 1/4 sollte man sich bemühen, im Zähler und Nenner jeweils ganzzahlig durch vier teilbare Zehnerpotenzen abzuspalten. Ein mögliches Vorgehen haben wir oben demonstriert! Die errechneten Kondensatschichtdicken bewegen sich hier im μm-Bereich und werden wegen der Prandtl´schen Haftungsbedingung trotz senkrechter Wand auch entsprechend langsam abfließen. Die Annahmen von Nußelt haben also durchaus ihre Berechtigung!

b) mittlerer Wärmeübergangskoeffizient an die Wand nach (4.5-1b)

$$\overline{\alpha}_{ver} = 0,94281 \cdot \sqrt[4]{\frac{\rho_F^2 \cdot g \cdot r(p) \cdot \lambda_F^3}{\eta_F \cdot (t_s(p) - t_W)} \cdot \frac{1}{h}}$$

$$\overline{\alpha}_{ver} = 0,94281 \cdot \left[\frac{961,89^2 \,(kg)^2 \, 9,80665 \,m \cdot 225,654 \cdot 10^4 \, Ws \cdot 0,67517^3 \, W^3 \cdot (m \cdot s)}{m^4 \cdot s^2 \cdot kg \cdot (m \cdot K)^3 \cdot 67,517 \cdot 10^{-8} \, kg \cdot 10 \, K \cdot 0,6 \, m} \right]^{0,25}$$

$$\overline{\alpha}_{ver} = 0,94281 \cdot \left[\frac{961,89^2 \cdot 9,80665 \cdot 225,654 \cdot 10^4 \, W \cdot 0,67517^3 \, W^3}{m^4 \cdot (m \cdot K)^3 \cdot 6751,7 \cdot 10^{-8} \cdot 10 \, K \cdot 0,6 \, m} \right]^{0,25}$$

$$\overline{\alpha}_{ver} = 0,94281 \cdot \frac{158,4395082 \cdot 10}{14,18701725 \cdot 10^{-2}} \, \frac{W}{m^2 \, K} \approx 11.168 \, \frac{W}{m^2 \, K}$$

Der errechnete Wert liegt im Erfahrungsbereich aus Tabelle 4.1!

c) abfließender Kondensatmassestrom aus Ansatz (4.5-4a)

$$\dot{m}_K = \frac{\overline{\alpha}_{ver} \cdot A \cdot (t_s(p) - t_W)}{r(p)} = \frac{11.168 \, W/(m^2 \, K) \cdot 0,72 \, m^2 \cdot 10 \, K}{2256,54 \cdot 10^3 \, Ws/kg} = 0,035634023 \, \frac{kg}{s} = \underline{\underline{128,28 \, kg/h}}$$

4.5.2   Kondensation an waagerechten und senkrechten Rohren

Für die Kondensation von Wasserdampf bei 1 bar stehen Rohre von 1 m Länge mit einem Außendurchmesser von 50 mm zur Verfügung. Die Temperatur an der äußeren Mantelfläche, an der die Kondensation stattfindet, betrage 90 °C. Die Kondensationstemperatur bei einem Druck von 1 bar sei mit 99,606 °C, die zugehörige Kondensationsenthalpie mit 2.257.500 J/kg gegeben.

a) Wie viele horizontal angeordnete Rohre werden benötigt, damit 360 kg Wasserdampf pro Stunde kondensieren können?

b) Wie viele vertikal angeordnete Rohre werden unter sonst gleichen Bedingungen gebraucht?

Gegeben:

$t_s(1 \, bar) = 99,606 \, °C$ $r(1 \, bar) = 2.257.500 \, J/kg$ $t_W = 90 \, °C$

$d_a = 0,05 \, m$ $\dot{m}_K = 360 \, kg/h = 0,1 \, kg/s$

Stoffwerte für Wasser bei 1 bar und 99,606 °C aus Tabelle 7.6-4:

$\rho_F = \rho_W = 958,64 \, kg/m^3$ $\lambda_F = \lambda_W = 0,67707 \, W/(m \, K)$

$$\eta_F = \eta_W = 677,07 \cdot 10^{-6} \, kg/(m \cdot s)$$

Vorüberlegungen:

Die Siedetemperatur und die Kondensationsenthalpie erhält man aus den Werten der Wasserdampftafel in Band I (Tabelle 9-15).

Zur Demonstration der Unterschiede bei der Kondensation an waagerechten und senkrechten Rohren können wir wegen $\rho_F = 958{,}64$ kg/m³ $\gg \rho_D = 0{,}59031$ kg/m³ für den Wärmeübergangskoeffizienten auf die vereinfachten Formeln (4.5-2b) und (4.5-1b) zurückgreifen.

Lösung:

a) waagerechte Rohre

Die Gleichung (4.5-2b) enthält die Rohrlänge als Parameter nicht. Dieser Bezug muss später durch (4.5-5a) hergestellt werden.

$$\overline{\alpha}_{hor} = 0{,}728 \cdot \sqrt[4]{\frac{\rho_F^2 \cdot g \cdot r(p) \cdot \lambda_F^3}{\eta_F \cdot (t_s(p) - t_W)} \cdot \frac{1}{d_a}}$$

$$\overline{\alpha}_{hor} = 0{,}728 \cdot \sqrt[4]{\frac{958{,}64^2 \text{ kg}^2/\text{m}^6 \cdot 2.257.500 \text{ J/kg} \cdot (0{,}67707 \text{ W/(m K)})^3}{677{,}07 \cdot 10^{-6} \text{ kg/(m}\cdot\text{s)} \cdot 9{,}606 \text{ K}} \cdot \frac{1}{0{,}05 \text{ m}}} = 8.593{,}79 \frac{\text{W}}{\text{m}^2 \text{ K}}$$

Die benötigte Rohrlänge wird jetzt aus (4.5-5a) bestimmt:

$$l = \left(\frac{\overline{\alpha}_{hor}}{0{,}655}\right)^3 \cdot \frac{\eta_F \cdot \dot{m}_K}{\rho_F^2 \cdot g \cdot \lambda_F^3 \cdot \pi}$$

$$l = \left(\frac{8.593{,}79 \text{ W/(m}^2 \text{ K)}}{0{,}655}\right)^3 \cdot \frac{677{,}07 \cdot 10^{-6} \text{ kg/(m}\cdot\text{s)} \cdot 0{,}1 \text{ kg/s}}{958{,}64^2 \text{ kg}^2/\text{m}^6 \cdot 9{,}80665 \text{ m/s}^2 \cdot (0{,}67707 \text{ W/(m K)})^3 \cdot \pi} = \underline{\underline{17{,}4 \text{ m}}}$$

Es werden also 18 horizontal angeordnete Rohre mit je 1 m Länge benötigt.

b) senkrechte Rohre

Die Rohrlänge von 1 m ist jetzt die Zylinderhöhe h in (4.5-1b).

$$\overline{\alpha}_{ver} = 0{,}94281 \cdot \sqrt[4]{\frac{\rho_F^2 \cdot g \cdot r(p) \cdot \lambda_F^3}{\eta_F \cdot (t_s(p) - t_W)} \cdot \frac{1}{h}}$$

$$\overline{\alpha}_{ver} = 0{,}94281 \cdot \sqrt[4]{\frac{958{,}64^2 \text{ kg}^2/\text{m}^6 \cdot 2.257.500 \text{ J/kg} \cdot (0{,}67707 \text{ W/(m K)})^3}{677{,}07 \cdot 10^{-6} \text{ kg/(m}\cdot\text{s)} \cdot 9{,}606 \text{ K}} \cdot \frac{1}{1 \text{ m}}} = 5.262{,}84 \frac{\text{W}}{\text{m}^2 \text{ K}}$$

Der Bezug zu der benötigten Wärmeübertragungsfläche muss jetzt über (4.5-4a) hergestellt werden.

$$l = \frac{\dot{m}_K \cdot r(p)}{\overline{\alpha}_{ver} \cdot (t_s(p) - t_W) \cdot \pi \cdot d_a} = \frac{0{,}1 \text{ kg/s} \cdot 2.257.500 \text{ J/kg}}{5.262{,}84 \text{ W/(m}^2 \text{ K)} \cdot 9{,}606 \text{ K} \cdot \pi \cdot 0{,}05 \text{ m}} = \underline{\underline{28{,}43 \text{ m}}}$$

Bei einem vertikal angeordneten Rohrbündel werden 29 Rohre benötigt!

Kommentar:

Es ist ganz allgemein so, dass an horizontalen Rohren mehr Dampf kondensiert als an vertikalen.

4.5.3 Wärmeübergangskoeffizient an Verdampferheizfläche

In einem Verdampfer wird 650 °C heißes Rauchgas eingesetzt, um an einer ebenen Heizfläche trocken gesättigten Dampf von 140 °C zu erzeugen. Die Heizfläche besteht aus einem 3 mm starken Stahlblech mit einer Wärmeleitfähigkeit von 52 W/(m K). Rauchgasseitig wurde der Wärmeübergangskoeffizient an der Heizfläche mit 85 W/(m² K) ermittelt. Folgende Stoffwerte aus einer Wasserdampftafel für t_s = 140 °C stehen zur Verfügung:

v' = 0,00107976 m³/kg v'' = 0,508519 m³/kg h' = 589,2 kJ/kg h'' = 2733,44 kJ/kg

$\sigma = 50{,}86 \cdot 10^{-3}$ N/m $p_s(140\,°C) = 3{,}61501$ bar

a) Wie hoch ist die kritische Wärmestromdichte?
b) Wie groß ist der Wärmeübergangskoeffizient auf der Wasserseite der Heizfläche beim Verdampfen?
c) Welche Heizflächenbelastung in kW/m² wird erreicht und welcher Fehler entsteht bei Vernachlässigung des sehr geringen Wärmewiderstands an der wasserseitigen Heizfläche?

Gegeben:

t_R = 650 °C α_R = 85 W/(m² K) δ_{St} = 0,003 m λ_{St} = 52 W/(m K)
v' = 0,00107976 m³/kg v'' = 0,508519 m³/kg h' = 589,200 kJ/kg h'' = 2733,44 kJ/kg

$\sigma = 50{,}86 \cdot 10^{-3}$ N/m $p_s(140\,°C) = 3{,}61501$ bar

Vorüberlegungen:
Die kritische Wärmestromdichte kann nach Formel (4.5-11) berechnet werden.
Für die tatsächliche konstante Heizflächenbelastung $\dot{q}$ beim Verdampfen ergeben sich mit der Reihenschaltung der einzelnen Wärmewiderstände zum auf die Heizfläche bezogenen Gesamtwiderstand R_W^* und den Bezeichnungen $t_{W,W}$ für Wandtemperatur Heizfläche Wasser sowie $t_{W,R}$ für Wandtemperatur Heizfläche Rauchgas folgende Beziehungen:

$$\dot{q} = \frac{t_R - t_s(p)}{\dfrac{1}{\alpha_W}+\dfrac{\delta_{St}}{\lambda_{St}}+\dfrac{1}{\alpha_R}} = \frac{\Delta t_{ges}}{R_W^*} = \frac{t_{W,W}-t_s(p)}{\dfrac{1}{\alpha_W}} = \frac{t_{W,R}-t_{W,W}}{\dfrac{\delta_{St}}{\lambda_{St}}} = \frac{t_R - t_{W,R}}{\dfrac{1}{\alpha_R}}$$

Der Wärmeübergangskoeffizient α_W an der wasserseitigen Heizflächenwand muss nach Tabelle 4-1 zwischen 1.500 W/(m² K) und 20.000 W/(m² K) liegen. Der zugehörige Wärmewiderstand ist also vernachlässigbar klein. Die gesuchte Heizflächenbelastung wird so abschätzbar durch

$$\dot{q} = \frac{\Delta t_{ges}}{\dfrac{\delta_{St}}{\lambda_{St}}+\dfrac{1}{\alpha_R}} = \frac{650\,°C - 140\,°C}{\dfrac{0{,}003\,m\cdot m\,K}{52\,W}+\dfrac{1\,m²\,K}{85\,W}} = 43.138{,}46\ \frac{W}{m^2}$$

Tatsächlich muss der Wert etwas niedriger sein. Aber wegen $\dot{q} \gg 17.000\ \text{W/m}^2$ liegt an der Heizfläche Blasensieden vor und für den wasserseitigen Wärmeübergangskoeffizienten α_W ist (4.5-9) anzusetzen: $\{\alpha_W\} = 5{,}65 \cdot \{\Delta t_W\}^3 \cdot \{p\}$ mit α_w in W/(m² K) und p in bar. Dabei sind zunächst weder der tatsächlich fließende Wärmestrom $\dot{q}$ noch die Temperaturdifferenz

$\Delta t_W = t_{w,W} - t_s(p)$ bekannt. Wir bestimmen daher für die Lösung von (b) zunächst Δt_W aus den Beziehungen zwischen jeweiliger Temperaturdifferenz und zugehörigen Wärmewiderständen für die bei Reihenschaltung konstant bleibende Heizflächenbelastung.

Lösung:

a) kritische Heizflächenbelastung

$$\dot{q}_{krit} = 0{,}145 \cdot r(p_s) \cdot \sqrt{\rho''} \cdot \sqrt[4]{g \cdot \sigma \cdot (\rho' - \rho'')}$$

$$r(3{,}61501\,\text{bar}) = h'' - h' = (2733{,}44 - 589{,}2)\,\text{kJ/kg} = 2144{,}24\,\text{kJ/kg}$$

$$\rho' - \rho'' = 1/v' - 1/v'' = (926{,}131733 - 1{,}966494861)\,\text{kg/m}^3 = 924{,}165238\ 1\,\text{kg/m}^3$$

$\dot{q}_{krit} = $

$$0{,}145 \cdot 2144{,}24\,\frac{\text{kJ}}{\text{kg}} \cdot \sqrt{1{,}966494861\,\frac{\text{kg}}{\text{m}^3}} \cdot \sqrt[4]{9{,}80665\,\frac{\text{m}}{\text{s}^2} \cdot 50{,}86 \cdot 10^{-3}\,\frac{\text{N}}{\text{m}} \cdot 924{,}165238\ 1\,\frac{\text{kg}}{\text{m}^3}}$$

$$\underline{\underline{\dot{q}_{krit} = 2020{,}22\,\text{kW/m}^2}}$$

Einheitenanalyse: $\dfrac{\text{kJ}}{\text{kg}} \cdot \sqrt{\dfrac{\text{kg}}{\text{m}^3}} \cdot \sqrt[4]{\dfrac{\text{m}}{\text{s}^2} \cdot \dfrac{\text{kg}}{\text{s}^2} \cdot \dfrac{\text{kg}}{\text{m}^3}} = \dfrac{\text{kJ}}{\text{s}} \cdot \text{m}^{-3/2} \cdot \text{m}^{-1/2} = \dfrac{\text{kW}}{\text{m}^2}$

b) Wärmeübergangskoeffizient α_W

$$\dot{q} = \alpha_W \cdot \Delta t_W = \frac{\Delta t_{ges} - \Delta t_W}{\delta_{St}/\lambda_{St} + 1/\alpha_R} \quad \text{oder} \quad 5{,}65 \cdot \{\Delta t_W\}^3 \cdot \{p\} \cdot \Delta t_W = \frac{\Delta t_{ges} - \Delta t_W}{\delta_{St}/\lambda_{St} + 1/\alpha_R}$$

Einsetzen der gegebenen Zahlenwerte führt auf die Zahlenwertgleichung:

$$5{,}65 \cdot \{\Delta t_W\}^4 \cdot \{3{,}61501\} = \frac{510 - \{\Delta t_W\}}{0{,}003/52 + 1/85} \quad \text{oder} \quad 0{,}241470195 \cdot \{\Delta t_W\}^4 + \{\Delta t_W\} - 510 = 0$$

Diese Gleichung lösen wir mit dem Newton´schen Näherungsverfahren (iterativ)

$$\Delta t_W^{(n+1)} = \Delta t_W^{(n)} - \frac{f(\Delta t_W^{(n)})}{f'(\Delta t_W^{(n)})} \quad \text{mit} \quad f(\Delta t_W) = 0{,}241470195 \cdot \{\Delta t_W\}^4 + \{\Delta t_W\} - 510$$

$$f'(\Delta t_W) = 0{,}96588078 \cdot \{\Delta t_W\}^3 + 1$$

Für den Startwert $n = 0$ ergibt sich aus den Vorüberlegungen mit dem geschätzten $\alpha_W = 6.000\,\text{W/(m}^2\,\text{K)}$ eine Temperaturdifferenz $\Delta t_W^{(0)} = \dot{q}/\alpha_W \approx 7\,\text{K}$. Schon nach wenigen Iterationen erreicht man $\Delta t_W \approx 6{,}7566\,\text{K}$. Eingesetzt in (4.5-9) erhält man für den wasserseitigen Wärmeübergangskoeffizienten:

$$\{\alpha_W\} = 5{,}65 \cdot \{\Delta t_W\}^3 \cdot \{p\} = 5{,}65 \cdot 6{,}7566^3 \cdot 3{,}61501 = 6.300{,}03 \qquad \underline{\underline{\alpha_W \approx 6.300\,\text{W/(m}^2\,\text{K)}}}$$

c) tatsächliche Heizflächenbelastung

$$\dot{q} = \alpha_W \cdot \Delta t_W = 6.300{,}03\,\text{W/(m}^2\,\text{K)} \cdot 6{,}7566\,\text{K} \approx \underline{\underline{42.566{,}779\,\text{W/m}^2}}$$

Bei vollständiger Vernachlässigung des Wärmeübergangswiderstandes an der Wasserseite ergibt sich eine Heizflächenbelastung von $\dot{q} \approx 43.138{,}5\,\text{W/m}^2$. Der relative Fehler für diese Vereinfachung beträgt danach also circa 1,3 %.

4.5.4   Wärmeübergang beim Sieden von Wasser

Bei einem konstanten Luftdruck von 1000 mbar wird ein Liter Wasser von 10 °C in einem dünnwandigen Topf aus Edelstahl (Masse 600 g) auf einer Herdplatte mit 3 kW elektrischer Anschlussleistung zum Sieden gebracht. Der Topfboden habe einen Durchmesser von 18 cm und sei genauso groß wie die Herdplatte. Beim Siedevorgang entfallen im Mittel 30 % der elektrischen Heizleistung auf Verluste an die Umgebung. Folgende Stoffwerte für Wasser wurden bei $p = 1$ bar einer Wasserdampftafel entnommen:

$$\rho_F = \frac{1}{v'(1\,\text{bar})} = \frac{1}{0{,}00104315\,\text{m}^3/\text{kg}} = 958{,}635 \frac{\text{kg}}{\text{m}^3}$$

$$\rho_D = \frac{1}{v''(1\,\text{bar})} = \frac{1}{1{,}69402\,\text{m}^3/\text{kg}} = 0{,}590312 \frac{\text{kg}}{\text{m}^3} \qquad \sigma(1\,\text{bar}) = 0{,}0588\,\text{N/m}$$

$$r(p = 1\,\text{bar}) = h''(1\,\text{bar}) - h'(1\,\text{bar}) = (2674{,}95 - 417{,}436)\,\text{kJ/kg} = 2257{,}51\,\text{kJ/kg}$$

a) Nach welcher Zeit beginnt das Wasser zu sieden?
b) Mit welcher Siedeform ist hier zu rechnen?
c) Welche Temperatur besitzt die Bodenplatte des Topfes während des Siedevorganges?
d) Nach welcher Zeit wäre das im Topf enthaltene siedende Wasser vollständig verdampft?
e) Welche Anschlussleistung in kW dürfte die Herdplatte gerade noch besitzen, ohne dass eine Siedekrise erster Art auftreten könnte?

Gegeben:
$V_W = 0{,}001\ \text{m}^3$	$t_W = 10\ °\text{C}$	$m_{St} = 0{,}6\ \text{kg}$	$d = 0{,}18\ \text{m}$
$P_{el} = 3\ \text{kW}$	$\dot{Q}_V \equiv 0{,}30 \cdot P_{el}$		

Vorüberlegungen:
Neben den schon gegebenen Stoffwerten werden die spezifischen Wärmekapazitäten von Wasser sowie Edelstahl benötigt. Für Edelstahl (Cr-Ni-Stahl) entnehmen wir Tabelle 7.6-2 $c_{St} = 0{,}502$ kJ/(kg K) bei einer Temperatur von 20 °C und verwenden dies als mittleren Wert im relevanten Temperaturbereich. Die mittlere spezifische Wärmekapazität für Wasser berechnen wir aus den wahren Werten der Tabelle 7.6-4 mit Hilfe der Keplerschen Fassregel

$$\int_a^b c(t)\,\mathrm{d}t \approx \frac{b-a}{6}\left(c(a) + 4c\left(\frac{a+b}{2}\right) + c(b) \right)$$

$$\bar{c}_w \big|_{10\,°\text{C}}^{100\,°\text{C}} = \frac{1}{6}\left(c_w(10\ °\text{C}) + c_w(55\ °\text{C}) + c_w(100\ °\text{C}) \right)$$

$$= \frac{1}{6}\left(4{,}195 + 4\cdot 4{,}181 + 4{,}216\right) \frac{\text{kJ}}{\text{kg K}} = 4{,}189 \frac{\text{kJ}}{\text{kg K}}$$

Die dünnen Wände des Topfes nehmen bis zum Erreichen der Siedetemperatur in guter Näherung immer die Temperatur des Wassers an.

Die Siedeform kann man anhand der Heizflächenbelastung bestimmen. Die Heizfläche beträgt hier $A = \frac{\pi}{4} \cdot d^2 = \frac{\pi}{4} \cdot 0{,}18^2\,\text{m}^2 = 0{,}0254468\,\text{m}^2$.

Für die Berechnung der kritischen Heizflächenbelastung $\dot{q}_{krit}$ stehen zwei Korrelationen zur Verfügung. Für stark assoziierende Fluide wie Ammoniak oder Wasser wird in der Literatur empfohlen, auf (4.5-11) zurückzugreifen, da sich mit (4.5-10) in diesen Fällen zu niedrige Werte ergeben. Zur Bestätigung dieser Aussage setzen wir hier parallel auch in (4.5-10) ein. Ausweislich Tabelle 7.6-4 beträgt $\text{Pr}(t_s = 99{,}606\,°\text{C}) = 1{,}761$.

Lösung:

a) Zeit bis zum Erreichen der Siedetemperatur $t_s(p = 1\,\text{bar}) = 99{,}6059\,°\text{C}$

• benötigte Energie:

$Q = (m_W \bar{c}_W + m_{St} c_{St}) \cdot (t_s(1\,\text{bar}) - t_W)$ mit

$m_W = \rho_W(10\,°\text{C}) \cdot V_W = 999{,}7\,\dfrac{\text{kg}}{\text{m}^3} \cdot 0{,}001\,\text{m}^3 = 0{,}9997\,\text{kg}$

$Q = \left(0{,}9997\,\text{kg} \cdot 4{,}189\,\dfrac{\text{kJ}}{\text{kg K}} + 0{,}6\,\text{kg} \cdot 0{,}502\,\dfrac{\text{kJ}}{\text{kg K}} \right) \cdot (99{,}6059 - 10)\,\text{K} = 402{,}2358\,\text{kJ}$

• benötigte Zeit unter Berücksichtigung der Verluste:

$\dfrac{Q}{P_{el} - \dot{Q}_V} = \dfrac{402{,}2358\,\text{kJ}}{(3 - 0{,}9)\,\text{kW}} = 191{,}54\,\text{s} \approx \underline{\underline{3{,}2\,\text{Minuten}}}$

b) Siedeform gemäß Heizflächenbelastung

$\dot{q} = \dfrac{\dot{Q}}{A} = \dfrac{3\,\text{kW}}{0{,}0254469\,\text{m}^2} = 117{,}89255\,\dfrac{\text{kW}}{\text{m}^2} \qquad \dot{q} > 17\,\dfrac{\text{kW}}{\text{m}^2} \quad \rightarrow \quad \text{Blasensieden}$

c) Temperatur t_W am Boden des Topfes über Wärmeübergangskoeffizient nach (4.5-8):

$\alpha = 0{,}274 \cdot \{\dot{q}\}^{0{,}75} \cdot \{p\}^{0{,}25} = 0{,}274 \cdot 117{,}89255^{0{,}75} \cdot 1^{0{,}25} = 9{,}803 \quad \rightarrow \quad \alpha = 9.803\,\text{W/(m}^2\,\text{K)}$

Der errechnete Wärmeübergangskoeffizient liegt im Erfahrungsbereich nach Tabelle 4-1.

$\dot{q} = \alpha \cdot (t_W - t_s(p)) \quad \rightarrow \quad t_W = t_s(p) + \dfrac{\dot{q}}{\alpha} = 99{,}6059\,°\text{C} + \dfrac{117{,}89255\,\text{kW/m}^2}{9{,}803\,\text{kW/(m}^2\text{K)}} \approx \underline{\underline{111{,}6\,°\text{C}}}$

Das Blasensieden tritt hier bei einer Übertemperatur von ca. 12 K auf.

d) Zeit für vollständige Verdampfung

Die Verdampfung findet bei konstant bleibender Siedetemperatur statt, der Edelstahltopf nimmt nach Erreichen der Siedetemperatur keine Wärme mehr auf.

$Q = m_W \cdot r(p) = 0{,}9997\,\text{kg} \cdot 2257{,}51\,\text{kJ/kg} = 2256{,}83\,\text{kJ}$

$\dfrac{Q}{P_{el} - \dot{Q}_V} = \dfrac{2256{,}83\,\text{kJ}}{(3 - 0{,}9)\,\text{kW}} = 1074{,}68\,\text{s} \approx \underline{\underline{18\,\text{Minuten}}}$

e) Kritische Wärmestromdichte für Wasser nach verschiedenen Korrelationen

empfohlene Korrelation (4.5-11):

$$\dot{q}_{krit} = 0{,}145 \cdot r \cdot \sqrt{\rho_D} \cdot \sqrt[4]{g \cdot \sigma \cdot (\rho_F - \rho_D)}$$

$$\dot{q}_{krit} = 0{,}145 \cdot 2257{,}51\,\frac{kJ}{kg} \cdot \sqrt{0{,}590312\,\frac{kg}{m^3}} \cdot \sqrt[4]{9{,}80665\,\frac{m}{s^2} \cdot 0{,}0588\,\frac{N}{m} \cdot (958{,}635 - 0{,}590312)\,\frac{kg}{m^3}}$$

$$\underline{\underline{\dot{q}_{krit} = 1219{,}3\,\frac{kW}{m^2}}}$$

Korrelation (4.5-10) informativ:

$$\dot{q}_{krit} = 0{,}144 \cdot r \cdot \sqrt{(\rho_F - \rho_D) \cdot \rho_D} \cdot \sqrt[4]{(g \cdot \sigma)/\rho_F} \cdot \text{Pr}^{-0{,}245}$$

$$\dot{q}_{krit} =$$

$$0{,}144 \cdot 2257{,}51\,\frac{kJ}{kg} \cdot \sqrt{(958{,}635 - 0{,}590312)\,\frac{kg}{m^3} \cdot 0{,}590312\,\frac{kg}{m^3}} \cdot \sqrt[4]{\frac{9{,}80665\,\frac{m}{s^2} \cdot 0{,}0588\,\frac{N}{m}}{958{,}635\,kg/m^3}} \cdot 1{,}761^{-0{,}245}$$

$$\underline{\underline{\dot{q}_{krit} = 1053{,}96\,\frac{kW}{m^2}}}$$

Zur Vermeidung einer Siedekrise erster Art muss die Anschlussleistung der Herdplatte kleiner sein als: $P_{el} = \dot{Q} = \dot{q}_{krit} \cdot \dfrac{\pi}{4} d^2 = 1219{,}3\,\dfrac{kW}{m^2} \cdot \dfrac{\pi}{4} \cdot 0{,}18^2\,m^2 = \underline{\underline{31{,}03\,kW}}$

5   Wärmedurchgang

5.1   Physikalische Grundlagen

Oft ist die Aufgabe gestellt, einen Wärmestrom zu berechnen, der von einem wärmeren Fluid durch eine feste Wand hindurch an ein kälteres Fluid übertragen wird. Dabei muss die Wärme zunächst vom wärmeren Fluid auf die Wand übergehen, in der Wand durch Leitung transportiert und schließlich von der Wand auf das kältere Fluid übertragen werden. Anstelle der Einzelvorgänge wird der gesamte als Wärmedurchgang bezeichnete Wärmetransport so betrachtet, dass die dabei oft unbekannten Wandtemperaturen nicht in Erscheinung treten. In Abbildung 5-1 ist der sich dabei einstellende Temperaturverlauf qualitativ für den nachfolgend immer als stationär betrachteten Vorgang dargestellt.

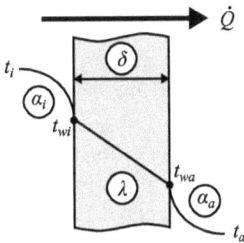

Abb. 5-1:   Wärmedurchgang als Kombination aus Wärmeübergang, Wärmeleitung und Wärmeübergang.

Für den beim Wärmedurchgang infolge des Temperaturgefälles zwischen den Fluidtemperaturen innen und außen (t_i und t_a) induzierten Wärmestrom kann in Anlehnung an den Ansatz (4.1-1a) sowie Definition (4.1-3) geschrieben werden

$$\dot{Q} = k \cdot A \cdot (t_i - t_a) = \frac{t_i - t_a}{1/(k \cdot A)} = \frac{\Delta t}{R_k} \qquad (5.1\text{-}1)$$

Die Fluidtemperaturen t_i und t_a sind die kalorischen Mitteltemperaturen (auch adiabate Mischungstemperaturen genannt), die man bei idealer Durchmischung jeweils messen könnte. Rechnerisch erhält man die kalorische Mitteltemperatur, wenn über alle lokalen Energieströme im Strömungsquerschnitt integriert wird.

Im Maschinenbau ist die Verwendung von k als Formelzeichen für den Wärmedurchgangskoeffizienten üblich. Im Zuge einer Angleichung an internationale Normen taucht immer häufiger auch das Formelzeichen U auf. Wir verwenden im Allgemeinen k und greifen auf U nur zurück, wenn ein durch Normen festgelegter Sachverhalt beschrieben wird (zum Beispiel bei bauphysikalischen Themen).

Mit (5.1-1) werden zwei neue Größen definiert:

* Wärmedurchgangskoeffizient k $[k] = 1$ W/(m² K)   (wie α)
* Wärmedurchgangswiderstand R_k $[R_k] = 1$ K/W

http://doi.org/10.1515/9783110745092-005

Der *Wärmedurchgangswiderstand* R_k ist gleich der Summe der am Wärmedurchgang beteiligten und in Reihe geschalteten Wärmewiderstände Die Definition des Wärmedurchgangswiderstands R_k ergibt sich aus (5.1-1) durch

$$R_k = \frac{1}{k \cdot A} \qquad\qquad R_k = R_{\alpha,i} + R_\lambda + R_{\alpha,a} \qquad\qquad (5.1\text{-}2)$$

Der *Wärmedurchgangskoeffizient* k besteht demnach aus drei Anteilen.

- einem vom Wärmeübergang des wärmeabgebenden Fluids an die Wand bestimmten Anteil (Wärmeübergang durch Konvektion)
- einem vom Wärmeübergang von der Wand an das wärmeaufnehmende Fluid bestimmten Anteil (Wärmeübergang durch Konvektion)
- einem nur von den Eigenschaften der festen Trennwand bestimmten Anteil (Wärmeleitung)

:Für *ebene Wände*, die in allen N Schichten die konstante Wandfläche A aufweisen, folgt für die Berechnung des Wärmeübergangskoeffizienten k aus

$$\dot{Q} = k \cdot A \cdot (t_i - t_a) = \frac{t_i - t_a}{R_{\alpha,i} + R_\lambda + R_{\alpha,a}} = \frac{t_i - t_a}{\dfrac{1}{\alpha_i \cdot A} + \dfrac{1}{A}\displaystyle\sum_{n=1}^{N}\dfrac{\delta_n}{\lambda_n} + \dfrac{1}{\alpha_a \cdot A}} \qquad (5.1\text{-}3a)$$

$$k = \frac{1}{\left(\dfrac{1}{\alpha_i} + \displaystyle\sum_{n=1}^{N}\dfrac{\delta_n}{\lambda_n} + \dfrac{1}{\alpha_a}\right)} \qquad\qquad (5.1\text{-}4a)$$

Bei Zylindern und Kugeln ist die Fläche A nicht konstant wie in (5.1-3a) für die ebene Wand vorausgesetzt, sondern vom Radius r abhängig ($A = A(r)$). In diesen beiden Fällen muss man sich für die Berechnung des Wärmedurchgangskoeffizienten k für eine Bezugsfläche entscheiden. Sehr oft wird als Bezugsfläche die Außenfläche A_a gewählt. Außerdem sind die zu den jeweiligen Wärmewiderständen gehörigen Flächen durch Indizes kennzeichnen.

Aus den Formeln (5.1-3a) und (5.1-4a) kann man relativ einfach die entsprechenden Berechnungsvorschriften für einen Zylinder oder eine Kugel mit N-Schichten ableiten.

Für den Übergang von kartesischen Koordinaten zu Zylinderkoordinaten verwenden wir die Substitution $x = \ln r$. Dann folgt: $\delta = x_a - x_i = \ln r_a - \ln r_i = \ln \dfrac{r_a}{r_i}$ und in Verbindung mir dem Wärmeleitwiderstand für den Zylinder $R_\lambda = \dfrac{\ln(r_a / r_i)}{\lambda \cdot 2\pi \cdot l}$ schließlich

$$\dot{Q} = k_a \cdot A_a \cdot (t_i - t_a) = \frac{t_i - t_a}{\dfrac{1}{\alpha_i \cdot A_i} + \displaystyle\sum_{n=1}^{N+1}\dfrac{1}{2\pi \cdot l \cdot \lambda_n}\ln\dfrac{r_{n+1}}{r_n} + \dfrac{1}{\alpha_a \cdot A_a}} \qquad (5.1\text{-}3b)$$

Ein Koeffizientenvergleich liefert die Berechnungsvorschrift für den auf die Außenfläche bezogenen Wärmedurchgangskoeffizienten k_a (beachte: $r_a = r_{N+1}$!)

$$k_a = \cfrac{1}{\cfrac{A_a}{\alpha_i A_i} + \sum_{n=1}^{N+1} \cfrac{r_a}{\lambda_n} \cdot \ln \cfrac{r_{n+1}}{r_n} + \cfrac{1}{\alpha_a}}$$

$$k_a = \cfrac{1}{\cfrac{r_a}{\alpha_i r_i} + \sum_{n=1}^{N+1} \cfrac{r_a}{\lambda_n} \cdot \ln \cfrac{r_{n+1}}{r_n} + \cfrac{1}{\alpha_a}} = \cfrac{1}{\cfrac{d_a}{\alpha_i d_i} + \sum_{n=1}^{N+1} \cfrac{d_a}{2 \cdot \lambda_n} \cdot \ln \cfrac{d_{n+1}}{d_n} + \cfrac{1}{\alpha_a}} \qquad (5.1\text{-}4b)$$

Für *Kugeln* folgt analog aus der Substitution für den Übergang von kartesischen Koordinaten zu Kugelkoordinaten $x = 1/r$ sowie dem Wärmeleitwiderstand für die Kugel

$$R_\lambda = \cfrac{\cfrac{1}{r_i} - \cfrac{1}{r_a}}{\lambda \cdot 4\pi}$$

$$k_a = \cfrac{1}{\cfrac{r_a^2}{\alpha_i \cdot r_i^2} + \sum_{n=1}^{N+1} \cfrac{r_a^2}{\lambda_n}\left(\cfrac{1}{r_n} - \cfrac{1}{r_{n+1}}\right) + \cfrac{1}{\alpha_a}} \qquad (5.1\text{-}4c)$$

$$k_a = \cfrac{1}{\cfrac{d_a^2}{\alpha_i \cdot d_i^2} + \sum_{n=1}^{N+1} \cfrac{d_a^2}{2 \cdot \lambda_n}\left(\cfrac{1}{d_n} - \cfrac{1}{d_{n+1}}\right) + \cfrac{1}{\alpha_a}} \qquad \text{(beachte: } r_a = r_{N+1}!\text{)}$$

Die Gleichungen (5.1-3) und (5.1-4) setzen für den jeweiligen Wärmedurchgang voraus, dass zwischen den Schichten kein zusätzlicher thermischer Kontaktwiderstand auftritt. Bei einem engen Kontakt der Wandschichten wird dies vom Grundsatz her erfüllt. Bei weniger gut wärmeleitenden Baumaterialien ist die Berücksichtigung eines Kontaktwiderstandes infolge dünner Luftspalte zwischen den Schichten in der Regel nicht erforderlich. Für Brennelemente in Kernreaktoren verpresst man aber den sehr kleinen Spalt zwischen Uranzylinder und Brennelementhülle zur Verminderung des Kontaktwiderstandes mit sehr gut wärmeleitendem Helium (vergleiche Tabelle 1-5 zur deutlich höheren Wärmeleitfähigkeit von Helium im Verhältnis zu Luft). Dünne, den Wärmedurchgang behindernde Luftspalte zwischen Bauteilen in Anlagen werden manchmal mit Kunstharz ausgegossen, um den Kontaktwiderstand herabzusetzen. Dämmstoffe für kältetechnische Anwendungen sollten wegen kondensierender Luftfeuchtigkeit stets nur über abgeschlossene Hohlräume oder über eine solide Dampfsperre verfügen.

Weisen die Einzelwiderstände im Wärmedurchgangswiderstand R_k nach den Gleichungen (5.1-4) erhebliche Größenunterschiede auf, bestimmt der größte Teilwiderstand die Höhe von R_k. In den meisten praktischen Situationen dominiert einer der beiden Wärmeübergangswiderstände. Unterscheiden sich also die Wärmeübergangskoeffizienten α_i und α_a deutlich voneinander, hat der größere von beiden auf die Höhe des Wärmedurchgangskoeffizienten k gemäß den Formeln (5.1-4) kaum Einfluss. Der Wärmedurchgangskoeffizient k ist dann also immer kleiner als der kleinste der beiden Wärmeübergangskoeffizienten. Der entscheidende Einfluss auf die Höhe des Wärmedurchgangskoeffizienten k geht immer vom größten der in Reihe geschalteten Wärmewiderstände aus. So kann der Wärmedurchgangskoeffizient k für

Dampferzeugerrohre, in denen der Wärmedurchgang innen fließendes Wasser durch außen anliegende Rauchgase verdampft, durch mit dem Wärmeübergangskoeffizienten α auf der Rauchgasseite abgeschätzt werden, die anderen Wärmewiderstände spielen im Vergleich zu diesem kaum eine Rolle. Bereits geringste Ablagerungen von Stoffen mit niedriger Wärmeleitfähigkeit (Kesselstein, Ruß, Kohlestaub oder Salz) an Rohrwänden können erhebliche Verminderungen des Wärmedurchgangskoeffizienten zur Folge haben können.

Die Effizienz von Wärmeübertragern steigt mit verbessertem Wärmedurchgang. Die Bemühungen dazu müssen auf der Seite mit dem niedrigeren Wärmeübergangskoeffizienten ansetzen. Neben Erhöhung der Strömungsgeschwindigkeit oder dem Einbau von Turbulenzeinrichtungen kann die Vergrößerung der Heizfläche durch Rippen oder Nadeln sinnvoll sein.

In Wärmeübertragern kann eine Verschmutzung durch Kesselstein oder Ruß eine erhebliche Verschlechterung des Wärmedurchgangs verursachen. Bei Rohrleitungen hingegen versucht man zum Schutz vor Wärmeverlusten bewusst, den Wärmedurchgang durch Aufbringen einer zusätzlichen Isolierschicht zu behindern.

Jede auf einer ebenen Wand aufgebrachte Isolierschicht der Stärke δ führt zu einer Erhöhung des Gesamtwärmewiderstandes und damit zur Verringerung von Wärmeverlusten. Eine auf einen Zylinder oder eine Kugel aufgebrachte Isolierschicht der Stärke $\delta = r_a - r_i$ kann jedoch den Wärmestrom auch erhöhen, weil der die Wärmeverluste vermindernde Wärmeleitwiderstand mit der Isolierdicke wächst, gleichzeitig aber die für den Wärmeübergang an der Außenwand zur Verfügung stehende Fläche zunimmt. Solange der äußere Wärmeübergangswiderstand $R_{\alpha,a}$ den thermischen Gesamtwiderstand dominiert, erhöhen sich die Wärmeverluste mit dem durch die Isolierung zunehmenden Außendurchmesser.

Für die Berechnung eines Wärmestroms durch ein dünnwandiges Rohr, das mit einer Isolierschicht der Stärke δ versehen wurde, kann man oft den inneren Wärmeübergangswiderstand und den Wärmeleitwiderstand des Rohrmaterials vernachlässigen. So entsteht aus

$$\dot{Q} = k_a \cdot 2\pi \cdot r_a \cdot l \cdot (t_i - t_a) = \frac{2\pi \cdot r_a \cdot l \cdot \Delta t}{\dfrac{r_a}{\alpha_i r_{i,Rohr}} + \dfrac{r_a}{\lambda_{Rohr}} \ln \dfrac{r_{a,Rohr}}{r_{i,Rohr}} + \dfrac{r_a}{\lambda_{iso}} \ln \dfrac{r_a}{r_{i,iso}} + \dfrac{1}{\alpha_a}}$$

mit $R_{\alpha,i} \to 0$, wenn $\alpha \to \infty$ und $R_{\lambda,Rohr} \to 0$, wenn $r_{a,Rohr} \approx r_{i,Rohr}$. Für $r_a = r_{i,iso} + \delta_{iso}$ folgt dann

$$\dot{Q} = \frac{2\pi \cdot r_a \cdot l \cdot \Delta t}{\dfrac{r_a}{\lambda_{iso}} \ln \dfrac{r_a}{r_{i,iso}} + \dfrac{1}{\alpha_a}} = \frac{2\pi \cdot l \cdot \lambda_{iso} \cdot \Delta t}{\ln\left(1 + \dfrac{\delta_{iso}}{r_{i,iso}}\right) + \dfrac{\lambda_{iso}}{\alpha_a r_{i,iso}(1 + \dfrac{\delta_{iso}}{r_{i,iso}})}} .$$

Setzt man zur Vereinfachung darüber hinaus noch $C = 2 \cdot \pi \cdot l \cdot \lambda_{iso} \cdot \Delta t$ entsteht die Funktion

$$\dot{Q} = C \cdot \left[\ln\left(1 + \dfrac{\delta_{iso}}{r_{i,iso}}\right) + \dfrac{\lambda_{iso}}{\alpha_a r_{i,iso}(1 + \dfrac{\delta_{iso}}{r_{i,iso}})} \right]^{-1} = \dot{Q}(\delta_{iso})$$

Eine Kurvendiskussion zeigt, dass der Wärmestrom mit zunehmender Isolierstärke so lange steigt, wie $d\dot{Q}/d\delta > 0$.

$$\frac{d\dot{Q}}{d\delta} = \left[-C \cdot \left(\ln(1 + \frac{\delta_{iso}}{r_{i,iso}}) + \frac{\lambda_{iso}}{\alpha_a r_{i,iso}(1 + \frac{\delta_{iso}}{r_{i,iso}})} \right)^{-2} \right] \cdot \left[\frac{1}{1 + \frac{\delta_{iso}}{r_{i,iso}}} \cdot \frac{1}{r_{i,iso}} - \frac{\alpha_a \cdot \lambda_{iso}}{(\alpha_a r_{i,iso})^2 \cdot \left(1 + \frac{\delta_{iso}}{r_{i,iso}} \right)^2} \right]$$

Zur Interpretation des zunächst sperrigen Ausdrucks halten wir fest, dass der linke in eckigen Klammern stehende Term stets negativ ist. Für $d\dot{Q}/d\delta > 0$ muss also auch der rechte in eckigen Klammern stehende Term negativ sein und mit $r_a = r_{i,iso} + \delta_{iso}$ folgt:

$$\frac{1}{1 + \frac{\delta_{iso}}{r_{i,iso}}} \cdot \frac{1}{r_{i,iso}} < \frac{\alpha_a \cdot \lambda_{iso}}{(\alpha_a r_{i,iso})^2 \cdot \left(1 + \frac{\delta_{iso}}{r_{i,iso}} \right)^2} \quad \leftrightarrow \quad \frac{\alpha_a \cdot r_a}{\lambda_{iso}} < 1 \qquad (5.1\text{-}5)$$

Für den Zylinder erhalten wir also mit Bi < 1 ein Kriterium zur Abschätzung des Bereiches, in dem eine zusätzliche Isolierung zur Vergrößerung der Wärmeverluste führt. Für die Kugel führt eine analoge Betrachtung auf das Kriterium Bi < 2.

In Wärmedurchgangssituationen, wo die Wärmeübertragung von einer Flüssigkeit auf ein Gas zu betrachten ist (zum Beispiel bei Warmwasserheizungen, luftgekühlten Verbrennungsmotoren oder beim Kondensator für den Kühlschrank) besitzt der Wärmeübergangskoeffizient α auf der „Gasseite" eine signifikant geringere Größe als auf der Flüssigkeitsseite. Können dann die Parameter zur Erhöhung des Wärmeübergangskoeffizienten dort nicht in wünschenswertem Umfang angepasst werden, ist die Senkung des Wärmeübergangswiderstandes auf der „Gasseite" nur durch Vergrößerung der wärmeübertragenden Fläche möglich. Dazu bringt man dann dort Rippen (fins) oder Nadeln (pin fins) an. Rippen erfordern für gleiche Kühlleistung höheren Materialeinsatz sowie größere Geschwindigkeiten und Mengen bei der Kühlluft als Nadeln, verursachen aber deutlich geringere Druckverluste. In der Fertigung sind Rippen einfacher und sehr oft kostengünstiger als Nadeln.

Die Flächenzunahme bei berippten Wänden führt jedoch nicht zu einer direkt proportionalen Erhöhung des Wärmestroms, denn durch die gegenüber der glatten Oberfläche veränderten Strömungsverhältnisse erfährt der Wärmeübergangskoeffizient α eine Änderung. Außerdem steht wegen des Temperaturgefälles längs der Rippe infolge der Wärmeleitung (Kapitel 2.4) für den Wärmeübergang Oberfläche Rippe/Gas im Mittel nur eine geringere Temperaturdifferenz als am Rippenfuß zur Verfügung. Sinnvollerweise bleibt es aber Ziel, den Wärmedurchgang an berippten Wänden genauso zu berechnen wie an glatten Oberflächen. Dazu ermittelt man einen mittleren äquivalenten Wärmeübergangskoeffizienten $\overline{\alpha}_{RW}$ für die mit Rippen (oder Nadeln) bestückte Wand, der rechnerisch für die gesamte glatte Grundfläche A_{RW} auf den gleichen Wärmestrom führt. Die Gleichung (5.1-3a) für die ebene, auf einer Seite berippten Wand mit der Grundfläche A_{RW} wäre dann folgendermaßen zu modifizieren:

$$\dot{Q} = k \cdot A_{RW} \cdot (t_i - t_a) = \frac{t_i - t_a}{\frac{1}{\alpha_i \cdot A_{RW}} + \frac{1}{A_{RW}} \sum_{n=1}^{N} \frac{\delta_n}{\lambda_n} + \frac{1}{\overline{\alpha}_{RW} \cdot A_{RW}}} \qquad (5.1\text{-}6)$$

Zur Ermittlung des integralen Wärmeübergangskoeffizienten $\overline{\alpha}_{RW}$ an der berippten Wandseite teilen wir die insgesamt infolge der Temperaturdifferenz $\Delta t_0 = t_0 - t_u$ übertragene Wärmeleistung $\dot{Q}$ in die über die glatte Oberfläche (Grundfläche ohne Rippen) A_{OR} übertragene Wärmeleistung und die Wärmeleistung, die insgesamt über die Flächen an den jeweiligen Rippenfüßen A_{RF} übertragen wird. Daraus folgen die Ansätze:

(1) $\quad \dot{Q}_{RW} = \dot{Q}_{OR} + \dot{Q}_{RF}$ $\qquad \overline{\alpha}_{RW} \cdot A_{RW} \cdot \Delta t_0 = \alpha_{OR} \cdot A_{OR} \cdot \Delta t_0 + \alpha_{RF} \cdot A_{RF} \cdot \Delta t_0$

(2) $\quad A_{RW} = A_{OR} + A_{RF} \qquad \rightarrow \quad A_{OR} = A_{RW} - A_{RF}$

Mit (1) und (2) bestimmen wir den integralen Wärmeübergangskoeffizienten $\overline{\alpha}_{RW}$ aus:

$$\overline{\alpha}_{RW} = \alpha_{OR}(1 - \frac{A_{RF}}{A_{RW}}) + \alpha_{RF} \cdot \frac{A_{RF}}{A_{RW}} \qquad\qquad (5.1\text{-}7)$$

Dabei ist α_{OR} der Wärmeübergangskoeffizient auf den unberippten Flächenelementen (in der Summe A_{OR}) und α_{RF} der scheinbare Wärmeübergangskoeffizient an jenem Teil der Oberfläche, der mit Rippen bestückt ist. Er setzt den insgesamt über die Rippenoberfläche abgeleiteten Wärmestrom ins Verhältnis zum (konstanten) Rippenquerschnitt sowie zur Differenz der Temperaturen zwischen Rippenfuß und Umgebung.

Wenn man sich auf den in Kapitel 2.4 beschriebenen Fall einer Rippe mit konstantem Querschnitt an einer ebenen Wand beschränkt, kann man mit (2.4-4) für den Wärmestrom am Rippenfuß $\dot{Q}_0 = \mu \cdot \lambda \cdot A_R \cdot \Delta t_0 \cdot \tanh(\mu \cdot h)$ eine Berechnungsvorschrift für den scheinbaren (auf den konstanten Rippenquerschnitt bezogenen) Wärmeübergangskoeffizienten α_{RF} ableiten.

$$\alpha_{RF} = \frac{\dot{Q}_0}{A_R \cdot \Delta t_0} = \mu \cdot \lambda \cdot \tanh(\mu \cdot h) = \mu^2 \cdot h \cdot \lambda \cdot \eta_R \qquad\qquad (5.1\text{-}8)$$

Die Packungsdichte von Rippen auf einer Oberfläche sollte immer so bemessen sein, dass der Wärmeübergang benachbarter Rippen nicht behindert wird. Dazu ist die Dicke der thermischen Grenzschicht zu beachten. Bei höheren Temperaturen kann auch der Strahlungsaustausch eine Rolle spielen.

Bei der Sichtung der Literatur zu den Größenordnungen für Wärmedurchgangskoeffizienten sowie für Wärmedämmwerte fällt auf, dass Wärmedurchgangskoeffizienten bei Gebäudekonstruktionen nicht mit dem Formelzeichen k, sondern oft mit dem Formelzeichen U und speziellen Indizes angegeben werden. Dies ist ein Hinweis darauf, dass die betreffenden Werte für eine konkrete Konstruktion bei Berücksichtigung einer speziellen Bauausführung exakt nach den Vorgaben von (internationalen) Normen berechnet wurden, wohingegen die Verwendung des Formelzeichens k für den Wärmedurchgangskoeffizienten nur allgemein für die Nutzung des hier vorgestellten Formelsatzes spricht. Die Ermittlung des Wärmedurchgangskoeffizienten von Fenstern U_W ist in der Produktnorm EN 14351-1 verbindlich festgelegt. Zur Bestimmung von U_W können drei verschiedene Nachweismethoden zur Anwendung kommen:

- durch Messung nach ISO 12567, Teil 1 und 2
- durch Berechnung nach EN ISO 10077-1
- durch Verwendung tabellarischer Verzeichnisse in EN ISO 10771-1

Folgt man der EN ISO 10077-1 für die Berechnung von Wärmedurchgangskoeffizienten bei Fenstern U_W ist die in Aufgabe 5.1-2 aufgezeigte Berechnung des Wärmedurchgangskoeffizienten um pauschale Wärmebrückenzuschläge für Fensterrahmen, Abstandhalter und andere Elemente zu ergänzen und ergibt sich dann für die Fensterfläche $A_W = A_g + A_f$ durch

$$U_W = \frac{U_g \cdot A_g + U_f \cdot A_f + \psi \cdot l}{A_g + A_f} \qquad\qquad (5.1\text{-}9)$$

U_w: Wärmedurchgangskoeffizient Fenster (Index $w = window$) A_W: Fensterfläche

U_g: Wärmedurchgangskoeffizient Verglasung (Index $g = glazing$) A_g: Glasfläche

U_f: Wärmedurchgangskoeffizient Rahmen (Index $f = frame$) A_f: Rahmenfläche

Ψ: linearer Wärmedurchgangskoeffizient des Randverbunds

l: sichtbare Umfassungslänge der Glasscheibe

Nur der Ordnung halber sei erwähnt, dass auch die für die Berechnung der Wärmedurchgangskoeffizienten U zu verwendenden Wärmeleitfähigkeiten λ besonderen Restriktionen unterliegen, denn es sind für die Baustoffe Materialalterung, eingedrungene Feuchtigkeit und gegebenenfalls Verwitterung zu berücksichtigen. Sehr viele mineralische Bau- und Dämmstoffe sind hydrophil und nehmen in Verbindung mit jeweils großen Porenvolumina kapillar Wasser aus ihrer Umgebung auf. Dadurch steigt die Wärmeleitfähigkeit deutlich an, weitere Wärmeverluste sind dann wiederum durch die Verdunstung des Wassers zu erwarten. Bei Hochleistungsdämmstoffen wird deshalb eine wasserabweisende Hydrophobierung vorgesehen, die bei meist leichter Verringerung der Wasserdampfdurchlässigkeit die kapillare Wasseraufnahme senkt. Aber auch diese Maßnahmen unterliegen mit der Zeit einer gewissen Alterung. Im Bauwesen unterscheidet man deshalb den Nennwert der Wärmeleitfähigkeit und den Grenzwert der Wärmeleitfähigkeit nach allgemeiner bauaufsichtlicher Zulassung (ABZ). Zum Nachweis der bauphysikalischen Eigenschaften dürfen jedoch nur die Rechenwerte der Wärmeleitfähigkeit nach DIN 4108-4 verwendet werden, für die anderen Wärmeleitfähigkeitswerte sind geeignete Sicherheitszuschläge vorzusehen.

In den betreffenden Übungsaufgaben werden wir bei der Bestimmung von Wärmeverlusten durch Fenster weiterhin für den Wärmdurchgangskoeffizienten das Formelzeichen k verwenden.

In den folgenden Tabellen können Sie sich eine Übersicht zu Größenordnungen für Wärmedurchgangskoeffizienten verschaffen.

Tab. 5-1:   Größenordnungen der Wärmedurchgangskoeffizienten U_w für ausgewählte Fensterbauarten Quelle: Energetische Bewertung von Bestandsgebäuden, Deutsche Energie-Agentur GmbH, 2. 11. 2004.

Verglasung	Rahmenbauart	U_w in W/(m² K)
Einfachverglasung $U_g = 5{,}8$ W/(m² K)	Holzrahmen	5,0
2-Scheiben-Isolierverglasung $U_g = 2{,}8$ W/(m² K)	Alu-Rahmen ohne thermische Trennung	4,3
	Alu-Rahmen mit thermischer Trennung	3,2
	Kunststoff-Rahmen	3,0
	Holzrahmen Kastenfenster	2,7
2-Scheiben-Wärmeschutzverglasung $U_g = 1{,}1$ W/(m² K)	Kunststoff-Rahmen $U_f \leq 2{,}0$ W/(m² K)	1,9
	Holzrahmen	1,6
3-Scheiben Wärmeschutzverglasung $U_g = 0{,}7$ W/(m² K)	Guter Holzrahmen $U_f \leq 1{,}5$ W/(m² K)	1,2
	Passivhaus-Rahmen $U_f \leq 0{,}8$ W/(m² K)	0,9

Tab. 5-2: Größenordnungen für Wärmedurchgangskoeffizienten U ausgewählter Außenwandkonstruktionen
Quelle: Energetische Bewertung von Bestandsgebäuden, Deutsche Energie-Agentur GmbH, 2004.

Baujahr	unsanierter Urzustand		wärmegedämmt auf Niedrigenergiehaus-Standard	
bis 1918	Ziegelmauer 40 cm	$U = 2,2$ W/(m² K)	Dämmstärke 20 cm	$U = 0,18$ W/(m² K)
	Holzfachwerk/Lehm	$U = 2,0$ W/(m² K)	Dämmstärke 20 cm	$U = 0,18$ W/(m² K)
1969	Betonfertigteile	$U = 1,1$ W/(m² K)	Dämmstärke 16 cm	$U = 0,20$ W/(m² K)
bis 1978	Fertighaus Holzbau	$U = 0,6$ W/(m² K)	Dämmstärke 12 cm	$U = 0,21$ W/(m² K)
1979	Porenbeton	$U = 0,6$ W/(m² K)	Dämmstärke 12 cm	$U = 0,21$ W/(m² K)
bis 1983	Betonfertigteile	$U = 0,9$ W/(m² K)	Dämmstärke 16 cm	$U = 0,20$ W/(m² K)
1984	Leicht-Hochlochziegel	$U = 0,6$ W/(m² K)	Dämmstärke 12 cm	$U = 0,21$ W/(m² K)
bis 1994	Porenbeton	$U = 0,5$ W/(m² K)	Dämmstärke 12 cm	$U = 0,20$ W/(m² K)

Tab. 5-3: Größenordnungen für Wärmedurchgangskoeffizienten k bei Rohrströmungen als Startwerte für iterative Auslegungsrechnungen.

Fluid außen/Fluid innen	k in W/(m² K)
Gas/Gas 1 bar	18.... 25
Gas (Rohr berippt)/Flüssigkeit	45.... 175
Flüssigkeit/Gas 200 bar	275.... 300
Wasser/Öl	200.... 220
Wasser/Wasser	850....1600
Wasser/kondensierendes Ammoniak	800....1400
Wasser/kondensierender Alkohol	250.... 700
Wasser/kondensierender Wasserdampf	1200....5000

5.1.1 Wärmeverluste beim Wärmedurchgang durch ebene Wand

Beim Ausbau eines Abstellraums zu einen Verkaufsraum mit einer geforderten konstanten Lufttemperatur von 20 °C ist in eine 45 cm starke Sandsteinwand ein 4 m breites und 2,5 m hohes einfach verglastes Schaufenster von 13 mm Glasstärke einzubauen. Die zusätzlich entstehenden Wärmeverluste sollen durch eine elektrische Zusatzheizung ausgeglichen werden, deren erforderliche Leistung an einen kalten Wintertag auszurichten ist mit einer über den ganzen Tag konstanten Außenlufttemperatur von –10 °C. Für den Wärmeübergangskoeffizienten Raumluft innen an Innenwand sollen sowohl für die Sandsteinfläche als auch für die Fensterfläche immer 8 W/(m² K), für den Wärmeübergang außen in beiden Fällen 16 W/(m² K) angesetzt werden. Die Wärmeleitfähigkeiten seien für den Sandstein mit 1,6 W/(m K), für das Schaufensterglas mit 1,16 W/(m K) gegeben.

a) Ist die vorgesehene elektrische Zusatzheizung ausreichend dimensioniert?

b) Kann man mit einer über 10 h am Tag wirksamen mobilen Schaufensterabdeckung, die den Wärmedurchgangskoeffizienten um 30 % mindert und einer Temperaturabsenkung der Luft im Verkaufsraum um 5 K in der gleichen Zeit eine Heizstromeinsparung von 20 % erreichen?

c) Welche Außentemperatur könnte am Schaufenster innen für „Eisblumen" durch aus der Luft auskondensiertes Wasser sorgen, wenn die Luft im Raum 20 °C aufweist?

Gegeben:

Sandstein:$\delta_S = 0{,}450$ m$\quad \lambda_S = 1{,}60$ W/(m K)

Schaufenster:$\delta_F = 0{,}013$ m$\quad \lambda_F = 1{,}16$ W/(m K)$\qquad B = 4{,}0$ m$\qquad H = 2{,}5$ m

Randbedingungen: $\alpha_a = 16$ W/(m² K)$\qquad t_a = -10\,°C$

$\qquad\qquad\qquad \alpha_i = 8$ W/(m² K)$\qquad t_{i,1} = +20\,°C(\tau_1 = 24\text{ h})\quad t_{i,2} = +15\,°C(\tau_2 = 10\text{ h})$

Vorüberlegungen:

zu a)Die zusätzlich entstehenden Wärmeverluste ergeben sich als Differenz der Wärmeströme Sandsteinwand und Schaufensterfläche unter den angegeben Bedingungen.

$$\dot{Q} = k \cdot A \cdot (t_i - t_a) \quad \text{mit} \quad A = B \cdot H = 4{,}0\,\text{m} \cdot 2{,}5\,\text{m} = 10\,\text{m}^2$$

zu b)Für die Bewertung der Energiesparmaßnahmen sind jeweils die Zeiten mit und ohne ihre Wirkung zu berücksichtigen. Für die Kennzeichnung werden hier folgende Indizes genutzt: „1" ohne Wirkung und „2" mit Wirkung

zu c)Die „Eisblumen" können entstehen, wenn die Schaufensterinnenwand eine Temperatur von 0 °C aufweist. Dazu ist die Innenwandtemperatur unter Nutzung der zugehörigen Wärmewiderstände als Funktion der Außentemperatur t_a darzustellen. Wir nutzen die Analogie zur Elektrotechnik: Wärmestrom = konstant und Gesamttemperaturabfall zu Wärmedurchgangswiderstand ist gleich Temperaturdifferenz von Innenwandtemperatur 0 °C zur gesuchten Außentemperatur.

Lösung:

a) Heizleistung zum Ausgleich des zusätzlichen Wärmeverluststroms $\dot{Q} = k \cdot A \cdot (t_i - t_a)$

Sandstein:$\quad k_S = \dfrac{1}{\dfrac{1}{\alpha_i} + \dfrac{\delta_S}{\lambda_S} + \dfrac{1}{\alpha_a}} = \dfrac{1}{\dfrac{1}{8\text{ W/(m}^2\text{ K)}} + \dfrac{0{,}45\text{ m}}{1{,}6\text{ W/(m K)}} + \dfrac{1}{16\text{ W/(m}^2\text{ K)}}} = 2{,}13333\,\dfrac{\text{W}}{\text{m}^2\text{ K}}$

Fenster:$\quad k_F = \dfrac{1}{\dfrac{1}{\alpha_i} + \dfrac{\delta_F}{\lambda_F} + \dfrac{1}{\alpha_a}} = \dfrac{1}{\dfrac{1}{8\text{ W/(m}^2\text{ K)}} + \dfrac{0{,}013\text{ m}}{1{,}16\text{ W/(m K)}} + \dfrac{1}{16\text{ W/(m}^2\text{ K)}}} = 5{,}03254\,\dfrac{\text{W}}{\text{m}^2\text{ K}}$

$$\dot{Q}_1 = (k_F - k_S) \cdot A \cdot (t_{i,1} - t_a) = (5{,}03254 - 2{,}13333)\,\frac{\text{W}}{\text{m}^2\text{ K}} \cdot 10\,\text{m}^2 \cdot (20\,°C - (-10\,°C)) = \underline{\underline{869{,}76\text{ W}}}$$

Eine Zusatzheizung mit einer Leistung von 1 kW ist also auch an kalten Wintertagen ausreichend, um die zusätzlichen Wärmeverluste durch das Schaufenster zu decken.

b) Wirkung der Energiesparmaßnahmen

$$k_1 = k_F - k_S = (5{,}03254 - 2{,}13333)\,\frac{\text{W}}{\text{m}^2\text{ K}} = 2{,}89921\,\frac{\text{W}}{\text{m}^2\text{ K}} \qquad k_2 = 0{,}7 \cdot k_1 = 2{,}02945\,\frac{\text{W}}{\text{m}^2\text{ K}}$$

$$\dot{Q}_2 = k_2 \cdot A \cdot (t_{i,2} - t_a) = 2{,}02945\,\frac{\text{W}}{\text{m}^2\text{ K}} \cdot 10\,\text{m}^2 \cdot (15\,°C - (-10\,°C)) = 507{,}36\text{ W}$$

ohne Energieeinsparung: $Q = \dot{Q}_1 \cdot \tau_1 = 869{,}76\text{ W} \cdot 24\text{ h} \approx 20{,}87\text{ kWh}$

mit Energieeinsparung: $Q = \dot{Q}_1(\tau_1 - \tau_2) + \dot{Q}_2 \cdot \tau_2 = 869,76\,\text{W} \cdot 14\,\text{h} + 507,36\,\text{W} \cdot 10\,\text{h} \approx 17,25\,\text{kWh}$

prozentuale Ersparnis: $\dfrac{(20,87 - 17,25)\,\text{kWh}}{20,87\,\text{kWh}} \approx \underline{\underline{0,1735}}$

Mit 17,35 % wird das vorgegebene Energiesparziel verfehlt!

c) Eisblumen an der Innenwandfläche des Schaufensters bei $t_{W,i} = 0\,^\circ\text{C}$

Ausgangspunkt: Flächenspezifischer Wärmestrom, weil nur ebene Wand zu betrachten ist

$$\dot{q} = k_F \cdot (t_i - t_a) = \frac{1}{\delta_F / \lambda_F + 1/\alpha_a} \cdot (t_{W,i} - t_a)$$

$$\left(\frac{k_F \cdot \delta_F}{\lambda_F} + \frac{k_F}{\alpha_a} \right) \cdot t_i - \left(\frac{k_F \cdot \delta_F}{\lambda_F} + \frac{k_F}{\alpha_a} \right) \cdot t_a = t_{W,i} - t_a$$

$$t_a - \left(\frac{k_F \cdot \delta_F}{\lambda_F} + \frac{k_F}{\alpha_a} \right) \cdot t_a = t_{W,i} - \left(\frac{k_F \cdot \delta_F}{\lambda_F} + \frac{k_F}{\alpha_a} \right) \cdot t_i$$

$$t_a = \frac{t_{W,i} - \left(\dfrac{k_F \cdot \delta_F}{\lambda_F} + \dfrac{k_F}{\alpha_a} \right) \cdot t_i}{1 - \left(\dfrac{k_F \cdot \delta_F}{\lambda_F} + \dfrac{k_F}{\alpha_a} \right) \cdot t_a}$$

$$t_a = \frac{0\,^\circ\text{C} - \left(\dfrac{5,03254\,\text{W/(m}^2\,\text{K)} \cdot 0,013\,\text{m}}{1,16\,\text{W/(m K)}} + \dfrac{5,03254\,\text{W/(m}^2\,\text{K)}}{16\,\text{W/(m}^2\,\text{K)}} \right) \cdot 20\,^\circ\text{C}}{1 - \left(\dfrac{5,03254\,\text{W/(m}^2\,\text{K)} \cdot 0,013\,\text{m}}{1,16\,\text{W/(m K)}} + \dfrac{5,03254\,\text{W/(m}^2\,\text{K)}}{16\,\text{W/(m}^2\,\text{K)}} \right)} = \underline{\underline{-11,79\,^\circ\text{C}}}$$

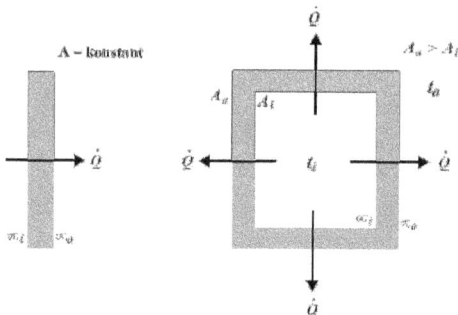

Abb. 5-2: Vergleich Wärmedurchgang durch ebene Wand und durch geschlossene Gebäudeumhüllung.

Hinweis:

Für den hier betrachteten Ausschnitt aus einer Fassade (Schaufenster) haben wir beim Wärmedurchgang nur eine ebene Wand unterstellt. Untersucht man dagegen den Wärmetransport durch eine Gebäudehülle (vergleiche Abbildung 5-2), ist die bereits von der Betrachtung der eindimensionalen Wärmeleitung her bekannte Fallunterscheidung in ebene und gekrümmte Wände vorzunehmen. Der Wärmedurchgangskoeffizient für die Gebäudewände wird dann nach den schon bekannten Regeln auf die äußere Hüllfläche A_a bezogen, die geometrischen Überlegungen folgend immer größer ist als die Innenwandfläche A_i. Manchmal arbeitet man auch mit einer konstanten mittleren Fläche A_m.

In vielen Fällen bestehen Gebäudeumhüllungen aus Teilabschnitten mit unterschiedlichem Wandaufbau. Für die Ermittlung eines (eindimensionalen) Gesamtwärmestroms sind alle Anteile der n-Teilflächen zu summieren.

$$\dot{Q}_{ges} = (k_1 \cdot A_1 + k_2 \cdot A_2 + \cdots k_n \cdot A_n) \cdot (t_i - t_a) = k_{ges} \cdot A_{ges} \cdot (t_i - t_a)$$

Der aus der Flächenmittelung resultierende Wärmedurchgangskoeffizient k_{ges} folgt dann aus

$$k_{ges} = \frac{\displaystyle\sum_{i=1}^{n} k_i \cdot A_i}{\displaystyle\sum_{i=1}^{n} A_i} = \frac{\displaystyle\sum_{i=1}^{n} k_i \cdot A_i}{A_{ges}}$$

Ein solches Vorgehen ist statthaft, wenn sich die einzelnen Wärmedurchgangskoeffizienten nur mäßig voneinander unterscheiden und sich deshalb kaum Einflüsse aus einem mehrdimensionalen Wärmefluss ergeben.

5.1.2   Wärmeverluste Einfachfenster/Doppelfenster

Berechnen Sie den Wärmedurchgangskoeffizienten durch ein einfach sowie ein doppelt verglastes Fenster einschließlich der jeweiligen Wandtemperaturen für jeweils 1 m² Fensterfläche. Im Innenraum herrsche eine Temperatur von 21 °C, außen –16 °C. Der Wärmeübergangskoeffizient innen sei mit 8 W/(m² K), der außen mit 23 W/(m² K) gegeben, eine Glasscheibe besitze jeweils eine Stärke von 3,4 mm. Beim Doppelfenster habe der Zwischenraum eine Breite von 26 mm und eine Wärmeleitfähigkeit von 0,026 W/(m K).

Gegeben:

Randbedingungen: $t_i = 21$ °C $\alpha_i = 8$ W/(m² K) $t_a = -16$ °C $\alpha_a = 23$ W/(m² K)

Einfachfenster: $\lambda_G = 1{,}16$ W/(m K) (Tabelle 7.6-3) $\delta_G = 0{,}0034$ m

Doppelfenster: $\lambda_{ZR} = 0{,}026$ W/(m K) $\delta_{ZR} = 0{,}026$ m   (Zwischenraum)

Vorüberlegungen:

Für eine qualitativ richtige Zeichnung des Temperaturprofils der in Reihe geschalteten Wärmewiderstände ist zu beachten, dass zum kleinsten Wärmewiderstand der kleinste Temperaturabfall in Richtung des Wärmestroms gehört. Wir betrachten den Wärmeleitwiderstand nach (2.2-10) und den Wärmeübergangswiderstand nach (4.1-3) jeweils für eine Fläche von 1 m² und erhalten:

- für das Einfachfenster (Index *EF*) $\dfrac{\delta_G}{\lambda_G} \ll \dfrac{1}{\alpha_a} < \dfrac{1}{\alpha_i}$

- für das Doppelfenster (Index *DF*) $\dfrac{\delta_G}{\lambda_G} \ll \dfrac{1}{\alpha_a} < \dfrac{1}{\alpha_i} \ll \dfrac{\delta_{ZR}}{\lambda_{ZR}}$

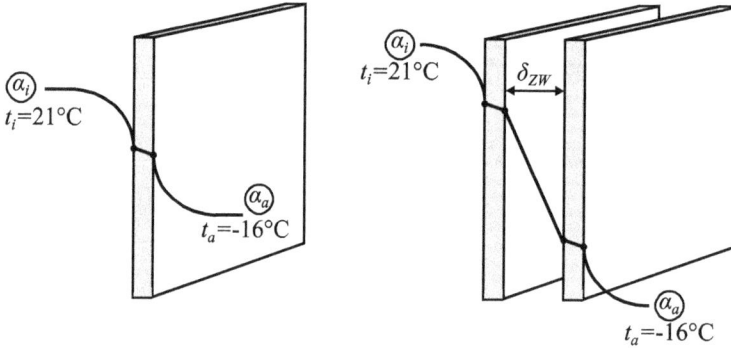

Abb. 5-3: Temperaturprofil für Wärmedurchgang im Einfach- und Doppelfenster.

Lösung:

Wärmedurchgangskoeffizient k_{EF} für das Einfachfenster:

$$k_{EF} = \frac{1}{\dfrac{1}{\alpha_i} + \dfrac{\delta_G}{\lambda_G} + \dfrac{1}{\alpha_a}} = \frac{1}{\dfrac{1\,m^2\,K}{8\,W} + \dfrac{0{,}0034\,m\cdot m\,K}{1{,}16\,W} + \dfrac{1\,m^2\,K}{23\,W}} = 5{,}834\,\frac{W}{m^2\,K}$$

$$\dot{q}_{EF} = \frac{t_i - t_a}{R_k} = \frac{t_i - t_{W,i}}{R_{\alpha,i}} = \frac{t_{W,a} - t_a}{R_{\alpha,a}} = \text{konstant} \quad \rightarrow \quad \dot{q}_{EF} = k_{EF}\cdot(t_i - t_a) = \alpha_i(t_i - t_{W,i}) = \alpha_a(t_{W,a} - t_a)$$

Wärmeverlust Einfachfenster: $\dot{q}_{EF} = 5{,}834\,W/(m^2\,K)\cdot(21\,°C - (-16\,°C)) = 215{,}86\,W/m^2$

Wandtemperaturen aus $\dot{q} = \text{konstant}$: $t_{W,i} = t_i - \dfrac{\dot{q}_{EF}}{\alpha_i} = +21\,°C - \dfrac{215{,}86\,W/m^2}{8\,W/(m^2\,K)} = \underline{\underline{-5{,}98\,°C}}$

$$t_{W,a} = t_a + \frac{\dot{q}_{EF}}{\alpha_a} = -16\,°C + \frac{215{,}86\,W/m^2}{23\,W/(m^2\,K)} = \underline{\underline{-6{,}61\,°C}}$$

Wärmedurchgangskoeffizient k_{DF} für das Doppelfenster:

$$k_{DF} = \frac{1}{\dfrac{1}{\alpha_i} + 2\cdot\dfrac{\delta_G}{\lambda_G} + \dfrac{\delta_{ZR}}{\lambda_{ZR}} + \dfrac{1}{\alpha_a}} = \frac{1}{\dfrac{1\,m^2\,K}{8\,W} + 2\cdot\dfrac{0{,}0034\,m\cdot m\,K}{1{,}16\,W} + \dfrac{0{,}026\,m\cdot m\,K}{0{,}026\,W} + \dfrac{1\,m^2\,K}{23\,W}} = 0{,}8515\,\frac{W}{m^2\,K}$$

Wärmeverlust durch das Doppelfenster:

$$\dot{q}_{DF} = 0{,}8515\,W/(m^2\,K)\cdot(21\,°C - (-16\,°C)) = 31{,}51\,W/m^2$$

Wandtemperaturen aus $\dot{q} = $ konstant : $\quad t_{W,i} = t_i - \dfrac{\dot{q}_{DF}}{\alpha_i} = +21\,°\text{C} - \dfrac{31,51\;\text{W/m}^2}{8\;\text{W/(m}^2\;\text{K)}} = \underline{\underline{+17,06\,°\text{C}}}$

$$t_{W,a} = t_a + \dfrac{\dot{q}_{DF}}{\alpha_a} = -16°\text{C} + \dfrac{31,51\;\text{W/m}^2}{23\;\text{W/(m}^2\;\text{K)}} = \underline{\underline{-14,63\,°\text{C}}}$$

An der Innenseite des Einfachfensters können sich durch aus der Luft auskondensiertes Wasser unter den hier gegebenen Bedingungen sogenannte „Eisblumen" bilden, beim Doppelfenster ist dies hingegen nicht mehr möglich. Die Wärmeverluste werden hier auf über 85 % gegenüber der Einfachverglasung reduziert, was wesentlich aus dem Wärmewiderstand des Zwischenraums folgt. Bei den ersten Mehrfachverglasungen war der Zwischenraum ein einfacher Luftraum. In unserem Beispiel haben wir genau so gerechnet. Aktuell müssen Fenster den vom Gebäudeenergiegesetz (GEG) geforderten Wärmeschutz gewährleisten. Ein einfacher Luftzwischenraum ist nicht mehr ausreichend. Heute werden deshalb die zwischen 10,6 und 16 mm breiten Scheibenzwischenräume mit Edelgasen (Argon, Krypton, Xenon) gefüllt, die die Wärme deutlich schlechter als Luft leiten. Der zwischenzeitlich erfolgte Einsatz von Schwefelhexalflourid (SF_6) ist seit einigen Jahren verboten, weil SF_6 das stärkste bekannte klimaschädliche Treibhausgas ist (26.000fach wirksamer als CO_2) und über extrem lange Verweilzeiten in der Atmosphäre verfügt. Alternativ zur Edelgasbefüllung der Scheibenzwischenräume kann ein nur 0,2 bis 0,3 mm starker Scheibenzwischenraum evakuiert werden (Vakuumisolierglas). Die Mehrfachverglasungen ermöglichen auch einen besseren Schallschutz durch Verwendung verschiedener Glasstärken, die unterschiedliche akustische Resonanzen hervorrufen und so die Schallweiterleitung behindern.

5.1.3 Einfluss des Werkstoffes der Wand auf den Wärmedurchgangskoeffizienten

Wir betrachten den Wärmedurchgang durch ein Kupferrohr ($d_i = 20$ mm, Rohrwandung 2,5 mm) und ein gleich aufgebautes Rohr aus CrNi-Stahl, in denen innen jeweils kaltes Wasser ströme. An der Rohrinnenseite kann man in beiden Fällen einen Wärmeübergangskoeffizienten von 8.500 W/(m² K) ansetzen. An der Rohraußenseite befinde sich ein gasförmiges Fluid, dass sich durch Wärmeabgabe an das Kühlwasser abkühle. Welche Wärmedurchgangskoeffizienten stellen sich jeweils für Rohre aus Kupfer und CrNi-Stahl ein, wenn außen Luft vorbeiströmt und der Wärmeübergangskoeffizient an der Rohraußenwand 50 W/(m² K) beträgt oder an der Rohraußenwand Dampf kondensiert mit einem Wärmeübergangskoeffizienten von 12.000 W/(m² K)?

Gegeben:

Rohr: $\quad d_i = 0,02$ m $\quad d_a = d_i + 2 \cdot \delta = 0,02$ m $+ 0,005$ m $= 0,025$ m

Stoffwerte: $\quad\quad \lambda_{Cu} = 397$ W/(m K) $\quad\quad\quad \lambda_{St} = 14,7$ W/(m K) $\quad$ (Tabelle 7.6-2)

Wärmeübergänge: $\quad \alpha_a = 50$ W/(m² K) $\;$ (Luft) $\quad \alpha_i = 8.500$ W/(m² K) $\;$ (Wasser)

$\quad\quad\quad\quad\quad\quad\quad\quad \alpha_a = 12.000$ W/(m² K) $\;$ (kondensierender Dampf)

Lösung:

$$k_a = \frac{1}{\frac{1}{\alpha_i} \cdot \frac{d_a}{d_i} + \frac{d_a}{2 \cdot \lambda} \cdot \ln \frac{d_a}{d_i} + \frac{1}{\alpha_a}}$$

Kupferrohr mit Luftumgebung:

$$k_a = \frac{1}{\frac{1\,\text{m}^2\,\text{K}}{8500\,\text{W}} \cdot \frac{25\,\text{mm}}{20\,\text{mm}} + \frac{0,025\,\text{m}}{2 \cdot 397\,\text{W/(m K)}} \cdot \ln \frac{25\,\text{mm}}{20\,\text{mm}} + \frac{1\,\text{m}^2\,\text{K}}{50\,\text{W}}}$$

$$k_a = \frac{1\,\text{W/(m}^2\,\text{K)}}{0,000147059 + 0,000007025 + 0,02} = \underline{\underline{49,62 \frac{\text{W}}{\text{m}^2\,\text{K}}}}$$

Stahlrohr mit Luftumgebung:

$$k_a = \frac{1}{\frac{1\,\text{m}^2\,\text{K}}{8500\,\text{W}} \cdot \frac{25\,\text{mm}}{20\,\text{mm}} + \frac{0,025\,\text{m}}{2 \cdot 14,7\,\text{W/(m K)}} \cdot \ln \frac{25\,\text{mm}}{20\,\text{mm}} + \frac{1\,\text{m}^2\,\text{K}}{50\,\text{W}}}$$

$$k_a = \frac{1\,\text{W/(m}^2\,\text{K)}}{0,000147059 + 0,000189747 + 0,02} = \underline{\underline{49,17 \frac{\text{W}}{\text{m}^2\,\text{K}}}}$$

Solange die Größe des Wärmeleitwiderstandes im Verhältnis zu den Wärmeübergangswiderständen eine untergeordnete Rolle spielt, hat das Wandmaterial praktisch kaum Einfluss auf den Wärmedurchgang.

Kupferrohr in kondensierendem Dampf:

$$k_a = \frac{1}{\frac{1\,\text{m}^2\,\text{K}}{8500\,\text{W}} \cdot \frac{25\,\text{mm}}{20\,\text{mm}} + \frac{0,025\,\text{m}}{2 \cdot 397\,\text{W/(m K)}} \cdot \ln \frac{25\,\text{mm}}{20\,\text{mm}} + \frac{1\,\text{m}^2\,\text{K}}{12.000\,\text{W}}}$$

$$k_a = \frac{1\,\text{W/(m}^2\,\text{K)}}{0,000147059 + 0,000007025 + 0,00008333333} \approx \underline{\underline{4212 \frac{\text{W}}{\text{m}^2\,\text{K}}}}$$

Stahlrohr in kondensierendem Dampf:

$$k_a = \frac{1\,\text{W/(m}^2\,\text{K)}}{0,000147059 + 0,000189742 + 0,00008333333} \approx \underline{\underline{2380,2 \frac{\text{W}}{\text{m}^2\,\text{K}}}}$$

Der Wärmedurchgangskoeffizient für das Stahlrohr liegt für den Fall, dass außen kondensierender Dampf anliegt, ca. 44 % niedriger als für das Kupferrohr, weil beim Stahlrohr der Wärmeleitwiderstand größer ist als die Wärmewiderstände für die Wärmeübergänge innen und außen. Das hat zum Beispiel praktische Bedeutung für den Bau von Kraftwerkskondensatoren, für den ein Kompromiss zwischen Wärmeleitfähigkeit und Materialkosten gefunden werden muss. Daneben sind aber auch noch andere Gesichtspunkte, wie zum Beispiel die Anfälligkeit für Korrosion zu berücksichtigen.

5.1.4   Verminderter Wärmestrom durch Kesselstein in Siederohren

Die Siederohre eines Dampferzeugers mit 89 mm Außendurchmesser und 4,5 mm Wandstärke sind aus einem Stahl gefertigt, dessen Wärmeleitfähigkeit mit 15 W/(m K) angegeben wird. In den Rohren strömt verdampfendes Wasser bei 350 °C. Das außen die Rohre umströmende Rauchgas weise eine konstante Temperatur von 1050 °C auf. Der Wärmeübergangskoeffizient innen wurde mit 4450 W/(m² K), der außen mit 100 W/(m² K) ermittelt.

   a)   Welcher Wärmestrom wird pro Meter Rohrleitung vom Rauchgas an das siedende Wasser übertragen?

   b)   Wie groß ist die Heizflächenbelastung innen und außen?

   c)   Auf welchen Wert sinkt der pro Meter Siederohr übertragene Wärmestrom, wenn sich im Laufe der Betriebszeit eine 1 mm starke Kesselsteinschicht gebildet hat und die Wärmeleitfähigkeit dieser Schicht mit 0,15 W/(m K) gegeben sei?

   d)   Welche Stärke in mm besitzt eine sich während des Betriebes bildende Kesselsteinschicht (Wärmeleitfähigkeit 0,15 W/(m K)), wenn sich der übertragene Wärmestrom bei gleich bleibenden Temperaturen um 25 % verringert?

Gegeben:

Rohr	λ_{St} = 15 W/(m K)	d_a = 0,089 m	δ_{St} = 4,5 mm
Wärmeübergang	α_i = 4450 W/(m² K)	t_i = 350 °C	
	α_a = 100 W/(m² K)	t_a = 1050 °C	
Kesselstein	λ_{KS} = 0,15 W/(m K)	δ_{KS} = 1,0 mm	

Vorüberlegungen:

Für den Wärmedurchgang im Auslegungszustand sind alle Wärmewiderstände berechenbar und damit der übertragene Wärmestrom zu ermitteln.

Die Zylindermantelfläche auf der Rohrinnenseite ist kleiner als auf der Außenseite, woraus auf der Innenseite im stationären Zustand eine höhere Heizflächenbelastung $\dot{q}$ resultiert. Der Innendurchmesser des Siederohres folgt aus $d_i = d_a - 2\delta = 0,089$ m $- 2 \cdot 0,0045$ m $= 0,080$ m.

Die Stärke der Kesselsteinschicht muss aus ihrem Wärmeleitwiderstand und dem verminderten Wärmestrom $(\dot{Q}/l)_{KS} = 0,75 \cdot (\dot{Q}/l)_0$ iterativ ermittelt werden.

Lösung:

a) übertragener Wärmestrom pro 1 m Rohrlänge im Auslegungszustand

$$\left(\frac{\dot{Q}}{l}\right)_0 = \frac{\pi \cdot d_a \cdot (t_a - t_i)}{\dfrac{1}{\alpha_i} \cdot \dfrac{d_a}{d_i} + \dfrac{d_a}{2\lambda_{St}} \ln \dfrac{d_a}{d_i} + \dfrac{1}{\alpha_a}}$$

$$\left(\frac{\dot{Q}}{l}\right)_0 = \frac{\pi \cdot 0{,}089\,\text{m} \cdot 700\,\text{K}}{\dfrac{\text{m}^2\,\text{K}}{4450\,\text{W}} \cdot \dfrac{0{,}089\,\text{m}}{0{,}080\,\text{m}} + \dfrac{0{,}089\,\text{m}}{2 \cdot 15\,\text{W/(m K)}} \cdot \ln\dfrac{0{,}089\,\text{m}}{0{,}080\,\text{m}} + \dfrac{\text{m}^2\,\text{K}}{100\,\text{W}}}$$

$$\left(\frac{\dot{Q}}{l}\right)_0 = \frac{195{,}7212223\,\text{m K}}{(2{,}5 + 3{,}162755473 + 100) \cdot 10^{-4}\,\dfrac{\text{m}^2\,\text{K}}{\text{W}}} = 18.523{,}19878\,\frac{\text{W}}{\text{m}} \approx 18{,}523\,\frac{\text{kW}}{\text{m}}$$

Vernachlässigung von $R_{\alpha,i}$ führt auf $(\dot{Q}/l)_0 = 18.972{,}08169\,\text{W/m}$ (relativer Fehler ca. 2,4 %)

Vernachlässigung von $R_{\alpha,i} + R_\lambda$ führt auf $(\dot{Q}/l)_0 \approx 19572{,}1\,\text{W/m}$ (relativer Fehler ca. 5,67 %)

Die Vernachlässigung des Innenwiderstandes ist wegen $\alpha_a \ll \alpha_i$ akzeptabel. Zusammen mit der Vernachlässigung des Wärmeleitwiderstandes des Rohrmaterials ergibt sich jedoch hier schon eine kritische Fehlergröße. Im Allgemeinen können bei stark unterschiedlichen Wärmeübergangskoeffizienten an Innen- und Außenseite auch die Wärmewiderstände dünnwandiger Metallrohre unberücksichtigt bleiben. In diesem Beispiel spielt aber eine Rolle, dass eine Wandstärke von 4,5 mm vorliegt und hoch legierte Stähle im Vergleich zu anderen Metallen eine relativ niedrige Wärmeleitfähigkeit aufweisen.

b) Heizflächenbelastung

innen: $\dot{q}_i = \dfrac{\dot{Q}/l}{\pi \cdot d_i} = \dfrac{18{,}523\,\text{kW/m}}{\pi \cdot 0{,}080\,\text{m}} \approx 73{,}700\,\dfrac{\text{kW}}{\text{m}^2}$

außen: $\dot{q}_a = \dfrac{\dot{Q}/l}{\pi \cdot d_a} = \dfrac{18{,}523\,\text{kW/m}}{\pi \cdot 0{,}089\,\text{m}} \approx 66{,}248\,\dfrac{\text{kW}}{\text{m}^2}$

c) verminderter Wärmestrom durch Kesselstein

neuer Innendurchmesser $d_{i,KS} = d_i - 2 \cdot \delta_{KS} = 0{,}080\,\text{m} - 0{,}002\,\text{m} = 0{,}078\,\text{m}$

$$\left(\frac{\dot{Q}}{l}\right)_{KS} = \frac{\pi \cdot d_a \cdot (t_a - t_i)}{\dfrac{1}{\alpha_i}\dfrac{d_a}{d_{KS}} + \dfrac{d_a}{2\lambda_{KS}} \cdot \ln\dfrac{d_i}{d_{KS}} + \dfrac{d_a}{2\lambda_{St}}\ln\dfrac{d_a}{d_i} + \dfrac{1}{\alpha_a}}$$

$$\left(\frac{\dot{Q}}{l}\right)_{KS} = \frac{\pi \cdot 0{,}089\,\text{m} \cdot 700\,\text{K}}{\dfrac{\text{m}^2\,\text{K}}{4450\,\text{W}} \cdot \dfrac{0{,}089\,\text{m}}{0{,}078\,\text{m}} + \dfrac{0{,}089\,\text{m}}{2 \cdot 0{,}15\,\text{W/(m K)}} \cdot \ln\dfrac{0{,}080\,\text{m}}{0{,}078\,\text{m}} + \dfrac{0{,}089\,\text{m}}{2 \cdot 15\,\text{W/(m K)}} \cdot \ln\dfrac{0{,}089\,\text{m}}{0{,}080\,\text{m}} + \dfrac{\text{m}^2\,\text{K}}{100\,\text{W}}}$$

$$\left(\frac{\dot{Q}}{l}\right)_{KS} = 10{,}823\,\frac{\text{kW}}{\text{m}}$$ Das sind nur etwa 58,4 % des Wertes im Auslegungszustand!

d) Stärke der Kesselsteinschicht δ_{KS} für 25 % Verminderung des Wärmestroms

Ansatz: aus der Gleichung für Wärmestrom mit Kesselsteinschicht ist abzuleiten:

$$\frac{\pi \cdot d_a \cdot (t_a - t_i)}{0,75 \cdot (\dot{Q}/l)_0} = \frac{1}{\alpha_i} \cdot \frac{d_a}{d_{KS}} + \frac{d_a}{2\lambda_{KS}} \ln \frac{d_i}{d_{KS}} + \frac{d_a}{2\lambda_{St}} \ln \frac{d_a}{d_i} + \frac{1}{\alpha_a}$$

$$\frac{\pi \cdot 0,089\,\text{m} \cdot 700\,\text{K}}{0,75 \cdot 18.523,19878\,\text{W/m}} = \frac{1\,\text{m}^2\,\text{K}}{4450\,\text{W}} \cdot \frac{0,089\,\text{m}}{d_{KS}} + \frac{0,089\,\text{m}}{0,3\,\text{W/(m K)}} \ln \frac{0,08\,\text{m}}{d_{KS}} + \frac{0,089\,\text{m}}{30\,\text{W/(m K)}} \ln \frac{0,089\,\text{m}}{0,080\,\text{m}} + \frac{1\,\text{m}^2\,\text{K}}{100\,\text{W}}$$

Diese Gleichung führt auf die zugeschnittene Zahlenwertgleichung, in der der nach Bildung der Kesselsteinschicht d_{KS} verbleibende Innendurchmesser in Meter einzusetzen ist:

$$\frac{0,00002\,\text{m}}{d_{KS}} + 0,29666666 \cdot \ln \frac{0,080\,\text{m}}{d_{KS}} - 0,003772092 = 0$$

Die gesuchte Stärke der Kesselsteinschicht ergibt sich dann aus: $\delta_{KS} = \dfrac{d_i - d_{KS}}{2}$

Die obige transzendente Gleichung kann nicht explizit nach d_{KS} aufgelöst werden. Falls auf dem Taschenrechner die SOLVE-Funktion nicht zur Verfügung steht, kann zur Lösung das Newton'sche Iterationsverfahren herangezogen werden. Für dieses numerische Verfahren benötigen wir für d_{KS} einen Startwert. Wir schätzen $d_{KS,0} = 0,079$ m, was einer Kesselstein-schicht von $\delta_{KS} = 0,5$ mm entspricht. Die verbesserte Lösung entsteht aus dem Startwert durch:

$$d_{KS,i+1} = d_{KS,i} - \frac{f(d_{KS,i})}{f'(d_{KS,i})} \quad \text{mit} \quad f(d_{KS}) = \frac{0,00002}{d_{KS}} + 0,29666666 \cdot \ln \frac{0,08}{d_{KS}} - 0,003772092 \quad \text{und}$$

$$f'(d_{KS}) = -\frac{0,00002}{d_{KS}^2} - 0,29666666 \cdot \frac{1}{d_{KS}}$$

$$d_{KS,1} = 0,079 - \frac{0,000212777}{-3,758478868} = 0,079056612$$

$$d_{KS,2} = 0,079056612 - \frac{0,000000077}{-3,755785123} = 0,0790566331$$

Die technische Genauigkeit des hier erhaltenen Ergebnisses ist mit einer hinreichenden An-zahl signifikanter Ziffern gesichert.

$$\delta_{KS} = \frac{d_i - d_{KS}}{2} = \frac{8\,\text{mm} - 7,90566331\,\text{mm}}{2} = 0,047168345\,\text{mm} \approx \underline{\underline{0,471\,\text{mm}}}$$

5.1.5   Wärmedurchgang bei berippten Oberflächen

Eine 5 mm starke Wand aus Aluminium trennt eine 120 °C heiße, zähe Flüssigkeit von der Umgebung mit Luft von 17 °C. Zur Kühlung sorgt ein Gebläse für einen Luftstrom, so dass außen von einem Wärmeübergangskoeffizienten von 25 W/(m² K) ausgegangen werden kann. An der Innenseite betrage der Wärmeübergangskoeffizient 150 W/(m² K). Der Gusswerkstoff Aluminium weise im hier relevanten Temperaturbereich für die Wärmeleitfähigkeit einen konstanten mittleren Wert von 235 W/(m K) auf. Die geometrischen Abmessungen für die Wand und die Kühlrippen sind nach den in Abbildung 2-17 verwendeten Bezeichnungen wie folgt vergeben:

$\delta = 5$ mm $s = 2{,}5$ mm $h = 45$ mm $b = 80$ cm $l_1 = 30$ cm $l_2 = 60$ cm

  a) Welcher Wärmestrom wird bei eindimensionaler Betrachtung über die Wand an die Umgebungsluft übertragen, wenn die Wand keine Kühlrippen besitzt?
  b) Welcher Wärmestrom wird bei eindimensionaler Betrachtung über die Wand an die Umgebungsluft übertragen, wenn die Wand die zwei in Abbildung 5-4 gezeigten Kühlrippen besitzt? Der Wärmestrom über die Stirnflächen der Rippen soll vernachlässigt werden!
  c) Welchen Wert nimmt der Wärmeübergangskoeffizient außen an, wenn das Gebläse ausfällt? Vergleichen Sie den dann übertragenen Wärmestrom mit dem Wärmestrom aus (b)!

Gegeben:

$t_i = 120$ °C $\alpha_i = 150$ W/(m² K) $\lambda = 235$ W/(m K) $\delta = 5$ mm

$t_a = 17$ °C $\alpha_a = 25$ W/(m² K)

$\delta = 5$ mm $s = 2{,}5$ mm $h = 45$ mm $b = 80$ cm $l_1 = 30$ cm $l_2 = 60$ cm

Vorüberlegungen:

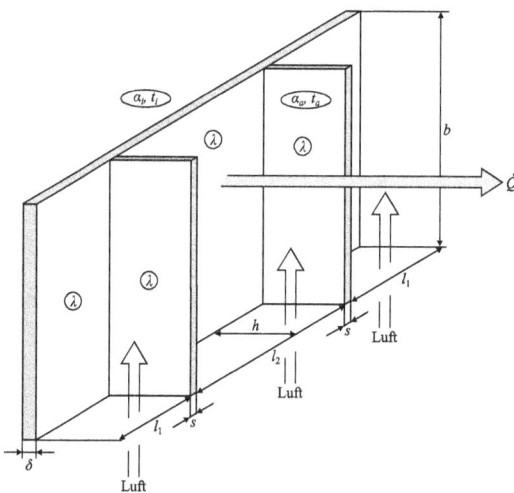

Abb. 5-4:   Aluminiumwand mit ebenen Kühlrippen konstanten Querschnitts.

Alle in Abbildung 5.4 grau unterlegten Flächen sind adiabat.

Aufgabenteil (a) erfordert die Analyse eines einfachen Wärmedurchgangs für eine ebene Wand. Für den Wärmedurchgangskoeffizienten k müssen wir einen Wert erwarten, der kleiner als 25 W/(m² K) ist.

Für Aufgabenteil (b) ist davon auszugehen, dass die Wärmewiderstände $R_{\alpha,i}$ und R_λ im Verhältnis zu Aufgabenteil (a) konstant bleiben, $R_{\alpha,a}$ jedoch durch die mit dem Anbringen der Rippen vergrößerte Oberfläche sinkt.

Der insgesamt von der berippten Außenwand übertragene Wärmestrom setzt sich additiv zusammen aus den von der glatten, nicht von Rippen bedeckten Wandfläche A_W und den von den Mantelflächen der n Rippen $n \cdot A_M$ herrührenden Anteilen, wobei gilt $A_{ges} = A_W + n \cdot A_M$. Mit dem Rippenwirkungsgrad η_R nach (2.4-11) kann man daher für den aus der Temperaturdifferenz $(t_{W,a} - t_a)$ gespeisten Wärmeübergang an der Außenfläche schreiben:

$$\dot{Q} = \eta_R \cdot n \cdot A_m \cdot \alpha_a \cdot (t_0 - t_a) + A_W \cdot \alpha_a \cdot (t_{W,a} - t_a)$$

Wegen $A_W = A_{ges} - n \cdot A_M$ folgt für den auf A_{ges} bezogenen Wärmestrom mit der Identität von Außenwandtemperatur und der Temperatur am Rippenfuß ($t_{W,a} = t_0$):

$$\dot{Q} = \alpha_a \cdot A_{ges} \cdot (t_0 - t_a) \cdot \left[1 - \frac{n \cdot A_M}{A_{ges}} \cdot (1 - \eta_R) \right]$$

Alternativ kann man zur Berechnung des Wärmestroms für den Wärmeübergang an der berippten Außenwand auch die Rippenleistungsziffer ε_R nach Gleichung (2.4-13) heranziehen:

$$\dot{Q} = \alpha_a \cdot (t_0 - t_a) \cdot (A_W + n \cdot A_R \cdot \varepsilon_R) = \alpha_a \cdot A_{ges} \cdot (t_0 - t_a) \cdot \left[1 + \frac{n \cdot A_R}{A_{ges}} (\varepsilon_R - 1) \right]$$

Für Aufgabenteil (c) tritt anstelle des Wärmeübergangs durch erzwungene Konvektion ein Wärmeübergang durch freie Konvektion an einer vertikalen Wand der Höhe $b = 0{,}8$ m (charakteristische Länge). Gleichung (4.2-1) stellt hierfür eine geeignete Nußelt-Korrelation dar.

Lösung:

a) Wärmedurchgang ohne Kühlrippen

$$\dot{Q} = k \cdot A \cdot \Delta t = k \cdot b \cdot (2l_1 + l_2 + 2s) \cdot (t_i - t_a)$$

$$k = \frac{1}{1/\alpha_i + \delta/\lambda + 1/\alpha_a} = \frac{1}{\dfrac{1\,\text{m}^2\,\text{K}}{150\,\text{W}} + \dfrac{0{,}005\,\text{m} \cdot (\text{m K})}{235\,\text{W}} + \dfrac{1\,\text{m}^2\,\text{K}}{25\,\text{W}}} = 21{,}4188 \frac{\text{W}}{\text{m}^2\,\text{K}}$$

$$\dot{Q} = 21{,}4188 \frac{\text{W}}{\text{m}^2\,\text{K}} \cdot 0{,}8\,\text{m}(0{,}6\,\text{m} + 0{,}6\,\text{m} + 0{,}005\,\text{m}) \cdot (120\,°\text{C} - 17\,°\text{C}) = \underline{\underline{2126{,}7\,\text{W}}}$$

Außenwandtemperatur: $t_{W,a} = t_a + \dfrac{\dot{Q}}{\alpha_a \cdot A} = 17\,°\text{C} + \dfrac{2126{,}7\,\text{W}}{25\,\text{W/(m}^2\,\text{K)} \cdot 0{,}964\,\text{m}^2} = 105{,}25\,°\text{C}$

Relevante Wärmewiderstände:

$$R_{\alpha,i} + R_\lambda = \frac{t_i - t_{W,a}}{\dot{Q}} = \frac{120\,°\text{C} - 105{,}25\,°\text{C}}{2126{,}7\,\text{W}} = 0{,}0069 \frac{\text{K}}{\text{W}}$$

$$R_{\alpha,a} = \frac{t_{w,a} - t_a}{\dot{Q}} = \frac{105,25\,°C - 17\,°C}{2126,7\,W} = 0,0415\,\frac{K}{W}$$

Der Wärmeübergangswiderstand außen ist deutlich größer als die beiden anderen Widerstände zusammen!

b) Wärmedurchgang mit Kühlrippen

mit (2.4-12) **Rippenwirkungsgrad** $\eta_R = \dfrac{\tanh(\mu \cdot h)}{\mu \cdot h}$ und $\tanh x = \dfrac{e^x - e^{-x}}{e^x + e^{-x}} = 1 - \dfrac{2}{e^{2x}+1}$

$$\mu \cdot h = \sqrt{\frac{\alpha_a \cdot U}{\lambda \cdot A_R}} \cdot h = \sqrt{\frac{25\,W/(m^2\,K)\cdot 2\cdot(0,8+0,0025)\,m}{235\,W/(m\,K)\cdot 0,8\,m\cdot 0,0025\,m}} \cdot 0,045\,m = 0,415787192$$

$\tanh(0,41578192) = 0,393375444$

$$\eta_R = \frac{\tanh(\mu \cdot h)}{\mu \cdot h} = \frac{0,393375444}{0,415787192} = 0,946098032 \quad \text{ein sehr guter Rippenwirkungsgrad!!}$$

Mantelfläche für $n = 2$ Rippen: $n \cdot A_M = 2 \cdot h \cdot 2(b+s) = 2\cdot 0,045\,m \cdot (0,8\,m + 0,0025\,m) = 0,14445\,m^2$

Gesamtfläche: $A_{ges} = n \cdot A_M + b \cdot (2l_1 + l_2) = 0,14445\,m^2 + 0,8\,m \cdot (0,6\,m + 0,6\,m) = 1,1045\,m^2$

$$\dot{Q} = \alpha_a \cdot A_{ges} \cdot (t_0 - t_a) \cdot \left[1 - \frac{n \cdot A_M}{A_{ges}} \cdot (1 - \eta_R)\right]$$

$$\dot{Q} = 25\,\frac{W}{m^2\,K} \cdot 1,1045\,m^2 \cdot (105,25\,°C - 17\,°C) \cdot \left[1 - \frac{0,14445\,m^2}{1,10445\,m^2} \cdot 0,053901967\right] = 2419,5\,W$$

Mit (2.4-13) **Rippenleistungsziffer** $\varepsilon_R = \sqrt{\dfrac{\lambda \cdot U}{\alpha_a \cdot A_R}} \cdot \tanh(\mu \cdot h)$

$A_R = b \cdot s = 0,8\,m \cdot 0,0025\,m = 0,002\,m^2$ und $A_W = b \cdot (2l_1 + l_2) = 0,8\,m \cdot 1,2\,m = 0,96\,m^2$

$$\varepsilon_R = \sqrt{\frac{235\,W/(m\,K)\cdot 2 \cdot (0,8\,m + 0,0025\,m)}{25\,W/(m^2\,K)\cdot 0,002\,m^2}} \cdot 0,393375444 = 34,16596514$$

$$\dot{Q} = \alpha_a \cdot A_{ges} \cdot (t_0 - t_a) \cdot \left[1 + \frac{n \cdot A_R}{A_{ges}} (\varepsilon_R - 1)\right] \quad \text{und} \quad A_{ges} = n \cdot A_R + A_W = 2 \cdot 0,002\,m^2 + 0,96\,m^2 = 0,964\,m^2$$

$$\dot{Q} = 25\,\frac{W}{m^2\,K} \cdot 0,964\,m^2 \cdot (105,25\,°C - 17\,°C) \cdot \left[1 + \frac{0,004\,m^2}{0,964\,m^2} \cdot 33,16596514\right] = 2419,5\,W$$

Vergleich Wärmestrom ohne Kühlrippen und mit Kühlrippen:

$\left|\dfrac{2419,5\,W - 2126,7\,W}{2126,7\,W}\right| = 0,1376$ die Kühlrippen steigern die Kühlleistung um knapp 14 %!

$$R_{\alpha,a} = \frac{t_{w,a} - t_a}{\dot{Q}} = \frac{105{,}25\,°C - 17\,°C}{2419{,}5\,W} = 0{,}0365\,\frac{K}{W} \quad \text{Wärmeübergangswiderstand außen wird durch}$$

die beiden Rippen deutlich verringert!

c) Kühlleistung bei freier Konvektion

$$\mathrm{Nu}_{\text{Wand}} = \left[0{,}825 + 0{,}387\left(\mathrm{Ra} \cdot f_1(\mathrm{Pr})\right)^{1/6}\right]^2 \qquad f_1(\mathrm{Pr}) = \left[1 + \left(\frac{0{,}492}{\mathrm{Pr}}\right)^{9/16}\right]^{-16/9}$$

Gültigkeit: $0{,}1 \le \mathrm{Ra} \le 10^{12}$ und $0{,}001 < \mathrm{Pr} < \infty$; charakteristische Länge $l^* = $ Wandhöhe b

Bezugstemperatur für Stoffwerte: $t_B = \dfrac{t_{W,a} + t_a}{2} = \dfrac{105{,}25\,°C + 17\,°C}{2} = 61{,}125\,°C \approx 60\,°C$

$\lambda = 0{,}0288\,\text{W/(m K)} \qquad \nu = 192{,}2 \cdot 10^{-7}\,\text{m}^2\text{/s} \qquad \mathrm{Pr} = 0{,}7035 \qquad \beta(17\,°C) = 1/290{,}15\,\text{K}^{-1}$

$$\mathrm{Ra} = \mathrm{Gr} \cdot \mathrm{Pr} = \frac{g \cdot \beta \cdot \Delta t \cdot b^3}{\nu^2} \cdot \mathrm{Pr} = \frac{9{,}80665\,\text{m/s}^2 \cdot 88{,}25\,\text{K} \cdot 0{,}8^3\,\text{m}^3}{290{,}15\,\text{K} \cdot 192{,}2^2\,\text{m}^2\text{/s}^4} \cdot 10^{14} \cdot 0{,}7035 = 2{,}908306077 \cdot 10^9$$

$0{,}1 \le \mathrm{Ra} \approx 2{,}9 \cdot 10^9 \le 10^{12}$ erfüllt und $0{,}001 < \mathrm{Pr} = 0{,}7035 < \infty$ erfüllt!

$$f_1(\mathrm{Pr}) = \left[1 + \left(\frac{0{,}492}{0{,}7035}\right)^{9/16}\right]^{-16/9} = 0{,}345610514$$

$$\mathrm{Nu} = \left(0{,}825 + 0{,}387(2{,}908306077 \cdot 10^9 \cdot 0{,}345610514)^{1/6}\right)^2 = 170{,}9158462$$

$$\alpha_a = \mathrm{Nu} \cdot \frac{\lambda}{b} = 170{,}9158462 \cdot \frac{0{,}0288\,\text{W/(m K)}}{0{,}8\,\text{m}} \approx 6{,}15\,\frac{W}{m^2\,K}$$

Mit dem Wärmeübergangskoeffizienten ändert sich auch der Rippenwirkungsgrad η_R:

$$\mu \cdot h = \sqrt{\frac{\alpha_a \cdot U}{\lambda \cdot A_R}} \cdot h = \sqrt{\frac{6{,}15\,\text{W/(m}^2\text{ K)} \cdot 2 \cdot (0{,}8 + 0{,}0025)\,\text{m}}{235\,\text{W/(m K)} \cdot 0{,}8\,\text{m} \cdot 0{,}0025\,\text{m}}} \cdot 0{,}045\,\text{m} = 0{,}206223741$$

$\tanh(0{,}206223741) = 0{,}203349187 \qquad\qquad \eta_R = \dfrac{\tanh(\mu \cdot h)}{\mu \cdot h} = \dfrac{0{,}20334917}{0{,}206223741} = 0{,}986060995$

$$\dot{Q} = 6{,}15\,\frac{W}{m^2\,K} \cdot 1{,}1045\,\text{m}^2 \cdot 88{,}25\,\text{K} \cdot \left[1 - \frac{0{,}14445\,\text{m}^2}{1{,}10445\,\text{m}^2} \cdot 0{,}013939004\right] = 598{,}36\,\text{W}$$

$$\frac{\dot{Q}_{\text{freie Konv.}}}{\dot{Q}_{\text{erzw. Konv.}}} = \frac{598{,}36\,\text{W}}{2419{,}5\,\text{W}} \approx 0{,}247$$

Bei Ausfall des Gebläses an der berippten Wand sinkt der übertragene Wärmestrom auf weniger als ein Viertel!

5.1.6 Temperaturabhängiger Wärmedurchgangskoeffizient

Die ebene Wand eines Industrieofens bestehe aus einer Ausmauerung von hitzebeständigen Siliziumkarbidsteinen (Schichtstärke 150 mm), wärmeisolierenden Schamottesteinen (Schichtstärke 300 mm) und einer Stahlplatte mit einer Stärke von 10 mm. Die Temperatur im Ofen betrage 1400 °C, die Temperatur der den Ofen umgebenden Luft 20 °C. Der Wärmeübergangskoeffizient Feuerraum-Innenwand soll mit 1000 W/(m² K), der Stahlwand-Umgebungsluft mit 20 W/(m² K). Außerdem seien folgende Stoffdaten gegeben:

Siliziumkarbid $\left.\overline{\lambda}_1\right|_{600\,°C}^{1400\,°C} = 4{,}0$ W/(m K)

Schamotte $\left.\overline{\lambda}_2\right|_{0\,°C}^{1400\,°C} = 0{,}82$ W/(m K)   Stahl $\left.\overline{\lambda}_3\right|_{20\,°C}^{600\,°C} = 20$ W/(m K)

a) Berechnen Sie die aus dem Wärmedurchgang spezifischen Wärmeverluste des Ofens an die Umgebung in kW/m²?

b) Führen Sie Rechnung a) noch einmal aus unter Berücksichtigung einer temperaturabhängigen Wärmeleitfähigkeit für die Schamotteschicht in Form von $\lambda_2 = (0{,}5 + \dfrac{t \text{ in } °C}{2200})$!

Gegeben:

Ofenwand $\delta_1 = 0{,}15$ m $\delta_2 = 0{,}30$ m $\delta_3 = 0{,}01$ m

Material $\left.\overline{\lambda}_1\right|_{600\,°C}^{1400\,°C} = 4{,}0$ W/(m K) $\left.\overline{\lambda}_2\right|_{0\,°C}^{1400\,°C} = 0{,}82$ W/(m K) $\left.\overline{\lambda}_3\right|_{20\,°C}^{600\,°C} = 20$ W/(m K)

Wärmeübergänge $\alpha_i = 1000$ W/(m² K) $t_i = 1400$ °C

                              $\alpha_a = 20$ W/(m² K) $t_a = 20$ °C

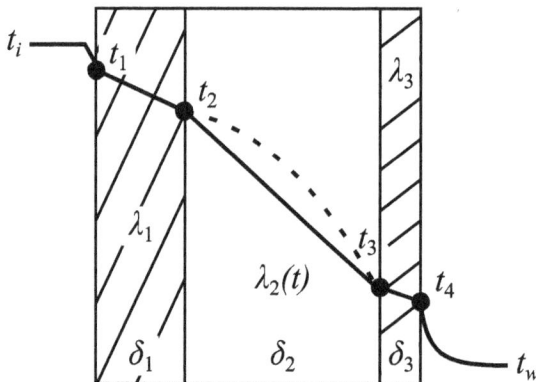

Abb. 5-5:   Temperaturprofil durch die dreischichtige Ofenwand.

Vorüberlegungen:

Bei der linearen Temperaturabhängigkeit der Wärmeleitfähigkeit kann die mittlere Wärmeleitfähigkeit im Temperaturbereich der betreffenden Schicht mit der Temperatur aus dem arithmetischen Mittel der jeweiligen (zunächst noch unbekannten) Schichtwandtemperaturen berechnet werden. Wegen $k = k(t)$ folgt auch für den Verlustwärmestrom $\dot{q}_V = \dot{q}_V(t)$ und erfordert eine iterative Lösung über einen jeweils verbesserten Wärmedurchgangskoeffizienten $k(t)$ erfolgen. Bei Vorliegen einer linearen Temperaturabhängigkeit von Stoffwerten gelingt mit einer quadratischen Gleichung für $\dot{q}_V$ auch eine geschlossene Lösung.

Lösung:

a) Wärmedurchgang mit konstanten, temperaturunabhängigen Stoffparametern

$$\dot{q}_V = k \cdot \Delta t \quad \text{mit}$$

$$\Delta t = t_i - t_a = 1400\,°C - 20\,°C = 1380\,K \quad \text{und}$$

$$\frac{1}{k} = \frac{1}{\alpha_i} + \frac{\delta_1}{\lambda_1} + \frac{\delta_2}{\lambda_2} + \frac{\delta_3}{\lambda_3} + \frac{1}{\alpha_a} = \left(\frac{1}{1000} + \frac{0,15}{4,0} + \frac{0,3}{0,82} + \frac{0,01}{20} + \frac{1}{20} \right) \frac{m^2\,K}{W} = 0,454853658 \frac{m^2\,K}{W}$$

$$k \approx 2,1985\,W/(m^2\,K)$$

$$\dot{q}_V = 2,1985\,W/(m^2\,K) \cdot 1380\,K = \underline{\underline{3.034\,W/m^2}}$$

b) Wärmedurchgang mit temperaturabhängigem Wärmeleitkoeffizienten in Schicht 2

$$\bar{t} = \frac{t_2 + t_3}{2} \qquad \bar{t} = \frac{t_i + t_a + \dot{q}_V(R_{\lambda,3} + R_{\alpha,a} - (R_{\alpha,i} + R_{\lambda,1}))}{2}, \text{ weil:}$$

$$\dot{q}_V = \frac{t_i - t_2}{R_{\alpha,i} + R_{\lambda,1}} \qquad t_2 = t_i - \dot{q}_V(R_{\alpha,i} + R_{\lambda,1}) \quad \text{Reihenschaltung der Wärmewiderstände}$$

$$\dot{q}_V = \frac{t_3 - t_a}{R_{\lambda,3} + R_{\alpha,a}} \qquad t_3 = t_a + \dot{q}_V(R_{\lambda,3} + R_{\alpha,a}) \quad \text{Reihenschaltung der Wärmewiderstände}$$

Wegen der Verwendung der Wärmestromdichte $\dot{q}$ sind die Wärmewiderstände flächenunabhängig zu formulieren, also

$$R_{\lambda,1}^* = R_{\lambda,1} \cdot A = \frac{\delta_1}{\lambda_1} = \frac{0,15\,m}{4\,W/(m\,K)} = 0,0375 \frac{m^2\,K}{W}$$

$$R_{\alpha,a}^* = R_{\alpha,a} \cdot A = \frac{1}{\alpha_a} = \frac{1}{20} \frac{m^2\,K}{W} = 0,05 \frac{m^2\,K}{W}$$

$$R_{\lambda,3}^* = R_{\lambda,3} \cdot A = \frac{\delta_3}{\lambda_3} = \frac{0,01\,m}{20\,W/(m\,K)} = 0,0005 \frac{m^2\,K}{W}$$

$$R_{\alpha,i}^* = R_{\alpha,i} \cdot A = \frac{1}{\alpha_i} = \frac{1}{1000} \frac{m^2\,K}{W} = 0,001 \frac{m^2\,K}{W}$$

Die in Aufgabe a) verwendete Wärmeleitfähigkeit $\lambda_2 = 0,82\,W/(m\,K)$ entsteht mit der gegebenen Temperaturabhängigkeit bei einer mittleren Temperatur von 704 °C. Damit haben wir eine Verlustwärmestromdichte von 3.034 W erhalten. Dieser Wert dient jetzt der Ermittlung einer verbesserten mittleren Temperatur der Schamotteschicht.

1. Iterationsschritt:

$$\bar{t} = \frac{1400\,°C + 20\,°C + 3034\,W/m^2\,(0,0505 - 0,0385)\,(m^2\,K)/W}{2} = 728,204\,°C$$

$$\lambda_2(\bar{t}) = \left(0,5 + \frac{728,204}{2200}\right)\frac{W}{m\,K} = 0,831\,\frac{W}{m\,K} \quad \rightarrow \quad k = 2,222\,\frac{W}{m^2\,K} \quad \rightarrow \quad \dot{q}_V = 3.066\,W/m^2$$

2. Iterationsschritt:

$$\bar{t} = \frac{1400\,°C + 20\,°C + 3066\,W/m^2\,(0,0505 - 0,0385)\,(m^2\,K)/W}{2} = 728,396\,°C$$

Mit diesem Iterationsschritt ist eine technisch befriedigende Genauigkeit erreicht, denn mit der hier erhaltenen Temperatur folgt wiederum $\lambda(\bar{t} = 728,396\,°C) = 0,831\,W/(m\,K)$.

5.1.7 Wärmeverluste bei einem Aufheizvorgang

1 ℓ Wasser mit einer Anfangstemperatur von 18 °C soll auf einer Herdplatte mit 1000 W Leistung in einem Kochtopf aus Edelstahl (Masse 400 g) bis zum Sieden auf 100 °C erwärmt werden. Ermitteln Sie eine Funktion für den zeitlichen Verlauf der mittleren Wassertemperatur $t(\tau)$ als kalorische Mitteltemperatur einer Blockkapazität und die Zeit τ_s bis zum Erreichen der Siedetemperatur t_s in Minuten unter folgenden Bedingungen:

a) Man betrachte ausschließlich die Erwärmung des Wassers, die Wärmekapazität des Topfes solle vernachlässigt werden!

b) Man unterstelle, dass sich Topf und Wasser zusammen aufheizen und dabei stets die gleiche Temperatur aufweisen!

c) Man gehe beim Aufheizen von Wärmeverlusten an die Umgebung mit der stets konstanten Temperatur von 18 °C aus. Wärmeverluste an die Umgebung treten bei dem auf der Herdplatte stehenden Topf über den Deckel und die Mantelflächen auf (zusammen 800 cm²), der Wärmedurchgangskoeffizient betrage 10 W/(m² K).

Für das Wasser soll in allen Fällen eine Dichte von 1 kg/ℓ und eine spezifische Wärmekapazität von 4,19 kJ/(kg K) angenommen werden.

Gegeben:

$V_W = 1\,ℓ$	$\rho_W = 1\,kg/ℓ$	$c_W = 4{,}19\,kJ/(kg\,K)$	$t_A = 18\,°C$	$t_E = 100\,°C$
	$m_{St} = 0{,}4\,kg$	$c_{St} = 0{,}502\,kJ/(kg\,K)$ (Tabelle 7-5)		
$t_U = 18\,°C$	$k_V = 10\,W/(m^2\,K)$	$A_V = 0{,}08\,m^2$	$P_{el} = 1\,kW$	

Vorüberlegungen:

Energiebilanz: Die von der Herdplatte aufgebrachte Leistung P_{el} wird benötigt für die zeitliche Enthalpieänderung $dH/d\tau$ zur Aufheizung der Materialien und zur Deckung der Wärmeverlustleistung über der Oberfläche des Topfes $\dot{Q}_V$. $\rightarrow$ $P_{el} = \dfrac{dH}{d\tau} + \dot{Q}_V$

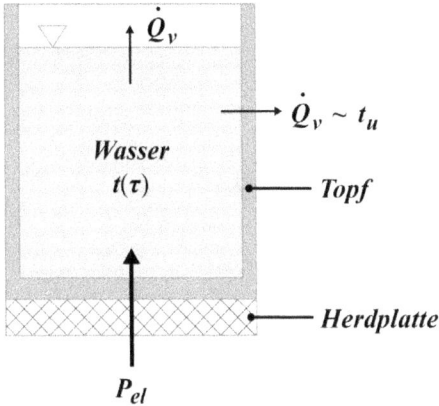

Abb. 5.6: Energiebilanz für Aufheizung.

Lösung:

a) Vernachlässigung von Wärmeverlusten an die Umgebung $\dot{Q}_V = 0$

Vernachlässigung der Wärmekapazität des Topfes $m_{St} \cdot c_{St} = 0$

$$P_{el} = \frac{dH}{d\tau} = \rho_W \cdot V_W \cdot c_W \cdot \frac{dt}{d\tau} \quad \rightarrow \quad \int_{t_A}^{t(\tau)} dt = \frac{P_{el}}{\rho_W \cdot V_W \cdot c_W} \int_0^\tau d\tau$$

$$t(\tau) = t_A + \frac{P_{el}}{\rho_W \cdot V_W \cdot c_W} \cdot \tau$$

Dies stellt eine lineare Funktion mit dem absoluten Glied t_A und dem Anstieg $P_{el}/(\rho_W \cdot V_W \cdot c_W)$ dar.

Erreichen der Siedezeit bei $t(\tau = \tau_s) = t_s = 100\,°C$

$$\tau_s = (t_s - t_A) \cdot \frac{\rho_W \cdot V_W \cdot c_W}{P_{el}} = 82\,K \cdot \frac{1\,kg/\ell \cdot 1\,\ell \cdot 4{,}19\,kJ/(kg\,K)}{1\,kW} = 343{,}58\,s \approx 5{,}7\,\text{Minuten}$$

b) Vernachlässigung von Wärmeverlusten an die Umgebung $\dot{Q}_V = 0$

Berücksichtigung der Wärmekapazität des Topfes $m_{St} \cdot c_{St}$

$$P_{el} = \frac{dH}{d\tau} = (\rho_W \cdot V_W \cdot c_W + m_{St} \cdot c_{St}) \cdot \frac{dt}{d\tau} \quad \rightarrow \quad \int_{t_A}^{t(\tau)} dt = \frac{P_{el}}{\rho_W \cdot V_W \cdot c_W + m_{St} \cdot c_{St}} \int_0^\tau d\tau$$

$$t(\tau) = t_A + \frac{P_{el}}{\rho_W \cdot V_W \cdot c_W + m_{St} \cdot c_{St}} \cdot \tau$$

Erreichen der Siedezeit bei $t(\tau = \tau_s) = t_s = 100\,°\text{C}$

$$\tau_s = (t_s - t_A) \cdot \frac{\rho_W V_W c_W + m_{St} c_{St}}{P_{el}}$$

$$\tau_s = 82\,\text{K} \cdot \frac{1\,\dfrac{\text{kg}}{\ell} \cdot 1\,\ell \cdot 4{,}19\,\dfrac{\text{kJ}}{\text{kg K}} + 0{,}4\,\text{kg} \cdot 0{,}502\,\dfrac{\text{kJ}}{\text{kg K}}}{1\,\text{kW}} = 360{,}05\,\text{s} \approx 6\,\text{Minuten}$$

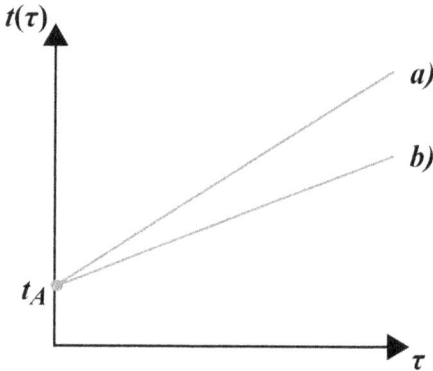

Abb. 5-7: Die Berücksichtigung des Stahltopfes führt zu einer Verminderung des Temperaturanstiegs im Wasser.

Die Erhöhung der Wärmekapazität C um den Anteil $m_{St} \cdot c_{St}$ führt bei gleich bleibender zugeführter Wärmeleistung zur Verringerung des Temperaturanstiegs, der Siedepunkt wird zu einem späteren Zeitpunkt erreicht.

c) Berücksichtigung der Wärmeverluste an die Umgebung durch $\dot{Q}_V = k_V \cdot A_V \cdot (t(\tau) - t_U)$

$$P_{el} = \frac{dH}{d\tau} + \dot{Q}_V \quad \rightarrow \quad P_{el} = (\rho_W V_W c_W + m_{St} c_{St}) \frac{dt}{d\tau} + k_V \cdot A_V (t(\tau) - t_U)$$

$$\frac{P_{el} + k_V A_V t_U}{\rho_W V_W c_W + m_{St} c_{St}} = \frac{k_V A_V}{\rho_W V_W c_W + m_{St} c_{St}} \cdot t(\tau) + \frac{dt}{d\tau}$$

Mathematische Grundform: inhomogene Differentialgleichung 1. Ordnung (Lösung mit Variation der Konstanten)

1. Herstellen der Normalform:

$$\frac{dt}{d\tau} + A \cdot t(\tau) = B$$

$$\text{mit } B = \frac{P_{el} + k_V A_V t_U}{\rho_W V_W c_W + m_{St} c_{St}} \quad \text{und} \quad A = \frac{k_V A_V}{\rho_W V_W c_W + m_{St} c_{St}} \qquad \frac{B}{A} = \frac{P_{el}}{k_V A_V} + t_U$$

2. Lösung der homogenen Differentialgleichung:

$$\frac{dt}{d\tau} + A \cdot t(\tau) = 0 \quad \rightarrow \quad t(\tau) = C \cdot e^{-A \cdot \tau} \quad C = \text{frei wählbare Konstante}$$

3. Variation der Konstanten $C \rightarrow C(\tau) \rightarrow$ Ansatz von Lagrange:

$$t(\tau) = C(\tau) \cdot e^{-A \cdot \tau} \qquad \frac{dt(\tau)}{d\tau} = \dot{C} \cdot e^{-A \cdot \tau} - A \cdot e^{-A \cdot \tau} \cdot C$$

4. Ermittlung von $C(\tau)$ durch Einsetzen in die Differentialgleichung:

$$\dot{C} \cdot e^{-A \cdot \tau} - C \cdot A \cdot e^{-A \cdot \tau} + C \cdot A \cdot e^{-A \cdot \tau} = B \quad \rightarrow \quad \dot{C} = B \cdot e^{+A \cdot \tau} \quad \rightarrow \quad C(\tau) = \int B \cdot e^{+A \cdot \tau} d\tau$$

$$C(\tau) = \frac{B}{A} e^{+A \cdot \tau} + K \qquad K = \text{frei wählbare Integrationskonstante}$$

5. Lösung der Differentialgleichung durch Einsetzen von $C(\tau)$ in den Ansatz:

$$t(\tau) = \left(\frac{B}{A} e^{+A \cdot \tau} + K\right) \cdot e^{-A \cdot \tau} = \frac{B}{A} + K \cdot e^{-A \cdot \tau}$$

6. Ermittlung der speziellen Lösung für die Anfangsbedingung $t(\tau = 0) = t_A$:

$$t_A = \frac{B}{A} + K \quad \rightarrow \quad K = t_A - \frac{B}{A} = t_A - \frac{P_{el}}{k_V A_V} - t_U$$

$$t(\tau) = \left(\frac{P_{el}}{k_V A_V} + t_U\right) + \left(t_A - \frac{P_{el}}{k_V A_V} - t_U\right) \cdot e^{-\frac{k_V A_V}{\rho_W V_W c_W + m_{St} c_{St}} \cdot \tau}$$

Erreichen der Siedezeit bei $t(\tau = \tau_s) = t_s = 100\ °C$ mit dem Ansatz

$$\frac{t_s - \frac{P_{el}}{k_V A_V} - t_U}{t_A - \frac{P_{el}}{k_V A_V} - t_U} = e^{-\frac{k_V A_V}{\rho_W V_W c_W + m_{St} c_{St}} \cdot \tau_s} \quad \rightarrow \quad \tau_s = \frac{\rho_W V_W c_W + m_{St} c_{St}}{k_V A_V} \cdot \ln \frac{t_A - t_U - \frac{P_{el}}{k_V A_V}}{t_s - t_U - \frac{P_{el}}{k_V A_V}}$$

$$\tau_s = \frac{1\frac{kg}{\ell} \cdot 1\ell \cdot 4{,}19\frac{kJ}{kg\ K} + 0{,}4\ kg \cdot 0{,}502\frac{kJ}{kg\ K}}{10\ W/(m^2\ K) \cdot 0{,}08\ m^2} \cdot \ln \frac{+0\ K - \dfrac{1.000\ W}{10\ W/(m^2\ K) \cdot 0{,}08\ m^2}}{82\ K - \dfrac{1.000\ W}{10\ W/(m^2\ K) \cdot 0{,}08\ m^2}}$$

$$\underline{\underline{\tau_s = 372{,}4\ s \approx 6{,}2\ \text{Minuten}}}$$

Um etwa 3,4 % verlängert sich bei Berücksichtigung der Wärmeverluste an die Umgebung die Zeit zum Erreichen des Siedepunktes. Tatsächlich werden die hier nicht einbezogenen Wärmeverluste an die Umgebung durch Strahlung die Zeit bis zum Eintritt des Siedepunktes noch weiter verzögern. Außerdem treten noch Verluste bei der Wärmebereitstellung durch die Herdplatte auf, die bei der hier vorgenommenen Abgrenzung des thermodynamischen Systems gar nicht bilanziert werden.

5.1.8 Wärmeverluste beim Öltransport durch Pipeline

Eine oberirdisch verlegte 10 km lange Pipeline transportiere einen konstanten Massenstrom Öl von 6,4 kg/s und bestehe aus einem Stahlrohr mit 100 mm Innen- und 108 mm Außendurchmesser, auf dem eine 50 mm starke Isolierung aus Mineralwolle (Wärmeleitfähigkeit 0,046 W/(m K)) angebracht ist. Das Öl trete mit 45 °C in die Pipeline ein und kühle sich während des Transportes durch Wärmeverluste an die Umgebung (Wärmeübergangskoeffizient Außenhülle-Umgebung 14 W/(m^2 K) und konstante Außentemperatur von –5 °C) ab. Die mittlere spezifische Wärmekapazität des Öls sei mit 2,1 kJ/(kg K) gegeben. Über welche Temperatur in °C verfügt das Öl am Austritt der Pipeline?

Gegeben:

Pipeline:	$r_i = 50$ mm	$r_{St} = 54$ mm	$l = 10.000$ m
Isolierung:	$\delta_{iso} = 50$ mm	$r_a = r_{St} + \delta_{iso} = 104$ mm	$\lambda_{iso} = 0,046$ W/(m K)
Wärmeübergang:	$t_U = -5$ °C	$\alpha_a = 14$ W/(m^2 K)	
Öl:	$\bar{c} = 2.100$ J/(kg K)	$\dot{m} = 6,4$ kg/s	$t_1 = +45$ °C

Vorüberlegungen:

Die innere Temperatur des strömenden Öls t_i fällt von t_1 am Eintritt der Leitung auf die unbekannte Temperatur t_2 am Austritt der Leitung. Die Wärmeverluste beim Transport hängen von der Temperaturdifferenz zwischen der Öltemperatur im Inneren der Leitung t_i und der konstanten Außentemperatur t_a. Mithin sind die Wärmeverluste $\dot{Q}_V$ über die Länge der Pipeline nicht konstant, sondern verringern sich mit fallender Öltemperatur im Leitungsinneren. Wir können aber unterstellen, dass in sehr kleinen (differentiell kleinen) Abschnitten die Wärmeverluste als konstant angesehen werden können und die Integration über die Rohrlänge die gesuchten Wärmeverluste liefert.

Mit den gegebenen Parametern kann man den Wärmedurchgang auf die Betrachtung der Wärmeleitung in der Isolierschicht und den Wärmeübergang Isolierschicht-Umgebung reduzieren. Mit den erwartbar hohen Wärmeübergangskoeffizienten Öl-Stahlwand und des damit gegen null strebenden inneren Wärmeübergangswiderstands sowie wegen $r_{St} \approx r_i$ und damit $\ln(r_{St}/r_i) \to 0$ folgt

$$\dot{Q}_V = k_a \cdot A_a \cdot (t_i - t_a) = \frac{2\pi \cdot r_a \cdot l \cdot (t_i - t_a)}{\dfrac{1}{\alpha_i} \cdot \dfrac{r_a}{r_i} + \dfrac{r_a}{\lambda_{St}} \ln \dfrac{r_{St}}{r_i} + \dfrac{r_a}{\lambda_{iso}} \ln \dfrac{r_a}{r_{St}} + \dfrac{1}{\alpha_a}} \quad \rightarrow \quad \frac{\dot{Q}_V}{l} = \frac{2\pi \cdot \lambda_{iso} \cdot (t_i - t_a)}{\ln \dfrac{r_a}{r_{St}} + \dfrac{\lambda_{iso}}{r_a \cdot \alpha_a}}$$

Der differentiell kleine Wärmestrom, der im Pipelineabschnitt dx vom Öl abgegeben wird, bestimmt sich aus der Grundgleichung der Kalorik zu

$$\dot{Q}|_x - \dot{Q}|_{x+dx} = d\dot{Q} = -\dot{m} \cdot \bar{c} \cdot dt_i$$

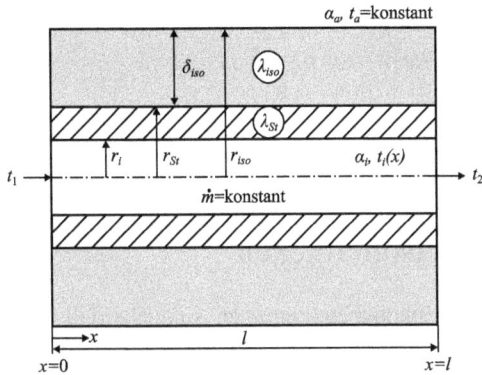

Abb. 5-8:   Wärmetechnische Modellierung des Pipelinetransportes.

Lösung:

Differentielle Energiebilanz:

$$-\dot{m}\cdot\bar{c}\cdot dt_i = \left(\frac{\dot{Q}_V}{l}\right)_x \cdot dx \quad \rightarrow \quad -\dot{m}\cdot\bar{c}\cdot dt_i = \frac{2\pi\cdot\lambda_{iso}(t_i-t_a)}{\ln\left(\dfrac{r_a}{r_{St}}\right)+\dfrac{\lambda_{iso}}{r_a\cdot\alpha_a}}dx$$

Die differentielle Energiebilanz kann mathematisch auf zwei Wegen behandelt werden:

1. Integration nach konsequenter Trennung der Veränderlichen:

$$\int_{t_1}^{t_2}\frac{dt_i}{(t_i-t_a)} = -\frac{2\pi\cdot\lambda_{iso}}{\dot{m}\cdot\bar{c}\cdot\left(\ln\dfrac{r_a}{r_i}+\dfrac{\lambda_{iso}}{r_a\cdot\alpha_a}\right)}\int_0^l dx \quad \rightarrow \quad \ln(t_i-t_a)|_{t_1}^{t_2} = -\frac{2\pi\cdot\lambda_{iso}\cdot l}{\dot{m}\cdot\bar{c}\cdot\left(\ln\dfrac{r_a}{r_i}+\dfrac{\lambda_{iso}}{r_a\cdot\alpha_a}\right)} = -C$$

$$\frac{\ln(t_2-t_a)}{\ln(t_1-t_a)} = -C \quad \rightarrow \quad t_2 = t_a+(t_1-t_a)\cdot e^{-C}$$

Nebenrechnung: Ermittlung der dimensionslosen Konstanten C

$$C = \frac{2\pi\cdot 0{,}046\,\text{W/(m K)}\cdot 10.000\,\text{m}}{6{,}4\,\text{kg/s}\cdot 2.100\,\text{J/(kg K)}\cdot\left(\ln\dfrac{104\,\text{mm}}{54\,\text{mm}}+\dfrac{0{,}046\,\text{W/(m K)}}{0{,}104\,\text{m}\cdot 14\,\text{W/(m}^2\,\text{K)}}\right)} = 0{,}3130268$$

$$t_2 = -5\,°\text{C}+(45\,°\text{C}-(-5\,°\text{C}))\cdot e^{-0{,}3130268} = 31{,}56\,°\text{C}$$

2. Unter der Voraussetzung $t_1-t_2 \ll t_1-t_a$ kann man eine Linearisierung des Vorgangs (linearer Temperaturabfall zwischen $x=0$ und $x=l$) unterstellen mit:

$t(x=0)=t_1$ (gegebene Eingangsgröße) und $t(x=l)=t_2$ (unbekannte Temperatur)

$$-\int_{t_1}^{t_2}\dot{m}\cdot\bar{c}\cdot dt = \frac{2\pi\cdot\lambda_{iso}\cdot(t_1-t_a)}{\left(\ln\dfrac{r_a}{r_i}+\dfrac{\lambda_{iso}}{r_a\cdot\alpha_a}\right)}\int_0^l dx \quad \rightarrow \quad t_2 = t_1-\frac{2\pi\cdot\lambda_{iso}\cdot(t_1-t_a)\cdot l}{\dot{m}\cdot\bar{c}\left(\ln\dfrac{r_a}{r_i}+\dfrac{\lambda_{iso}}{r_a\cdot\alpha_a}\right)}$$

$$t_2 = 45\,°C - \frac{2\pi \cdot 0,046\ \mathrm{W/(m\,K)} \cdot 50\ \mathrm{K} \cdot 10.000\ \mathrm{m}}{6,4\ \mathrm{kg/s} \cdot 2.100\ \mathrm{J/(kg\,K)} \cdot \left(\ln\dfrac{104\ \mathrm{mm}}{54\ \mathrm{mm}} + \dfrac{0,046\ \mathrm{W/(m\,K)}}{0,104\ \mathrm{m} \cdot 14\ \mathrm{W/(m\,K)}} \right)}$$

$$t_2 = 45\,°C - 15,65\ \mathrm{K} \approx \underline{\underline{29,35\,°C}}$$

5.2 Ermittlung wirtschaftlicher Isolierdicken

Von vielen Einflussgrößen bestimmte Wirtschaftlichkeitsbetrachtungen sind ebenfalls mit dimensionslosen Kennzahlen vorteilhaft auszuführen. Für die Ermittlung wirtschaftlicher Isolierstärken von Rohren, in denen Fluide strömen, die vor Wärmeverlusten zu schützen sind, verwendet man oft die dimensionslose Betriebskennzahl Be und die dimensionslose Kostenkennzahl Ko. Die Ableitung dieser Kennzahlen soll für die Demonstration dieser Arbeitsmethode kurz angedeutet werden.

Eine auf die Rohrlänge l bezogene Minderung eines Verlustwärmestroms durch eine Isolierung der Stärke δ_{iso} mit der Wärmeleitfähigkeit λ_{iso} ergibt sich aus

$$\frac{\Delta \dot{Q}}{l} = \frac{2\pi \cdot \lambda_{iso} \cdot (t_1 - t_2)}{\ln(d_a / d_i)_{iso}} = \frac{2\pi \cdot \lambda_{iso} \cdot (t_1 - t_2)}{\ln x} \quad \text{mit} \quad x = \frac{d_a}{d_i} \qquad (5.2\text{-}1)$$

Wenn Wärmeübergangswiderstand im Rohrinneren und Wärmeleitwiderstand des Rohres im Verhältnis zum Wärmewiderstand der Isolierung vernachlässigbar sind, kann die Temperatur t_1 mit der Temperatur des strömenden Fluids abgeschätzt werden. Eine Näherung für t_2 folgt aus dem Wärmeübergang Isolierung/Umgebung.

Der Term $\ln(d_a/d_i)$ in (5.2-1) ist eine eindeutige Funktion der Isolierstärke δ_{iso}. Späterer Rechenvorteile wegen werden wir nicht δ_{iso}, sondern die Größe $x = d_a/d_i$ optimieren, um die wirtschaftliche Isolierstärke $\delta_{iso,w}$ zu errechnen aus:

$$\delta_{iso} = \frac{1}{2}(d_a - d_i) = \frac{d_i}{2}\left(\frac{d_a}{d_i} - 1 \right) = \frac{d_i}{2}(x - 1) \qquad (5.2\text{-}2)$$

Der Innendurchmesser der Isolierung d_i entspricht dem (bekannten) Außendurchmesser des zu isolierenden Rohres.

Eine Bewertung der *jährlichen* Kostenersparnis K_{KE} in Euro pro Meter Rohrlänge kann erfolgen mit

$$K_{KE} = \frac{\Delta \dot{Q}}{l} \cdot b \cdot w \quad \rightarrow \quad K_{KE} = K_{KE}(x) \qquad (5.2\text{-}3)$$

K_{KE}	Kostenersparnis	$[K_{KE}] = 1\ €/(m \cdot a)$
b	Benutzungsstunden pro Jahr	$[b] = 1\ h/a$
w	Wärmepreis	$[w] = 1\ €/kWh$ oder $1\ €/Wh$

Um die Kostenersparnis K_{KE} zu realisieren, sind jedoch einen Kapitaldienst K_{KD} erfordernde Investitionen zu tätigen. Diese Aufwendungen bewerten wir vereinfachend mit

$$K_{KD} = k \cdot p \cdot \pi \cdot d_a = k \cdot p \cdot \pi \cdot d_i \cdot x \quad \rightarrow \quad K_{KD} = K_{KD}(x) \qquad (5.2\text{-}4)$$

K_{KD} Kapitaldienst $[K_{KD}] = 1\,€/(m \cdot a)$

k spezifische Kosten der Isolierung $[k] = 1\,€/m^2$

p Prozentsatz für Zins und Tilgung $[p] = 1/a$

Die spezifischen Kosten müssen – unabhängig von der tatsächlich vorgefundenen Kostenstruktur – nun gleichfalls als Funktion der zu optimierenden Größe nach Gleichung (5.2-2) dargestellt werden. Hilfreich erweist sich in diesem Zusammenhang der lineare Ansatz

$$k = k_0 + k' \cdot \delta_{iso} \tag{5.2-5}$$

k_0 fixe (materialunabhängige) Kosten der Isolierung

k' Proportionalitätsfaktor für die Materialkosten

Praktisch ist diese Abhängigkeit nur selten wirklich linear, meist begnügt man sich mit einer Linearisierung im vermutlich relevanten Bereich. Zur Herstellung der Funktionalität $k = k(x)$ setzt man (5.2-2) in (5.2-5) ein und erhält für $K_{KD} = K_{KD}(x)$:

$$K_{KD} = (k_0 + k' \cdot \frac{d_i}{2} \cdot x - k' \cdot \frac{d_i}{2}) \cdot p \cdot \pi \cdot d_i \cdot x$$

Die wirtschaftlich optimale Isolierstärke $\delta_{iso,w}$ resultiert aus dem Zusammenhang:

$$f(x) = K_{KE}(x) + K_{KD}(x) \to \text{Minimum} \quad \text{oder} \quad K_{KE}'(x) + K_{KD}'(x) = 0 \tag{5.2-6}$$

$$\frac{d}{dx}\left[\frac{2\pi \cdot \lambda_{iso} \cdot (t_1 - t_2) \cdot b \cdot w}{\ln x}\right] + \frac{d}{dx}\left[(k_0 + k' \cdot \frac{d_i}{2} \cdot x - k' \cdot \frac{d_i}{2}) \cdot p \cdot \pi \cdot d_i \cdot x\right] = 0$$

$$-\frac{2\lambda_{iso} \cdot (t_1 - t_2) \cdot b \cdot w}{x \cdot (\ln x)^2} + k_0 \cdot p \cdot d_i + k' \cdot p \cdot d_i^2 \cdot x - k' \cdot p \cdot \frac{d_i^2}{2} = 0 \quad \text{umgeformt zu}$$

$$\frac{2\lambda_{iso} \cdot (t_1 - t_2) \cdot b \cdot w}{p \cdot d_i \cdot k_0 \cdot x \cdot (\ln x)^2} - 1 - \frac{k'}{k_0} d_i \cdot x + \frac{k'}{k_0} \cdot \frac{d_i}{2} = 0 \quad \text{entsteht die Basis zur Definition der dimensions-}$$

losen Kennzahlen Be (Betriebskennzahl) und Ko (Kostenkennzahl) in der Form

$$\text{Be} = \frac{\lambda_{iso} \cdot (t_1 - t_2) \cdot b \cdot w}{p \cdot d_i \cdot k_0} \qquad \frac{1\,W/(m\,K) \cdot 1\,K \cdot 1\,h/a \cdot 1\,€/Wh}{1/a \cdot 1\,m \cdot 1\,€/m^2} = 1 \tag{5.2-7}$$

$$\text{Ko} = \frac{k'}{k_0} \cdot \frac{d_i}{2} \qquad \frac{1\,€/m \cdot 1\,m}{1\,€/m^2} = 1 \tag{5.2-8}$$

Mit diesen Kennzahlen ist nun die aus (5.2-6) resultierende transzendente Gleichung mit Hilfe eines geeigneten numerischen Verfahrens zu lösen.

$$\frac{2 \cdot \text{Be}}{x \cdot (\ln x)^2} - \text{Ko} \cdot (2x - 1) - 1 = 0 \tag{5.2-9}$$

Die gesuchte wirtschaftlich optimale Isolierstärke ist mit der Lösung x aus (5.2-9) durch Einsetzen in (5.2-2) zu bestimmen.

5.2.1   Wirksame Isolierstärken

Eine 2 m lange, dünnwandige Rohrleitung aus Kupfer mit einem Außendurchmesser von 20 mm werde turbulent mit hoher Geschwindigkeit von einem heißen Öl mit einer Temperatur von 120 °C durchströmt. Für eine geplante Isolierung zum Schutz von Wärmeverlusten stehen vorgefertigte Halbzylindersegmente mit den Isolierdicken 0,25 cm, 1 cm und 2,5 cm zur Verfügung. Das Isoliermaterial verfüge über eine Wärmeleitfähigkeit von 0,15 W/(m K). Der Wärmeübergangskoeffizient Rohr/Umgebungsluft betrage 7,5 W/(m² K), die Außenlufttemperatur 20 °C.

a) Berechnen Sie die Wärmeverlustleistung in W für die Rohrleitung ohne Isolierung sowie für alle drei vorgegebenen Isolierstärken! Überlegen Sie dabei, welche Wärmewiderstände für diesen Wärmedurchgang kaum eine Rolle spielen und vernachlässigen Sie diese Anteile!

b) Diskutieren Sie die funktionale Abhängigkeit des Verlustwärmestroms von den Parametern Isolierstärke, Wärmeleitfähigkeit des Isoliermaterials und des Wärmeübergangskoeffizienten außen!

c) Ab welcher Stärke ist eine Isolierung mit dem vorgegebenen Isoliermaterial sinnvoll?

Gegeben:

$t_i = 120\ °C$	$t_a = 20\ °C$	$\alpha_a = 7,5\ W/(m^2\ K)$	$\lambda_{iso} = 0,15\ W/(m\ K)$
$r_0 = 0,01\ m$	Isolierstärken:	$\delta_1 = 0,0025\ m$ Außenradius:	$r_1 = 0,0125\ m$
$L = 2\ m$		$\delta_2 = 0,01\ m$	$r_2 = 0,0200\ m$
		$\delta_3 = 0,025\ m$	$r_3 = 0,0350\ m$

Vorüberlegungen:

Im Hinblick auf die für den Wärmedurchgangskoeffizienten hier signifikanten Wärmewiderstände kann festgehalten werden: $R_{\lambda,Cu} \to 0$ (dünne Rohrwand aus Kupfer) und $R_{\alpha,i} \to 0$ ($\alpha_i \gg \alpha_a$). Der Wärmedurchgangswiderstand als Funktion des Außenradius r_n ergibt sich damit näherungsweise aus $R_k(r_n) = R_{\lambda,iso} + R_{\alpha,a} = \dfrac{1}{\dfrac{1}{\lambda_{iso}}\ln\dfrac{r_n}{r_0}} + \dfrac{1}{\alpha_a \cdot r_n \cdot 2\pi \cdot L}$ mit $n = 0, 1, 2, 3$

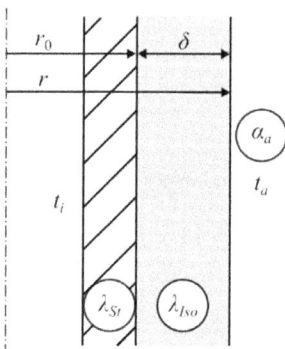

Abb. 5-9:   Wärmedurchgang durch ein isoliertes Rohr.

Lösung:

a) Berechnung der Wärmeverlustströme

ohne Isolation: $r_n = r_0 = 0{,}01\,\text{m}$: $\quad \dot{Q}_0 = \dfrac{t_i - t_a}{R_k} = \dfrac{2\pi \cdot L \cdot (t_i - t_a)}{\dfrac{1}{\alpha_a \cdot r_0}}$

$$\dot{Q}_0 = \frac{2\pi \cdot 2\,\text{m} \cdot (120\,°\text{C} - 20\,°\text{C})}{\dfrac{1}{7{,}5\,\text{W/(m}^2\,\text{K)} \cdot 0{,}01\,\text{m}}} = \underline{\underline{94{,}25\,\text{W}}}$$

$\delta_1 = 0{,}0025\,\text{m}$: $r_n = r_1 = 0{,}0125\,\text{m}$: $\quad \dot{Q}_1 = \dfrac{2\pi \cdot L \cdot (t_i - t_a)}{\dfrac{1}{\lambda_{iso}} \ln \dfrac{r_1}{r_0} + \dfrac{1}{\alpha_a \cdot r_1}}$

$$\dot{Q}_1 = \frac{2\pi \cdot 2\,\text{m} \cdot (120\,°\text{C} - 20\,°\text{C})}{\dfrac{1}{0{,}15\,\text{W/(m K)}} \ln \dfrac{0{,}0125\,\text{m}}{0{,}01\,\text{m}} + \dfrac{1}{7{,}5\,\text{W/(m}^2\,\text{K)} \cdot 0{,}0125\,\text{m}}} = \underline{\underline{103{,}39\,\text{W}}}$$

$\delta_2 = 0{,}01\,\text{m}$: $r_n = r_2 = 0{,}02\,\text{m}$: $\quad \dot{Q}_2 = \dfrac{2\pi \cdot L \cdot (t_i - t_a)}{\dfrac{1}{\lambda_{iso}} \ln \dfrac{r_2}{r_0} + \dfrac{1}{\alpha_a \cdot r_2}}$

$$\dot{Q}_2 = \frac{2\pi \cdot 2\,\text{m} \cdot (120\,°\text{C} - 20\,°\text{C})}{\dfrac{1}{0{,}15\,\text{W/(m K)}} \ln \dfrac{0{,}02\,\text{m}}{0{,}01\,\text{m}} + \dfrac{1}{7{,}5\,\text{W/(m}^2\,\text{K)} \cdot 0{,}02\,\text{m}}} = \underline{\underline{111{,}33\,\text{W}}}$$

$\delta_3 = 0{,}025\,\text{m}$: $r_n = r_3 = 0{,}035\,\text{m}$: führt auf $\underline{\underline{\dot{Q}_3 = 103{,}33\,\text{W}}}$

b) Diskussion der Ergebnisse von a)

Bei entsprechenden Parametern für die Isolierung nimmt der Wärmeverlust mit wachsender Isolierstärke zunächst zu bis er ein Maximum erreicht (δ_{extr}). Mit weiterer Vergrößerung der Isolierstärke verringert sich der Wärmeverlust wieder, die Wirksamkeit der Isolierung ist erst gegeben, wenn $\delta > \delta_w$ (siehe Abbildung 5-10).

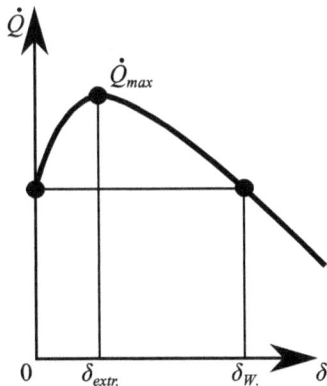

Abb. 5-10: Wärmeverlust in Abhängigkeit von der Stärke der Isolierung.

Diese Zusammenhänge sind bei der Isolation von Rohrleitungen zum Schutz vor Wärmever-
lusten zu beachten, insbesondere ist zu berücksichtigen, dass sich die Wärmeleitfähigkeit des
Isoliermaterials im Laufe der Zeit ändern kann. Positiv genutzt wird dieser Effekt bei der
Isolierung von stromdurchflossenen Kabeln, die so besser gekühlt werden.

Bestimmung der Isolierstärke δ_{extr}, bei der der Wärmeverlust maximal ist:

$$\dot{Q} = \frac{2\pi \cdot L \cdot (t_i - t_a)}{\dfrac{1}{\lambda_{iso}}\ln\dfrac{r}{r_0} + \dfrac{1}{\alpha_a \cdot r}} = \frac{2\pi \cdot L \cdot \lambda_{iso} \cdot (t_i - t_a)}{\ln\dfrac{r}{r_0} + \dfrac{\lambda_{iso}}{\alpha_a \cdot r_0} \cdot \dfrac{r_0}{r}} = \frac{C_1}{\ln x + \dfrac{C_2}{x}}$$

Für den rechten Term in obiger Gleichung haben wir zur Verbesserung der Übersichtlichkeit

konstante Werte zusammengefasst und $x = \dfrac{r}{r_0}$ als Variable eingeführt.

$C_1 = 2\pi \cdot L \cdot \lambda_{iso} \cdot (t_i - t_a) = 2\pi \cdot 2\,\text{m} \cdot 0,15\,\text{W/(m K)} \cdot 100\,\text{K} \approx 188,5\,\text{W}$ und

$C_2 = \dfrac{\lambda_{iso}}{\alpha_a \cdot r_0} = \dfrac{0,15\,\text{W/(m K)}}{7,5\,\text{W/(m}^2\,\text{K)} \cdot 0,01\,\text{m}} = 2$

Bestimmung des Maximums für $\dot{Q}$ folgt nach den Regeln der Extremalrechnung aus

$$\frac{d\dot{Q}}{dx} = \frac{-C_1\left(\dfrac{1}{x} - \dfrac{C_2}{x^2}\right)}{\left(\ln x + \dfrac{C_2}{x}\right)^2} = 0 \quad \leftrightarrow \quad \frac{1}{x_{extr}} - \frac{C_2}{x_{extr}^2} = 0 \quad \leftrightarrow \quad x_{extr} = C_2 = 2$$

Nachweis, dass bei x_{extr} tatsächlich ein Maximum vorliegt, wird durch Vorzeichenwechsel
beim Überstreichen von x_{extr} in der ersten Ableitung erbracht:

$x = 1:\quad \dfrac{d\dot{Q}}{dx} = \dfrac{-188,5 \cdot (1-2)}{(0+2)^2} = +47,125$ $x = 4:\quad \dfrac{d\dot{Q}}{dx} = \dfrac{-188,5 \cdot (0,25-0,125)}{(1,386294+0,5)^2} = -6,622$

Damit folgt nun für die gesuchte Isolierstärke:

$\dfrac{r_{extr}}{r_0} = \dfrac{\lambda_{iso}}{\alpha_a \cdot r_0} \quad \rightarrow \quad r_{extr} = \dfrac{\lambda_{iso}}{\alpha_a} = \dfrac{0,15\,\text{W/(m K)}}{7,5\,\text{W/(m}^2\,\text{K)}} = 0,02\,\text{m}$

$\delta_{extr} = r_{extr} - r_0 = 0,02\,\text{m} - 0,01\,\text{m} = \underline{\underline{0,01\,\text{m}}}$

Für eine Isolierstärke von 1 cm erreicht der Wärmeverluststrom sein Maximum. Vergleichen
Sie dies bitte mit den Ergebnissen aus Aufgabe a)!

c) wirksame Isolierstärke aus $\dot{Q}_{\delta=0} = \dot{Q}_{\delta=\delta_w}$ $\delta_w = r_w - r_0$

$$2\pi \cdot L \cdot r_0 \cdot \alpha_a \cdot (t_i - t_a) = \frac{2\pi \cdot L \cdot \lambda_{iso} \cdot (t_i - t_a)}{\ln\dfrac{r_w}{r_0} + \dfrac{\lambda_{iso}}{\alpha_a \cdot r_0} \cdot \dfrac{r_0}{r_w}} \quad \leftrightarrow \quad \frac{r_0 \cdot \alpha_a}{\lambda_{iso}} = \frac{1}{\ln\dfrac{r_w}{r_0} + \dfrac{\lambda_{iso}}{\alpha_a \cdot r_0} \cdot \dfrac{r_0}{r_w}}$$

$\dfrac{\lambda_{iso}}{r_0 \alpha_a} = \ln\dfrac{r_w}{r_0} + \dfrac{\lambda_{iso}}{r_0 \alpha_a} \cdot \dfrac{r_w}{r_0} \quad \leftrightarrow \quad C_2 = \ln x_w + C_2 \cdot \dfrac{1}{x_w} \quad \rightarrow \quad 2 = \ln x_w + \dfrac{2}{x_w} \quad \rightarrow \quad x_w = e^{\left(2 - \frac{2}{x_w}\right)}$

Fixpunktiteration mit $x_{neu} = e^{\left(2-\frac{2}{x_{alt}}\right)}$ Startwert $x_w = 4,5$: Nach wenigen Iterationsschritten ermittelt man $x_w = 4,921553635$, also $r_w / r_0 \approx 4,92$.

$$r_w = 4,92 \cdot r_0 = 4,92 \cdot 0,01\,\text{m} = 0,0492\,\text{m} \qquad \delta_w = r_w - r_0 = 0,0492\,\text{m} - 0,01\,\text{m} = \underline{\underline{0,0392\,\text{m}}}$$

5.2.2   Wirtschaftlich optimale Isolierstärke von Rohren

Eine Stahlrohrleitung (d_i = 260 mm, d_a = 267 mm), die 8000 h im Jahr überhitzten Dampf führt, soll wirtschaftlich optimal gedämmt werden unter der Finanzierungsvorgabe, dass für die Amortisation und Verzinsung des eingesetzten Kapitals 20 % p.a. anzusetzen sind. Der in der Betriebszeit zu erreichende mittlere Temperaturabfall über der Isolierung wurde mit 250 K abgeschätzt. Für die Wärme wird firmenintern ein Verrechnungspreis von 10 ct/kWh angesetzt.

Die fixen Kosten für die Isolierung ermittelte man zu 50 €/m², der Kostensteigerungsfaktor für das Isoliermaterial betrage je cm Isolierstärke 2 €/m². Der Hersteller gibt für die Betriebswärmeleitfähigkeit des Isoliermaterials 0,05 W/(m K) an. Welche Isolierstärke ist unter diesen Bedingungen wirtschaftlich optimal?

Gegeben:

Stahlrohr	d_i = 0,260 m	d_a = 0,267 m = $d_{i,iso}$
Isolierung	λ_{iso} = 0,05 W/(m K)	Δt = 250 K
Kosten	k_0 = 50 €/m²	$k' = 2\,\text{€/(m}^2\,\text{cm)} = 200\,\text{€/m}^3$ p = 0,2 p.a.
Betrieb	b = 8000 h/a	w = 10 ct/kWh = 0,1 €/1000 Wh = 10^{-4} €/Wh

Vorüberlegungen:

Wir greifen zur Lösung des Problems auf die Ausführungen des Kapitels 5.2 zurück und berechnen die wirtschaftliche Isolierstärke aus der dimensionslosen Betriebskennzahl Be sowie der dimensionslosen Kostenkennzahl Ko.

Der Außendurchmesser des Stahlrohres entspricht dem Innendurchmesser der Isolierung. Damit ist der Innendurchmesser der Isolierung bekannt und es muss nur noch der sich dann ergebende Außendurchmesser für das isolierte Rohr berechnet werden.

Lösung:

$$\text{Be} = \frac{\lambda_{iso} \cdot \Delta t \cdot b \cdot w}{p \cdot d_i \cdot k_0} = \frac{0,05\,\text{W/(m K)} \cdot 250\,\text{K} \cdot 8000\,\text{h/a} \cdot 10^{-4}\,\text{€/Wh}}{0,2 \cdot 1/\text{a} \cdot 0,267\,\text{m} \cdot 50\,\text{€/m}^2} \approx 3,75$$

$$\text{Ko} = \frac{k'}{k_0} \cdot \frac{d_{i,iso}}{2} = \frac{200\,\text{€/m}^3}{50\,\text{€/m}^2} \cdot \frac{0,267\,\text{m}}{2} = 0,534$$

Mit d_i wird hier der Innendurchmesser der Isolierung bezeichnet, der bekanntlich dem Außendurchmesser des Stahlrohres entspricht ($d_{i,iso} = d_{a,Stahl}$).

Aus Gleichung (5.2-9) entsteht $\dfrac{7,5}{x \cdot (\ln x)^2} - 0,534(2x-1) - 1 = 0$ oder aufbereitet für die numerische Lösung $\dfrac{7,5}{\ln^2 x} - 1,068x^2 - 0,466x = 0$.

Mit etwas Erfahrung schätzen wir die erforderliche Isolierstärke auf $\delta_{iso} = 200$ mm und gewinnen daraus einen sinnvollen Startwert für die numerische Lösung der obigen Gleichung.

Aus Gleichung (5.2-2) folgt dann $x = \dfrac{2 \cdot \delta_{iso}}{d_i} + 1 = \dfrac{0,4\,\mathrm{m}}{0,267\,\mathrm{m}} + 1 \approx 2,5$

Die Iterationsvorschrift für das Newton´sche Näherungsverfahren lautet:

$$x^{(n+1)} = x^{(n)} - \frac{f(x^{(n)})}{f'(x^{(n)}} \qquad f(x) = \frac{7,5}{\ln^2 x} - 1,068x^2 - 0,466x \quad \text{und} \quad f'(x) = -\frac{15}{\ln^3 x} - 2,136x - 0,466$$

Mit dem Startwert $x^{(0)} = 2,5$ ergibt sich nun:

$$x^{(1)} = 2,5 - \frac{0,43717813}{-13,60522356} = 2,532133109$$

Nach wenigen weiteren Iterationen erhält man die technisch hinreichend genaue Lösung $x \approx 0,583$, die im Zusammenhang mit Gleichung (5.2-2) die wirtschaftlich optimale Isolierstärke liefert zu

$$\delta_{iso} = \frac{d_i}{2}(x-1) = \frac{0,267\,\mathrm{m}}{2}(2,583-1) = \underline{\underline{0,211\,\mathrm{m}}}$$

6   Wärmestrahlung

6.1   Einführung in die phänomenologische Beschreibung

Als Wärme- oder Temperaturstrahlung bezeichnet man die Energieübertragung infolge der Ausbreitung elektromagnetischer Wellen in einem Wellenlängenbereich von etwa 1 nm bis zu wenigen Millimetern, die von allen festen, flüssigen sowie einigen gasförmigen [20] Körpern mit einer Temperatur oberhalb von 0 K emittiert werden. Feste und flüssige Körper strahlen mit Wellenlängen in einem kontinuierlichen Spektrum. Gase emittieren Strahlungen mit einem Linienspektrum. Wenn sich das Gas aber bei einer Temperatur T in einem Temperatur- und Strahlungsgleichgewicht befindet und über eine so große Schichtdicke verfügt, die alle einfallende Strahlung absorbiert, wird das kontinuierliche Spektrum der schwarzen Strahlung derselben Temperatur ausgesendet. Das bekannteste Beispiel dafür ist die von der Sonnenoberfläche ausgehende Strahlung.

Die Ausbreitung ist an kein stoffliches Trägermedium gebunden und tritt deshalb auch im Vakuum auf. Im Unterschied zur Wärmeleitung und Konvektion findet Wärmeaustausch durch Strahlung zwischen zwei Körpern selbst dann statt, wenn das dazwischen liegende Medium kälter ist als die beiden im Strahlungsaustausch stehenden Körper. Ein weiterer Unterschied zur Wärmeleitung und Konvektion besteht darin, dass der übertragene Wärmestrom stärker von der Temperatur abhängt (~ T^4). Bei Hochtemperaturprozessen wie der Verbrennung dominiert die Wärmestrahlung daher die Wärmeübertragung. Den Energieaustausch durch Strahlung nehmen wir aber auch im Niedertemperaturbereich über das Behaglichkeitsgefühl wahr. In beheizten Räumen fühlt man sich selbst bei hohen Raumlufttemperaturen in der Nähe kalter Außenflächen wie beispielsweise großen Fenstern nicht wohl, weil wir als Person an diese kalten Flächen mehr Energie abstrahlen.

Der Begriff Wärmestrahlung geht darauf zurück, dass diese bis auf einen kleinen Anteil im Wellenlängenspektrum des sichtbaren Lichts vom Menschen nur über das Wärmeempfinden seiner Haut wahrgenommen werden kann. Der synonym verwendete Begriff Temperaturstrahlung macht deutlich, dass diese Energieübertragung ihren Ursprung in der inneren Energie (Wärmebewegung der Atome/Moleküle) des Körpers hat und mit der Zustandsgröße Temperatur verknüpft ist.

Zur Kennzeichnung einer elektromagnetischen Welle verwenden wir die Frequenz f oder die Wellenlänge λ, die durch die Lichtgeschwindigkeit c_0 als Phasengeschwindigkeit im Vakuum über die Beziehung

$$c_0 = \lambda \cdot f \quad \text{(Wellenlänge } \lambda \text{ nicht mit Wärmeleitfähigkeit } \lambda \text{ verwechseln!)} \qquad (6.1\text{-}1)$$

verknüpft sind. Eine verschiedene Medien durchlaufende Strahlung behält ihre Frequenz bei. Da die Ausbreitungsgeschwindigkeit des Lichtes c vom Stoff abhängig ist, muss sich zwangsläufig die Wellenlänge λ ändern. Für technische Rechnungen sind diese Änderungen jedoch vernachlässigbar klein und werden hier nicht weiter berücksichtigt.

---

[20]   Gilt für Gase, deren Moleküle aus mehr als zwei Atomen bestehen.

http://doi.org/10.1515/9783110745092-006

Der Energieinhalt elektromagnetischer Strahlung ist indirekt proportional (antiproportional) zu ihrer Wellenlänge. Kurzwellige Strahlung (z. B. Röntgenstrahlung) ist energiereicher als langwellige Strahlung (z. B. Funkwellen). Die emittierte Strahlungsenergie verfügt gewöhnlich über ein weites Spektrum verschiedener Wellenlängen, das für die kosmische Höhenstrahlung von 100 fm (= 10^{-15} m) bis zu mehreren Kilometern für Radiowellen reicht. Obwohl wir immer von Strahlungsenergie umgeben sind, können Menschen die Strahlung nur in einem kleinen Teil des Spektrums direkt wahrnehmen. Das menschliche Auge reagiert empfindlich auf Licht (Strahlung mit Wellenlängen zwischen 380 und 780 nm), schon die sich daran anschließende Infrarotstrahlung (Wellenlängen von 780 nm bis zu 1 mm) kann mit dem Auge nicht mehr wahrgenommen werden, in gewissen Grenzen aber noch über das Wärmeempfinden der Haut. Für Bilder kalter oder warmer Oberflächen müssen wir aber schon eine Kamera mit infrarotempfindlichen Sensoren bemühen. Die übrige, andere Spektralbereiche betreffende Strahlung ist nur mit geeigneten Messinstrumenten nachzuweisen, gelegentlich mittelbar auch durch die zeitverzögerte Wirkung auf Gegenstände und Organismen.

Tab. 6-1:   Elektromagnetische Strahlung in Abhängigkeit von ihrer Wellenlänge in Mikrometer.

Strahlungsvorgang	Wellenlänge λ in µm
Höhenstrahlung (kosmische Strahlung)	10^{-9} bis 10^{-7}
Gamma-Strahlung	10^{-7} bis 10^{-5}
Röntgenstrahlung	10^{-5} bis 10^{-2}
ultraviolette Strahlung (UV)	10^{-2} bis 10^{-1}
sichtbares Licht (VIS)	10^{-1} bis 10^{0}
Infrarotstrahlung ((IR)	10^{0} bis 10^{3}
Mikrowellen und Radar	10^{3} bis 10^{6}
Rundfunkwellen (Radio, Fernsehen)	10^{6} bis 10^{10}

Das gesamte in Tabelle 6-1 aufgeführte Spektrum elektromagnetischer Strahlung folgt den Gesetzen der transversalen Wellen, die senkrecht zur Fortpflanzungsrichtung oszillieren und sich im Vakuum mit Lichtgeschwindigkeit fortsetzen. Elektromagnetische Strahlung entsteht immer, wenn elektrische Ladungen beschleunigt werden. Tabelle 6-1 zeigt, dass Licht als Teil der Temperaturstrahlung sich prinzipiell nicht von den Radiowellen unterscheidet, nur ist seine Frequenz höher und die Wellenlänge demgemäß kürzer. Die angegebene, grobe Unterteilung nach Wellenlänge mit Überlappungen in Übergangsbereichen orientiert sich an den Mechanismen für ihre Entstehung, der Wahrnehmung unserer Augen sowie den technischen Anwendungen. Gammastrahlung wird bei nuklearen Reaktionen frei, Röntgenstrahlen entstehen, wenn hoch beschleunigte Elektronen auf Metalle treffen. Elektromagnetische Wellen mit Wellenlängen größer als 1000 µm entstehen durch oszillierende Ströme in einer Antenne.

Die hier näher interessierende Wärmestrahlung mit den Wellenlängenbereichen von ultraviolett bis infrarot ist deshalb in Tabelle 6-2 noch einmal feiner unterteilt. Wegen der quasi engen Verwandtschaft bei den Wellenlängen geht man näherungsweise davon aus, dass die Wärmestrahlung insgesamt den für den Teilbereich sichtbares Licht bekannten Gesetzen der Optik genügt. Genau wie beim Licht treten also bei der Wärmestrahlung Spiegelung und Reflexion sowie geradlinige Fortpflanzung auf. Zur Veranschaulichung vieler Vorgänge bei der Wärmestrahlung zieht man gern den Vergleich zu der für unsere Augen gut erfassbaren optischen Strahlung. Das für Menschen wahrnehmbare Licht selbstleuchtender Körper geht zumeist auf seine (entsprechend hohe) Temperatur zurück, zum Beispiel bei der Sonne mit etwa 5800 K Oberflächentemperatur. Dabei werden in den Atomen und Molekülen elektrische Ladungen zum Schwingen angeregt. Lichteffekte können aber auch andere Ursachen haben (Fluoreszenz, Lumineszenz, elektrische Gasentladung).

Tab. 6-2:   Unterteilung des Strahlungsspektrums für die Wärmestrahlung in Nanometer.

Spektralbereich	Wellenlänge λ in nm		
ultraviolette Strahlung (UV)	1	bis	380
extrem (XUV)	1	bis	50
stark	50	bis	200
schwach	200	bis	380
UV-C (fernes UV)	100	bis	280
UV-B (mittleres UV)	280	bis	315
UV-A (nahes UV)	315	bis	380
Sichtbares Licht (VIS)	380	bis	780
violett	380	bis	420
blau	420	bis	490
grün	490	bis	575
gelb	575	bis	585
orange	585	bis	650
rot	650	bis	780
Infrarot (IR)	780	bis	10^6
nahe (NIR)	780	bis	1400
kurzwellig (SWIR)	1400	bis	3000
mittelwellig (MWIR)	3000	bis	8000
langwellig (MWIR)	8000	bis	15000
fern (FIR)	15000	bis	10^6

Alle Körper mit einer Temperatur oberhalb von 0 K emittieren durch Energieübergänge auf atomarer oder molekularer Ebene Wärmestrahlen. Viele Lichtquellen (z. B. Sonne, Glühlampe) senden gleichzeitig Infrarotstrahlung sowie UV-Strahlung aus. Die von der Sonne emittierte Strahlung liegt im Bereich zwischen 280 nm und 3000 nm (also ultraviolette bis infrarote Strahlung). Körper bei Raumtemperatur emittieren infrarote Strahlung, erst bei Temperaturen von über 1000 °C geben sie signifikante Teile sichtbare Strahlung ab. Der Wolframfaden in einer Glühbirne muss zur Lichterzeugung auf etwas über 2000 °C aufgeheizt werden.

Die übliche, in Tabelle 6-2 wiedergegebene Begrenzung der Wärmestrahlung auf den Wellenlängenbereich zwischen 0,1 µm und 1000 µm ist im Prinzip eine willkürliche Festlegung. Extrem heiße Sterne (T > 15.000 K) geben auch einen kleinen Teil Wärmestrahlung im Bereich λ < 0,1 µm ab. Weist ein Körper eine Temperatur von weniger als 12 K auf, emittiert er gleichfalls einen geringen Anteil Wärmestrahlung für Wellenlängen λ > 1000 µm. Diese beiden Grenzbereiche haben jedoch für technische Untersuchungen keine Bedeutung.

Das Energiepotential für die Wärmestrahlung folgt aus der inneren Energie der emittierenden Körper. Die Umwandlung der inneren Energie in Strahlungsenergie basiert auf inneratomaren Vorgängen (Übergang des Atoms von angeregten auf stabilere Energiezustände), die durch hier nicht weiter ausgeführte physikalische Modelle beschrieben werden. Der Ingenieur bevorzugt eine phänomenologische Betrachtung der Emission und Absorption von Strahlung und bilanziert den Strahlungsaustausch zwischen zwei Körpern ausschließlich an den Körperoberflächen mit dem Ziel festzustellen, welcher Anteil der einen Körper verlassenden Strahlung beim Auftreffen auf einen anderen Körper von diesem „verschluckt" wird.

Der als Wärmestrahlung emittierte Energiestrom $\dot{E}$ besteht aus elektromagnetischen Wellen in dem oben erwähnten Wellenlängenspektrum und hängt lediglich von der Temperatur des strahlenden Körpers sowie von der Größe und Beschaffenheit seiner Oberfläche ab (Gesetz von Prévost). Die Umgebung hat keinerlei Einfluss auf die Emission. So sendet ein Körper kontinuierlich Strahlung aus, selbst wenn er sich mit seiner Umgebung im Temperaturgleichgewicht befindet. Ist der von einem Oberflächenelement dA in den darüberliegenden Halbraum abgestrahlte Energiestrom d$\dot{E}$ (Strahlungsleistung, Strahlungsfluss), dann wird die von der thermodynamischen Temperatur abhängige Energiestromdichte $\dot{e}$ durch folgende Gleichung definiert

$$ d\dot{E} = \dot{e}(T) \cdot dA \quad \text{und} \quad \dot{e}(T) = \frac{d\dot{E}}{dA} \qquad (6.1\text{-}2) $$

$$ [\dot{E}] = 1\,\text{W} \qquad \text{und} \qquad [\dot{e}(T)] = 1\,\text{W/m}^2 $$

Das Formelzeichen $\dot{E}$ anstelle von $\dot{Q}$ bringt zum Ausdruck, dass es hier ausschließlich um emittierte Energie aufgrund von Vorgängen auf atomarer Ebene im Körper geht. $\dot{Q}$ kann einen konvektiv übertragenen und/oder einen reflektierten Energiestrom einschließen.

Als Strahlungsenergie bezeichnet man das Zeitintegral über die Strahlungsleistung.

$$ E = \int_0^\tau \dot{E} \cdot d\tau \qquad [E] = 1\,\text{Ws} = 1\,\text{J} \qquad (6.1\text{-}3) $$

Die Energiestromdichte $\dot{e}$ setzt sich zusammen aus der in allen Wellenlängenbereichen sowie in alle Richtungen des darüber aufgespannten Halbraums emittierten Strahlung (hemisphärische Strahlung[21]) und ist eine richtungsabhängige Größe.

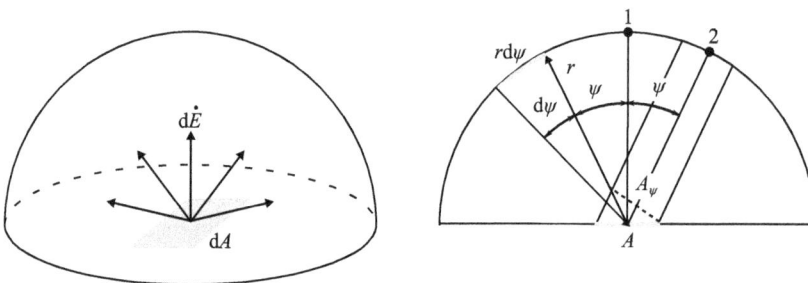

Abb. 6-1: Emission eines strahlenden Flächenelements in den Halbraum (links) und Emission aus einer Beobachtungsrichtung in der Flächennormalen A (grau unterlegt) in Richtung der Flächennormalen (1) sowie aus einer um den Winkel ψ gegenüber der Normalen geneigten, gestrichelt gezeichneten Fläche A_ψ (2).

---

[21] Die hemisphärische Strahlung ist von der gerichteten Strahlung (Strahlungsaustausch zweier strahlenden Flächen) zu unterscheiden.

Im linken Teil der Abbildung 6-1 ist ein strahlendes Flächenelement dA grau unterlegt dargestellt. Jeder Punkt auf diesem Flächenelement kann jeweils unterschiedlich hohe Energieströme emittieren, die gleichzeitig auch in alle Richtungen verschieden hoch sind. Aus diesem Sachverhalt werden zwei Dinge deutlich.

1. Geht man von einem endlichen, in Watt gemessenen Wert für den von dA ausgesendeten Energiestrom $\dot{E}$ aus, müsste auf einen einzelnen Punkt dieser Fläche ein Energiestrom von null Watt entfallen, weil es unendlich viele Punkte auf diesem Flächenelement gibt. Man kann also nicht den von einem Punkt des Flächenelements ausgehenden Energiestrom angeben, sondern betrachtet einen Energiestrom, der auf das Flächenelement bezogen wird, in dem der betreffende Punkt liegt. Dies ist die in (6.1-2) definierte Energiestromdichte $\dot{e} = d\dot{E}/dA$ gemessen in W/m².

2. Ebenso wenig kann man aussagen, welcher Energiestrom in eine konkrete Richtung ausgesendet wird, denn auch hier verteilt sich der endliche Wert auf unendlich viele denkbare Richtungen. Für jede einzeln ausgezeichnete Richtung würde sich wieder der Wert null Watt ergeben. Deshalb ist hier der Energiestrom auf den zu der gewünschten Richtung gehörigen Raumwinkel Ω zu beziehen. Man betrachtet also eine in (6.1-4) definierte Strahlungsstärke oder Strahlungsintensität $I_e = d\dot{E}/d\Omega$ gemessen in W/sr.

$$I_e = \frac{d\dot{E}}{d\Omega} \qquad [I_e] = 1\frac{W}{sr} \qquad\qquad (6.1\text{-}4)$$

Hinweis: Die Maßeinheit sr wird oft nicht mitgeschrieben!

Der Raumwinkel Ω ist in Abbildung 6-2 dargestellt. Wer mit dem Umgang nicht vertraut, lese die nächsten drei nachfolgenden Absätze.

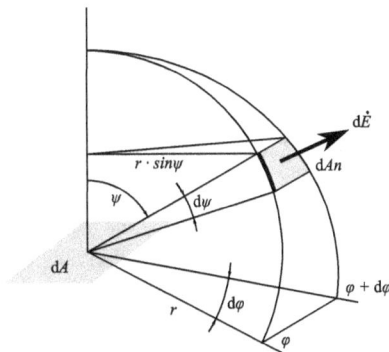

Abb. 6-2: Strahlungsfluss d$\dot{E}$ über ein Raumwinkelelement dΩ in die von Polarwinkel ψ und Azimutwinkel φ festgelegte Richtung.

Der in Radiant (rad) gemessene Winkel ω (Bogenmaß) entspricht im Einheitskreis mit dem Radius $r = 1$ der Bogenlänge b auf der Kreisumfangslinie des zugehörigen Kreissektors $\omega = b$. Für einen Kreis mit einem beliebigen Radius r gilt $\omega \cdot r = b$ oder $\omega = b/r$. Diesem Vorgehen folgt auch die Definition des Raumwinkels Ω. Bei einer Kugel mit dem Radius $r = 1$ entspricht der Raumwinkel Ω für eine vorgegebene Richtung der zugeordneten Fläche A auf der Kugeloberfläche. Für Kugeln mit beliebigem Radius r gilt $\Omega \cdot r^2 = A$ oder $\Omega = A/r^2$. Die Maßeinheit des Raumwinkels Ω ist Steradiant (sr). Das Flächenstück dA_n auf der Kugeloberfläche errechnet sich nach Abbildung 6-2 aus $dA_n = (r \cdot \sin\psi \cdot d\psi) \cdot (r \cdot d\varphi)$.

Der maximale Raumwinkel ist die Kugeloberfläche $4 \cdot \pi \cdot r^2$. Für eine Kugel mit $r = 1$ gilt wegen $0 \leq \Omega \leq 4 \cdot \pi$ für den maximalen Raumwinkel $\Omega_{max} \approx 12{,}556$ sr.

Die Maßeinheiten Radiant für das Bogenmaß und Steradiant für den Raumwinkel werden beim Einsetzen der betreffenden Größen in Größengleichungen meist nicht mit aufgeführt, obwohl die Angabe von sr helfen würde, physikalische Größen mit Bezug auf den Raumwinkel zu erkennen. Als Maßeinheit spielt Steradiant praktisch nur im Zusammenhang mit Einheiten für das Phänomen Licht eine Rolle. Wir sind aber deshalb darauf eingegangen, weil für die Erklärung der Gesetzmäßigkeiten der Wärmestrahlung oft auf die uns gut vertrauten Erscheinungen bei der Lichtausbreitung zurückgegriffen wird.

Wie Abbildung 6-1 zeigt verteilt sich der von einem strahlenden Flächenelement dA ausgehende Energiestrom $d\dot{E}$ im darüber liegenden Halbraum auf alle Richtungen. Für alle schwarz strahlenden Flächen und bei rauer Oberfläche (diffuse Strahlung) tritt ein Höchstwert des Energiestroms $\dot{E}$ in Richtung der Flächennormalen (Index n) auf, in Richtung des Winkels ψ gegen die Flächennormale vermindert sich der Energiestrom gemäß Lambert'schen Kosinusgesetz auf

$$\dot{E}_\psi = \dot{E}_n \cdot \cos\psi \qquad\qquad\qquad\qquad\qquad\qquad\qquad (6.1\text{-}5)$$

Ansatz (6.1-5) führt für die Flächennormale ($\psi = 0$, $\cos\psi = 1$) auf den Maximalwert $\dot{E}_n$, in die mit der Fläche zusammenfallende Richtung ($\psi = \pi/2$, $\cos\psi = 0$) auf den Wert 0.

Nach dem rechten Bildteil in Abbildung 6-1 nimmt ein Beobachter in Punkt 1 senkrecht über der strahlenden Fläche A die Energiestromdichte $\dot{e}_n$ wahr. Aus der Position 2 sieht ein Beobachter nicht die volle strahlende Fläche A, sondern nur die Projektionsfläche $A_\psi = A \cdot \cos\psi$.

Wird der in diese Richtung emittierte Energiestrom $\dot{E}_\psi$ auf die aus Position 2 wahrnehmbare Fläche A_ψ bezogen, folgt $\dot{E}_\psi / A_\psi = \dot{E}_n \cdot \cos\psi / A \cdot \cos\psi = \dot{e}_n$, das heißt, die „Helligkeit" bleibt in allen Richtungen erhalten. Bei einer strahlenden kugelförmigen Oberfläche entsteht kein räumlicher Eindruck, weil Helligkeitsunterschiede fehlen.[22]

Das Lambert'sche Kosinusgesetz ist für die meisten technischen Oberflächen eine gute Näherung, gilt aber nicht für blank polierte Metalloberflächen oder Flüssigkeitsoberflächen. Dort nimmt das Emissionsverhältnis mit steigendem Winkel ψ zu, so dass die flache Abstrahlung wesentlich stärker ist als die in Richtung der Flächennormalen. Für den die Oberfläche streifenden Abstrahlungswinkel $\psi \rightarrow 90°$ fällt ε_φ dann steil auf den Wert null. Das Emissionsverhältnis ε nach (6.1-10) für die diffuse Strahlung muss deshalb größer sein als ε_n.

---

[22]   Johann Heinrich Lambert (1728–1777). Lambert notierte 1760 die Beobachtung, dass die Helligkeit einer
    vollkommen diffus strahlenden Fläche unabhängig von der Richtung ist, aus der diese Fläche gesehen wird.
    Die Sonne erscheint als völlig gleichmäßig helle Kreisscheibe, obwohl die Ränder dieser Kugel schräg zum
    Beobachter liegen. Was für das sichtbare Licht gilt, können wir näherungsweise auch für die elektromagneti-
    schen Strahlen in anderen Wellenlängenbereichen unterstellen.

Bei der geradlinigen Ausbreitung elektromagnetischer Strahlung nimmt die Strahlungsdichte $\dot{e}$ mit dem Quadrat der Entfernung r von der Strahlungsquelle ab. Lambert hat dies aus der Erfahrung geschlussfolgert und als Entfernungsgesetz formuliert. Gleichzeitig wird – wie man Abbildung 6-2 ableiten kann – für den konstanten Raumwinkel Ω die Fläche A größer ($A \sim r^2$). Deshalb bleibt die Energie, die man der Strahlung innerhalb eines gegebenen Raumwinkels entnehmen kann, unabhängig von der Entfernung der Strahlungsquelle stets gleich. Ein Analogon dazu ist aus der Optik bekannt. Nach dem Lambert'schen Entfernungsgesetz nimmt der von einer Lichtquelle ausgehende Lichtstrom mit zunehmender Entfernung ab. Da die strahlende Fläche aus der Perspektive des Beobachters gleichfalls mit dem Quadrat der Entfernung abnimmt, bleibt die Helligkeit der Strahlungsquelle als die für das menschliche Auge erfassbare Größe im theoretischen Grenzfall[23] unverändert. Diesen Effekt nutzt man für die berührungslose Temperaturmessung mit einem Strahlungspyrometer.

Die emittierte elektromagnetische Strahlung umfasst immer ein gewisses Spektrum von Wellenlängen λ. Die spektrale Energiestromdichte oder Strahlungsintensität $\dot{e}_{\lambda b}$ ist als gleichfalls richtungsabhängige Größe eine Funktion, die angibt, wie sich der emittierte Strahlungsfluss auf das Spektrum der Wellenlängen und in alle Richtungen des Halbraums verteilt.

$$\dot{e}(T) = \int_{\lambda=0}^{\infty} \dot{e}_{\lambda b}(\lambda,T) \mathrm{d}\lambda \qquad [\dot{e}_{\lambda b}] = 1\frac{\mathrm{kW}}{\mathrm{m}^2\,\mu\mathrm{m}} \qquad (6.1\text{-}6)$$

Gleichung (6.1-6) wurde für die aus dem vollständigen Wellenlängenspektrum herrührenden Strahlung formuliert. Betrachtet man nur den Wellenlängenbereich des sichtbaren Lichts entspricht $\dot{e}$ der in der Optik verwendeten und in Lumen pro Quadratmeter (lm/m²) gemessenen Größe Helligkeit. Aus der Perspektive der Quelle spricht man dann von der Lichtausstrahlung, vom Standpunkt des Empfängers von der Beleuchtungsstärke. Für uns Menschen ist wichtig, wie *hell* das Licht *erscheint*. Mit Lumen wird wiedergegeben, wie – gewichtet über den entsprechenden Wellenlängenbereich – der Mensch die Strahlungsleistung *empfindet*. Lumen ist also ein Maß für die von unseren Augen wahrgenommene Helligkeit und spielt in physikalischen Gesetzen keine Rolle.

Der in den Halbraum mit dem Radius r vom Flächenelement in Mittelpunktslage dA abgestrahlte Energiestrom d$\dot{E}$ kann bestimmt werden durch den Ansatz

$$\mathrm{d}^2\dot{E} = \dot{e}_n \cdot \cos\psi\, \mathrm{d}A\, \mathrm{d}\Omega \qquad\qquad (6.1\text{-}7)$$

Für das Flächenelement dA_n ergibt sich nach Abbildung 6-2 $\mathrm{d}A_n = (r\cdot\sin\psi\cdot\mathrm{d}\psi)\cdot(r\cdot\mathrm{d}\varphi)$ und mit der oben erwähnten Definition des Raumwinkels für das Raumwinkelelement dΩ

$$\mathrm{d}\Omega \equiv \frac{\mathrm{d}A_n}{r^2} = \sin\psi\cdot\mathrm{d}\psi\,\mathrm{d}\varphi$$

Aus Ansatz (6.1-7) folgt mit der Integration über den Raumwinkel Ω

$$\mathrm{d}\dot{E} = \dot{e}_n \cdot \cos\psi \cdot \mathrm{d}A \int_0^{2\pi}\int_0^{\pi/2}\sin\psi\cdot\mathrm{d}\psi\,\mathrm{d}\varphi = \dot{e}_n \cdot \mathrm{d}A \int_0^{2\pi}\int_0^{\pi/2}\cos\psi\cdot\sin\psi\cdot\mathrm{d}\psi\,\mathrm{d}\varphi$$

---

[23] Praktisch wird die elektromagnetische Strahlung durch Zerstreuung über größere Entfernungen auch geschwächt.

Mathematik: $\cos\psi \cdot \sin\psi = \frac{1}{2}\sin(2\psi)$

$$\mathrm{d}\dot{E} = \dot{e}_n \cdot \mathrm{d}A \int_0^{2\pi}\left(\frac{1}{2}\sin(2\psi)\Big|_0^{\pi/2}\right)\mathrm{d}\varphi = \frac{\dot{e}_n}{2}\cdot \mathrm{d}A \cdot \left(\varphi\big|_0^{2\pi}\right) = \dot{e}_n \cdot \pi \cdot \mathrm{d}A \quad \text{und}\quad \frac{\mathrm{d}\dot{E}}{\mathrm{d}A} = \dot{e}$$

$$\dot{e} = \pi \cdot \dot{e}_n \hspace{6cm} (6.1\text{-}8)$$

Die gesamte in den Halbraum emittierte Energiestromdichte $\dot{e}$ entspricht dem π-fachen der Energiestromdichte in Normalenrichtung.

In den Formeln (6.1-2) bis (6.1-8) spielt die Richtungsabhängigkeit noch keine Rolle, denn es geht nur global um die Abstrahlung in den Halbraum.

Steht ein Körper im Strahlungsgleichgewicht empfängt er aus der Umgebung genau so viel Strahlungsenergie, wie er aussendet.

Die von einem Körper (Strahler, Sender) ausgesendeten elektromagnetischen Schwingungen werden in Abhängigkeit von ihrer Wellenlänge beim Auftreffen auf einen anderen Körper (Empfänger) zum Teil reflektiert und treten zum Teil in diesen ein. Bei der eingedrungenen Strahlung ist der absorbierte vom durchgelassenen (transmittierten) Anteil zu unterscheiden. Der absorbierte Anteil wird im Körper in innere Energie umgewandelt. Der Terminus „ausgesendete Strahlung" umfasst im Unterschied zur „emittierten Strahlung" neben dem aufgrund inneratomarer Vorgänge entstehenden emittierten Energiestrom noch den durchgelassenen und den an der Oberfläche reflektierten Energiestrom.

Insgesamt gilt also die Bilanzgleichung

$$r + a + d = 1 \hspace{6cm} (6.1\text{-}9)$$

r = Reflexionskoeffizient (reflektierter Anteil) $r = r(\lambda, T)$

a = Absorptionskoeffizient (absorbierter Anteil) $a = a(\lambda, T)$

d = Durchlasskoeffizient (transmittierter Anteil) $d = d(\lambda, T)$

Bezüglich der aus dem Gesamtspektrum aller Wellenlängen folgenden Eigenschaften heißen Körper:

- idealer Reflektor („weiße" Fläche bei vollständig diffuser Reflexion): $r = 1$
- diathermanes Medium: $d = 1$
- opakes Medium: $d = 0$
- „schwarzer" Körper (vollständige Absorption): $a = 1$

Diese Körper kommen in der Natur nicht vor, sind aber für Modellbildungen wichtige theoretische Grenzfälle. Gewöhnlich tritt elektromagnetische Strahlung als Kombination verschiedener Wellenlängen oder Frequenzen auf. Erinnert sei an die aus dem Physikunterricht bekannte Zerlegung des Sonnenlichts in seine Spektralfarben durch ein Prisma ist. Weißes Licht enthält alle vom menschlichen Auge wahrnehmbaren Farben. Nach dem Sinneseindruck unserer Augen nennt man außerdem darüber hinaus eine elektromagnetische Strahlung aussendende Fläche grau, wenn auftreffende Strahlung im gesamten Wellenlängenspektrum zum gleichen Anteil absorbiert ($\varepsilon < 1$) und farbig, wenn ein bestimmter Teil des Wellenlängenspektrums (stellvertretend für eine bestimmte Farbe) bevorzugt reflektiert wird.

Ist die für die Absorption erforderliche Materialstärke im Vergleich zur Schichtdicke des Körpers sehr hoch, geht der größte Teil der Strahlung durch den Körper hindurch und tritt seiner Natur nach unverändert aus ihm aus. Der Absorptionsgrad der nicht reflektierten Strahlung ist in hohem Maße von den betreffenden Materialeigenschaften abhängig.

Zum Beispiel reflektiert ein hochglänzendes Metall alle einfallende Strahlung bis auf einen kleinen Teil, aber die in den Körper eingedrungene Strahlung wird nach sehr kleiner Eindringtiefe (1 bis 2 µm) stark absorbiert und in innere Energie umgewandelt. So hat das Material eine sehr starke Absorptionsfähigkeit, obwohl es ein schlechter Absorber für die eingefallene Strahlung ist, da der größte Teil reflektiert wird. Nichtmetalle hingegen können einen bestimmten Teil der in das Material eindringenden Strahlung durchlassen. Hier ist teilweise eine wesentlich größere Dicke als bei Metall erforderlich, um die Strahlung im Inneren zu absorbieren und in innere Energie umzuwandeln. Bei einem Glasfenster zum Beispiel dringt die Strahlung leicht durch seine Oberfläche ein, aber da es ein schlechter Absorber für sichtbare Strahlung ist, wird dieses Spektrum der Strahlung weitgehend hindurchgelassen.

Um für einfallende Strahlung ein guter Absorber zu sein, muss ein Material einen niedrigen Reflexionsgrad an der Oberfläche und im Inneren einen hohen Absorptionsgrad haben, damit die Strahlung am Durchgang gehindert wird. Sind an der Metalloberfläche sehr feine Partikel angebracht, so erhält man eine Oberfläche mit niedrigem Reflexionsgrad, die den Körper treffende Strahlung wird dann weitgehend absorbiert.

Ein schwarzer Modellkörper besitzt die Eigenschaft, bei einer bestimmten Temperatur Strahlung mit maximaler Intensität (maximale Energiestromdichte $\dot{e}_s$) auszusenden. Das Emissionsverhältnis ε eines strahlenden Körpers ist definiert als das Verhältnis der von ihm ausgehenden Energiestromdichte $\dot{e}$ (auf die strahlende Fläche bezogener emittierter Energiestrom) im Vergleich zu der eines schwarzen Körpers bei gleicher Temperatur.

$$\varepsilon(T) = \frac{\dot{e}(T)}{\dot{e}_s(T)} \qquad\qquad (6.1\text{-}10)$$

Mit Ruß beschichtete Oberflächen erreichen annähernd die Fähigkeit des schwarzen Körpers, Strahlungsenergie in hohem Maße zu absorbieren. Der schwarze Körper erhielt seinen Namen aus der Eigenschaft, dass gute Absorber für das Auge bei einfallendem sichtbarem Licht tatsächlich schwarz erscheinen. Jedoch ist unser Auge, außer für den sichtbaren Strahlungsbereich, im Allgemeinen kein verlässlicher Indikator für die Absorptionsfähigkeit von Oberflächen. Eine Oberfläche mit einem weißen Farbanstrich ist für bei Raumtemperatur emittierte Infrarotstrahlung ein sehr guter Absorber, aber ein schlechter für den für sichtbares Licht charakteristischen kurzwelligen Bereich.

Bei der Reflexion ist die reguläre von der diffusen Reflexion zu unterscheiden. Bedingung für die reguläre, dem einfachen Reflexionsgesetz der Optik gehorchende Reflexion, ist eine glatte Körperoberfläche, deren Unebenheiten klein gegenüber der Wellenlänge der auftreffenden Strahlen sind. Werden dabei alle einfallenden Strahlen bezogen auf die Flächennormale unter gleichem Winkel reflektiert, heißt die Oberfläche spiegelnd. Diffuse Reflexion erfolgt an matten Oberflächen, an denen auftreffende Strahlen in alle Richtungen des Halbraumes gleichmäßig reflektiert werden, so dass die Oberfläche als weiße Fläche erscheint.

Obwohl alle in Tabelle 6-2 aufgeführten elektromagnetischen Wellen dem Grunde nach gleicher Natur sind, unterscheidet sich das Verhalten der verschiedenen Wellenlängenbereiche in Bezug auf die Bilanzgleichung (6.1-10) erheblich. Die Energieanteile r, a, d in (6.1-10) sind keine Konstanten, sondern hängen wesentlich von der Wellenlänge der elektromagnetischen Schwingung und der jeweiligen Körpertemperatur ab. Außerdem spielt die Beschaffenheit der Oberfläche des Körpers eine wichtige Rolle. Daraus resultieren verschiedene Effekte.

Die *solare Aufheizung von Treibhäusern* im Gartenbau beruht auf bezüglich der Strahlung sehr ausgeprägten Eigenschaften des Werkstoffes Glas. Bekannt ist die hohe Lichtdurchlässigkeit für Glas, UV-Strahlen werden im Glas dagegen absorbiert und die langwelligen Infrarotstrahlen reflektiert. Im Treibhaus trifft das durchgelassene sichtbare Licht (Intensitätsmaximum der Sonnenstrahlen) auf den Boden und die Wandkonstruktionen. Die absorbierte elektromagnetische Strahlung übt Kräfte auf die Teilchen in den Festkörpern aus, die dadurch zu stärkeren Schwingungen angeregt werden und damit die innere Energie der Festkörper erhöhen, die ihrerseits nun wieder durch Konvektion und Temperaturstrahlung an den Raum im Treibhaus abgegeben wird. Die sehr gute Reflexion der Infrarotstrahlen an den Glasscheiben bewirkt dann den Wärmestau im Gewächshaus.

Die Sonnenstrahlung wird auch in der Luftatmosphäre durch Ozon, Wasserdampf, Kohlendioxid, diverse andere Treibhausgase sowie durch Staub ähnlich wie im Werkstoff Glas zu einem gewissen Teil absorbiert und reflektiert. Über diesen Effekt entstehen in der Erdatmosphäre Temperaturen, die das Leben auf der Erde ermöglichen. Staub und Treibhausgase bilden ihrerseits in der Atmosphäre einen Körper, der auf die Erde strahlt. Die für die Himmelsstrahlung maßgebliche Temperatur hängt von klimatischen Bedingungen ab. Man kann für einen klaren, kalten Nachthimmel von circa 230 K ausgehen, bei Bewölkung und Temperaturen, die wir als warm empfinden, von 285 K. Der aktuell sehr intensiv diskutierte *Treibhauseffekt in der Erdatmosphäre*, der zu ihrer Aufwärmung und damit zum Klimawandel führt, ist die Folge eines durch menschliche Eingriffe (anthropogene Einflüsse) verursachten Übermaßes bestimmter Treibhausgase (Kohlendioxid, Methan und Wasserdampf) in der Atmosphäre. Kurzwellige Solarstrahlung (Temperatur der Sonne ca. 5800 K) wird in der Atmosphäre weitgehend durchgelassen, die langwellige Rückstrahlung der Erdoberfläche (Temperatur im Durchschnitt ca. 300 K) in hohem Maße absorbiert und reflektiert.

Ähnliche Effekte beobachtet man auch in anderen Wellenlängenbereichen. Das *Erhitzen von Nahrungsmitteln* im Mikrowellengerät beruht auf der Eigenschaft der im Bereich von 100 µm und 100.000 µm liegenden Mikrowellen, von Glas und Kunststoff gut durchgelassen, an Metalloberflächen aber fast vollständig reflektiert und von Nahrungsmitteln (vor allem von Wasser) absorbiert zu werden. Das Mikrowellengerät wandelt elektrische Energie in Mikrowellen um. Das in den Lebensmitteln gebundene Wasser absorbiert diese Mikrowellen, was so zur Temperaturerhöhung in den Nahrungsmitteln beiträgt.

Wie wir gesehen haben, ist das sichtbare Licht mit einem definierten Wellenlängenspektrum eine Teilmenge der Wärmstrahlung. Die Infrarotstrahlen sind gleichfalls elektromagnetische Wellen, die sich von den Lichtstrahlen nur durch ihre größere Wellenlänge unterscheiden. Viele bekannte Gesetze der Optik, wie zum Beispiel zur geradlinigen Fortpflanzung der Wellen oder zur Spiegelung und Reflexion, gelten deshalb auch für die Wärmestrahlung. Bei der Untersuchung der Wärmestrahlung kann man daher auch in vielen Fällen an die Eigenschaften der optischen Strahlung denken, die über unsere sinnliche Wahrnehmung deutlich besser erfassbar sind. Daher ist es hilfreich, auf einige kleine Unterschiede bei den verwendeten Größen und bei den Mechanismen zur Lichtbereitstellung durch Energieumwandlung hinzuweisen. Insbesondere vom Licht gehen nicht nur physikalische Wirkungen aus, die mit Messgeräten erfasst werden können, unabhängig davon, ob wir die Strahlung mit unseren Augen wahrnehmen oder nicht wahrnehmen, sondern auch physiologische Wirkungen. Alle

Erscheinungen um das Licht werden deshalb auch durch Eindrücke beschrieben, die uns allein unsere Augen vermitteln. Um gleichfalls die physiologischen Wirkungen des Lichts zu erfassen, müssen neben den bereits oben definierten physikalischen Größen für die Wärmestrahlung (radiometrische Größen) gleichfalls lichttechnische (photometrische) Größen eingeführt werden, die der subjektiven Wahrnehmung zugänglich, aber objektiv mit hinreichend empfindlichen Messgeräten messbar sind.

Nicht nur durch eine Wärmezufuhr können Körper optische Strahlung emittieren, sondern es gibt auch einen anderen Mechanismus, die Lumineszenz als kaltes, ohne Temperaturerhöhung hervorgerufenes Leuchten. Je nachdem, wie die Energie in Strahlung umgesetzt wird, sind Lichtquellen in Wärmestrahler oder Lumineszenzstrahler zu unterteilen. Ein auf entsprechend höhere Temperatur gebrachter Körper strahlt thermische Strahlung in einem kontinuierlichen und breiten Wellenlängenspektrum ab. Auf das sichtbare Licht entfällt dabei meist nur ein kleiner Anteil, so dass der Wirkungsgrad für diese Art der Lichtbereitstellung sehr gering bleibt. Lumineszenzstrahler emittieren hohe Leistungen in Linien oder engen Spektralbereichen (farbiges Licht).

Je nach Art der Anregung müssen bei den Lumineszenzstrahlern unterschieden werden:

*   Elektrolumineszenz (elektrische Anregung bei Gasentladung und in Leuchtdioden)
*   Photolumineszenz (Anregung durch elektromagnetische Strahlung, zum Beispiel bei Phosphoreszenz und Fluoreszenz)
*   Radiolumineszenz (Anregung durch atomare Strahlung)
*   Biolumineszenz (biologisch-chemische Reaktionen in lebenden Organismen, Leuchtkäfer)

Auf diese Erscheinungen gehen wir im Rahmen der Auseinandersetzung mit der Wärmestrahlung nicht ein. Als Arbeitsgebiet liegen diese Vorgänge auch eher auf dem Tisch der Physiker und weniger bei den Ingenieuren. Festzuhalten ist aber, dass die physiologischen Wirkungen des Lichts nur aufgrund eines Eindrucks der Augen bewertet werden, völlig unabhängig davon, auf welche Ursachen die Lichtentstehung zurückgeht.

Ein glühender Körper kann im Wege der Wärmestrahlung Licht jeder Wellenlänge abgeben, sobald er die dafür entsprechende Temperatur T aufweist. Die Lichtemission eines Körpers ist um so intensiver, je heißer der Körper und je kürzer die Wellenlänge des vorwiegend ausgestrahlten Lichts ist.

In einer Glühlampe wird ein etwa 40 bis 50 cm langer und sehr dünner Wolframdraht über seinen elektrischen Widerstand durch Anlegen eines elektrischen Stroms auf etwa 2.300 bis 2.500 K erhitzt (Schmelztemperatur Wolfram ca. 3653 K). Auf diese Weise wird die elektrische Energie in Wärmestrahlungsenergie umgewandelt, von der aber nur ca. 7 % sichtbares Licht darstellten. Der weit überwiegende Teil der Abstrahlung liegt im Infrarotbereich und ist für unser Auge nicht sichtbar. Deshalb wird bei der Glühlampe oft der schlechte Wirkungsgrad bei der „Lichterzeugung" vermerkt. Das Abdampfen von Wolfram an der Wendel im Betrieb führt zudem zur Erhöhung des elektrischen Widerstands und ihrer Leistungsaufnahme, was beim Erreichen kritischer Werte zur Zerstörung und zum Ende der Lebensdauer der Glühlampe führt. Das Abdampfen von Wolfram ist reduzierbar, wenn anstelle des evakuierten Glaskolbens ein mit Edelgas (Neon, Krypton) unter Zusatz von Halogenen (Brom, Jod) gefüllter Glaskolben verwendet wird. Diese Halogenlampen liefern ein helleres, weißes Licht, weil höhere Betriebstemperaturen als bei Glühlampen erreichbar sind. Das an der

Wendel verdampfende Wolfram verbindet sich an der Innenseite des Glaskolbens bei Temperaturen von mindestens 260 °C zu einem Wolframhalogenid (bei Jod zu Wolframjodid). Das Wolframjodid zersetzt sich an der heißen Wendel wieder zu Wolfram und Jod und wirkt so dem Durchbrennen der Wendel entgegen.

Bei einem Lichtstrom nehmen wir die Strahlungsleistung nach dem Hellempfindlichkeitsgrad der Netzhaut unserer Augen wahr. Für das menschliche Auge ist ohnehin nur ein begrenzter Spektralbereich zugänglich. Selbst für diesen engen Spektralbereich reagiert das Auge auf verschiedene Wellenlängen unterschiedlich empfindlich. So erscheint bei gleicher Strahlungsleistung eine grüne Lichtquelle mit $\lambda = 555$ nm circa 15mal heller als eine rote mit $\lambda = 760$ nm. Auch im kontinuierlichen Spektrum der Sonne nehmen wir im grün-gelben Bereich eine größere Helligkeit wahr, obwohl die auf die anderen Spektralbereiche entfallende Strahlungsleistung etwa gleich groß ist. Schließlich hat man in aufwendigen Versuchsreihen festgestellt, dass für die meisten Menschen das Maximum der Hellempfindlichkeit für das Tagsehen bei einer Wellenlänge von 555 nm, für das Nachtsehen bei 507 nm liegt.

Die wahrgenommene Helligkeit einer Lichtstrahlung ist also gefiltert durch das Helligkeitsempfinden unserer Augen. Im Unterschied zur ungefilterten radiometrischen Größe $\dot{E}$ sprechen wir beim Lichtstrom Φ_v von einer photometrischen Größe, der eine speziell auf das menschliche Auge abgestimmte Größe ist. Der oft in der Literatur verwendete Index „v" steht bei photometrischen Größen für visuell. Zur Unterscheidung der radiometrischen von den photometrischen Größen gebraucht man andere Formelzeichen und Maßeinheiten. Für den Lichtstrom verwendet man die empirisch-physiologische Maßeinheit Lumen[24] (lm). Oft interessiert aber nicht der insgesamt emittierte, sondern der von unseren Augen mit dem Hellempfindlichkeitsvermögen tatsächlich bewertete, in eine bestimmte Richtung abgestrahlte Lichtstrom. Als entsprechende photometrische Größe wird dazu die Lichtstärke I_v gemessen in Candela[25] (cd) mit (6.1-11) definiert.

$$I_v = \frac{d\Phi_v}{d\Omega} \qquad [I_v = 1 \text{ lm/sr} = 1 \text{ cd}] \qquad\qquad (6.1\text{-}11)$$

Der auf eine Fläche A treffende Lichtstrom Φ_v lässt sich nach (6.1-11) darstellen als Produkt aus einer konstanten Lichtstärke I_v und des zugehörigen Raumwinkels Ω.

Ein Scheinwerfer, der in eine bestimmte Richtung strahlt, vermittelt einen viel helleren Eindruck als eine rundum leuchtende Glühlampe. Strahlt eine Glühlampe mit 100 lm rundum in einen Raum, beträgt ihre Lichtstärke $I_v = 100$ lm/4π sr ≈ 8 cd. Als Scheinwerferlicht konzentriert auf den Raumwinkel $\Omega = 0,1$ sr ergibt sich bei 100 lm eine Lichtstärke von $I_v = 100$ lm/0,1 sr ≈ 1000 cd.

Wenn eine senkrecht zur Beleuchtungsrichtung stehende Fläche A von einer Lichtquelle in der Entfernung r angeleuchtet wird, spannt die Lichtquelle den Raumwinkel Ω auf. Die Be-

---

[24] lumen (lat.) = das Licht einer Kerze oder Fackel. Für monochromatisches Licht der Wellenlänge 555 nm entspricht die radiometrische Strahlungsleistung von 1 W nach einer international gültigen Festlegung aus dem Jahr 1979 einem photometrischen Lichtstrom von 683 lm. Bei anderen Wellenlängen ist der Lichtstrom bei gleicher Strahlungsleistung geringer.

[25] Candela (cd) = Basiseinheit des SI-Maßeinheitensystems: 1 Candela ist die in einer Richtung gegebene Lichtstärke einer Strahlungsquelle, die eine monochromatische Strahlung der Frequenz 540 Hz ausstrahlt und deren Strahlstärke in dieser Richtung 1/638 W/sr beträgt.

leuchtungsstärke E_v ergibt sich als Quotient des Lichtstroms Φ_v auf die beleuchtete Fläche A und wird in der Maßeinheit Lux[26] (lx) gemessen. Die Beleuchtungsstärke gibt an, welcher Lichtstrom Φ_v auf eine Flächeneinheit A fällt.

$$E_v = \frac{\Phi_v}{A} = \frac{I_v \cdot \Omega}{A} = \frac{I_v}{A} \cdot \frac{A}{r^2} = \frac{I_v}{r^2} \qquad [E_v] = 1\frac{lm}{m^2} = 1\,lx \qquad (6.1\text{-}12a)$$

Die von der Lichtquelle auf der Fläche A erzeugte Beleuchtungsstärke E_v nimmt trotz konstanter Lichtstärke I_v mit dem Quadrat des Abstands r ab!

Berücksichtigt man noch, dass die bestrahlte Fläche um den Winkel ε gegen die Einstrahlrichtung geneigt ist, erhält man das photometrische Entfernungsgesetz (auch Grundgesetz genannt) für die Beleuchtungsstärke

$$E_v = \frac{I_v \cdot \cos \varepsilon}{r^2} \qquad (6.1\text{-}12b)$$

Das Gesetz (6.1-12b) gilt nur für annähernd punktförmige Lichtquellen oder hinreichend große Abstände r, um auszuschließen, dass von verschiedenen Punkten einer flächig ausgedehnten Lichtquelle Lichtstrahlen ausgehen, die gegen den denselben Punkt der Empfängerfläche konvergieren. Das würde die dem Gesetz zu Grunde liegende Voraussetzung nach parallelen Lichtstrahlen verletzen.

Tabelle 6-3 fasst die für die Wärmestrahlung wichtigen Größen mit ihren Entsprechungen aus der Lichttechnik in einer Übersicht zusammen.

Tab. 6-3:   Relevante Größen für die Wärmestrahlung und ihre Entsprechungen in der Lichttechnik.

Wärmestrahlung	Definition	Formelzeichen Maßeinheit	Lichttechnik	Definition	Formelzeichen Maßeinheit
Strahlungs-energie	6.1-3	E in Ws oder J	Lichtmenge	$Q_V = \int_0^\tau \Phi_v \cdot d\tau$	Q_v in lm $\cdot$s
Strahlungsleistung Strahlungsfluss	6.1-2	$\dot{E}$ in W	Lichtleistung Lichtstrom	6.1-11	Φ_v in lm
Strahlungsstärke	6.1-5	I_e in W/sr	Lichtstärke	6.1-11	I_v in cd
Energiestromdichte spez. Abstrahlung	6.1-2	$\dot{e}$ in W/m²	Lichtaus-austrahlung	(Sender)	lm/m²
			Stärke der Beleuchtung	6.1-12 (Empfänger)	E_v in lx (lm/m²)
Bestrahlung	$H_e = E/A$	H_e in J/m²	Belichtung	$H_v = Q_v/A$	H_v in lx·s

6.2   Emission und Absorption von Strahlung an Oberflächen

Emission und Absorption elektromagnetischer Wellen finden nicht – wie es die Kapitelüberschrift eigentlich nahe legt – an Körperoberflächen statt, sondern im Köperinneren. In beiden Fällen handelt es sich um inneratomare Vorgänge. Immer nur ein Körper und niemals eine Fläche kann Strahlung emittieren oder absorbieren.

---

[26]   lux (lat.) = das Licht bei Tagesanbruch

Allerdings ist die für die Absorption erforderliche Materialstärke (Metalle ca. 1 μm; Flüssig-keiten ca. 1 mm) so gering, dass man wie bei der Emission von der Vorstellung ausgeht, die Strahlen würden an der Oberfläche absorbiert. Die im gesamten Körper erfolgende Absorpti-on wird also näherungsweise so betrachtet, als sei nur die Oberfläche beteiligt.

Die Gesetze für die Wärmestrahlung sind besonders einfach für einen Körper, dessen Ober-fläche die Strahlung nicht reflektiert, sondern vollständig absorbiert. Einen solchen Körper nennen wir schwarzen Körper und die von ihm ausgehende Strahlung schwarze Strahlung.

Zum Verständnis der Vorgänge bei der Emission und die Absorption von Wärmestrahlung spielt also das theoretische *Modell des schwarzen Körpers* eine besondere Rolle. Die Strah-lung einer schwarzen Fläche kann experimentell als Flugloch in einem Vogelnistkasten nach-empfunden werden. Das Flugloch erscheint gegenüber der Umgebung als tiefschwarz, weil nach Abbildung 6-3 das einfallende Licht fast vollständig absorbiert wird. Man kann den abgebildeten Hohlkörper theoretisch aber auch stark erwärmen, so dass die Einflugöffnung nicht mehr als schwarze Fläche erscheint. Daher wird gelegentlich auch die sich weniger an unsere sinnliche Wahrnehmung anlehnende Bezeichnung Hohlraumstrahler verwendet.

Obwohl der Begriff „schwarz" in Anlehnung an Erscheinungen in der Optik gewählt wurde, absorbiert eine für die Wärmestrahlung schwarze Fläche nicht immer automatisch das voll-ständige Wellenspektrum. Ein mit weißem Ofenlack gestrichener Heizkörper kann im Infra-rotbereich eine schwarze Oberfläche haben, Lichtstrahlen hingegen werden diffus reflektiert.

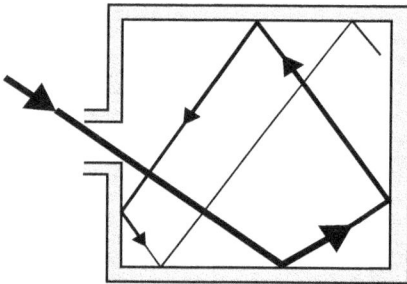

Abb. 6-3:   Das Modell des schwarzen Strahlers.

Um die von einem schwarzen Strahler im Vakuum ausgehende Energiestromdichte $\dot{e}_s(T)$ zu berechnen, greifen wir auf Gleichung (6.1-6) zurück und verwenden für die spektrale Strah-lungsintensität $\dot{e}_{\lambda b}(\lambda, T)$ einen von Max Planck im Jahr 1901 gefundenen Ansatz

$$\dot{e}_{\lambda b}(\lambda, T) = \frac{c_1}{\lambda^5} \cdot \frac{1}{e^{\frac{c_2}{\lambda \cdot T}} - 1} \tag{6.2-1}$$

$$\dot{e}_s(T) = \int_{\lambda=0}^{\infty} \frac{c_1}{\lambda^5} \cdot \frac{1}{e^{\frac{c_2}{\lambda \cdot T}} - 1} \, d\lambda = \frac{6\pi^4 c_1}{90 c_2^4} \cdot T^4 = \frac{2\pi^5 \cdot k^4}{15 c^2 \cdot h^3} \cdot T^4 = \sigma_s \cdot T^4 \tag{6.2-2}$$

Mit $c_1 = 2\pi \cdot h \cdot c_0^2 \approx 0{,}3741774873 \cdot 10^{-15}\ \mathrm{Wm}^2$ und $c_2 = (h \cdot c_0)/k \approx 1{,}43876866 \cdot 10^{-2}\ \mathrm{mK}$ enthält das Planck'sche Strahlungsgesetz (6.2-2) die beiden Planck'schen Strahlungskonstanten, wobei für die einzelnen Konstanten folgende Werte verwendet wurden:

$$h = 6{,}6260755 \cdot 10^{-34} \, \mathrm{Ws}^2 \qquad\qquad \text{Planck´sches Wirkungsquantum}$$

$$k = 1{,}380658 \cdot 10^{-23} \, \mathrm{J/K} \qquad\qquad \text{Boltzmannkonstante}$$

$$c_0 = 299.792.458 \, \mathrm{m/s} \qquad\qquad \text{Lichtgeschwindigkeit im Vakuum}$$

Aus (6.2-2) ist zu erkennen, dass die Energiestromdichte eines schwarzen Strahlers eine Potenzfunktion der Temperatur (vierte Potenz) ist und weiter nur von einer Konstanten abhängt, deren Größe wir durch Koeffizientenvergleich ermitteln zu:

$$\sigma_s = 5{,}670508538 \cdot 10^{-8} \, \frac{\mathrm{W}}{\mathrm{m}^2 \mathrm{K}^4} \qquad\qquad \text{Stefan-Boltzmann-Konstante[27]}$$

Der rechnerisch so ermittelte Wert stimmt relativ gut mit aktuellen Messungen[28] überein. Für praktische Rechnungen rundet man oft auf $\sigma_s = 5{,}67 \cdot 10^{-8} \, \mathrm{W/(m^2\,K^4)}$. Das Stefan-Boltzmann´sche Gesetz für den schwarzen Strahler beschreibt – abgeleitet aus (6.2-2) – den Zusammenhang zwischen emittierter Energiestromdichte und Temperatur als

$$\dot{e}_s(T) = \sigma_s \cdot T^4 \tag{6.2-3a}$$

Zur Vereinfachung einer Auswertung mit Zahlenwerten wird (6.2-3a) oft umgeformt zu:

$$\dot{e}_s(T) = \sigma_s \cdot T^4 \;\rightarrow\; \dot{e}_s = C_S \cdot \left(\frac{T}{100}\right)^4 \quad \text{mit } C_S = 5{,}67 \frac{\mathrm{W}}{\mathrm{m}^2 \mathrm{K}^4} \tag{6.2-3b}$$

Gleichung (6.2-2) enthält das Resultat der Integration über den gesamten Wellenlängenbereich $[0, \infty)$. Die so ermittelte Energiestromdichte des schwarzen Strahlers $\dot{e}_s(T)$ für das Wellenlängenspektrum der Wärmestrahlung bei einer konstanten Temperatur T entspricht der grau unterlegten Fläche in Abbildung 6-4.

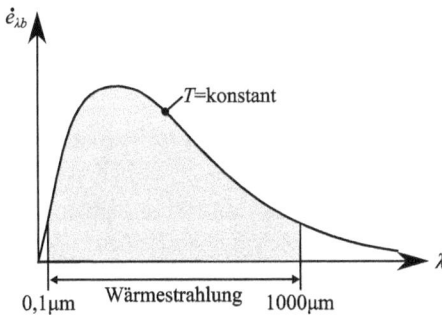

Abb. 6-4:   Energiestromdichte eines schwarzen Strahlers bei einer bestimmten Temperatur T über das Wellenlängenspektrum der Wärmestrahlung.

---

[27]   Josef Stefan (1835–1893) fand das in (5-9) formulierte Gesetz auf experimentellem Wege und Ludwig Boltzmann (1844–1906) lieferte seine theoretische Begründung noch bevor Max Planck im Jahr 1901 die Integration von (5-10) gelang.

[28] $\sigma_s = (5{,}670373 \pm 0{,}000021) \cdot 10^{-8} \, \mathrm{W/(m^2\,K^4)}$.

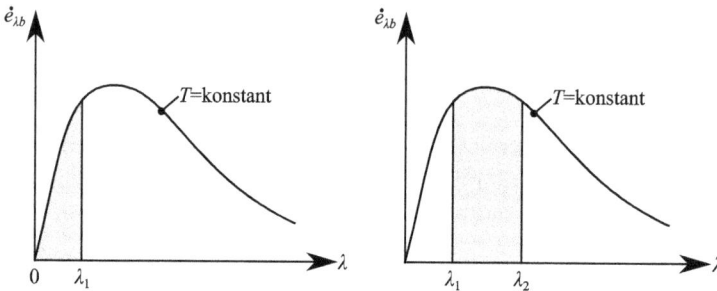

Abb. 6-5: Darstellung der Integrale (6.2-4a) und (6.2-4b).

Für Berechnungen des Strahlungsaustauschs sind jedoch sehr oft die für einen bestimmten Wellenlängenbereich resultierenden Energiestromdichten gesucht. Der bei konstanter Temperatur T auf einen bestimmten Wellenlängenbereich $[0, \lambda_1]$ entfallende Anteil der Energiestromdichte des schwarzen Strahlers $F_{0-\lambda_1}$ wird nach Abbildung 6-5 wiedergegeben durch das *Strahlungsfunktion des schwarzen Strahlers* genannte Verhältnis

$$F_{0-\lambda_1} = \frac{\int\limits_0^{\lambda_1} \dot{e}_{\lambda b}(\lambda)\mathrm{d}\lambda}{\int\limits_0^{\infty} \dot{e}_{\lambda b}(\lambda)\mathrm{d}\lambda} = \frac{1}{\sigma_s \cdot T^4}\int\limits_0^{\lambda_1} \dot{e}_{\lambda b}(\lambda)\mathrm{d}\lambda \qquad (6.2\text{-}4a)$$

Die Funktion $F_{\lambda_1-\lambda_2}$ setzt die Energiestromdichte im Wellenlängenbereich $[\lambda_1, \lambda_2]$ ins Verhältnis zur Energiestromdichte des schwarzen Strahlers über alle Wellenlängen und kann wie Abbildung 6-5 andeutet durch je zwei Integrale vom Typ (6.2-4) ausgedrückt werden.

$$F_{\lambda_1-\lambda_2} = \frac{1}{\sigma_s \cdot T^4} \cdot \left[\int\limits_0^{\lambda_2} \dot{e}_{\lambda b}(\lambda)\mathrm{d}\lambda - \int\limits_0^{\lambda_1} \dot{e}_{\lambda b}(\lambda)\mathrm{d}\lambda \right] = F_{0-\lambda_2} - F_{0-\lambda_1} \qquad (6.2\text{-}4b)$$

Die Integrale in (6.2-4) sind nicht geschlossen analytisch auswertbar, man ist also auf eine numerische Näherungslösung angewiesen. Da $F_{0-\lambda}$ außer von der Wellenlänge noch von der konkreten Temperatur T abhängt, müsste (6.2-4) für jede Temperatur tabelliert werden. Um dies zu umgehen, drückt man (6.2-4) als Funktion der kombinierten Variable $(\lambda \cdot T)$ aus.

$$F_{\lambda_1-\lambda_2} = F_{0-\lambda_2 \cdot T} - F_{0-\lambda_1 \cdot T} = \frac{1}{\sigma_s}\left[\int\limits_0^{\lambda_2 \cdot T} \frac{\dot{e}_{\lambda b}(\lambda)}{T^5}\mathrm{d}(\lambda \cdot T) - \int\limits_0^{\lambda_1 \cdot T} \frac{\dot{e}_{\lambda b}(\lambda)}{T^5}\mathrm{d}(\lambda \cdot T) \right] \qquad (6.2\text{-}4c)$$

Die Tabelle 7.8-1 im Anhang enthält die entsprechenden Werte zur Berechnung von (6.2-4c). Den Tabellenwerten liegen folgende Näherungspolynome für die Variable $v = c_2/(\lambda \cdot T)$ mit der zweiten Planck´schen Strahlungskonstanten $c_2 = 1{,}43876866 \cdot 10^{-2}$ m K zu Grunde:

$$F_{0-\lambda T} = \frac{15}{\pi^4} \sum_{i=1}^{\infty} \frac{e^{-iv}}{i^4}\left([(i \cdot v + 3) \cdot i \cdot v + 6] \cdot i \cdot v + 6 \right) \quad \text{für } v \geq 2 \qquad (6.2\text{-}5a)$$

$$F_{0-\lambda T} = 1 - \frac{15}{\pi^4}v^3\left(\frac{1}{3} - \frac{v}{8} + \frac{v^2}{60} - \frac{v^4}{5.040} + \frac{v^6}{272.160} - \frac{v^8}{13.305.600} \right) \quad \text{für } v < 2 \qquad (6.2\text{-}5b)$$

Die in den Abbildungen 6-6 sowie 6-7 dargestellten Ergebnisse für das Planck'sche Strahlungsgesetz zeigen, dass mit höheren Temperaturen nicht nur die Intensitätsmaxima eines schwarzen Strahlers zu immer kleineren Wellenlängen verschoben werden, sondern auch die Strahlungsintensität stark steigt.

Die Bestimmung von Wellenlängen und Temperaturen, für die die Strahlungsintensität des schwarzen Strahlers ein Maximum annimmt, folgt aus

$$\left(\frac{\partial \dot{e}_{\lambda b}(\lambda, T)}{\partial \lambda} \right)_T = 0 \quad \rightarrow$$

$$\lambda_{opt} \cdot T = \frac{c_2}{4{,}965} = (2897{,}7721 \pm 0{,}0026)\ \mu m \cdot K \approx 2898\ \mu m \cdot K \qquad (6.2\text{-}6)$$

Die aus dem Planck'schen Strahlungsgesetz abgeleitete Bestimmungsgleichung (6.2-6) für das Intensitätsmaximum wird auch als *Wien'sches Verschiebungsgesetz*[29] bezeichnet. Je höher die Temperaturen eines Körpers, desto kleiner werden die Wellenlängen, für die die Temperaturstrahlung das Intensitätsmaximum annimmt. Bei annähernd schwarzer Strahlung ist Gleichung (6.2-6) geeignet, aus der gemessenen Wellenlänge λ_{opt} einer strahlenden Oberfläche auf ihre Temperatur zu schließen.

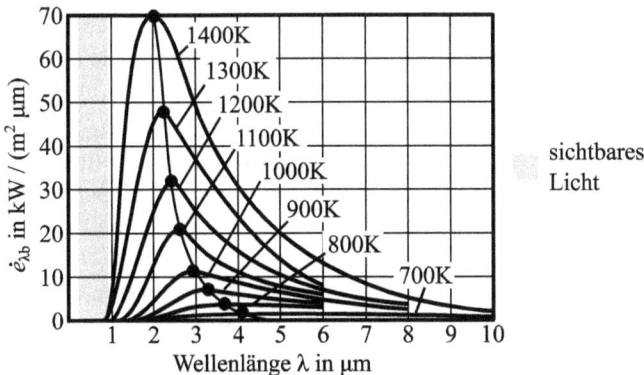

Abb. 6-6:   Strahlungsintensität eines schwarzen Strahlers bei Temperaturen zwischen 700 K und 1400 K.

Die in den Diagrammen für die Strahlungsintensität eines schwarzen Strahlers dünn gezeichnete Linie der Intensitätsmaxima verschiedener, ausgewählter Temperaturen entspricht der Gleichung des Wien'schen Verschiebungsgesetzes. Zusätzlich ist der Bereich des sichtbaren Lichtes grau unterlegt.

Die Aufteilung des Wellenlängenspektrums in zwei Abbildungen ist einer für die weiteren Ausführungen hilfreichen Ablesegenauigkeit in einem sehr weiten Wellenlängenbereich geschuldet. Auf Abbildung 6-7 ist erkennbar, dass bei Temperaturen oberhalb von 1000 K ein Teil der Strahlung in den sichtbaren Bereich zu fallen beginnt, so dass diese Körper dunkelrot sichtbar werden.

---

[29]   Wilhelm Wien (1864–1928), Nobelpreis für Physik 1911, Professor für Physik in Aachen, Gießen, Würzburg und München.

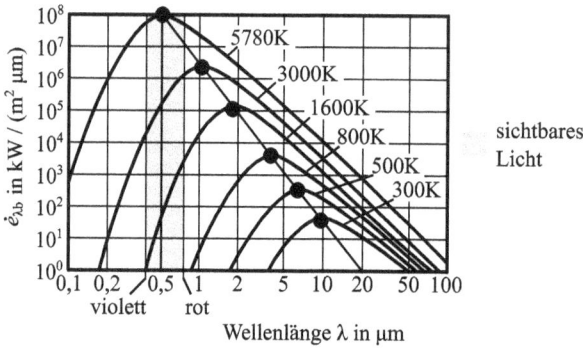

Abb. 6-7:   Strahlungsintensität eines schwarzen Strahlers bei Temperaturen zwischen 300 K und 5780 K.

Man denke hier auch an die temperaturabhängigen Glühfarben von Stahl, für die gedruckte Farbskalen von beginnender Rotglut etwa ab 525 °C über dunkelrot (etwa ab 700 °C, Licht-stärke 1,5 cd) bis weißglühend (ab 1300 °C und 16.000 cd) existieren. Aus dem Vergleich der Farbe des glühenden Stahls mit der Farbe auf der Farbskala kann die Temperatur des Stahl-stücks abgeschätzt werden. Die Glühfarben dürfen aber nicht mit den Anlassfarben für Stahl verwechselt werden. Anlassfarben haben nicht mit der thermischen Strahlung zu tun, sondern entstehen durch die Interferenz des Lichtes an der Oberfläche. Die Anlassfarben verschwin-den auch nicht wie die Glühfarben, wenn das Stahlstück sich abkühlt. Man kann die Anlass-farben also anders als die Glühfarben auch zur Farbgestaltung von Stahloberflächen nutzen.

Auf dem Wien´schen Verschiebungsgesetz fußt auch die so genannte Lichttemperatur, die für die Lichtplanung in Gebäuden bedeutsam ist. Ähnlich wie das Sonnenlicht beeinflusst die auf den Verpackungen von Leuchtmitteln ausgewiesene Lichttemperatur (oder auch Farb-temperatur des Lichtes) unser Befinden. Je nach Art der Lichtquelle wird ein bestimmtes Wellenlängenspektrum mit mehr oder weniger großen Anteilen sichtbaren Lichts emittiert. Ein Licht über dieses Wellenlängenspektrum zu charakterisieren, ist jedoch schwer. Daher orientiert man sich an der thermodynamischen Temperatur für die Wellenlänge mit dem Maximum für die Strahlungsintensität. Die Spanne reicht vom „warmen" Licht (Kerzenlicht, 1500 K) bis zum „kalten" Licht (strahlend blauer Himmel ca. 10.000 K). Dem Lichtwellen-längenspektrum der Mittagssonne wurde die Lichttemperatur von 5.200 K zugeordnet. Als behaglich wird warm-weißes Licht mit 3.300 K empfunden, neutral-weißes Licht im Bereich von 3.300 K bis 5.300 K soll auf Menschen eine aktivierende Wirkung ausüben und kommt für die Beleuchtung von Arbeitsplätzen zum Einsatz. Büroleuchten mit tageslicht-weißem Licht (7.000 bis 10.000 K) sollen förderlich für die Konzentration sein, für die Beleuchtung des Arbeitsplatzes eines Fotografen wird eine Lichttemperatur von 8000 K empfohlen.

Die Strahlung technischer Oberflächen unterscheidet sich vom idealen Verhalten der schwar-zen Strahlung in einigen Belangen erheblich. Wichtige Unterschiede sind:

- Der schwarze Strahler als stärkste Idealisierung eines Strahlers emittiert bei gegebener Temperatur über den gesamten Wellenlängenbereich gemäß (6.2-2) die maximal mögli-che Energiestromdichte. In der Natur kommen schwarze Körper nicht vor. In der Reali-tät strahlen technische Oberflächen stets eine niedrigere Leistungsdichte als die des schwarzen Strahlers ab.

- Die Strahlung des schwarzen Strahlers ist nur von der Temperatur abhängig.

- Beim schwarzen Strahler ist die spektrale Strahlungsintensität $\dot{e}_{\lambda b}$ unabhängig von der Richtung, das heißt die Abstrahlung ist diffus. Bei technischen Oberflächen liegt dagegen bei der spektralen Strahlungsintensität eine Richtungsabhängigkeit vor, die Strahlung ist nicht diffus.
- Die einfallende Strahlung wird von einem schwarzen Körper vollständig absorbiert, vom realen Körper mit technischer Oberfläche dagegen nur teilweise.
- Reflektion von Strahlung findet nur an technischen Oberflächen statt, bei schwarzen Körpern prinzipiell nicht. Deshalb weisen reale Körper immer niedrigere Emissionen auf als schwarze Körper gleicher Temperatur oder für eine gleich hohe Emission muss der reale Körper eine höhere Temperatur als der schwarze Strahler besitzen.
- Reale Körper können für die Strahlung transparent sein und diese zumindest teilweise durchlassen. Nur opake Oberflächen absorbieren den nicht reflektierten Anteil der einfallenden Strahlung vollständig. Für eine schwarz strahlende Oberfläche ist die Transmission von Strahlung absolut ausgeschlossen.

Bei Würdigung dieser Zusammenhänge wird klar, dass das tatsächliche Strahlungsverhalten technischer Oberflächen nur mit zusätzlichen und teilweise sehr komplizierten Modellannahmen in Verbindung mit experimentellen Befunden zu beschreiben ist. Praktisch stehen für das Strahlungsverhalten technischer Oberflächen zwei Modelle zur Verfügung.

- **grauer Strahler** (Oberflächen elektrischer Nichtleiter und Halbleiter)
Die Modellvorstellung „graue Strahlung" geht davon aus, dass die Strahlungsintensität bei jeder Wellenlänge ein fixer, konstanter Bruchteil der schwarzen Strahlung ist. Damit ergeben sich über das gesamte Wellenlängenspektrum niedrigere Emissionswerte ($\varepsilon < 1$ und ε = konstant). Die Stellen für die Maxima der Abstrahlung bleiben jedoch erhalten. Es können das Wien´sche Verschiebungsgesetz (6.2-6) und unter Berücksichtigung des Emissionsverhältnisses das Planck´sches Strahlungsgesetz (6.2-2) sowie das Stefan-Boltzmann´sches Gesetz (6.2-3) angewandt werden.
- **farbiger Strahler** (Metalle, Metalloxide), **Bandenstrahler** (Gase, Dämpfe)
Der farbige Strahler (auch selektiver, realer Strahler genannt) sendet bei jeder Wellenlänge Strahlung aus, hat aber wegen $\varepsilon = \varepsilon(T, \lambda)$ eine völlig unregelmäßige Intensitätsverteilung, die nicht mehr mit der grauen Strahlung vergleichbar ist (siehe Abbildung 6-8).

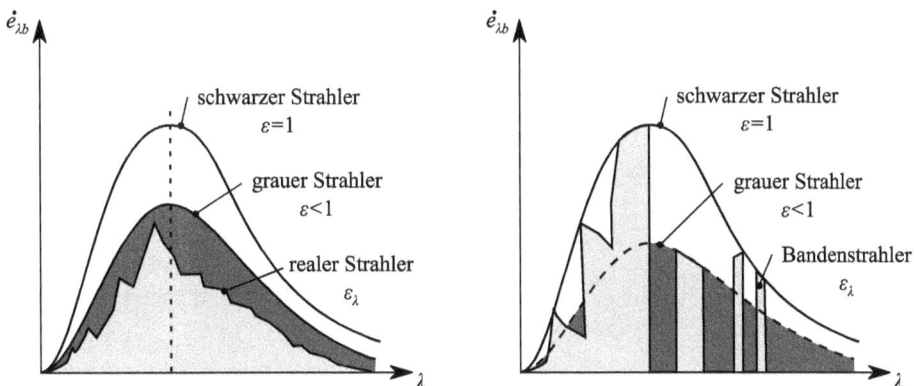

Abb. 6-8:   Spektrale Emission eines schwarzen, grauen und realen sowie selektiven Strahlers für eine konstante Temperatur T.

Gase mit mindestens drei Atomen im Molekül und Dämpfe erreichen hingegen für einige Spektren sogar manchmal das Niveau des schwarzen Strahlers, während gleichzeitig in anderen Bereichen gar keine Emissionen stattfinden (Bandenstrahler). Die Energiestromdichte ist zusätzlich richtungsabhängig, so dass die Strahlung nicht mehr diffus sein kann.

Das Kirchhoff'sche Gesetz beschreibt die Zusammenhänge zwischen den Eigenschaften von Körpern als Sender und Empfänger von Strahlung, die jeweils dieselbe Temperatur besitzen. Zur Herleitung betrachten wir als Modell zwei Körper mit gegenüberliegenden unendlich ausgedehnten Wänden (Elimination von Randeinflüssen) und jeweils gleicher Temperatur. Ferner sollen die Körper nur durch Strahlung Energie austauschen (Vakuum). Gemäß des zweiten Hauptsatzes der Thermodynamik dürfen sich durch gegenseitige Zustrahlung keine Temperaturunterschiede herausbilden. Das heißt: Der von Wand 1 absorbierte Energiestrom (emittiert von Wand 2) muss auch wieder vollständig emittiert werden, also

$$\dot{e}_1(T) = a(T) \cdot \dot{e}_2(T) \quad \rightarrow \quad a(T) = \frac{\dot{e}_1(T)}{\dot{e}_2(T)} \qquad (6.2\text{-}7)$$

Ist speziell eine Wand eine schwarz strahlende Fläche mit $a = 1$, so absorbiert sie den zugestrahlten Energiestrom vollständig.

$$\dot{e}_1(T) = \dot{e}_s(T) = \dot{e}_2(T) \qquad (6.2\text{-}8)$$

Ein Raum zwischen zwei Strahlern ist von schwarzer Strahlung erfüllt, sobald ein schwarzer Körper im Strahlungsgleichgewicht mit einem beliebigen anderen Strahler steht. Da bei $a = 1$ bei jeder Temperatur T der überhaupt maximal mögliche Energiestrom absorbiert wird, zeigen obige Überlegungen, dass der schwarze Strahler die maximale Energiestromdichte emittiert.

Mit dem Emissionsverhältnis ε nach Gleichung (6.1-3) wird aus (6.2-7) in Verbindung mit Gleichung (6.2-8)

$$a(T) = \frac{\dot{e}_1(T)}{\dot{e}_2(T)} = \frac{\varepsilon(T) \cdot \dot{e}_s(T)}{\dot{e}_s(T)} = \varepsilon(T) \qquad (6.2\text{-}9a)$$

Damit ist die Grundaussage des Kirchhoff'schen[30] Gesetzes belegt, wonach das Emissionsverhältnis $\varepsilon(T)$ eines schwarzen Strahlers der Temperatur T identisch ist mit dem Absorptionskoeffizienten $a(T)$ bei *gleicher* Temperatur. Darüber hinaus ist das Kirchhoff'sche Gesetz auch noch anwendbar für diffuse graue Strahlung, bei der a wie ε nicht signifikant von der Wellenlänge abhängen und sich die Temperatur von Sender sowie Empfänger nicht deutlich voneinander unterscheiden. Ein realer (opaker) Strahler kann aber durchaus in einem bestimmten Wellenlängenbereich einen hohen Absorptions- und geringen Reflexionskoeffizienten sowie in einem anderen Wellenlängenbereich einen kleinen Absorptions- und hohen Reflexionskoeffizienten besitzen. Das Emissionsverhältnis ε ist als Oberflächeneigenschaft aber unabhängig von der auftreffenden Strahlung. Deshalb muss der durch das Kirchhoff'sche Gesetz beschriebene Zusammenhang (6.2-9a) genauer gefasst werden durch:

---

[30] Gustav R. Kirchhoff (1824–1887), Professor für Physik in Breslau, Heidelberg und Berlin, auch bekannt für die Kirchhoff'sche Knotenregel in elektrischen Stromkreisen.

$$\varepsilon_\lambda(T) = a_\lambda(T) \qquad\qquad\qquad\qquad\qquad\qquad (6.2\text{-}9b)$$

Aus (6.2-9b) folgt auch, dass ein Körper, der bei gegebener Temperatur T in einem Wellenlängenbereich zwischen λ und $\lambda + \Delta\lambda$ keine Strahlung absorbiert auch keine aussendet.

Im Vergleich zur Temperaturstrahlung, die ihren Ursprung auf der Erde hat, ist die Solarstrahlung eine Strahlung mit sehr kleinen Wellenlängen. Die meisten Materialien mit real strahlenden Oberflächen weisen jeweils im Bereich kurzer Wellenlängen signifikant andere Emissionsverhältnisse und Absorptionskoeffizienten auf als im Bereich langwelliger Strahlung. So wird der Absorptionskoeffizient für solare Strahlung a_{sol} bei schwarzen Lackoberflächen mit $a_{sol} = 0{,}97$, bei weißen mit $a_{sol} = 0{,}14$ angegeben. Die jeweiligen Emissionsverhältnisse hingegen unterscheiden sich nicht stark (schwarz $\varepsilon = 0{,}97$, weiß $\varepsilon = 0{,}93$). Damit heizen sich schwarze Lackoberflächen bei Sonnenbestrahlung viel stärker auf als weiße.

Über die Energieströme schwarzer Strahler hinaus sind nun auch die von nicht schwarzen Flächen emittierten Energieströme mit der Strahlungskonstante $C = \varepsilon \cdot C_S$ zu berechnen:

$$\dot{e}(T) = \varepsilon \cdot \dot{e}_s(T) = \varepsilon \cdot C_S \left(\frac{T}{100}\right)^4 = C \cdot \left(\frac{T}{100}\right)^4 \qquad\qquad (6.2\text{-}10)$$

Die Emissionsverhältnisse ε sind als experimentell ermittelte Werte der Literatur zu entnehmen. Ihre exakten Werte ergeben sich außer aus der Reinheit des betreffenden Materials noch aus vielen anderen Einflussgrößen, wie zum Beispiel der Oberflächenbeschaffenheit (Rauigkeit, Grad der Politur), der Stärke eines eventuell vorhandenen Belages, der Temperatur, der Wellenlänge der Strahlung und dem Abstrahlungswinkel zur Flächennormalen. Leider existieren einige, teilweise auch widersprüchliche Veröffentlichungen zu Messungen der Emissionsverhältnisse an verschiedenen Materialien, die nachträglich nicht aufgelöste werden können, weil die genauen Versuchsbedingungen und die entsprechende Oberflächenbeschaffenheiten kaum reproduzierbar dokumentiert wurden. Man muss daher einzelnen Werten unklarer Herkunft besser mit einer gewissen Skepsis begegnen. Dies gilt auch für die in den Tabellen 7.7-1 sowie 7.7-2 zusammengestellten Werte für Emissionsverhältnisse einer Strahlung in Normalenrichtung ε_n beziehungsweise einer Strahlung in den Halbraum ε. Die Normalkomponente des Emissionsverhältnisses ε_n kann zwischen zwei großen ebenen Platten experimentell leicht ermittelt werden. Deshalb findet man in der Literatur vor allem Angaben zu ε_n. Für viele technische Oberflächen gilt das Lambert´sche Kosinusgesetz, nach dem die von einem Flächenelement emittierte Energiestromdichte von ihrem Maximalwert in Normalenrichtung nach der Kosinusfunktion auf den Wert Null in der Ebene des Flächenelementes sinkt, nur in gewisser Näherung. Praktisch ergibt sich zum Beispiel bei metallisch blanken Oberflächen ein Ansteigen der emittierten Energiestromdichte beim Abweichen von der Normalenrichtung und erst in einem ganz schmalen Winkelbereich oberhalb der strahlenden Ebene fällt die Energiestromdichte auf Null. Für elektrische Nichtleiter wird ein gegenläufiges Verhalten registriert. Experimentelle Untersuchungen bestätigen nachfolgende Näherungsbeziehungen

$$\varepsilon \approx 1{,}33 \cdot \varepsilon_n \quad \text{für elektrische Leiter (blank polierte Metalle)} \qquad (6.2\text{-}11)$$

$$\varepsilon \approx 0{,}96 \cdot \varepsilon_n \quad \text{für Dielektrika (elektrische Nichtleiter)} \qquad (6.2\text{-}12)$$

6.2.1   Bestimmung der Oberflächentemperatur der Sonne

Der rechnerischen Abschätzung der Oberflächentemperatur der Sonne T_S kann man sich unter der vereinfachenden Annahme, dass die Sonne ein schwarzer Strahler sei, auf zwei Wegen nähern:

1. Der von der Sonne emittierte Energiestrom hängt von der Oberflächentemperatur T_S ab. Gemessen wird der flächenspezifische Energiestrom, den die Sonne der Erde je m² Oberfläche senkrecht zur Einfallsrichtung zustrahlt (Solarkonstante). Die Solarkonstante ergibt sich als Energiestromdichte auf der (angenommenen) Oberfläche einer Kugel mit einem Radius der mittleren Entfernung zwischen den Mittelpunkten von Sonne und Erde (= 1 AE = 149.597.870.700 m) vermindert um den Erdradius. Gehen Sie hier von folgenden Werten aus:

   mittlerer Mittelpunktsabstand Sonne – Erde: $z = 149{,}5978707 \cdot 10^9$ m
   Erdradius (volumengleiche Kugel) $r_E = 6{,}371 \cdot 10^6$ m
   Sonnenradius $r_S = 696{,}342 \cdot 10^6$ m
   Solarkonstante (Messwert nach Tabelle 1-7) $\dot{q}_S = 1367$ W/m²

2. Aus Messungen ist bekannt, dass die maximale Strahlungsintensität des Sonnenspektrums bei einer Wellenlänge von 500 nm (Bereich gelb-grün) liegt. Daraus kann mit Hilfe des Wien´schen Verschiebungsgesetzes die Oberflächentemperatur der Sonne errechnet werden.

   a) Bestimmen Sie jeweils die Oberflächentemperatur der Sonne in Kelvin mit vier signifikanten Ziffern über die beiden oben skizzierten Zusammenhänge!
   b) Welche Leistung strahlt die Sonne insgesamt in den Weltraum ab und wie hoch ist ihre spezifische Abstrahlung?
   c) Bestimmen Sie den Anteil der im sichtbaren Bereich liegenden Solarstrahlung mit der aus dem Wien´schen Verschiebungsgesetz gewonnenen Oberflächentemperatur!

Gegeben:

$z = 149{,}6 \cdot 10^9$ m $r_E = 6{,}371 \cdot 10^6$ m $r_S = 696{,}3 \cdot 10^6$ m $\dot{q}_S = 1367$ W/m²

$\lambda_{opt} = 500$ nm $= 0{,}5$ µm (Messwert nach Aufgabenstellung)

Vorüberlegungen:

Wir erinnern uns an die Berechnung der Oberfläche einer Kugel $A_O = 4\pi \cdot r^2$.

Der sichtbare Bereich der Wärmestrahlung liegt nach Tabelle 6-2 zwischen $\lambda_1 = 0{,}38$ µm (violett) und $\lambda_2 = 0{,}78$ µm (rot).

Die von der Sonne emittierte Strahlung breitet sich kugelförmig aus. Die Erde wird von der Sonnenstrahlung getroffen, wenn der Radius der entsprechenden Hohlkugel den Wert $z - r_E$ erreicht (vergleiche auch Abbildung 6-9).

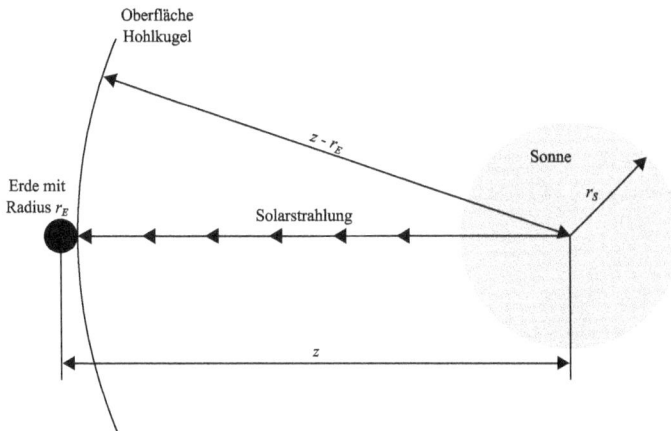

Abb. 6-9: Skizze der Geometrie des Systems Sonne – Erde und Darstellung der Bestrahlung eines Flächenelements dA im Abstand $z - r_E$.

Lösung:

a) Bestimmung der Oberflächentemperatur der Sonne

1. Ansatz unter Verwendung der Solarkonstante

- emittierter Energiestrom nach (6.2-3b): $\dot{E}_S = A_S \cdot C_S \cdot \left(\dfrac{T_S}{100}\right)^4 = 4\pi \cdot r_S^2 \cdot C_S \cdot \left(\dfrac{T_S}{100}\right)^4$

- Ermittlung Solarkonstante: $\dot{q}_S = \dfrac{\dot{E}_S}{4\pi \cdot (z - r_E)^2}$

$\dot{q}_S = \dfrac{4\pi \cdot r_S^2 \cdot C_S \cdot (T_S/100)^4}{4\pi \cdot (z - r_E)^2}$ aufgelöst nach T_S führt auf

$T_S = 100 \cdot \left(\dfrac{(z - r_E)^2 \cdot \dot{q}_S}{r_S^2 \cdot C_S}\right)^{0,25} = 100 \cdot \left(\dfrac{(149,6 - 0,006371)^2 \cdot 10^{18} \ \text{m}^2 \cdot 1367 \ \text{W/m}^2}{696,3^2 \cdot 10^{12} \ \text{m}^2 \cdot 5,67 \ \text{W/(m}^2\,\text{K}^4)}\right)^{0,25}$

$\underline{\underline{T_S = 5776 \ \text{K}}}$

Wir haben hier den Strahlungsaustausch mit der Erde und allen anderen Himmelskörpern vernachlässigt und die Sonne als punktförmige Strahlungsquelle betrachtet.

2. Nutzung Wien'sches Verschiebungsgesetz

Gleichung (6.2-6): $\lambda_{opt} \cdot T = 2898 \ \mu\text{m} \cdot \text{K}$

$T_S = \dfrac{2898 \ \mu\text{m} \cdot \text{K}}{0,5 \ \mu\text{m}} = \underline{\underline{5796 \ \text{K}}}$

Die Ergebnisse weichen um 20 K voneinander ab, dies entspricht einem relativen Fehler von unter 0,4 %. Die Temperatur, die wir mit Hilfe des Stefan-Boltzmann'schen Gesetzes für schwarze Strahler bestimmt haben, nennt man effektive Temperatur der Sonne. Allerdings ist die Sonne nur annähernd ein schwarzer Strahler. Aus dem gemessenen Strahlungsmaximum und dem Wien´schen Gesetz schließt man auf eine etwas höhere Temperatur, die man auch als Farbtemperatur der Sonne bezeichnet. Unter Farbtemperatur einer Lichtquelle versteht man diejenige Temperatur, die ein schwarzer Strahler aufweisen müsste, um für das menschliche Auge den gleichen Farbeindruck wie die Lichtquelle zu erzeugen.

Interessant ist übrigens auch, dass die spektrale Hellempfindlichkeit des menschlichen Auges bei Tageslicht im Wellenlängenbereich zwischen 500 und 600 nm am größten ist.

b) Strahlungsleistung der Sonne

$$\dot{E}_S = 4\pi \cdot r_S^2 \cdot C_S \cdot \left(\frac{T_S}{100}\right)^4 \quad \text{oder} \quad \dot{E}_S = \dot{q}_S \cdot 4\pi \cdot (z - r_E)^2$$

$$\dot{E}_S = 4\pi \cdot 696{,}342^2 \cdot 10^{12} \text{ m}^2 \cdot 5{,}67 \frac{\text{W}}{\text{m}^2 \text{ K}^4} \cdot 57{,}76^4 \text{ K}^4 = 3{,}845447108 \cdot 10^{26} \text{ W} \approx 3{,}8454 \cdot 10^{26} \text{ W}$$

$$\dot{e}_S = \frac{\dot{E}_S}{4\pi \cdot r_S^2} = C_S \cdot \left(\frac{T_S}{100}\right)^4 = 5{,}67 \frac{\text{W}}{\text{m}^2 \text{ K}^4} \cdot 57{,}76^4 \text{ K}^4 = 63.109.072{,}45 \text{ W/m}^2 \approx 63.109 \text{ W/m}^2$$

c) Anteil der Solarstrahlung im sichtbaren Bereich

Mit (6.2-4c) folgt $F_{\lambda_1 - \lambda_2} = F_{0 - \lambda_2 T} - F_{0 - \lambda_1 T}$ mit den Argumenten:

$\lambda_1 T = 0{,}38$ µm·5796 K $= 2202{,}48$ µm K $\qquad$ $\lambda_2 T = 0{,}78$ µm·5796 K $= 4520{,}88$ µm K

Für die Bestimmung der Funktionswerte $F_{0 - \lambda_2 \cdot T}$ und $F_{0 - \lambda_1 \cdot T}$ nutzen wir hier nicht die Werte der Tabelle 7.8, sondern berechnen diese direkt nach der Reihe (6.2-5a) und erhalten:

$F_{0 - \lambda_1 \cdot T} = 0{,}1013519 \qquad F_{0 - \lambda_2 \cdot T} = 0{,}5674770$

$F_{\lambda_1 - \lambda_2} = F_{0 - \lambda_2 T} - F_{0 - \lambda_1 T} = 0{,}5674770 - 0{,}1013519 = 0{,}4661251$

Circa 46,6 % der die Erdatmosphäre erreichenden Solarstrahlung entfällt auf den sichtbaren Bereich.

6.2.2 Treibhauseffekt im Gewächshaus

Die Glasscheiben eines Gewächshauses lassen 93 % der einfallenden Sonnenstrahlung (schwarzer Körper mit 5780 K) im Wellenlängenspektrum zwischen 370 nm und 2400 nm durch und seien praktisch undurchlässig für Strahlung mit längeren sowie kürzeren Wellenlängen. Die Gartenerde weise eine Temperatur von 33 °C auf und strahle näherungsweise gleichfalls wie ein schwarzer Körper.
   a) Wie hoch ist der prozentuale Anteil der Sonnenstrahlung, der vom Glas durchgelassen wird?
   b) Welcher Anteil der von der Gartenerde emittierten Wärmestrahlung passiert das Glas?

Gegeben:

Sonne: $T_S = 5780$ K $\lambda_1 = 0,37\ \mu m$ $\lambda_2 = 2,4\ \mu m$ $d = 0,93$

Erde: $T_E = 306,15$ K

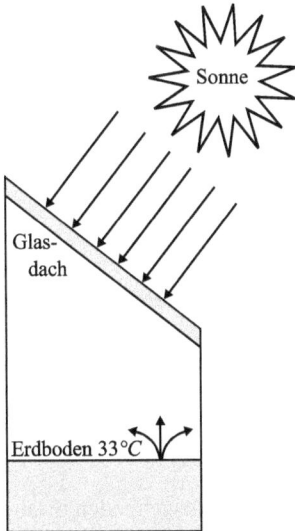

Abb. 6-10: Solarstrahlung auf Gewächshaus.

Vorüberlegungen:

Zur Lösung ist jeweils mit der Gleichung (6.2-6) auszuwerten, wie hoch der Strahlungsanteil im Wellenlängenspektrum zwischen λ_1 und λ_2 ist, wenn die Temperatur im Fall a) 5780 K und im Fall b) 306,15 K beträgt.

Lösung:

a) Anteil der von der Glasscheibe durchgelassenen Sonnenstrahlung

Integrationsgrenzen für Gleichung (6.2-5):

$\lambda_1 \cdot T_S = 0,37\ \mu m \cdot 5780\ K = 2138,6\ \mu m\ K$ $\lambda_2 \cdot T_S = 2,4\ \mu m \cdot 5780\ K = 13872\ \mu m\ K$

Durch lineare Interpolation mit den Werten aus Tabelle 7.8-1 folgt:

$$F_{0-\lambda_1} = 0,08305 + \frac{(2138,6-2100)\ \mu m\ K}{(2150-2100)\ \mu m\ K}(0,09179-0,08305) \approx 0,08980$$

$$F_{0-\lambda_2} = 0,96145 + \frac{(13872-13800)\ \mu m\ K}{(13900-13800)\ \mu m\ K}(0,96216-0,96145) \approx 0,96196$$

Anteil der durch die Scheibe transmittierte (hindurchgelassene) Strahlung:

$$d \cdot (F_{0-\lambda_2} - F_{0-\lambda_1}) = 0,93 \cdot (0,96196-0,08980) = \underline{\underline{0,81111}}$$

Rund 81 % der insgesamt auftreffenden Sonnenstrahlung werden durch die Glasscheibe des Treibhauses durchgelassen.

b) Anteil der von den Festkörpern im Treibhaus ausgehenden Wärmestrahlung, die die Glasscheibe passiert

Integrationsgrenzen für Gleichung (6.2-5)

$\lambda_1 \cdot T_E = 0,37\,\mu\text{m} \cdot 306,15\,\text{K} = 113,2755\,\mu\text{m K}$ $\lambda_2 \cdot T_E = 2,4\,\mu\text{m} \cdot 306,15\,\text{K} = 734,76\,\mu\text{m K}$

Für diese Werte können der Tabelle 7.8-1 keine Funktionswerte entnommen werden. Hier sind die entsprechenden Reihenentwicklungen für die Variable v zu bemühen.

$$v_1 = \frac{c_2}{\lambda_1 \cdot T_E} = \frac{1,43876866 \cdot 10^{-2}\ \text{m K}}{113,2755 \cdot 10^{-6}\ \text{m K}} = 127,015 > 2$$

$$v_2 = \frac{c_2}{\lambda_2 \cdot T_E} = \frac{1,43876866 \cdot 10^{-2}\ \text{m K}}{734,76 \cdot 10^{-6}\ \text{m K}} = 19,58147776 > 2$$

Damit ist die Reihe $F_{0-\lambda T} = \dfrac{15}{\pi^4} \displaystyle\sum_{i=1}^{\infty} \dfrac{e^{-iv}}{i^4}\big([(i\cdot v + 3)\cdot i \cdot v + 6]\cdot i \cdot v + 6\big)$ anzuwenden. Für v_1 ergeben

sich Werte, für die man dann $F_{0-\lambda_1 T} \approx 0$ ansetzen kann, für v_2 benötigt man von obiger Reihe

gleichfalls nur das erste Glied. Es ergibt sich ein Wert von $F_{0-\lambda_2 T} \approx 4,235 \cdot 10^{-6}$

$$d \cdot (F_{0-\lambda_2} - F_{0-\lambda_1}) = 0,93 \cdot (4,235 \cdot 10^{-6} - 0) = 3,94 \cdot 10^{-6}$$

Das bedeutet, dass etwa 0,0004 % der von den Festkörpern im Treibhaus ausgehenden Strahlung das Treibhaus im Wege der Temperaturstrahlung wieder verlassen kann. Aus der Differenz zum durchgelassenen Anteil der Solarstrahlung ergibt sich die meist sehr deutliche Aufwärmung. Die infolge des Wärmedurchgangs auftretenden Verluste infolge hoher Lufttemperatur im Inneren und niedrigerer Lufttemperatur in der Umgebung spielen dann vor allem bei ausbleibender Solarstrahlung (zum Beispiel in der Nacht) eine Rolle.

Der hier angedeutete Effekt wird auch bewusst bei der Solarthermie, also der Gewinnung von Wärme durch solare Strahlung, genutzt. Die Solarthermie kann einen höheren Anteil des Sonnenspektrums nutzen als die Fotovoltaik.

6.2.3   Temperatureffekte durch Abstrahlung in den Nachthimmel

Eine flache Wasserpfütze auf den Erdboden befinde sich in einer Umgebung mit einer konstanten Lufttemperatur. Der Wärmeübergangskoeffizient an der Wasseroberfläche (freie Konvektion) betrage 5 W/(m² K). Berechnen Sie die sich stationär in der Wasserpfütze einstellenden Temperatur T_W unter Berücksichtigung der Abstrahlung in die Hemisphäre mit einer Temperatur T_H am Himmel von
   a) $T_H = 285$ K (bewölkter Himmel), Lufttemperatur $t_L = +15\ °C$
   b) $T_H = 230$ K (klarer, kalter Nachthimmel), Lufttemperatur $t_L = +5\ °C$!

Gegeben:

a) $T_L = 288,15$ K   b) $T_L = 278,15$ K   a) $T_H = 285$ K   b) $T_H = 230$ K

$\alpha_{Kon} = 5$ W/(m² K)

Vorüberlegungen:

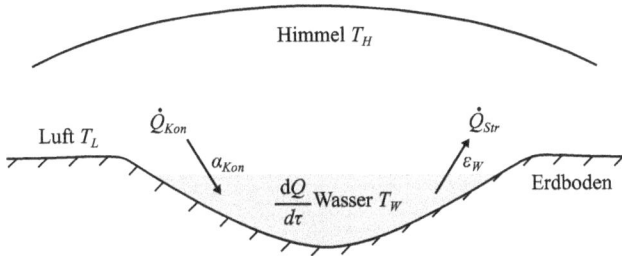

Abb. 6-11: Energiebilanz für Wasserpfütze.

Aus der Energiebilanz für die Wasserpfütze $dQ / d\tau = \dot{Q}_{Kon} - \dot{Q}_{Str}$ entsteht im stationären Zustand $\dot{Q}_{Kon} = \dot{Q}_{Str}$. Das Emissionsverhältnis diffus strahlender Wasseroberflächen kann nach Tabelle 7.7-2 mit $\varepsilon_W = 0{,}91$ angesetzt werden. Für den Strahlungsaustauschkoeffizienten Pfütze-Himmel gehen wir mit $A_{Wasser} << A_{Himmel}$ von Ansatz (6.3-16) aus.

Lösung:

$$\dot{Q}_{Kon} = \dot{Q}_{Str} \quad \rightarrow \quad \alpha_{Kon} \cdot A_{Wasser} \cdot (T_L - T_W) = \varepsilon_W \cdot \sigma_s \cdot A_{Wasser} \cdot (T_W^4 - T_H^4)$$

$$\frac{\varepsilon_W \cdot \sigma_s}{\alpha_{Kon}} \cdot T_W^4 + (T_W - T_L) - \frac{\varepsilon_W \cdot \sigma_s}{\alpha_{Kon}} \cdot T_H^4 = 0$$

a) $1{,}03194 \cdot 10^{-8} \text{ K}^{-4} \cdot T_W^4 + (T_W - 288{,}15 \text{ K}) - 68{,}0822 = 0$ für $T_H = 285$ K

b) $1{,}03194 \cdot 10^{-8} \text{ K}^{-4} \cdot T_W^4 + (T_W - 278{,}15 \text{ K}) - 28{,}8779 = 0$ für $T_H = 230$ K

Die für T_W mit dem Auftreten der 4. Potenz jeweils nichtlineare Gleichung löst man zweckmäßig iterativ. Das Newton'sche Näherungsverfahren konvergiert schnell, wenn ein geeigneter Startwert für $T_{W,0}$ zur Verfügung steht.

$$T_{W,i+1} = T_{W,i} - \frac{f(T_{W,i})}{f'(T_{W,i})} \quad \text{mit } f'(T_W) = 4{,}12776 \cdot 10^{-8} \cdot T_W^3 + 1$$

Startwert für a): Für einen guten Startwert versuchen wir die Nullstelle in einem möglichst kleinen Intervall einzugrenzen:

$f(T_W = 286{,}7 \text{ K}) \approx +0{,}189$ und $f(T_W = 286{,}5 \text{ K}) \approx -0{,}205$ $\rightarrow$ Startwert $T_{W,0} = 286{,}6$ K

$$T_{W,1} = 286{,}6 - \frac{-0{,}008164633}{+1{,}97172415} = 286{,}60414 \qquad T_{W,2} = 286{,}60414 - \frac{-0{,}000001608}{+1{,}971966261} = 286{,}6041408$$

Mit $T_W \approx 286{,}60$ K, also 13,45 °C, ist die Lösung technisch hinreichend genau.

Lösung für b) mit analogem Vorgehen liefert $T_W \approx 259{,}91$ K $t_W = -13{,}24$ °C

Dieses Ergebnis bestätigt die Beobachtung, dass bei entsprechender Wetterlage Wasserpfützen zufrieren können, obwohl die umgebende Lufttemperatur noch deutlich positive Celsiustemperaturen aufweist.

6.3   Strahlungsaustausch zwischen festen Körpern

Ein Körper emittiert elektromagnetische Wellen unabhängig davon, wie die Umgebung beschaffen ist und unabhängig davon, ob gleichzeitig Strahlung absorbiert wird. Emission und
Absorption beeinflussen sich nicht gegenseitig. Die Änderung der inneren Energie eines
Körpers durch Strahlung ergibt sich aus der Differenz der emittierten und absorbierten Ener-
giebeträge. Obwohl bei diesem Vorgang auch ein Energietransport vom kalten zum warmen
Körper erfolgt, muss dem zweiten Hauptsatz der Thermodynamik folgend der Energietransport vom warmen zum kalten Körper überwiegen.

Unabhängig von den Strahlungseigenschaften der am Austausch beteiligten Flächen ist ihre
geometrische Lage zueinander wichtig. Einfach ausgedrückt geht es darum, wie viel die
Flächen voneinander „sehen", denn dies entscheidet, wie viel von der an einer Fläche ausge-
sandten Strahlung an der anderen Fläche ankommt. Diese Sichtfaktoren F_{ij} (Index
i = abstrahlende Fläche, Index j = aufnehmende Fläche) werden in der Literatur auch Geometriefaktor, Einstrahlzahl, Formfaktor oder Winkelverhältnis genannt[31].

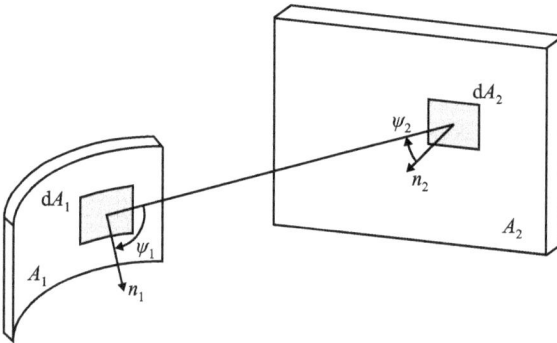

Abb.6-12:   Geometrische Größen für die Bestimmung der Sichtfaktoren.

Setzt man den Strahlungsfluss, der von einer endlich großen, diffus strahlenden Fläche mit
konstanter Energiestromdichte A_1 ausgeht und auf die Fläche A_2 trifft, ins Verhältnis zum
Strahlungsfluss, der von der Fläche A_1 in den Halbraum emittiert wird, erhält man den nur
von geometrischen Größen abhängenden, dimensionslosen Sichtfaktor F_{12}

$$F_{12} = \frac{1}{\pi \cdot A_1} \int\limits_{A_1} \int\limits_{A_2} \frac{\cos\psi_1 \cdot \cos\psi_2}{s^2} dA_2 dA_1 \qquad (6.3\text{-}1a)$$

s (Sicht)Abstand der Flächenelemente dA_1 und dA_2

ψ_1, ψ_2 Winkel zwischen der Normalen der Flächenelemente dA_1 und dA_2 und

            der Achse des Sichtabstandes r

Analog folgt der dimensionslose Sichtfaktor F_{21} für den von A_2 ausgehenden Strahlungsfluss,
der die Fläche A_1 trifft, zu

---

[31]   englische Fachtermini: view factor, configuration factor, shape factor.

$$F_{21} = \frac{1}{\pi \cdot A_2} \int\limits_{A_2} \int\limits_{A_1} \frac{\cos\psi_1 \cdot \cos\psi_2}{s^2} dA_1 dA_2 \qquad (6.3\text{-}1b)$$

Der Nettowärmestrom, der ausgehend von A_1 die Fläche A_2 erreicht, ist dann bestimmbar aus:

$$\dot{q}_{12} = \frac{\dot{Q}_{12}}{A_1} = F_{12} \cdot C_{12} \cdot \left[\left(\frac{T_1}{100} \right)^4 - \left(\frac{T_2}{100} \right)^4 \right] = F_{12} \cdot \varepsilon_1 \cdot \varepsilon_2 \cdot \sigma_s \cdot (T_1^4 - T_2^4) \qquad (6.3\text{-}2)$$

$$C_{12} = \frac{C_1 \cdot C_2}{C_S} = \varepsilon_1 \cdot \varepsilon_2 \cdot C_S$$

Aus (6.3-1a) und (6.3-1b) ist die Reziprozitätsbeziehung mit $i = 1, 2, \ldots, n$ und $j = 1, 2, \ldots, n$ abzuleiten

$$F_{ij} \cdot A_i = F_{ji} \cdot A_j \qquad (6.3\text{-}3)$$

Gleichung (6.3-3) bedeutet, dass zwei Sichtfaktoren genau und nur dann gleich sind, wenn die Flächen gleich sind, also $F_{ij} = F_{ji}$, wenn $A_i = A_j$ und $F_{ij} \neq F_{ji}$, wenn $A_i \neq A_j$.

Bilden n verschiedene Oberflächen mit konstanter Strahldichte einen geschlossenen Hohlraum (Umhüllung), gilt für die Sichtfaktoren die Summationsbeziehung

$$\sum_{j=1}^{n} F_{ij} = F_{11} + F_{12} + F_{13} + \ldots = 1 \qquad (6.3\text{-}4)$$

Ein Sichtfaktor der Form F_{ii} gibt an, welcher Teil der von der Oberfläche A_i ausgehenden Strahlung wieder die Fläche A_i trifft. Für ebene und konvexe Flächen gilt immer $F_{ii} = 0$, nur eine konkave Fläche „sieht sich selbst" und führt auf $F_{ii} \neq 0$.

Für die Ableitung grundlegender Beziehungen zum Strahlungsaustausch fester Körper betrachten wir eine Innenfläche A_i innerhalb eines geschlossenen Hohlraums und die von dieser Fläche pro Flächenelement und Zeiteinheit abgegebene Strahlungsenergie $\dot{e}_a$ sowie die einfallende Strahlungsenergie $\dot{e}_e$. Mit $\dot{q}_i$ wird die hauptsächlich durch Wärmeleitung aus dem Inneren des Körpers bereitgestellte Energiestromdichte für das Gleichgewicht der Wärmeströme an der betrachteten Oberfläche A_i erfasst. Damit gilt

$$\dot{q}_i \cdot A_i = (\dot{e}_{a,i} - \dot{e}_{e,i}) \cdot A_i \qquad (6.3\text{-}5)$$

Die von der Fläche A_i abgegebene Strahlungsenergie ist die Summe aus emittierter und reflektierter Strahlungsenergie, also

$$\dot{e}_{a,i} = \varepsilon_i(T_i) \cdot \sigma_s \cdot T_i^4 + r \cdot \dot{e}_{e,i} \qquad (6.3\text{-}6)$$

Für eine strahlungsundurchlässige, grau strahlende Oberfläche (opakes Material mit $d = 0$) entsteht aus der Bilanzgleichung (6.1-8) $r = 1 - a$ und in Verbindung mit dem Kirchhoff'schen Gesetz (6.2-9) $r = 1 - a = 1 - \varepsilon$, so dass nun obige Gleichung geschrieben werden kann als

$$\dot{e}_{a,i} = \varepsilon_i(T_i) \cdot \sigma_s \cdot T_i^4 + (1 - \varepsilon(T_1)) \cdot \dot{e}_{e,i}$$

Die auf A_i einfallende Energie $\dot{e}_{e,i}$ bestimmt sich aus dem A_i jeweils erreichenden Anteil der von den Innenflächen abgegebenen Strahlungsenergie nach

$$A_i \cdot \dot{e}_{e,i} = A_1 \cdot \dot{e}_{a,1} \cdot F_{1i} + A_2 \cdot \dot{e}_{a,2} \cdot F_{2i} + ... + A_i \cdot \dot{e}_{a,i} \cdot F_{ii} + ... + A_n \cdot \dot{e}_{a,n} \cdot F_{ni}$$

Die Reziprozitätsbeziehung (6.3-3) gestattet eine Umformung zu einer Gleichung, in der nur die betrachtete Oberfläche A_i als Fläche auftritt:

$$A_i \cdot \dot{e}_{e,i} = A_i \cdot F_{i1} \cdot \dot{e}_{a,1} + A_i \cdot F_{i2} \cdot \dot{e}_{a,2} + ... + A_i \cdot F_{ii} \cdot \dot{e}_{a,i} + ... + A_i \cdot F_{in} \cdot \dot{e}_{a,n} \quad \text{oder}$$

$$\dot{e}_{e,i} = \sum_{j=1}^{n} F_{ij} \cdot \dot{e}_{a,j} \qquad\qquad (6.3\text{-}7)$$

Wenn in Gleichung (6.3-5) jeweils der einfallende Energiestrom gemäß (6.3-6) und (6.3-7) ersetzt wird, ergeben sich für die Analyse des Strahlungsaustauschs zwischen Festkörpern zwei Fundamentalgleichungen:

$$\dot{q}_i \cdot A_i = A_i \cdot \frac{\varepsilon_i(T_i)}{1 - \varepsilon_i(T_i)} \cdot \left(\sigma_S \cdot T_i^4 - \dot{e}_{a,i} \right) \qquad\qquad (6.3\text{-}8)$$

$$\dot{q}_i \cdot A_i = A_i \cdot \left(\dot{e}_{a,i} - \sum_{j=1}^{n} F_{ij} \cdot \dot{e}_{a,j} \right) \qquad\qquad (6.3\text{-}9)$$

a) Strahlungsaustausch zwischen zwei unendlich ausgedehnten, parallelen, ebenen Wänden mit den Temperaturen T_1 und T_2 mit $T_1 > T_2$

Die sich gegenüber stehenden Wände nach Abbildung 6.13 sind opake, graue Strahler und wegen ihrer unendlichen Ausdehnung entfallen Randeinflüsse. Da die gesamte, von einer Wand abgegebene Strahlung auf der jeweils anderen vollständig auftrifft und eine ebene Fläche sich nicht selber sehen kann, ist es möglich, auf eine umfangreiche Auswertung der Integrale (6.3-1a) und (6.3-1b) zu verzichten und die Sichtfaktoren plausibel zu erklären mit:

$$F_{11} = 0 \qquad\qquad F_{12} = 1 \qquad\qquad F_{21} = 1 \qquad\qquad F_{22} = 0$$

Schreibt man die Fundamentalgleichungen (6.3-8) und (6.3-9) für jede der beiden Wände auf, ist aus den Gleichungen (6.3-9) zu ersehen, dass $\dot{q}_1 = -\dot{q}_2$ ist. Die Wärmestromdichte $\dot{q}_1$ ist deshalb der gesuchte Nettowärmestrom von der ebenen Wand 1 zur ebenen Wand 2.

Wand 1

$$\dot{q}_1 = \frac{\varepsilon_1(T_1)}{1 - \varepsilon_1(T_1)} \cdot \left(\sigma_S \cdot T_1^4 - \dot{e}_{a,1} \right)$$

$$\dot{q}_1 = \dot{e}_{a,1} - \dot{e}_{a,2}$$

Wand 2

$$\dot{q}_2 = \frac{\varepsilon_2(T_2)}{1 - \varepsilon_2(T_2)} \cdot \left(\sigma_S \cdot T_2^4 - \dot{e}_{a,2} \right)$$

$$\dot{q}_2 = \dot{e}_{a,2} - \dot{e}_{a,1}$$

Löst man die Gleichungen (6.3-8) für Wand 1 und Wand 2 jeweils nach $\dot{e}_a$ auf und setzt entsprechend in $\dot{q}_1 = \dot{e}_{a,1} - \dot{e}_{a,2}$ ein, erhält man für den Strahlungsaustausch in dieser geometrischen Konfiguration

$$\dot{q}_{12} \equiv \dot{q}_1 = -\dot{q}_2 = \frac{\sigma_S \cdot (T_1^4 - T_2^4)}{1/\varepsilon_1(T_1) + 1/\varepsilon_2(T_2) - 1} \tag{6.3-10}$$

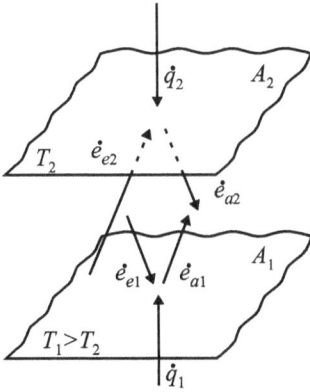

Abb. 6-13: Strahlungsaustausch zwischen zwei unendlich ausgedehnten parallelen ebenen Wänden mit einfallenden Energieströmen (Index e) und abgegebenen Energieströmen (Index a).

Die Emissionsverhältnisse ε_1 und ε_2 hängen jeweils von den gegebenen Temperaturen T_1 und T_2 ab, so dass der Nettowärmestrom von Wand 1 zu Wand 2 sofort in einem Zug berechnet werden kann. Anders verhält es sich, wenn die Temperatur T_1 gesucht wird für die zugehörige Wärmestromdichte $\dot{q}_1$ und eine dabei konstant bleibende (gehaltene) Temperatur T_2.

$$T_1 = \left(\frac{\dot{q}_1}{\sigma_S} \cdot \left[\frac{1}{\varepsilon_1(T_1)} + \frac{1}{\varepsilon_2(T_2)} - 1 \right] \right)^{1/4} \tag{6.3-11}$$

Da das Emissionsverhältnis $\varepsilon_1(T_1)$ eine Funktion der unbekannten Temperatur T_1 ist, muss ein geeignetes Iterationsverfahren angewendet werden.

Für die praktische Arbeit mit Gleichung (6.3-10) schreibt man in Verbindung mit (6.2-3b)

$$\dot{q}_{12} = \frac{C_S}{1/\varepsilon_1(T_1) + 1/\varepsilon_2(T_2) - 1} \cdot \left[\left(\frac{T_1}{100} \right)^4 - \left(\frac{T_2}{100} \right)^4 \right] = C_{12} \cdot \left[\left(\frac{T_1}{100} \right)^4 - \left(\frac{T_2}{100} \right)^4 \right] \tag{6.3-12}$$

Die Größe C_{12} stellt hier den für die parallelen Wände resultierenden Strahlungsaustauschkoeffizienten dar, der durch Koeffizientenvergleich aus (6.3-12) zu gewinnen ist.

$$C_{12} = \frac{C_s}{\dfrac{1}{\varepsilon_1(T_1)} + \dfrac{1}{\varepsilon_2(T_2)} - 1} = \frac{1}{\dfrac{1}{C_1} + \dfrac{1}{C_2} - \dfrac{1}{C_s}} \tag{6.3-13}$$

$$C_1 = \varepsilon_1(T_1) \cdot C_S \quad \text{und} \quad C_2 = \varepsilon_2(T_2) \cdot C_S$$

Gleichung (6.3-10) oder (6.3-12) ist für zwei, jeweils diffus strahlende oder spiegelnde, parallele Oberflächen unendlicher Ausdehnung anzuwenden. Sie gelten außerdem auch, wenn die eine Oberfläche diffus strahlt und die andere spiegelnd ist. Sie können selbst für konzentrische Kugeln oder Zylinder verwendet werden, wenn die Oberfläche *im Innenkörper diffus* strahlt, solange die *umhüllende Außenfläche spiegelnd* ist. Abbildung 6-14 zeigt, dass wegen der Symmetrie der Oberflächen A_1 und A_2 infolge ihrer konzentrischen Anordnung sowie der Tatsache, dass bei spiegelnder Reflexion Einfalls- und Reflexionswinkel gleich sind, bei spiegelnder Oberfläche A_2 der Umhüllung die von A_1 ausgehende Strahlung niemals zur Oberfläche A_2 reflektiert werden kann (Strahlengang (a)). Deshalb ist der Strahlungsaustausch in diesem Fall genau so, wie wenn die beiden konzentrischen Oberflächen ebene Wände unendlicher Ausdehnung wären.

b) Strahlungsaustausch zwischen zwei unendlich langen koaxialen Zylindern oder
   zwei konzentrischen Kugeln

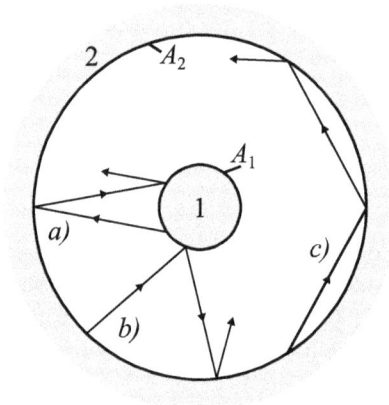

Abb. 6-14: Strahlungsaustausch im Hohlraum der konzentrischen Zylinder- und Kugelflächen mit verschiedenen Strahlengängen.

Wegen der konvexen Geometrie kann die Fläche A_1 keine Strahlung vom inneren Zylinder (von der inneren Kugel) 1 erhalten. Die von A_1 ausgehende Strahlung trifft aber vollständig auf die Fläche A_2 des äußeren Zylinders (der äußeren Kugel) 2 (siehe Abbildung 6-14 Strahlengang (a)). Ein Teil der Strahlung wird von A_2 durch Reflexion auf A_1 zurückgeworfen und hiervon wiederum ein Teil von A_1 an A_2 reflektiert. Diese Mehrfachreflexionen zwischen den Oberflächen finden so lange statt bis der Reflexionsanteil gegen null strebt, weil bei jedem Kontakt der Strahlung mit Oberflächen ein Teil davon absorbiert wird. Die von dem äußeren Zylinder (der äußeren Kugel) ausgehende Strahlung der eine vollständige Umhüllung darstellenden Fläche A_2 trifft nur nach Maßgabe des Flächenverhältnisses A_1/A_2 auf die Zylindermantelfläche A_1 (Kugeloberfläche A_1) und der übrige Teil auf A_2 (Strahlengänge (b) und (c)). Für die Sichtfaktoren folgt deshalb:

$$F_{11} = 0 \qquad F_{12} = 1 \qquad F_{21} = \frac{A_1}{A_2} \qquad F_{22} = 1 - \frac{A_1}{A_2} \quad \text{(wegen (6.3-4))}$$

Wegen der unterschiedlichen Größenverhältnisse der strahlenden Flächen dürfen die beiden Fundamentalgleichungen (6.3-8) und (6.3-9) nicht mit flächenspezifischen Wärmeströmen formuliert werden. Analog zu dem oben beschriebenen Vorgehen folgt jetzt

Zylindermantel 1, Kugeloberfläche 1   **Zylindermantel 2, Kugeloberfläche 2**

$$\dot{Q}_1 = A_1 \frac{\varepsilon_1(T_1)}{1-\varepsilon_1(T_1)} \cdot \left(\sigma_s \cdot T_1^4 - \dot{e}_{a,1} \right) \qquad\qquad \dot{Q}_2 = A_2 \frac{\varepsilon_2(T_2)}{1-\varepsilon_2(T_2)} \cdot \left(\sigma_s \cdot T_2^4 - \dot{e}_{a,2} \right)$$

$$\dot{Q}_1 = A_1(\dot{e}_{a,1} - \dot{e}_{a,2}) \qquad\qquad \dot{Q}_2 = A_2 \cdot \dot{e}_{a,2} - A_2 \cdot \frac{A_1}{A_2}\dot{e}_{a,1} - A_2(1 - \frac{A_1}{A_2})\dot{e}_{a2}$$

$$\dot{Q}_2 = A_1(\dot{e}_{a,2} - \dot{e}_{a,1})$$

Wegen $\dot{Q}_1 = -\dot{Q}_2$ stellt $\dot{Q}_1$ wiederum die Nettowärmestromdichte $\dot{Q}_{12}$ dar. Löst man die Gleichungen (6.3-8) für Fläche 1 sowie Fläche 2 jeweils nach $\dot{e}_a$ auf und setzt entsprechend in $\dot{Q}_1 = A_1(\dot{e}_{a,1} - \dot{e}_{a,2})$ ein, erhält man für diese geometrische Konfiguration nach einigen Umformungen die Berechnungsvorschrift für den Strahlungsaustausch als

$$\dot{Q}_{12} = \frac{\sigma_s \cdot A_1}{\dfrac{1}{\varepsilon_1(T_1)} + \dfrac{A_1}{A_2}\left(\dfrac{1}{\varepsilon_2(T_2)} - 1 \right)} \cdot (T_1^4 - T_2^4) \qquad\qquad (6.3\text{-}14a)$$

$$\dot{Q}_{12} = \frac{C_s \cdot A_1}{\dfrac{1}{\varepsilon_1(T_1)} + \dfrac{A_1}{A_2}\left(\dfrac{1}{\varepsilon_2(T_2)} - 1 \right)}\left[\left(\frac{T_1}{100}\right)^4 - \left(\frac{T_2}{100}\right)^4 \right] = C_{12} \cdot A_1 \left[\left(\frac{T_1}{100}\right)^4 - \left(\frac{T_2}{100}\right)^4 \right] \quad (6.3\text{-}14b)$$

mit dem hier durch Koeffizientenvergleich aus (5-34b) gewonnenen Strahlungsaustauschkoeffizienten C_{12}

$$C_{12} = \frac{C_s}{\dfrac{1}{\varepsilon_1(T_1)} + \dfrac{A_1}{A_2}\left(\dfrac{1}{\varepsilon_2(T_2)} - 1 \right)} = \frac{1}{\dfrac{1}{C_1} + \dfrac{A_1}{A_2}\left(\dfrac{1}{C_2} - \dfrac{1}{C_s} \right)} \qquad\qquad (6.3\text{-}15)$$

In den Formeln (6.3-14) und (6.3-15) bezeichnet A_1 stets die Oberfläche des kleineren, eingeschlossenen Körpers und A_2 die Oberfläche der Umhüllung unabhängig davon, welche Fläche die höhere Temperatur aufweist. Wenn $\dot{Q}_{12}$ den Wärmestrom von Wand 1 an Wand 2 meint und die äußere Umhüllung 2 die höhere Temperatur besitzt, resultieren konsequenterweise negative Werte für $\dot{Q}_{12}$ in Gleichung (6.3-14).

Aus (6.3-14) ist abzuleiten, dass der Wärmestrom $\dot{Q}_{12}$ mit größer werdender Umhüllungsfläche A_2 wächst. Die Formel (6.3-14) gilt exakt nur für koaxiale, unendlich lange Zylinder oder für konzentrische Kugeln. Für andere geometrische Situationen, die nicht zu stark von dieser Symmetrie abweichen, kann Gleichung (6.3-14) noch als gute Näherung für ingenieurtechnische Analysen verwendet werden.

Ist die Fläche A_2 in (6.3-14) sehr viel größer als A_1 (im Extremfall bei Abstrahlung in den Halbraum $A_2 \rightarrow \infty$), strebt der Quotient A_1/A_2 gegen den Wert Null. Aus (6.3-15) folgt dann für den Strahlungsaustauschkoeffizienten ein Höchstwert in Form von

$$C_{12} = \varepsilon_1 \cdot C_s = C_1 \qquad\qquad (6.3\text{-}16)$$

Hier hängt der Energietransport nur noch von den Eigenschaften des umschlossenen Körpers ab.

Für die Anwendung der Gleichungen (6.3-14) bleibt es unerheblich, ob die Fläche 1 (Innenkörper) spiegelnd ist oder diffus strahlt, die umhüllende Fläche 2 muss aber diffus strahlen.

c) beliebige geometrische Konfigurationen

Abgesehen von wenigen Ausnahmen ist man zur Gewinnung der Sichtfaktoren auf die aufwendige Berechnung des Mehrfachintegrals (6.3-1) angewiesen, In einem von n verschiedenen Flächen gebildeten Hohlraum wären theoretisch n^2 Sichtfaktoren zu berechnen. Durch Anwendung der Summationsbeziehung (6.3-4) auf jede der n Flächen können n Sichtfaktoren sehr einfach bestimmt werden, über die Reziprozitätsbeziehung (6.3-3) erhält man weitere $n(n-1)/2$ Sichtfaktoren, so dass schließlich nur $n^2 - n - n(n-1)/2 = n(n-1)/2$ Auswertungen des Mehrfachintegrals (6.3-1) erforderlich sind. Sind konvexe oder ebene Flächen beteiligt, ergeben sich weitere Vereinfachungen durch $F_{ii} = 0$.

Als zwei Beispiele für die Auswertung von (6.3-1) sind nachfolgend Ergebnisse für die in Abbildung 6-15 dargestellten geometrischen Konfigurationen aufgeführt:

- zwei kongruente, sich exakt gegenüberliegende, parallele Rechteckflächen

  $x = a/h \qquad y = b/h$

  $$F_{12} = \frac{2}{\pi \cdot xy} \cdot \left[\frac{1}{2} \ln \frac{(1+x^2)(1+y^2)}{1+x^2+y^2} + x\sqrt{1+y^2} \cdot \arctan \frac{x}{\sqrt{1+y^2}} + y\sqrt{1+x^2} \cdot \arctan \frac{y}{\sqrt{1+x^2}} - x\arctan x - y\arctan y \right]$$

- zwei parallele Kreisscheiben mit gemeinsamer Mittelsenkrechten

  $x = r_1/h \qquad y = r_2/h \qquad z = 1 + (1+y^2)/x^2$

  $$F_{12} = \frac{1}{2} \cdot \left[z - \sqrt{z^2 - 4 \cdot (y/x)^2} \right]$$

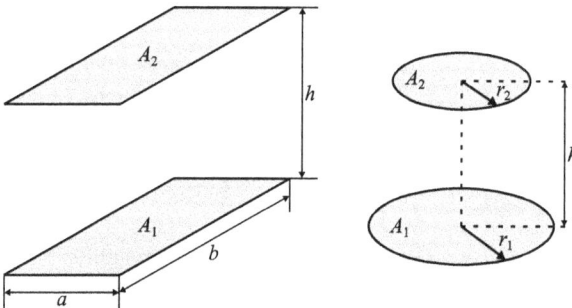

Abb. 6-15: Geometrische Parameter für die Bestimmung von Sichtfaktoren für zwei endliche, parallele Rechteckflächen und zwei parallele Kreisscheiben mit gemeinsamer Mittelsenkrechten.

6.3.1 „Lichterzeugung" durch Glühlampen

In einer Glühlampe fließe elektrischer Strom durch einen sehr dünnen Wolframfaden, so dass dieser sich über seinen elektrischen Widerstand auf Temperaturen um 3000 °C erhitze, aber nicht schmelze (Schmelztemperatur Wolfram ca. 3380 °C). Die aufgenommene elektrische Leistung wird von der Glühwendel größtenteils als Wärmestrahlung (hier interessiert vor allem der Anteil „sichtbares Licht" emittiert, ein kleiner Teil der Energie (bei nachfolgender Betrachtung vernachlässigt) wird durch Wärmeleitung sowie –konvektion an das Füllgas und den Glaskolben sowie an die Befestigung der Glühwendel abgegeben. Der Wolframfaden einer Glühlampe (100 W, 240 V) besitze im Betrieb die gleichmäßige Temperatur von 3000 °C. Das Emissionsverhältnis für Wolfram bei dieser Temperatur sei mit 0,445, der spezifische elektrische Widerstand von Wolfram mit $73 \cdot 10^{-9}$ Ω m gegeben. Die Glashülle des Lampenkörpers weise eine Temperatur von 92 °C auf.

  a) Bestimmen Sie den erforderlichen Durchmesser und die nötige Länge des Glühfadens!

  b) Welcher Teil der zugeführten Energie wird in sichtbares Licht umgewandelt und welcher Wirkungsgrad resultiert daraus?

Gegeben:

$U = 240$ V	$P_{el} = 100$ W	$\rho_{el} = 73 \cdot 10^{-9}$ Ω m
$T_1 = 3273{,}15$ K	$T_2 = 365{,}15$ K	$\varepsilon(3000\ °C) = 0{,}445$

Vorüberlegungen:

Die Oberfläche des Glühfadens A_1 ist sehr viel kleiner als die Oberfläche der Glasumhüllung.[32] Für den Strahlungsaustausch folgt deshalb

$$\dot{Q}_{12} = \varepsilon \cdot C_S \cdot A_1 \cdot \left[\left(\frac{T_1}{100} \right)^4 - \left(\frac{T_2}{100} \right)^4 \right]$$

Der elektrische Widerstand des Glühfadens ergibt sich aus $R_{el} = \rho_{el} \cdot l / A_{Querschnitt}$. Für eine Leistungsaufnahme von 100 W folgt $R_{el} = U^2 / P = 240^2\ \text{V}^2 / 100\ \text{W} = 576\ \Omega$.

Lösung:

a) Dimensionierung des Glühfadens

Die Glühfadenoberfläche $A_1 = \pi \cdot d \cdot l$ ist eine Funktion des gesuchten Durchmessers d und der gesuchten Länge l. Die Länge des Glühfadens ergibt sich zwangsläufig aus dem erforderlichen elektrischen Widerstand nach

$$l = \frac{R_{el} \cdot \pi \cdot d^2}{\rho_{el} \cdot 4} \quad \text{also} \quad \frac{A_1}{\pi \cdot d} = \frac{R_{el} \cdot \pi \cdot d^2}{\rho_{el} \cdot 4} \quad \rightarrow \quad d = \sqrt[3]{\frac{A_1 \cdot \rho_{el} \cdot 4}{\pi^2 \cdot R_{el}}}$$

Werden 100 W unter Betriebsbedingungen über den Glühfaden abgestrahlt, benötigt man eine Glühfadenoberfläche A_1 nach Maßgabe von

$$A_1 = \frac{\dot{Q}_{12}}{\varepsilon \cdot C_S \cdot \left[\left(\frac{T_1}{100} \right)^4 - \left(\frac{T_2}{100} \right)^4 \right]} = \frac{100\ \text{W}}{0{,}445 \cdot 5{,}67\ \text{W/(m}^2\,\text{K}^4) \cdot (32{,}7315^4 - 3{,}6515^4)\ \text{K}^4} = 3{,}4535 \cdot 10^{-5}\ \text{m}^2$$

Damit folgt für den notwendigen Glühfadendurchmesser

---

[32] Notwendigerweise wegen des Niederschlags von sublimiertem Wolfram.

$$d = \sqrt[3]{\frac{0,34535 \, \text{mm}^2 \cdot 73 \cdot 10^{-6} \, \Omega \, \text{mm} \cdot 4}{\pi^2 \cdot 576 \, \Omega}} = \sqrt[3]{\frac{0,34535 \cdot 73 \cdot 4}{\pi^2 \cdot 576}} \cdot 10^{-2} \, \text{mm} \approx \underline{\underline{0,0121 \, \text{mm}}}$$

Jetzt bestimmt sich die Glühfadenlänge l aus: $l = \dfrac{A_1}{\pi \cdot d} = \dfrac{3,4535 \cdot 10^{-5} \, \text{m}^2}{\pi \cdot 0,0121 \cdot 10^{-3} \, \text{m}} = \underline{\underline{0,9081 \, \text{m}}}$

Diese hier notwendige Fadenlänge macht es erforderlich, den Glühfaden als Wendel auszu-führen und darüber hinaus über eine oder mehrere Stützen umzulenken.

b) Helligkeitsausbeute einer Glühlampe

Hierzu ist (6.2-4c) für die graue Strahlung zu modifizieren

$$\varepsilon \cdot F_{\lambda_1 - \lambda_2} = \frac{\varepsilon}{\sigma_s} \cdot \left[\int_0^{\lambda_2 \cdot T} \frac{\dot{e}_{\lambda b}(\lambda)}{T^5} \, \text{d}(\lambda \cdot T) - \int_0^{\lambda_1 \cdot T} \frac{\dot{e}_{\lambda b}(\lambda)}{T^5} \, \text{d}(\lambda \cdot T) \right] = \varepsilon \cdot (F_{0-\lambda_2} - F_{0-\lambda_1})$$

Nach Tabelle 6-2 gehen wir für sichtbares Licht von Wellenlängen zwischen 0,38 μm und 0,78 μm aus, so dass für $T = 3273,15$ K die Integrationsgrenzen festzusetzen sind mit:

$(\lambda \cdot T)_2 = 0,78 \, \mu\text{m} \cdot 3273,15 \, \text{K} \approx 2553 \, \mu\text{m K}$ und $(\lambda \cdot T)_1 = 0,38 \, \mu\text{m} \cdot 3273,15 \, \text{K} \approx 1244 \, \mu\text{m K}$

Auch hier verzichten wir auf eine Interpolation der Werte aus Tabelle 7.8-1 und errechnen aus der Reihe (6.2-5a)

$F_{0-\lambda T}(\lambda \cdot T = 2553 \, \mu\text{m K}) = 0,1728244$

$F_{0-\lambda T}(\lambda \cdot T = 1244 \, \mu\text{m K}) = 0,002956305$

$\varepsilon \cdot [F_{0-\lambda}(\lambda T)_2 - F_{0-\lambda}(\lambda T)_1] = 0,445 \cdot [0,1728244 - 0,002956305] = \underline{\underline{0,075591302}}$ also ca. 7,6 %!

Die tatsächlichen Helligkeitswirkungsgrade von Glühlampen liegen meist unterhalb von 5 %. Abbildung 6-7 macht deutlich, dass das Intensitätsmaximum für sichtbares Licht eines schwarzen Strahlers bei etwa 5780 K liegt, also bei Temperaturen, die mit keinem Glühfaden verwirklicht werden können.

Die Farbtemperatur von Tageslicht durch Sonnenschein liegt je nach Intensität zwischen 5000 K und 6500 K. Da der Wolframfaden kein idealer schwarzer Strahler ist, entspricht seine Temperatur nicht der Farbtemperatur, die bis zu 100 K höher sein kann.

Die niedrige Lichtausbeute bei Glühlampen ist ein Nachteil. Ein Vorteil gegenüber den ener-giesparenden Alternativen ist jedoch die Tatsache, dass Glühlampen ein kontinuierliches Spektrum aussenden. Leuchtstofflampen und LED-Leuchtmittel senden dagegen kein konti-nuierliches Spektrum aus, so dass ihr Licht einen „Farbstich" hat (geworben wird mit einem „Warmton").

6.3.2   Solarkollektor

Ein einfach aufgebauter Solarkollektor bestehe aus einer rückseitig isolierten schwarzen Absorberfläche ($\varepsilon \approx 1$) und einer parallel dazu angeordneten dünnen, schützenden Glas-scheibe, die für die auftreffende Solarstrahlung im Wellenlängenbereich sichtbares Licht vollkommen durchlässig, für die von der Absorberfläche ausgehende langwellige Wärmestrahlung absolut undurchlässig sei (Idealisierung für die Modellbildung!). Der Raum zwischen Absorberfläche und Glasscheibe enthalte Luft. Die konvektiven Wärmeübergangskoeffizienten von Absorberfläche zu Luft sowie von Luft zu Glas sind mit 2 W/(m² K) anzusetzen. Die Wärmeübertragung durch Strahlung im langwelligen Bereich zwischen Absorberfläche und Glasscheibe soll näherungsweise durch einen äquivalenten konstanten Wärmeübergangskoeffizienten von 9 W/(m² K) berücksichtigt werden. Der Wärmeübergang durch Konvektion und Strahlung zwischen Glasscheibe und Umgebungsluft an der Außenwand des Kollektors sei mit dem konstanten Wärmeübergangskoeffizienten von 25 W/(m² K) beschrieben. Wärmeverluste nach unten und über die Randflächen des Kollektors sind zu vernachlässigen. Die Sonnenstrahlung treffe mit der konstanten Leistungsdichte von 700 W/m² auf den Kollektor, die Temperatur der Umgebungsluft weise die konstante Temperatur von 10 °C auf.

a) Wie hoch ist die maximal an der Absorberfläche auftretende Temperatur t_A, wenn dem Kollektor keine Nutzleistung entzogen wird?

b) Wie hoch ist dann die Lufttemperatur t_L im Inneren des Kollektors?

Gegeben:

$\alpha_K = 2 \text{ W/(m² K)}$ $\alpha_S = 9 \text{ W/(m² K)}$ $\alpha_a = 25 \text{ W/(m² K)}$ $t_\infty = 10 \text{ °C}$

$\dot{q}_S = 700 \text{ W/m²}$

Vorüberlegungen:

Die hier gegebene Situation entspricht ungefähr der, mit der üblicherweise der Treibhauseffekt beschrieben wird. In der dünnen Glasscheibe treten praktisch keine Temperaturunterschiede auf. Man kann deshalb von einer einheitlichen Glastemperatur t_G ausgehen.

Ohne Entnahme von Nutzleistung durch einen Flüssigkeitsstrom in den Rohren auf der Absorberfläche stellt sich ein stationärer Zustand ein, bei dem die eingestrahlte Wärmeleistung den Verlustwärmeleistungen durch Konvektion und Strahlung an die Umgebung entspricht.

$$\dot{q}_S = \dot{q}_V = \dot{q}_{V,K} + \dot{q}_{V,S}$$

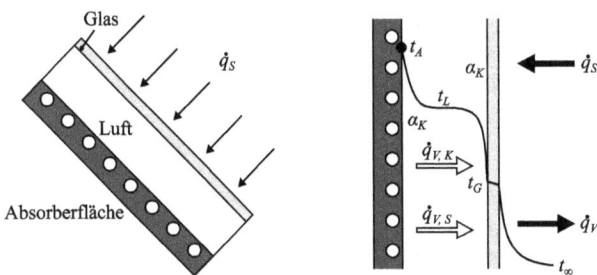

Abb. 6-16: Solarkollektor und Modellskizze zur Ausprägung des stationären Zustands nach Aufgabenstellung.

Für die konvektive Verlustwärmestromdichte $\dot{q}_{V,K}$ existiert zwischen Absorberfläche und Glasplatte ein Gleichgewicht, aus dem die unbekannte Lufttemperatur t_L im Inneren des Kollektors für die Berechnung zunächst eliminiert werden kann.

Absorberfläche: $\dot{q}_{V,K} = \alpha_K \cdot (t_A - t_L)$ Glasplatte: $\dot{q}_{V,K} = \alpha_K \cdot (t_L - t_G)$

Aus $\alpha_K \cdot (t_A - t_L) = \alpha_K \cdot (t_L - t_G)$ folgt $t_L = \dfrac{t_A + t_G}{2}$ und daraus $\dot{q}_{V,K} = \dfrac{\alpha_K}{2} \cdot (t_A - t_G)$

Damit ist der konvektive Verlustwärmestrom auf die für den Strahlungsaustausch relevanten Temperaturen t_A und t_G zurückgeführt. Für die Wärmeverluste durch Strahlung zwischen Absorber- und Glasplatte ist wie gefordert vereinfacht anzusetzen: $\dot{q}_{V,S} = \alpha_S \cdot (t_A - t_G)$.

An der Außenseite des Kollektors gilt für Konvektion und Wärmestrahlung $\dot{q}_V = \alpha_a \cdot (t_G - t_\infty)$.

Lösung:

a) maximale Temperatur der Absorberplatte

Aus der Bedingung für den stationären Zustand folgt zunächst die nach unterstelltem Modell einheitliche Temperatur der Abdeckplatte des Absorbers aus Glas.

$$\dot{q}_S = \dot{q}_V \;\rightarrow\; \dot{q}_S = \alpha_a \cdot (t_G - t_\infty) \;\rightarrow\; t_G = t_\infty + \frac{\dot{q}_S}{\alpha_a} = 10\,°\mathrm{C} + \frac{700\,\mathrm{W/m^2}}{25\,\mathrm{W/(m^2\,K)}} = 38\,°\mathrm{C}$$

Die eingestrahlte Wärmeleistung entspricht im stationären Zustand dem gesamten Verlustwärmestrom aus

$$\dot{q}_S = \dot{q}_V = \dot{q}_{V,K} + \dot{q}_{V,S} \;\rightarrow\; \dot{q}_S = \frac{\alpha_K}{2} \cdot (t_A - t_G) + \alpha_S (t_A - t_G) \;\rightarrow\; t_A = t_G + \frac{\dot{q}_S}{\alpha_K / 2 + \alpha_S}$$

$$t_A = 38\,°\mathrm{C} + \frac{700\,\mathrm{W/m^2}}{(1+9)\,\mathrm{W/(m^2\,K)}} = \underline{\underline{108\,°\mathrm{C}}}$$

b) Lufttemperatur im Inneren des Solarkollektors

$$t_L = \frac{t_A + t_G}{2} = \frac{108\,°\mathrm{C} + 38\,°\mathrm{C}}{2} = \underline{\underline{73\,°\mathrm{C}}}$$

Kommentar: An allen relevanten Flächen des Solarkollektors treten Konvektion und Strahlung gemeinsam auf. Der Anteil der Wärmeübertragung durch Strahlung wurde hier ausschließlich über entsprechende Äquivalenzzuschläge zum Wärmeübergangskoeffizienten α berücksichtigt. Es ist daher lehrreich zu prüfen, inwieweit mit den hier getroffenen Ansätzen der Wärmeaustausch zwischen Absorberfläche und Glasabdeckung des Kollektors richtig erfasst wurde. Wir gehen wieder aus von

$$\dot{q}_S = \dot{q}_V = \dot{q}_{V,K} + \dot{q}_{V,S} \;\rightarrow\; \dot{q}_S = \alpha_K \cdot (t_A - t_L) + \frac{C_S}{1/\varepsilon_1 + 1/\varepsilon_2 - 1} \cdot \left[\left(\frac{T_A}{100} \right)^4 - \left(\frac{T_G}{100} \right)^4 \right]$$

Für den konvektiven Anteil der Wärmestromverluste errechnet sich damit eine Höhe von

$$\dot{q}_{V,K} = 2\,\mathrm{W/(m^2\,K)} \cdot (108\,°\mathrm{C} - 73\,°\mathrm{C}) = 70\,\mathrm{W/m^2}$$

Für $\varepsilon_1 = 1$ und $\varepsilon_2 \approx 0{,}95$ (Tabelle 7.7-2 enthält für Glas die Werte $\varepsilon(90\,°\mathrm{C}) = 0{,}94$ und $\varepsilon(838\,°\mathrm{C}) = 0{,}47$), so dass sich für den Strahlungsanteil der Wärmestromverluste ergibt:

$$\dot{q}_{V,S} = 0{,}95 \cdot 5{,}67\,\mathrm{W/(m^2\,K^4)} \cdot \left[3{,}8115^4 - 3{,}1115^4 \right] \mathrm{K^4} = 631{,}94\,\mathrm{W/m^2}$$

Die eingestrahlte Leistung von 700 W/m² als Summenwert dieser beiden Anteile wird ganz gut erreicht, so dass die Rechnung mit obigen Annahmen plausibilisiert ist.

6.3.3 Wärmeempfinden bei grauer Strahlung

Eine flach geöffnete Hand (modelliert als Kreisscheibe mit 12 cm Durchmesser) befinde sich in 10 cm Abstand über einer Herdplatte mit 20 cm Durchmesser und einer Temperatur von 500 °C. Das Emissionsverhältnis der Herdplatte betrage 0,9. Welche Wärmeleistung in W empfängt die Hand von der Herdplatte und welches Wärmeempfinden stellt sich ein?

Gegeben:

Herdplatte: $T_1 = 773,15$ K $\quad \varepsilon_1 = 0,9$

Geometrie: $\quad r_1 = 0,1$ m $\quad\quad r_2 = 0,06$ m $\quad\quad h = 0,1$ m

Vorüberlegungen:

Der von der Herdplatte (Index 1) die Handoberfläche (Index 2) erreichende Wärmestrom bestimmt sich aus dem Stefan-Boltzmann´schen Gesetz unter Berücksichtigung der entsprechenden Sichtfaktoren. Zur Bestimmung des Sichtfaktors F_{12} gehen wir hier von der in Abbildung 6-15 rechts dargestellten Situation aus. Unterstellt man für die Herdplatte eine keramische (nicht metallische) Oberfläche, kann man mit dem gegebenen konstanten Emissionsverhältnis von grauer Strahlung ausgehen. Aussagen zum Wärmeempfinden leiten wir aus den in Tabelle 1-7 gegebenen Werten ab. Wärmestrahlung wird ab 40 W/m² wahrgenommen, die Schmerzgrenze liegt je nach Hauttyp bei 2000 bis 2500 W/m².

Lösung:

1. Schritt: Bestimmung der Flächengrößen A_1 und A_2 sowie des Sichtfaktors F_{12}

$$A_1 = \pi \cdot r_1^2 = \pi \cdot (0,1 \text{ m})^2 = 0,0314159 \text{ m}^2 \quad\quad\quad A_2 = \pi \cdot r_2^2 = \pi \cdot (0,06 \text{ m})^2 = 0,011309733 \text{ m}^2$$

$$x = \frac{r_1}{h} = \frac{0,1 \text{ m}}{0,1 \text{ m}} = 1 \quad\quad y = \frac{r_2}{h} = \frac{0,06 \text{ m}}{0,1 \text{ m}} = 0,6 \quad\quad z = 1 + \frac{1+y^2}{x^2} = 1 + \frac{1+0,36}{1} = 2,36$$

$$F_{12} = \frac{1}{2} \cdot \left[z - \sqrt{z^2 - 4\left(\frac{y}{x}\right)^2} \right] = \frac{1}{2} \cdot \left[2,36 - \sqrt{5,5696 - 4 \cdot 0,36} \right] = 0,1639291$$

2. Schritt: Berechnung von $\dot{Q}_1$

$$\dot{Q}_1 = F_{12} \cdot A_1 \cdot \varepsilon_1 \cdot C_s \cdot \left(\frac{T_1}{100}\right)^4 = 0,1639291 \cdot 0,0314159 \text{ m}^2 \cdot 0,9 \cdot 5,67 \frac{\text{W}}{\text{m}^2 \text{ K}^4} \cdot \left(\frac{773,15}{100}\right)^4 \text{ K}^4 = \underline{\underline{93,9 \text{ W}}}$$

3. Schritt: Interpretation Wärmeempfinden

$$\dot{q}_1 = \frac{\dot{Q}_1}{A_1} = \frac{93,9 \text{ W}}{0,0314159 \text{ m}^2} \approx \underline{\underline{2989 \frac{\text{W}}{\text{m}^2}}}$$

Die Intensität der Abstrahlung von der Herdplatte liegt deutlich über dem Schmerzempfinden der menschlichen Haut!

6.3.4   Strahlenschutzschirm

Zur Verringerung von Energieverlusten durch Strahlung setzt man dünne Strahlenschutz-
bleche ein, die zwischen den im Strahlungsaustausch befindlichen Flächen angebracht werden. Gegeben seien das Emissionsverhältnis ε_1 der linken ebenen Wand mit der Wandtemperatur T_1 und die entsprechenden Werte für die rechte ebene Wand mit ε_2 und T_2. Das
Emissionsverhältnis des Strahlenschutzschirmes bezeichnen wir mit ε_3. Der Wärmewiderstand des Schirmes sei wegen der seiner geringen Dicke vernachlässigbar, so dass auf beiden Oberflächen des Schirmes die konstante Temperatur T_3 herrsche.

  a)   Auf welchen Anteil fällt der stationäre Energieverlust durch Strahlung bei Anord-
       nung eines Strahlenschutzbleches zwischen zwei parallelen Wänden, wenn die
       Konvektion und Wärmeleitung zwischen den Wänden vernachlässigt werden kön-
       nen?

  b)   Aus welchem Material sollten Strahlenschutzschirme gefertigt sein?

  c)   Untersuchen Sie nach dem Modell unendlich ausgedehnte, parallele Platten den
       Strahlungsverlust einer Oberfläche aus hitzebeständig oxidiertem Eisen mit einer
       Wandtemperatur von 200 °C an eine Betonwand mit 35 °C ohne Strahlenschutz-
       schirm und mit Strahlenschutzschirm aus einer sehr dünnen Aluminiumfolie
       ($\varepsilon_n = 0{,}04$)! Welche Temperatur in °C stellt sich als Temperatur des Strahlenschutz-
       schirms im stationären Zustand ein?

  d)   Welcher Nettowärmestrom wird ohne Schirm von der Eisenwand an die Beton-
       wand übertragen, wenn anstelle unendlich ausgedehnter Wände gleich große Wän-
       de mit den Abmessungen $a = 3$ m und $b = 5$ m jeweils in einem Abstand $h = 1$ m
       sowie $h = 5$ m betrachtet werden?

Gegeben:

$T_1 = 473{,}15$ K $\varepsilon_n = 0{,}639$ (Tabelle 7.7-1 für hitzebeständig oxidiertes Eisen 200 °C)

$T_2 = 308{,}15$ K $\varepsilon_n = 0{,}940$ (Tabelle 7.7-2 für Beton 35 °C)

$T_3 = ?$ $\varepsilon_n = 0{,}040$ (nach Aufgabenstellung für Aluminiumfolie)

Abmessungen der rechteckigen Wände: $a = 3$ m, $b = 5$ m Abstand: $h = 1$ m und $h = 5$ m

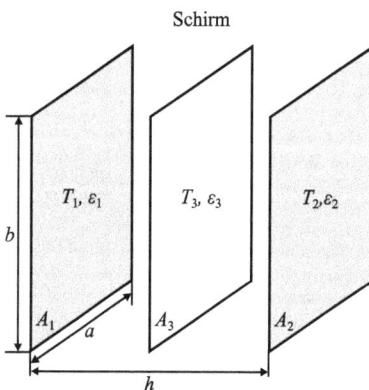

Abb. 6-17:   Strahlenschutzschirm zwischen zwei im Strahlungsaustausch befindlichen Wänden.

Vorüberlegungen:

Wir unterstellen, dass die Vorgänge im Vakuum stattfinden und so konvektive Wärmeübergänge keine Rolle spielen. Damit ist es auch unerheblich, an welcher Stelle der Schirm zwischen den Wänden 1 und 2 positioniert wird.

Lösung:

a) Senkung der Abstrahlverluste durch Strahlenschutzschirme

Nettowärmestrom ohne Schirm:$\quad \dot{q}_{12} = \dfrac{1}{1/\varepsilon_1 + 1/\varepsilon_2 - 1} \cdot \sigma_s \cdot (T_1^4 - T_2^4)\quad$ nach Gleichung (6.3-8)

Der von Wand 1 auf die linke Oberfläche des Strahlungsschutzschirms (A_3 in Abb. 6-17) emittierte Energiestrom wird teilweise reflektiert und nach Maßgabe von ε_3 absorbiert, so dass sich im dünnwandigen Schirm die einheitliche Temperatur T_3 einstellt. Von der rechten Oberfläche des Strahlenschutzschirms wird der zuvor absorbierte Energiestrom an die Wand 2 gestrahlt.

$$\dot{q}_{Sch,1} = \frac{1}{1/\varepsilon_1 + 1/\varepsilon_3 - 1} \cdot \sigma_s \cdot (T_1^4 - T_3^4) \quad \text{und} \quad \dot{q}_{Sch,2} = \frac{1}{1/\varepsilon_3 + 1/\varepsilon_2 - 1} \cdot \sigma_s \cdot (T_3^4 - T_2^4)$$

$\dot{q}_{Sch,1}$ und $\dot{q}_{Sch,2}$ sind über die im Schirm als konstant unterstellte Temperatur T_3 gekoppelt. Wird T_3 in beiden Gleichungen eliminiert, erhält man die Bestimmungsgleichung des Nettowärmestroms von Wand 1 zu Wand 2 für die Anordnung mit Schirm nach Abbildung 6-17.

$$\dot{q}_{Sch} = \frac{1}{1/\varepsilon_1 + 1/\varepsilon_3 - 1 + 1/\varepsilon_2 + 1/\varepsilon_3 - 1} \cdot \sigma_s \cdot (T_1^4 - T_2^4)$$

Das Verhältnis der Wärmeströme mit und ohne Schirm ergibt sich damit

$$\frac{\dot{q}_{Sch}}{\dot{q}_{12}} = \frac{\varepsilon_1 + \varepsilon_2 - \varepsilon_1 \cdot \varepsilon_2}{\varepsilon_1 + \varepsilon_2 + 2 \cdot \varepsilon_1 \cdot \varepsilon_2 \cdot (1/\varepsilon_3 - 1)}$$

Interessant sind folgende Vereinfachungen, die aus zusätzlichen Bedingungen für die Emissionsverhältnisse resultieren:

• beide Wandflächen gleiches Material$\qquad$• Schirm und Wandflächen gleiches Material

$$\frac{\dot{q}_{Sch}}{\dot{q}_{12}} = \frac{1}{2} \cdot \frac{\varepsilon_3 \cdot (2-\varepsilon)}{\varepsilon + \varepsilon_3 \cdot (1-\varepsilon)} \;\text{ für } (\varepsilon_1 = \varepsilon_2 = \varepsilon) \qquad \frac{\dot{q}_{Sch}}{\dot{q}_{12}} = \frac{1}{2} \;\text{ für } (\varepsilon_1 = \varepsilon_2 = \varepsilon_3)$$

Bei nichtmetallischen Körpern liegen die Emissionsverhältnisse gleiche Temperaturbereiche vorausgesetzt dicht beieinander. Zumindest grob ist so der Schutz vor Sonnenstrahlung durch textile Schirme ($\varepsilon_1 = \varepsilon_2 = \varepsilon_3$) auf etwa 50 % abzuschätzen. Wenn die Emissionsverhältnisse für Wand und Schirm gleich groß sind, vermindert sich bei Einsatz von N Schirmen der Abstrahlverlust auf:

$$\dot{q}_{Sch} = \dot{q}_{12} / (N+1)$$

b) geeignete Materialien für Strahlenschutzschirme

Haben die Wände 1 und 2 nichtmetallische und deshalb nahezu schwarz strahlende Oberflächen ($\varepsilon_1 \approx \varepsilon_2 \approx 1$) erhält man $\dfrac{\dot{q}_{Sch}}{\dot{q}_{12}} = \dfrac{1}{2} \cdot \varepsilon_3$. Wenn also Strahlenschutzschirme ein möglichst niedriges Emissionsverhältnis (blank polierte Metalle) aufweisen, lässt sich der Abstrahlungsverlust noch weiter reduzieren.

c) Wirkung Strahlenschutzfolie aus Aluminium

$$\dot{q}_{12} = \frac{1}{1/\varepsilon_1 + 1/\varepsilon_2 - 1} \cdot \sigma_s \cdot (T_1^4 - T_2^4) = \frac{1}{1/0,639 + 1/0,94 - 1} \cdot 5,67 \cdot 10^{-8} \frac{W}{m^2\,K^4}(473,15^4 - 308,15^4)\,K^4$$

$$\underline{\underline{\dot{q}_{12} = 1430,8\ W/m^2}}$$

$$\dot{q}_{Sch} = \frac{1}{1/\varepsilon_1 + 1/\varepsilon_2 + 2/\varepsilon_3 - 2} \cdot \sigma_s \cdot (T_1^4 - T_2^4)$$

$$\dot{q}_{Sch} = \frac{1}{1/0,639 + 1/0,94 + 2/0,04 - 2} \cdot 5,67 \cdot 10^{-8} \frac{W}{m^2\,K^4}(473,15^4 - 308,15^4)\,K^4 = \underline{\underline{46,03\ W/m^2}}$$

$$\frac{\dot{q}_{Sch}}{\dot{q}_{12}} = \frac{46,03\ W/m^2}{1430,8\ W/m^2} \approx 0,032 \quad \text{Strahlungsschutzschirm reduziert den Abstrahlverlust auf 3,2 \%!}$$

Die Abschirmwirkung von Aluminium wird vielfach genutzt, zum Beispiel in der Technik für hochwirksame Isolierungen in der Kältetechnik. Zum Warmhalten werden Speisen in Aluminiumfolien gewickelt. Menschen mit schweren Brandverletzungen deckt man mit Aluminiumfolien ab, um Wärmeverluste über die beschädigte Haut zu verhindern, Feuerwehrleute tragen Schutzkleidung mit aluminiumverspiegelter Oberfläche, um sich von der Zustrahlung heißer Oberflächen und heißer Flammen zu schützen.

Für die Berechnung der Temperatur des Strahlenschutzschirmes gehen wir vom stationären Zustand aus, für den gilt: $\dot{q}_{Sch,1} = \dot{q}_{Sch,2}$ oder

$$\frac{1}{1/\varepsilon_1 + 1/\varepsilon_3 - 1} \cdot \sigma_s \cdot (T_1^4 - T_3^4) = \frac{1}{1/\varepsilon_2 + 1/\varepsilon_3 - 1} \cdot \sigma_s \cdot (T_3^4 - T_2^4)$$

$$\frac{1/\varepsilon_2 + 1/\varepsilon_3 - 1}{1/\varepsilon_1 + 1/\varepsilon_3 - 1} \cdot (T_1^4 - T_3^4) = T_3^4 - T_2^4 \quad \text{zur Vereinfachung wird gesetzt } z = \frac{1/\varepsilon_2 + 1/\varepsilon_3 - 1}{1/\varepsilon_1 + 1/\varepsilon_3 - 1}$$

Aufgelöst nach der Schirmtemperatur T_3 ergibt sich:

$$T_3 = \left(\frac{z \cdot T_1^4 + T_2^4}{1+z}\right)^{0,25} = \left(\frac{0,980398337 \cdot 473,15^4\,K^4 + 308,15^4\,K^4}{1,980398337}\right)^{0,25} = 413,96\ K \quad \underline{\underline{t_2 = 140,81\,°C}}$$

$$\text{mit } z = \frac{1/0,94 + 1/0,04 - 1}{170,639 + 1/0,04 - 1} = 0,980398337$$

Als Folge der Vernachlässigung von Wärmeleitung und Konvektion im Zwischenraum der Wände (könnte zum Beispiel mit Luft gefüllt sein) stellt sich die Temperatur T_3 des Strahlenschutzschirms unabhängig von seiner Position zwischen den beiden Wänden ein. Der gegenseitige Abstand des Strahlenschutzschirms von Eisenwand und Betonwand spielen dann eine

Rolle, wenn der Wärmeleitwiderstand der ruhenden Luft und die Wärmeübergangswiderstände etwa durch das Modell der wirksamen Wärmeleitfähigkeit einbezogen werden.

d) Nettowärmestrom zwischen endlich ausgedehnten Wänden

$$\dot{q}_{12} = \frac{\dot{Q}_{12}}{A} = F_{12} \cdot \varepsilon_1 \cdot \varepsilon_2 \cdot \sigma_s \cdot \left(T_1^4 - T_2^4\right)$$

$$F_{12} = \frac{2}{\pi \cdot xy} \cdot \left[\frac{1}{2} \ln \frac{(1+x^2)(1+y^2)}{1+x^2+y^2} + x\sqrt{1+y^2} \cdot \arctan \frac{x}{\sqrt{1+y^2}} + y\sqrt{1+x^2} \cdot \arctan \frac{y}{\sqrt{1+x^2}} - x\arctan x - y \arctan y \right]$$

• Sichtfaktor F_{12} für Abstand der Wände $h = 1$ m: $x = 3$ m/1 m $= 3$ $y = 5$ m/1 m $= 5$

$$F_{12} = \frac{2}{\pi \cdot 3 \cdot 5} \left[0{,}5\ln \frac{10 \cdot 26}{1+9+25} + 3 \cdot \sqrt{26} \cdot \arctan \frac{3}{\sqrt{26}} + 5 \cdot \sqrt{10} \cdot \arctan \frac{5}{\sqrt{10}} - 3\arctan 3 - 5\arctan 5 \right]$$

$$F_{12} = 0{,}612996075$$

• Sichtfaktor F_{12} für Abstand der Wände $h = 5$ m: $x = 3$ m/5 m $= 0{,}6$ $y = 5$ m/5 m $= 1$

$$F_{12} = \frac{2}{\pi \cdot 0{,}6 \cdot 1} \left[0{,}5\ln \frac{1{,}36 \cdot 2}{1+0{,}36+1} + 0{,}6 \cdot \sqrt{2} \cdot \arctan \frac{0{,}6}{\sqrt{2}} + \sqrt{1{,}36} \cdot \arctan \frac{1}{\sqrt{1{,}36}} - 0{,}6\arctan 0{,}6 - \arctan 1 \right]$$

$$F_{12} = 0{,}136271856$$

Berechnung des Nettowärmestroms von Wand 1 an Wand 2

$$\dot{q}_{12}(h = 1\,\text{m}) = 0{,}612996075 \cdot 0{,}639 \cdot 0{,}94 \cdot 5{,}67 \cdot 10^{-8} \, \frac{\text{W}}{\text{m}^2\,\text{K}^4} \cdot (473{,}15^4 - 308{,}15^4)\,\text{K}^4 \approx 858{,}08 \, \frac{\text{W}}{\text{m}^2}$$

$$\dot{q}_{12}(h = 5\,\text{m}) = 0{,}136271856 \cdot 0{,}639 \cdot 0{,}94 \cdot 5{,}67 \cdot 10^{-8} \, \frac{\text{W}}{\text{m}^2\,\text{K}^4} \cdot (473{,}15^4 - 308{,}15^4)\,\text{K}^4 \approx 190{,}75 \, \frac{\text{W}}{\text{m}^2}$$

Kommentar:

Im Verhältnis zu den unendlich ausgedehnten Wänden verringert sich der durch Strahlung übertragene Wärmestrom bei Annahme endlicher Wandflächen durch den zu berücksichtigenden Sichtfaktor. Je weiter die Wände voneinander entfernt sind, desto „weniger sehen sie sich". Dadurch sinkt auch der Betrag des übertragenen Wärmestroms.

6.3.5   Wärmeverluste durch Strahlung im Dewargefäß I

Die blank versilberte evakuierte Doppelwand einer vollständig mit heißem Wasser gefüllten Thermosflasche weise ein konstantes Emissionsverhältnis von 0,02 auf. Der zylindrische Teil messe im Durchmesser 14,5 cm und besitze eine Länge von 25 cm. Der Abstand zwischen beiden Wänden sei so klein, dass man von Außen- und Innenfläche in fast gleicher Größe ausgehen kann. Die umhüllende, äußere nach innen zeigende Fläche der Doppelwand reflektiere spiegelnd. Bei konstanter Außenwandtemperatur von 20 °C ist die Abhängigkeit des Verlustwärmestroms durch Strahlung in W von der Innenwandtemperatur in der Thermosflasche zu berechnen. Die Innenwandtemperatur ist in einem Bereich von 90 °C, über 70 C, 50 °C bis 30 °C zu variieren.

a)   In welcher Zeit kühlt sich das in das eingefüllte Wasser ($\rho_W = 1000$ kg/m^3 und $c_W = 4{,}19$ kJ/(kg K)) von 90 °C auf 50 °C ab, wenn nur die Strahlungswärmeverluste berücksichtigt werden?

b)   Wie stark müsste im Mittel eine umhüllende ebene Korkwand ($\lambda_K = 0{,}04$ W/(m K)) sein, um für den in (a) beschriebenen Abkühlvorgang eine gleiche Isolationsgüte zu gewährleisten?

Gegeben:

$\varepsilon = 0{,}02$ $\qquad\qquad\qquad\qquad$ $d = 0{,}145$ m $\qquad\qquad$ $l = 0{,}25$ m

$t_{W,a} = 20$ °C = konstant $\qquad$ $t_{W,I} = (90 \dots 30)$ °C $\qquad$ $\rho_W = 1000$ kg/m^3 $\quad$ $c_W = 4{,}19$ kJ/(kg K)

$\lambda_K = 0{,}04$ W/(m K)

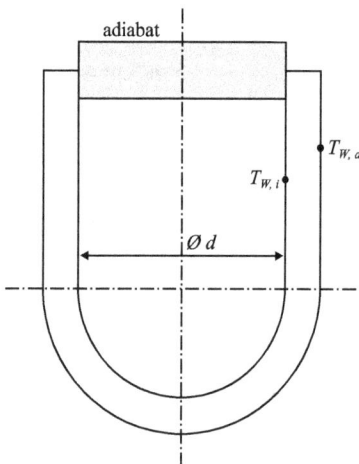

Abb. 6-18: Aufbau des Dewargefäßes und Orte für Wärmeverluste.

Vorüberlegungen:

Die von der Innenwand emittierte Strahlung trifft vollständig auf die Außenwand und wegen der spiegelnden Reflexion der Umhüllung auch umgekehrt. Deshalb kann man vom Strahlungsaustausch zwischen zwei (unendlich) ausgedehnten ebenen Wänden nach Gleichung (6.3-12) ausgehen. Für die Flächen setzen wir an $A_1 \approx A_2 \approx A$. Der Strahlungsaustauschkoeffizient berechnet sich nach Gleichung (6.3-13):

$$C_{12} = \frac{C_S}{1/\varepsilon_1 + 1/\varepsilon_2 - 1} = \frac{5{,}67 \text{ W/(m}^2 \text{ K}^4)}{2/0{,}02 - 1} = 0{,}0572727 \frac{\text{W}}{\text{m}^2 \text{ K}^4}.$$

Die Größe der Fläche für den Strahlungsaustausch ergibt sich aus der Zylindermantelfläche $A = \pi \cdot d \cdot l$ und der Oberfläche der Halbkugel am Boden $A = (\pi/2) \cdot d^2$.

Lösung:

a) Berechnung der Abkühlzeit

strahlende Fläche:

$$A = \pi \cdot d \cdot l + \frac{\pi}{2}d^2 = \pi \cdot d(l + \frac{d}{2}) = \pi \cdot 0{,}145\,\text{m} \cdot (0{,}25\,\text{m} + 0{,}0725\,\text{m}) = 0{,}146908726\,\text{m}^2$$

konstante Außenwandtemperatur: $\quad \left(\dfrac{T_{W,a}}{100}\right)^4 = 2{,}9315^4\,\text{K} = 73{,}851547\,\text{K}^4$

$$\dot{Q}_{12} = C_{12} \cdot A \cdot \left[\left(\frac{T_{W,i}}{100}\right)^4 - \left(\frac{T_{W,a}}{100}\right)^4\right] = 0{,}0572727\,\frac{\text{W}}{\text{m}^2\,\text{K}^4} \cdot 0{,}146908726\,\text{m}^2 \cdot [173{,}91786 - 73{,}851547]\,\text{K}^4$$

$$\underline{\underline{\dot{Q}_{12} = 0{,}841943887\,\text{W}}}$$

$t_{w,i} = 90\,°\text{C}:$ $\qquad \left(\dfrac{T_{W,i}}{100}\right)^4 = 3{,}7315^4\,\text{K} = 173{,}91786\,\text{K}^4$ $\qquad \dot{Q}_{12} = 0{,}841943887\,\text{W}$

$t_{w,i} = 70\,°\text{C}:$ $\qquad \left(\dfrac{T_{W,i}}{100}\right)^4 = 3{,}4315^4\,\text{K} = 138{,}65515\,\text{K}^4$ $\qquad \dot{Q}_{12} = 0{,}545248423\,\text{W}$

$t_{w,i} = 50\,°\text{C}:$ $\qquad \left(\dfrac{T_{W,i}}{100}\right)^4 = 3{,}2315^4\,\text{K} = 109{,}04773\,\text{K}^4$ $\qquad \dot{Q}_{12} = 0{,}296135734\,\text{W}$

$t_{w,i} = 30\,°\text{C}:$ $\qquad \left(\dfrac{T_{W,i}}{100}\right)^4 = 3{,}0315^4\,\text{K} = 84{,}455958\,\text{K}^4$ $\qquad \dot{Q}_{12} = 0{,}089224023\,\text{W}$

Für die Berechnung der Zeit für die Abkühlung von 90 °C auf 50 °C verwenden wir einen mittleren Wärmeverluststrom von $\dot{Q}_{12} = \dot{Q}_V = 0{,}55\,\text{W}$. Das Volumen des Wassers errechnet sich aus:

$$V = \frac{\pi}{4}d^2 \cdot l + \frac{\pi}{12}d^3 = 0{,}0041282\,\text{m}^3 + 0{,}0007981\,\text{m}^3 = 0{,}0049263\,\text{m}^3$$

Für die dem Wasser entzogene Wärme kann angesetzt werden:

$$Q = \rho_W \cdot V \cdot \bar{c}_W \cdot \Delta t = 1000\,\frac{\text{kg}}{\text{m}^3} \cdot 0{,}0049263\,\text{m}^3 \cdot 4190\,\frac{\text{Ws}}{\text{kg\,K}} \cdot 40\,\text{K} = 825652{,}6\,\text{Ws}$$

$$\tau = \frac{Q}{\dot{Q}_V} = \frac{825652{,}6\,\text{Ws}}{0{,}55\,\text{W}} = 1501186{,}5\,\text{s} \approx \underline{\underline{417\,\text{h} \approx 17{,}4\,\text{Tage}}}$$

Praktisch vollzieht sich die Abkühlung wesentlich schneller, da insbesondere über den Deckel auch noch konvektive Wärmeverluste auftreten.

b) vergleichbare Isolierung mit Kork

Auch hier wählen wir $\dot{Q}_{12} = \dot{Q}_V = 0{,}55\,\text{W}$ als mittleren Verlustwärmestrom und in erster Näherung setzen wir für die Innenwandtemperatur die mittlere Wassertemperatur von 70 °C und für die Außenwandtemperatur die Umgebungstemperatur von 20 °C an. Damit ergibt sich

$$\delta = \frac{\lambda \cdot A}{\dot{Q}_V} \cdot (t_{W,i} - t_{W,a}) = \frac{0{,}04\,\text{W/(m\,K)} \cdot 0{,}146908726\,\text{m}^2}{0{,}55\,\text{W}} \cdot (70\,°\text{C} - 20\,°\text{C}) \approx \underline{\underline{0{,}534\,\text{m}}}$$

Eine Korkschicht von ca. 53,4 cm hätte die gleiche Isolationswirkung wie die vorgestellte Thermosflasche. Daraus kann man erkennen, wie effizient die doppelwandig verspiegelten Gefäße mit evakuiertem Hohlraum sind.

6.3.6   Wärmeverluste durch Strahlung im Dewargefäß II

Man betrachte den Abkühlvorgang von heißem Wasser (Dichte $\rho_W = 1000$ kg/m³, spezifische Wärmekapazität $\bar{c}_W = 4{,}19$ kJ/(kg K)) in einem annähernd kugelförmigen Dewargefäß mit sehr dünnen Glaswänden, dass sich in einer Raumstation im All befinde. Der innere Durchmesser betrage 14,5 cm, der evakuierte Spalt zwischen inneren und äußeren Durchmesser 5 mm. Die Oberflächen des Gefäßes seien silbrig verspiegelt mit einen Emissionsverhältnis von 0,02. Das Wasser im Dewargefäß besitze anfangs eine Temperatur von 90 °C, die Temperatur in der Raumstation solle die konstante Höhe von 20 °C aufweisen.
a)   Berechnen Sie den anfänglichen Wärmeverlust, wenn die Oberflächen als spiegelnd betrachtet werden können!
b)   Berechnen Sie den anfänglichen Wärmeverlust, wenn die Oberflächen als diffus strahlend betrachtet werden können!
c)   In welcher Zeit kühlt sich das Wasser um die Hälfte ab?

Gegeben:

$t_1 = 90\,°C$ $\qquad$ $t_2 = 20\,°C$ $\qquad$ $\varepsilon_1 = \varepsilon_2 = 0{,}02 =$ konstant

$d_i = 0{,}145$ m $\qquad$ $\delta = 0{,}005$ m $\qquad$ $\Delta t = (t_1 - t_2)/2 = (90\,°C - 20\,°C)/2 = 35$ K (Abkühlung)

Vorüberlegungen:

Wir unterstellen, dass die dünnen Glaswände jeweils die Temperatur ihrer Umgebung annehmen. Die für den Strahlungsaustausch relevanten Oberflächentemperaturen betragen demnach $T_1 = 363{,}15$ K und $T_2 = 293{,}15$ K.

Für $A_O = \pi \cdot d^2$ als Kugeloberfläche für die Flächen:

- $A_1 = \pi \cdot d_i^2 = \pi \cdot 0{,}145^2$ m² $= 0{,}066051985$ m²

- $A_2 = \pi \cdot d_a^2 = \pi \cdot 0{,}155^2$ m² $= 0{,}075476763$ m² mit $d_a = d_i + 2\delta = 0{,}145$ m $+ 0{,}01$ m $= 0{,}155$ m

Unter der Voraussetzung spiegelnder Strahlung können die konzentrischen Kugeloberflächen für den Strahlungsaustausch wie parallele ebene Wände unendlicher Ausdehnung betrachtet und so die Gleichungen (6.3-10) oder (6.3-12) angewendet werden. Dann folgt für die Bestimmung der Wärmeverluste gemäß Aufgabenteil (a):

$$\dot{Q}_{12} = \frac{A_1 \cdot \sigma_s \cdot (T_1^4 - T_2^4)}{1/\varepsilon_1 + 1/\varepsilon_2 - 1}$$

Für die Annahme diffus strahlender Oberflächen gemäß Aufgabenteil (b) wäre dagegen Gleichung (6.3-14) anzusetzen:

$$\dot{Q}_{12} = \frac{A_1 \cdot \sigma_s \cdot (T_1^4 - T_2^4)}{1/\varepsilon_1 + \dfrac{A_1}{A_2}(1/\varepsilon_2 - 1)}$$

Betrachtet man das Wasser im Dewargefäß nach dem Modell des ideal gerührten Behälters, ist die Temperatur des Wassers eine Funktion der Zeit $T_1 = T_1(\tau)$ und die Differentialgleichung

$$-\rho_W \cdot V_W \cdot \overline{c}_W \cdot \frac{dT_1}{d\tau} = \frac{A_1 \cdot \sigma_s \cdot (T_1^4(\tau) - T_2^4)}{1/\varepsilon_1 + 1/\varepsilon_2 - 1} \text{ zu integrieren, so dass folgt:}$$

$$-\int_{T_1=T_A}^{T_1=T_E} \frac{dT_1}{T_1^4 - T_2^4} = \frac{A_1 \cdot \sigma_s}{\rho_W \cdot V_W \cdot \overline{c}_W \cdot (1/\varepsilon_1 + 1/\varepsilon_2 - 1)} \cdot \int_0^\tau d\tau$$

Lösung:

a) Wärmeverlust durch Strahlung bei spiegelnden Oberflächen

$$\dot{Q}_{12} = \frac{0{,}066051985\,\text{m}^2 \cdot 5{,}67 \cdot 10^{-8}\,\text{W/(m}^2\,\text{K}^4) \cdot (363{,}15^4 - 293{,}15^4)\,\text{K}^4}{1/0{,}02 + 1/0{,}02 - 1} = \underline{\underline{0{,}3785\,\text{W}}}$$

b) Wärmeverlust durch Strahlung bei diffus strahlenden Oberflächen

$$\dot{Q}_{12} = \frac{0{,}066051985\,\text{m}^2 \cdot 5{,}67 \cdot 10^{-8}\,\text{W/(m}^2\,\text{K}^4) \cdot (363{,}15^4 - 293{,}15^4)\,\text{K}^4}{1/0{,}02 + \dfrac{0{,}066051985\,\text{m}^2}{0{,}075476763\,\text{m}^2}(1/0{,}02 - 1)} = \underline{\underline{0{,}4035\,\text{W}}}$$

Die gering erscheinenden Unterschiede von etwas mehr als 5 % zu (a) ergeben sich vor allem aus den nicht allzu weit auseinander liegenden Flächen A_1 und A_2.

c) Zeit τ bis zum Abkühlen des Wassers von Anfangstemperatur $t_1 = t_A = 90\,°\text{C}$ auf $t_2 = t_1 - \Delta t = t_E = 55\,°\text{C}$

Mit elementaren Mitteln möglich, aber aufwändig ist die Lösung von: $-\displaystyle\int_{T_A}^{T_E} \frac{dT_1}{T_1^4 - T_2^4}$. Aus Bequemlichkeit greifen wir hier jedoch auf eine mathematische Formelsammlung[33] zurück und finden das unbestimmte Integral $\displaystyle\int \frac{dx}{a^4 - x^4} = \frac{1}{4a^3}\ln\left|\frac{a+x}{a-x}\right| + \frac{1}{2a^3}\arctan\frac{x}{a} + C$. Angewandt auf das zu lösende Integral in den Grenzen von $T_A = 363{,}15\,\text{K}$ und $T_E = 328{,}15\,\text{K}$ ergibt sich:

$$-\int_{T_A}^{T_E} \frac{dT_1}{T_1^4 - T_2^4} = \left(\frac{1}{4T_2^3}\ln\left|\frac{T_1+T_2}{T_1-T_2}\right| + \frac{1}{2T_2^3}\arctan\frac{T_1}{T_2} \right)\Bigg|_{T_1=T_A}^{T_1=T_E} =$$

$$-\int_{T_A}^{T_E} \frac{dT_1}{T_1^4 - T_2^4} = \frac{1}{4T_2^3} \cdot \ln\left|\frac{(T_E+T_2)/(T_E-T_2)}{(T_A+T_2)/(T_A-T_2)}\right| + \frac{1}{2T_2^4} \cdot \left(\arctan\frac{T_E}{T_2} - \arctan\frac{T_A}{T_2} \right)$$

---

[33] Hans-Jochen Bartsch: Taschenbuch mathematischer Formeln, Hanser Verlag 24. Auflage; S.754, Integral (105).

Mit $m_W = \rho_W \cdot V_W = \rho_W \cdot \dfrac{\pi}{6} \cdot d_i^3$ ergibt sich für die Abkühlzeit τ

$$\tau = \frac{m_W \cdot \bar{c}_W \cdot (1/\varepsilon_1 + 1/\varepsilon_2 - 1)}{A_1 \sigma_s} \cdot \left[\frac{1}{4T_2^3} \cdot \ln\left| \frac{(T_E + T_2)/(T_E - T_2)}{(T_A + T_2)/(T_A - T_2)} \right| + \frac{1}{2T_2^4} \cdot \left(\arctan\frac{T_E}{T_2} - \arctan\frac{T_A}{T_2} \right) \right]$$

Bei der Auswertung mit Zahlenwerten ergeben sich schnell Verluste signifikanter Ziffern. Auch aus Gründen der Übersichtlichkeit empfiehlt sich hier ein sukzessives Vorgehen.

$$m_W = 1000\,\text{kg/m}^3 \cdot \frac{\pi}{6} \cdot (0{,}145\,\text{m})^3 = 1{,}596256317\,\text{kg}$$

$$\frac{m_W \cdot \bar{c}_W \cdot (1/\varepsilon_1 + 1/\varepsilon_2 - 1)}{A_1 \sigma_s} = \frac{1{,}596256317\,\text{kg} \cdot 4190\,\text{J/(kg K)} \cdot (50 + 50 - 1)}{0{,}06605195\,\text{m}^2 \cdot 5{,}67 \cdot 10^{-8}\,\text{W/(m}^2\,\text{K}^4)} = 1768002{,}66 \cdot 10^8\,\text{s} \cdot \text{K}^3$$

$$\frac{1}{4 \cdot T_2^3} = \frac{1}{4 \cdot (293{,}15\,\text{K})^3} = \frac{0{,}009923624}{10^6\,\text{K}^3} \quad \text{und} \quad \frac{1}{2 \cdot T_2^3} = \frac{1}{2 \cdot (293{,}15\,\text{K})^3} = \frac{0{,}019847248}{10^6\,\text{K}^3}$$

$$\ln\left| \frac{(T_E + T_2)/(T_E - T_2)}{(T_A + T_2)/(T_A - T_2)} \right| = \ln\left| \frac{(328{,}15\,\text{K} + 293{,}15\,\text{K})\,/35\,\text{K}}{(363{,}15\,\text{K} + 293{,}15\,\text{K})/70\,\text{K}} \right| = \ln\frac{17{,}75142857}{9{,}375714286} = 0{,}638343236$$

$$\arctan\frac{T_E}{T_2} - \arctan\frac{T_A}{T_2} = \arctan\frac{328{,}15\,\text{K}}{293{,}15\,\text{K}} - \arctan\frac{363{,}15\,\text{K}}{293{,}15\,\text{K}} = 0{,}84167218 - 0{,}891654991 = -0{,}04998281$$

$$\tau = 1768002{,}66 \cdot 10^2\,\text{s} \cdot \text{K}^3 \cdot \left[0{,}009923624\,\text{K}^{-3} \cdot 0{,}638343236 + 0{,}019847248\,\text{K}^{-3} \cdot (-0{,}04998281) \right]$$

$$\tau = 944583{,}1843\,\text{s} = 262{,}38\,\text{h} \approx \underline{\underline{11\,\text{Tage}}}$$

Praktisch ergeben sich durch die Verluste infolge Wärmeleitung am Gefäßhals viel kürzere Abkühlzeiten.

6.4 Kombiniertes Auftreten von Strahlung und Konvektion

Wärmestrahlungsaustausch zwischen Festkörpern tritt praktisch immer gemeinsam mit konvektiven Wärmeübergängen oder mit Wärmeleitvorgängen auf. Um solche Vorgänge mit vernünftigem mathematischen Aufwand zu beherrschen, muss sich mit vielen erforderlichen Idealisierungen auseinandersetzen.

Im Strahlungsaustausch stehende Oberflächen bestehen oft aus Materialien, deren für die Strahlung relevanten Stoffeigenschaften sich mit Oberflächentemperatur, Wellenlänge und Richtung verändern. Sollen Rechnungen noch mit dem Taschenrechner ausführbar sein, müssen Oberflächeneigenschaften idealisiert werden. In dieser Hinsicht ist es beispielsweise sehr hilfreich, die betreffenden Oberflächen als schwarz strahlend anzunehmen, denn damit entfallen reflektierte Strahlungsanteile und der emittierte Energiestrom wird diffus abgestrahlt. Damit bleibt die Energiestromdichte einer gegebenen isothermen Oberfläche unabhängig von ihrer Richtung. Aus der Perspektive der Wärmestrahlung können diese Oberflächen als ideal angesehen werden. Am Strahlungsaustausch unbeteiligte Objekte werden meist vernachlässigt. Hemisphärische und fotochemische Effekte sowie Interferenzerscheinungen können jedoch den Wärmetransport durch Strahlung erheblich beeinflussen und sind dann entsprechend aufwändig bei der Modellbildung einzubeziehen. Technisch sind zusätzlich oft nicht ideale Oberflächen zu untersuchen, bei denen die spektralen und/oder gerichteten Eigenschaften in ihrer Temperaturabhängigkeit berücksichtigt werden müssen.

Tritt die Strahlung kombiniert mit Leitung und/oder Konvektion auf, ist es wichtig zu prüfen, welche Interaktionen zwischen Strahlung auf der einen sowie Leitung und/oder Konvektion auf der anderen Seite bestehen. Man muss also untersuchen, ob Strahlung und Leitung oder Strahlung und konvektiver Wärmeübergang jeweils unabhängig voneinander wirken.

Prominente Fallbeispiele für gemeinsames Auftreten von Leitung und Strahlung sind Wärmeverluste von Dewargefäßen oder von Satelliten im All. Bei allen Heizflächen ist der Wärmetransport durch Leitung und Wärmestrahlung gleichzeitig zu berücksichtigen.

Wenn Konvektion und Strahlung simultan und wechselwirkungsfrei ablaufen, ist es praktisch, einen äquivalenten Wärmeübergangskoeffizienten $\alpha_{\ddot{a}q} = \alpha_{Kon} + \alpha_{Str}$ zu bilden. Der Wärmeübergangskoeffizient für den Strahlungsanteil wird bestimmt aus dem Emissionsverhältnis der Wand ε_W, der Wandtemperatur T_W und der effektiven Gastemperatur der Umgebung T_G für die Abstrahlung in den Halbraum.

$$\alpha_{Str} = \frac{\dot{q}_{Str}}{t_W - t_G} = \frac{\varepsilon_W \cdot \sigma_s \cdot (T_W^4 - T_G^4)}{t_W - t_G} \qquad (6.4\text{-}1)$$

Der Term $(T_W^4 - T_G^4)$ kann mithilfe der binomischen Formeln aufgespalten werden in $(T_W^4 - T_G^4) = (T_W^2 + T_G^2) \cdot (T_W^2 - T_G^2) = (T_W^2 + T_G^2) \cdot (T_W + T_G) \cdot (T_W - T_G)$, so dass für $\dot{q}_{Str}$ folgt:

$$\dot{q}_{Str} = \alpha_{Str} (t_W - t_G) = \varepsilon_W \cdot \sigma_s (T_W^2 + T_G^2) \cdot (T_W + T_G) \cdot (T_W - T_G)$$

Durch Koeffizientenvergleich ermittelt man für den Wärmeübergangskoeffizienten infolge der parallel zur Konvektion in den Halbraum auftretenden Strahlung:

$$\alpha_{Str} = \varepsilon_W \cdot \sigma_s \cdot (T_W^2 + T_G^2) \cdot (T_W + T_G) = C_{Str} \cdot \beta_T \qquad (6.4\text{-}2)$$

Durch Koeffizientenvergleich von (6.4-2) ergibt sich für den Strahlungskoeffizienten $C_{Str} = \varepsilon_W \cdot \sigma_s$ und für die sogenannte Temperaturfunktion β_T

$$\beta_T = (T_W^2 + T_G^2) \cdot (T_W + T_G) \qquad (6.4\text{-}3)$$

Bei der Messung von Gastemperaturen in Räumen, deren Wandtemperaturen T_W sich deutlich von der zu messenden Gastemperatur T_G unterscheiden, muss ebenfalls das gleichzeitige Auftreten von Konvektion und Strahlung beachtet werden. Besitzen die das Gas umfassenden Wände niedrigere Temperaturen als das Gas selber, zeigt das Thermometer eine zu niedrige Temperatur T_T an, weil das Thermometer einen Nettowärmestrom an die Wand verliert. Sind die Wandtemperaturen höher als die Gastemperatur, liest man am Thermometer eine zu hohe Temperatur T_T ab. Den Strahlungseinfluss bei der Temperaturmessung versucht man mit Strahlungsschutzschirmen um die Thermometerperle zu vermindern.

Bezeichne T_T die vom Thermometer im Beharrungszustand angezeigte Temperatur, dann wird an das Thermometer ein konvektiver Wärmestrom übertragen.

$$\dot{Q}_{Kon} = \alpha_{Kon} \cdot A_T \cdot (T_G - T_T) = \alpha_{Kon} \cdot A_T \cdot (t_G - t_T)$$

Das Thermometer steht gleichzeitig im Strahlungsaustausch mit den Umfassungswänden des Raumes, wobei man von $A_T << A_W$ und $\varepsilon_W \approx 1$ ausgehen darf, so dass man für den Strahlungsanteil einen pseudo-konvektiven Wärmeübergang mit der gleichen treibenden Temperaturdifferenz $(T_G - T_T)$ ansetzen kann

$$\dot{Q}_{Str} = \varepsilon_T \cdot A_T \cdot \sigma_s \cdot (T_T^4 - T_W^4) = \alpha_{Str} \cdot A_T \cdot (T_G - T_T)$$

Die Strahlungskonstante C_T für das Thermometer errechnet sich aus $C_T = \varepsilon_T \cdot \sigma_s$ beziehungsweise $C_{s,T} = \varepsilon_T \cdot C_s$. Ein dem Strahlungsaustausch zwischen Thermometer und Wand äquivalenter Wärmeübergangskoeffizienten α_{Str} ergibt sich demnach aus:

$$\alpha_{Str} = \frac{C_T \cdot (T_T^4 - T_W^4)}{T_G - T_T} = \frac{C_{s,T} \cdot \left(\left(\dfrac{T_T}{100} \right)^4 - \left(\dfrac{T_W}{100} \right)^4 \right)}{t_G - t_T} \qquad (6.4\text{-}4)$$

Die zugehörige treibende Temperaturdifferenz für (6.4-4) bleibt aber $(T_T - T_W)$. Aus dem Gleichgewicht konvektiver Wärmeübergang vom Gas an das Thermometer und dem Strahlungsaustausch zwischen Thermometer und Wand kann die angezeigte Temperatur am Thermometer T_T im Beharrungszustand bestimmt werden mit:

$$\dot{Q}_{Kon} = \dot{Q}_{Str} \quad \rightarrow \quad \alpha_{Kon} \cdot A_T \cdot (T_G - T_T) = \alpha_{Str} \cdot A_T \cdot (T_T - T_W) \quad \text{woraus für } T_T \text{ folgt:}$$

$$T_T = \frac{T_G + \dfrac{\alpha_{Str}}{\alpha_{Kon}} \cdot T_W}{1 + \dfrac{\alpha_{Str}}{\alpha_{Kon}}} \qquad (6.4\text{-}5)$$

Nur wenn die Gastemperatur exakt mit der Oberflächentemperatur der im Strahlungsaustausch stehenden Umhüllungsflächen übereinstimmt $(T_G = T_W)$, zeigt das Thermometer auch die tatsächliche Gastemperatur im Raum an $(T_T = T_G)$. Ansonsten verfälscht der Strahlungsaustausch mit den Wänden das Messergebnis. Erfolgt die Messung der Lufttemperatur in einem Raum in der Nähe einer Heizung kann trotz guter Durchmischung eine zu hohe Temperatur angezeigt werden, in der Nähe eines Fensters eher eine zu tiefe. Für zuverlässige Messwerte muss der Strahlungseinfluss minimiert werden. Dazu ist die Oberfläche des Messfühlers zu verspiegeln und erforderlichenfalls mit einem Strahlungsschirm zu versehen.

Gleichung (6.4-5) lässt mit Hilfe eines Grenzüberganges erkennen, dass wenn $\alpha_{Kon} \ll \alpha_{Str}$ sich die vom Thermometer angezeigte Temperatur T_T der Wandtemperatur T_W nähert. Bei sehr hohen Wandtemperaturen misst man dann im Zweifel die Wandtemperatur und nicht die Temperatur des Gases.

6.4.1 Wärmeübergang an einem Plattenheizkörper

Ein elektrisch beheizter Ölradiator mit einer Länge von 1,30 m und einer Höhe von 0,65 m stehe als Plattenheizkörper (Dicke des Heizkörpers vernachlässigbar) in einem Zimmer mit einer Lufttemperatur von 20 °C, die Zimmerwände weisen die einheitliche Temperatur von 18 °C auf. An der Wand des mit Heizkörperlack gestrichenen Heizkörpers herrsche eine Temperatur von 100 °C.

  a) Ermitteln Sie, wie viel Prozent der gesamten vom Heizkörper abgegebenen Wärmeleistung durch freie Konvektion und wie viel durch Strahlung erfolgt!

   b) Ermitteln Sie die Höhe eines Konvektion und Strahlung erfassenden äquivalenten Wärmeübergangskoeffizienten!

   c) Bei welcher Wellenlänge in nm liegt das Intensitätsmaximum der Wärmestrahlung des Ölradiators?

   d) Welche stationäre elektrische Leistung nimmt der Ölradiator mindestens auf?

Gegeben:

Heizkörper: $h = 0{,}65$ m $l = 1{,}30$ m $t_{W,Hk} = 100$ °C

Zimmer: $t_{W,R} = 18$ °C $t_R = 20$ °C

Vorüberlegungen:

Für die Wärmeabgabe des Ölradiators sind der Wärmeübergang durch freie Konvektion an die Umgebungsluft und der Strahlungsaustausch mit den Zimmerwänden zu analysieren.

Die Bezugstemperatur für die Stoffwerte zur Berechnung des Wärmeübergangs durch freie Konvektion errechnet sich aus $t_B = (t_{W,Hk} + t_R)/2 = (100\,°C + 20\,°C)/2 = 60\,°C$. Damit folgt für die relevanten Stoffwerte nach Tabelle 7.6-5:

$\lambda = 0{,}02880$ W/(m K) $v = 192{,}2 \cdot 10^{-7}$ m²/s   Pr $= 0{,}7035$ sowie für $\beta = 1/T_R = 1/293{,}15$ K

Für den Strahlungsaustausch Heizkörper-Zimmerwände entnehmen wir Tabelle 7.7-2 für Heizkörperlack ein Emissionsverhältnis bei 100 °C von $\varepsilon_n = 0{,}925$. Den Wert in Normalen-richtung ist noch anzupassen für die diffuse Strahlung in den Raum über $\varepsilon = 0{,}96 \cdot \varepsilon_n = 0{,}96 \cdot 0{,}925 = 0{,}888$.

Die wärmeabgebende Fläche des Heizkörpers beträgt bei Vernachlässigung seiner Dicke:

$A = 2 \cdot l \cdot b = 2 \cdot 1{,}3$ m $\cdot 0{,}65$ m $= 1{,}69$ m².

Lösung:

a) Anteile der freien Konvektion und der Strahlung an der Wärmeabgabe

Wärmeübergang durch freie Konvektion an ebener Wand mit $l^* = h = 0{,}65$ m

   Relevante Kennzahl ist die Rayleigh-Zahl

$$\mathrm{Ra} = \mathrm{Gr} \cdot \mathrm{Pr} = \frac{g \cdot \beta \cdot \Delta t \cdot (l^*)^3}{v^2} \cdot \mathrm{Pr} = \frac{9{,}80665 \text{ m/s}^2 \cdot (100\,°C - 20\,°C) \cdot 0{,}65^3 \text{ m}^3}{293{,}15 \text{ K} \cdot 192{,}2^2 \cdot 10^{-14} \text{ m}^4/\text{s}^2} \cdot 0{,}7035$$

$\mathrm{Ra} = 1.399.645.877$

   Nußelt-Korrelation für die Vertikale

$$\mathrm{Nu}_{\text{Wand}} = \left[0{,}825 + 0{,}387 \left(\mathrm{Ra} \cdot f_1(\mathrm{Pr}) \right)^{1/6} \right]^2 \qquad f_1(\mathrm{Pr}) = \left[1 + \left(\frac{0{,}492}{\mathrm{Pr}} \right)^{9/16} \right]^{-16/9} \quad \text{anwendbar, weil}$$

$$0{,}1 \le \mathrm{Ra} \approx 1{,}98 \cdot 10^9 \le 10^{12} \text{ und } 0{,}001 < \mathrm{Pr} = 0{,}7035 < \infty$$

$$f_1(\mathrm{Pr}) = \left[1 + \left(\frac{0{,}492}{0{,}7035} \right)^{0{,}5625} \right]^{-16/9} = 0{,}345610514$$

$$\text{Nu}_{\text{Wand}} = \left[0{,}825 + 0{,}387(1.399.645.877 \cdot 0{,}345610514)^{1/6}\right]^2 = 136{,}1397147$$

$$\alpha_{Kon} = \text{Nu} \cdot \frac{\lambda}{l^*} = 136{,}1397147 \cdot \frac{0{,}0288 \text{ W/(m K)}}{0{,}65 \text{ m}} = 6{,}032 \frac{\text{W}}{\text{m}^2 \text{ K}}$$

Wärmestrom durch freie Konvektion:

$$\dot{Q}_{Kon} = \alpha_{Kon} \cdot A \cdot (t_{W,Hk} - t_R) = 6{,}032 \frac{\text{W}}{\text{m}^2 \text{ K}} \cdot 1{,}69 \text{ m}^2 \cdot 80 \text{ K} \approx 815{,}53 \text{ W}$$

Strahlungsaustausch Heizkörper-Wand

$$\dot{Q}_{Str} = \varepsilon \cdot C_S \cdot A \cdot \left[\left(\frac{T_{W,Hk}}{100}\right)^4 - \left(\frac{T_{W,R}}{100}\right)^4\right]$$

$$\dot{Q}_{Str} = 0{,}888 \cdot 5{,}67 \frac{\text{W}}{\text{m}^2 \text{ K}^4} \cdot 1{,}69 \text{ m}^2 \cdot \left[3{,}7315^4 - 2{,}9115^4\right] \text{K}^4 \approx 1.038{,}31 \text{ W}$$

Anteile an der gesamten Wärmeabgabe:

- Konvektion: $\dfrac{815{,}53 \text{ W}}{815{,}53 \text{ W} + 1.038{,}31 \text{ W}} \approx \underline{\underline{0{,}44}}$ • Strahlung: $\dfrac{1.038{,}31 \text{ W}}{815{,}53 \text{ W} + 1.038{,}31 \text{ W}} \approx \underline{\underline{0{,}56}}$

Der Heizkörper gibt ca. 56 % seiner Wärme durch Strahlungsaustausch mit den Wänden ab. Daher kommt auch der Name Radiator (englisch: radiation = Strahlung) für dieses Heizgerät.

Der Strahlungsanteil am Wärmeübergang gewinnt in dem Maße an Bedeutung, in dem die Wandtemperatur unter der Lufttemperatur im Raum liegt. Andererseits muss man bedenken, dass selbst in geschlossenen Räumen immer eine gewisse Luftbewegung vorhanden ist, für die man Geschwindigkeiten von 0,3 bis 0,5 m/s ansetzen kann. Das führt auch auf etwas höhere konvektive Wärmeübergangskoeffizienten als hier in diesem Beispielfall berechnet.

b) Berücksichtigung des Strahlungsanteils im äquivalenten Wärmeübergangskoeffizienten

$$\alpha_{Str} = \frac{\dot{Q}_{Str}}{A \cdot (t_{W,Hk} - t_R)} = \frac{1.038{,}31 \text{ W}}{1{,}69 \text{ m}^2 (100 \,°C - 20 \,°C)} = 7{,}68 \frac{\text{W}}{\text{m}^2 \text{ K}}$$

Die Anwendung von Formel (6.4-3) ist hier nicht statthaft, weil dort vorausgesetzt wird, dass in den Halbraum abgestrahlt wird und die umgebende Luft eine konstante Temperatur aufweist. Die treibenden Temperaturdifferenzen für Strahlung und Konvektion sind in diesem Fall gleich, in diesem Beispiel unterscheiden sie sich jedoch um 2 K. Man würde einen zu niedrigen Wert berechnen.

$$\alpha_{Str} = \varepsilon \cdot \sigma_s \cdot (T_{W,HK}^2 + T_{W,R}^2) \cdot (T_{W,HK} + T_{W,R})$$

$$\alpha_{Str} = 0{,}888 \cdot 5{,}67 \cdot 10^{-8} \text{ W/(m}^2 \text{ K}^4) \cdot (373{,}15^2 + 291{,}15^2) \text{ K}^2 \cdot (373{,}15 + 291{,}15) \text{ K} \approx 7{,}49 \text{ W/(m}^2 \text{ K})$$

Für beide Wärmeübertragungsmechanismen zusammengefasst ergibt sich ein „äquivalenter" Wärmeübergangskoeffizient von

$$\alpha_{äq} = \alpha_{Kon} + \alpha_{Str} = (6{,}032 + 7{,}68) \text{ W/(m}^2 \text{ K}) = 13{,}712 \approx \underline{\underline{13{,}7 \text{ W/(m}^2 \text{ K})}}$$

Der für die freie Konvektion ermittelte Wärmeübergangskoeffizient liegt im unteren Bereich der dafür bekannten Erfahrungswerte nach Tabelle 4-1. Für eine realistische Beurteilung der Wärmeabgabe eines Heizkörpers ist jedoch der Strahlungsanteil nicht zu vernachlässigen. Wenn also für die Wärmeabgabe von Heizkörpern ein Wärmeübergangskoeffizient von 15 W/(m² K) angesetzt wird, enthält dieser Erfahrungswert auch einen Strahlungsanteil.

c) Intensitätsmaximum der Wärmestrahlung aus dem Wien'schen Verschiebungsgesetz

Mit (6.2-6) ermittelt man: $\lambda_{opt} = \dfrac{2898\,\mu m\,K}{373,15\,K} = 7,766\,\mu m = \underline{\underline{7.766\,nm}}$

Das Intensitätsmaximum der Heizkörperstrahlung liegt im Bereich der mittelwelligen für das menschliche Auge nicht sichtbaren Infrarotstrahlung (vergleiche Tabelle 6-2).

d) minimale elektrische Leistungsaufnahme in stationären Betrieb

minimal = ohne Verluste   stationär: zugeführte Leistung entspricht abgeführter

$P_{el} = \dot{Q}_{ges} = \dot{Q}_{Kon} + \dot{Q}_{Str} = 815,53\,W + 1038,31\,W \approx \underline{\underline{1.854\,W}}$ oder

$P_{el} = \dot{Q}_{ges} = \alpha_{äq} \cdot A \cdot (t_{W,HK} - t_R) = 13,712\,W/(m²\,K) \cdot 1,69\,m² \cdot 80\,K \approx \underline{\underline{1.854\,W}}$

6.4.2   Korrektur einer Thermometermessung

Ein Thermometer mit Quecksilberfüllung sei in einem Raum senkrecht und frei aufgehängt und zeige im Beharrungszustand eine Temperatur von 18 °C an. Die Wände im Raum sollen eine jeweils konstante Wandtemperatur von 14 °C aufweisen.
Der Strahlungskoeffizient des Thermometers betrage $C_T = 5,36$ W/(m² K⁴). Für die Berechnung des den konvektiven Wärmeübergang an das Thermometer erfassenden Wärmeübergangskoeffizienten verwende man folgende Näherungsgleichung:

$\alpha_{Kon} = [3,49 + 0,093(\{t_L\} - \{t_T\})]$ in W/(m² K)

   a)   Welches Emissionsverhältnis besitzt das Thermometer?
   b)   Welche Lufttemperatur in °C herrscht im Raum tatsächlich?

Gegeben:

$t_T = 18$ °C $t_W = 14$ °C $C_{s,T} = 5,36$ W/(m² K⁴)

Zahlenwertgleichung für konvektiven Wärmeübergangskoeffizienten wie oben

Vorüberlegungen:

Wir analysieren mit dieser Übungsaufgabe eine Erscheinung, die manchmal als Thermometerfehler zweiter Art bezeichnet wird.

Das Thermometer steht im thermischen Gleichgewicht mit der Umgebungsluft und verliert wegen der niedrigeren Wandtemperaturen durch Strahlungsaustausch einen Nettowärmestrom an die Wände im Raum, so dass im Beharrungszustand eine Temperatur von $t_T = 18$ °C gemäß der Gleichgewichtsbedingung $\alpha_{Kon} \cdot (T_L - T_T) = \alpha_{Str} \cdot (T_T - T_W)$ angezeigt wird. Die Gleichung (6.4-5) ist jedoch nicht direkt anwendbar, weil α_{Kon} gleichfalls die unbekannte Temperatur t_L enthält und daher nicht direkt nach t_L aufgelöst werden kann.

Lösung:

a) Emissionsverhältnis Thermometer

$$\varepsilon_T = \frac{C_{s,T}}{C_S} = \frac{5,36 \text{ W/(m}^2\text{ K}^4)}{5,67 \text{ W/(m}^2\text{ K}^4)} \approx \underline{\underline{0,945}} \qquad \text{folgt aus Gleichung (6.3-16)}$$

Im Hinblick auf den tabellierten Wert für die diffuse Emission von Glas in Tabelle 7.7-2 $\varepsilon(90\ ^\circ\text{C}) = 0,876$ erscheint das Ergebnis plausibel.

b) tatsächliche Lufttemperatur t_L im Raum $\rightarrow$ aus $\alpha_{Kon} \cdot (T_L - T_T) = \alpha_{Str} \cdot (T_T - T_W)$ folgt:

$$[3,49 + 0,093(\{t_L\} - \{t_T\})] \cdot (t_L - t_T) = C_{s,T} \left[(T_T/100)^4 - (T_W/100)^4 \right]$$

Die rechte Gleichungsseite stellt eine Energiestromdichte $\dot{q}$ in W/m² dar. Für die Zahlenwertgleichung links verwenden wir diese Energiestromdichte später nur als Zahlenwert.

$$\dot{q}_{Str} = C_{s,T} \cdot \left[\left(\frac{T_T}{100} \right)^4 - \left(\frac{T_W}{100} \right)^4 \right] = 5,36 \frac{\text{W}}{\text{m}^2\text{ K}^4} \cdot \left[(2,9115 \text{ K})^4 - (2,8715 \text{ K})^4 \right] = 20,73362 \frac{\text{W}}{\text{m}^2}$$

In der Zahlenwertgleichung nutzen wir außerdem auch $\{t_L\} - \{t_T\} = (t_L - t_T) = \{\Delta t\}$. Mit $\alpha = [3,49 + 0,093(\{t_L\} - \{t_T\})]$ und $\{\dot{q}\} = 20,73362$ entsteht nun die Zahlenwertgleichung

$$3,49 \cdot \{\Delta t\} + 0,093 \cdot \{\Delta t\}^2 = \{20,73362\} \quad \text{umgeformt zu} \quad \{\Delta t\}^2 + 37,526882 \cdot \{\Delta t\} - 222,94215 = 0$$

Die Lösungen dieser quadratischen Gleichung lauten:

$$\{\Delta t\}_{1/2} = -18,763441 \pm \sqrt{352,06671 + 222,94215} = -18,763441 \pm 23,979342 \quad \text{und somit}$$

$$\{\Delta t\}_1 \approx 5,22 \quad \rightarrow \quad t_L - t_T \approx +5,22 \text{ K} \quad \rightarrow \quad t_L \approx t_T + 5,22 \text{ K} \approx 18\ ^\circ\text{C} + 5,22 \text{ K} \approx \underline{\underline{23,22\ ^\circ\text{C}}}$$

$$\{\Delta t\}_2 \approx -42,74 \quad \text{(diese Lösung entfällt aus physikalischen Gründen!)}$$

Kontrolle des Ergebnisses durch Auswertung der Formel (6.4-5).

$$\alpha_{Str} = \frac{\dot{q}_{Str}}{t_T - t_W} = \frac{20,73362 \text{ W/m}^2}{18\ ^\circ\text{C} - 14\ ^\circ\text{C}} = 5,183405 \frac{\text{W}}{\text{m}^2\text{ K}}$$

$$\alpha_{Kon} = 3,49 + 0,093 \cdot (\{T_L\} - \{T_T\}) 3,49 + 0,093 \cdot 5,22 = 3,975 \text{ in W(m}^2\text{ K)}$$

$$T_T = \frac{T_G + \dfrac{\alpha_{Str}}{\alpha_{Kon}} \cdot T_W}{1 + \dfrac{\alpha_{Str}}{\alpha_{Kon}}} = \frac{296,37 \text{ K} + \dfrac{5,1834 \text{ W/(m}^2\text{ K)}}{3,975 \text{ W/(m}^2\text{ K)}} \cdot 287,15 \text{ K}}{1 + \dfrac{5,1834 \text{ W/(m}^2\text{ K)}}{3,975 \text{ W/(m}^2\text{ K)}}} = 291,15 \text{ K} \qquad \underline{\underline{t_T = 18,00\ ^\circ\text{C}}}$$

7 Anhang

7.1 Verzeichnis der Formelzeichen und Indizes

Bei der Vergabe von Formelzeichen wurde zunächst DIN 1304 Formelzeichen und im Besonderen dort Abschnitt 3.5 Formelzeichen für Thermodynamik und Wärmeübertragung angewendet. Der Fülle der hier zu behandelnden Größen geschuldet, musste an einigen Stellen auf Ausweichzeichen zurückgegriffen werden, um mögliche Missverständnisse zu vermeiden. In einigen Fällen, wo Fehldeutungen ausgeschlossen werden konnten, wurden auch Dopplungen in Kauf genommen. Im Zweifel hilft eine Dimensionskontrolle.

Griechische Buchstaben sind dem klassischen Transliterationssystem folgend nach den jeweiligen lateinischen Buchstaben alphabetisch eingeordnet.

Ar	Archimedes-Zahl	dimensionslos
A	(wärmeübertragende) Fläche	m^2
A_R	Rippenquerschnittsfläche	m^2
a	Temperaturleitfähigkeit	m^2/s
a	Absorptionskoeffizient (Wärmestrahlung)	dimensionslos
α	(griech.: Alpha) Wärmeübergangskoeffizient	$W/(m^2\,K)$
Bi	Biot-Zahl	dimensionslos
b	Wärmeeindringkoeffizient	$W\sqrt{s}\,/(m^2\,K)$
β	(griech.: Beta) isobarer Volumenausdehnungskoeffizient	$1/K$
C	Wärmekapazität $C = m \cdot c$	kJ/K
$\dot{C}$	Wärmekapazitätsstrom	kW/K
C	elektrische Kapazität	$F = As/V$
C_1, C_2	frei wählbare Integrationskonstanten	
C_{12}	Strahlungsaustauschkonstante	$W/(m^2\,K^4)$
c	spezifische Wärmekapazität	$kJ/(kg\,K)$
c	Strömungsgeschwindigkeit eines Fluids	m/s
c_0	Lichtgeschwindigkeit	m/s
d	Durchmesser (Kreisfläche, Zylinder, Kugel)	m
d_h	hydraulischer Durchmesser	m
d	Transmissionskoeffizient (Wärmestrahlung)	dimensionslos
δ	(griech.: Delta) Wandstärke oder Dicke einer Grenzschicht	m
δ_{th}	(griech.: Delta) Dicke der thermischen Grenzschicht	m
Δt	(griech.: Delta t) Temperaturdifferenz	K
$\dot{E}$	emittierter Energiestrom (elektromagnetische Wellen)	W

http://doi.org/10.1515/9783110745092-007

$\dot{e}$	Energiestromdichte	W/m²
ε	(griech.: Epsilon) Emissionsverhältnis	dimensionslos
ε_R	(griech.: Epsilon) Rippenleistungsziffer	dimensionslos
η	(griech.: Eta) dynamische Viskosität	Pa·s
η_R	(griech.: Eta) Rippenwirkungsgrad	dimensionslos
f	Frequenz	Hz
Fo	Fourier-Zahl	dimensionslos
Gr	Grashof-Zahl	dimensionslos
g	Fallbeschleunigung $\{g\} = 9,80665$	m/s²
H	Enthalpie	kJ
h	spezifische Enthalpie	kJ/kg
h	Rippenlänge, Höhe einer Wand	m
h	Planck'sches Wirkungsquantum	Ws²
I	elektrischer Strom	A
k	Wärmedurchgangskoeffizient (auch U)	W/(m² K)
k	Boltzmann-Konstante	J/K
L^*	charakteristische Länge (z. B. für Blockkapazität)	m
l	Länge	m
λ	(griech.: Lambda) Wärmeleitfähigkeit	W/(m K)
λ	(griech.: Lambda) Wellenlänge (Strahlung)	m, nm
m	Masse	kg
$\dot{m}$	Massenstrom	kg/s
Nu	Nußelt-Zahl	dimensionslos
v	(griech.: Ny) kinematische Viskosität	m²/s
ω	(griech.: Omega) Raumwinkel	sr
P	Leistung (mechanisch, elektrisch)	W
p	Druck	Pa, N/m², bar
Pr	Prandtl-Zahl	dimensionslos
Q	Wärme	J, Ws
$\dot{Q}$	Wärmestrom	W
$\dot{q}$	Wärmestromdichte oder Heizflächenbelastung	W/m²
$\tilde{\dot{q}}$	volumenspezifische Ergiebigkeit oder Leistungsdichte	W/m³
R_α	Wärmeübergangswiderstand	K/W
R_{el}	elektrischer Widerstand	Ω
R_λ	Wärmeleitwiderstand	K/W
R_k	Wärmedurchgangswiderstand	K/W
Ra	Rayleigh-Zahl	dimensionslos

Re	Reynoldszahl	dimensionslos
$\vec{r}$	Ortsvektor im Raum $r(x, y, z)$	m
r	Radius (Zylinder, Kugel)	m
r	Verdampfungsenthalpie	kJ/kg
r	Reflektionskoeffizient (Wärmestrahlung)	dimensionslos
ρ	(griech.: Rho) Dichte	kg/m^3
ρ_{el}	(griech.: Rho) spezifischer elektrischer Widerstand	$\Omega \cdot$cm
S	Entropie	J/K
$\dot{S}$	Entropiestrom	W/K
s	spezifische Entropie	kJ/(kg K)
σ_s	(griech.: Sigma) Stefan-Boltzmann-Konstante	W/(m^2 K^4)
T	(thermodynamische) Temperatur	K
t	Celsiustemperatur	°C
τ	(griech.: Tau) Zeit	s
τ_H	Halbwertszeit (Blockkapazität)	s
ϑ	(griech.: kleines Theta) Zeitkonstante	s
Θ	(griech.: großes Theta) dimensionslose Temperatur	dimensionslos
U	elektrische Spannung	V
U	(wärmeübertragender) Umfang	m
U	Wärmedurchgangskoeffizient (auch k)	W/(m² K)
V	Volumen	m^3
$\dot{V}$	Volumenstrom	m^3/s
W	Arbeit	Nm, Ws
ξ	(griech.: Xi) dimensionslose Ortskoordinate	dimensionslos
ζ	(griech.: Zeta) dimensionslose Ähnlichkeitsvariable	dimensionslos

Indizes (Auswahl)

Al	Aluminium	a	außen
el	elektrisch	i	innen
krit	kritisch		
max	maximal	min	minimal
n	Normalenrichtung		
p	konstanter Druck	th	thermisch
S, s	schwarzer Strahler		
U	Umgebung		
W	Wand		

7.2   Maßeinheiten

Tab. 7.2-1: Basisgrößen und Basiseinheiten sowie abgeleitete Größen (Auswahl) im SI-Einheitensystem.

Basisgröße	Symbol	Maßeinheit	Kurzzeichen
Länge	l	Meter	m
Masse	m	Kilogramm	kg
Zeit	τ	Sekunde	s
Stromstärke	I	Ampere	A
Temperatur	T	Kelvin	K
Lichtstärke	I	Candela	cd
Stoffmenge	n	Mol	mol

$1 \text{ N (ewton)} = 1 \text{ kg m/s}^2$

$1 \text{ J (oule)} =$
$\mathbf{1 \text{ kg m}^2/\text{s}^2 = 1 \text{ Nm}}$

$1 \text{ W (att)} = 1 \text{ J/s}$
$1 \text{ Pa (scal)} =$
$\mathbf{1 \text{ N/m}^2 = 1 \text{ kg/(ms}^2)}$

Tab. 7.2-2: Präfixe (Vorsilben) für dezimale Vielfache und Teile von Einheiten nach DIN 1301 (Auszug).

Vorsilbe	Kurzzeichen	Bedeutung
Exa	E	10^{18}
Peta	P	10^{15}
Tera	T	10^{12}
Giga	G	10^9
Mega	M	10^6
Kilo	k	10^3
Hekto	h	10^2
Deka	da	10^1
Dezi	d	10^{-1}
Zenti	c	10^{-2}
Milli	m	10^{-3}
Mikro	μ	10^{-6}
Nano	n	10^{-9}
Piko	p	10^{-12}
Femto	f	10^{-15}
Atto	a	10^{-18}

Das Kilogramm als Basiseinheit für die Masse enthält schon eine Vorsilbe, daher dürfen bei Masseinheiten Vorsilben nur auf die SI-fremden Einheiten Gramm oder Tonne angewendet werden.

Bei Angabe einer physikalischen Größe sollte die Vorsilbe der Maßeinheit so gewählt werden, dass ihr Zahlenwert im Bereich zwischen 0,1 und 999 liegt.

Ausnahmen von Tabelle 7.2-2

$1 \text{ Liter} = 1 \text{ ℓ} = 10^{-3} \text{ m}^3$ $\qquad 1 \text{ mℓ} = 1 \text{ cm}^3$
$1 \text{ Tonne} = 1 \text{ t} = 10^3 \text{ kg}$
$1 \text{ Bar} = 1 \text{ bar} = 10^5 \text{ Pa} = 10^5 \text{ N/m}^2$
$1 \text{ Erg} = 1 \text{ erg} = 10^{-7} \text{ J}$
$1 \text{ Dyn} = 1 \text{ dyn} = 10^{-5} \text{ N} = 1 \text{ g cm/s}^2$

7.3 Umrechnungen für angelsächsische Einheiten

Tab. 7.3-1: Umrechnungen für ausgewählte angelsächsische Einheiten und Handelsmaße.

Größe	angelsächsische Einheit	Kurzzeichen	Umrechnung
Länge	inch (deutsch: Zoll)	in oder ″	1 in = 25,40 mm
	foot (deutsch: Fuß)	ft	1 ft = 12 in = 0,30480 m
	yard	yd	1 yd =3 ft = 36 in = 0,91440 m
	statute mile (Entfernung Straßenverkehr)	mi	1 mi = 1760 yd = 1609,344 m
	nautical mile (deutsch: Seemeile sm) [34]	nm	1 nm = 1852 m
Fläche	square inch	sq. in.	1 sq. in. = 6,4516 cm^2
	square foot	sq. ft.	1 sq. ft. = 0,09290304 m^2
Volumen	cubic foot	cu. ft.	1 cu. .ft. = 28,316846 dm^3
	register ton	BRT	1 BRT = 100 ft^3 = 2,831685 m^3
	gallon (GB oder Imperial gal.)	Imp.gal	1 Imp. gal = 4,54609 ℓ (exakt)
	gallon (US liquid)	US. liq. gal	1 US. liq. gal = 3,785411784 ℓ
	gallon (US dry)	US. dry. Gal	1 US. dry. gal = 4,40488377 ℓ
	gallon (metric)	metric gal	1 metric gal = 4 ℓ (exakt)
Masse	ounce (Avoirdupois)[35]	oz	1 oz = 28,34952 g
	ounce (troy-system)[36]	oz.tr.	1 oz.tr. = 31,1034768 g
	pound (mass)	lb	1 lb = 16 oz = 0,45359237 kg
	hundredweight (GB: 1 cwt = 112 lb)	cwt (GB)	1 cwt (GB) = 50,802 kg
	hundredweight (US: 1 cwt = 100 lb)	cwt (US)	1 cwt (US) = 45,359 kg
	long ton[37] (GB: = 20 cwt)	t (GB)	1 long ton = 1016,05 kg
	short ton (US: = 2000 lb))	t (US)	1 short ton = 907,18546 kg
Massenstrom	pound per hour	lb/hr	1 lb/hr = 1,26·10^{-4} kg/s
spez. Volumen	cubic foot per pound	cft/lb	1 cu. ft./lb = 0,062429 m^3/kg
Dichte	pound per cubic foot	lb/cft	1 lb/cu. ft = 16,0185 kg/m^3
	pound per cubic inch	pci	1 pci = 27,679905 g/cm^3
Geschwindigkeit	knot	kt	1 kt =1 nm/hr = 1,852 km/h
Kraft	pound (force)	Lb	1 Lb = 4,4482 N
Druck	pound/square inch	Lb/sq. in. oder psi	1 Lb/sq. in. = 0,0689475729 bar
Leistung	horse-power	h. p.	1 h. p. = 0,74567 kW
Wärmeleistung	British thermal unit per hour	Btu/hr	1 Btu/hr = 0,29307107 W
Arbeit/Energie	British thermal unit	Btu	1 Btu = 1,05505585262 kJ
spezifische Wärmekapazität	British thermal unit/ pound and degree Rankine	Btu/(lb °R)	1 Btu/(lb °R) = 4186,8 J/(kg K)

---

[34] Für See- und Luftfahrt: Internationale Festlegung 1852,01 m, DIN 1301-1 jedoch exakt 1852 m.

[35] Handelsgewicht für allgemeine Waren (16 oz = 1 lb).

[36] Handelsgewichte für Edelmetalle und Arzneien (Feinunzen). Es gilt 175 oz. tr. = 192 oz Avoirdupois-System.

[37] Zur Vermeidung von Verwechslungen wird empfohlen immer den vollen Namen zu verwenden, also long ton, short ton, im Unterschied zu metric ton = tonne = 1000 kg.

7.4   Numerisches Lösen von Gleichungen

Bei der mathematischen Formulierung technischer Aufgaben stößt man oft auf Gleichungen, die durch äquivalente Umformungen nicht oder nur mit erheblichem Aufwand gelöst werden können. Zur ersten Kategorie gehören alle transzendenten Gleichungen, zur zweiten algebraische Gleichungen höheren Grades, bei denen als Linearfaktor abspaltbare Nullstellen nicht durch einfaches Probieren zu finden sind.

Numerische Lösungsverfahren führen zu Näherungslösungen mit beliebig hoch einstellbarer Genauigkeit. Eine hohe Genauigkeit erfordert aber auch einen hohen Lösungsaufwand. Nachteilig ist ferner, dass diese Verfahren keine allgemeinen Lösungsmengen, sondern nur konkrete Zahlenlösungen liefern.

Manche Taschenrechner nehmen uns alle Arbeitsschritte für die numerische Lösung ab, etwa über die Funktion SOLVE. Dennoch bleibt es sinnvoll, die Anwendung einiger numerischer Lösungsverfahren so zu beherrschen, dass man auch ohne die SOLVE-Funktion mit einem einfachen Taschenrechner sicher zum Ergebnis gelangt. Dazu sind zu zählen:

- die Fixpunktiteration (lat.: iterare = wiederholen)
- das Newton'sche Näherungsverfahren (Tangentenverfahren)
- die Regula falsi (mittelalterliches Latein: „falsche Lösdung", Sekantenverfahren)

Numerische Verfahren beruhen darauf, dass man ausgehend von einer oder zwei Näherungslösungen (bekannte Startwerte) eine verbesserte Lösung berechnet. Schrittweise (iterativ) wird die Lösung dann durch wiederholte Anwendung der Rechenvorschrift bezüglich der Genauigkeit verfeinert. Leider gibt es kein allgemeines Verfahren zur Bestimmung von geeigneten Startwerten. Für technische Aufgaben ergeben sich Startwerte meist aus der Problemstellung, in einigen Fällen auch aus vorhandenen grafischen Lösungen in Form von Diagrammen. In besonders einfachen Fällen kann die Bestimmungsgleichung für die Startwerte in Form von $f(x) = 0$ in zwei Teile $f_1(x)$ und $f_2(x)$ zerlegt werden, deren Funktionsbilder sich skizzieren lassen, so dass der gesuchte Startwert aus der Schnittpunktsabszisse der beiden Graphen abgelesen werden kann. Mitunter besitzt die zu lösende Gleichung nicht nur eine (die technisch interessante) Lösung, sondern mehrere. Auch hierauf muss bei der Bestimmung von geeigneten Startwerten abgestellt werden.

Beim praktischen Rechnen wird fast immer ohne sogenannte Konvergenzprüfung darauf vertraut, dass die Folge der Näherungslösungen gegen einen Grenzwert konvergiert und dass dieser Grenzwert eine Lösung der Bestimmungsgleichung ist. Bei Computerprogrammen gilt die Lösung als gefunden, wenn zwei aufeinanderfolgende Näherungswerte innerhalb einer vorgegebenen Genauigkeit übereinstimmen. Wer auf eine Konvergenzprüfung verzichtet, sollte sich aber immer durch Einsetzen der erhaltenen Lösungen in die Ausgangsgleichung von deren Richtigkeit überzeugen.

Am Beispiel einer transzendenten, nur für positive Argumente definierten Gleichung, die mathematisch rechnerisch zwei Lösungen hat, soll der Umgang mit den oben erwähnten numerischen Lösungsverfahren demonstriert werden. Dabei wollen wir immer beide Lösungen berechnen, unabhängig davon, ob auch beide Lösungen technische Bedeutung besitzen. Eine solche transzendente Gleichung ist unter anderem $x^2 - 3 = \ln x$.

7.4.1   Fixpunktiteration

Die Fixpunktiteration ist anwendbar, wenn man $f(x)$ in die Form $x = \varphi(x)$ bringen kann. Danach verfährt man wie folgt:

x_1 sei eine 1. Näherung, bilde $x_2 = \varphi(x_1)$

x_2 sei eine 2. Näherung, bilde $x_3 = \varphi(x_2)$

x_3 sei eine 3. Näherung, bilde $x_4 = \varphi(x_3)$ und so weiter nach dem Schema

x_n sei eine n-te Näherung, bilde $x_{n+1} = \varphi(x_n)$ bis die gewünschte Genauigkeit der Näherung erreicht ist.

Das Verfahren konvergiert, wenn im betrachteten Intervall gilt: $|\varphi'(x)| < 1$

Ist diese Bedingung für ein x erfüllt, spricht man von einem anziehenden, anderenfalls von einem abstoßenden Fixpunkt. Bei einem abstoßenden Fixpunkt kann man zur Lösung der Aufgabe die zu $\varphi(x)$ inverse Funktion $\psi(x)$ bilden und auf diese Funktion die Fixpunktiteration anwenden.

Beispiel:

1. Aufbereitung von $x^2 - 3 = \ln x$ in die Form $x = \varphi(x)$: $x = \sqrt{\ln x + 3}$

2. Ermittlung von Startwerten durch grafische Darstellung der Funktionen

    $f_1(x) = \ln x$ und $f_2(x) = x^2 - 3$ in ein Diagramm liefert über die beiden Schnittpunkte jeweils einen Startwert für eine der beiden Lösungen (hier $x_1 = 0,05$ und $x_2 = 1,9$)

3. Konvergenzprüfung: $\varphi(x) = \sqrt{\ln x + 3} \;\rightarrow\; \varphi'(x) = 0,5 \cdot x^{-3/2}$

    $x_1 = 0,05$: $|0,5 \cdot 0,05^{-1,5}| \approx 44,721 > 1$ Konvergenzbedingung nicht erfüllt $\rightarrow$ Fixpunktiteration liefert hier keine Lösung. Die inverse Funktion $\psi(x) = e^{x^2 - 3}$ führt dann zum Ziel.

    $x_2 = 1,9$: $|0,5 \cdot 1,9^{-1,5}| \approx 0,19091 < 1$ Bedingung erfüllt

4. Anwendung der Iterationsvorschrift beginnend mit den Startwerten als 1. Näherung:

$x_{1,1} = 0,05$	$x_{2,1} = 1,9$
$x_{1,2} = \sqrt{\ln 0,05 + 3} = 0,065327838$	$x_{2,2} = \sqrt{\ln 1,9 + 3} = 1,908364191$
$x_{1,3} = 0,521212987$	$x_{2,3} = 1,909514711$
$x_{1,4} = 1,532450157$	$x_{2,4} = 1,909672519$
Abstoßender Fixpunkt!	$x_{2,5} = 1,909694157$
Übergang zur inversen Funktion	$x_{2,6} = 1,909697123$
$x_{1,2} = e^{0,05^2 - 3} = 0,049911691$	$x_{2,7} = 1,909697530$
$x_{1,3} = 0,049911251$	$x_{2,8} = 1,909697586$
$x_{1,4} = 0,049911249$	$x_{2,9} = 1,909697593$

$$x_{1,5} = 0{,}049911249 \qquad\qquad\qquad x_{2,10} = 1{,}909697594$$

$$x_{2,11} = 1{,}909697594$$

Aufgabe 7.4-1: Lösung einer transzendenten Gleichung mit Fixpunktiteration

Gesucht sind mit einer Genauigkeit von sechs signifikanten Ziffern die beiden Lösungen der Gleichung $y = e^x - x - 2$ für die zuvor durch Zerlegung der Funktion in $f_1(x) = e^x$ und $f_2(x) = x + 2$ sowie entsprechender grafischer Darstellung die Startwerte $x_{1,1} = -1{,}9$ und $x_{2,1} = +1{,}5$ ermittelt wurden. Treffen Sie zuvor eine Aussage zum Konvergenzverhalten des Verfahrens für beide Startwerte!

Lösung:

1. Aufbereitung von $f(x) = e^x - x - 2$ in die Form $x = \varphi(x)$: $x = e^x - 2$

2. Ermittlung von Startwerten durch grafische Darstellung der Funktionen:
    Startwerte gegeben: $x_{1,1} = -1{,}9$ und $x_{2,1} = +1{,}5$

3. Konvergenzprüfung: $\varphi(x) = e^x - 2 \;\rightarrow\; \varphi'(x) = e^x$

    für alle x, $x < 0$ folgt $|\varphi'(x)| < 1$ $\rightarrow$ konvergentes Verfahren, damit auch für
    $$x_{1,1} = -1{,}9$$
    für alle x, $x > 0$ folgt $|\varphi'(x)| > 1$ $\rightarrow$ kein konvergentes Verfahren

    Übergang zur inversen Funktion $\psi(x) = \ln(x+2)$ $\qquad \psi'(x) = \dfrac{1}{x+2}$

    $|\psi'(x)| < 1$ für alle $x > 0$, damit auch für $x_{2,1} = +1{,}5$

4. Anwendung der Iterationsvorschrift beginnend mit den Startwerten als 1. Näherung:

$x_{1,1} = -1{,}9$	$x_{2,1} = +1{,}5$
$x_{1,2} = e^{-1{,}9} - 2 = -1{,}850431381$	$x_{2,2} = e^{+1{,}5} - 2 = 2{,}48168907$
$x_{1,3} = 1{,}842830648$	$x_{2,3} = 9{,}961451097$
$x_{1,4} = 1{,}841631494$	abstoßender Fixpunkt! Inverse Fkt.!
$x_{1,5} = 1{,}841441472$	$x_{2,2} = \ln(1{,}5+2) = 1{,}252762968$
$x_{1,6} = 1{,}84141134$	$x_{2,3} = 1{,}179504779$
$x_{1,7} = 1{,}841406561$	$x_{2,4} = 1{,}156725455$
$x_{1,8} = 1{,}841405803$	$x_{2,5} = 1{,}149535242$
$x_{1,9} = 1{,}841405683$	$x_{2,6} = 1{,}147254900$
	$x_{2,7} = 1{,}146530612$

$$x_{2,8} = 1,146300453$$

$$x_{2,9} = 1,146227303$$

$$x_{2,10} = 1,146219945$$

$$x_{2,11} = 1,146201715$$

$$x_{2,12} = 1,146195921$$

$$x_{2,13} = 1,146194079$$

7.4.2   Newton´sches Näherungsverfahren für $f(x) = 0$

Eine im Intervall [a, b] zweimal differenzierbare Funktion $f(x)$ besitze in (a, b) genau eine einfache Nullstelle. Verfügt man über einen geeigneten Startwert $x^{(0)}$ gewinnt man eine verbesserte Lösung aus der Vorschrift

$$x^{(n+1)} = x^{(n)} - \frac{f(x^{(n)})}{f'(x^{(n)})}$$

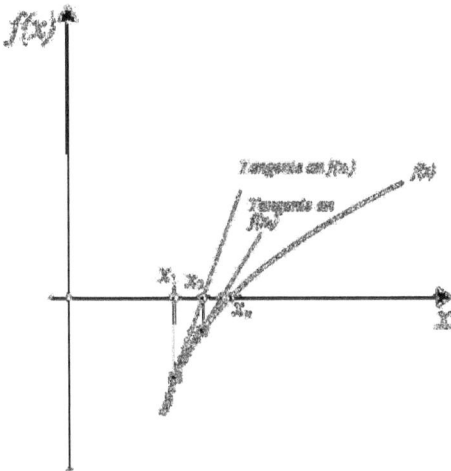

Abb. 7-1: Iterative Annäherung an die Nullstelle einer Funktion $f(x)$ mit dem Tangentenverfahren

Dieses Iterationsverfahren versagt, wenn die Funktion im Intervall [a, b] Wendetangenten besitzt, die parallel oder fast parallel zur Abszisse verlaufen. Eine hinreichende Bedingung für die Konvergenz des Verfahrens ist gegeben durch eine Lipschutzbedingung L, für die empfohlen wird $L \leq 0,2$, praktisch ausreichend ist jedoch auch noch $L < 1$.

$$\left| \frac{f(x) \cdot f''(x)}{(f'(x))^2} \right| < L$$

Beispiel:

1. Aufbereitung von $x^2 - 3 = \ln x$ in die Form $f(x) = 0$: $f(x) = -x^2 + \ln x + 3 = 0$

2. Ermittlung von Startwerten durch grafische Darstellung der Funktionen

   $f_1(x) = \ln x$ und $f_2(x) = x^2 - 3$ in ein Diagramm liefert über die beiden Schnittpunkte jeweils einen Startwert für eine der beiden Lösungen (hier $x_1 = 0,05$ und $x_2 = 1,9$) [übernommen aus Kapitel 4.4.1]

3. Konvergenzprüfung:

   $$f(x) = -x^2 + \ln x + 3 = 0$$
   $$f'(x) = -2x + 1/x$$
   $$f''(x) = -2 - 1/x^2$$

   $$\left| \frac{f(x) \cdot f''(x)}{(f'(x))^2} \right| = \left| \frac{(-x^2 + \ln x + 3) \cdot (-2 - 1/x^2)}{(-2x + 1/x)^2} \right| < L$$

   $$\left| \frac{f(0,05) \cdot f''(0,05)}{(f'(0,05))^2} \right| = \left| \frac{0,001767726 \cdot 19,9}{(-402)^2} \right| = 0,000000217 < 0,2 \quad \rightarrow \quad \text{Konvergenz}$$

   $$\left| \frac{f(1,9) \cdot f''(1,9)}{(f'(1,9))^2} \right| = \left| \frac{0,031853886 \cdot (-2,27700831)}{(-3,273684211)^2} \right| = 0,006767892 < 0,2 \quad \rightarrow \quad \text{Konvergenz}$$

4. Anwendung der Iterationsvorschrift beginnend mit den Startwerten als 1. Näherung:

   $x_{1,1} = 0,05$ $\qquad\qquad\qquad\qquad x_{2,1} = 1,9$

   $x_{1,2} = 0,05 - \dfrac{0,001767727}{19,9} = 0,049911169$ $\qquad x_{2,2} = 1,9 - \dfrac{0,031853886}{-3,273684211} = 1,909730287$

   $x_{1,3} = 0,049911169 - \dfrac{-0,000001587}{19,93577308} = 0,049911248$ $\qquad x_{2,3} = 1,909697595$

   $x_{1,4} = 0,049911249$ $\qquad\qquad\qquad\qquad x_{2,4} = 1,909697594$

Mit gleichen Startwerten konvergiert das Tangentenverfahren schneller als mit der Fixpunktiteration, ist aber in der Aufbereitung komplexer!

Verwendet man Startwerte, die etwas weiter von der Lösung entfernt liegen, führen entsprechend mehr Iterationsschritte zum Ziel, solange zwischen gesuchter Lösung und Startwert die Funktion keine lokalen Minima oder Maxima (Anstieg der Tangente = 0) aufweist. Die Funktion $f(x) = -x^2 + \ln x + 3 = 0$ weist an der Stelle $x = 1/\sqrt{2}$ ein lokales Maximum auf. Für die gefundene Lösung $x_1 = 0,049911249$ könnte man – wie eine Konvergenzprüfung zeigt – mit einem Startwert von 0,150 noch gut arbeiten, mit einem Startwert von 0,707 hingegen nicht!

$$\left| \frac{f(0,150) \cdot f''(0,150)}{(f'(0,150))^2} \right| = \left| \frac{1,080380015 \cdot 6,3\overline{6}...}{(-46,\overline{4}...)^2} \right| \approx 0,1418 < 0,2 \quad \rightarrow \quad \text{Konvergenz gesichert!}$$

$$\left| \frac{f(0,707) \cdot f''(0,707)}{(f'(0,707))^2} \right| = \left| \frac{2,153426387 \cdot (-4,000604182)}{(0,000427157)^2} \right| \approx 47.215.061,49 > 1 \quad \rightarrow \quad \text{keine Konvergenz!}$$

Aufgabe 7.4-2: Lösung einer transzendenten Gleichung mit Tangentenverfahren

Gesucht ist die Lösung von $f(x) = x^2 + 2x - \cos x = 0$ mit Hilfe des Tangentenverfahrens und einem aus dem Schnittpunkt der Graphen $y = (x+1)^2 - 1$ und $y = \cos x$ gewonnenen Startwert von $x_1 = 0,38$ bei einer Fehlerschranke für den relativen Höchstfehler von 10^{-5}.

Lösung:

$$f(x) = x^2 + 2x - \cos x = 0 \qquad f'(x) = 2x + 2 + \sin x \qquad f''(x) = 2 + \cos x$$

$$\left| \frac{f(x) \cdot f''(x)}{(f'(x))^2} \right| = \left| \frac{f(0,38) \cdot f''(0,38)}{(f'(0,38))^2} \right| = 0,0072493 < 0,2 \qquad \rightarrow \text{ Konvergenz gesichert!}$$

$$x_1 = 0,38 \qquad\qquad x_2 = 0,38 - \frac{0,1444 + 0,76 - 0,928664635}{0,76 + 2 + 0,370920469} = 0,38775$$

$$x_3 = 0,38775 - \frac{0,150350062 + 0,7755 - 0,925762141}{0,7755 + 2 + 0,378106409} = 0,38772212$$

Berechnung des relativen Höchstfehlers:

$$\left| \frac{x_3 - x_2}{x_3} \right| = 7,1907 \cdot 10^{-5} > 1 \cdot 10^{-5} \qquad \text{Genauigkeit reicht noch nicht aus!}$$

$$x_4 = 0,38772212 - \frac{0,150328442 + 0,77544424 - 0,925772683}{0,77544424 + 2 + 0,378080598} = 0,387722119$$

Berechnung des relativen Höchstfehlers:

$$\left| \frac{x_4 - x_3}{x_4} \right| = 8,176 \cdot 10^{-10} < 1 \cdot 10^{-5} \qquad \text{Genauigkeitsforderung wird sehr gut erfüllt!}$$

7.4.3 Regula falsi

Die Funktion $f(x)$ sei auf dem abgeschlossenem Intervall [a, b] definiert und genüge folgenden Bedingungen:

3. $f(a) \cdot f(b) < 0$, also $f(a)$ und $f(b)$ haben verschiedene Vorzeichen
4. $f'(x)$ und $f''(x)$ existieren und sind auf [a, b] stetig
5. für alle x aus [a, b] gilt $f'(x) \neq 0$ und $f''(x) \neq 0$, also es gibt keine Extrempunkte und Wendepunkte

Anschaulich bedeuten diese drei Bedingungen, dass f(x) streng monoton und entweder über das gesamte Intervall nur konvex oder nur konkav ist. Wegen $f(a) \cdot f(b) < 0$ ist davon auszugehen, dass mindestens eine und wegen der strengen Monotonie aber auch höchstens eine

Nullstelle existiert. Also hat die Gleichung $f(x) = 0$ in [a, b] genau eine Lösung. Zur approximativen Berechnung der Nullstelle von $f(x) = 0$ fasst man die Intervallgrenzen a und b als die beiden für die Durchführung des Sekantenverfahrens erforderlichen Startwerte x_1 und x_2 auf und ermittelt als neuen Näherungswert die Stelle x_3, an der die zum Intervall [a, b] gehörige Sekante an die Bildkurve von f die Abszisse schneidet. Der Wert x_3 ergibt sich dann aus $f(x_3) = 0$, wenn man die Gleichung der Sekante linear interpoliert.

$$f(x) = f(x_1) + \frac{f(x_2) - f(x_1)}{x_2 - x_1} \cdot (x - x_1)$$

Mit $x = x_3$ und $f(x_3) = 0$ folgen dann die beiden möglichen Interpolationsformeln:

$$x_3 = x_1 - f(x_1) \cdot \frac{x_2 - x_1}{f(x_2) - f(x_1)} \quad \text{oder} \quad x_3 = x_2 - f(x_2) \cdot \frac{x_2 - x_1}{f(x_2) - f(x_1)}$$

Für die wiederholte Anwendung der Rechenvorschrift ist zu schreiben:

$$x_{n+2} = x_n - f(x_n) \cdot \frac{x_{n+1} - x_n}{f(x_{n+1}) - f(x_n)} \quad \text{oder} \quad x_{n+2} = x_{n+1} - f(x_{n+1}) \cdot \frac{x_{n+1} - x_n}{f(x_{n+1}) - f(x_n)}$$

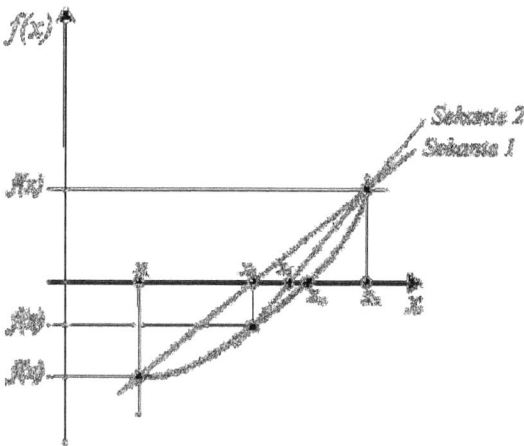

Abb. 7-2:   Iterative Annäherung an die Nullstelle einer Funktion $f(x)$ mit dem Sekantenverfahren

Ein Nachteil des Verfahrens ist, dass man immer zwei Startwerte unter Erfüllung der Bedingung, dass das zugehörige Produkt der Funktionswerte negativ ist. Die Konvergenz des Verfahrens kann von der Nummerierung der beiden Startwerte abhängen!

Für das Demonstrationsbeispiel $f(x) = -x^2 + \ln x + 3 = 0$ sind die im Intervall [1,8; 2,0] liegenden Nullstelle zu berechnen. Die Anwendungsvoraussetzungen prüfen wir wie folgt:

1. $f(1,8) \cdot f(2,0) = 0{,}347786664 \cdot (-0{,}306852819) = -0.106719318 < 0$

2. $f'(x) = -2x + 1/x$ und $f''(x) = -2 - 1/x^2$ sind in [1,8; 2,0] stetige Funktionen

3. in [1,8; 2,0] gilt $f'(x) \neq 0$ und $f''(x) \neq 0$ (keine Extrem- und Wendepunkte)

Rechenvorschrift mit $x_1 = 1,8$ $f(x_1) = 0,347786664$ und $x_2 = 2,0$ $f(x_2) = -0,306852819$

$$x_3 = x_1 - f(x_1) \cdot \frac{x_2 - x_1}{f(x_2) - f(x_1)} = 1,8 - 0,347786664 \cdot \frac{2,0 - 1,8}{-0,306852819 - 0,347786664} = 1,906252884$$

$x_3 \mapsto x_1$ neuer linker Rand auf dem Intervall

$$x_4 = 1,906252884 - 0,011339417 \cdot \frac{2,0 - 1,906252884}{-0,306852819 - 0,011339417} = 1,90959375$$

$x_4 \mapsto x_1$ neuer linker Rand auf dem Intervall

$$x_5 = 1,90959375 - 0,000342234 \cdot \frac{2,0 - 1,90959375}{-0,306852819 - 0,000342234} = 1,909694468$$

$x_5 \mapsto x_1$ neuer linker Rand auf dem Intervall

$$x_6 = 1,909694468 - 0,000010304 \cdot \frac{2,0 - 1,909694468}{-0,306852819 - 0,000010304} = \underline{\underline{1,9096975}}$$

Aufgabe 7.4-3: Lösung einer transzendenten Gleichung mit Sekantenverfahren

Unter Nutzung des Sekantenverfahrens ist in einer Genauigkeit von 5 signifikanten Ziffern die Lösung $x^2 + 2x - \cos x = 0$ im Intervall [0,38; 0,40] zu ermitteln.

Lösung:

1. $f(0,38) \cdot f(0,40) = -0,024264635 \cdot 0,038939006) = -0,00094484 < 0$
2. $f'(x) = 2x + 2 + \sin x$ und $f''(x) = 2 + \cos x$ sind in [0,38; 0,40] stetige Funktionen
3. in [0,38; 0,40] gilt $f'(x) \neq 0$ und $f''(x) \neq 0$ (keine Extrem- und Wendepunkte)

Rechenvorschrift mit $x_1 = 0,38$ $f(x_1) = -0,024264635$ und $x_2 = 0,40$ $f(x_2) = +0,038939006$

$$x_3 = x_1 - f(x_1) \cdot \frac{x_2 - x_1}{f(x_2) - f(x_1)} = 0,38 + 0,024264635 \cdot \frac{0,4 - 0,38}{0,038939006 + 0,024264635} = 0,387678239$$

$x_3 \mapsto x_1$ neuer linker Rand auf dem Intervall

$$x_4 = 0,387678239 + 0,000138375 \cdot \frac{0,4 - 0,387678239}{0,038939006 + 0,000138375} = \underline{\underline{0,387721871}}$$

Genauigkeit von 5 signifikanten Ziffern ist erreicht!

Ein weiterer Schritt mit $x_4 \mapsto x_1$ neuer linker Rand auf dem Intervall

$$x_5 = 0,387721871 + 0,000000784 \cdot \frac{0,4 - 0,387721871}{0,038939006 + 0,000000784} = \underline{\underline{0,387722122}}$$

7.5   Tafeln mathematischer Funktionen

7.5.1   Die Fehlerfunktion (error-function)

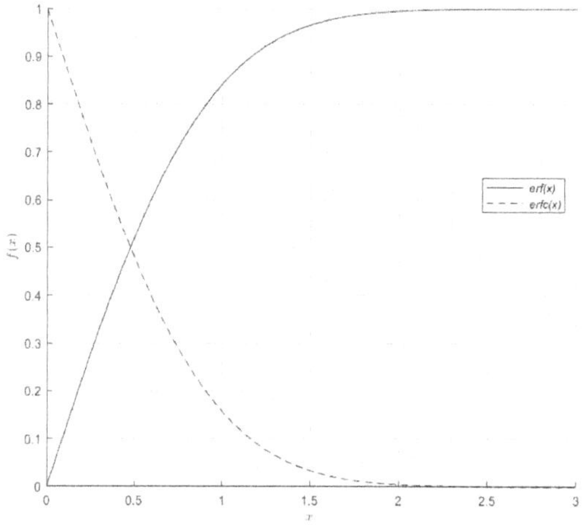

Abb. 7-3 :   Funktionsbilder der Error-Function erf(x) und ihrer komplementären Funktion erfc(x)

Hinweis zu Genauigkeitsverlusten durch lineare Interpolation in den Tabellen 7.5 am Beispiel erfc (0,58925565):

1. Numerisch aus Reihenentwicklung für erf (x) und erfc(x) = 1 – erf(x)

erf(x) =

$$\frac{2}{\sqrt{\pi}} \cdot \left(x - \frac{x^3}{3} + \frac{x^5}{10} - \frac{x^7}{42} + \frac{x^9}{216} - \frac{x^{11}}{1.320} + \frac{x^{13}}{9.360} - \frac{x^{15}}{75.600} + \frac{x^{17}}{685.440} - \frac{x^{19}}{6.894.720} + \frac{x^{21}}{76.204.800} - + ... \right)$$

erf(0,58925565) =

$$\frac{2}{\sqrt{\pi}}(0,58925565 - 0,068200885 + 0,007104258 - 0,000587322 + 0,000039653 - 0,000002253 +$$

$$0,00000011 - 0,000000004) = \underline{0,595343237}$$

erfc(0,58925565) $= 1 - 0,595343237 = \underline{\underline{0,404656763}}$

2. Lineare Interpolation aus Tabelle 7.5-2:

$$\text{erfc}(0,58925565) = 0,41208 + \frac{0,58925565 - 0,58}{0,59 - 0,58} \cdot (0,40404 - 0,41208) = \underline{\underline{0,404638457}}$$

Die Interpolation zwischen Stützstellen mit zwei signifikanten Ziffern und Funktionswerten mit 5 signifikanten Ziffern liefert zuverlässige Werte mit vier signifikanten Ziffern.

Tab. 7.5-1: Fehlerfunktion mit 5 Dezimalen für ein Argument x mit zwei Dezimalen.

$$\text{erf}(x) = \frac{2}{\sqrt{\pi}} \int_0^x e^{-t^2}\,dt = \frac{2}{\sqrt{\pi}} \cdot \sum_{n=0}^{\infty} \frac{(-1)^n \cdot x^{2n+1}}{(2n+1)\cdot n!} = \frac{2}{\sqrt{\pi}} \cdot \left(x - \frac{x^3}{3\cdot 1!} + \frac{x^5}{5\cdot 2!} - + \right)$$

Der Faktor $2/\sqrt{\pi}$ führt auf $\lim\limits_{x\to\infty}\text{erf}(x) = 1$.

x	0	1	2	3	4	5	6	7	8	9
0,0	0,00000	0,01128	0,02256	0,03383	0,04511	0,05637	0,06762	0,07886	0,09008	0,10128
0,1	0,11246	0,12362	0,13476	0,14587	0,15695	0,16800	0,17901	0,18999	0,20094	0,21184
0,2	0,22270	0,23352	0,24430	0,25502	0,26570	0,27633	0,28690	0,29742	0,30788	0,31828
0,3	0,32863	0,33891	0,34913	0,35928	0,36936	0,37938	0,38933	0,39921	0,40901	0,41874
0,4	0,42839	0,43797	0,44747	0,45689	0,46623	0,47548	0,48466	0,49375	0,50275	0,51167
0,5	0,52050	0,52924	0,53790	0,54646	0,55494	0,56332	0,57162	0,57982	0,58792	0,59594
0,6	0,60386	0,61168	0,61941	0,62705	0,63459	0,64203	0,64938	0,65663	0,66378	0,67084
0,7	0,67780	0,68467	0,69143	0,69810	0,70468	0,71116	0,71754	0,72382	0,73001	0,73610
0,8	0,74210	0,74800	0,75381	0,75952	0,76514	0,77067	0,77610	0,78144	0,78669	0,79184
0,9	0,79691	0,80188	0,80677	0,81156	0,81627	0,82089	0,82542	0,82987	0,83423	0,83851
1,0	0,84270	0,84681	0,85084	0,85478	0,85865	0,86244	0,86614	0,86977	0,87333	0,87680
1,1	0,88021	0,88353	0,88679	0,88997	0,89308	0,89612	0,89910	0,90200	0,90484	0,90761
1,2	0,91031	0,91296	0,91553	0,91805	0,92051	0,92290	0,92524	0,92751	0,92973	0,93190
1,3	0,93401	0,93606	0,93807	0,94002	0,94191	0,94376	0,94556	0,94731	0,94902	0,95067
1,4	0,95229	0,95385	0,95538	0,95686	0,95830	0,95970	0,96105	0,96237	0,96365	0,96490
1,5	0,96611	0,96728	0,96841	0,96952	0,97059	0,97162	0,97263	0,97360	0,97455	0,97546
1,6	0,97635	0,97721	0,97804	0,97884	0,97962	0,98038	0,98110	0,98181	0,98249	0,98315
1,7	0,98379	0,98441	0,98500	0,98558	0,98613	0,98667	0,98719	0,98769	0,98817	0,98864
1,8	0,98909	0,98952	0,98994	0,99035	0,99074	0,99111	0,99147	0,99182	0,99216	0,99248
1,9	0,99279	0,99309	0,99338	0,99366	0,99392	0,99418	0,99443	0,99466	0,99489	0,99511
2,0	0,99532	0,99552	0,99572	0,99591	0,99609	0,99626	0,99642	0,99658	0,99673	0,99688
2,1	0,99702	0,99715	0,99728	0,99741	0,99753	0,99764	0,99775	0,99785	0,99795	0,99805
2,2	0,99814	0,99822	0,99831	0,99839	0,99846	0,99854	0,99861	0,99867	0,99874	0,99880
2,3	0,99886	0,99891	0,99897	0,99902	0,99906	0,99911	0,99915	0,99920	0,99924	0,99928
2,4	0,99931	0,99935	0,99938	0,99941	0,99944	0,99947	0,99950	0,99952	0,99955	0,99957
2,5	0,99959	0,99961	0,99963	0,99965	0,99967	0,99969	0,99971	0,99972	0,99974	0,99975
2,6	0,99976	0,99978	0,99979	0,99980	0,99981	0,99982	0,99983	0,99984	0,99985	0,99986
2,7	0,99987	0,99987	0,99988	0,99989	0,99989	0,99990	0,99991	0,99991	0,99992	0,99992
2,8	0,99992	0,99993	0,99993	0,99994	0,99994	0,99994	0,99995	0,99995	0,99995	0,99996
2,9	0,99996	0,99996	0,99996	0,99997	0,99997	0,99997	0,99997	0,99997	0,99997	0,99998

Zusammenhang zwischen Errorfunction $\text{erf}(x)$ und Standard-Normalverteilung $\Phi(x)$:

$$\Phi(x) = \frac{1}{2} + \frac{1}{2}\text{erf}\left(\frac{x}{\sqrt{2}}\right) \quad \text{und} \quad \text{erf}(x) = 2\cdot\Phi(\sqrt{2}x) - 1$$

Tab. 7.5-2: Komplementäre Fehlerfunktion mit fünf Dezimalen für ein Argument x mit zwei Dezimalen.

$$\text{erfc}(x) = \frac{2}{\sqrt{\pi}} \int_x^\infty e^{-t^2}\, dt = 1 - \text{erf}(x) \qquad \text{erfc}(0) = 1 \qquad \text{erfc}(\infty) = 0$$

x	0	1	2	3	4	5	6	7	8	9
0,0	1,00000	0,98872	0,97744	0,96617	0,95489	0,94363	0,93238	0,92114	0,90992	0,89872
0,1	0,88754	0,87638	0,86524	0,85413	0,84305	0,83200	0,82099	0,81001	0,79906	0,78816
0,2	0,77730	0,76648	0,75570	0,74498	0,73430	0,72367	0,71310	0,70258	0,69212	0,68172
0,3	0,67137	0,66109	0,65087	0,64072	0,63064	0,62062	0,61067	0,60079	0,59099	0,58126
0,4	0,57161	0,56203	0,55253	0,54311	0,53377	0,52452	0,51534	0,50625	0,49725	0,48833
0,5	0,47950	0,47076	0,46210	0,45354	0,44506	0,43668	0,42838	0,42018	0,41208	0,40406
0,6	0,39614	0,38832	0,38059	0,37295	0,36541	0,35797	0,35062	0,34337	0,33622	0,32916
0,7	0,32220	0,31533	0,30857	0,30190	0,29532	0,28884	0,28246	0,27618	0,26999	0,26390
0,8	0,25790	0,25200	0,24619	0,24048	0,23486	0,22933	0,22390	0,21856	0,21331	0,20816
0,9	0,20309	0,19812	0,19323	0,18844	0,18373	0,17911	0,17458	0,17013	0,16577	0,16149
1,0	0,15730	0,15319	0,14916	0,14522	0,14135	0,13756	0,13386	0,13023	0,12667	0,12320
1,1	0,11979	0,11647	0,11321	0,11003	0,10692	0,10388	0,10090	0,09800	0,09516	0,09239
1,2	0,08969	0,08704	0,08447	0,08195	0,07949	0,07710	0,07476	0,07249	0,07027	0,06810
1,3	0,06599	0,06394	0,06193	0,05998	0,05809	0,05624	0,05444	0,05269	0,05098	0,04933
1,4	0,04771	0,04615	0,04462	0,04314	0,04170	0,04030	0,03895	0,03763	0,03635	0,03510
1,5	0,03389	0,03272	0,03159	0,03048	0,02941	0,02838	0,02737	0,02640	0,02545	0,02454
1,6	0,02365	0,02279	0,02196	0,02116	0,02038	0,01962	0,01890	0,01819	0,01751	0,01685
1,7	0,01621	0,01559	0,01500	0,01442	0,01387	0,01333	0,01281	0,01231	0,01183	0,01136
1,8	0,01091	0,01048	0,01006	0,00965	0,00926	0,00889	0,00853	0,00818	0,00784	0,00752
1,9	0,00721	0,00691	0,00662	0,00634	0,00608	0,00582	0,00557	0,00534	0,00511	0,00489
2,0	0,00468	0,00448	0,00428	0,00409	0,00391	0,00374	0,00358	0,00342	0,00327	0,00312
2,1	0,00298	0,00285	0,00272	0,00259	0,00247	0,00236	0,00225	0,00215	0,00205	0,00195
2,2	0,00186	0,00178	0,00169	0,00161	0,00154	0,00146	0,00139	0,00133	0,00126	0,00120
2,3	0,00114	0,00109	0,00103	0,00098	0,00094	0,00089	0,00085	0,00080	0,00076	0,00072
2,4	0,00069	0,00065	0,00062	0,00059	0,00056	0,00053	0,00050	0,00048	0,00045	0,00043
2,5	0,00041	0,00039	0,00037	0,00035	0,00033	0,00031	0,00029	0,00028	0,00026	0,00025
2,6	0,00024	0,00022	0,00021	0,00020	0,00019	0,00018	0,00017	0,00016	0,00015	0,00014
2,7	0,00013	0,00013	0,00012	0,00011	0,00011	0,00010	0,00009	0,00009	0,00008	0,00008
2,8	0,00008	0,00007	0,00007	0,00006	0,00006	0,00006	0,00005	0,00005	0,00005	0,00004
2,9	0,00004	0,00004	0,00004	0,00003	0,00003	0,00003	0,00003	0,00003	0,00003	0,00002

Für Argumente $x \geq 3{,}0$ verwende man die alternierende Reihe:

$$\text{erfc}(x) = \frac{e^{-x^2}}{\sqrt{\pi} \cdot x} \left(1 - \frac{1}{2 \cdot x^2} + \frac{3}{4 \cdot x^4} - \frac{15}{8 \cdot x^6} + \frac{105}{16 \cdot x^8} - \frac{945}{32 \cdot x^{10}} + - \right)$$

7.5.2   Die Besselfunktion (Zylinderfunktion)

Zahlreiche Probleme in Naturwissenschaft und Technik werden durch spezielle Differential-gleichungen zweiter Ordnung, die sogenannten Bessel'schen Differentialgleichungen, beschrieben. Leonhard Euler und Daniel Bernoulli analysierten mit ihnen Schwingungsprobleme. Namensgeber ist aber Friedrich Wilhelm Bessel (1784–1846), ein Astronom in Königsberg, der damit 1824 Störungen von Planetenbahnen untersuchte.

$$y'' + \frac{1}{x} \cdot y' + \left(1 - \frac{n^2}{x^2}\right) \cdot y = 0 \qquad n = \text{konstant} \tag{7.5-1}$$

In (7.5-1) bedeutet n die „Besselordnung", die nicht mit der Differentiationsordnung von Differentialgleichungen zu tun hat, die hier für diese Gleichung zwei ist.

Die Lösungen der Bessel'schen Differentialgleichungen (7.5-1) nennt man Bessel-Funktionen oder auch Zylinderfunktionen.

$$y(x) = C_1 \cdot J_n(x) + C_2 \cdot Y_n(x) \qquad C_1 \text{ und } C_2 \text{ frei wählbare Konstanten}$$

In einigen Fällen muss die Bessel'sche Differentialgleichung (7.5-1) auch modifiziert werden.

$$y'' + \frac{1}{x} \cdot y' - \left(1 + \frac{n^2}{x^2}\right) \cdot y = 0 \tag{7.5-2}$$

Differentialgleichung (2) heißt modifizierte Bessel'sche Differentialgleichung, deren Lösungen lauten:

$$y(x) = C_1 \cdot I_n(x) + C_2 \cdot K_n(x) \qquad C_1 \text{ und } C_2 \text{ frei wählbare Konstanten}$$

Für die auf dem Gebiet der Wärmeübertragung benötigten Lösungsfunktionen kann man sich auf die Bessel-Funktionen erster Art nullter Ordnung (J_0) und erster Ordnung (J_1) bei instationären Wärmeleitvorgängen in Zylindern sowie auf die modifizierten Besselfunktionen erster Art (nullter bis zweiter Ordnung I_0, I_1 und I_2) sowie zweiter Art (nullter und erster Ordnung K_0 und K_1) für die Berechnung spezieller Rippen (Oberflächenvergrößerung) beschränken. Die Funktionswerte aller genannten Funktionen können durch Reihenentwicklungen berechnet werden.

Reihenentwicklungen für die Besselfunktionen erster Art und n-ter Ordnung:

$$J_n(x) = \sum_{k=0}^{\infty} \frac{(-1)^k \cdot \left(\dfrac{x}{2}\right)^{2k+n}}{k! \cdot (k+n)!} \tag{7.5-3}$$

$n = 0$: $\quad J_0(x) = \sum_{k=0}^{\infty} \dfrac{(-1)^k \cdot \left(\dfrac{x}{2}\right)^{2k}}{(k!)^2} = 1 - \dfrac{\left(\dfrac{x}{2}\right)^2}{1!^2} + \dfrac{\left(\dfrac{x}{2}\right)^4}{2!^2} - \dfrac{\left(\dfrac{x}{2}\right)^6}{3!^2} + - \ldots$

$$J_0(x) = 1 - \frac{x^2}{4} + \frac{x^4}{64} - \frac{x^6}{2304} + \frac{x^8}{147.456} - \frac{x^{10}}{14.745.600} + \frac{x^{12}}{2.123.366.400} - \frac{x^{14}}{416.179.814.400} + - \ldots$$

$$n = 1: \quad J_1(x) = \sum_{k=0}^{\infty} \frac{(-1)^k \cdot \left(\dfrac{x}{2}\right)^{2k+1}}{k! \cdot (k+1)!} = \frac{x}{2} \cdot \left[1 - \frac{\left(\dfrac{x}{2}\right)^2}{1! \cdot 2!} + \frac{\left(\dfrac{x}{2}\right)^4}{2! \cdot 3!} - \frac{\left(\dfrac{x}{2}\right)^6}{3! \cdot 4!} + - \ldots \right]$$

$$J_1(x) = \frac{x}{2} \cdot \left[1 - \frac{x^2}{8} + \frac{x^4}{192} - \frac{x^6}{9216} + \frac{x^8}{737.280} - \frac{x^{10}}{88.473.600} + \frac{x^{12}}{14.863.564.800} - + \ldots \right]$$

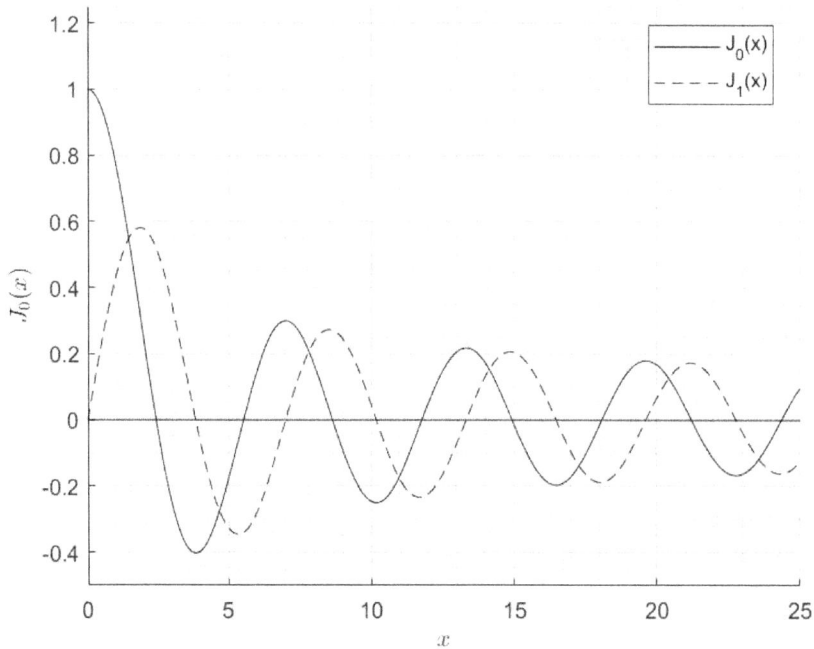

Abb. 7-4:   Besselfunktionen erster Art nullter und erster Ordnung

Tabelle 7.5-3 ist eine Unterstützung zur Bestimmung von Temperaturfeldern im unendlichen Zylinder nach Gleichung (3.2-1) an den Stellen $\xi = 0{,}25$ und $\xi = 0{,}50$ sowie $\xi = 0{,}75$.

$$\Theta(\xi, \mathrm{Fo}) = \sum_{k=1}^{\infty} f_1(\mu_k) \cdot f_2(\mu_k \cdot \xi) \cdot e^{-\mu_k^2 \cdot \mathrm{Fo}}$$

Aufgeführt sind die Eigenwerte μ_k aus $J_0(\mu_k) = 0$ für den unendlichen Zylinder mit Randbedingung erster Art, die sich an diesen Stellen ergebende Besselfunktion $J_1(\mu_k)$ sowie die zugehörigen Funktionswerte von f_1 und f_2 für Gleichung 3.2-1.

Tab. 7.5-3: Die ersten 35 Eigenwerte für den unendlichen Zylinder und zugehörige Funktionen f_1 und f_2

k	μ_k	$J_1(\mu_k)$	f_1	$f_2(\xi = 0{,}25)$	$f_2(\xi = 0{,}50)$	$f_2(\xi = 0{,}75)$
1	2,40482556	0,5191475	1,60197470	0,91165867	0,66992974	0,33788170
2	5,52007811	−0,3402648	−1,06479930	0,57764709	−0,16840167	−0,38424308
3	8,65372791	0,2714523	0,85139919	0,13078483	−0,35627823	0,25858838
4	11,7915344	−0,2324598	−0,7296452	−0,24187905	0,12078254	−0,05069138
5	14,9309177	0,20654643	0,64852361	−0,40077091	0,27086204	−0,13336107
6	18,0710640	−0,1877288	−0,5895428	−0,31639527	−0,09897409	0,21266128
7	21,2116366	0,17326589	0,5441802	−0,07479661	−0,22704238	−0,16590676
8	24,3524715	−0,1617016	−0,5078936	0,17423579	0,08584516	0,03586903
9	27,4934791	0,15218121	0,4780125	0,29706506	0,19930769	0,09799086
10	30,6346065	−0,144166	−0,4528506	0,24187334	−0,07684545	−0,16331647
11	33,7758202	0,13729694	0,43128388	0,05722301	−0,17974689	0,13160838
12	36,9170984	−0,1313246	−0,4125307	−0,14304338	0,07018562	−0,02928639
13	40,0584258	0,1260695	0,39602819	−0,24654404	0,16500275	−0,08108699
14	43,1997917	−0,1213986	−0,3813595	−0,20320937	−0,06500151	0,13751871
15	46,3411884	0,1172112	0,36820842	−0,04802397	−0,15337665	−0,11240683
16	49,4826099	−0,1134292	−0,3563301	0,12419627	0,06081828	0,02536129
17	52,6240518	0,10999114	0,34553178	0,21528391	0,14390513	0,07070297
18	55,7655108	−0,1068479	−0,3356591	0,17860988	−0,05735059	−0,12103126
19	58,9069839	0,10395957	0,32658687	0,04216753	−0,13599576	0,09972384
20	62,0484692	−0,1012935	−0,3182126	−0,11124796	0,05441533	−0,02268268
21	65,1899648	0,09882255	0,31045108	−0,19351762	0,12926159	−0,06349983
22	68,3314693	−0,096524	−0,3032311	−0,16120771	−0,05188891	0,10933383
23	71,4729816	0,09437879	0,29649247	−0,03802819	−0,1234378	−0,09054806
24	74,6145006	−0,0923705	−0,290184	0,10165180	0,04968448	0,02070553
25	77,7560256	0,09048519	0,28426175	0,17724632	0,11833618	0,05812757
26	80,8975559	−0,0887108	−0,2786879	0,14806463	−0,04773900	−0,10048147
27	84,0390908	0,08703686	0,27342953	0,03490543	−0,11381888	0,08351343
28	87,1806298	−0,0854542	−0,268458	−0,09417400	0,04600546	−0,01916898
29	90,3221726	0,08395493	0,26374815	−0,16449012	0,10978225	−0,05392243
30	93,4637188	−0,0825319	−0,2592708	−0,13768651	−0,04444798	0,09348105
31	96,6052680	0,08117879	0,25502727	−0,03244226	−0,10614669	−0,07789885
32	99,7468199	−0,0798902	−0,2509792	0,08813504	0,04303865	0,01793048
33	102,888374	0,07866100	0,24711791	0,15414236	0,10284991	0,05051506
34	106,029931	−0,0774869	−0,2434295	0,12922288	−0,04175539	−0,08776556
35	109,171490	0,07636383	0,23990154	0,03043540	−0,09984236	0,07328300

Tab. 7.5-4: Die ersten sieben Eigenwerte für $J_0(\mu_k) = J_1(\mu_k) \cdot \mu_k / \text{Bi}$ für den unendlichen Zylinder bei ausgewählten Biot-Zahlen

Bi	μ_1	μ_2	μ_3	μ_4	μ_5	μ_6	μ_7
0,1	0,44168178	3,85770991	7,02982523	10,1832926	13,3311951	16,4767003	19,6209557
0,2	0,61697477	3,88350553	7,04402929	10,1931056	13,3386932	16,4827678	19,6260513
0,3	0,74646121	3,90906449	7,05819342	10,2029055	13,3461854	16,4888322	19,6311451
0,4	0,85157843	3,93436086	7,07231232	10,2126904	13,3536709	16,4948931	19,6362368
0,5	0,94077056	3,95937119	7,08638085	10,2224584	13,3611489	16,5009499	19,6413261
0,6	1,018442	3,98407442	7,10039402	10,2322078	13,3686185	16,5070023	19,6464127
0,7	1,08725429	4,00845193	7,11434701	10,2419370	13,3760790	16,5130499	19,6514965
0,8	1,14897162	4,03248737	7,12823516	10,2516440	13,3835295	16,5190921	19,6565771
0,9	1,20484047	4,05616663	7,14205398	10,2613274	13,3909692	16,5251286	19,6616543
1,0	1,25578371	4,07947771	7,15579917	10,2709854	13,3983975	16,5311589	19,6667278
1,1	1,30250939	4,10241059	7,16946662	10,2806163	13,4058134	16,5371827	19,6717974
1,2	1,34557615	4,12495714	7,18305239	10,2902187	13,4132164	16,5431995	19,6768629
1,3	1,38543482	4,14711095	7,19655274	10,2997910	13,4206055	16,5492088	19,6819239
1,4	1,42245592	4,16886722	7,20996412	10,3093316	13,4279800	16,5552104	19,6869802
1,5	1,4569487	4,19022264	7,22328315	10,3188391	13,4353393	16,5612037	19,6920317
2,0	1,59944921	4,29095846	7,28838891	10,3658311	13,4718820	16,5910330	19,7172066
2,5	1,70602045	4,38181492	7,35078988	10,4117971	13,5079402	16,6205982	19,7422225
3,0	1,78865717	4,46337169	7,4102698	10,4565988	13,5434363	16,6498535	19,7670507
3,5	1,85449130	4,53642591	7,46670946	10,5001244	13,5783017	16,6787566	19,7916639
4,0	1,90807879	4,60184559	7,52007051	10,5422877	13,6124763	16,7072688	19,8160365
4,5	1,95247696	4,66048526	7,5703786	10,5830264	13,6459092	16,7353549	19,8401447
5,0	1,98981471	4,71314229	7,61770771	10,6223003	13,6785582	16,7629837	19,8639663
5,5	2,02161884	4,76053782	7,66216633	10,6600887	13,7103896	16,7901278	19,8874811
6,0	2,04901141	4,80331178	7,70388605	10,6963878	13,7413778	16,8167637	19,9106708
6,5	2,07283444	4,84202548	7,74301236	10,7312079	13,7715049	16,8428714	19,9335191
7,0	2,09373133	4,87716785	7,77969758	10,7645710	13,8007596	16,8684348	19,9560115
7,5	2,11220159	4,90916317	7,81409559	10,7965086	13,8291368	16,8934410	19,9781354
8,0	2,12863855	4,938379	7,84635806	10,8270595	13,8566370	16,9178805	19,9998800
8,5	2,14335588	4,96513364	7,87663176	10,8562678	13,8832654	16,9417465	20,0212363
9,0	2,15660661	4,98970293	7,90505688	10,8841816	13,9090314	16,9650353	20,0421971
9,5	2,16859696	5,01232631	7,93176597	10,9108517	13,9339478	16,9877455	20,0627566
10	2,17949660	5,03321198	7,95688342	10,9363302	13,9580304	17,0098782	20,0829106
15	2,25087945	5,17725327	8,14222812	11,1367481	14,1576317	17,2008290	20,2621151
20	2,28804847	5,2568107	8,25341302	11,2676640	14,2983181	17,3442040	20,4036864
25	2,31079816	5,30679725	8,32617009	11,3575019	14,399618	17,4521675	20,5146036
30	2,32614343	5,3409844	8,37706749	11,4221492	14,4747967	17,5348109	20,6020432
40	2,34551812	5,38460123	8,44315675	11,5080525	14,5773922	17,6508459	20,7283911
50	2,35724205	5,41119699	8,48398907	11,5620785	14,6433052	17,7271798	20,8136148
60	2,36509786	5,42908703	8,51164237	11,5990120	14,6888905	17,7806826	20,874232
70	2,37072817	5,44193762	8,53158447	11,6257942	14,7221770	17,8200713	20,9192703
80	2,37496111	5,45161245	8,54663576	11,6460793	14,7475018	17,8501989	20,9539294
90	2,37825935	5,45915804	8,55839425	11,6619645	14,7673939	17,8739503	20,9813684
100	2,38090166	5,465207	8,56783165	11,6747354	14,7834209	17,8931366	21,003601
150	2,38884806	5,48341631	8,59629110	11,7133443	14,8320308	17,9515593	21,0716123
200	2,39283201	5,49255352	8,61059390	11,7327912	14,8565860	17,9811758	21,1062333
300	2,39682299	5,50171054	8,62493811	11,7523148	14,8812715	18,0109995	21,1411654
400	2,39882107	5,50629602	8,63212397	11,7621009	14,8936542	18,0259732	21,1587231
500	2,40002075	5,50904943	8,63643947	11,7679793	14,9010945	18,0349736	21,169281
600	2,40082087	5,5108859	8,63931804	11,7719008	14,9060587	18,0409797	21,176328
700	2,40139256	5,51219808	8,6413749	11,7747030	14,9096063	18,0452723	21,1813652
800	2,40182141	5,51318243	8,64291793	11,7768053	14,9122679	18,0484931	21,1851448
900	2,40215502	5,51394817	8,64411829	11,7784408	14,9143385	18,0509988	21,1880856
1000	2,40242194	5,51456085	8,64507873	11,7797493	14,9159954	18,0530039	21,1904388

Tab. 7.5-5: Die ersten sieben Eigenwerte für $\mu_k \cdot \cot(\mu_k) = 1-\text{Bi}$ für die Kugel bei ausgewählten Biot-Zahlen

Bi	μ_1	μ_2	μ_3	μ_4	μ_5	μ_6	μ_7
0,1	0,54228089	4,51566044	7,73819566	10,9132922	14,0733030	17,2265622	20,3762118
0,2	0,75930769	4,53788858	7,75113510	10,9224613	14,0804114	17,2323686	20,3811204
0,3	0,92078683	4,5600716	7,76406579	10,9316272	14,0875184	17,2381743	20,3860285
0,4	1,05279429	4,58218793	7,77698343	10,9407885	14,0946232	17,2439789	20,3909359
0,5	1,16556119	4,60421678	7,78988375	10,9499436	14,1017251	17,2497818	20,3958424
0,6	1,26440358	4,62613829	7,80276258	10,9590911	14,1088235	17,2555828	20,4007476
0,7	1,35252234	4,64793358	7,81561578	10,9682294	14,1159175	17,2613815	20,4056515
0,8	1,43203224	4,66958478	7,82843931	10,9773570	14,1230066	17,2671774	20,4105537
0,9	1,50442331	4,69107513	7,84122922	10,9864724	14,1300900	17,2729703	20,415454
1,0	1,57079633	4,71238898	7,85398163	10,9955743	14,1371669	17,2787596	20,4203522
1,1	1,63199453	4,7335118	7,86669277	11,0046611	14,1442368	17,2845450	20,4252481
1,2	1,68868269	4,75443022	7,87935896	11,0137314	14,1512990	17,2903262	20,4301414
1,3	1,74139719	4,77513201	7,89197663	11,0227839	14,1583527	17,2961028	20,4350319
1,4	1,79057916	4,79560604	7,90454232	11,0318172	14,1653973	17,3018744	20,4399193
1,5	1,8365972	4,81584232	7,91705268	11,0408298	14,1724321	17,3076405	20,4448035
2,0	2,02875784	4,91318044	7,97866571	11,0855384	14,2074367	17,3363779	20,4691674
2,5	2,17462603	5,00364525	8,03846276	11,1295434	14,2421016	17,3649267	20,4934162
3,0	2,28892973	5,08698509	8,0961636	11,1727059	14,2763529	17,393244	20,5175229
3,5	2,38064448	5,1633055	8,15156432	11,2149058	14,310123	17,4212891	20,5414617
4,0	2,45564386	5,23293845	8,20453136	11,256043	14,3433508	17,4490243	20,5652079
4,5	2,51795459	5,2963423	8,25499295	11,2960369	14,3759824	17,4764147	20,5887384
5,0	2,57043156	5,35403184	8,30292918	11,3348256	14,4079711	17,5034282	20,6120312
5,5	2,61515251	5,40653272	8,34836196	11,3723649	14,4392772	17,5300363	20,6350661
6,0	2,65366240	5,45435375	8,39134555	11,4086265	14,469868	17,5562133	20,6578243
6,5	2,68713132	5,49797158	8,43195819	11,4435965	14,4997176	17,5819369	20,6802889
7,0	2,71645975	5,53782327	8,47029491	11,4772733	14,5288064	17,6071881	20,7024444
7,5	2,74235059	5,57430407	8,50646162	11,5096658	14,5571205	17,6319506	20,724277
8,0	2,7653596	5,60776807	8,54057046	11,5407918	14,5846517	17,6562114	20,7457746
8,5	2,78593134	5,63853059	8,57273605	11,5706763	14,6113962	17,6799602	20,7669266
9,0	2,80442514	5,66687133	8,6030728	11,5993498	14,6373551	17,7031891	20,7877239
9,5	2,82113432	5,6930379	8,63169286	11,6268475	14,6625328	17,7258930	20,8081592
10	2,83630039	5,7172492	8,6587047	11,6532076	14,6869374	17,7480690	20,8282263
15	2,93494622	5,88523924	8,86052189	11,8633964	14,8917110	17,9413841	21,0081752
20	2,98572396	5,97834324	8,98312920	12,0029436	15,0384291	18,0887230	21,1522006
25	3,0165584	6,03676538	9,06368300	12,0994147	15,1450303	18,2007236	21,2660739
30	3,03724065	6,07663456	9,12008509	12,1690632	15,224529	18,2869509	21,3563908
40	3,06320973	6,12734773	9,19327896	12,2617522	15,3333645	18,4085467	21,4875661
50	3,07884165	6,15816397	9,23842619	12,320047	15,4033894	18,4887516	21,5763620
60	3,08927975	6,17883958	9,26895074	12,3598676	15,4518208	18,5450118	21,6396100
70	3,09674243	6,19366202	9,29093182	12,3887169	15,4871707	18,5864327	21,6866257
80	3,10234266	6,20480439	9,30750211	12,4105486	15,5140505	18,6181070	21,7228082
90	3,10670008	6,21348398	9,32043432	12,4276314	15,5351521	18,6430688	21,7514490
100	3,11018695	6,22043512	9,33080501	12,4413557	15,5521443	18,6632253	21,7746498
150	3,12065174	6,24132172	9,36202805	12,4827887	15,6036213	18,7245432	21,8455712
200	3,12588598	6,25177966	9,37768873	12,5036208	15,6295835	18,7555843	21,8816306
300	3,13112106	6,26224441	9,39337233	15,655651	18,7868063	21,9179752	25,0491599
400	3,13373883	6,26747863	12,5349650	15,6687135	18,8024668	25,0699917	28,2037651
500	6,27061960	9,40593063	12,5412432	18,8118746	21,9471945	25,0825179	28,2178453
600	3,13635671	6,27271371	9,40907129	18,8181503	21,9545130	25,0908778	28,2272448
700	3,13710469	6,27420957	15,6855271	18,8226345	25,0968527	28,2339639	34,5081913
800	3,13766568	12,5506639	15,6883308	18,8259983	25,1013356	28,2390057	31,3766768
900	3,13810201	6,2762041	12,5524089	15,6905117	18,8286150	21,9667188	25,1048232
1000	9,41535346	15,6922566	18,8307086	21,969161	25,1076138	28,2460671	31,3845209

7.6   Thermophysikalische Stoffeigenschaften

Tab. 7.6-1: Größenordnungen für den linearen Ausdehnungskoeffizienten α_l, den isobaren Volumenausdehnungskoeffizienten β und den Elastizitätsmodul E sowie den isothermen Kompressibilitätskoeffizienten χ verschiedener Stoffe.

Stoff	α_l in $10^{-6} K^{-1}$	β in $10^{-6} K^{-1}$	E in N/mm²	χ in $10^{-12} Pa^{-1}$
Aluminium	23,5		72.000	13,8889
Blei	29,3		16.200	6,1728
Eisen	12,3		196.000	5,1020
Gold	14,3		78.000	
Kupfer	16,5		100.000	
Magnesium	26,0		40.000	
Stahl	11,0		210.000	4,7619
Messing	19,0		80.000	
Eis	61,0		9.100	1,0989
Glas	6 bis 9		55.000	
Quarzglas	0,54			
Beton, Zement	12,0		50.000	
Quecksilber		181	28.531	35,05
Wasser				
• 1 bar, 20 °C		207		456
• 100 bar, 20 °C		221		450
• 500 bar, 20 °C		308		427
• 1000 bar, 20 °C		344		398
Benzol 20 °C		1.230		
Benzin 20 °C		1.060	1.400	714
Ethanol 20 °C		1.100		
Methanol 20 °C		1.100		
HFC-Hydrauliköl 20 °C		710	3.125	320
Glycerin 20 °C		500		
Luft (trocken)		3.674 (0 °C)	$\approx 10^{-1}$	$\approx 10^{7}$

Hinweise:

Der Elastizitätsmodul ist ein Maß für die Steigung der Spannungs-Dehnungskurve im elastischen Bereich und darf nicht als „Materialhärte" interpretiert werden. Die Härte ist ein Ausdruck für die Fließgrenze, d. h. diejenige Spannung, die eine (dauerhafte) plastische Verformung hervorruft. „Weiches" Aluminium und „hartes" Messing haben fast gleich große Elastizitätsmoduln.

Abgesehen von Gasen, die sich wie ideales Gas verhalten, bestehen für den Volumenausdehnungskoeffizienten Zusammenhänge in der Form $\beta = \beta(T, p)$ und für den Kompressibilitätskoeffizienten in der Form $\chi = \chi(p, T)$. Leider sind diese Zusammenhänge nur für ganz wenige Stoffe dokumentiert, in der Tabelle 7.6-1 sind diesbezüglich nur einige Werte für Wasser zusammengestellt worden.

Tab. 7.6-2: Ausgewählte thermophysikalische Eigenschaften von Metallen und Legierungen bei 20 °C.

Metall/Legierung bei 20 °C	ρ	c	λ	a
	kg/m^3	kJ/(kg K)	W/(m K)	10^{-6} m^2/s
Aluminium	2.700	0,888	237	98,8
Blei	11.300	0,129	35	24,0
Chrom	6.290	0,440	91	29,9
Eisen	7.860	0,452	81	22,8
Gold	19.260	0,129	316	127,2
Iridium	22.420	0,130	147	50,4
Kupfer	8.930	0,382	397	117,0
Magnesium	1.740	1,020	156	87,9
Mangan	7.420	0,473	21	6,0
Molybdän	10.200	0,251	138	53,9
Natrium	9.710	1,220	133	11,2
Nickel	8.850	0,448	91	23,0
Platin	21.370	0,133	71	25,0
Rhodium	12.440	0,248	150	48,6
Silber	10.500	0,235	427	173,0
Titan	4.500	0,522	22	9,4
Uran	18.700	0,175	28	8,6
Wolfram	19.000	0,134	173	67,9
Zink	7.100	0,387	121	44,0
Zinn	7.290	0,225	67	40,8
Zirkonium	6.450	0,290	23	12,3
Bronze (84 Cu, 9 Zn, 6 Sn,1 Pb)	8.800	0,377	62	18,7
Duraluminium (94-96 Al, 3-5 Cu, 0,5 Mg)	2.700	0,912	165	67,0
Konstantan (60 Cu, 40 Ni)	8.900	0,410	22,6	6,19
Messing (MS 60)	8.400	0,376	113	35,8
Gusseisen (3 % C)	7.350	0,540	58	14,7
V2A Stahl vergütet	8.000	0,477	15	3,93
Cr-Ni-Stahl (X12 CrNi 188)	7.800	0,502	14,7	3,75
Woodsches Metall [38]	1.056	0,147	12,8	82,5

[38] Zusammensetzung: 50 Bi, 25 Pb, 12,5 Cd, 12,5 Sn.

Tab. 7.6-3: Ausgewählte thermophysikalische Eigenschaften nichtmetallischer Feststoffe bei 20 °C.

Stoff bei 20 °C	ρ	c	λ	a
	kg/m^3	kJ/(kg K)	W/(m K)	10^{-6} m^2/s
Baustoffe				
Kiesbeton	2.200	0,879	1,28	0,662
Mörtel	1.900	0,800	0,93	0,610
Ziegel (lufttrocken)	1.400	0,840	0,58	0,490
Granit	2.750	0,890	2,90	1,200
Marmor	2.500	0,810	2,80	1,300
Mineralwolle (50 °C)	200	0,920	0,046	0,250
Korkplatten (30°C)	190	1,880	0,041	0,110
Sandstein	2.150	0,710	1,600	1,000
Kalkstein (CaCO$_3$)	2.000	0,740	2,200	1,000
Mineralien/Gläser				
Fensterglas	2.480	0,700	1,160	0,500
Quarzglas	2.210	0,730	1,400	0,870
Thermometerglas	2.580	0,780	0,970	0,480
Spiegelglas	2.700	0,800	0,760	0,350
Kunststoffe				
Acrylglas (Plexiglas)	1.180	1,440	0,184	0,108
Polyethylen	920	2,300	0,350	0,165
Polyurethan	1.200	2,090	0,320	0,128
Polyvinylchlorid (PVC)	1.380	0,960	0,150	0,113
Styropor-Schaumstoff	15	1,250	0,029	0,360
Verschiedene Stoffe				
Papier (normal)	700	1,200	0,120	0,143
Leder (trocken)	860	1,500	0,120	0,093
Fett	910	1,930	0,170	0,097
Ton	1.450	0,880	1,300	1,020
Eis/Schnee[39]				
Eis (-10 °C)	920	2,040	2,300	1,225
Eis (0 °C)	917	2,040	2,250	1,202
Schnee frisch gefallen	100	2,106	0,050	0,237
Neuschnee	200	2,106	0,120	0,284
Schnee verharscht	500	2,106	0,600	0,569

---

[39]   Von 20 °C abweichende Temperaturen! Die Wärmeleitfähigkeit von Schnee nimmt mit der Dichte zu!

Tab. 7.6-4:   Stoffeigenschaften von Wasser bei p = 1 bar als Funktion der Temperatur (Quelle: VDI-Wärmeatlas, Springer Verlag, 11. Auflage 2013).

t	ρ	c	β	λ	η	v	Pr
°C	kg/m³	kJ/(kgK)	10^{-3}/K	W/(m K)	10^{-6} kg/(m · s)	10^{-6} m²/s	
0	999,84	4,219	–0,0677	0,55565	1791,8	1,792	13,61
1	999,90	4,216	–0,0497	0,55818	1731,0	1,731	13,07
2	999,94	4,213	–0,0324	0,56066	1673,5	1,674	12,57
3	1000,0	4,210	–0,0156	0,56309	1619,0	1,619	12,10
4	1000,0	4,207	+0,0006	0,56547	1567,3	1,567	11,66
5	1000,0	4,205	0,0163	0,56779	1518,2	1,518	11,24
6	999,94	4,203	0,0315	0,57008	1471,5	1,472	10,85
10	999,70	4,195	0,0881	0,57878	1305,9	1,306	9,466
12	999,50	4,193	0,1142	0,58289	1234,0	1,235	8,876
14	999,25	4,190	0,1389	0,58686	1168,3	1,169	8,342
16	998,94	4,188	0,1625	0,59070	1108,1	1,109	7,856
18	998,60	4,186	0,1850	0,59442	1052,7	1,054	7,414
20	998,21	4,185	0,2066	0,59801	1001,6	1,003	7,009
22	997,77	4,183	0,2273	0,60149	954,40	0,9565	6,638
24	997,30	4,182	0,2472	0,60487	910,68	0,9131	6,297
26	996,79	4,181	0,2664	0,60814	870,11	0,8729	5,983
28	996,24	4,181	0,2850	0,61131	832,38	0,8355	5,692
30	995,56	4,180	0,3029	0,61439	797,22	0,8007	5,424
32	995,03	4,180	0,3202	0,61738	764,41	0,7682	5,175
34	994,38	4,179	0,3371	0,62029	733,73	0,7379	4,943
36	993,69	4,179	0,3535	0,62310	704,99	0,7095	4,728
38	992,97	4,179	0,3694	0,62584	625,84	0,6828	4,527
40	992,22	4,179	0,3849	0,62849	628,49	0,6578	4,340
42	991,44	4,179	0,4001	0,63107	631,07	0,6343	4,164
44	990,64	4,179	0,4149	0,63357	633,57	0,6122	4,000
46	989,80	4,179	0,4294	0,63600	636,00	0,5914	3,846
48	988,94	4,179	0,4435	0,63835	638,35	0,5717	3,702
50	988,05	4,180	0,4574	0,64064	640,64	0,5531	3,566
55	985,71	4,181	0,4910	0,64604	646,04	0,5109	3,259
60	983,21	4,183	0,5231	0,65102	651,02	0,4740	2,994
65	980,57	4,185	0,5541	0,65559	655,59	0,4415	2,764
70	977,78	4,188	0,5841	0,65978	659,78	0,4127	2,562
75	974,86	4,192	0,6132	0,66358	663,58	0,3872	2,384
80	971,80	4,196	0,6417	0,66701	667,01	0,3643	2,227
85	968,62	4,200	0,6695	0,67008	670,08	0,3439	2,088
90	965,32	4,205	0,6970	0,67280	672,80	0,3255	1,964
95	961,89	4,211	0,7241	0,67517	675,17	0,3089	1,853
99,606	958,64	4,216	0,7489	0,67707	677,07	0,2950	1,761

Tab. 7.6-5: Stoffeigenschaften von trockener Luft bei $p = 1$ bar mit $M = 28{,}9586$ kg/kmol und $R_L = 287{,}12$ J/(kg K) als Funktion von Temperatur nach VDI-Wärmeatlas, Springer Verlag 11. Auflage 2013.

t	ρ	c	β	λ	η	ν	Pr
°C	kg/m³	kJ/(kgK)	10^{-3}/K	W/(m K)	10^{-6} kg/(m · s)	10^{-7} m²/s	
-60	1,637	1,006	4,725	0,01960	14,07	85,93	0,7224
-50	1,563	1,006	4,509	0,02042	14,61	93,49	0,7202
-40	1,496	1,006	4,313	0,02122	15,15	101,3	0,7181
-30	1,434	1,006	4,133	0,02202	15,68	109,4	0,7161
-20	1,377	1,006	3,967	0,02281	16,20	117,7	0,7143
-10	1,325	1,006	3,815	0,02359	16,71	126,2	0,7126
0	1,276	1,006	3,674	0,02436	17,22	135,0	0,7110
10	1,231	1,006	3,543	0,02512	17,72	144,0	0,7095
20	1,189	1,006	3,421	0,02587	18,21	153,2	0,7081
30	1,149	1,007	3,307	0,02662	18,69	162,6	0,7068
40	1,112	1,007	3,201	0,02735	19,17	172,3	0,7056
50	1,078	1,008	3,101	0,02808	19,64	182,2	0,7045
60	1,046	1,008	3,007	0,02880	20,10	192,2	0,7035
70	1,015	1,009	2,919	0,02952	20,56	202,5	0,7026
80	0,9862	1,010	2,836	0,03022	21,01	213,0	0,7018
90	0,9590	1,011	2,758	0,03093	21,46	223,7	0,7011
100	0,9333	1,011	2,683	0,03162	21,90	234,6	0,7004
120	0,8857	1,014	2,546	0,03299	22,76	257,0	0,6994
140	0,8428	1,016	2,423	0,03434	23,61	280,1	0,6986
160	0,8039	1,019	2,310	0,03566	24,44	304,0	0,6982
180	0,7684	1,022	2,208	0,03696	25,25	328,6	0,6980
200	0,7359	1,025	2,115	0,03825	26,05	353,9	0,6981
250	0,6655	1,035	1,912	0,04138	27,97	420,3	0,6993
300	0,6075	1,045	1,745	0,04442	29,81	490,7	0,7016
350	0,5587	1,057	1,605	0,04737	31,58	565,2	0,7046
400	0,5172	1,069	1,485	0,05024	33,28	643,5	0,7080
450	0,4815	1,081	1,383	0,05305	34,93	725,6	0,7117
500	0,4503	1,093	1,293	0,05580	36,53	811,2	0,7154
550	0,4230	1,104	1,215	0,05849	38,08	900,4	0,7190
600	0,3988	1,115	1,145	0,06114	39,60	993,0	0,7224
650	0,3772	1,126	1,083	0,06374	41,07	1089,0	0,7255
700	0,3578	1,136	1,027	0,06631	42,52	1188,3	0,7284
750	0,3403	1,146	0,9772	0,06885	43,93	1290,9	0,7310
800	0,3245	1,154	0,9316	0,07135	45,32	1396,7	0,7332
850	0,3100	1,163	0,8902	0,07382	46,68	1505,7	0,7352
900	0,2968	1,171	0,8522	0,07627	48,02	1617,8	0,7370
950	0,2847	1,178	0,8174	0,07870	49,34	1733,1	0,7384
1000	0,2735	1,185	0,7853	0,08110	50,63	1851,4	0,7396

7.7 Emissionsverhältnisse für ausgewählte Oberflächen

In der Literatur sind für gleiches Material mitunter erheblich abweichende Werte für Emissionsverhältnisse veröffentlicht. Leider lassen sich oft die jeweils genauen Versuchsbedingungen dazu nicht rekonstruieren. Oberflächenrauhigkeit und Oxidationsgrad können die Strahlungseigenschaften stark beeinflussen. Deshalb vermitteln die hier aufgeführten Emissionsverhältnisse nur eine Vorstellung für die typischerweise zu erwartenden Größenverhältnisse. Weiterführende Informationen zu Strahlungseigenschaften mit genauerer Probencharakterisierung und Fehlerdiskussion finden sich in der Spezialliteratur [B1] bis [B3].

Bei den durch „/" gekennzeichneten Temperaturbereichen kann linear interpoliert werden.

Tab. 7.7-1: Emissionsverhältnisse für Oberflächen von Metallen.

Metall (elektrischer Leiter):	t in °C	ε_n	ε
Gold (poliert)	130/600	0,018/0,035	
Silber	20	0,020	
Chrom (poliert)	35/150/1100	0,080/0,058/0,400	0,071 (150 °C)
Kupfer (poliert)	20/40/250	0,030/0,04/0,05	
Kupfer (leicht angelaufen)	20	0,037	
Kupfer (schwarz oxidiert)	20 bis 310	0,780	
Kupfer (oxidiert)	130	0,760	0,725
Aluminium (walzblank)	170	0,039	0,049
Aluminium (walzblank)	900		0,060
Aluminium (nicht oxidiert)	25		0,022
Aluminiumbronzeanstrich	100	0,2 – 0,4	
Messing (oxidiert)	200/600	0,610/0,590	
Messing (nicht oxidiert)	100	0,035	
Nickel (blank)	100	0,041	0,046
Nickel (poliert)	100	0,045	0,053
Eisen (blank geätzt)	150	0,128	0,159
Eisen (abgeschmirgelt)	20	0,240	
Eisen (rot angerostet)	20	0,610	
Eisen (mit Walzhaut)	20	0,770	
Eisen (mit Walzhaut)	130	0,600	
Eisen (mit Gusshaut)	100	0,800	
Eisen (hitzebeständig oxidiert)	80/200	0,613/0,639	
Eisen (stark verrostet)	20	0,850	
Gusseisen (flüssig)	1535		0,290
Stahl wärmebehandelt/oxidiert	200/200		0,521/0,790
Stahlblech poliert	−180/0/150	0,070/0,080/0,140	
Zink (grau oxidiert)	20	0,23 – 0,28	
Blei (grau oxidiert)	20	0,280	
Quecksilber (nicht oxidiert)	10/100	0,090/0,120	
Wolfram (Draht)	35/3300	0,032/0,390	0,0391/0,452

Tab. 7.7-2: Emissionsverhältnisse für Oberflächen von elektrischen Nichtleitern (Dielektrika).

Material:	t in °C	ε_n	ε
Baustoffe:			
Beton (rau)	35	0,940	
Dachpappe	20/35	0,930/0,910	
Gips	35	0,910	
Glas	90	0,940	0,876
Glas	838	0,470	
Marmor (weiß)	35	0,950	
Mörtel, Putz	20	0,930	
Sandstein	35/260	0,830/0,900	
Schiefer	35	0,67-0,80	
Ziegel (weiß, feuerfest)	1100	0,290	
Ziegel (gebrannter Ton)	1000	0,750	
Ziegel (gebrannter Ton)	70	0,910	0,866
Ziegel (rau, rot)	35	0,930	
Holz:			
Eiche (gehobelt)	20	0,900	
Buche	70	0,935	0,910
Metalloxide:			
Aluminiumoxid	540/1100	0,650/0,450	
Magnesiumoxid	150/490	0,690/0,550	
Farben:			
Heizkörperlack	100	0,925	
schwarzer Lack (matt)	80	0,970	
schwarzer Lack (glatt)	35/100	0,960/0,980	
Wasser und Eis:			
Wasseroberfläche	10-50	0,970	0,910
Eis (glatt)	0	0,966	0,920
Eis (Reifbelag)	0	0,985	
Ruß	35	0,95	
Gummi (hart)	20	0,92	

7.8   Strahlungsfunktion des schwarzen Körpers

Tab. 7.8-1: Strahlungsfunktion des schwarzen Körpers mit $\lambda \cdot T$ in µm K nach Reihenentwicklung (5-13a).

$\lambda \cdot T$	$F_{0-\lambda \cdot T}$	$\lambda \cdot T$	$F_{0-\lambda \cdot T}$	$\lambda \cdot T$	$F_{0-\lambda \cdot T}$	$\lambda \cdot T$	$F_{0-\lambda \cdot T}$	$\lambda \cdot T$	$F_{0-\lambda \cdot T}$
900	0,0000870					4000	0,4808688	6000	0,7377923
950	0,0001735					4050	0,4898746	6050	0,7419936
1000	0,0003208	2000	0,0667317	3000	0,2732331	4100	0,4987323	6100	0,7461130
1025	0,0004254	2025	0,0706600	3025	0,2788857	4150	0,5074420	6150	0,7501524
1050	0,0005588	2050	0,0746920	3050	0,2845288	4200	0,5160037	6200	0,7541134
1075	0,0007163	2075	0,0788248	3075	0,2901607	4250	0,5244181	6250	0,7579976
1100	0,0009113	2100	0,0830554	3100	0,2957801	4300	0,5326857	6300	0,7618067
1125	0,0011455	2125	0,0873807	3125	0,3013852	4350	0,5408073	6350	0,7655422
1150	0,0014240	2150	0,0917974	3150	0,3069747	4400	0,5487840	6400	0,7692057
1175	0,0017585	2175	0,0963023	3175	0,3125471	4450	0,5566169	6450	0,7727987
1200	0,0021343	2200	0,1008921	3200	0,3181012	4500	0,5643073	6500	0,7763227
1225	0,0025767	2225	0,1055634	3225	0,3236357	4550	0,5718566	6550	0,7797792
1250	0,0030843	2250	0,1103129	3250	0,3291494	4600	0,5792664	6600	0,7831697
1275	0,0036626	2275	0,1151371	3275	0,3346410	4650	0,5865382	6650	0,7864954
1300	0,0043167	2300	0,1200327	3300	0,3401096	4700	0,5936738	6700	0,7897579
1325	0,0050516	2325	0,1249961	3325	0,3455541	4750	0,6006749	6750	0,7929584
1350	0,0058725	2350	0,1300242	3350	0,3509734	4800	0,6075434	6800	0,7960984
1375	0,0067840	2375	0,1351133	3375	0,3563667	4850	0,6142812	6850	0,7991789
1400	0,0079073	2400	0,1402602	3400	0,3617330	4900	0,6208901	6900	0,8022015
1425	0,0088969	2425	0,1454616	3425	0,3670716	4950	0,6273722	6950	0,8051672
1450	0,0101065	2450	0,1507141	3450	0,3723816	5000	0,6337295	7000	0,8080773
1475	0,0114233	2475	0,1560144	3475	0,3776623	5050	0,6399639	7025	0,8095118
1500	0,0128506	2500	0,1613595	3500	0,3829130	5100	0,6460776	7050	0,8109330
1525	0,0143914	2525	0,1667460	3525	0,3881329	5150	0,6520725	7075	0,8123408
1550	0,0160484	2550	0,1721710	3550	0,3933216	5200	0,6579508	7100	0,8137354
1575	0,0178239	2575	0,1776312	3575	0,3984783	5250	0,6637145	7150	0,8164857
1600	0,0197199	2600	0,1831239	3600	0,4036027	5300	0,6693656		
1625	0,0217379	2625	0,1886460	3625	0,4086941	5350	0,6749063		
1650	0,0238793	2650	0,1941946	3650	0,4137521	5400	0,6803386		
1675	0,0261449	2675	0,1997671	3675	0,4187762	5450	0,6856644		
1700	0,0285352	2700	0,2053606	3700	0,4237661	5500	0,6908859		
1725	0,0310504	2725	0,2109725	3725	0,4287214	5550	0,6960050		
1750	0,0336905	2750	0,2166002	3750	0,4336418	5600	0,7010238		
1775	0,0364551	2775	0,2222413	3775	0,4385269	5650	0,7059442		
1800	0,0393434	2800	0,2278932	3800	0,4433765	5700	0,7107681		
1825	0,0423544	2825	0,2335537	3825	0,4481902	5750	0,7154975		
1850	0,0454868	2850	0,2392205	3850	0,4529680	5800	0,7201343		
1875	0,0487392	2875	0,2448912	3875	0,4577096	5850	0,7246804		
1900	0,0521097	2900	0,2505639	3900	0,4624147	5900	0,7291375		
1925	0,0555965	2925	0,2562364	3925	0,4670834	5925	0,7313333		
1950	0,0591974	2950	0,2619067	3950	0,4717153	5950	0,7335076		
1975	0,0629099	2975	0,2675729	3975	0,4763105	5975	0,7356605		

Der Stützstellenabstand wurde so gewählt, dass bei linearer Interpolation der Funktionswerte noch mindestens eine Genauigkeit von vier signifikanten Ziffern gewährleistet ist.

Tab. 7.8-2: Strahlungsfunktion des schwarzen Körpers mit $\lambda \cdot T$ in µm K nach Reihenentwicklung (5-13b).

$\lambda \cdot T$	$F_{0-\lambda \cdot T}$	$\lambda \cdot T$	$F_{0-\lambda \cdot T}$	$\lambda \cdot T$	$F_{0-\lambda \cdot T}$	$\lambda \cdot T$	$F_{0-\lambda \cdot T}$	$\lambda \cdot T$	$F_{0-\lambda \cdot T}$
7200	0,8191850	9200	0,8954708	12000	0,9450541	16000	0,9737676	24000	0,9912294
7250	0,8218343	9250	0,8967853	12100	0,9461832	16200	0,9746126	24500	0,9917153
7300	0,8244348	9300	0,8980784	12200	0,9472821	16400	0,9754219	25000	0,9921660
7350	0,8269875	9350	0,8993506	12300	0,9483517	16600	0,9761974	25500	0,9925847
7400	0,8294934	9400	0,9006022	12400	0,9493929	16800	0,9769408	26000	0,9929742
7450	0,8319534	9450	0,9018338	12500	0,9504067	17000	0,9776538	26500	0,9933369
7500	0,8343697	9500	0,9030456	12600	0,9513940	17200	0,9783379	27000	0,9936752
7550	0,8367409	9550	0,9042380	12700	0,9523556	17400	0,9789945	27500	0,9939910
7600	0,8390692	9600	0,9054115	12800	0,9532923	17600	0,9796250	28000	0,9942861
7650	0,8413554	9650	0,9065664	12900	0,9542049	17800	0,9802306	28500	0,9945623
7700	0,8436004	9700	0,9077030	13000	0,9550941	18000	0,9808127	29000	0,9948210
7750	0,8458051	9750	0,9088217	13100	0,9559608	18200	0,9813722	29500	0,9950636
7800	0,8479704	9800	0,9099228	13200	0,9568056	18400	0,9819103	30000	0,9952912
7850	0,8500970	9850	0,9110067	13300	0,9576291	18600	0,9824280	30500	0,9955052
7900	0,8521858	9900	0,9120737	13400	0,9584321	18800	0,9829263	31000	0,9957063
7950	0,8542375	9950	0,9131241	13500	0,9592152	19000	0,9834059	31500	0,9958957
8000	0,8562530	10000	0,9141582	13600	0,9599789	19200	0,9838679	32000	0,9960741
8050	0,8582330	10050	0,9151763	13700	0,9607239	19400	0,9843129	32500	0,9962424
8100	0,8601781	10100	0,9161788	13800	0,9614507	19600	0,9847418	33000	0,9964011
8150	0,8620893	10150	0,9171658	13900	0,9621599	19800	0,9851553	33500	0,9965511
8200	0,8639670	10200	0,9181378	14000	0,9628519	20000	0,9855541	34000	0,9966929
8250	0,8658121	10250	0,9190949	14100	0,9635274	20200	0,9859387	34500	0,9968270
8300	0,8676252	10300	0,9200376	14200	0,9641867	20400	0,9863099	35000	0,9969663
8350	0,8694070	10350	0,9209659	14300	0,9648304	20600	0,9866682	35500	0,9970742
8400	0,8711581	10400	0,9218802	14400	0,9654589	20800	0,9870141	36000	0,9971883
8450	0,8728791	10450	0,9227808	14500	0,9660727	21000	0,9873482	36500	0,9972965
8500	0,8745706	10500	0,9236678	14600	0,9666721	21200	0,9876711	37000	0,9973992
8550	0,8762333	10550	0,9245416	14700	0,9672576	21400	0,9879830	37500	0,9974968
8600	0,8778677	10600	0,9254024	14800	0,9678297	21600	0,9882846	38000	0,9975896
8650	0,8794744	10650	0,9262503	14900	0,9683886	21800	0,9885762	38500	0,9976778
8700	0,8810539	10700	0,9270858	15000	0,9689347	22000	0,9888582	39000	0,9977618
8750	0,8826069	10750	0,9279089	15100	0,9694684	22200	0,9891311	39500	0,9978418
8800	0,8841338	10800	0,9287199	15200	0,9699901	22400	0,9893951	40000	0,9979181
8850	0,8856351	10850	0,9295190	15300	0,9705001	22600	0,9896507	40500	0,9979908
8900	0,8871114	10900	0,9303064	15400	0,9709986	22800	0,9898982	41000	0,9980601
8950	0,8885632	10950	0,9310824	15500	0,9714861	23000	0,9901379	41500	0,9981263
9000	0,8899909	11000	0,9318471	15600	0,9719628	23200	0,9903701	42000	0,9981895
9050	0,8913951	11050	0,9326007	15700	0,9724291	23400	0,9905950	43000	0,9983077
9100	0,8927762	11100	0,9333434	15800	0,9728851	23600	0,9908131	44000	0,9984158
9150	0,8941346	11150	0,9340755	15900	0,9733312	23800	0,9910244	45000	0,9985149
								50000	0,9989039
								55000	0,9991681
								60000	0,9993538

Literatur

[1]   Carlslaw, H.S.; Jaeger, J.C.: Conduction of heat in solids. 2nd ed. Oxford: Clarendon Press 1986, reprint 2002.

[2]   Tautz, H.: Wärmeleitung und Temperaturausgleich. Weinheim.Verlag Chemie 1971.

[3]   Baehr, H.D.; Stephan, K.: Wärme- und Stoffübertragung. 8. Auflage, Springer Vieweg Berlin Heidelberg 2013.

[4]   Polifke, W.; Kopitz, J.: Wärmeübertragung, Grundlagen, analytische und numerische Methoden. Pearson Studium München, 2. Auflage 2009.

[5]   Wagner, W: Wärmeübertragung. 7. Auflage, Vogel-Buchverlag Würzburg, 2011.

[6]   Bošnjaković, F.: Technische Thermodynamik, Teil II. Steinkopff, Darmstadt, 6. Auflage, 1997.

[7]   VDI e.V. (Herausgeber): VDI-Wärmeatlas, 11. Auflage, Springer Vieweg 2013.

[8]   Schlünder, E.-U.; Martin, H.: Einführung in die Wärmeübertragung. Friedrich Vieweg & Sohn, 8. Auflage, 1995.

[B1] Wood, W. D.; Deem, H. W.; Lucks, C. F.: Thermal radiative properties. New York Plenum Press 1972.

[B2] Touloukian, Y. S.; et al.: Thermal radiative properties. Vol. 7 Metallic elements and alloys. Vol. 8 Nonmetallic solids & Vol. 9 Coatings. New York, Plenum Press 1972.

[B3] Svet, D. Ya.: Thermal radiation metals, semiconductors, ceramics, bartly transparent bodies, and films. New York, Consultants Bureau, Plenum Publishing Corporation 1965

http://doi.org/10.1515/9783110745092-008

Index

http://doi.org/10.1515/9783110745092-009

Rippen 73
- mit Rechteckprofil 73, 82, 87
- parameter, dimensionslos 75
Rippenhöhe
- dimensionslos 75
- optimale 79
Rippenleistungsziffer 77, 87ff.
Rippenwirkungsgrad 76, 79, 87ff.

S
Schmelzvorgang 169
schwarzer Körper 296
sichtbares Licht 285
Sichtfaktor 310
Siedekrise erster Art 236
Siedekrise zweiter Art 238
Solarkollektor 319
Solarkonstante 23, 24, 304
Solarstrahlung 23
spezifische Wärmekapazität 15
Sprungantwort 146, 150ff., 156
Stefan-Boltzmann'sches Gesetz 297, 305, 321
Stefan-Boltzmann-Konstante 297
Stellen, signifikante 6, 8
stilles Sieden 235
Strahlenschutzschirm 322
Strahlung 13, 283ff.
- farbig 301
- grau 301, 321
- schwarz 301
Strahlungsaustausch 13, 310
Strahlungsaustauschkonstante 315
Strahlungsfunktion
- schwarzer Strahler 298, 365f.
Strahlungsintensität 287
Streuung der Solarstrahlung 24
Strömung
- laminar 195
- turbulent 195
Strömungsgeschwindigkeit 191
Strömungssieden 237
Superposition 141

T
Temperatur
- Bezugstemperatur 188, 219, 233
- gefühlt 192, 193
Temperaturdifferenz
- mittlere logarithmische 188
Temperaturgradient 25ff., 28
Temperaturgrenzschicht 196
Temperaturleitfähigkeit 98
Temperaturprofil in Rohren 34f.
Temperaturstrahlung 13, 283ff.
Thermometerfehler erster Art 152
Thermometerfehler zweiter Art 335
Thermoskanne 326, 328
Treibhauseffekt 292, 306
Treibhausgase 292
Tropfenkondensation 230

U
Übertemperatur 73, 236
- dimensionslos 102, 122
Überströmlänge 217
UV-Strahlung 284f.
U-Wert 252ff.

V
Vakuumisolierglas 259
Viskosität 16
- dynamische 15
- kinematische 15,20
Volumenausdehnungskoeffizient
- isobarer 196

W
Wand
- eben 33, 66
- halbunendlich 124, 138, 185
Wandtemperatur 113
Wärmedurchgang 247ff.
- berippte Wände 252, 264
Wärmedurchgangskoeffizient 247ff.
Wärmedurchgangswiderstand 248
Wärmeeindringkoeffizient 123, 150
Wärmeisolierung
- Gebäudehülle 47, 256

www.ingramcontent.com/pod-product-compliance
Lightning Source LLC
Chambersburg PA
CBHW080711220326
41598CB00033B/5376